# 나의 학문과 인생

이종학 편저

충남대학교출판부

## 편저자 약력

- 1929년 포항에서 출생
- 공군사관학교 및 공군대학 졸업
- 경희대학교 대학원 사학과 졸업
- 충남대학교 명예 군사학 박사
- 공군사관학교 교수부 군사학과장
- 공군대학 교수부 제2·3처장
- 국방대학원 교수 및 교수부 제3학처장
- 한국군사사학회 창설 및 초대 회장
- 현재 : 서라벌군사연구소장
  충남대학교 평화안보대학원 겸임교수

나의 학문과 인생

**발행일** 2009년 10월 30일 **발행인** 송용호 **편저자** 이종학
**펴낸곳** 충남대학교출판부 **주소** 대전광역시 유성구 대학로 79
**전화** 042-821-6045 **홈페이지** cnupress.cnu.ac.kr **E-mail** cnupress@cnu.ac.kr

ISBN 978-89-7599-326-8 93390
값 30,000원

군사학 총서 03

# 나의 학문과 인생

-한 軍事學徒의 八旬을 맞이하여-

風石 李鍾學 編著

2009年

忠南大學校出版部

| 추 천 사 |

풍석(風石) 이종학 교수님께서 팔순을 맞이하여 지금까지 학문적 연구 업적을 정리한 '나의 학문과 인생'을 비롯하여 후배 교수님들과 대학원 박사과정 전공자, 공군사관학교 57기생들의 특강 소감 등을 모아 기념 논문집을 발간하게 된 것을 참으로 뜻 깊게 생각하며, 진심으로 축하의 말씀을 드립니다.

그 동안 이종학 교수님께서 군사학 연구를 통하여 발표하신 현대전략론 등 수 많은 저서와 논문들은 국가안보를 다지는 값진 씨앗이자 귀중한 자료로서 후학들에 의해 알찬 열매로 거두어지리라 확신합니다. 또한 평소 연구업적 뿐만 아니라 자상하고 부드러운 성품으로 후배 교수님들과 제자들로부터 깊은 존경을 받으셨음을 고려할 때 앞으로도 학교 발전을 위해 더 큰 역할을 해 주실 것으로 기대하고 있습니다.

이종학 교수님의 「나의 學問과 人生」을 보면, 팔순의 고령에도 불구하시고 열정적으로 강의하시는 교수님의 모습을 보는 것 같아 마음이 흐뭇합니다. 특히, 2002년 우리 대학 평화안보대학원 군사학 석사과정을 설치 할 때에도 산파역을 자임하시어 학교 발전에 크게 기여하신 군사학 연구의 개척자이시며, 현재도 석·박사과정에서 강의를 담당하고 계신 '영원한 현역' 교수이십니다.

특히 우리 충남대학교는 우수한 교수진과 열의에 찬 학생들, 각종 연구시설과 효율적인 교육환경, 천혜의 지리적 접근성을 가지고 있으며, 특히 주변에 산재한 각종 연구시설과 대덕연구단지는 충남대학교만의 자랑이기도 합니다. 또한 각 군 본부를 포함한 전략적 수준의 군 관련 시설과 부대들의 집중은 충남대학교가 평화안보대학원을 중심으로 군사학의 메카로서 그 역량을 발휘할 수 있는 최고의 여건을 가지고 있습니다.

이러한 지리적 여건에 부응하여 이종학 교수님은 우리나라 최초의 군사학 명예박사로서 군사학의 학문적 발전을 통해 우리 대학이 지역의 거점대학으로 발돋움하는데 커다란 기여를 하여 왔습니다. 풍석 이종학 교수님은 우리 충남대학교의 자랑이자 보물이십니다. 40년에 걸친 군사학 학문체계 발전, 손자병법과 클라우제비츠 전쟁론 연구, 신라와 고구려 군사사에 대한 업적은 팔순기념 논문집에 기록된 이상으로 한국군의 군사학 발전에 큰 족적을 남기셨습니다.

이종학 교수님의 학문과 인생이 이렇게 훌륭한 한 권의 책으로 표현되고 정리될 수 있구나 하는 생각에 저도 마음 한편으로 참으로 기쁜 마음을 금할 수 없었습니다. 이 책에는 교수님의 평소 생각과 신념이 잔잔한 문체로 그대로 표현되어 있고, 또 교수님과 박사과정 학생, 사관생도들의 글이 동시에 자리를 차지하고 있습니다. 교수님은 학생을, 학생들은 교수님을 바라보면서 소통하는 듯 합니다. 교수와 학생의 만남을 통해 지적 교감이 이루어지면서 새로운 역사가 창조되고 있습니다.

앞으로도 언제나 청춘으로서 군사학의 태두로 학문적 발전에 큰 기여를 해주시게 될 것을 기대하며, 나아가 교수님의 열정이 충남대학교 평화안보대학원 군사학과를 통해 더욱 멀리 뻗어나가게 되기를 기대합니다. 다시 한 번 풍석 이종학 교수님의 팔순을 축하드리며, 주옥같은 논문을 모아 팔순기념 논문집을 봉정하는 후배 교수님들과 대학원 박사과정 학생들의 노고를 치하드립니다.

감사합니다.

2009년 10월

충남대학교 총장 송 용 호 송 용 호

| 추 천 사 |

세계의 모든 국가들이 생존을 위해 변화와 혁신을 추구하고 있지만, 북한의 안보위협으로 인해 한반도에서의 군사적 긴장은 지속되고 있습니다. 하지만 이러한 국가안보에 대한 다양한 위협 상존에도 불구하고 우리 국민들의 국가관과 안보의식은 갈수록 해이 해져 가고 있습니다.

이러한 때에 교수님의 40년에 걸친 군사학 학문체계 발전을 위한 노력, 손자병법과 클라우제비츠 전쟁론 연구, 신라와 고구려 군사史에 대한 많은 연구들은 더욱 빛을 발하고 있습니다. 왜냐하면 군사학 분야가 후학들은 물론 우리 국민들에게 올바른 국가관과 안보관을 심어줄 수 있는 매우 의미 있는 분야이기 때문입니다.

교수님께서 평생을 연구와 후학 양성에 힘쓰시면서 군사학 분야의 정체성을 확립하셨고, 또 국가안보에 많은 기여를 하신 것을 잘 알고 있습니다. 특히 이번에 그간 연구하신 결과물의 집약체라 할 수 있는 팔순 기념 「나의 학문과 인생」 논문집 발간은 군사학의 대가답게 후학들에게 왕성한 학문적 열정을 보여주시는 것이어서 더욱 의미 있게 생각합니다.

더불어 교수님의 이번 논문집 발간은 군사학 분야는 물론 우리 학계의 큰 자산이며 후학들의 지적 호기심을 자극하기에 충분하다고 사료됩니다. 교수님의 평소 생각과 신념이 잔잔한 문체로 그대로 표현되어 있고, 또 박사과정 학생들의 글은 사랑과 열정으로 가득 차 있음을 느낄 수 있습니다. '나이는 숫자에 불과하며, 어떠한 마음가짐을 갖느냐가 중요하고, 나이를 먹어서 늙는 것이 아니라 이상을 잃어버릴 때 비로소 늙는 것' 이라는 사무엘 얼만의 시가 교수님께 잘 어울린다는 생각이 듭니다.

교수님의 지적 열정이 앞으로도 팔순기념 논문집에 기록된 이상으로 충남대 평화안보대학원 군사학과를 통해 더욱 멀리 뻗어나가고, 국가안보에도 크게 기여하실 것으로 믿습니다. 오로지 한 길 군사학자로서 걸어오신 교수님의 금번 팔순 기념 「나의 학문과 인생」 논문집을 공군인의 한 사람으로서 기꺼이 추천드리는 바입니다. 더욱 건승하시길 기원 드립니다.

2009. 10

공군참모총장 대장 이 계 훈

| 추 천 사 |

군사학의 태두로서 우리대학교 평화안보대학원 군사학과 발전에 커다란 기여를 하신 풍석(風石) 이종학 교수님의 팔순기념 논문집 발간을 진심으로 축하드립니다. 교수님의 열정과 헌신이 군사학의 학문적 체계화와 공동체 구축에 큰 힘이 되었음을 상기하면서 거듭 존경과 감사의 말씀을 드립니다.

이종학 교수님께서는 1960년대 중반, "軍事學도 學問인가?" 라는 사관학교 동기생의 질문에 자극을 받아 군사학 연구를 평생의 과업으로 삼으셨고, 1980년 국방대학교 세미나에서 "군사학의 이론체계"를 발표하심으로써 우리나라 최초로 군사학의 학문적 이론체계를 정립하셨습니다.

이종학 교수님의 학문적 사랑과 애정이 군사학뿐만 아니라 국가안보의 튼튼한 기초를 다지고 큰 기둥을 세우는 역사로 발전되었다고 확신합니다. 그동안 군사학에 대한 이해 부족과 학문적 편견으로 어려운 점도 있었지만 이종학 교수님이 선택한 프로스트의 "가지 않는 길"에 대한 신념은 후학들에게 커다란 지침이 되어 왔습니다.

특히 저희 평화안보대학원이 군사학의 메카로서 자리 잡을 수 있도록 학문적 기반을 다져주신 것에 대해 거듭 감사의 말씀을 드립니다. 저희 평화안보대학원은 국방, 안보연구 및 과학수사에 관한 한 국내 최고일 뿐만 아니라, 짧은 연륜이지만 이제는 지역의 거점대학으로서 세계적 권위를 자랑하는 연구, 교육기관을 지향하고 있습니다. 앞으로 이것을 소명으로 알고 국가발전과 국가의 안녕을 위해 군사, 안보 및 과학수사 연구의 세계적인 메카가 되도록 더욱 노력할 것을 이 자리를 빌어 약속드립니다.

오늘날은 안보환경 변화에 대비하여 새로운 국가전략적 대응방안을 모색해야 할 시기라고 판단됩니다. 한반도 및 동북아의 평화와 공동번영은 모두가 함께 문제의식을 공유하고 해결방안까지 마련해야 하는 실천적 과제입니다. 군사학의 정체성을 확립하고 이론체계를 정립하는 것은 이러한 안보확립과 평화구축의 기반이 될 것으로 판단됩니다.

교수님의 학문적 열정과 노력에 부응하여 더욱 군사학의 학문적 업적을 계도(啓導)하고 전승(傳乘)하는데 노력을 아끼지 않겠습니다. 평생 군사학의 학문적 시민권 확보를 위해 외길을 걸어오신 풍석(風石) 선생님의 간곡한 희구(希求)에 존경과 경의를 표합니다.

앞으로도 군사학도들의 미래를 열어주시는 사표가 되시길 희망합니다. 다시 한 번 군사학의 태두로서 군사학의 이론발전과 학문체계 정립 그리고 군과 사회의 후학 양성에 헌신해 오신 이종학 교수님의 팔순을 진심으로 축하드립니다.

2009년 10월

평화안보대학원장 박재정

# | 서 문 |

인생 후반기의 활동기간이 아직 10년은 더 남았다고 느긋하게 생각하고 있었는데, 느닷없이 길병옥 교수가 「이종학 교수 팔순기념 논문집 구성(안)」을 들고 나왔기에 깜짝 놀랐습니다. 그리하여 그 안에 대해 다음과 같이 회신을 했지요. 즉, "「이종학 교수 팔순기념 논문집 구성(안)」을 보았는데, 이 안은 대단히 훌륭하지만, 소중히 보관해 두었다가 내가 은퇴할 때 생각해 보기로 합시다. 그리고 '팔순' 은 인생 후반기의 중간 결산 정도로 생각하고 있으며, 다음의 복안을 알려 드립니다." 하고서 구상하여 발간하게 된 것이 이 책입니다.

군사학(military art and science)의 연구대상은 '전쟁'이며, 전쟁은 국민의 생사와 국가의 존망을 좌우하는 중대한 과제이며, 한 민족이나 국가가 그들의 생존권과 번영을 누리자면 독자적인 군사학을 갖추고 있어야 한다는 관점에서 미련하게도 한 평생을 바쳐 연구해 왔습니다.

필자는 고희를 맞이했을 때, 네 가지 소망사항이 있었습니다.

첫째 : 1980년, 「군사학의 이론체계」라는 논문을 발표하여 이론정립을 시도했고 또 군사학이 학문으로서의 시민권을 획득하기를 바라고 있었습니다. 20여년의 세월이 흘러, 2003년부터 충남대학교 평화안보대학원에서 군사학 석사과정의 강의를 시작했고, 동년 8월 '명예 군사학 박사' 학위도 받았습니다. 그리하여 군사학이 학문으로서 시민권을 획득했으니, 앞으로 뿌리를 내려 열매를 맺을 수 있도록 여생을 바칠 생각입니다.

둘째 : 남북한의 통일문제는 지금까지 여러 방안이 논의되어 왔을 뿐만 아니라, 대결의

위험한 고비도 여러 번 직면해 왔으며, 오늘날도 직면하고 있습니다. 그래서 평화적 수단에 의한 남북한의 통일에 대한 해결방안을 제시해 보았습니다.

셋째 : 한·일간의 독도 영유권에 대한 문제를 어떻게 해결할 것인가를 여러 방안을 분석·평가하여 그 해결방안을 제시해 보았습니다.

넷째 : 순전히 개인적인 문제이기 때문에 적당한 시기에 밝히려고 합니다.

필자는 최근에 발표한 에세이와 연구논문을 편집하여 책을 발간하는데 관심을 가졌지만, 더 중요한 문제는 소망사항인 둘째와 셋째의 내용이 알려지고 또 그것이 이루어지기를 간절히 바라는 마음에서 이 책을 발간키로 했습니다.

**제1편, 나의 학문과 인생**(이종학)

이 내용은 東아시아古代學會 특별기념 강연에서 간략하게 발표(2008. 6. 28.)한 내용이나, 이번에 '인생단상' 등을 보완했습니다.

- 「광개토왕 비문 신묘년 기사」에 대해서는, 일제가 한반도 침략을 정당화하기 위해 일본 육군 참모본부가 중심이 되어 해독·해석하여 일본 역사학계의 통설이 되었습니다. 이 통설은 '任那日本府'와 '한반도 출병'설의 논거가 되어왔으나, 필자는 군사사학적 연구방법으로 일본의 통설을 논파하는 연구논문을 우리나라뿐만 아니라, 일본의 학술지에 1990년대에 발표했습니다. 그런데 최근 우리나라의 중진 사학자 가운데 일본의 통설을 추종하는 논문이 등장했기에, 기회 있을 때마다 반론을 주장하다보니, 이 책에서는 약간 중복되었으니 양해해 주기를 바랍니다.
- 「명량해전의 군사사학적 연구」(2006. 12.)는 필자로서 이순신 통제사에 대한 최초의 연구논문이며, 이 논문을 집필하면서 눈물을 흘렸습니다. 고인이 된 학우 조성도 교수가 '이순신 특강'을 할 때마다 눈물을 흘리며 열강을 했던 그 이유를 이제야 알게 되었습니다.
- 가장 최근에 발표한 「『손자병법』의 철학적 기초에 대한 연구」(2009. 8.)는 1966년 발표한 에세이에서 제기한 과제를 40여년 만에 규명을 시도했는데, 달성 여부의 판단은 독자의 영역에 속한다고 생각합니다.

**제2편, 군사학의 학문체계 및 발전방향**(교수 에세이)

군사학에 대한 교수들의 다양한 견해는 앞으로 한국의 군사학 발전의 초석이 될 것이며, 또한 바쁜 가운데서도 에세이를 집필해 준 길병옥 교수, 최병학 교수, 강진석 교수, 박대광 교수, 김강녕 교수에게 심심한 사의를 표합니다.

**제3편, 군사학의 발전방향**(박사과정)

충남대학교 평화안보대학원 군사학과의 박사과정을 이수했거나 혹은 이수 중인 피교육자들의 학위논문의 주제를 요약하거나 관심을 가진 분야에 대한 간략한 에세이를 수록했습니다. 앞으로 우리나라의 군사학 발전은 이들의 어깨에 달려있다는 차원에서 애독하고 또 지도편달이 있기를 바랍니다.

【부록 1】은 금년(2009) 2월 공군사관학교 57기생들에게 '군사학 특강'을 12시간 실시했는데, 그들의 소감문이 너무나 흥미롭고, 그들의 생각이 어떠하며 또 군사학의 발전방향에도 참고가 되리라 생각하여 소개해 보았습니다.

【부록2~4】는 일본에서 발간되고 있는 잡지, 『日本戰略研究フォーラム會誌』에 최근 발표한 에세이를 참고로 수록했으며, 이 내용은 이 책의 「서라벌에서 온 편지」 속에 우리말로 번역해 두었습니다.

이 책의 발간에 대해 '추천사'를 써주신 충남대학교 송용호 총장님, 공군참모총장 이계훈 대장님, 평화안보대학원 박재정 원장님에게 심심한 사의를 표합니다.

그리고 이 책의 발간을 위해 협조해 주신 출판부장 이형권 교수, 출판부 직원들에게 깊은 감사의 뜻을 전하며, 특히 원고의 모든 작업을 해준 최정화 연구위원에게 깊은 감사의 마음을 전합니다.

2009년 10월

편저자 이종학

-경주, 풍석재에서-

동지상업학교 입학 하고서
(1946. 4. 29.)

공군사관학교 생도시절(1952. 5. 11.)

도미 유학을 위해 東京 羽田空港의 미 공군 터미널에서
(1957. 10.)

미국 일리노이 주 스프링필드의 링컨 박물관 앞에서
(1958. 5. 31.) -이 박물관 옆에 「한국전쟁 박물관」이 건립된다고 함-

미 공군 통신학교에서의 수업사진이 신문에 게재됨
(1958. 4. 16.)

공군사관학교 교수부 군사학과장(1968. 10.)

군사학과 교관 및 생도들과 남한산성 답사(1969. 10. 19.)

신상철 장군님과의 면담(2001. 11. 2.)

공사 3기생의 입교 50주년 기념(2001. 11. 3.)
-이만섭 국회의장이 명예 졸업장을 수령함-

이만섭 국회의장의 초청으로 국회 방문(2001. 11. 4.)

53기 졸업생 특강차 교장 방문(2005. 2. 15.)
-교장 김명립 중장-

공군대학 재직 국무총리 공로표창을 받으며(1972. 10. 1.)

고급지휘 참모과정 학생들과 남한산성 답사(1973. 10. 19.)

고급지휘 참모과정 학생들과 행주산성 답사(1973. 10.)

합동참모대학 강의 기념패 수령(1973. 9. 18.)
-합동참모대학 총장 박현식 육군 중장-

국방대학원 교수들과 함께(1986)

국방대학원 재직시(1985)

東京에서 佐藤德太郎 교수와의 만남(1975. 8. 13.)

미국의 로어(Rohrer) 가족과 함께(1975. 8.)

국제역사학회의에 참석한 한국 역사학자들(1975. 8.)
-샌프란시스코 대교에서-

하와이의 전함, 아리조나 호의 함상 박물관에서(1975. 8.)

日本의 安倍晋太郎 外務大臣의 講話를 통역하면서
(1986. 10. 15.)

서울에서 개최된 국제군사사학회 회의(1986. 8. 17.~24.)
-회장은 박재규 박사(좌)-

국방대학원에서 명예퇴직을 하면서(1987. 2. 28.)

학우 조성도 교수(중앙)와 김일상 교수(우)(1991. 9.)
-해군사관학교에서-

명량대첩 유적답사(1992. 10.)

명량대첩 유적답사(1992. 10.)

명량대첩 유적답사(1992. 10.)

林吉永 戰史部長과 함께 2차 유적답사(2006. 6.)

廣開土王碑(好太王碑)의 답사(1992. 7.)

廣開土王碑(好太王碑)의 답사(1992. 7.)

廣開土王碑(好太王碑)의 답사(1992. 7.)

廣開土王碑(好太王碑)의 답사(1992. 7.)

張保皐( ? ~846)의 遺跡, 法華院(山東省) 답사(1992. 7.)

長白瀑布 앞에서(1992. 7.)

압록강 앞에서(1992. 7.) -뒤의 풍경은 북한-

두만강 앞에서(1992. 7.) -뒤의 풍경은 북한-

萬里長城에서(1992. 7.)

北京의 故宮博物院 옆에서(1992. 7.)

日本 防衛廳 防衛硏究所 戰史部에서의 세미나
(2000. 1. 25.~27.)

日本 防衛廳 防衛硏究所 戰史部에서의 세미나
(2000. 1. 25.~27.)

日本 防衛廳 防衛硏究所 戰史部에서의 세미나
(2000. 1. 25.~27.)

日本 航空自衛隊 那朗幹部候補生學校에서의 特講
(2000. 1. 28.)

日本 航空自衛隊 那覇幹部候補生學校에서의 特講(2000. 1. 28.)

露日戰爭 때의 旗艦, 三笠의 답사(2001. 3. 9.)

露日戰爭 때의 旗艦, 三笠의 답사(2001. 3. 9.)

韓日세미나 참석자의 戰史部에서 기념사진(2001. 3. 8.)
-좌로부터 양영조 박사, 하재평 소장, 필자 그리고 林吉永 戰史部長-

韓日세미나 참석자의 戰爭記念館 앞에서 기념사진(2002. 10.)

명예 군사학 박사학위의 수여(2003. 8. 22.)
-충남대학교-

명예 군사학 박사학위의 수여(2003. 8. 22.)
-충남대학교-

평화안보대학원 최고위 안보정책과정에서의 특강
(2007. 11. 28.)

군사학과 박사과정 학생들의 경주 분황사 답사(2008. 5. 31.)

군사학과 교수 및 박사과정 학생들의 경주 대왕암 답사
(2008. 5. 31.)

군사학과 교수 및 박사과정 학생들의 風石齋 방문
(2008. 5. 31.)

군사학과 박사과정 학생들의 경주 유적답사(2009. 5. 9.)

군사학과 박사과정 학생들의 경주 유적답사(2009. 5. 9.)

군사학과 박사과정 학생들의 경주 유적답사(2009. 5. 9.)

경주 컨트리클럽에서 황대봉 회장과 함께(2009. 4. 7.)
-『同志六十年史』(2008)에 '학교를 빛낸 인물'로 소개되었기에-

風石齋에서 집필 중의 필자(2009. 5.)

風石齋에서의 기념사진(2008. 4.)

| 목 차 |

## 제2편 군사학의 학문체계 및 발전방향(교수 에세이)



## 제3편 군사학의 발전방향(박사과정)

## 부록

제1편

# 나의 학문과 인생

– 이종학 –

우리나라에서 군사학이 학문으로서의 체계정립에 대하여
관심을 가지는 사람이 별로 많지 않았다는
그것이 학문으로서의 발전을 저해하는
가장 큰 원인이라 생각한다.
더욱이 군사학의 기초지식을 가르쳐야 하는
사관학교 교육에 있어서 첫 출발부터 이학사 학위의 수여에
중점을 두고 반세기나 교육해 왔다는 데
문제점이 도사리고 있다고 분석한다.

# Ⅰ. 나의 학문과 인생

## 1. 머리말

미국의 저명한 경영학의 창시자, 피터 드러커(Peter F. Drucker, 1909~2005) 교수는 93세에 『다음 사회의 경영』(*Managing in the Next Society*, 2002)을 저술한 후, 그의 인생의 황금시절은 60대·70대·80대의 30년간이었다고 술회했다. 이것은 우리나라의 전통적인 노인들의 사고방식과는 전연 다른데, 즉 우리나라에서는 60세의 환갑잔치를 하고나면, 보통 사업이나 업무에서 은퇴하여, '이제 다 살았다. 남은 인생은 덤이니, 그저 고통 없이 죽기만 기다리고, 덧없이 희망 없는 삶을 누리는 것'으로 생각하여 왔다.

60대 이후의 인생을 '황금기'(Golden Age)로 생각하는가, 혹은 '황혼기'(Twilight Age)로 생각하는가 하는 문제는 각자의 인생관에 따라 달라지리라. 나는 인생이란 축구시합과 마찬가지로 전·후반전이 있는 것으로 생각하며, 전반전에서 실패해도 후반전에서 만회가 가능하니, 후반전이 더 중요하다는 생각을 가지고 있었다. 1973년 10월 중령에서 대령 진급의 심사에서 낙방하자, 1974년 11월 1일이면 복무기간이 20년이 되어 연금을 탈 수 있

※ 2008년 6월 28일 동의대학교 정보공학관 315호에서 「東아시아古代學會 特別記念講演」을 한 내용의 일부를 보완·삭제했음을 밝혀둔다.

으니, 그 후는 '하고 싶은 일을 하면서 인생의 후반기를 보내자'고 마음먹었는데, 아이들의 교육문제가 압박을 가하였다. 다행히도 국방대학원장 박현식 중장이 사람을 보내어 제대하고 국방대학원 교수로 오라는 요청이 왔고, 또 공군본부 인사국에서도 사람이 와서, 제대하여 군 교수로 공군대학 교수부 3처장으로 그대로 있을 의향이 있느냐는 것이었다. 나는 74년 2월 제대를 하고 국방대학원으로 자리를 옮겼으며, 또 1980년 12월 문교부에서 주는 '군사학 정교수'의 자격도 획득했다. 그러고 보면 진급하지 못하여 '실망·위기'에 처했지만, 그것이 곧 '기회'였다는 것을 나중에서야 깨닫게 되었다.

나는 65세까지 신분이 보장되어 있었으나, 58세 때(1987) 명예퇴직을 하고 '하고 싶은 일'을 하기 위해 신라의 고도 경주로 이사했다. '하고 싶은 일'이란 독서·연구·답사 그리고 농사일이었다. 이제 퇴직한지 20여 년의 세월이 흘렀는데, 그동안 저서와 공저를 합하여 13권을 발간했으니, 무위도식하지 않았다는 것만은 증명한 셈이 되리라.

## 2. 군사학의 이론정립

1960년대 중반, 공군사관학교 교수부 군사학과에 재직하고 있을 때, 미국의 미시간 대학교에서 물리학 석사학위를 받고서 귀국한 동기생이 하루는 "자네 군사학도 학문인가?" 하고 농담·조롱의 어투로 질문했다. 그것이 동기가 되어 평생의 연구과제가 되었다.

국방대학원에 재직하면서, 「군사이론 체계에 관한 연구」를 『국방연구』(국방대학원, 1979)에 발표했던 바, 천주원 원장이 관심을 가져 다음 해(1980. 10. 30~31) 학술세미나를 개최하게 되었고, 거기서 「군사학의 이론체계」[1]를 발표함으로써 우리나라에서는 최초로 학문으로서의 이론정립을 시도했다.[2] 1999년 6월 10일 육군사관학교 화랑대 연구소 주최 세미나에서 「한국 군사학의 발전방향」[3]을 발표했다. 즉 "군사학은 군사훈련이 아니며, 그것은 학문으로서 전쟁에 대한 지식의 체계이다. 군사학은 사관학교 교육의 핵심이 되어야 하며, 유일한 소망이 있다고 한다면, 그것은 사관학교에서 군사학 학사 학위를 수여하는 모

1) 李鍾學, 『軍事論文選』(경주 : 서라벌군사연구소, 1991), pp. 9~59.
2) 「나의 인생과 학문」에 수록한 〈참고 1〉 참조.
3) 이종학, 『한 군사학도의 연구 발자취』(대전 : 충남대학교 출판부), 2006, pp. 20~40.

습을 보는 것과, 일반 대학교에서도 학문으로서 군사학을 연구하는 「군사학 연구소」의 설치가 실현되는 날이다"고 했다.

그런데, 2002년 10월, 충남대학교 평화안보대학원에 군사학 석사과정의 설치가 인가되어 학생모집을 한다는 신문광고를 보고, 그동안 군사학 연구의 논문을 보냈던 바, 대학원장이 경주에까지 와서 군사학과의 발전방향에 대해 의견을 나누었고, 또 학과 커리큘럼 구성 및 강사 선정 등 산파역을 수행했다. 그리하여 2003년 봄 신학기부터 군사학 강의를 다시 시작했고, 또 동년 8월 우리나라 최초의 '명예 군사학 박사' 학위를 받았다. 즉 "군사학 발전에 크게 공헌하였으며 나아가 본교의 발전에 기여한 공적이 현저하므로…"

그 후 2004년부터 민간대학교에서도 군사학 학사 학위과정이 설치되었으며, 오랫동안의 소망사항, 즉 2005년 3월 8일, 공군사관학교 졸업식에서 우리나라 최초로 수여하는 군사학 학사 학위 수여식을 지켜보면서 지난날의 우여곡절을 회상했다.

「군사학의 이론체계」(1980)의 뼈대만 소개하면 아래와 같다.[4)]

· 군사학(military art and science)의 정의: 군사학이란 전쟁의 본질과 성격 및 무력전의 준비·수행과 억제에 관한 통일된 지식의 체계이다.
· 군사학의 범위와 연구방법
  1) 전쟁철학
  2) 전쟁학: 가) 군제학, 나) 용병술(군사전략·작전술·전술)
  3) 군사사학
  4) 군사기술
  5) 군사교육학
  6) 군사지리학(해양학 · 기상학 포함)
  7) 군사 보조학문(국방경제·군법·위생학 등)
  8) 군사학의 각 분야의 연구방법의 확립

군사학의 연구대상은 전쟁이고, 보편적인 이론체계를 추구하지만, 나는 그 연구를 통한 궁극적 목적은 한민족의 생존과 번영을 도모하는 데 두었다. 그리고 지금까지 군사학이 학문으로서의 시민권을 획득케 하는 데 40여 년 간 노력을 기울여 왔으며, 이 목표는 달성되었다. 그러나 앞으로 알찬 결실을 맺을 수 있도록 뿌리를 내리게 하는 데 여생을 바칠 생각이다.

---

4) 상세한 내용은 註 1)의 책을 참고할 것.

## 3. 군사고전에 대한 연구

### 가. 전략(strategy)이란 무엇인가

전략이란 희랍어의 'strategos'에서 유래된 용어이며, 그 뜻은 '장수의 직위', 혹은 '장수의 책략'(art of the general), 힘의 변증법적 술(art of the dialectic of force) 등으로 군사용어로 사용되었고, 동양의 병서에는 '용병지법用兵之法'이 여기에 해당되는 단어이다. 원래는 군사용어였지만, 제2차 세계대전 이후, 더 정확히 말하면, 1960년대 초부터 일본에서 병서에 담긴 전략이론을 기업경영에 도입하는 것이 유행했고, 일본경제가 폐허에서 소생하는 데 기여한 바가 컸다. 그리하여 '경영전략', '기업전략', '투자전략', '판매전략' 등의 용어가 일반화되었다. 이것은 특정한 과업·임무 혹은 목표를 달성하기 위한 어떤 개념을 표시하는 일반적인 용어가 되었다.

전략이란 용어의 정의定義는 사람에 따라 달라지게 마련이다. 그러나 '전략은 목표달성을 위한 하나의 사고방식이며, 각 현상을 계통적으로 배열해서, 그 우선순위를 확정하고 가장 효과적인 행동방책을 선택하는 데 있다'는 것이 보편적인 개념이다. 이 문제에 대해 역사적 사례에서 고찰해 보려고 한다.

병자호란(1636~1637) 때, 서울 사대부집 젊은 부녀자들만 해도 수 백 명이 호병胡兵의 포로가 되어 심양으로 끌려갔다. 그 후 화친이 성립되어 그들은 본국으로 소환되었으나, 수년간 적진에 머물러 있었던 유부녀와 처녀들의 몸이 성할 리가 없었다. 이들을 어떻게 처리해야 그들도 구하고 또 사회도 잠잠해 질 수 있을까? 아마도 인조왕은 다음 세 가지 방안을 두고 생각했으리라 추측한다. 즉,

[1]안 : 부녀자들을 그대로 귀가시킨다.

[2]안 : 부녀자들을 심사 후에 귀가시킨다.

[3]안 : "심양에 잡혀갔다가 돌아오는 여자들은 홍제원에서 모두 목욕을 하고 서울에 들어오라"(인조왕의 안). 이것이 무슨 뜻인가 하면, 목욕을 함으로써, 그들의 정조문제를 씻어버리기로 하고, 다시 거론하는 자는 엄벌에 처한다는 것이다. 이리하여 그들은 누명을 벗고, 다시 아내가 되고 또 어머니가 되었던 것이다.

인조왕이 채택한 [3]안은 시간이 지난 후, 그 결과로 보아 최적전략最適戰略임이 밝혀졌던 것이다. 이러한 전략은 오늘날의 상황에 비추어 볼 때, 멀지 않아 북한이 붕괴될 것은 확실하며, 민족통일이 이루어졌을 때, 공산주의 간부들은 대동강에서 목욕을 시켜 통일국가의 완성과 발전에 기회를 부여하는 것이 바람직한 전략이라 생각한다.

## 나. 손무의 『손자』 혹은 『손자병법』(기원전 513?)[5)]

일찍이 중국의 당 태종(재위 : 626~649)은 "나는 여러 병서를 읽어보았지만, 손무孫武에 비견할만한 것은 없다"고 했고, 상승장군 나폴레옹도 『손자병법』을 애독했다는 견해도 있고 또 독일 황제 빌헬름 2세도 제1차 세계대전에 패한 후, 『손자병법』을 읽고는 "20년 전에 읽었어야 할 책이었다"고 술회했으며, 또 2차대전 후 일본의 저명한 장군도, "우리들이 바르게 『손자』를 알고 있었다면, 이렇게 비참한 패전을 당하지 않았을 것이다"라고 했다.

한편, 영국의 저명한 군사평론가인 리델 하트(1895~1970)는, "『손자병법』의 작은 책자에는 내가 저술한 20권 이상의 저서에서 다루어 둔 전략 및 전술의 근본문제를 거의 포함하고 있다"고 높이 평가했다. 이미 앞에서 얘기한 것처럼, 일본의 기업가들은 패전 후, 『손자병법』을 기업의 경영에 활용해서 대성공을 거두었으며, 또 미국의 경영학의 창시자로 알려진 피터 드러커는 "수 천 년 전의 중국인들 역시 경영을 발명했다. 2,500여 년 전 춘추시대의 『손자병법』은 완벽한 경영학 교과서이다"고 말했다. 나는 군사고전인 『손자병법』과 『전쟁론』은 전쟁·경영학 분야뿐만 아니라, 우리들 인생의 경영에도 길잡이가 되는 귀중한 보고임을 여러분들에게 알려주고 싶다.

나는 공군사관학교(1954)와 공군대학(1970)을 졸업했지만, 군사고전인 『손자병법』과 클라우제비츠의 『전쟁론』(1832)을 전연 배우지 못했다. 그러한 군사고전을 가르칠 수 있는 군사 전문가가 당시 우리나라에는 없었다(예컨대, 6·25전쟁(1950) 때, 작전지휘를 수행했던 국군 제1 사단장 백선엽 대령은 29세였고, 제7 사단장 신상철 대령은 26세였다). 그 후 독학으로 군사고전을 연구하여 사관학교 생도, 공군대학 학생장교 그리고 국방대학원에서 가르쳤고 또 번역서도 발간했다.

---

5) 李鍾學 譯, 1973『孫子兵法』(서울 : 명문당, 1993, 중판) 및 『전략이론이란 무엇인가』(충남대학교 출판부 : 2006, 2쇄), pp. 53~105 참조할 것.

나에게 있어서 가장 중대한 영향을 미친 것은 『손자병법』의 첫 구절이었다. 즉 "전쟁은 국가의 중대한 일이다. 국민의 생사와 국가의 존망이 기로에 서게 되는 것이니 신중히 검토하지 않으면 안 된다."

생도시절에 배운 군사분야의 교육내용이란, 살인을 위한 새로운 무기의 성능과 군사훈련이었기 때문에, 직업군인이 된다는 것에 깊은 회의심을 품고 있었다. 더욱이 중학시절에 『큐리 부인전』을 읽고는 그 영향을 받아, 앞으로 훌륭한 화학자(Chemist)가 되어 사회와 국가에 공헌을 하고 싶어서 고민에 빠졌던 것이다.

그러나 『손자병법』의 첫 구절은 지금까지의 나의 전쟁에 대한 생각이 전술적戰術的 사고思考 이하에 머물고 있었다는 것을 알게 했고, 새로운 고차원의 안목을 열어주었다. 즉 전쟁이란 무엇이며, 직업군인이 해야 할 의무와 본분이 무엇인가를 명시해 주었다. 유사이래, 인류사회에는 전쟁이 존재해 왔고, 전쟁은 우리가 좋아하거나 싫어하거나 간에, 국가의 존망과 국민의 생사를 좌우할 뿐만 아니라, 패자는 승자의 의지 앞에 굴욕적인 굴복을 당하고 만다. 그리고 전쟁은 시작하고자 하는 자의 의지에 의해 언제든지 시작할 수 있으며, 또 국가간의 분쟁을 해결하는 최후 수단이 되어왔고 그리고 인간의 천성이 갑자기 변하지 않는 한, 전쟁 양상을 달리하면서 계속 존재할 것이다. 이것이 바로 우리들이 왜 전쟁을 연구해야 하는가 하는 당위성과 이에 대비해야 하는 이론적 근거가 된다는 것을 알게 했다.

1980년 9월, 서울대학교 학훈단장이 "서울대학교 내의 조교수·전임강사들에게 예비군 훈련을 해야 하는데, 그렇다고 제식훈련을 할 수 없으니 특별강의를 3시간 해 달라"고 요청해 왔다. 관악산 아래의 서울대학교 강당에 안내되어 가보니, 100명 정도의 청강인이 강당을 꽉 메우고 있었다. 나는 중학생 때부터 군인은 군국주의자로 생각했고, 직업군인이 되어서도 한동안 업무수행에 회의를 품고 있었으나, 『손자병법』의 첫 구절, "전쟁은 국가의 중대한 일이다. 국민의 생사와 국가의 존망이 기로에 서게 되는 것이니, 신중히 검토하지 않으면 안 된다"를 읽고서 크게 깨달았다는 것과 전쟁이란 무엇인가를 설명했고, 또 6·25전쟁의 실상을 상세히 소개했다. 강의 첫 시간에 서울대 총장이 강당에 들어와서 30분 정도 청강을 했는데, 어떤 자가 서울대 교수들에게 강의를 하는가 하고 궁금했던 모양이다. 그 후 특강이 퍽 유익했다는 뒷얘기를 학훈단장이 전해주었다.

군사고전인 『손자병법』과 『전쟁론』을 이해하기 위해서는 중국 고전인 『노자老子』와 헤겔(1770~1831)의 변증법(Dialektik)을 알아야 한다. 즉 정립(Thesis)과 반정립(Antithesis)을 거쳐, 이 대립의 종합(Synthesis)에 도달하는 사상思想과 실재實在의 논리적인 발전이다. 모순을 배제하는 형식논리학에서는, "A는 비非A가 아니다"고 한다. 즉 "생生은 사死가 아니다." 그러나 변증법에서는 모순·대립을 수용하여, "A는 비非A가 된다"는 사고방식으로, 생과 사, 평화와 전쟁, 공격攻擊과 방어防禦, 성공과 실패 등 얼핏 보아 모순으로 생각되는 대립마저도 유동화 함으로써 '생은 사가 된다'고 하는 역동적인 사고방식이다. 예컨대, 이순신은 명량해전(1597. 9. 16) 바로 전날 지휘관을 모아두고, "병법에 이르기를, 반드시 죽고자 하면 살고, 살고자 하면 죽는다(必死則生 必生則死)"고 했고, 즐거움은 고통의 씨앗이요, 고통은 즐거움의 씨앗이다. 모든 실패나 실망 속에는 그보다 큰 성공과 희망의 씨앗이 숨겨져 있다는 등이다. 변증법은 군사고전뿐만 아니라, 인생을 이해·해석하는 데도 대단히 중요하지만 지면상 상세한 내용은 생략하고,[6] 또한 『손자병법』의 내용에 대해서도 생략하겠다.[7]

## 다. 클라우제비츠의 『전쟁론』(1832)[8]

독일의 군인이며 저술가였던 골츠 원수(1843~1916)는, "클라우제비츠 이후 전쟁을 논하고자 하는 군사이론가는, 마치 괴테 이후 『파우스트』를, 또 셰익스피어 이후에 『햄릿』을 쓰고자 하는 모험을 범하는 것과 같다"고 논평했을 정도로, 클라우제비츠(1780~1831)의 『전쟁론』(1832)은 군사학계에서는 유명했다. 그런데 공군사관학교 군사학 교관이었던 나(중위)는 클라우제비츠의 『전쟁론』을 1957년 7월 19일, 대구의 고서점에서 미국서 최초로 영어로 번역되어 1943년에 간행된 『전쟁론』을 처음보고 구입했으나, 그 때는 저자뿐만 아니라 책의 가치도 전연 알지 못하고 책명과 목차만 보고 구입했으니, 실로 부끄러운 얘기였다.

곧 『전쟁론』을 읽기 시작했으나, 제1편 제1장도 모두 읽기 전에 너무 어려워 읽기를 포기했다. 그 후 미국 유학에서 귀국한 선배가 가져온 클라우제비츠의 『전쟁의 원칙』(클라우제비츠가 황태자에게 가르친 군사학 강의 개요의 영역본)을 빌려서 읽고 번역해서, 기초훈련을 마치

---

6) 李鍾學, 『클라우제비츠와 戰爭論』(서울 : 주류성, 2004), pp. 232~252 참조할 것.
7) 李鍾學, 『軍事理論과 軍事教育의 研究』(경주 : 서라벌군사연구소), 1997, pp. 79~107 참조할 것.
8) 클라우제비츠, 『戰爭論』, 李鍾學 譯(서울 : 대양서적, 1972) 및 李鍾學(2004), 앞의 책을 참고할 것.

고 사관학교에 온 장교 후보생들에게 강의했다. 이것이 계기가 되어 「공사신문」 창간호(1957년 10월)에 「클라우제비츠 장군의 생애와 전쟁원칙」을 발표함으로써 그와 인연을 맺게 되어 연구가 시작되었다.

1982년 7월 말, 나는 미국의 워싱턴에서 개최된 국제군사사학회의 세미나에 참가했다. 그 기회를 이용하여 미국 국방대학원(National War College)과 미 육군 전쟁대학원(U.S. Army War College)을 방문하여 자료를 수집하는 과정에서, 세계 최강을 자부했던 미 육군이 월남전쟁에서, '전투'에서는 언제나 승리했는데, '전쟁'에서 패배하고 말았다. 그래서 그 원인을 찾기 위해 군사고전인 『손자병법』과 『전쟁론』을 70년대 말부터 가르치고 또 토의를 한다는 것을 알고, '미 육군은 패전하고서야 정신을 차리는 모양이군.' 하고 생각했다.

클라우제비츠는 23년간 나폴레옹과 싸웠으며, 또 『전쟁론』의 원고 집필기간이 12년간이나 계속되었으나, 병으로 51세에 요절함으로 인해 미완성 작품으로 남게 되었다. 그럼에도 불구하고 오늘날 세계 주요 강대국의 군사대학에서 『전쟁론』이 연구·토론되고 있는데, 그 이유는 과연 무엇일까?

첫째 : 전쟁의 본질 및 구조에 대해 포괄적이고 깊이 있게 다루어지고 있다.
둘째 : 정책과 전쟁의 관계정립이며, 오늘날의 문민통제(civilian control)의 원형을 제시하고 있다.
셋째 : 전쟁 수행 및 전략·전술의 기본적 고려요인의 고찰.
넷째 : 전쟁이론의 방법론적·이론적 기초의 정립 등이다.

『전쟁론』은 전연 관점을 달리하는 '절대전쟁'(absolute war, 적의 격멸을 목적으로 하는 전쟁)과 '현실전쟁'(real war, 적국의 국경부근에 있는 적 국토의 얼마간을 쟁취하려는 전쟁)의 혼작混作의 미완성 작품, 즉 현실전쟁의 관점에서 수정을 완성하지 못했으며, 또 철학적 용어의 추상성과 방대한 분량 그리고 이해하기 어렵고 오해를 받는 책으로, 평가는 사람과 나라에 따라 다르다는 것이 현실이다. 특히 『전쟁론』의 연구는 독일에 있어서도 제2차 세계대전 이후 본격적으로 시작되었다. 클라우제비츠는 『전쟁론』의 방법론적·이론적 기초를 정립함에 있어서 칸트(1724~1804)에서 헤겔(1770~1831)에 이르는 독일 관념주의 철학을 기초로 하고 있기 때문에 어느 정도의 철학적 기초지식이 필수적이다. 그러나 군인들이 『전쟁론』을 읽고 이해하기 위해 철학을 연구한다는 것은 대단히 어려울 뿐만 아니라, 예컨대 칸트철학 그 자체를 이해한다는 것은 쉬운 일이 아니다. 일본의 아마노(天野貞祐, 1884~1980) 박사는 칸트철학의 전공자이며 독일 유학을 마치고 일본에 돌아와서, 칸트의 『순수이성비판』(1781)을 일본어로 번역·출판하니, 일본의 대학에 와 있던 독일인 교수는, "독일인도 읽고 이해하지 못하는 책을 어떻게 일본어로 번역했을까?" 하고 말했다는 에피소드를 남겼다.

나는 칸트의 『순수이성비판』을 읽는데 10년 가까운 세월을 보냈고, 헤겔의 저서는 일본어로 번역된 책은 거의 읽는데 많은 세월을 보냈으며, 그동안 『전쟁론』에 대해 발표했던 논문을 편집하여 47년만에 『클라우제비츠와 전쟁론』(2004)의 단행본을 출간했다. 특히 2000년 1월 일본의 방위연구소 전사부에서 발표한 논문 「일본의 서양 군사이론 수용에 관한 연구－제국 육군 참모본부를 중심으로－」[9]는 그동안의 『전쟁론』 연구를 요약·정리한 것이었다. 거기서 일본의 참모본부는 몰트케(1800~1891)의 독일 참모본부로부터 참모본부의 조직·운영, 통수권의 독립, 절대전쟁관에 의한 작전·전술 등을 배웠지만, 클라우제비츠의 현실전쟁관에 의한 정책과 전쟁의 관계 등, 전쟁철학의 연구를 소홀히 했다. 그 결과는 역사가 보여주듯 일본의 군국주의·침략전쟁·패전의 길로 간 것으로 해석할 수 있다. 따라서 우리들은 클라우제비츠 『전쟁론』의 참 뜻을 파악하여, 지금부터 더 노력을 해야 한다고 결론지었다. 이것이 계기가 되어, 일본의 클라우제비츠 학회의 회장 및 회원의 공저로, 『전쟁론의 읽는 법－클라우제비츠의 현대적 의의－』(2001)[10]가 일본에서 발간되었다.

클라우제비츠의 『전쟁론』에 관한 구체적 내용은 생략키로 한다.

## 4. 군사사학에 의한 고대사 산책

### 가. 군사사학이란 무엇인가

군사사학(혹은 군사사, military history)이란 용어는 군사학(military art and science)과 역사학

9) 李鍾學, 『軍事史学による古代史散策』(慶州 : 徐羅伐軍事研究所, 2007), pp. 241~271.
10) 郷田豊·李鍾學·杉之尾宜生·川村康之, 『戦争論の読み方－クラウゼヴィッツの現代的意義－』(東京 : 芙蓉書房出版, 2001)

(history)의 합성어로서, 역사학의 한 분과이며, 마찬가지로 군사학의 한 분과인 군사사학은 군사학의 이론적 기초요, 또한 발전 근원의 하나로 작용하는 과거 군사경험에 대한 지식의 체계이다. 따라서 군사사학은 역사학이 먼저이고, 군사학은 다음에 위치하는 학문분야이다.

나는 20여 년 전에 「현대 군사사의 연구방향」이라는 논문에서, 군사사학 연구의 의의, 군사사학의 개념과 범위, 군사사학의 연구방법, 군사사학 연구의 고려요소[11] 등을 논의했기 때문에 여기서는 생략키로 하고, 실제 응용의 사례를 소개하고자 한다.

## 나. 광개토왕 비문의 신묘년 기사의 해독·해석

광개토왕 비문(차후 비문으로 약칭함)의 쌍구본을 처음으로 일본에 가져간 것은 1883년 가을 일본 육군 참모본부의 간첩이었다. 그 후부터 참모본부 편찬과원 겸 육군대학 교수인 요코이(橫井忠直)가 중심이 되어, 여러 학자들을 동원하여 상세한 연구가 진행되었다. 그리하여 1889년 6월 『회여록會餘錄』 제5집이 비문 연구의 특집호의 형태로 간행되었으며, 거기서 신묘년(391) 기사(차후 기사로 약칭함)는 다음과 같이 해독·해석되었다.

· 碑文 : 百殘新羅舊是屬民由來朝貢而倭以辛卯年來渡海破百殘□□□羅以爲臣民
· 解釋文 : 百殘(百濟)과 新羅는 옛부터 高句麗의 신민으로 조공해 왔다. 그런데 倭가 신묘년(391)에 바다를 건너와 百殘과 □□ 와 [新]羅를 쳐서 신민으로 삼았다.(日本의 通說)

육군 참모본부의 요코이의 주도로 해독·해석된 기사는 그 후 일본 고대 사학계에서 일관된 정설로 야마토(大和) 정권政權의 조선출병과 '임나일본부'설의 논거가 되어왔다. 나는 일본에서의 '신묘년 기사'의 통설에 대해 논파論破한 논문, 「광개토왕 비문의 신묘년 기사의 검토」를 한국뿐만 아니라, 일본의 학술지에도 발표했다.[12] 그런데 우리나라 역사학계의 중진으로 활약하는 학자들의 최근의 '기사'에 대한 해석 및 인식이 필자로 하여금 놀라게 했다. 즉

11) 李鍾學, 「現代軍事史의 研究方向」, 『軍史』제3호(서울 : 국방부 전사편찬연구소, 1981), pp. 10~59.
12) 李鍾學, 「廣開土王碑文의 辛卯年記事의 檢討」, 『軍史』제32호(서울 : 국방군사연구소, 1996)와 「広開土王碑文の真実 −軍事史学的研究方法による辛卯年記事の検討−」, 『日本及日本人』(東京 : 日本及日本人社, 1998) 및 『東アジアの古代文化』 100号 (東京 : 大和書房, 1999) 轉載.

- '백제와 신라는 옛부터 고구려의 신민으로 조공해 왔다. 그런데 왜가 신묘년에(또는 신묘년 이래로) 바다를 건너와 백제와 □□와 신라를 쳐서 신민으로 삼았다'로 풀이하는 것이 '통설'이었다.… 현재까지의 논의를 통해서 볼 때, 신묘년 조 기사의 해석 자체는 '통설'과 같이 하는 게 순리라고 여겨진다. 단 신묘년 조에서 전하는 기사의 내용은 그대로 다 사실성이 있는 것이라고 보기는 어렵다.[13)]

나는 '제32회 동아시아 고대학회학술 발표대회'(2007. 12. 26)에서, 「군사사학軍事史學이란 무엇인가?－광개토왕 비문廣開土王碑文 신묘년 기사辛卯年記事를 중심으로－」를 발표했는데, 여기서는 지금까지의 연구 결과만을 소개코자 한다.[14)]

첫째 : 일본열도의 倭가 신묘년(391) 이전부터 한반도에 진출했다면, 대한해협을 건너 도해작전에 필요한 병력·무기·식량 등을 운반하기 위해 「구조선構造船의 존재」가 전제·필수조건이지만, 일본의 고대 사학계는 아직도 문헌사학 뿐만 아니라, 고고학에서도 이것을 실증하지 못하고 있다.

둘째 : 일본의 통설과 마찬가지로, 倭가 391년 백제·신라를 파하고 신민臣民으로 삼았다고 가정해도, 비문의 영락 10년(400)과 14년(404)에 倭는 '대궤·대패'되었기 때문에 한반도 남부에 발판이 되는 거점(작전기지)의 상실로 인해 「임나일본부」설은 전연 성립되지 않는다.

예컨대, 1793년 3월 나폴레옹은 이태리 방면군 사령관에 임명된 이후, 연진연승하여 황제가 되어 유럽대륙에 군림했으나 워털루 전투(1815)에 패배하자, 남대서양의 외딴 섬 센트 헤레나에 유배되었다. 전쟁철학자 클라우제비츠는 명저 『전쟁론』(1832)에서 주장했다. "이와 같은 전쟁의 형태에 있어서, 영광은 최후의 승리자에게 주어진다는 것을 언제나 기억해야 한다."(제8편 제3장). 여기서 영광이란 전쟁에서 정치적 목적의 달성을 뜻하는데, 지금까지 비문 연구가들은 이처럼 중요한 군사이론의 내용을 간과해 왔던 것이다.

셋째 : 비문에 의하면, 영락 6년(396), 고구려왕이 친히 수군을 거느리고 가서 백제를 토벌했고, 백제왕은 항복하여 영구히 고구려왕의 노객奴客이 되겠다고 맹세했다. 또 영락 9년(399), 신라왕은 사신을 보내 구원을 요청했다.

일본의 신묘년 기사의 통설에 의하면, 391년 이후 백제왕·신라왕은 등장할 수 없을 터인데, 그 후 비문에 등장하는 것으로 보아 참모본부에서 해독·해석한 신묘년 기사의 통설은 전연 잘못된 해독·해석임을 실증하는 내용이다.

넷째 : 비문을 작성한 찬자撰者는, 고구려의 적측인 백제百濟를 '백잔百殘'이라고 멸칭한 것처럼, 비문에 등장하는 '倭'란 일본열도의 야마도(大和) 정권이 아니라, 임나가라任那加羅에 대한 멸칭이었다. 그 이유는 비문의 영락 10년조(400)에 의하면, 거기에는 '왜倭·왜적倭賊·왜구倭寇'가 등장하지만, 고구려군의 공격목표는 '임나가라'였기 때문이며, 또 "도래계 집단(한반도)은 야요이

---

13) 노태돈, 「광개토왕 능비」, 『한국고대사 연구의 새동향』(서울 : 서경문화사, 2007), pp. 445~446.

14) 상세한 내용은 李鍾學 外, 『廣開土王碑文의 新研究』(경주 : 서라벌군사연구소, 1999) 및 李鍾學, 『軍事史学による古代史散策』(慶州 : 徐羅伐軍事研究所, 2007), pp. 122~140을 참고할 것.

시대(300B.C.~300)부터 계속하여 급속히 그 수를 증가하여, 아마도 기타규슈(北九州)를 중심으로 많은 소왕국(부족국가)을 만든 것으로 생각한다."[15] 고 했기 때문이다.

다섯째 : 필자는 신묘년 기사에 대해 다음과 같이 해독·해석한다.

- 백제와 신라는 옛날부터 속민으로서 고구려에 조공해 왔다. 그런데 임나가라는 신묘년(391)부터 (침공해)왔다. 고구려군은 바다를 건너 백제와 任那加羅를 파하고 신민으로 삼았다…

일본 제국주의자들은 한반도를 침략·강탈하기에 앞서, 비문의 왜곡된 해독·해석을 통하여 고대로부터 倭는 한반도를 지배·통치해 왔다고 함으로써, 그들의 대륙정책의 침략을 정당화했었다는 것에 유의할 필요가 있으며, 최근(2008. 7. 14) 일본정부는 독도를 '일본 고유의 영토'임을 교과서에 게재토록 조치를 취했는데, 그들의 침략적 근성에는 단호히 그리고 치밀한 대책이 필요하리라.

## 다. 일본 천황가天皇家는 어디서 왔는가?(가와우치(河內) 거대고분의 수수께끼를 풀다)

1991년 10월 8일, 나는 가야의 철제무기·갑주·마구 등에 관심이 있어서 부산시립박물관에서 개최하는 「신비의 고대왕국, 가야 특별전」을 관람하러 갔었다. 거기서 가져온 소책자에서 다음 내용을 읽고 놀랐다. 즉 "광개토왕의 남정南征이 있은 후, 복천동 유적에서 대형분의 주곽이 목곽묘에서 석곽묘로 변하는 5세기 전반에 있어서 김해 대성동 유적에서 수장급의 묘가 급격히 소멸되고, 그 후 한 때, 복천동의 세력이 낙동강 하구의 중심세력으로 부상했던 것이다." 그렇다면, 광개토왕 비문에 등장하는 임나가라는 어디로 갔단 말인가?

나는 비문에 등장한 임나가라(任那加羅, 에가미(江上波夫, 1906~2002) 교수의 '기마민족騎馬民族 정복왕조征服王朝'설, 그리고 『송서宋書』왜국전倭國傳에 있는 왜왕 무倭王武의 상표문을 근거로 하여, 5세기에 출현한 일본의 '가와우치(河內) 거대고분巨大古墳'의 수수께끼를 풀기 위해 다음과 같이 가설을 세웠다. 즉 "400년 고구려군에 항복했고, 또 404년 대방지역(황해도)에 침입했다가 궤패당한 임나가라 왕조는 준비를 갖추어, 408년경 기마부대와 수군을 지휘하여 일본열도의 가와우치 지방(오사카大坂 지역)에 상륙해서 주술적·제사적인 三輪

15) 埴原和郎,『日本人の成り立ち』(京都 : 人文書店, 1996), p. 283.

王朝를 정복하여 가와우치 왕조(河內王朝)를 수립했으며, 정복왕조로서 거대고분을 축조했다. 이것이 소위 말하는 『송서』왜국전에 등장하는 왜 오왕倭五王의 시대이리라." 나는 일본 고대 사학계의 가와우치 왕조에 관한 학설사를 조사해 보았다.

일본은 뿌리 깊게 내려져온 '황국사관皇國史觀'에 의해, 즉 天照大神의 자손이 내려와서 일본을 통치했으니 일본은 신국神國이며, 만세일계萬世一系의 천황天皇이 통치해 왔으니, 천황의 신성神性과 그 통치의 정당성, 영원성을 주장해 왔다. 그러나 태평양전쟁에서 패전하여, 일본 천황은 1946년 신神이 아니라는 '인간선언'을 한 바도 있다. 이것은 일본에서의 극우파 정치인들이 신봉하는 이데올로기이며 아직도 뿌리가 깊다.

나는 새롭게 수립한 가설에 입각하여, ① 인류학 - 일본인의 기원 - ② 언어학 - 일본어의 유래 - ③ 고고학 - 기마부대의 군사 지휘자는 어디서 왔나? - ④ 문헌사학 - 君父의 원수란? - 등 학제적 접근법(Interdisciplinary Approach)으로 9년 만에 논문을 완성하여, 일본에서 과연 게재해 줄 것인가 하고 의심하면서 투고했던 바, 2회에 걸쳐 게재해 주었으며, 논문 명칭은 「가와우치 거대고분河內巨大古墳의 수수께기를 찾아 - 5세기 전후를 중심으로 하는 새로운 가설 -」[16]이다. 이 논문에 대한 반론은 아직 없을 뿐만 아니라, 우리나라에서는 아직 학술지에 소개한 바가 없다는 것을 밝혀둔다.

## 라. 주류성·백강의 위치 비정에 관하여[17]

660년 신라와 당나라 연합군이 백제의 사비성을 공략하여 백제를 항복시켰다. 그러나 옛날부터 백제와 긴밀한 관계에 있던 왜국倭國은 백제 부흥군의 활동을 지원하기 위해 출병했으나, 663년 백강白江 해전에서 패배 당했고, 부흥군의 근거지인 주류성周留城도 곧 함락되었다. 그런데 옛 전쟁터인 주류성·백강의 위치가 어디인가에 관해 학자들의 견해가 엇갈리고 있지만, 군사사학적軍事史學的 연구방법으로 규명을 시도했으며, 여러 학설과 연구결과만 간략하게 소개하고자 한다.

---

16) 李鍾學, 「河內巨大古墳の謎を探す - 5世紀前後を中心とする新仮説 -」, 『東アジアの古代文化』 第113·114号, 2002, 2003 및 『軍事史学による古代史散策』, 2007 참고할 것.

17) 李鍾學, 「周留城·白江의 位置比定에 관하여」, 『軍史』제52호(國防部 軍事編纂研究所, 2004), pp. 161~191.

1) 주류성은 한산의 건지산성乾芝山城이고, 백강은 웅진강熊津江이라는 설.
2) 주류성은 부안군 상서면에 있는 위금암位金岩 산성이고, 백강은 동진강이라는 설.
3) 주류성은 전의지구全義地區의 두솔성豆率城이고, 백강은 안성천安城川이라는 설 등등.

연구결과만 소개하면 다음과 같다.

첫째 : 신라군과 당군은 웅진(공주)에서 육군의 연합군을 편성했으며, 663년 7월 17일에 출발하여 8월 13일에 두솔성(주류성)에 도착했고, 27일과 28일의 백강 해전에서 왜 수군倭水軍은 패배했고, 9월 7일 백제의 두솔성은 항복했다. 따라서 주류성은 공주로부터 26일간의 행군거리에 있고, 남쪽에 위치한다. 만약 주류성이 한산의 건지산성이라면, 행군 일수는 일주일이면 충분하고, 또 최근의 발굴조사에 의하면, 고려시대의 유물은 출토되어도, 백제시대의 유물은 전연 출토되지 않았다.

둘째 : 기록에 의하면, "661년 3월 12일, 대군이 고사비성 외古沙比城外에 주둔하여 두량윤성(주류성)을 공격하였으나, 한 달 엿새가 되도록 이기지 못했다."(『삼국사기』 신라본기 제5, 태종무열왕). 이 기록은 역사가들에 의해 간과되었으나, 이것은 주류성을 공격하기 위해 고사비성 외에 작전기지(operational base)를 설치해서 공격했으나 실패했다는 기록으로, 고사비성 인근에 주류성이 위치한다는 결정적 사료史料이다. 고사비성이란 지금의 고부古阜를 뜻한다.

셋째 : 기록에 의하면, "복신은 거짓 병을 칭하여 굴실窟室에 숨고 부여풍이 병문안 오기를 기다렸다가 기습하여 왕을 살해하려 하였다."(『구당서舊唐書』 백제)

이 기사로 보아 산성에는 동굴이 있었다는 것인데, 산성 내에 동굴이 있는 곳은 부안군의 위금암 산성뿐이다.

한국 역사학계의 주류主流는, 주류성은 한산의 건지산성이고 백강은 웅진강(금강)이라 했으나, 필자는 위의 세 가지 근거를 바탕으로, 주류성은 위금암 산성(현재 주류산성이며, 부안군 상서면 감교리)으로, 백강은 동진강으로 위치 비정을 하는 바이다.

## 5. 6·25전쟁의 초기작전의 연구

우리들 세대는 6월만 되면 6·25전쟁을 회상하게 되지만, 요즘의 젊은 세대는 그렇지 않은 것도 당연하겠지만, 지난날의 역사에서 교훈을 배워야 한다는 점은 결코 잊어서는 안 될 것이다.

1950년 6월 25일에 일어난 전쟁은 3년 1개월에 걸쳐, 인적 피해(전사·부상·민간인의 피살 및 행방불명 등)는 남북한의 2,256,000여 명, 중공군의 972,600여 명, 유엔군의 545,908명, 소련군의 조종사 수 백 명이었으며, 전 국토는 철저히 황폐해졌고, 온 민족은 헐벗고 굶주리는 세계 제일의 가난한 민족으로 전락했다. 그리고 남북 분단의 고정화, 상호간의 불신과 증오, 또한 민족사상 최대의 비극을 초래했다. 뿐만 아니라, 이 전쟁은 20개 국의 군대가 한반도 내에서 싸웠으니, 세계전쟁의 축소판이라 해도 과언이 아니며, 이런 비극을 가져온 데 대한 책임은 실로 중대하며 또한 결코 잊어서는 안 될 것이다.

우리나라 사학계에도 알려진 미국 시카고 대학교의 브루스 커밍스 역사학 교수는 제1·2권의 저서, 『한국전쟁의 기원』(1981, 1990)을 발표했다. 그의 저서 제2권의 제18장은 「누가 한국전쟁을 시작했나」라는 제목이며, 거기의 결론은, "누가 한국전쟁을 시작했나? 이 의문에는 답을 할 수가 없다."고 주장했다. 그러나 그 후의 저서, 『북한 : 별개의 나라』(*North Korea : Another Country*, 2004)에서는, "1991년 이후 공개된 소련의 문서를 연구한 전문가들은 스탈린이 일으킨 전쟁이었다. … 이러한 시각에서 본다면 1950년 6월 25일을 전쟁발발일로 단정해야 한다. 북한은 이 날, 남한을 침략한 것은 확실하다"고 했다.

커밍스 교수는 6·25전쟁의 성격에 대하여 '내전'이라 주장했으며, 북한은 '해방전쟁'이라 주장했고, 동국대학교의 강정구 교수는 이에 동조한 인물이다. 그러나 이들의 주장은 허구이며, 동의할 수 없다. 그 이유는, 1950년 6월, 남북한에는 ㉮ 현대전 수행에 필요한 무기·장비의 생산 능력, ㉯ 10만 명 이상의 병력을 동원하여 전쟁을 수행하기 위한 군사전략·작전계획의 수립가, ㉰ 1개 사단 이상의 병력을 지휘한 실전 경험자, 이 세 가지 조건의 부재不在 때문이다. 김일성은 스탈린의 '승인'과 마오쩌둥(毛澤東)의 '동의'를 얻어 6·25전쟁을 일으켰는데, 그것은 스탈린의 '대리전쟁'으로 나는 해석한다.

1966년 3월, 김일성은 평양을 방문한 미야모토(宮本顯治) 일본 공산당 서기장에게 6·25전쟁에 관하여, "소련은 무기를 보내어 원조한다고 결정했다. 그러나 유상有償의 값비싼 무기였다. … 조선전쟁(6·25전쟁)으로 돈벌이를 한 것은 소련이었다"고 실토했다.

나는 60년대 중반부터 공군사관학교 교수부 군사학과에 재직하고 있으면서 생도들에게 전쟁사를 가르쳤다. 그런데 6·25전쟁 초기작전 시 한국군의 패인 규명을 하는 과정에 납득이 가지 않는 요인이 있었다. 그래서 군사학 과장(중령)으로 있을 때(1968년 10월), 국방부 전사편찬 위원회의 문희석 위원장(해병대 준장 출신)을 정복을 입고 찾아가서 질문했다.

> 채병덕 총참모장의 모순된 여러 조치사항인데,
> ① 방어진지의 건설 건의를 묵살한 것.
> ② 6월 10일에 군 수뇌·사단장들의 인사이동의 실시.
> ③ 계속되었던 비상경계가 6·25전쟁 직전에 해제된 것.
> ④ 6월 24일 토요일 주말에 외출·외박을 실시한 것.
> ⑤ 개전 1개월 전 각 연대의 4문의 대전차포를 수리한다는 명목으로 회수한 것.
> ⑥ 전방사단의 예속 변경.
> ⑦ 6월 24일·25일의 심야 파티 등인데, 아무리 연구해도 이해가 가지 않습니다.
> 이렇게 말하고 문 위원장을 바라보았더니, 그 분도 나를 바라보면서 말문을 열었다.
> "2차 심야 파티는 국일관에서 25일 오전 2시까지 진행되었으며, 그 비용은 정국은鄭國殷이 지불했소." 하고 말했다.

정국은은 북한의 거물간첩으로, 1953년 8월 31일 육군 특무대의 수사진에 의해 체포되었을 때, 그는 연합신문 주필이었으며, 무시무시한 간첩 행위를 순순히 자백했다. 그는 12월 5일 군재軍裁에서 사형을 언도받고, 다음 해 1954년 2월 19일 사형이 집행되었다. 나는 2004년 2월 14일, 육군본부 법무감실 고등검찰부 기록실장 앞으로 공문을 보내 정국은의 재판기록 열람을 신청했다. 그런데 2월 26일자 육군 참모총장(전결 : 고등검찰부장) 명의로, "정국은에 대하여 판결문 색인부를 열람한 바 관련 자료가 없음을 통보하니, 참고하시기 바랍니다."라는 통보를 받았다.

이것은 중대한 사건이 아닐 수 없다. 6·25전쟁 초기작전의 패인이 정국은의 재판기록에 담겨져 있을 터인데, 그 기록을 없애버리다니! 일찍이 프로이센의 클라우제비츠는 그의 명저, 『전쟁론』에서 다음과 같이 주장했다.

> 내적 힘의 충동에 의하여 그러한 일(전쟁의 이론화 작업)을 지망하는 사람은 이 경건한 일에 대해 긴 성지순례에 대한 마음가짐과 비슷한 준비를 해야 한다. 그는 많은 시간과 세월을 희생해야 하며, 어떠한 노고도 두려워하지 않으며, 그 시대의 권력과 권위를 두려워하지 않고 자기의 허영심과 수치

를 극복하며, 프랑스의 법전 표현을 빌면, 진실을, 진실만을, 완전한 진실만을 말하도록 노력해야 한다.(제2편 제6장)

6·25전쟁 초기작전의 패인은 철저히 규명해야 한다. 역사의 연구란 과거의 진실을 밝히고, 그것을 기초로 하여 현재의 위상을 이해하고, 미래의 방향을 제시하는 데 있다고 확신한다.

## 6. 인생단상※

### 가. 학창시절을 회상하면서

1946년 3월 송림(松林, 지금의 포항제철이 위치하는 곳)에 있는 일제日帝 때의 해군 건물에서 동시상업학교의 입교식을 하고 배움을 시작했다. 포항에서 형산강을 건너 왼쪽으로 구부러져 한참을 가는 데 대흥동의 우리 집에서 8킬로미터는 충분했을 것이고, 자전거로 통학하는 학생은 몇 사람 있었지만, 대부분 하루 16킬로미터는 걸었으리라. 아직 건강한 것은 당시 등굣길이 멀어서 걷는 운동을 많이 했기 때문이라 생각한다.

국어 시간에는 한글부터 다시 배웠고, 점심시간에는 각자 가져온 도시락을 가지고 몇 사람의 친구들과 어울려 솔밭에서 식사를 했기 때문에 언제나 소풍간 기분이었으며, 지금도 그때의 즐거움을 회상할 수 있다.

20대 초반의 머리를 올백하고 안경을 낀 수학을 가르치던 김용구金容九 선생님이 계셨는데, 나이 많은 학생과는 같은 연배였으리라. 그 분의 수학시간은 퍽 재미가 있었는데, 다른 반 친구가 말하기를, "선생님이 너 수학 잘한다는 얘기를 했어"라고 전해주기도 했다.

"노울세"로 시작되는 김동순(김영으로 개명) 선생님의 주판 연습시간은 잊을 수가 없다. 숫자를 부르면서도 주판을 보지도 않고 주판알을 튕기는 모습은 놀랍고 신기하여 주판의 셈은 하지 않고 그 모습을 때때로 훔쳐보기도 했다. 더욱이 비 오는 날, 주판을 비에 적신 학

---

※ 새로 첨가한 내용임.

생이, "선생님, 주판알이 움직이지 않습니다"고 말하면, 선생님은 호주머니에서 흰가루가 들어있는 쌈지를 꺼내어 주판 위를 문지르니 주판알이 움직이게 되었는데, 어떻게 그것을 미리 알고 흰가루 주머니를 준비했을까 하고 신기한 생각이 들기도 했다.

당시 축구 붐이 일어나 인기가 대단했을 때인데, 우연하게 축구부에 들어가 대표선수 생활을 하게 되었고, 당시 체육을 가르치면서 축구부 코치로 정우덕 선생님(30대 초반)이 계셨다. 축구부의 친구들은 나이가 많았고 또 학급에서도 성적이 우수한 모범생들이었다. 그런데 2학년이 되면서 대구·서울로 많은 동료들이 전학해 버렸고, 새로운 구성원은 약간 질이 떨어졌다. 그러나 나는 열심히 축구에 전념하다 보니 학과 공부를 등한시 하게 되었다.

3학년이 되면서, 계속 운동을 해서 선수로 나갈 것인가, 아니면 공부를 할 것인가 하는 인생의 중대한 기로에 서게 되었다. 혈기와 정열적 학구열이 넘쳤던 김종대(金鍾大, 고인) 선생님의 화학 강의는 흥미와 관심을 불러일으켰다. 거기에다 당시 일본어로 번역된 『큐리 부인』(東京 : 白水社)과 안동혁安東赫 저著 『과학신화科學新話』(1947, 아직도 보관하고 있다)를 탐독함으로써 장래 훌륭한 '화학자'(chemist)가 되고 싶다는 꿈을 가지게 되어 축구부를 그만두고 공부에만 열중했다. 수학을 가르치는 김종찬(金鍾燦, 고인) 선생님을 중심으로 수학부를 조직하여 방과 후 모여서 과외지도를 받았는데, 3학년 말기에 이미 미적분학의 기초를 공부하기도 했으며, 수학부에는 김명수(대구대학교에서 수학을 가르침. 사범대학 학장 역임), 허기, 최병순, 김진하, 박재복 동문 등이 기억에 남아있다.

4학년이 되어 상업학교에서 실업과목에는 관심이 없고, 이공분야, 특히 화학·물리는 책으로 독학을 하다시피 했는데, 장래 문제로 갈등이 생기기도 했다. 당시 화학 교재는 국립서울대학교 문리과 대학 화학교실 편찬 『화학, Ⅰ, Ⅱ, Ⅲ』(동지사, 1948년. 아직도 보관하고 있다)을 사용했는데, 학년 말기에 6학년까지의 교재는 읽었으나, 실험을 할 수 없다는 난점에 부딪히기도 했다.

5학년(1949)에 올라가서는 장래 문제로 고민하다가, 홀어머니에 동생들도 있고 해서 대학 진학은 어려울 것으로 판단하고 결단을 내려 짐을 싸가지고 서울중앙공업연구소(서울 명륜동 소재)로 안동혁 소장님을 찾아갔다. 소장님은 해외출장으로 부재중이라, 임 부소장님을 만나서 통지표를 보여주면서(수학·물리·화학의 성적은 100점으로 기록되어 있었다), "앞으로 화학자가 되는 것이 꿈인데, 여기에 심부름꾼으로 일하게 해 줄 수는 없습니까?" 했더니, "지금 소장이 부재중이라 단독으로 결정하기 어려운데…"라고 했다. "그렇다면 집으로 돌아가겠습니다." 하고 말했더니, 약간 아쉬운 듯한 표정을 지었다. 나는 실망과 좌절감을 가슴에 안고 하행하는 밤 열차에 몸을 싣고 포항의 집으로 돌아왔는데, 다음 해 6월, 6·25전쟁이 발발하고 말았다. 만약 내가 거기에 취직했다면 그 후 어떻게 되었을까…

1981년 3월 22일 14시경 30여년 만에 포도주를 한 병 들고 명륜동에 있는 안동혁 박사님을 자택으로 다시 찾아가서 내 소개부터 했다.

> 본인은 국방대학원에 교수로 재직하고 있으며, 군사학, 즉 군사전략론, 군사사 등을 가르치고 있습니다. 그런데 중학시절에 선생님이 저술한 『과학신화』를 탐독하고서 화학자가 되고 싶어 1949년 10월 찾아뵙고자 중앙공업연구소로 찾아갔으나, 해외 출장으로 만나지 못하고 임 부소장님을 만나고 집으로 돌아갔습니다. 그 후 6·25전쟁이 일어났고… 지금은 군사학을 가르치고 있습니다만, 30여년 전의 옛날 생각이 떠올라 찾아왔습니다.

고 말씀드리고 얘기를 나누었다. 임 부소장은 지금 성환의 과수원 농장에서 은퇴생활을 하고 있다고 했다. 안 박사님은 1951년에 대한화학회장에 취임했으며, 1953년부터 1년여간 제6대 상공부 장관을 역임하면서 우리나라 중공업 발전의 토대를 마련했다. 말년에는 종교, 철학 등에 심취해 유유자적한 철학자의 삶을 누렸다. 70세 생일을 맞이하여 『잔상殘像』(1978)이라는 고희기념 논문집과 『양생잡기養生雜記』(1978)라는 저서를 발간했으며, 방문기념으로 책에 서명을 해주시기도 했는데, 2004년 10월 97세로 돌아가셨다.

## 나. 사관생도 시절과 입원생활 그리고 군사고전의 연구

나의 사관학교 입교(1951. 11) 후의 생각과 생활은 한마디로 '춥고 배고픈 시절'이었다. 그러나 당시 온 국민이 그러한 처지에 있었고, 또 일선에서는 전투로 인해 전사자·부상자가 속출하는 시기였다. 동기생들은 사관학교 생활이 혹독해도 불평이 없었던 것은, 모두들 입교 전 군대에서 사선死線을 넘나들다가 왔기 때문이었으리라.

1951년 12월 하순, 크리스마스를 앞두고 전투 출격을 했던 1기 선배들의 '첫 출격'의 무용담 발표회가 대강당에서 개최되었고, 피교육자들은 2, 3기생들이었다. 어느 1기 선배는 당시 조종한 전투기는 F-51(Mustang)인데, "적진에 들어가서 대공포화가 오른 쪽에서 터지면, 엉덩이를 왼쪽으로 피하고, 또 대공포화가 왼쪽에서 터지면 엉덩이를 오른쪽으로 피했다"고 말하여 모두들 폭소를 터뜨렸는데, 반세기가 훨씬 넘어서도 잊혀지지 않는 이유는 그것이 진실이었기 때문이리라.

졸업을 1년 남기고 최상급생이 되고 보니, 생활에 여유가 생겼다. 나는 중학생 때부터 위대한 화학자(Chemist)가 되고 싶다는 꿈이 있었는데, 사관학교를 졸업·임관하여 직업군인이 된다면, 살인이 본업이 되지 않는가, 하는 회의심이 날로 커져갔다. 1953년 10월, 구대장(훈육관) 최상길 대위를 사무실로 찾아가서 나의 희망과 꿈을 얘기하고, "인생의 진로를 바꾸어야 하지 않겠습니까?" 하고 자퇴할 의사를 건의했다. 최 대위님은 묵묵히 듣고서는 "돌아가서 대기하고 있으라"고 했다. 3일 후에 느닷없이 모든 사물을 챙겨서 대기 중인 자동차에 타라는 것이었다. 행선지를 물으니, "마산의 공군병원에 입원하라"는 것이었다.

마산의 공군병원에 입원하고 보니, 폐렴으로 입원하고 있는 동기생들이 있어서 외롭지는 않았다. 그런데 입원한 동기생들은 매일 약을 먹고 있는데, 나는 진찰도 하지 않았을 뿐만 아니라, 약도 주지 않았다. 입원한 지 3일 후에 내과 과장 이봉균 중령님을 찾아가서, "병명은 무엇이며, 왜 약을 주지 않습니까?" 하고 질문하니, "병명은 신경쇠약이니, 약은 없다"고 했다. 나는 "신경쇠약이 무엇입니까?" 하고 묻기도 했지만, 2, 3일마다 '생활 감상문'을 제출하고는 자유로운 생활이 4개월간 계속되었다. 동기생 환자들은 내과 과장을 대단히 무서워했지만, 이 과장님은 내 글을 읽고는 "재미있게 읽었다" 하시면서 관대하고 친절하게 대해주셨다.

나는 인생이란 무엇이며, 살만한 가치가 있는가 하는데 관심을 집중했고, 동·서 철학에 관한 책을 탐독했다. 졸업 6개월을 앞두고, 동기생들이 특기 교육을 받으러 나간다기에, 내과 과장님에게 "퇴원했으면 좋겠습니다"고 건방지게 건의했더니, 웃으시면서 퇴원·원대 복귀를 승인해 주었다. 1954년 11월 1일 졸업·임관을 겨우 했으며, 당시 교장은 신상철 준장이었다.

나는 졸업식을 끝내고 내무반에 들어가니, 이게 웬일인가! 동기생 대표로 퇴교당한 이만섭 동문이 진해에서 거행하는 우리의 졸업식을 지켜보고 내무반에 미리 와서 눈물을 흘리고 있었다. 동기생들과 함께 졸업·임관하지 못한 것이 원통해서 눈물을 흘렸으리라. 그러나 나는 짐을 꾸려 교문을 나서면서, 뒤돌아보지도 않고, 다시는 사관학교 쪽을 향해서는 오줌도 누지 않겠다고 마음먹었다.

40여년의 세월이 흘렀다. 사관학교 교육진흥재단이 생기자, 나는 「풍석 군사학 연구기금」을 만들어 주었더니, 그 기금으로 매년 교관과 학생들이 베트남 전적지를 답사하고 와서는 소중한 경험을 했다는 편지·엽서 등을 보내주기도 한다. 그리고 2001년 11월 3일, 3기 사관 입교 50주년 기념행사를 청주 공군사관학교에서 거행하면서, 이만섭 국회의장에게 '명예 졸업장'을 수여했다. 그는 어느 졸업장보다도 귀하고 기쁘다고 소감을 말했다. 그리고 다음날 동기생들을 국회로 초대하여 식사를 대접했다.

중국 고전인 『회남자淮南子』에 의하면, "인생만사 새옹지마"(人生萬事塞翁之馬)라 하지 않았던가! 즉 인생이란 무엇이나 새옹의 말馬처럼, 화禍가 복福이 되기도 하고, 복이 화가 되기도 한다는 것이다.

임관 후 대구 동촌비행장의 미 공군부대에서의 근무, 사관학교 생도대 군사학과 교관을 거쳐, 도미유학 1년(1957~8)을 마치고, 실무부대에 근무하다 1962년 11월 공군사관학교에서 다시 근무하게 되었다. 그런데 군사고전인 『전쟁론』(1832)과 『손자병법』(기원전 513?)을 독학으로 연구하는데, 생도시절 공군병원 입원을 할 때 읽은 동·서양의 철학이 결정적인 배경지식으로 등장하여, 이해·해석하는 데 크게 도움을 주었다. 특히 『손자병법』의 첫 구절은, 오랫동안 직업군인이 된다는데 회의심을 품고 있었던 생각을 말끔히 씻게 해줬고, 새로운 차원의 '전쟁연구'의 중요성을 깨닫게 해 주었다.

그리고 2000년 1월 일본 방위청 방위연구소에서 「일본의 서양 군사이론 수용에 관한 연구」라는 제목으로 발표회가 있었으며, 연구소의 교수들뿐만 아니라, 일본 클라우제비츠 학회 회원들도 다수 참석했다.

• 『전쟁론』(1832)은 발간된 이래, 불후의 명저로 평가되어 왔지만, 아직도 난해하다는 평을 받고 있는 이유는 주로 그의 전쟁연구의 방법론에서 비롯되고 있다. 방법론이란 어느 학문의 성격에 관한 철학적 관점·인식론적 기초 위에서 지식을 얻는 근거의 타당성을 규명한 수속으로서의 이론적 접근법을 뜻한다.
클라우제비츠는 전쟁이론의 일관된 체계를 수립하고자 당시의 칸트에서 헤겔에 이르는 독일 관념주의 철학에 기반을 두고 있으며, 독일 관념주의 철학 그 자체가 난해하다는 데 문제점이 도사리고 있다. 예컨대, 전쟁의 삼위일체(제1편 제1장)의 세 번째에 'Verstand'가 나오는데, 이 용어는 그의 전쟁이론의 의미·해석의 키워드이며, 이론적 지주이다. 이것은 칸트의 『순수이성비판』(1781)에서 나온 용어로 '오성悟性'으로 번역되어야 하는데, '이성' '지성' 등으로 번역된 것은 잘못이다.

• 일본의 옛날 육군 참모본부 요원들은 『전쟁론』의 전쟁이란 무엇인가 하는 전쟁철학에는 관심이 없고, 다만 작전·전술에만 관심을 집중했다. 그리고 몰트케(1800~1891) 이후의 독일 육군 참모본부는 클라우제비츠의 기본사상에 반대하고, 절대전쟁관과 통수권의 독립에 의한 군국주의, 전쟁 그리고 국가의 파멸로 인도했으며, 일본의 육군 참모본부도 같은 패전의 길을 밟았다고 해석하며, 클라우제비츠의 『전쟁론』의 참다운 뜻을 파악해야 한다고 역설했다.

이 세미나 발표 후, 일본 클라우제비츠학회장은 이 발표를 계기로 삼아 공저共著로 『『전쟁론』을 읽는 법－클라우제비츠의 현대적 의의－』(2001)[18]을 발간했다. 아마도 그들은 『전쟁론』의 한 단어에 대해 칸트의 철학을 인용하면서 해석한 데 대해 놀랐던 모양이다. 왜냐하면, 『전쟁론』을 읽거나 번역하는 전문가라 할지라도 독일 관념주의 철학을 연구해서 규명하는 연구자는 세상이 넓다 해도 찾기 어렵기 때문이었으리라.

## 다. 「百戰百勝」의 현판

1968년 10월 공군사관학교 교수부 군사학과장(중령)으로 국방대학원 안보과정의 「전략론」 강의를 하러 간 첫 날이었다. 2층의 강의실로 가기 전, 1층의 대강단 입구에 큼직한 현판이 걸려있었는데, 거기에는 「百戰百勝」이라 적혀 있었다. 강의를 하면서 다음과 같이 얘기했다.

백 번 싸워 백 번 승리하는 과제는 육군대학 수준에서 연구할 과제이고, 국방대학원에서는 싸우지 않고 적을 굴복시키는 과제를 연구해야 한다. 『손자병법』에, '是故百戰百勝, 非善之善者也, 不戰而屈人之兵, 善之善者也.'라는 구절이 있다.

고 소개하고, 3시간의 「전략론」 강의를 마치고 돌아왔다. 그 후 들리는 말에 의하면, '새까만 중령이, 대학원장인 장군이 결정하여 걸어놓은 「百戰百勝」의 현판에 대해 비판하다니, 건방진 놈이다'고. 당시 안보과정의 학생구성은 대령과 이사관 중심이며, 계급의 관점

18) 郷田 豊·李鍾學·杉之尾宜生·川村康之著, 『『戦争論』の読み方－クラウゼヴィッツの理論的意義－』(東京：芙蓉書房出版, 2001)

에서 보면, 나보다 모두 선배에 속했다. 그러나 어떤 명제에 대한 주장은 계급의 상하에 의해 판단할 문제가 아니라, 실사구시實事求是에 의해 판단할 문제라 생각하고 있었던 탓으로, 그러한 학생들의 의견도 있다는 데 대해 새삼 놀라웠다.

그 후 나는 새로 부임해온 국방대학원장 박현식 중장에게 다음과 같은 요지의 편지를 보냈다. 즉, "한반도에서 전쟁이 일어나 폐허가 된 국토에서 승리해서 무슨 소용이 있습니까? 국방대학원에서의 본인의 「전략론」 강의의 주제는 '싸우지 않고 적을 어떻게 굴복시키는가 이지, 결코 싸워서 승리하는 데 있지 않습니다. 따라서 대강당 입구의 현판은 국방대학원의 교육수준으로 보아 적절한 내용이 아니라고 생각합니다."

그리하여 대강당 입구에 걸어둔 「百戰百勝」의 현판을 떼게 되었는데, 제기한 날부터 뗀 날까지 3년여의 시간이 소요되었다. 그런데 군사사에 있어서, 기마騎馬에서 자동차로 전환하는 데, 40여년의 시간이 소요되었다는 것을 참고로 안다는 것도 중요하리라.

## 라. 수수께끼의 미국 역사학회의 여비

1975년 8월 미국 샌프란시스코에서 제14차 국제역사학회의가 개최되었는데, 매 5년마다 국제회의가 열리며, 한국이 국제역사학회의 정식 회원국으로 가입한 것은 1970년 8월 모스크바에서 개최된 국제역사학회 이사회에서 가입이 승인되었다. 그런데 1975년 5월경, 미국 역사학회에서 편지가 왔다. 즉 국제역사학회의의 참가 보조금으로 1,500달러를 주겠으니, 의향을 알려달라는 것과 항공편은 미국회사이고, 숙소는 회의장소인 페어몬드 호텔에 투숙해야 한다는 조건이기에, 수락하고 참가키로 했다. 오랜만의 해외여행이라 미리 몇 가지 계획을 짜서 김포공항을 출발했다.

첫째는, 도쿄에서 『대륙국가와 해양국가의 전략』(1973)을 저술한 사토 도쿠다로(佐藤德太郎) 교수를 만나는 계획이었다. 1974년 1월 서울의 서점에서 그 책을 구입해 감명 깊게 탐독하여, 그 서평을 『국방연구』(국방대학원, 1974. 12)에 발표했고, 그 책을 사토 교수에게 보내줌으로써 서신 왕래가 시작되었다. 사토 교수(1902~2001)는 구일본군 육사·육대를 졸업했고, 육대의 병학 교관을 역임했으며, 패전 때는 육군 중령이었다. 그 후 육상자위대에 입대하여 육상자위대 간부학교(육군대학에 해당) 부교장을 역임한 소장으로 제대하고, 1961년부터 방위대학교 교수로 활동하다가 1974년에 퇴직했다.

도쿄의 호텔에서 만난 첫 인상은 늠름한 무장 스타일이 아니라, 신체가 약간 왜소한 차분한 학자 스타일이었다. 한 가지 질문을 던졌다.

"선생은 저서에서 대륙국가와 해양국가의 전쟁관 및 전략의 차이점을 논하고, 일본은 해양국이니 해양국의 전쟁관·전략을 채택한다면 문제는 해결된다고 제시했는데, 본인은 반도국에 살고 있습니다. 혹시 반도국에 관한 전쟁관·전략에 관한 자료를 알고 있다면 소개해 주십시요."

그는 잠시 긴장된 표정으로 생각하더니 다음과 같이 대답했다.

"반도국의 전략에 관한 자료는 전연 보지 못했습니다. 그러나 반도국의 전략은 이 교수가 지금부터 연구해야 할 과제가 아닐까요?"

처음에는 답변에 약간 실망했으나, 생각하니 명답으로 여겨졌다.

둘째는, 사토 테츠다로(佐藤鐵太郎) 해군 대령의 『제국 국방사론帝國國防史論』(1910)의 저서를 찾는 계획이었다. 이 책은 일본의 국방에 대한 일반론을 저술한 책이 아니라, 일본 독자의 국가적 전통과 지리적 조건을 감안하여 저술한 책으로, 예부터 일본의 「육주해종陸主海從」의 전통을 영국처럼 「해주육종海主陸從」으로 전환해야 한다는 군사이론을 수립한 책이었다. 세계적으로 유명한 고서점이 모여 있는 진보쵸(神保町)를 3일간 뒤졌으나 허사로 끝나고, 다만 일본어로 번역된 기번의 『로마제국 쇠망사』(岩波書店)를 구입했을 뿐이었다. 그러나 자료 수집을 포기할 수는 없었다.

군사서적과 자료를 보관하고 있는 방위청 방위연구소 전사실戰史室로 찾아갔다. 사전의 연락도 없이 전사실장 방으로 찾아가니, 60대 후반으로 보이는 건장한 분이 땀을 흘리면서 집필을 하고 있었는데, 명함을 주면서 말했다.

"사전 연락도 없이 불쑥 찾아온 실례를 용서하십시오. 본인은 한국 국방대학원의 이종학 교수이며, 전공은 군사이론과 군사사軍事史인데, 지금 미국 샌프란시스코에서 개최하는 세계 역사학 회의에 참가차 가는 길에 도쿄(東京)에 체재하게 되었습니다. 도쿄에 체재하게 된 이유는 사토 테츠다로가 저술한 『제국 국방사론』이라는 책을 찾기 위해서입니다. 지난 3일간 진보쵸의 고서점을 뒤졌으나 찾지 못하여, 마지막으로 혹시 전사실에 있지 않을까 하여 찾아왔습니다."

시마누키(島貫武治, 패전시 육군 대령) 실장은 자료담당관을 오라고 해서, "사토 테츠다로의 『제국 국방사론』이 있는지, 그리고 몇 부를 보유하고 있는지 알려주시오" 지시하고, 그동안 서로 잡담을 나누었다. 담당관이 책을 들고 와서 "3권 있습니다." 하고 보고하니, 시마누키 실장은 그 책을 빌려주겠다고 했다. 그래서 나는 실장에게 주일 한국대사관의 공군무관인 동기생에게 부탁하여 책을 복사하고, 그 후 반납한다고 약속하고 가지고 왔는데 소명옥 대령이 잘 처리해 주었다. 나는 다만 책을 구경만 하고 오려고 했는데…. 그 후 책을 읽고, 저자가 상당한 수준의 이순신 연구가라는 데 놀라지 않을 수 없었다.

도쿄에서 일을 마치고 서북항공편으로 미국의 로스앤젤레스의 공항에 내려 버스로 멕시코 부근의 샌디에고로 가서 거기서 친구인 로아(Stanley E. Rohrer)를 만나, 에스콘디도라는 조그마한 시골, 거기서 더 산골로 들어가서 아보카도(avocado)라는 과일의 과수원을 경영하는 그의 집으로 갔다.

내가 로아를 처음 만난 것은 1954년 11월에 사관학교를 졸업·임관을 하고 첫 배속이 대구 동촌비행장(K-2)의 미 공군 항로관제 전대에 파견되어, 그 곳에 파견된 공군 병사 40여명과 더불어 실무교육을 받는 곳의 파견대장이었는데, 그 부대에 새로 부임해온 사람이 로아 중위였고, 3개월 정도 같은 부대에 근무하면서 가까이 지냈다. 그 후 서로 서신 왕래가 있었고, 내가 1957년 10월 미국 일리노이 주의 스카드 공군기지의 통신학교 통신장교 과정을 이수하고 있을 때, 그는 연말 크리스마스 휴가를 자기 집에서 보내자며 왕복 기차표를 보내왔다. 로아는 이미 제대하여 고등학교 물리학 선생으로 복직하고 있었고, 그의 집은 인디아나 주의 와카루사라는 조용한 시골의 살기 좋은 마을이었다. 그의 아버지, 어머니도 초등학교 선생이었고, 3일간 잘 구경하고 즐거운 날을 보내기도 했다.

17년만인 1975년 8월에 다시 만났을 때, 그는 두 딸의 아버지가 되어 있었고, 그의 농장의 별장 같은 집에서 3일간 놀면서, 농장일도 구경하고, 이웃에 사는 그의 장인어른 집도 방문했는데, 집 안에 수영하는 풀장이 있는 것을 처음 보았는데, 이것이 미국 부르주아의 집이구나, 하고 놀랐다. 그와 아쉬움의 이별을 하고 고속버스를 타고 샌프란시스코의 회의장, 페어몬드 호텔로 가서 등록을 했다.

5년마다 세계의 역사학자들이 한 자리에 모이는 국제역사학 회의는 전체회의도 하고 또 전문 분과별로도 하는데, 나는 「제2차 세계대전사 국제위원회」에 속했으며, 그 산하에 「제2차 세계대전사 한국위원회」가 있고, 회장은 이선근 박사(영남대학교 총장)였으며, 나는 간사를 맡고 있었다. 국제위원회에서 하루 종일 500여명의 세계학자들이 모여, '제2차 세계대전에서의 정책과 전략'을 주제로 발표가 있었고, 주제발표는 제2차 대전에서의 주요 국가인 미국, 영국, 소련, 독일 그리고 일본의 대표들이 한 사람씩 발표했는데, 거기에 대한 토론이 있었다. 그들의 논문발표 및 토론을 들었지만, 나에게는 불만스러웠는데, 그 이유는 대체로 자기 나라 중심의 정책·전략의 정당성, 타당성 및 합리성을 꾀하고자 했기 때문이었다. 나는 토의의 마지막 단계에서 손을 들어, 발언의 기회를 얻어 다음 같은 요지의 내용을 발표했다.

> 많은 훌륭한 학자와 연구가들은 제2차 세계대전에서 그들의 정책과 전략에 관하여 말했다. 그러나 나의 견해를 간단하게 요약해서 말한다면, 제2차 세계대전에서의 열강국의 정책과 전략은 대단히 빈곤한 것이었다. 왜냐하면, 훌륭한 정책이나 전략은 전쟁이나 전투 없이 그들의 정치적 목적을 달성하기 때문이다. 따라서 우리가 배워야 하고 또 분석해야 하는 가장 중요한 교훈은 왜 우리들이 제2차 대전에 있어서 그와 같은 빈곤한 정책과 전략을 가졌던가 하는 점이다. 훌륭한 정책이나 전략은 장래에 있어서 전쟁을 억제하는 가장 좋은 방법이다.

회의 도중에 한 외국인이 만나자고 요청하기에 얘기를 나누었는데, 그는 국제군사사학회(International Commission of Military History)의 회장인 오슬랜드(스웨덴) 박사였으며, 그는 "한국에는 아직 우리 학회의 산하에 속하는 한국군사사학회가 없는데, 그 학회를 창설할 의향은 없습니까?" 하고 질문하기에, 나는 직접적인 답변은 피하고, "차후 연락하겠다"고 답변했다. 그 후 귀국하여 1976년에 한국군사사학회를 창설하여 2년간 운영하다가, 경남대학교 부설 극동문제연구소장 박재규 박사에게 인계했으며, 1986년 8월 17일부터 24일까지 극동에서는 최초로 국제군사사학회의를 개최하여 성공리에 끝마쳤고, 일본인 회원들은 자기네들이 국제회의를 주최하지 못한 것을 안타까워했다.

이 회의를 통해 여러 세계의 저명한 군사사학자를 만났으나 그 내용은 생략하고, 하루는 스탠퍼드 대학교 내의 후버연구소를 방문했다. 거기서 놀란 것은 마오쩌둥(毛澤東)의 수기문서手記文書가 전시되어 있었다. 어떤 경위로 그 문서가 미국 땅에 왔는지 알 수 없으나, 앞으로 마오쩌둥 연구를 하기 위해 중국으로 가는 것이 아니라, 미국의 후버연구소를 찾아가야 할 때가 오지 않을까 하는 생각이 들었고, 역사연구를 위한 문헌자료·유물 등의 보관·유지에 대해 관심을 가져야 한다는 생각이 들었다.

샌프란시스코에서의 역사학 회의를 마치고 귀국 길에 하와이를 방문키로 했다. 거기에는 사관학교 동기생인 유재호 박사(아시아·태평양 교류센터 이사장)가 있어서 그를 만나고, 다음은 독립운동가 박용만(?~1929) 선생의 유적지와 태평양전쟁 발발의 전적지를 답사할 계획이었다. 박용만 선생은 1907년 하와이 호놀룰루에서 「신한국보」라는 신문을 창간했을 뿐만 아니라, 일제에 항거하기 위해 군관학교(?)를 만들어 젊은이들이 농장에서 작업을 끝마친 후 혹은 휴일에 군사훈련을 시켰던 인물이었으나, 그 분의 유물이나 유적은 전연 보관되어 있지 않다는 얘기를 듣고 안타까운 생각이 들었다.

1941년 12월 7일 일본 해군의 기동함대가 하와이의 미 태평양 함대를 기습 공격한 전적지 포드 섬을 답사하기 위해 호놀룰루에서 유박사는 한 시간 가까이 승용차를 몰았고, 어느 부두에 도착하니 거기서 기념품을 팔고 있었다. 당시 일본 항공기의 기습을 알리는 신문의 호외지號外紙를 복사하여 팔고 있기에 구입했으며, 그 신문에 큰 활자로, "진주만을 상기하라!"(Remember Pearl Harbor!)는 유명한 구호가 적혀 있었다. 전적지로 가는 작은 배를 타고 20분 정도 가니 배의 굴뚝이 바다에 솟아있고, 흰 건물이 바다에 건립되어 있었는데, 그것이 바로 전함 아리조나 호의 침몰지沈沒址의 기념관이며, 전함의 승무원 1,010여명의 유골이 아직도 그대로 배 속에 잠겨 있고, 그들의 이름은 기념관의 동판에 새겨져 있었다.

하와이에서 귀국 하루 전날, 그 유명한 와이키키 해변에서 수영을 하기로 했다. 하와이는 섬 전체가 해수욕장이요, 피서지라 수영복 차림이 평상복으로 통용되는 곳이었다. 유박사와 해변에 나가 수영도 하고 또 모래사장에 앉아서 잡담도 하고 또 멀리 다이아몬드 비치 위의 흰 뭉게구름을 한가로이 바라보고 있을 때, 갑자기 출국하기 전 북한의 김일성이 중국을 방문하고서는 했다는 말이 떠올랐다. 즉 "한반도에서 전쟁이 일어나면, 잃어버릴 것은 휴전선이요, 얻을 것은 남북통일이다!" 하고 호언장담하는 냉혹한 한반도의 군사정세가…. 나중에 알게 되었지만, 1975년 4월 30일 월남이 패망하자, 김일성도 월맹처럼 무력 적화통일을 계획하여 중국을 방문하고 다음에 소련을 방문하려고 했으나, 소련에서 거절했다. 그 이유는 미국이 한반도에서 전쟁이 일어나면 핵무기를 사용한다는 의지를 소련에 확실히 전달했기 때문이었다.

해수욕을 마치고 돌아오는데, 누군가 뒤에서 휘파람으로 부르고 있기에 뒤돌아보았더니, 아름다운 미국 젊은 여자가 웃음을 띄고 손짓을 하고 있기에, "저 미국 젊은 여자들도 동양에서 온 인물을 역시 알아보는군!" 하고 얘기하면서 유 박사와 함께 유쾌하게 웃었다.

미국 역사학회의 후원금(1,500달러)으로 오랜만에 뜻 깊은 국제역사학회의의 참석과 유적지 답사를 했는데, 등록을 했을 때, 항공비와 호텔 숙박비를 제외하고도 320여 달러를 지급해 주었다. 그런데 도대체 누구의 추천으로 나에게 거금의 여비를 지급해 주었는지 아직도 수수께끼로 남아있다.

## 마. 공군대학에서의 교수활동

1970년 10월, 공군대학의 고급지휘·참모과정(CSC)을 졸업하면, 관례에 따라 원대복귀, 즉 공군사관학교 교수부 군사학과장으로 돌아가는 것으로 알고 있었다. 그런데, 공군본부 인사국 교육과의 동기생 허동구 중령이, "교수부장이 자네 공사 교수부로 복귀하는 것을 거부하네!" 하고 알려주기에, "그렇다면 공군대학에 남겠어" 하고 대답했다.

공군대학 교수부에 남게 되어 한동안 마음이 편치 못했다. 그러나 공군대학 교수부는 군사학 연구에는 가장 적합한 곳임을 알게 되었다. 즉 첫째, 학점에 구애받지 않고 가르치고 싶은 시간을 자유로이 획득할 수 있었고, 둘째, 매주 수업하는 것이 아니라, 2개월 정도 집중수업이 끝나면, 그 외는 자유로운 연구·저술활동을 할 수 있는 시간이 충분했으며, 셋째, 주번사령이라는 당직근무(공군사관학교에서 나옴)가 면제되었고, 넷째, 공군 중앙도서관이 바로 옆에 있다는 것이었다. 그래서 재직 3년 4개월 동안에, 저서 『현대전략론』(1972), 번역서 『전쟁론』(1972)과 『손자병법』(1973)을 출간할 수 있었다.

공군대학 재직시, 『전략론』 강의에도 열중했지만, 시간이 허락하면 학생장교들을 인솔하여 유적답사를 실시했으며, 특히 남한산성을 택했다. 1636년 12월 청 태종淸太宗이 조선을 침공해왔는데(병자호란), 인조왕은 남한산성에서 40여일 버티다가 결국 적장에게 항복하고 말았다. 치욕의 역사를 교훈으로 삼기 위해 찾아가는 것이었다. 1974년 2월 제대하여, 국방대학원에 가서도 10여년간 공군대학이 이전할 때까지 「전략론」 강의 6시간은 계속하였다.

어느 날, 아침부터 오후까지 6시간의 「전략론」 강의를 끝마치고, 질문할 시간을 주었다. 한 학생장교(소령으로 4년 후배이고 특기는 보급)가 손을 들기에 지명했다. 그는 일어서더니, "교관님, 전략이 무엇인지 잘 모르겠습니다!"고 했다. 나는 약간 긴장하면서도 난감한 생각이 들어 피로감이 온 몸에 흐르는 것을 느꼈다. 무엇을 어떻게 얘기해야 할까. 그들은 사관학교를 졸업했지만, 『손자병법』이나 『전쟁론』 그리고 전략이론 등은 전연 배워보지 못했고, 처음 「전략론」 강의를 들었으니, 강의 내용이 명확하게 머리에 들어오지 못하고 알쏭달쏭하다는 얘기인데… 갑자기 희랍의 철학자 소크라테스(기원전 469~399)의 '無知의 知'가 생각나서 답변했다. 즉 "지금까지 전략이 무엇인지 모른다는 것도 알지 못하고 지내왔는데, 이제 모른다는 것을 알았다는 것은 커다란 발전이며, 이제부터 전략을 연구하기 바란다."

1985년 7월 공군대학에서 강의를 마치고 오는 도중에 공군본부에 들려 동기생인 김인기 참모총장을 만났다. 여러 가지 얘기 끝에, 8월 독일의 슈튜트가르트에서 개최되는 세계역사학대회에 참석할 예정이라 했다. 그런데, 며칠 후, 총장 부관이 국방대학원에 찾아와서, 참모총장이 주는 것이라 하면서 봉투를 주었다. 내용을 보니, 빳빳한 10만원권 수표 15매가 들어있었다. 부관이 말하기를, "총장님이 독일 학술회의 참가하는 데, 여비로 보태 쓰시라고 했습니다"고. 나는 너무 고마워서 어찌할 바를 몰랐다. 150만원이면, 독일 왕복 항공비를 제하고도 남는 돈이었다. 같은 동기생이라 할지라도, 우리들 사이는 20명이 한 방에서 2년간이나 기거를 함께한 전우였기 때문이었으리라.

국제회의 참석도 중요했지만, 이번 기회에 클라우제비츠가 평생 연구해서 남긴 군사 총서 10권을 구입할 계획으로, 서독 군사사학회의 총무인 모 대령에게 문의하니, 도저히 구할 수 없다 하여 뜻을 이루지 못했다. 이번 여행은 호주머니가 두툼해서 독일과 이태리의 유적답사를 했는데, 그 내용은 차후에 소개할 예정이다.

## 바. 일본에서의 학술활동

1999년 11월 16일 서울의 일본대사관 주재무관 나카시마(中島邦祐) 대령으로부터 전화가 왔다. 즉 일본 방위청 방위연구소 전사부의 하야시(林 吉永) 전사부장이 12월 2일 경주에서 이 소장을 만날 수 있는가 하기에 승인을 했다. 그런데 한국말이 능통하기에 나중에 만나서 물어보니, 우리나라의 공군대학 고급지휘·참모과정(CSC)을 졸업했다는 것이었다.

12월 2일 새마을 기차로 경주에 왔기에 현대호텔에서 만났다. 하야시 전사부장의 용건은 군사사軍事史 연구에 있어서 '비교 군사사학'이 대단히 중요하며, 전사부에서 3일간에 걸쳐 세 가지 주제에 대한 학술발표를 해 줄 수 있는가 하는 것이었다. 승인을 하고 절충하여 다음과 같이 주제와 일정의 합의를 보았다.

(1) 「日本의 西洋軍事理論受容에 관한 研究－陸軍參謀本部를 中心으로－」(2000. 1. 25)

(2) 「太平洋戰爭史觀」(2000. 1. 26)

(3) 「朝鮮戰爭史觀」(2000. 1. 27)

하야시 전사부장은 일본 방위대학교 9기로 졸업했고, 미 공군대학원 지휘참모과정을 이수했으며, 항공자위대 소장으로 제대해서 전사부장으로 취임했는데, 영어가 능통했다. 전사부 세미나의 참석자들은 전사부의 전문연구관, 방위연구소 교관 그리고 일본 클라우제비츠학회의 회원 등 30여명이 참가했으나, 모두 군사문제 전문가들의 모임이었다. 그리고 세미나 활성화를 위해 발표내용의 요약문도 미리 배포되어 있었다.

1) 「일본의 서양군사이론 수용에 관한 연구」에 대해서는 앞에서 조금 소개했지만, 중복을 피하면서 요점을 소개하고자 한다.

첫째 : 클라우제비츠의 『전쟁론』이 출간된 지 170여년이 경과되었으나, 그의 저서가 난해한 이유는 그의 방법론에서 기인한다. 예컨대 제1편 제1장의 결론에서, "전쟁은 순수히 오성悟性의 영역에 속한다"고 했는데, 오성은 그의 전쟁이론의 키워드(keyword)일 뿐만 아니라, 그가 절대전쟁관에서 현실전쟁관으로 입장을 바꾼 철학적·이론적 근거임을 명시했고, 또 오성의 뜻을 칸트의 『순수이성비판』을 인용하면서 설명했다.

둘째 : 1821년 프로이센 참모총장은 전쟁사항에 관하여 국왕의 최고 고문이 됨으로써 전쟁의 준비·수행에 있어서 참모본부에 군사의 지도권이 부여되었고, 이것이 소위 통수권의 독립이다. 특히 몰트케 참모총장은 보불전쟁(1870~1871)에 있어서 절대전쟁의 입장에서 적군의 타도·격멸의 행동에 있어서 전적으로 정책에서 독립되어 있다는 태도를 취했고 또 전쟁철학에는 관심이 없었다. 따라서 몰트케는 클라우제비츠의 충실한 제자 혹은 후계자로 보는 것은 잘못이며 또 절대전쟁관과 통수권의 독립이 손을 잡으면 군국주의에 빠진다는 것을 알아야 한다.

셋째 : 일본의 참모본부는 몰트케의 독일 참모본부로부터, 참모본부의 조직·운영, 통수권의 독립, 절대전쟁관에 의한 작전·전술 등을 배웠는데, 클라우제비츠의 현실전쟁관에 의한 정책과 전쟁의 관계 등 전쟁철학의 연구를 소홀히 했다. 그 결과는 역사가 보여주듯, 일본의 군국주의, 침략전쟁, 패전의 길을 밟은 것으로 해석한다. 따라서 우리들은 클라우제비츠 『전쟁론』의 참뜻을 파악하기 위해 앞으로 더 노력해야 한다.

이 세미나 발표에 대해 특별한 질문사항은 없었으나, 『전쟁론』을 분석·해석함에 있어서 칸트 철학을 인용한 데 대해서는 충격을 받은 듯 했다.

2) 「태평양전쟁사관」의 내용을 요약하면 아래와 같다.

첫째 : 일본은 메이지(明治) 이래로 대륙정책을 추구하여 한반도·만주 및 중국대륙과 심지어 베트남까지 침략의 손을 뻗었는데, 태평양을 사이에 두고 미국과 격돌하지 않을 수 없는 전쟁이었다. 일본의 대륙정책은 한국·중국민족을 괴롭히고 피해를 주었을 뿐만 아니라, 일본국민에게도 희생을 강요했다. 한 때, "만주·몽골은 일본의 생명선이다!"고 침략주의자들은 주장했으나, 전쟁이 끝나고 50여년이 경과했으니 일본국민은 기아상태에 빠져있어야 할 터인데, 현실은 일본이 세계 제2위의 경제대국으로 성장했다. 따라서 그와 같은 주장은 진실이 아니라는 게 증명되었다.

둘째 : 일본 해군의 하와이 진주만 공격은 속임수의 기습인가? 당시 루즈벨트 대통령은 일본측의 암호전문을 해독하고 있었기 때문에 일본의 동향과 의도를 알고 있었다. 즉 하와이 공격의 10일 전, 일본에 개전을 강요하기 위해 최후통첩(헐 노트)을 보내고는 국민은 물론이고 의회에도 비밀로 해두었고, 일본측의 거부와 일본함대의 진주만 공격을 알고 있었으나, 고의로 하와이에 있는 킴멜 제독과 쇼트 장군에게 아무런 경고도 통보하지 않았다. 일본함대의 진주만 기습작전은 전술적으로는 어느 정도 성공했으나, 전략적으로는 적 해군과 국민의 사기士氣를 상실케 하는 데 실패했고, 오히려 미국의 제2차 세계대전의 참전과 미 국민의 단결을 촉진하는 결과가 되었다.

셋째 : 1942년 6월 5일 미드웨이 해전에서 미군은 항공모함·구축함 각 1척과 항공기 150대의 손실을 봤는데, 일본군은 항공모함 4척과 순양함 1척, 항공기 322대의 손실을 보았을 뿐만 아니라, 우수한 조종사 100여명의 손실을 보았다. 이 해전으로 태평양의 해상작전의 주도권은 일본군에서 미군으로 넘어가는 전환점이 되었다. 우세했던 일본 기동함대가 패배한 가장 큰 원인은 정보를 소홀히 했기 때문이며, 연합 함대사령부에는 전쟁의 중기까지 정보참모가 없었고, 정보는 통신참모가 곁다리로 담당하는 정도였다.

세미나 발표가 끝나고 한 분이 "루즈벨트 대통령이 일본함대의 진주만 공격을 사전에 알고 있었다는 근거는 무엇인가?" 하고 질문했다. 나는 다음과 같이 답변했다. 즉 "루즈벨트 대통령이 회상록에서 그 사실을 기록했다면 확실하지만, 회상록을 남기지 않았다. 그러나 미국의 제2차 세계대전의 전쟁계획을 수립한 웨드마이어 대장(예비역)의 회상록, 『웨드마이어는 보고한다!』(*Wedemeyer Report!*, 1958)의 첫 장의 내용을 논거로 삼고 있다"고 답변했다.

그런데 2000년 12월에 로버트 스티네트의 『기만의 날 - 루즈벨트와 진주만의 진실 -』(Robert B. Stinnett, *DAY OF DECEIT - The Truth about FDR and Pearl Harbor -*)이 출간됨으로써 거의 전모가 확실해졌다고 보아야 하리라. 그리고 일본 외무성은 기동함대가 진주만을 기습하기 전에 미 국무성에 '국교단절'을 통보하는 기밀전문을 하와이 주재 일본대사관에 보냈으나, 한 사무관의 전출 회식으로 술에 만취되어 암호전문의 처리가 늦어져 미 국무장관에게 통보할 때는 이미 일본 항공기의 진주만 기습 1시간 30분 후였다. 뿐만 아니라, 국무장관 책상 위에는 일본 외무성이 보낸 기밀전문의 해독된 문서가 제출되어 있었다. 이로 인해 미국정부는 일본 기동함대의 진주만 공격을 '비열한 속임수의 기습공격'으로 정치적으로 선전하여 미국 국민들로 하여금 일치단결하여 전쟁에 돌입케 했던 것이다.

스티네트는 루즈벨트 대통령이 점점 진주만으로 접근해 오고 있는 일본 기동함대의 움직임을 알고 있었다는 것을 방대한 사료史料를 통해 실증하면서도, 루즈벨트가 일본에 의한 '비열한 속임수의 기습공격'으로 정치적 선전으로 몰고 가서 미국으로 하여금 태평양전쟁·제2차 세계대전으로 참전한 것은 올바른 정책이라는 결론을 내렸다. 그 이유는, 민주주의를 옹호하고 히틀러에 의해 곤경에 빠진 우방국 영국을 구출하기 위해서는 미국의 유럽전선에의 참전이 필수적이었다. 그러나 전쟁을 싫어하는 미국 국민들을 깨우치게 하기 위해 독일 등과 3국 동맹을 맺은 일본을 압박하게 되었는데, 지일파인 해군 정보장교 맛가람 소령이 작성한 「전쟁도발 행동 8항목 각서」에 따라 루즈벨트는 일본으로 하여금 전쟁을 도발케 했다.

서구 정치가들은 이태리의 마키아벨리(1469~1527)의 정치이념을 추종하고 있다는 사실을 결코 잊어서는 안 되리라. 즉 "조국의 존망이 걸려 있는 경우, 어떠한 수단도 목적에 대해 유효하다면 정당화된다. 이 한 가지는 위정자뿐만 아니라, 국민 각자는 명심해 두어야 한다." 이것이 마키아벨리즘(Machiavellism)의 진수이다.

3) 「조선전쟁사관」…(생략)

4) 「조선전쟁 및 태평양전쟁의 역사관에 대하여」

2000년 1월 28일, 나라(奈良)에 있는 「항공자위대 간부학교」(우리나라의 공군대학에 해당)에 가서 간부후보생들에게 '조선전쟁(6·25전쟁) 및 태평양전쟁의 역사관에 대하여'의 제목으로 강연을 했다. 이것은 전날 전사부에서 발표한 내용을 요약한 것이며, 특히 일본의 메이지 정부 이후의 대륙정책은 침략정책으로 이웃나라 국민들뿐만 아니라, 일본국민들에게도 희생을 강요했고 또 결국에 가서는 패전을 맞이했으니, 해양국가로서의 정책을 추구하는 것이 좋으리라고 결론을 맺었다. 그리고 질문을 허용하니, 중위인 한 학생이 '일본의 대륙정책은 침략이 아니라, 진출이다'고 주장하기에, 그렇지 않다는 점을 설명했다.(다른 곳에서 설명했기에 생략함)

하야시 전사부장은 「한·일 비교전사韓日比較戰史」의 중요성을 인식하고, 한국 국방부 군사편찬연구소와 일본 전사부의 전문가들이 모여 논문발표·토론의 장을 2001년 3월 6일 도쿄에서 개최했으며, 이것은 최초의 한·일 전사연구가의 토론장이기도 했다. 필자는 여기서, 「바람직한 역사 인식을 위한 전사연구戰史研究」를 발표했고 그 결론은 다음과 같다.

> 지금까지의 전사연구의 방향은, 승패의 원인을 규명하고, 거기서 교훈을 얻어 장래의 전쟁에 대비하는 데 있었다. 물론 이러한 연구도 필요하지만, 지금부터의 전사연구의 중점은, 국제분쟁이 왜 전쟁으로 발전했는가? 과연 전쟁 이외의 수단은 없었던가? 10만 이상의 병력을 동원한 현대전은 정책의 수단으로서의 효과가 있었던가? 하는 문제를 다루어야 한다. 클라우제비츠는 『전쟁론』에서 "(개전에 대해) 최초의 한걸음을 내어 디딜 때, 최후의 결과를 미리 고려할 것을 절실히 요구한다."(제8편 제3장)고 했는데, 그 후의 정치가·군 수뇌들이 그의 깊은 통찰력에 넘치는 경구警句를 이해했더라면, 많은 전쟁의 회피는 가능했으리라고 생각한다.…

5) 「한 군사 사학도의 연구궤적」[19]

2005년 12월 1일, 전사부에서 「한 군사 사학도의 연구궤적」을 다음과 같이 발표했다.

• 군사학이란 무엇인가…(생략)

19) 이종학, 『한 군사학도의 연구 발자취』(대전 : 충남대학교 출판부, 2006), pp. 411~425 참조.

• 한국에서의 6·25전쟁의 연구에 대하여…(생략)
• 군사사학에 의한 고대사 산책

두 가지만 간략하게 소개한다면,

첫째 : 5세기 초에 거대고분과 함께 일본열도에 등장한 가와우치(河內) 왕조는 한반도에서 도래한 임나가라 왕조라는 것을 인류학·언어학·고고학·문헌사학의 학제적 접근법으로 논증을 시도했다.

둘째 : 일본에서 무사武士가 등장하여 미나모토(源賴朝)의 가마쿠라(鎌倉) 막부幕府가 성립한 것은 1192년이며, '무사도'는 그 후 등장했다. 그런데 일본 무사단의 중추가 미나모토 씨(源氏)이고 그들은 신라계 도래인이니, '무사도'의 원류를 거슬러 올라간다면 신라의 '화랑도'에 이른다고 주장했다.

일본인 친구가 외국에 가기 때문에 발표회에 참가하지 못하지만, 배포했던 요약문을 보내달라기에 보냈던 바, 다음과 같은 회신이 왔다. 즉 "「한 군사학도의 연구궤적」은 어느 뜻으로는 충격적인 내용을 포함하고 있다. 나는 선생의 넓고 깊은 식견識見에 압도되었다.… 선생의 조선전쟁(6·25전쟁)은 물론이고, 고대사 산책은 방위연구소의 연구관들에게 커다란 감동을 불러일으켰음에 틀림없다."

「인생단상」은 이번에는 여기까지만 하고, 앞으로 더 계속해서 집필할 예정이다.

## 7. 맺음말

평화를 획득하기 위해 길거리에서 데모를 하며, "평화! 평화!" 하고 외친다고 해서 결코 평화가 찾아오는 것은 아니다. 평화를 파괴하는 전쟁의 실체를 연구하여 이에 대한 대비책을 강구해야 획득되는 것이다. 그래서 나는, **"평화를 바란다면, 전쟁을 이해하고, 거기에 대비하라!"** 고 주장하는 것이다. 군사학의 연구대상은 전쟁이며, 전쟁은 국민의 생사와 국가의 존망을 좌우하는 중대한 과제이니, 온 국민이 진지하게 생각해야 하며, 따라서 군사학의 연구를 통해 한민족의 생존과 번영을 도모하는 것이 궁극적인 연구목적이라 생각한다.

우리들 각 자는, 각 자의 연구 분야에 있어서 우리나라뿐만 아니라 세계적인 권위자가 되어야 하며, 그렇게 실력을 갖추게 된다면 기회는 언제든지 찾아온다는 것을 경험을 통해 말할 수 있다.

그리고 우리들은 인생 후반기의 결실을 맞이하기 위해 다음 사항을 고려하는 것이 좋으리라. 그 이유는, **준비 없는 노년과 장수는 축복이 아니라, 고독과 고통을 안겨주기 때문이다.**

첫째 : 의식주衣食住로부터의 해방이다. 즉 직장을 그만 둘 때, 일시불이 아닌 연금을 택하고, 자식들에게 생계를 의존하지 말 것.

둘째 : 평생하고자 하는 일(연구과제)을 가짐으로써 생활에 활기를 찾을 것.

셋째 : 배운다는 자세를 가질 것.

넷째 : 정열과 기쁜 마음으로 생활할 것.

다섯째 : 건강을 위해 꾸준한 활동과 운동을 계속할 것.

인생의 후반기를 인생의 황금기로 생각하고 활기찬 활동을 할 것인가, 아니면 인생의 황혼기로 생각하고 무위도식으로 죽는 날만 기다릴 것인가는 각 자의 인생관에 따라 달라지겠지만, 전자를 택하는 것이 바람직한 인생의 결실을 가져오는 길이라 확신한다. 그리고 〈참고 2〉로 「늙은 청춘은 가능한가?」는 고희를 맞이하면서 발표했던 글인데, 여러분들이 심심하거나 혹은 어려움에 처했을 때, 읽어보기 바란다.

‖참 고 1‖

## ◈ 군사문제의 이론화는 가능한가[1]

필자는 국방학술 세미나에서, 소련에는 군사학 박사(Doctor of Military Science)와 군사학 박사후보(Candidate of Military Science)가 존재하며, 군사학의 학문체계 및 정의定義 등을 소개하고 또 미 육군 참모대학(U.S.Army Command and General Staff College)은 1963년부터 군사학 석사학위(Master of Military Art and Science Degree)가 수여되어, 1963~1975년까지 군사학 석사를 223명을 배출시켰다고 했다.

따라서 현재 선진국의 추세로 보건대, 군사학의 학문적 체계는 이미 기정사실로 되어 있다. 그러니 우리들에게 있어서 지금 군사학의 학문적 체계화의 가능성 여부가 논의의 초점이 아니라, 어떻게 하면 우리의 생존권을 수호하기 위해 훌륭한 군사학을 체계화할 것인가, 하는 문제가 논의의 초점이 되어야 할 것이라 했다.[2]

그러나 세미나의 토론에 참가한 학자들 가운데는 적지 않게 과연 군사학이 학문으로서 성립 가능한 것인가 하는 근본문제를 제기했다. 따라서 이 문제에 대한 필자의 기본태도를 밝히는 것이 마땅하리라.

일찍이 프랑스의 삭세(Marshall Maurice de Saxe, 1690~1750) 원수는, "전쟁은 암흑으로 덮인 과학이다. 그 속에서는 아무도 자신 있는 발자국을 옮겨 놓지 못한다. 모든 과학은 원칙을 가지고 있지만, 전쟁의 경우에만은 없고"[3]라고 했다.

그러나 이러한 주장에 대해 반기를 들고 나온 것이 조미니(Antoine Henri Baron Jomini, 1779~1869)였다.

그는 전쟁이라는 것이 지구상에서의 인간활동의 한 형태인 이상, 여기에는 어떤 수긍할 만한 기본원칙이 반드시 있으리라는 확신 하에 전쟁에 대해 연구를 했다.

그리하여 그는 마침내 인간은 전쟁에서 전승戰勝을 가져올 수 있는 방법과 원칙을 체계화할 수 있다고 하였고, 그의 저서, 『대군작전론大軍作戰論』(1804) 및 기타 저서에서 다음과

---

1) 이 내용은 이종학, 「軍事學理論體系의 定立」, 『軍事評論』제244호(육군대학, 1984), pp. 43~45를 인용한 것임.
2) 李鍾學, 「軍事學의 理論體系」, 『國防學術세미나 論文集』(서울 : 국방대학원, 1980), pp. 1-1~75.
3) Edward M. Earle, ed., *Makers of Modern Strategy* (Princeton : Princeton University Press, 1943), p. 84.

같이 주장했다.

어느 시대를 막론하고 전쟁은 좋은 성과 여부를 좌우하는 근본원칙이 반드시 존재하였다.… 그리고 이 원칙은 불변이며 무기의 종류와 역사적 시간 및 장소와는 아무런 관계가 없는 것이다.[4]

전쟁의 모든 작전에 있어서 반드시 근본적인 원칙이 있다는 것, 즉 채택된 모든 방책을 통합하여 성공을 가져올 수 있게 하는 어떤 원칙이 있다는 것을 입증하고자 하는 데 있었다.[5]

한편 조미니와 같은 시대에 활동했던 프러시아의 클라우제비츠(Carl von Clausewitz, 1780~1831)는 그의 명저, 『전쟁론』(1832)에서 다음과 같이 말했다.

전쟁의 본질적인 차이점은 의지意志의 활동이 어떠한 대상에 작용하는가에 있다. 전쟁에 있어서 의지활동의 대상은 기계학적機械學的 기술技術의 경우와는 달리 생명이 없는 재료가 아니며 또 예술에 있어서 인간의 정신과 감정과 같이 일방적인 수동受動의 것도 아니다. 전쟁에서의 의지활동의 대상이란 무엇보다도 살아서 반응하는 사물이다.

그러므로 죽은 것이나, 일방적인 수동의 대상에 가해지는 예술이나 학문의 형식을 빌려서 이것을 전쟁에 응용하려는 것이 불가능하다는 것은 자명한 사실이다.… 전쟁에서 생명이 없는 물체계의 법칙과 유사한 법칙을 탐구하려는 노력이 끊임없이 오류를 범하지 않을 수 없었던 이유도 분명해졌을 것이다.…[6]

(전쟁)이론의 구성을 가능케 하는 둘째 이유는, 이론은 반드시 적극적인 규칙, 다시 말하면 행동에의 지침이 될 필요가 없다고 하는 견해이다.… 요컨대, 전쟁이론에서의 법칙이나 규칙은 지휘관의 사고思考를 위해 내적 운동의 주요 방침을 규정하는 것뿐이며, 그 전도前途를 위해 측량봉測量棒을 세우려는 것은 아니다.[7]

전쟁이론의 가능성 문제에 대해, 조미니의 적극적인 태도에 비해, 클라우제비츠는 소극적인 태도를 보이고 있다. 필자의 견해는 이들 두 사람의 중간 정도의 태도이다. 즉 전쟁이론은 인간의 의지활동이 첨가되기 때문에 엄격한 보편적 이론화(Grand theory)는 곤란하다 할지라도 중간 수준의 이론화(Middle range theory)는 가능하며, 현대학문의 이론화는 대체로 중간 수준의 이론화[8]를 뜻하고 있다.

---

4) 상게서, p. 84.
5) 상게서, p. 84.
6) 클라우제비츠, 『전쟁론』 이종학 역(서울 : 대양서적, 1972), p. 152.
7) 상게서, pp. 142~143.
8) 팔츠그라프 도거티, 『국제정치론』 최창윤 역(서울 : 박영사, 1977), pp. 49~51참조.

프랑스의 포슈(Ferdinand Foch, 1815~1929)는 그의 최초의 중요한 저서 『전쟁의 원칙』(1901)의 첫 장章에서 전쟁이란 전장戰場에서만 배울 수 있는 것이라는 통념에 대한 반박으로부터 시작하고 있다. 전쟁만이 전쟁을 가르칠 수 있다는 옛 격언은 거짓이라 했다.

왜냐하면, 사람은 자기가 알고 있는 것을 응용하기 위해 자기가 할 수 있는 것만을 할 뿐인 그러한 전장에서 어떠한 연구를 한다는 것은 불가능한 일이기 때문이다.

그러므로 비록 조그마한 것을 하기 위해서도 우선 많이 알아야 하고 그리고 그것도 잘 알고 있어야 하는 것이다.

1815년 이래 전쟁의 경험이란 한 번도 없었으나, 철저한 학구적 훈련(Academic Training)을 받은 프러시아군이 1859년에 실제적인 전쟁경험을 쌓았던 오스트리아군을 1866년에 격파한 것이 이것을 뒷받침하는 교훈인 것이다. 1870년의 프랑스의 경우는 이보다 더 좋은 실례實例라고 하겠다.[9)]

이제 전쟁은 군사학으로 하나의 학문이 될 수 있으며, 학문으로서의 전쟁의 의미와 수행방법 및 그 실천은 분석될 수 있을 뿐만 아니라, 가르칠 수도 있고 또 배울 수도 있다는 것이 오늘날 군사분야의 일반적 추세이다.

그래서 외국에서는 군사학의 석사학위 뿐만 아니라, 박사학위도 수여되고 있으며, 우리나라에서는 국방대학원에서 「안전보장학 석사 군사전략전공」이라는 명칭으로 1982년부터 석사 학위를 수여하고 있다.

9) Edward M. Earle, ed., 전게서, p. 218.

‖참 고 2‖

## ◈ 늙은 청춘은 가능한가?

박형, 보내준 편지는 감사히 받았소.

오늘은 약간 감상적인 생각이 들고 또 지난날의 인생을 회고하고 싶소.

얼마 전 어스름한 달밤에 스쳐가는 구름을 바라보며 따끈한 설록차를 마시면서 좋아하는 가곡 '그리운 금강산'을 듣고 있자니, 지금 살아 숨쉬고 있다는 자체만으로도 즐겁고 고마운 생각이 드는 것은 이제 내 나이 고희를 바라보고 있기 때문일까요?

어린 시절, 제2차 세계대전 말기의 암울했던 일제하의 어려운 시련, 20대가 되어 6·25 전쟁의 쓰라림을 당하면서 '과연 나는 왜 살아야만 하는 것일까?' 하는 문제를 여러 번 곰곰이 생각했고, 때때로 인생에 대해 좌절감을 가지기도 했소. 그 때마다 나에게 삶의 어려움을 극복케 하고 또 인내와 용기를 불어넣어 준 비장의 詩를 소개할까 하오.

비 오는 날

롱펠로우(1807~1882)

날은 춥고, 어둡고, 쓸쓸한데,
비는 내리고, 바람은 그칠 줄 모르네.
담쟁이덩굴은 무너져 가는 담벼락에 매달린 채,
스쳐가는 바람이 불 때마다 잎은 떨어지고,
날은 어둡고, 쓸쓸하구나.

내 인생은 춥고, 어둡고, 쓸쓸한데,
비는 내리고, 바람은 그칠 줄 모르네.
내 생각은 무너져 가는 과거에 매달린 채,
스쳐가는 바람에 젊은 꿈은 우수수 떨어지고,
날은 어둡고, 쓸쓸하구나.

진정하라, 슬픈 가슴이여! 투덜거리지 말라.
저 구름 뒤에는 아직도 태양이 빛나고 있으니,
너의 운명도 모든 사람의 운명과 다름이 없고,

어느 인생에도 얼마만큼의 비는 내리는 법,
때때로 어둡고 쓸쓸한 날이 있는 법이네.

박형, 젊은 날에 인생에 대한 불안·초조·좌절을 체험하지 않은 사람은 없을 것이요. 나는 그런 상황에 처했을 때마다, 이 시詩를 읊으면서 위안과 용기 그리고 신념을 찾았던 거요.

그래서 20대 후반에 미국으로 유학갔을 때, 「비오는 날」의 시 한 수 때문에 내 생애 처음으로 우편 주문하여 구입한 책이 바로 『롱펠로우 시집』(모던 라이브러리)이었소.

박형도 알다시피, 나는 퇴직 후, 신라의 군사문제를 연구하고 싶어, 옛 신라의 고도古都인 서라벌에 왔는데, 거기에는 약간의 이유가 있소. 사람에 따라서는 정년퇴직을 인생의 활동이 모두 끝나는 것으로 체념하여 할 일이 없다 하여 비관하는 사람도 있고, 또 어떤 이는 직장의 굴레를 벗어나 자기가 하고 싶었던 일을 마음껏 할 수 있다고 생각하며 새로운 인생이 시작되는 것을 즐거워하는 사람도 있는데, 나는 후자에 속하고 싶었던 거요. 그런데 미국의 시인, 사뮤엘 얼만의 「청춘」이라는 시詩를 만났을 때, 눈이 번쩍했는데, 아마도 20대에 이 詩를 읽었다면, 지금처럼 놀라고 마음에 와 닿지는 못했을 거요.

청 춘

사무엘 얼만(1840~1924)

청춘이란 인생의 어느 기간이 아니라, 마음가짐을 말하네.
그것은 장미 빛 뺨, 앵두 같은 입술, 하늘거리는 모습이 아니라,
강한 의지, 풍부한 상상력, 불타는 정열을 말하네.
청춘이란 인생의 깊은 샘물의 참신함을 말하네.

청춘이란 유약함을 물리치는 용기, 안이安易를 뿌리치는 모험심을 뜻하네.
때로는 20세의 청년보다 60이 된 사람에게 청춘이 있다네.
나이를 먹는다고 해서 늙는 것이 아니라, 이상理想을 잃어버릴 때
비로소 늙는 것이네.

세월은 우리의 주름살을 늘게 하지만,
정열을 잃으면 마음을 시들게 만드네.
고뇌·공포·실망 때문에 기력이 땅으로 들어갈 때,
비로소 마음이 시들어 버리는 것이네.

60세이든 16세이든 사람의 가슴에는,
경이驚異에 끌리는 마음, 어린 아이처럼 미지에의 탐구심,
인생에의 흥미의 환희가 있네.
너에게나 나에게도 보이지 않는 안식처가 마음속에 있네.
사람이나 神으로부터 아름다움·희망·기쁨·용기·힘의 영감을 받는 한, 당신은 젊다네.

영감이 끊어지고,
정신이 냉소주의의 눈(雪)과 비관주의의 얼음에 갇힐 때,
20세일 망정 그대는 늙는다네.
머리를 높이 치켜들고 희망의 파도를 타는 한,
80세라 할지라도 그대는 청춘이라네.

박형, 우리의 인생에는 몇 번인가 전기轉機가 찾아오기 마련인데, 이런 詩를 만나게 되면 좌절하지 않고 위기를 넘길 수 있다고 생각하오. 결국, 청춘이란 마음의 젊음이요, 신념과 희망에 넘치고, 용기를 가지고 달성 가능한 목표를 세워 매일 새로운 활동을 한다면, 청춘은 영원히 그 사람이 것이 되지 않겠소? 이런 뜻에서 비록, 육신은 늙었어도 마음의 청춘은 간직할 수 있다고 생각하는데, 박형의 생각은 어떠하오? 건승을 빌겠소.

(『카네이션』, 1997년 9월호)

‖참 고 3‖

## ◈ 나의 애송시 -제54회 현충일을 맞이하여-

### 國軍은 죽어서 말한다

모윤숙* (1909~1990)

-나는 廣州 山谷을 헤매다가 문득 혼자 죽어 넘어진 국군을 만났다-

산 옆 외딴 골짜기에
혼자 누워 있는 국군을 본다.
아무 말, 아무 움직임 없이
하늘을 향해 눈을 감은 국군을 본다.

누런 유니폼, 햇빛에 반짝이는 어깨의 표지
그대는 자랑스런 대한민국의 소위였구나.
가슴에선 아직도 더운 피가 뿜어 나온다.
장미 냄새보다 더 짙은 피의 향기여!
엎드려 그 젊은 죽음을 통곡하며
듣노라! 그대가 주고 간 마지막 말을…

나는 죽었노라.
스물다섯 젊은 나이에
대한민국의 아들로 숨을 마치었노라.
질식하는 구름과 원수가 밀어오는 조국의 산맥을
지키다가 드디어 숨지었노라.

내 손에는 범치 못할 총자루, 내 머리에
깨지지 않을 철모가 씌워져
원수와 싸우기에 한 번도 비겁하지 않았노라.
그보다도 내 핏 속엔 더 강한 대한의 혼이
소리쳐 달리었노라.
산과 골짜기, 무덤과 가시 숲을
이 순신 같이, 나폴레옹 같이, 시이저 같이
조국의 위험을 막기 위해 밤낮으로 앞으로 앞으로
진격! 진격!

원수를 밀어가며 싸웠노라.
나는 더 가고 싶었노라. 저 원수의 하늘까지
밀어서 밀어서 폭풍우같이 머나먼 적진까지
밀어가고 싶었노라.

내게는 어머니, 아버지, 귀여운 동생들도 있노라.
어여삐 사랑하는 소녀도 있었노라.
내 청춘은 봉오리지어 가까운 내 사람들과
이 땅에 피어 살고 싶었었나니
아름다운 저 하늘에 무수히 나는
내 나라의 새들과 함께
자라고 노래하고 싶었노라.
그래서 더 용감히 싸웠노라.
그러다가 죽었노라.
아무도 나의 죽음을 아는 이는 없으리라.
그러나, 나의 조국 나의 사랑이여 !
숨지어 넘어진 이 얼굴의 땀방울을
지나가는 미풍이 다정하게 씻어주고
저 푸른 별들이 밤새 내 외롬을 위안해 주지 않는가 !

나는 조국의 군복을 입은 채
골짜기 풀숲에 유쾌히 쉬노라.
이제 나는 잠시 피곤한 몸을 쉬고
저 하늘에 나는 바람을 마시게 되었노라.
나는 자랑스런 내 어머니 조국을 위해 싸웠고
내 조국을 위해 영광스레 숨지었노니
여기 내 몸 누운 곳 이름 모를 골짜기에
밤이슬 내리는 풀숲에 아무도 모르게 우는
나이팅게일의 영원한 짝이 되었노라.

바람이여 !
저 이름 모를 새들이여 !
그대들이 지나는 어느 길 위에서나
고생하는 내 나라의 동포를 만나거든
부디 일러다오,
나를 위해 울지 말고 조국을 위해 울어달라고.
저 가볍게 나는 봄나라 새여 !

혹시 네가 나는 어느 창가에서
내 사랑하는 소녀를 만나거든
나를 그리워 울지 말고 거룩한 조국을 위해
울어달라 일러다오.
조국이여! 동포여! 내 사랑하는 소녀여!
나는 그대들의 행복을 위해 간다.
내가 못 이룬 소원 물리치지 못한 원수
나를 위해, 내 청춘을 위해 물리쳐 다오.
물러감은 비겁하다. 항복보다 노예보다 비겁하다.
둘러싼 군사가 다 물러가도 대한민국 국군아!
너만은 이 땅에서 싸워야 이긴다.
이 땅에서 죽어야 한다.
한 번 버린 조국은 다시 오지 않으리라.
다시 오지 않으리라.
보라, 폭풍이 온다. 대한민국이여!
이리와 사자 떼가 강과 산을 넘는다.
내 사랑하는 형과 아우는 시베리아 먼 길에
유랑을 떠난다.
운명이라 이 슬픔을 모른 체 하려는가.
아니다, 운명이 아니다.
아니, 운명이라도 좋다.
우리는 운명보다 강하다! 강하다!
이 원수의 운명을 파괴하라, 내 친구여!
그 억센 팔 다리, 그 붉은 단군의 피와 혼,
싸울 곳에 주저 말고 죽을 곳에 죽어서
숨지려는 조국의 생명을 불러일으켜라.

조국을 위해선 이 몸이 숨길 무덤도, 내 시체를
담을 작은 관도 사양하노라.
오래지 않아 거친 바람에 내 몸을 쓸어가고
저 땅의 벌레들이 내 몸을 즐겨 뜯어가도
나는 유쾌히 이들과 함께 벗이 되어
행복해질 조국을 기다리며
이 골짝이 내 나라 땅에 한 줌 흙이 되기 소원하노라.

산 옆 외따른 골짜기에
혼자 누운 국군을 본다.

아무 말, 아무 움직임 없이
하늘을 향해 눈을 감은 국군을 본다.

누런 유니폼, 햇빛에 반짝이는 어깨의 표지
그대는 자랑스런 대한민국의 소위였구나.
가슴에선 아직 더운 피가 뿜어 나온다.
장미 냄새보다 더 짙은 피의 향기여 !
엎드려 그 젊은 죽음을 통곡하며
나는 듣노라, 그대가 주고 간 마지막 말을.

—1950년 8월 그믐 廣州 山谷에서—

---

※ 毛允淑 시인은 원산에서 출생했고, 1931년 이화여전 영문과를 졸업했다. 詩人으로서 활동했을 뿐만 아니라, 외교관으로 대한민국의 유엔 승인을 획득하는데 크게 기여했다. 6·25전쟁(1950)이 일어나 6월 28일 인민군이 서울을 점령했을 때, 서울 시내에서 죽었다고 「뉴욕 타임스」지에 보도되기도 했으나, 남하하지 못하고 공산치하의 廣州地方에서 숨어살다가 한 육군 소위의 전사를 목격하고 즉흥적으로 지은 詩가 「국군은 죽어서 말한다」이다. 1965년 작가 위문단 단장으로 월남시찰 및 국군 위문을 했으며, 1976년 국제 펜대회에서 종신 부회장에 추천되기도 했고, 1977년 이화여대 명예 문학박사 학위를 받았으며, 많은 시집과 수필집을 남겼다.

---

## 인 생 찬 가人生讚歌

헨리 워즈워드 롱펠로※(1807~1882)

인생은 한낱 헛된 꿈이라고
슬픈 어조로 내게 말하지 말라 !
잠자는 영혼은 죽은 영혼,
만물은 겉보기와 다른 것.

인생은 진지한 것 !  인생은 엄숙한 것 !
결코 무덤이 그의 목표는 아닌 것,
흙에서 빚어졌으니 흙으로 돌아가라는 것은,
우리의 영혼을 두고 한 말은 아니리.

우리가 가야할 길 혹은 끝닿는 곳은
즐거움도 슬픔도 아닌

오늘보다 더 나은 내일이 되도록
활동하는 것.

예술은 길고, 세월은 덧없이 흐르는 것.
우리의 가슴은 튼튼하고 용감하지만,
지금 이 순간에도 무덤으로 가는 장송곡을
낮은 북소리처럼 울리고 있네.

이 세상의 넓은 싸움터에서,
인생의 야영장에서
그대 말없이 쫓기는 가축의 무리는 되지 말고,
싸움에 앞장서는 영웅이 되어라 !

아무리 달콤하다 하여도, 미래는 믿지 말라 !
죽은 과거는 그만 묻어 버려라 !
행동하라, – 살아 있는 현실을 위해 실행하라 !
안으론 젊은 가슴이 있고, 위로는 하느님이 계시니 !

위대한 사람들의 생애가 말해 주듯,
우리도 숭고한 삶은 누릴 수 있다는 것은 남겨 주었네.

이들은 또, 삶을 뒤에 두고 떠나면서
시간의 모래 밭 위에 발자국을 남겨 주었네.

---

※ H. W. Longfellow는 미국 메인 주 포틀랜드에서 출생했고, 보드인 대학을 졸업하고 유럽을 여행했으며, 모교의 현대 언어학 강사가 되었다. 1834년부터 하버드 대학에서 강의를 시작하였고 교수로 취임했다. 그는 유명한 시와 소설을 많이 발표했다. 영국의 웨스트민스터 대성당에 흉상이 전시된 유일한 미국 시인이다.

---

## 나 무

조이스 킬마※(1886~1918)

나는 나무와 같이 아름다운
詩를 볼 수 없으리라고 생각한다.

달콤한 것이 흐르는 흙의 품에다
그의 목마른 입을 대이고 있는 나무.

종일토록 하나님을 우러러 보며
푸른 잎의 팔을 들어 기도하는 나무.

여름이면 그의 머리털 속에
울새의 보금자리를 이고 있는 나무.

그의 가슴에는 눈(雪)이 쌓이고
비와도 정다웁게 사는 나무.

詩는 나처럼 어리석은 자가 쓰지만
나무는 하나님만이 만드실 수 있는 것이다.

---

※ Joice Kilma는 뉴욕 컬럼비이 대학에서 공부했고, 졸업 후 교원, 잡지·신문기자 생활을 했다. 제1차 세계대전에서 중사로 출전하여 1918년 7월 서부전선의 마르느 전투에서 전사했다. 그의 죽음은 맥아더 원수의 『회고록』(1964)에도 등장했다. 즉, "그에게 不朽의 명성을 준 한 나무의 그루터기 아래에 조이스 킬머 중사를 묻고 갓 돌아와서…"

---

## 층층계

박목월[*](1916~1978)

敵産家屋 구석에 짤막한 층층계…
그 二層에서
나는 밤이 깊도록 글을 쓴다
써도써도 가랑잎처럼 쌓이는
空虛感.
이것은 來日이면
紙幣가 된다.
어느것은 어린것의 公納金.
어느것은 가난한 자양대.
어느것은 늘 가벼운 나의 用錢.
밤 한시, 혹은
두시. 用便을 하려고

아랫층으로 내려가면
아랫층은 單間房.
온家族은 잠이 깊다.
서글픈 것의
저 無心한 平安함.
아아 나는 다시
층층계를 밟고
二層으로 올라간다.
(사닥다리를 밟고 原稿紙위에서
曲藝師들은 지쳐 내려오는데…)

나는 날마다
生活의 막다른 골목끝에 놓인
이 짤막한 층층계를 올라와서
샛까만 유리창에
수척한 얼굴을 만난다.
그것은 너무나 어처구니 없는
(아버지)라는 것이다.

나의 어린것들은
倭놈들이 남기고간 다다미 방에서
날무처럼 포름쪽쪽 얼어있구나.

---

※ 朴木月은 경주에서 출생했고, 1939년에 등단하여 1978년 타계할 때까지 40년 동안 쉼 없이 詩를 썼고, 예술원 회원과 한국시인협회 회장, 한양대 문리과 대학장 등을 역임했다.

---

## ♠ 구름은 바람에 실리어

박남수※(1918~1994)

구름은 바람에 실리어
나는 季節에 실리어

三好達治의 詩句를 외며
구두끈을 묶는다.

콧등이 반짝이는 새 신을 신고
이대로 旅行이나 떠날까.
一日圈의 高速道路가 뻗었어도
釜山에 가 본지가 오년이나 된다.

　　구름은 바람에 실리어
　　나는 季節에 실리어

내 生涯에 가장 어려웠던
生活의 場所는 먼 汽笛을 울린다.
자갈치 防築에 앉아
來日이 없는 어두운 구름 밑
끼룩끼룩 갈매기가 울던
三·八따라지의 구겨진 나날이여.

　　구름은 바람에 실리어
　　나는 季節에 실리어

五十의 숨가쁜 고개를 넘어
지난날은 바람에 띄워 보낸다 해도
나의 算術에는 억울한 零컴머 이하의 꼬리가
항상 그림자 마냥 달려 다닌다.
오히려 즐거웠던 追憶이 되어, 지금
멀리 汽笛이 울리는 어느 港口에서
훌쩍 外航船이나 타 볼 건가.

　　구름은 바람에 실리어
　　나는 季節에 실리어

나그네 길에서 만나면
저 사람들의 손목도 잡고 싶겠지.
구두 끈을 묶으며
三好達治의 詩句를 외며
내 가슴의 幕에는, 지금
바다와 갈매기와
서른 셋의 젊은 靑春과
杜甫의 설움이 어울리고 있다.

구름은 바람에 실리어
나는 계절에 실리어

---

※ 朴南秀는 평양에서 출생했고, 1941년 日本 中央大學을 졸업했다. 1·4후퇴 때 월남했고 詩人으로 활동했으며, 10년간의 대학 시간강사를 겪었으나, 전임이 되지 못하여 1975년 미국으로 이민가서 거기서 타계했다.

---

## 가지 않은 길

로버트 프로스트※(1874~1963)

노란 숲 속에 두 갈래의 길이 있는데,
두 길을 다 가지 못하는 것을
나는 안타깝게 생각하면서
한 나그네가 될 수 없어
오랫동안 서서 한 길이 덤불로 굽어드는 데까지
멀리 바라보고 있었다.

그러다가 아름다운 다른 길을 택했다.
그 길에는 풀이 더 우거지고
밟히지 않아서 더 낫지 않을까 생각했었지만
그리로 지나감으로써
같은 정도로 밟힌 셈인데.

그 날 아침 두 길에는
낙엽을 밟은 자취가 없었다.
아, 나는 다음 날을 위해 한 길은 남겨 두었다.
길은 길과 맞닿아 끝이 없으므로
내가 다시 돌아올 것을 의심하면서.

오랜 세월이 흐른 다음
나는 한 숨을 지으면서 이야기 하겠지.
두 갈래의 길이 숲 속으로 나 있었다.

그래서 나는 사람이 덜 밟은 길을 택했고
그것이 내 운명을 바꾸어 놓았다고.

※ Robert Frost는 미국 보스턴 북쪽의 뉴 햄프셔 논장에서 살면서 한평생 농부를 지칭하며 살았고 또 대학 교단에도 선 지성이었다.

## ▣ 나의 애송시 감상

위에 소개한 나의 애송시가 명시名詩에 속하는 것인지, 아닌지 나는 알지 못한다. 그러나 지금까지 살아오면서 내가 읽고 마음에 와 닿아서, 좋아서, 몇 번이고 읽으며 음미했던 시만 골라서 소개했다.(롱펠로우의 「비오는 날」과 얼만의 「청춘」은 당연히 여기에 포함시켜야 하나, 이미 앞에서 소개했기 때문에 여기서 제외했다.)

6월이 되면, 정원의 꽃나무는 꽃과 향기로 자연의 즐거움을 나에게 안겨주지만, 한편 생각을 돌리면 비참했던 6·25전쟁과 현충일(6월 6일)을 생각하지 않을 수 없다. 지난날의 역사를 살펴보면, 국가와 민족을 구하기 위해 자신의 소중한 목숨을 아낌없이 희생한 많은 분들이 등장했다. 그 분들의 희생이 있었기에 오늘날 우리들의 평화와 번영이 있다는 사실을 결코 잊어서는 안 되리라. 그래서 6월이 되면, 가장 먼저 회상되는 시는 모윤숙 시인의 「국군은 죽어서 말한다」이다. 그들의 희생이 있었기에 오늘의 대한민국이 존재하기 때문이다.

6·25전쟁에 있어서, 북한의 침략으로부터 한국을 구출하기 위해 우리뿐만 아니라, 유엔군의 깃발 아래 참전한 16개국의 용사들이 있다.

전쟁기간(1950. 6. 25~1953. 7. 27.) 동안 해외 참전용사 194만여 명 가운데 40,896명이 이 땅의 평화와 자유를 위해 고귀한 생명을 바쳤다. 전쟁이 끝난 지 60년이 가까워졌지만, 부산시 남구 대연동 유엔기념공원에는 아직도 11개국 2,300여 명에 이르는 유엔군 전몰장병의 유해를 모시고 있고, 전쟁의 비극과 그로 인한 상처에 아파하는 유가족들의 사연이 멈추지 않고 오고 있다는 것이다. 예컨대 호주군 대위로 참전했다가 34세의 나이에 전사한 케네스 존 휴머스톤 씨의 유가족이 최근 사망한 미망인 넨시(90세) 씨의 유해를 유엔기념공원에 모시고 싶다는 연락이 왔고 또 미국 참전용사의 미망인 A(83세) 씨는 최근 유엔기념공원을 방문하고 남편과 같이 묻히고 싶다며 결혼증명서 등을 남기고 갔다는 것이다.

국가보훈처·재향군인회가 주최가 되어 매년 6·25전쟁 해외 참전용사들을 초청하는 행사는 세계에서도 그 유래가 없는 보은報恩 행사이다. 참전 용사들은 반세기가 지나서 한국에 다시 와서 보고 다음과 같이 말하고 있다.

- 1953년 한국을 떠났을 때는 잿더미의 폐허였다. 아무것도 없었다. 지금은 믿기지 않을 만큼 대단한 경제대국을 이뤘다. 인천공항에서 서울로 들어오면서 눈부신 발전을 눈으로 확인할 수 있었다. 전쟁 당시 서울의 한강 다리는 하나였지만, 지금은 20개가 넘는다.…

- 전쟁으로 잿더미가 된 나라가 어떻게 해서 단시일에 복구할 수 있었는지 도저히 이해할 수가 없다. 한국인이 성취한 것에 버금가는 업적을 이룬 나라는 이 세상 어디에도 없다.

1957년 도미유학을 했을 때, 일리노이 주의 시골 농가를 방문하자, 한 농부가 나에게 "어디서 왔는가?" 하고 질문하기에, "한국에서 왔다"고 하니, 그는 다시 물었다. "한국이 어디에 있는 나라인가?" 나는 깜짝 놀라지 않을 수 없었다. 특히 미국은 6·25전쟁 3년 1개월 동안, 참전용사 가운데 33,629명의 전사자를 냈다. '그들이 전혀 알지도 못했던 나라, 또 전혀 만나지도 않았던 사람들' 을 지키기 위해 귀중한 목숨을 바쳤던 것이다. 남의 나라의 위기에 기꺼이 와서 피를 바쳐준 참전용사와 우방국에 대해 감사하고 그 은혜를 갚아야 한다는 것을 명심하고 또 후손들에게도 전승시켜야 하리라.

"자유는 공짜가 아니다"(Freedom is not free.)

나는 미국 워싱턴 D.C에 위치한 한국전 참전 묘비명의 참 뜻을 오늘의 젊은 세대들은 가슴에 깊이 새기고 또 되새겨야 할 때이리라 생각한다.

요즘같이 무더운 여름이면, 시원한 바다로 혹은 깊은 산의 계곡이나, 차가운 냇물이 흐르는 곳으로 가는 피서법도 있지만, 나는 퇴직 후 경주의 토함산 가까운 마을에 냉방시설도 없는 한옥에서 은은한 풍경소리와 요란한 매미소리를 들으며 대청마루에 누워서 읽고 싶은 시를 읽는 것을 가장 좋은 피서법으로 알고 즐기고 있다. 최근에 읽은 『에드먼튼 시편』(이윤경 시집, 2007)은 책이름과 젊은 여인의 시집이라는 데 호기심을 갖고 읽었다.

어머니는, 도대체 속내를 알 수 없는 사람이었다.
밉다, 밉다 하면서 다음날 제일 먼저 술국 준비하고

밉다, 밉다 하면서 다음날 제일 먼저 보약 챙겨놓고
밉다, 밉다 하면서 늘 가난한 장바구니 속엔
겨우내 아버지의 발을 보호해줄
순모 100% 검은 양말이 가득했다
더 속내를 알 수 없는 사람은 그런 어머니에게
미운 행동만 계속하는 아버지였다
미안한 기색 한 번 없이 당당한 아버지였다
그렇게 미운 아버지가 떠나가던 날,
어머니는 밤새 미운 남편 사진 부여안고
미안해요, 미안해요, 되풀이했다
그렇게 내 어릴 적엔,
어이없이 사는 부부들이 참 많았다.

(속내 −부부 1−)

나는 이 시를 읽고, 소나무 사이의 먼 푸른 하늘을 한참 쳐다보았다. 이 시인은 동국대 문예창작과 석사과정을 졸업했고, 국민대 대학원 박사과정을 졸업했으며, 국민대 출강도 했다는 것이다. 현재 캐나다 에드먼트에 체류 중인데, "잠시만 머물려고 들린 에드먼트에서 두 해를 보내고 있다"고 했다. 따라서 책의 사진을 보니 젊은 독신의 지성적인 시인으로 추정했다.

두 가지 문제에 대해 감상을 적어볼까 한다.

첫째, 부부간의 관계는 사랑하기 때문에 미워하고, 미워하기 때문에 사랑한다는 사랑과 미움의 변증법을 이 시인은 이해하고 있는지 의문이 갔다. 사랑이 미움으로 변하고 또 미움이 사랑으로 변하는 것이 변증법이며, 그것이 바로 부부관계인데, 그것을 가지고 "어이없이 사는 부부들이 참 많았다" 하니… 미움이 없다면, 사랑의 참모습을 알 수 있을까?

둘째, 어린 딸자식을 앞에 두고, 밉다, 밉다고 남편의 욕을 마구 퍼부었다면, 그 딸이 성장하여 시집갈 나이가 되어서도 시집갈 생각을 할까?

서양에는 다음과 같은 격언이 있다.

바다로 갈 때에는 한 번 기도하여라.
전쟁터로 갈 때에는 두 번 기도하여라.
그러나 결혼식장에 갈 때에는 세 번 기도하여라.

배를 타고 바다로 나가면, 폭풍우가 언제 불어올지도 모르고, 또 그것을 만나면 죽게 될 위험이 많다. 그러니 한 번 기도하라는 것이다. 전쟁터는 가장 위험한 곳이다. 총알이 언제 어디서 날아와서 생명을 빼앗아 갈지 모르니, 가장 위험한 곳이다. 하여 두 번 기도하는 것이다. 그러나 결혼식장으로 들어갈 때에는 세 번 기도하라고 했다. 이것은 남녀의 결혼이 인생에 있어서 가장 중대하고 또 가장 어렵다는 것을 뜻하는 것이리라.(2009. 6. 6)

# Ⅱ. 평화적 남북통일에 대한 새로운 제안

## (서라벌에서 온 편지 ①)

박형, 그동안 안녕하셨소?

오랫동안 소식을 전해주지 못하여 미안합니다. 최근에 거론되었던 '동북아 균형자 역할', '자주국방' 그리고 '전시 작전 지휘권의 환수' 등의 논의·결정과정을 지켜보면서 걱정도 했을 뿐만 아니라, 오히려 분노마저 느꼈소. 그렇지만 학문에만 몰두하고 싶어서 시골에 왔고 또 더 늙기 전에 오랫동안의 숙제였던 「명량해전의 군사 사학적 연구」라는 논문을 집필키로 했으며, 해군대학에서 발간하는 『해양전략』 제132호(2006. 12)에 발표했습니다.

박형도 알다시피, 원균이 지휘했던 조선 수군은 1597년 7월 15일 칠천량 해전에서 완패당하여 송두리째 와해당하고 말았소. 백의종군을 하고 있었던 이순신은 8월 3일 왕명으로 삼도 수군통제사로 종이 한 장 뿐인 재임명장을 받았소. 그는 패잔병들과 신병들을 소집하고, 수습한 병선 13척으로 불과 2개월 후인 9월 16일 위세 당당한 일본 수군 130여 척과 명량 해전을 벌여 적선 31척을 격파하여 승리했을 뿐만 아니라, 우리의 병선은 한 척의 손실도 없었소. 그는 그 날의 일을 『난중일기』에, "이것은 하늘이 준 행운이다"고 겸손하게 기록했으나, 나는 군사이론에 바탕을 두고 조선 수군의 승리의 원인을 밝혔으며, 또한 이 논문의 집필과정에서 생애에 두 번째로 눈물을 흘렸다는 것을 고백하지 않을 수 없소.

지난 2월(2007년)에는 일본 도쿄에 소재하는 「일본 전략연구 포럼」(Japan Forum for Strategic Studies)에서 1,500자 범위 내에서 「한반도의 현황과 전망」의 시평時評을 집필해

달라는 원고 청탁이 왔소. 이것은 논문을 집필하기보다 더 어려운 과제였으나 피할 수 없는 처지라 일본어로 발표했는데(2007. 4. 1. 게재), 그 내용을 옮겨보기로 하겠소.

한반도는 금년에 중대한 전환점에 직면하고 있다. 하나는 북한의 핵 폐기로 향한 6자회담의 합의문이 2월 13일 베이징에서 발표되었으나, 앞으로 어떤 성과를 얻을 것인가 이며, 다른 하나는 12월의 한국 대통령 선거의 결과이리라. 여기서는 전자에 초점을 맞추어 논의하고자 한다.

북한은 2006년 7월 4일, 7발의 미사일을 발사했고, 더욱이 2개월 후인 10월 9일에는 핵실험으로 내딛었다. 이것으로 인해 유엔의 안전보장이사회는 유엔헌장 제7장에 바탕을 두고 제재를 전원 일치로 채택했던 것이다. 2005년 9월 19일 6자회담에 있어서, 한반도 비핵화 원칙에 합의했기 때문에, 이번의 합의문에서는 60일 이내에 핵시설의 폐쇄와 국제원자력기구(IAEA)의 사찰, 그리고 모든 핵 프로그램 중단과 핵 무능화 이행 등, 단계적으로 되어 있으나, 일거에 비핵화로 향한 해결, 사찰을 했어야 하지 않았겠는가? 그러나 지금부터라도 북한의 핵 포기로 향한 구체적인 조치에 대한 확실한 검증을 얻지 못하는 경우에는, 단호히 에너지·식량 등의 비원조와 유엔의 제재를 강화한다는 것을 확실하게 하여 실행해야 할 단계이리라.

1992년 1월 20일, 남북의 양 정부는, "한반도 비핵화에 관한 공동선언"을 조인했음에도 불구하고, 북한은 비밀히 핵무기를 개발·실험했고, 또 북한의 고위관리는 핵실험 후에도, "한반도의 비핵화는 김일성 주석의 유훈遺訓이며, 그 방침에는 변함이 없다"고 언명했던 것이다. 김정일과 그의 수뇌들은, "정권은 총구에서 태어난다"고 하는 마오쩌둥(毛澤東) 이론을 광신하고 있는 듯 하나, 자원이 풍부했던 구소련이 미사일·핵탄두가 부족해서 붕괴했을까? 사유 재산과 시장 경제를 승인하지 않는 국가체제는, 결국 국가경제가 성립될 수 없기 때문에 붕괴되는 것이다. 개인이나 국가를 불문하고, 경쟁은 발전의 원동력이라는 것을 알아야 한다. 최근 발표된 저우언라이(周恩來) 총리의 만년의 병상일기에 의하면, "국가가 대단히 불행하다. 건국 26년이 지났는데도 6억의 인민이 밥도 제대로 먹지 못하고 있다. 공산당만을 노래 부르고 지도자만을 칭찬하고 있으나, 이것은 공산당 실패의 한 장면이다."(1975년 12월 28일)

북한은 전후 반세기 이상이 지났음에도 불구하고, 1990년의 중반기에 '고난의 행군'에 의해 300만 명의 아사자餓死者를 냈고, 현재는 '제2의 고난의 행군'이 시작된 것 같으며, 인민들은 아직도 기아선상에서 헤매며 외국으로 탈출을 꾀하고 있는 것이 현황이다. 남북한의 통계를 보면, 인구는 4,850만 명 대 2,150만 명, 병력은 67만 4천 명 대 117만 명, 그리고 국내 총생산(GDP)은, 9,310억 달러 대 227억 달러이다. 북한의 붕괴는 이미 시작되었다고 진단해도 좋으리라. 한국정부는, 2000년의 남북 수뇌회담 이후, 햇빛정책에 의해 북한에 대체로 50억 달러를 원조해 주었으나, 거기에 대한 응답은 미사일 발사와 핵실험이었다. "평화를 바란다면, 전쟁을 이해하고, 거기에 대비하라!"고 하는 것이 나의 반세기에 걸친 군사학 연구의 결론이다. 한반도 통일에 관한 시나리오에는 ;

① 북한 해방을 통한 남북한의 연방제
② 북한의 붕괴 후, 한국에 의한 흡수 통일
③ 무력 충돌에 의한 통일

등이 논의되고 있으나, 강대국의 개입과 피해의 가능성이 언제나 존재하고 있다. 그래서 바람직한 시나리오는, 935년, 신라의 경순왕이 태자의 반대를 무릅쓰고 고려의 태조에게 국가 권력을 이양한 것처럼, 김정일 국방위원장은 한국정부에 권력을 이양하고 따뜻한 제주도에서 여생을 편안하게 사는 것이리라. 이렇게 함으로써, 김일성이 범한 민족적 비극(6·25전쟁)에 대한 보상도 되고, 또 한민족의 평화적 통일과 동북아시아의 평화와 번영에 공헌하는 것이 되리라.(2007. 2. 15. 탈고)

박형, 내가 제안한 바람직한 시나리오는 지면상 배경을 생략했으나, 몇 가지 더 설명이 필요할 것 같소. 지난 2005년 5월 20일 공군회관에서 전우회원 약 150여명이 참석한 가운데 「지정학적으로 본 한민족의 생존전략」이란 주제로 안보강연을 했소. 세계적 관점에서 본다면, 한국은 조선·IT분야에서는 수위를 점하고, 무역량·국민 총생산도 10위권 내외에 속하지만, 한반도를 둘러싼 4대 강국, 즉 미국, 일본, 중국 그리고 러시아와 비교하면 열세를 시인하지 않을 수 없소. 거기에다 이들 강대국들은 한반도의 통일을 바라고 있지 않을 뿐만 아니라, 더욱이 무력에 의한 통일에는 개입하지 않을 수 없는 상황이요. 그래서 우리의 역사적 선례와 교훈을 거울삼아, 대단히 어려운 문제겠지만 김정일 국방위원장에게 중대한 결단을 내려야하는 제안을 했소. 이것은 반세기에 걸친 연구의 집대성 비슷한 책, 즉 『한 군사학도의 연구 발자취』(충남대학교 출판부, 2006년)에서 발표한 내용임을 밝힙니다. 요컨대, 무력에 의한 한반도의 적화통일이란, 전쟁으로 인해 한반도가 완전히 폐허로 변할 것이고, 거기서 통일이 무슨 소용이 있으며, 또한 적화통일의 보장도 없소. 왜냐하면 강대국들이 필연적으로 전쟁에 개입하기 때문이며, 과거 김일성이 과오를 범한 중대한 교훈일 것이오.

중국은 내년의 북경 올림픽 개최국이기 때문에 한반도의 정세변화에 적극적으로 개입하지 않을 것으로 추정합니다. 한편 최근 중국의 기업은 9억 달러를 지출하여 첨단산업에 불가결한 희소금속이 풍부하게 매장되어 있는 무산 광산을 앞으로 50년간 독점 채굴권을 획득했는가 하면, 동해의 나진항 부두의 독점 사용권을 획득하는 등, 지금 북한은 중국의 '남길림성' 으로 불릴 정도로 예속화가 진행 중이요. 거기에다 동북공정을 통한 고구려를 중국 지방정권이라는 등 패권주의 모습을 노출시키고 있는 상황이며, 올림픽이 끝나면 한반도 정세에 적극적인 태도를 취할 것으로 예상됩니다. 그렇기 때문에 평화적 남북통일은 지금이 가장 적기라고 생각되었기에 새로운 시나리오를 제기한 것입니다.

박형, 나는 우리나라의 햇빛정책의 추종자들에게 이태리의 마키아벨리(1469~1527)의 주장(국가간의 관계)을 소개해 주고 싶소. 즉 "다음 두 가지는 절대로 경시輕視해서는 안 된다. 하나는, 인내와 관용으로 대한다면, 인간의 적의敵意이라 할지라도 녹일 수 있다고 생각해서는 안 된다. 둘째는, 보수報酬나 원조를 준다면 적대관계라 할지라도 호전好轉시킬 수 있다고 생각해서는 안 된다."(『정략론政略論』)

박형의 건승을 빕니다.

(『自由』, 2007년 5월호)

# Ⅲ. 독도의 영유권을 둘러싸고 –한국 신체제와 한·일관계–

(서라벌에서 온 편지 ②)

나는 한국과 일본이 상호 이해와 평화를 유지하고, 함께 번영하는 것을 바라고 있었는데, 이번에 독도(일본에서는 다케시마竹島)의 영유권을 둘러싸고 양국의 주장이 다르다는 것을 알게 되었다. 따라서 이 문제를 어떻게 해결할 것인가에 대해 논의하고자 한다.

일본의 아사히신문에 의하면, 지난 2008년 7월 14일, 문부성은 일본과 한국이 서로 영유권을 주장하는 독도에 대해 처음으로 기술記述한 중학교의 '학습지도 요령'의 해설서를 공표했다. 한국을 배려하여, 다케시마를 '일본 고유의 영토'라는 직접 표현은 피했으나, 한국 측에서는 반발이 거세졌다.… 해설서는, 지금까지도 북방 영토에 대하여 "(러시아에) 반환을 요구하는 것에 대해, 확실하게 다룰 필요가 있다"는 등으로 기술하고 있었지만, 이번에 처음으로, "우리나라와 한국 사이에 다케시마를 둘러싼 주장에 차이가 있다"는 것을 말하고, "북방 영토와 마찬가지로 우리나라의 영토·영역에 대해 이해를 깊게 하는 것이 필요하다"고 하는 문구를 첨가했다. 해설서는, "북방 영토는 우리나라 고유의 영토"라고 명기明記하고 있고, '다케시마'를 다룸에 있어서는 "북방 영토와 마찬가지"라 함으로써, 간접적으로 "일본 고유의 영토"라고 가르칠 것을 요구하고 있다고 보도했다.

나는 30여 년 전, 일본의 구 해군성에서 발행한 『조선수로도朝鮮水路圖』(메이지明治 42년?)에, 독도가 울릉도에 속해 있는 해도海圖를 보고난 후, 독도의 영유권 문제에 대해서는 홍미가 별로 없었다. 그러나 이번에 일본정부의 해설서 공표에 의해 여러 사실을 알게 되었고, 또 관심을 가지게 되었다. 특히 일본인이면서 '독도'는 한국의 영토라고 주장하는 학자가 있다는 것이었다. 그들은 주로 사실事實에 바탕을 두고 연구하여 학자적 양심만으로 '독도'는 일본 영토가 될 수 없다는 이유를 사료검증史料檢證과 분석을 통해 분명히 밝혔다.

이들 학자란, 예컨대 역사학자 야마베(山邊健太郎, 1905~1977), 가지무라(梶村秀樹, 1936~1989), 시마네 대학의 나이토(內藤正中, 1929~ ) 명예교수, 교토 대학의 호리(堀和生) 교수, 나고야 대학의 이케우치(池內敏) 교수 등이며, 만약 '독도'가 "일본 고유의 영토"라고 주장하려면, 이들 일본인 역사학자들의 견해를 신중히 그리고 객관적으로 검증해야 하지 않을까?

나는 본 『계보季報』 제37호(2008. 7. 1. 그리고 『自由』 2008년 11월호)에서, 고대사학자 이노우에(井上光貞, 1917~1983) 박사가, 고대사 연구기관도 아닌 육군 참모본부에서 해독·해석한 '광개토왕 비문 신묘년 기사'를 사료비판도 하지 않고 역사 교과서에 게재하여 학생들에게 교육하고 있다는 것을 지적했다. 또 일본의 메이지(明治) 이래의 대륙정책은 조선·중국을 지향한 일본 제국주의의 침략정책으로 알고 있었으나, 일본의 정치가나 지성인들이, 그것은 '침략'이 아니라 '진출'이라고 주장하는 데 대하여, 처음에는 놀랐고 다음에는 실망한 경험을 가지고 있다. 그래서 일본인들이 상식적인 단어도 식별하지 못하는 문제점이 있으며, 이런 원인은 어디서 연유하는 것일까를 조사해 보았고, 다음 사항을 알게 되었다.

- 일본의 역사 교과서의 결함에 대해서는, 여러 가지 원인이 있지만, 최대의 문제는 일본의 정부·문부성의 방침이 일본의 아시아 침략, 식민지 지배, 전쟁에 대하여, 그 책임을 명확히 시인하려 하지 않고 가능한 한 은폐하려는 체질이 나타나고 있다는 것이다. 그리고 교과서의 검정권은 문부성이 장악하고 있고, 그 검정은 일본사 교과서에 대해 가장 엄격하며, 문부성의 방침을 반영하려 하고 있다.(中村 哲, 일본의 정치학자, 법정대학 총장 역임)

- … 방대한 『상주기록上奏記錄』이다. 태평양 전쟁 당시의 육해군이, 쇼와(昭和)천황에게 무엇을 상주했는가를 꼭 알고 싶다. 예컨대, 미드웨이 해전에서 일본의 항공모함이 4척 격침 당했지만, 천황에게는 2척으로만 보고되었을 것이다. 사실, 미드웨이 해전이 있었던 다음 해인 1943년의 함대편성표에는, 격침당한 항공모함의 이름이 확실하게 기록되어 있기 때문이다. 즉 군부는 천황을 속였을 가능성이 있다.… 다만 일본인이란, 객관적으로 역사적 기록을 명확하게 쓴다는 훈련이 되어있지 않은 것도 사실이다.(『諸君』 1992年 2月號, p. 127)

사실史實은 사실史實로서 객관적으로 기록한다는 것이 바람직하다. 그것이 역사인식의 첫걸음이며, 과거의 진실을 알지 못하고서는 현재 및 장래에의 명확한 판단이나 이웃 나라와의 화해와 우호관계의 증진도 성립될 수 없다는 점에 유의해야 한다.

2008년 7월 14일, 서울의 평화방송라디오에서, 구로다(黑田勝弘, 산케이 신문産經新聞) 서울 지국장은 다음과 같이 말했다. "바위 덩어리 섬을 갖고 전쟁을 일으키는 나라는 없다. 벌써 독도는 한국 것이 되어 있지 않는가. 50년 이상 자기가 지배하고 있는데, 왜 그리 흥분하나." 그는 이 날 방송에서, "역사적으로나 실질적인 점유상태로 보나 한국 영토인데 일본이 왜 거론하느냐"라는 진행자의 질문에 대해, 그는 "영토문제는 여러 나라가 다 마찬가지로 자기나라 주장을 대내외적으로 강력히 얘기하는 것은 당연한 것이고, 그런 발언도 자세도 있을 수 있다"며 "다만 독도 문제는 지금 이 시점에서 나온 것이 아니고, 벌써 50여 년 전부터 한일 국교 정상화 때부터 대립이 있었던 문제이다.… 일본 측에서 그런 주장이 있다는 것은 사실이기 때문에 그렇게 너무 흥분할 필요가 없는 것 같다"고 말했다.

구로다 지국장은 독도를 '일본 고유의 영토'라는 것을 교과서에서 가르치려는 의도에 대해, "그렇게 흥분할 필요가 없다"고 얘기했지만, 그것은 일본의 새로운 군국주의자들의 침략적 근성의 대두에 대한 경고로 수용해야 한다. 거기에다 고대로부터 근·현대에 이르는 한국과 일본의 관계사를 고찰해야 하며, 일본의 저명한 사학자 하다다(旗田 巍) 전 법정대학 교수의 견해를 아래와 같이 소개한다.

- 조선은 일본에 있어서 외국이다. 따라서 조선사朝鮮史는 외국사外國史이다.… 조선사는 일본인에 있어서 특별히 깊은 뜻을 가진 외국사라는데 이론異論은 없으리라. 일본의 역사 내면에 삽입된 특별한 의미를 가진 외국사이다.

  주지하는 바와 같이 고대 일본의 형성기에는, 조선의 문화·기술·제도 등이 많은 조선인과 함께 일본에 들어왔다. 그것은 일본의 사상·종교·예술·기술을 비롯하여, 사회조직, 국가제도의 발전에 중대한 영향을 미쳤다. 조선도래朝鮮渡來의 문명과 사람을 빼고서 일본의 고대문명이나 고대국가의 형성은 얘기할 수 없다.…

  고대의 시대를 지나면서, 양국의 관계는 그 이전만큼은 긴밀하지 않았다. 그러나 양국 사이에는 끊임없이 교류가 계속되었다. 그 사이에 왜구倭寇 및 도요토미(豊臣秀吉)의 출병 등의 침략도 있었으나, 한편 선린우호의 국교도 있었다.…

  메이지기(明治期)에 들어오면, 일본에 있어서 조선은, 전연 새로운 의미를 가지게 되었다. 근대 일본의 대륙발전 노선에 있어서 먼저 조선이 지배의 대상이 되고, 열강과 다툰 후에 조선에 대한 독점적 지배권을 입수했고, 마침내 조선을 병합하고, 이것을 완전히 식민지로 만들었다. 일본과 조선의 관계는 식민지 지배국과 식민지라는 관계가 되었다.

양국의 국민이 과거 역사의 진실을 알고, 또 상호의 입장을 이해하려고 할 때, 상호 신뢰와 이해가 깊게 된다는 것을 필자는 믿고 있다. 그런데 오늘날 일본인의 자세는, 일본이 식민지 지배국이었음에도 불구하고, 그 행위를 '침략'이 아니라 '진출'이라고 주장하고 있기 때문에, 한국의 입장에서 본다면 대화의 상대도 될 수 없는 상태에 놓여있다. 일본어에 "은혜를 원수로 갚는다"는 말이 있는데, 한일간의 긴 역사를 회고해 본다면, 한국이 일본에 은혜를 베푼 시대도 있었으며, 이 말은 일본 측의 태도를 표현한 적절한 말이라 생각한다.

현실의 문제로 돌아와 보면, 지금까지 논의되어 왔던 독도의 영유권에 대한 해결안은 다음과 같은 것이 있다.

① 독도 영유권 문제의 해결을 다음 세대로 연기한다.

② 한국정부는 독도를 시마네 현(島根縣)에 선물로 주고, 동시에 일본정부는 대마도를 경상남도에 선물로 준다.

③ 울릉도와 오키 섬(隱岐島)의 중간을 경계선으로 하여, 그 이북은 동해東海로 하고, 그 이남은 일본해日本海로 이름을 붙인다.

양국의 수뇌들은, 가능한 한 빨리 회담을 실시하여 독도 영유권 문제를 해결해야 한다. 그 이유는 상호 신뢰와 이해, 거기에다 국력의 소모에 영향을 미치기 때문이다. 나는 타당성과 수락성의 관점에서 ③의 방안이 최적最適의 해결책이라 생각한다.

【이 글은 『日本戰略研究フォーラム會誌』 38号(2008. 10.)에 게재한 내용임】

# Ⅳ. 한국 신체제와 한·일관계 –고대사의 사실史實을 둘러싸고–

(서라벌에서 온 편지 ③)

박형,

그동안 안녕하셨소?

매일 30도가 웃도는 찜통더위가 기승을 부리고 있지만, 이것은 머지않아 결실의 시원한 가을이 찾아온다는 징조가 아니겠소?

박형도 알다시피, 나는 90년대 초에 고구려 군사사상을 연구하다가 광개토왕 비문에 등장하는 왜倭의 실체와 신묘년 기사辛卯年記事에 관해 규명하고자 7, 8년간의 시간을 연구하며 논문을 집필하여 우리나라뿐만 아니라 일본의 고대사 학술지에도 발표했소.

그런데 2007년 우리나라 역사학계의 중진으로 활약하고 있는 서울대학교의 모 교수는 "일본 육군 참모본부의 요코이(横井忠直)가 주동이 되어 해독·해석한 비문의 신묘년(391) 기사, 즉 '백제와 신라는 예부터 고구려의 신민으로 조공해 왔다. 그런데 왜가 신묘년에 바다를 건너와 백제와 □□와 신라를 쳐서 신민으로 삼았다'고 풀이한 일본 역사학계의 통설은 순리라고 여겨진다. 단, 신묘년 조에서 전하는 기사의 내용은 그대로 다 사실성이 있는 것이라고는 보기 어렵다"고 하였소. 그렇다면 비문 자체가 잘못된 내용을 기록했다는 말인가요?

그래서 나는 「제32회 동아시아 고대학회 학술발표대회」(2007. 12. 26)에서 「군사사학이란 무엇인가?–광개토왕 비문 신묘년 기사를 중심으로–」를 발표했고, 거기에다 『일본서기日本書紀』

(720)에 기록되어 있는 신공황후神功皇后의 「남한정벌」의 내용에 대해 견해를 밝혀보려고 합니다. 이 문제는 한·일간의 역사문제일 뿐만 아니라, 양국 국민의 현재와 미래에도 관련이 깊은 문제이기도 합니다. 마침 『日本戰略硏究포럼會誌』(2008. 7)에 발표했기에 아래와 같이 옮겼으니, 읽고 논평해 주기 바랍니다.

오늘날에 있어서 한·일간의 현안문제는 역사문제, 독도 영유권 문제 그리고 위안부 문제 등이 있지만, 2회에 걸친 수뇌회담은 「미래지향」에 치닫다보니 현안문제는 깊이 다루지 않거나, 또는 화제에도 오르지 못했다. 그러나 2월 25일 이명박 대통령 취임 후, 후쿠다(福田康夫) 수상은 수뇌회담에서 스스로 역사문제를 꺼냈다. "과거의 사실事實은 사실로서 인정하는 것이 중요하다.… 역사는 겸허하게 맞이하는 것이 중요하며, 상대편이 어떻게 생각하는가를 언제나 생각해야 한다"[1]고 지적했다.

한편 이명박 대통령은 4월 21일 일본을 방문했을 때, 아키히토 천황(明仁天皇)과의 회견에서, "역사의 진실은 잊지 않고 실용의 자세로 미래 지향적이며 성숙한 동반자 관계를 만들어야 한다"고 말했다. 아키히토 천황은, "양국의 국민은 역사의 진실을 알기 위해 노력하고, 서로의 입장을 이해하려고 노력했을 때, 상호 신뢰와 이해理解가 깊어진다"[2]고 말했다.

양 국민이 과거의 역사의 진실을 알고, 또 상호의 입장을 이해하려고 노력했을 때, 상호 신뢰와 이해가 깊어진다는 견해에는, 나는 전적으로 동의한다. 그러나 과거의 진실을 알려고 하는 노력이 과거에 집착하여 미래에 지장을 가져오는 것이 아닌가 하고 생각한다면, 이와 같은 역사관에 대해서는 견해를 달리한다. 그 이유는, 과거의 역사에 대한 진실은, 현재의 입장을 이해하는 데 필요할 뿐만 아니라, 미래의 상호 신뢰와 이해에도 필수조건이라는 것이 나의 견해이다. 이 문제 대해, 영국의 역사가 E. H. 카(1892~1982)는, "역사란 과거와 현재와의 대화라고 전번 강연에서 얘기했지만, 오히려 역사란 과거의 여러 사건과 차츰 나타나는 미래의 여러 목적 사이의 대화라 불러야 한다고 생각합니다"[3]고 했다.

한·일관계의 고대사 문제의 현안은, 『일본서기日本書紀』(720)에 있는 신공황후神功皇后 49년(249)의 한반도 남부 7개국 평정과 광개토왕 비문 신묘년(391) 기사의 해독·해석의 문제

1) 朝日新聞, 2008年 2月 26日.
2) 조선일보, 2008년 4월 22.
3) Edward H. Carr, *What is History?*(New York : Vintage Books, 1961), p. 164.

이리라. 신공황후 49년 3월, 장군을 파견하여 현재의 경상도의 7개국을 평정했다는 내용인데, 보주補註에 의하면, "서기 기원으로 249년, 아마도 백제기百濟記에 바탕을 둔 글. 간지干支 2운運을 내려 369년의 사실史實을 포함한다. 이케우치(池內宏)는 6세기경, 임나일본부任那日本府의 관할의 여러 소국小國의 복속기원服屬起源으로 본다. 수에마츠(末松保和)는 이것을 사실史實로 본다"[4]고 소개되어 있다.

1883년 가을, 일본 육군 참모본부의 간첩이었던 사가와(酒匂) 중위가 가져간 광개토왕비문(차후 비문으로 약칭함)의 쌍구본을 참모본부 편찬과원 겸 육군대학교 교수인 요코이(橫井忠直) 씨가 중심이 되어 상세한 연구가 실시되었다. 1889년 6월 『회여록會餘錄』 제5집이 비문 연구의 특집호의 형태로 간행되어, 거기서 신묘년 기사(차후 기사로 약칭함)는 다음과 같이 해독·해석되었다. 특히 기사의 후반부의 주어는 왜倭이고, 또 세 글자의 빠진 것 가운데 마지막 글자를 新 으로 유도한 것은 요코이 씨이리라.[5]

> (사료) 百殘(濟)과 新羅는 옛부터 屬民으로 朝貢해 왔다. 그런데 倭는 辛卯年(391)부터 와서 바다를 건너 百殘 □□新 羅를 破하고 臣民으로 삼았다. (일본의 통설)

사헤키(佐伯有淸) 교수에 의하면, "나는 참모본부를 중심으로 하는 왜곡된 고대 한·일관계사관韓日關係史觀의 완성의 시기를 1888년 10월로 생각한다.… 계속하여 참모본부에서 해독·해석되고, 그것이 원형原型이 되어… 당시의 일본의 조선에 대한 침략의 의도를 역사적으로 정당화시키기 위해 「왜의 활동」의 기록을 비문 속에서 찾으려는 것이, 의식적이든 무의식적이든 작용했으리라고 생각해야만 하리라"[6]고 주장했다.

일본의 고대사학계에서는 참모본부에서 해독·해석된 기사가 통설이 되어 일본열도의 왜가 391년에 「한반도에의 진출」뿐만 아니라, 「임나일본부」설의 일등사료一等史料의 논거가 되었다. 예컨대, 연표에 다음과 같이 기록되어 있다.[7]

- 369, 이 때에 야마토 정권(大和政權)의 통일이 진행. 이 때 임나일본부 성립.
- 391, 일본군이 조선에 출병, 고구려와 싸우다(고구려 호태왕 비문).

---

4) 坂本太郎外 校注者, 『日本書紀』(上)(東京 : 岩波書店, 1984, 19刷), pp. 355~356.
5) 橫井忠直, 「高句麗古碑考」, 『會餘錄』 第五集(東京 : 亞細亞協會, 1889), p. 50.
6) 佐伯有淸, 『広開土王碑と参謀本部』(東京 : 吉川弘文館, 1976), p. 121, p. 127.
7) 『日本史事典』(東京 : 平凡社, 1983), p. 446.

일본의 저명한 고대사학자, 이노우에(井上光貞, 1917~1983) 박사는 회고록에 다음과 같이 기록했다.

• 국사학과에 입학하여 무엇보다도 이상하게 생각한 것은 주임교수인 이라이즈미(平泉澄) 박사가 황국사관皇國史觀의 대표적인 주창자였다는 것이다.… 주임교수가 무릇 학문과 전연 연관도 없는 황국사관을 설득하고 의심치 않는다는 이상한 풍경을 전개하고 있었던 것이다.[8]

• 고대사 연구는 문헌만으로는 안 되며, 고고학도 함께 연구해야 한다는 것을 몸소 가르쳐 준 분은 이시다(石田)선생이었다.[9]

이처럼 학식이 풍부했던 이노우에 박사가, 고대사 연구기관도 아닌 육군 참모본부의 요코이 씨가 중심이 되어 해독·해석한 기사를 사료비판도 하지 않고, 그대로 삼켜 역사 교과서에 다음과 같이 발표했다.

고구려의 호태왕의 비문에는, 倭가 한반도에 진출하여 고구려와 교전했다는 것이 기록되어 있다. 이것은 야마도 정권이 한반도의 진보된 기술과 철 자원을 획득하기 위한 가라加羅(임나任那)에 진출하여, 거기를 거점으로 하여 고구려의 세력과 대항했다는 것을 얘기하고 있다.[10]

일본의 육군 참모본부에서 해독·해석한 신묘년(391) 기사가 과연 사실을 전하고 있을까? 비문에 등장하는 왜는 직접 군사작전에 참가하고 있어서, 전쟁의 준비·수행·결과에 대한 해석은, 군사이론과 역사학을 결합한 군사사학(軍事史學, military history)에 의해 규명하는 것이 타당성이 있다는 입장에서 규명을 시도한 논문을 발표했으나,[11] 여기서는 연구성과의 결론만 소개코자 한다.

1) 일본열도의 왜가 391년 이전부터 한반도에 진출했다면, 도해작전渡海作戰에 필요한 병력·무기·식량 등을 운반하기 위해 「구조선構造船의 존재」가 전제·필수조건이지만, 일본의 고대사학계는 아직도 문헌사학 뿐만 아니라, 고고학에서도 이것을 실증하지 못하고 있다.

---

8) 井上光貞, 『井上光貞－わたしの古代史学－』(東京 : 日本図書センター, 2004), p. 23, p. 25.
9) 上揭書, p. 47.
10) 井上光貞·笠原一男·兒玉幸多, 『詳説日本史』(東京 : 山川出版社, 1993), p. 25.
11) 論文의 상세한 내용은, 拙著, 『軍事史学による古代史散策』(慶州 : 徐羅伐軍事研究所, 2007) 참조.

2) 일본의 통설과 마찬가지로, 왜가 391년 백잔百殘(濟)·신라를 파하고 신민으로 삼았다고 가정해도, 비문의 영락 10년(400)과 14년(404)에 왜는 대궤·궤패되었기 때문에, 한반도의 남부에 발판이 되는 거점(작전기지)의 상실로 인해 「임나일본부」설은 전연 성립되지 않는다.

예컨대, 1796년 3월 나폴레옹은 이태리 방면군 사령관에 임명된 이후, 연전연승하여 황제에 취임하여 유럽대륙에 군림했으나, 워털루 전투(1815)에 패배하여 남대서양의 외딴 섬, 센트 헤레나에 유배되었다. 일본은 태평양전쟁에 패배(1945)함으로 인해 청일전쟁(1894) 이래 획득한 식민지를 모두 상실했다. 전쟁철학자 클라우제비츠는 명저, 『전쟁론』(1832)에서 다음과 같이 주장했다. "이와 같은 전쟁의 형태에 있어서, 영광은 최후의 승리자에게 주어진다는 것을 언제나 기억해야 한다."(제8편 제3장). 여기서 영광이란 전쟁에서의 정치적 목적의 달성을 뜻하는 데, 지금까지 비문연구가들은, 이처럼 중요한 군사이론의 내용을 간과해 왔던 것이다.

3) 비문에 의하면, 영락 6년(396), 고구려왕은 친히 수군을 거느리고 가서 백잔국百殘國을 토벌하였다.… 적들의 도성을 포위했다. 백제왕은 남녀생구男女生口 1,000명과 세포細布 1,000필을 바치면서 왕에게 항복하고, 이제부터 영구히 고구려왕의 노객奴客이 되겠다고 무릎을 꿇고 맹세하였다. 또 영락 9년(399), 신라왕이 사신을 보내어 아뢰기를, "왜인들이 신라 국경에 가득 쳐들어와서 성지城池를 파괴하고 있습니다. 이 노객(신라왕)은 대왕의 백성이 되어 있으니 구원을 요청합니다"고 했다.

이들의 비문 내용은 기사(391)에 대한 일본의 통설이 전연 잘못된 해독·해석이라는 것의 직접적 증거일 것이다.

4) 비문을 작성한 찬자撰者는, 고구려의 적측인 백제를 '백잔百殘'이라고 멸칭한 것처럼, 비문에 등장하는 '倭'란 일본열도의 야마도 정권이 아니라, 임나가라에 대한 멸칭이었다. 그 이유는 비문의 영락 10년조(400)에 의하면, 비문에는 왜倭·왜적倭賊·왜구倭寇가 등장하지만, 고구려군의 공격목표는 임나가라였기 때문이며, 또 "도래계 집단은 야요이 시대(300 B.C~300)부터 계속하여 급속히 그 수를 증가하여, 아마도 기타규슈(北九州)를 중심으로 많은 소왕국(부족국가)을 만든 것으로 생각한다"[12]고 했기 때문이다.

5) 필자는 기사에 대하여 다음과 같이 해석한다.

> 百濟와 新羅는 옛날부터 속민으로서 高句麗에 朝貢해 왔다. 그런데 任那加羅는 신묘년(391)부터 (침공해) 왔다. 高句麗軍은 바다를 건너 百濟와 任那加羅를 破하고 신민으로 삼았다.…

> 일본에서 역사학을 조금이라도 연구한 사람은, 물론 황국사관[13]에 사로잡힌 사람을 제외하고, 『일본서기』(720)의 5세기 전반 이전은, 가공으로 만들어진 내용이며, 안강천황(安康天皇, 재위 : 453~456) 정도가 되면 비교적 실제 연대가 되어 있다는 것이 상식으로 알려져 있다.

따라서, 한·일간의 고대사에 관한 현안문제인 '신공황후 49년조'나 '광개토왕 비문의 신묘년(391) 기사'에 대해서, 사실史實이 아닌 것은 사실이 아니라고 시인하는 것이 중요하며, 역사의 진실을 알기 위한 노력은, 현재와 미래에 있어서 양쪽 국민의 신뢰와 이해를 깊게 하는 중요한 계기가 되리라.

(『自由』, 2008년 11월호)

12) 埴原和郎, 『日本人の成り立ち』(京都 : 人文書店, 1996, 2刷), p. 283.

13) 日本의 神話 가운데 最高神으로 太陽神과 皇祖神의 두 성격을 지닌 天照大神이 그의 자손에게 三種의 神器(거울·曲玉·검)를 주어 日本國을 통치케 했다. 따라서 일본은 神國이며, 天皇은 萬世一系요, 또한 神性과 그 통치의 정당성·영원성을 주장한 역사관이다. 2차대전 패배 후, 1946년 1월에 천황은 인간선언을 했다. 그러나 오늘날에도 일본의 우익단체는 皇國史觀을 뿌리 깊게 신봉하고 있다.

# V. 6·25전쟁 초기작전의 패인은 무엇인가

(서라벌에서 온 편지 ④)

박형, 6월이 오면 무엇을 생각하게 될까요?

우리들 세대는 6·25전쟁을 회상하게 되지만, 요즘의 젊은 세대는 그렇지 않은 것 같소. 예컨대 우리나라의 주요 월간지의 작년 6월호에는 6자회담 등으로 한반도의 군사정세가 어수선한대도 불구하고 6·25전쟁에 관한 논의는 자취를 감추고 말았소.

6·25전쟁은 3년 1개월에 걸쳐, 인적 피해(전사·부상, 민간인의 피살 및 행방불명 등)는 남·북한의 2,256,000여 명, 중공군의 972,600여 명, 유엔군의 545,908명, 소련군의 조종사 수백명이었으며, 전 국토는 철저히 황폐해졌고, 온 민족은 헐벗고 굶주리는 세계 제일의 가난한 민족으로 전락했고, 남북 분단의 고정화, 상호간의 불신과 증오, 그리고 민족사상 최대의 비극을 초래했소. 뿐만 아니라, 이 전쟁은 세계전쟁의 축소판이라 해도 과언이 아니며, 이런 비극을 가져온 데 대한 책임은 대단히 중대하다고 생각하며, 또한 결코 잊어서는 안 될 전쟁이요.

우리나라 사학계에도 알려진 미국 시카고 대학교의 브루스 커밍스 역사학 교수는 제1·2권의 저서, 『한국전쟁의 기원』(1981, 1990)을 발표했소. 그의 저서 제2권의 제18장은 「누가 한국전쟁을 시작했나」라는 제목이며, 거기의 결론은 "누가 한국전쟁을 시작했나? 이 의문에는 답할 수가 없다"고 주장했습니다. 그러나 최근의 저서, 『북한 : 별개의 나라』(*North Korea : Another Country*, 2004)에서는, "1991년 이후 공개된 소련의 문서를 연구한 전문가들은 스탈린이 일으킨 전쟁이었다.… 이러한 시각視角에서 본다면 1950년 6월 25일을 전쟁 발발일로 단정해야 한다. 북조선은 이 날, 남조선을 침략한 것은 확실하다"고 했소.

그는 6·25전쟁의 성격에 대하여 「내전」이라 주장했고, 북한은 「해방전쟁」이라 주장하고, 동국대학교의 강정구 교수는 이에 동조한 인물이요. 그러나 나는 이들의 주장이 허구虛構이며 동의할 수 없습니다. 그 이유는, 1950년 6월, 남북한에는 ㉮ 현대전 수행에 필요한 무기·장비의 생산 능력, ㉯ 10만 명 이상의 병력을 동원하여 전쟁을 수행하기 위한 군사전략·작전계획의 수립가, ㉰ 1개 사단 이상의 병력을 지휘한 실전 경험자, 이 세 가지의 조건 부재不在 때문이요. 김일성은 스탈린의 '승인'과 마오쩌둥(毛澤東)의 '동의'를 얻어 6·25전쟁을 일으켰는데, 그것은 스탈린의 '대리전쟁'으로 나는 해석합니다. 그리고 1966년 3월, 김일성은 평양을 방문한 일본 공산당의 미야모도(宮本顯治) 서기장에게 6·25전쟁에 관하여, "소련은 무기를 보내어 원조한다고 결정했다. 그러나 유상有償의 값비싼 무기였다.… 조선전쟁(6·25)으로 돈벌이를 한 것은 소련이었다"고 실토했습니다.

전쟁 전에 신성모 국방장관은 한반도에서 전쟁이 일어나면, 우리 국군은 점심은 평양에서 먹고, 저녁밥은 신의주에서 먹는다고 호언장담을 했는데, 막상 1950년 6월 25일 북한의 인민군이 새벽에 기습적 남침을 개시하자, 3일 만에 서울을 점령당해 버리고 남쪽으로 후퇴를 거듭했는데, 그 패인은 무엇인가, 이것이 지난 40여 년 간의 숙제였소.

박형도 알다시피, 전쟁 초기에 국군 제1 사단을 지휘하여 인민군과 싸웠던 백선엽 대장(예)은 그의 6·25전쟁 회고록 『군과 나』(1989)에서 다음과 같이 밝혔소.

> 전쟁 중 사단장, 군단장, 참모총장이라는 지휘관으로 항상 전선에 임했던 나로선 회한悔恨 또한 적지 않았다.
>
> 우리는 좀더 잘 싸울 수 없었느냐는 반성이었다.
>
> 국군은 세 가지 큰 결점을 안은 채 전쟁을 맞았다. 첫째는 훈련 미숙, 둘째는 장비 부족, 셋째는 지휘능력 결함이었다.

박형, 나는 백선엽 장군님의 견해에 전적으로 동의합니다. 그러나 한 가지 중대한 내용이 빠진 것이 아닌가 하는 의문을 가져왔습니다. 그래서 전쟁이 일어났을 때, 육군본부 인사국장을 역임했고 또 1954년 내가 공군사관학교를 졸업할 때, 교장이었던 신상철 장군님(1924~2005)을 찾아뵙기로 했소. 그리하여 10여일 전에 편지로 약력과 일본에서 공저共著로 발간한 『『전쟁론』의 읽는 방법－클라우제비츠의 현대적 의의－』(東京 : 芙蓉出版, 2001)을 보내면서, 6·25전쟁의 체험담을 듣고 싶다는 방문 목적도 알리고, 2001년 11월 2일 자택을 방문했지요.

먼저 신 장군님의 약력을 소개하면, 1924년 공주에서 태어났고, 일본 육군사관학교 58기로 항공병과 소위로 임관하여 중위로 해방을 맞이했소. 1946년 2월 군사영어학교를 졸업하고 소위로 임관하여 제2 연대(대전) 창설에 참가했고, 1948년에 헌병사령관, 1949년 육본 정보국장, 1950년 제6 사단장, 그리고 1950년 6월 육본 인사국장, 8월 7사단장, 1951년에 공군으로 전과하여 공본 작전국장, 사관학교 교장으로 부임하였소. 그리고 1960년 소장으로 제대하여 베트남 대사, 체신부 장관 및 스페인 대사 등을 역임하였소.

신 장군님과는 5시간에 걸친 면담이었으나, 그 가운데서 몇 가지만 박형에게 얘기하지요.

1) 신 장군님은 마음에 내키지 않았던 헌병사령관에 임명되었는데, 당시 남로당 좌익분자가 군대에 침투해 있었기 때문에 대단히 어려운 보직이었습니다. 당시 나이가 많았던 군악대장이 체포되어 왔으나, 사정을 듣고 구명해 주었으며, 특히 1949년 초에 박정희 소령(육본 작전교육국 과장, 5.16혁명 후 대통령)이 "내 앞에서 눈물을 흘리면서 '자술서'를 썼다"고 하였소.

2) 신 장군님은 6사단장으로 있다가 1950년 6월 10일부로 인사국장으로 육군본부에 왔고, 6월 24일 토요일 비상체제로 당직 총사령관으로 육본의 국장급(대령)이 서게 되었는데, 바로 그 날 당직을 서게 되어 육군회관 개관식의 파티를 볼 수 있었고, 또한 6·25전쟁 당일의 급박한 정세의 변화를 체험하였다 했소. 그리고 27일 오후에 김포방면의 전황을 살피러 나갔다가, 28일 오전 2시 30분경에 한강 인도교가 폭파되었는데, 28일 새벽에 한강 인도교의 폭파된 현장을 직접 목격했다는 것이었소.

그래서 나는 "한강 인도교가 기술적으로 폭파가 되지 않았다면 당연히 최창식 공병감이 책임져야 할 문제이지만, 폭파 시간이 너무 빨랐다 하는 문제는 전쟁의 전반적인 흐름을 아는 채병덕 총참모장이 결정할 문제라고 생각합니다"고 얘기하니, 수긍하는 듯 했소. 그리고 1981년 10월 국방대학원에 재직시 해외시찰로 영국에 갔을 때, 당시 주영 한국대사관에서 강영훈 대사와 만찬을 즐기다가 우연히 이 문제가 거론되었을 때, 강 대사(당시 대령, 육본 인사국장을 역임하고 도미 유학을 위해 대기 중)는 "채병덕 총참모장의 지프차 뒤에 앉아서 한강교를 지났는데, 채 총장은 아무런 신호도 하지 않았다"는 얘기를 하기에, "이미 그 전에 전화로 폭파명령을 내린 것으로 압니다"는 얘기도 했지요.

박형도 알다시피, 최창식 대령의 부인은 1961년 9월에 재심 청구서를 육군본부 보통군법회의에 제출하였고, 1964년 10월 23일 결심공판에서 최창식 대령에게 무죄가 선고되었소.

3) 신 장군님은 1950년 8월 제7 사단장으로 영천·안강방면의 전투에 참전했는데, 이 때가 6·25전쟁 승패의 분수령이었지요. 전투가 끝나고 귀에서 피가 난다고 해서 살펴보니, 인민군 다발총이 스쳤는데, 위기일발로 살아남았다는 얘기였소. 다음은 38선을 돌파하여 어느 부대가 먼저 평양에 입성했느냐 하는 문제가 제기되었는데, 제1 사단이 가장 먼저 입성했다는 것이 정설이 되었으나, 요즘 와서는 잠잠해졌다는 얘기였소. 그래서 그 후 조사해 보니, 사리원－황주－충화의 남쪽에서 평양으로 가는 통로에서는 미 제1 기병사단과 제1 사단이 경주를 했는데, 대동강 남쪽의 선교리 로터리에 제1 사단이 10월 19일 11시에 도착했고, 미 제1 기병사단은 40분 후에 도착했소. 제7 사단은 평양의 우측 우회공격을 예상보다 신속히 성공하여 18일 오후에 평양 중심가에 도착했다는 것을 알았소. 신상철 준장은 중공군의 개입으로 인해 제7 사단이 많은 인원과 장비를 상실하자, 1950년 12월 19일 군법회의에 회부되어 5년 징역형을 언도받았소. 관련서류에 의하면, "… 38선을 돌파하고 평양탈환작전에는 전격전을 전개하여 소기 이상의 신속한 시일에 평양을 완전 탈환하여 제7 사단으로 하여금 대통령 각하의 표창을 수하게 하고…"라는 내용이 기록되어 있었소.

박형, 이 때 신상철 제7 사단장은 나이가 26세였고, 백선엽 제1 사단장은 30세였다는 것을 감안했을 때, 그 분들의 지휘 통솔력과 용맹스러움은 놀라울 뿐이며, 만약 내가 그 나이에 그 자리에 선다면… 하고 생각하니 아찔한 생각이 들었소.

4) 1950년 6월 30일 채병덕(일본 육사 49기로 병기장교 소령 출신) 총참모장은 패전의 책임 때문에 정일권 소장에게 총참모장직을 물려주고 부산에 갔소. 7월 하순에 채병덕 소장은 실재 병력도 없는 영남 편성관구 사령관으로 임명되어 호남방면에서 진격해 오는 인민군을 방어하기 위해 하동으로 갔다가 7월 26일 하동 마루고개에서 전사하고 말

았소. 그런데 이 때 신상철 대령은 참모장으로 임명되어 부산에 내려가 오랜만에 친구들과 술과 회를 먹고 복통이 일어나 병원에 입원하여 다음 날 하동으로 출발했는데, 마산에 도착하니 전사했다는 소식을 들었다는 얘기인데, 신상철 대령이 채병덕 소장의 참모장으로 임명되었다는 사실은 지금까지 문헌에서는 전연 보지 못했고 처음 듣는 얘기였소.

박형, 나는 신상철 대령이 참모장으로 임명되었다는 것을 알자, 오늘의 면담은 소기의 성과를 얻기가 어렵겠다는 직감이 들었소. 그런데 신 장군님은 채병덕 총참모장에 대한 패전 책임이 너무 과하고, 요즘 복권운동이 일어나서 발간물도 나온다는 얘기를 해주었소. '기회는 왔구나' 하고 얘기를 했지요.

"60년대 중반부터 공군사관학교 군사학과에 재직하고 있으면서 생도들에게 전쟁사를 가르치면서 6·25전쟁 초기작전시 한국군의 패인 규명에 납득이 가지 않는 요인이 있었지요. 그래서 공군사관학교 교수부 군사학 과장(중령)으로 있을 때(1968년 10월), 국방부 전사편찬 위원회의 문희석 위원장(해병대 준장 출신)을 정복을 입고 찾아갔습니다. 그리고 질문을 했지요.

채병덕 총참모장의 모순된 여러 조치사항인데,

① 방어진지의 건설 건의를 묵살한 것.

② 6월 10일에 군 수뇌·사단장들의 인사이동의 실시.

③ 계속되었던 비상경계가 6·25전쟁 직전에 해제된 것.

④ 6월 24일 토요일 주말에 3분의 1의 병력을 외출·외박시킨 것.

⑤ 개전 1개월 전 각 연대의 4문의 대전차포를 수리한다는 명목으로 회수한 것.

⑥ 전방사단의 예속 변경.

⑦ 6월 24일·25일의 심야파티 등인데 아무리 연구해도 이해가 가지 않습니다.

고 말하고 문 위원장을 바라보았더니, 그 분도 저를 바라보면서 말문을 열었습니다.

'2차 심야 파티는 국일관에서 25일 오전 2시까지 진행되었으며, 그 비용은 정국은이 지불했소.'라고 말했는데, 신 교장님은 이 문제에 대해 아는 바가 없습니까?" 하고 질문하니, 조금은 긴장된 얼굴로 변하면서, "모른다"는 대답이었소.

박형, 나는 퍽 실망하였소. "그 내용은 내가 죽고 난 다음에 발표한다는 것을 전제조건으로 하고…" 하면서 진실을 말해 줄 것을 기대했는데… 그리고 이것이 방문한 목적의 핵심이었지요.

박형에게 참고로 정국은鄭國殷에 대해 소개를 하지요.

그는 북한의 거물간첩이었지만, 재일 조총련계에서 제공한 막대한 자금을 활용하여 정당·사회단체의 요인들과 접촉했을 뿐만 아니라, 치안국 경무관 대우의 신분증을 가지고 경찰의 지프차와 경비전화까지 가지고 활동했소. 1953년 8월 31일 육군 특무대의 수사진에 의해 체포되었을 때, 그는 연합신문 주필이었으며, 무시무시한 간첩행위를 순순히 자백했소. 12월 5일 군재軍裁에서 사형을 언도받고, 다음 해인 1954년 2월 19일 사형이 집행되었소. 나는 2004년 2월 14일 육군본부 법무감실 고등검찰부 기록실장 앞으로 공문을 내어 정국은의 재판기록 열람을 신청했소. 그런데 2월 26일자 육군 참모총장(전결 : 고등검찰부장) 명의로 "정국은에 대하여 판결문 색인부를 열람한 바 관련 자료가 없음을 통보하오니, 참고하시기 바랍니다"라는 통보를 받았소.

박형, 이것은 중대한 사건이 아닐 수 없소. 6·25 초기작전의 패인이 정국은의 재판기록에 담겨져 있을 터인데, 그 기록을 없애버리다니! 1954년 2월 이후의 육군 참모총장을 역임한 분 가운데는 이 사실을 아는 분이 있을 터인데… "진실을 말하라. 그러면 그 진실은 너희를 자유롭게 하리라"는 어느 철인哲人의 독백이 생각나는군요. 일찍이 프로이센의 전쟁 철학자 클라우제비츠(1780~1831)는 그의 명저 『전쟁론』(1832)에서 다음과 같이 주장했소.

> 내적 힘의 충동에 의하여 그러한 일(전쟁의 이론화 작업)을 지망하는 사람은 이 경건한 일에 대해 긴 성지순례聖地巡禮에 대한 마음가짐과 비슷한 준비를 해야 한다. 그는 많은 시간과 세월을 희생해야 하며 어떠한 노고도 두려워하지 않으며 그 시대의 권력과 권위를 두려워하지 않고 자기의 허영심과 수치를 극복하며, 프랑스 법전法典 표현을 빌면, 진실을, 진실만을, 완전한 진실만을 말하도록 노력해야 한다. (제2편 제6장)

면담이 끝나고 돌아오려고 하는데, 신 장군님은 한 가지 궁금한 것이 있다며 질문하더군요. "이 교수가 보낸 준 일서日書를 읽고 있는데, 이 교수는 어디서 일어日語를 연구했소?" "일제시대 때, 중학 2년 수준의 교육을 받아서 기초실력이 있었고, 그 후 일서를 쭉 읽었고 또 논문도 집필했습니다."고 대답했지요. 그러니 수긍을 하는 듯 했소.

박형, 6·25전쟁이 끝난 지 반세기가 지난 오늘날에도 규명해야 할 사항이 많을 뿐만 아니라, 배워야 할 교훈이 많다는 것을 신상철 장군님과의 대화를 통해 절실히 느꼈소. 그리고 학문이란 결국 진실을 탐구하는 행위라 할 수 있지요. 실사구시實事求是, 즉 공론이나 허위가 아니고, 사실에 바탕을 두고 진리를 탐구해야 하며, 특히 역사의 연구란 과거의 진실을 기초로 하여 현재의 위상을 이해하고 미래의 방향을 제시하는 데 있다고 생각하오.

그럼, 박형의 건승을 빌면서 ! …

(『自由』, 2007년 6월호)

# Ⅵ. 한 군사학도軍事學徒의 회상

-군사학의 이론체계 정립에 관하여-

**1** 1960년대 중반, 미국의 미시간 대학교에서 물리학 석사학위를 받고서 귀국한 동기생(공사 3기, 1954년 졸업) 안재수(교수부장 역임, 작고함) 소령이 하루는 "자네 군사학도 학문인가?" 하고 농을 걸어왔다. 그래서 나는 "자넨 미국서 물상物象을 공부해 오고서는 무슨 큰 소리냐" 하고 반격했지만, 이 사건은 군사학의 이론체계 정립을 위해 나의 일생을 매달리게 한 동기 부여가 되었다.

당시 우리들 동기생뿐만 아니라, 선후배들도 군사훈련(military training)은 받았어도 군사학(military art and science), 즉 전쟁철학, 『손자병법』(513？B.C.) 그리고 클라우제비츠의 『전쟁론』(1832) 등에 관해서는 전연 배워보지도 못하고 졸업·임관했다. 이러한 내용을 연구해서 가르칠 수 있는 교관이 없었다고 보아야 할 것이다.

나는 『공군』지에 2년에 걸쳐 「손자병법으로 본 한국전쟁」(제96호, 1966. 8.~제104호, 1968. 6.)을 연재한 바 있었다. 그리고 당시 사관생도들의 전사교재戰史敎材가 없어서 그것을 저술할 의향으로 출판사에 문의했던 바, 3군(육·해·공군) 사관학교에서 교재로 채택해 준다면 출판해 주겠다는 약속을 받았다. 그래서 육사·해사 교관들과 접촉·집필을 의뢰하여 네 사람이 합작하여 2년간의 시간과 노력의 결과, 『종합세계전사』(박영사, 1968)가 탄생했다. 그 책 서문에서, "본서를 저술한 목적은 한국의 입장에서 세계전사世界戰史를 개관하는 데 있다. 다른 학문과는 달리 군사학에 있어서 그 내용은 마지막 단계에 가서 한국의 입장에서 다시 분석·평가하는 것이 대단히 중요하다고 생각한다. 그런데 불행히도 이러한 취지에 의하여 단행본으로 세계전사를 개관한 것이 우리나라에는 아직 없기 때문에 이 분야에서 일을 하고 있는 3군 사관학교 전사 담당자들이 합심하여 이 책을 꾸며보기로 하였다."

이 책의 저자의 한 사람인 조남식 육군 대위는 원고 집필을 완료하고는 이 책의 출간을 보지도 못하고 입원해서 얼마 후 유명을 달리하고 말았다. 이 책은 그 후 사관생도들의 전사 교재로 많은 공헌을 했다고 생각한다. 예컨대, 작년(2004년) 육군대학에서 세미나 발표가 있어서 참가했는데, 육대 총장은 초면인데도 인사를 하며 "생도시절에 이 교수님의 전사 책으로 공부했습니다"는 말을 들었는데, 그럴 때는 보람을 느끼곤 한다.

당시 나는 독학으로 여러 선현들의 저서를 통해, 군사고전인 『손자병법』과 클라우제비츠의 『전쟁론』을 연구하여 사관생도들을 가르쳤으며, 그 중요성을 강조했다. 그러나 사관학교 교육은 이학사 학위를 준다는 명목으로 이공분야는 중시하면서 군사학 분야는 경시하는 데 의문을 가지고 있었다.

나는 전쟁이 존재하기 때문에 군대가 필요하고, 군대를 운용하자면 초급장교의 양성이 필수적이기 때문에, 사관학교의 생도교육에 있어서 가장 중요시되어야 하고 또 가장 핵심적인 분야는 전쟁에 대한 과학적인 연구, 즉 군사학인데, 교수부 내의 군사학과는 다른 학과에 비해 경시되고 있는 실정이었다. 예컨대, 당시 16기 사관생도의 학과별 학점 배정을 보면, 인문학과 37학점, 사회학과 36학점, 군사학과 16학점, 기초학과 54학점, 응용학과 41학점으로 총계는 184학점이었다.

60년대 후반, 군사학 과장으로서 이 문제는 시정되어야 한다는 생각으로 준비와 각오를 가지고 2층의 교수부장(장효수 대령, 2기)을 찾아가서, "사관학교 교육에 있어서 군사학의 비중이 너무 경시되고 있으며, 인문학과의 영어 한 과목도 18학점인데, 군사학과 전체의 학점이 16학점이란 말도 되지 않으며, 우선 영어에서 몇 학점 군사학과로 주기 바란다"는 요지의 얘기를 했더니, 단호히 거절당했다. 그래서 "사관학교가 영수학관인가!" 하고 내뱉고 나와 버렸다.

1970년 5월 공군대학 고급지휘 참모과정(CSC)에 입과 하였으며, 입교식이 끝나자 "각자 앞으로 무엇을 하고자 하는가"를 짧게 발표하라는 과제였다. 40여 명의 공군의 고급장교(주로 중령급)들은 각자의 견해를 발표했고, 나는 "우리나라의 군사학 연구분야가 황무지에 가까우니, 앞으로 군사학을 연구할 계획이다"고 했고, 그 약속은 지금까지 지켜온 결과가 되었다. 그런데, 당시 공군대학을 이수하면 원대 복귀가 관례로 되어 있었는데, 공군사관학교 교수부장이 복귀를 거부한다는 얘기였다.

공군대학 교수부에 남게 되었는데, 한 동안 그 처사에 마음이 상했다. 그러나 그 조치 속에 군사학 연구에 대한 열정과 기회의 씨앗이 뿌려져 있었다는 것을 깨닫는 데는 시간이 약간 소요되었다. 즉 공군대학에서는 얼마든지 군사학에 관해 강의할 수 있었고, 또한 『현대전략론』(박영사, 1972)을 저술했고, 군사고전인 클라우제비츠의 『전쟁론』(대양서적, 1972)과 『손자병법』(한국자유교육협회, 1973)을 번역·출간할 수가 있었던 것이다.

## 2

1968년부터 국방대학원에 「전략론」을 강의한 인연으로 국방대학원장인 박현식 중장이 군복을 벗고 국방대학원 교수로 오지 않겠는가 하고 의사타진을 해 왔다. 한편 공군본부 인사국에서도 이사관(2급 갑)·3처장으로 그대로 있지 않겠는가 했지만 결국 국방대학원으로 가기로 결심하고, 1974년 2월 28일에 제대하고, 동년 3월 20일부로 군교수로 복무하게 되었다.

이제 본격적으로 군사학의 이론체계 연구의 첫 출발로, 「군사이론체계軍事理論體系에 관한 연구」(『국방연구』 국방대학원, 1979. 6.)를 발표했고, 결론에는 "…따라서 군사학 연구의 성패成敗는 필연적으로 전쟁의 승패와 직결되고 나아가서 국가·민족의 생사존망에 직접적인 영향을 미치는 것이니 넓게 그리고 깊게 연구되어야 하는 과제라 생각한다"고 맺었다. 그 후 천주원 원장이 부르기에 갔더니, "군사학에 관한 학술 세미나를 열고자 하니 계획서를 만들어 오라"는 것이었다. 나는 다음과 같이 계획서를 만들었고, 다음 해인 1980년 10월 30일~31일 학술 세미나를 개최했으며, 목차는 다음과 같다.

國防學術세미나－軍事學理論과 教育體系定立－
개 회 사 ……………………… 국방대학원장 육군 중장 천주원
군사학의 이론체계 ………… 이종학(국대원)
미국의 군사학 교육체계 …… 이재호(육사)
소련의 군사학 교육체계 …… 유재갑(국대원)
한국의 군사학 교육체계 …… 최병갑(국대원)

군사학의 이론체계 정립에 관심을 가지게 된 세 가지의 동기가 있었다.

첫째 : 오랫동안 군사문제를 다루어오면서, 정치학(Political Science)이라는 학문은 존재하는 데, 왜 군사학(military science)이라는 학문은 존재할 수 없을까?

둘째 : 국가의 간성이 될 젊은 사관생도들이 장차 그들의 임무수행에 필요한 전공학문 분야는 과연 무엇인가?

셋째 : 군사학 연구를 소홀히 한 군대가 전쟁에서 승리한 전례戰例가 없었다.

이 세 가지의 동기가 복합적으로 작용하여 20여 년의 연구결과를 1979년에 와서야 「군사이론체계에 관한 연구」로 발표했는데, 본 논문은 그것의 뼈대를 토대로 하여 보완·발전시켰다는 것을 밝혔으며 그 내용을 간략하게 요약하면 아래와 같다.

- 군사학의 정의定義 : 전쟁의 본질과 성격 및 무력전의 준비와 수행에 관한 통일된 지식의 체계이다.
- 군사학의 범위 : ① 전쟁철학
  ② 전쟁학 : ㉮ 군제학 ㉯ 용병학(군사전략·작전술·전술)
  ③ 군사 사학
  ④ 군사 기술
  ⑤ 군사 교육학
  ⑥ 군사 지리학
  ⑦ 군사 보조학문(국방경제론, 군법, 위생학 등)

이 논문을 발표한 후, 국방대학원에 '군사전략'의 석사과정이 설치되어 있었기 때문에 문교부에서 수여하는 교수 자격의 신청서류와 자료를 제출하라는 지시였다. 구비서류와 연구업적으로 저서와 논문 그리고 전공과목을 '군사학'이라 적어서 제출했다. 그런데 심사과정에서 군사학을 가르치는 일반대학이 없으니, 역사학으로 바꾸면 어떤가, 하는 의사타진이 왔다. 나는 "사관학교, 각군 대학 및 국방대학원에서도 가르치고 있으나 군사학은 아직 시민권을 획득하지 못하고 있는 상태이지만, 곧 획득하게 될 터이니 군사학으로 해달라"고 주장하여 수용되었다. 그리하여 1980년 12월 3일 문교부의 교수 자격 심사위원회 위원장의 명의로 '교수자격 인정서'(제425호)가 수여되었으며, 거기에 '전공과목 : 군사학' '인정 직위 : 국방대학원 교수'로 명시되었고 또한 '발령 통지서'(대통령)가 1980년 12월 30일부로 내려왔다.

**3** 나는 직장과 자식의 교육문제의 굴레를 벗어난다면, 가능하면 빨리 시골에서 하고 싶은 독서·연구·답사 및 농사일을 하고 싶다는 꿈을 꾸어 왔다. 그리하여 정년을 7년 앞당겨 명예퇴직을 하고 경주(서라벌)에 와서 '서라벌군사연구소'를 개설했다. 최초의 연구과제는 신라화랑新羅花郎이요, 다음은 광개토왕 비문碑文의 '왜倭'에 관한 연구를 시작했다. 주지하다시피 일제日帝는 비문의 왜倭를 근거로 하여 소위 「임나일본부」설, 즉 일본이 4세기 중반부터 6세기 중반까지 200여년 간 한반도 남부지역을 지배해 왔다고 주장해 왔는데, 나는 그들이 주장하는 허구를 논파하고자 3부작의 논문을 한국과 일본에서 발표하였다. 마지막 논문은 몇 곳 학술지에 송고했으나, 응답이 없어서, 양식을 일반시민의 독자도 이해하기 쉽게 고쳤고, 잡지 발행인에게 다음 두 가지를 강조했다.

첫째 : 비문에 등장하는 '왜倭'의 문제가 지금까지 해결되지 않는 이유는 연구방법에 문제점이 있고,
둘째 : 비문연구가 시작된 지 110여년이 경과했지만, 군사이론에 바탕을 둔 군사 사학적軍事史學的 연구방법으로 쓴 논문으로는 이것이 유일하지만, 그 연구 성과에 대한 판단은 독자의 영역에 속한다.

그런데 다행스럽게도 창간 110년 기념호의 『日本及日本人』(東京 : 日本及日本人社, 1998. 通卷1630號)에 「광개토왕 비문의 진실 -군사 사학적 연구방법에 의한 신묘년기사辛卯年記事의 검토-」이라는 제목으로 게재되었다. 이 잡지를 한림대학교 일본학 연구소장 지명관 교수에게 보냈던 바, "보내주신 『日本及日本人』을 잘 받았습니다. 곧 선생님의 논문을 읽어보고 새로운 관점에서 본 놀라운 글을 이런 우파右派 잡지가 실어주다니 참 흥미 있는 일이라고 생각했습니다…"고 하는 편지가 왔다.

비문 연구를 시작한지 8여년이 지나고 연구가 매듭지어질 무렵, 육군사관학교 화랑대 연구소에서, 「한국 군사학의 발전방향」이라는 제목으로 논문발표를 1999년 6월 10일에 해달라는 요청이 왔다.

육군사관학교를 향해 가면서 머릿속은 복잡했고, 또 주마등처럼 과거사가 스쳐갔다. 사관학교에서는 군사학이 푸대접을 받고 있고, 또 군사학과 전체의 학점이 16학점인데 반하여 인문학과의 영어의 학점이 18학점이 부당하다고 주장하다가 공군대학으로 전속가야만 했던 일, 또 국방대학원에 재직하고 있을 때(1978년 가을), 회식 차 영등포의 어느 식당에서 우연히 공군사관학교장 전창록 장군(2기)을 만났다. 전 교장은 나에게, "교수부 군사학과를

없앴다"고 무공이나 세운 듯이 자랑삼아 얘기하기에 놀랬고, 그 날 밤 잠을 설친 일 등등….

나는 세미나에서 원고에도 없는 얘기를 했다. 즉

…본인은 지난 10여년 동안 신라화랑과 1,500년 전에 중국 집안集安에 건립된 광개토왕 비문에 등장하는 왜倭에 대해 연구했다.… 본인이 왜 이런 얘기를 하는가 하면, 육사에서 세미나 발표 요청이 오자 그동안 군사학이 어느 정도 사관학교 교육에 수용되었나를 검토하면서 그동안 내 건강을 위해서도 신라화랑과 광개토왕 비문을 연구하기를 잘 했구나 하는 생각이 들었다. 그 이유는 군사학이 30~40년 전과 마찬가지로 아직도 군사훈련 정도로 착각하고 있고 또 사관학교 교육에서 푸대접을 받고 있다는 것을 알았기 때문이다. 그러나 이번 세미나를 통해 전환점이 될 것이라는 희망을 안고 여기에 참가했다.

단적으로 말해 사관학교 교육은 야전野戰에서 적과 싸워 이겨야 하는 초급장교에게 필요한 전문지식이 무엇이며, 앞으로 군사 전문가로 발전하는 데 필요한 기초 지식이 무엇인가를 알아야 한다. 의사를 양성하고자 한다면 의학을 전공시키고, 법률가·판사를 양성하고자 한다면 법학을 전공시키고, 물리학자를 양성하고자 한다면 물리학을 전공시켜야 한다는 것은 누구나 알고 있지만, 사관학교에서 초급장교를 양성하고자 한다면 무슨 학문을 전공시켜야 하는가 하는 문제는 정설이 없다는 것이 오늘의 사관학교 교육이 직면한 중대한 문제점이다. 군사학이 무슨 학문인지 모른다는 것이 문제가 아니라, 모른다는 그 자체를 모르고 있다는 것이 문제를 더 심각하게 만들고 있다.

고 쏟아냈으며, 세미나 발표내용을 간략하게 요약하면 아래와 같다.

한국 군사학의 발전방향

–군사학은 군사훈련이 아니며, 그것은 학문으로서 전쟁에 대한 지식의 체계이다. 군사학은 사관학교 교육의 핵심이 되어야 한다.–

- 사관학교 설치법(1958. 9)을 초안하고 심사한 관계관들은 … '일반학 과정은 이학사 학위를 수여하는 데 충분해야 하고 또 이학사 학위를 수여한다'고 했고 또 '교수부는 일반학 과정, 생도대는 군사학 과정을 분장한다'고 함으로써, 군사학은 일반학과 마찬가지로 학문으로서 전쟁에 대한 지식의 체계가 아니라, 군사훈련 정도로 착각한 것이 확실한데, 이것은 사관학교 교육에 있어서 첫 단추를 잘못 끼운 조치였다고 확신하다. 그 이유는 두 가지가 있다.…
- …따라서 사관학교 교육은 군사학을 핵심으로 하고 인문·사회학과 이공학 분야가 뒷받침되어야 하며, 또 훈육도 임무수행에 기준을 두어야 한다고 생각한다. 지금 사관학교 교육은 근본적인 전환점에 직면하고 있으며, 개혁을 할 것인가, 안 할 것인가는 관계관 여러분들의 개혁 의지와 용기에 달려 있다고 생각한다.…
- 필자는 1951년 사관학교에 입교한 이래, 반세기 가까이 군사문제를 배웠고, 체험했고, 가르쳤고, 또 연구하고 있으며, 유일한 소망은 사관학교에서 군사학 학사학위를 수여하는 모습을 보는 것이다.

세미나가 끝나고 저녁 환영회에서, 육사 교수부장은 "이 교수님의 견해는 현실과 동떨어져 있습니다"고 했으나, 아무 대답도 하지 않았다. 그런데 2005년 3월부터 사관학교 졸업자에게 '군사학 학사학위'를 수여함으로써 군사학이 학문으로서 시민권을 획득했다. 그러나 이학사, 문학사 또는 공학사도 함께 이중으로 수여하고 있는 데는 나와 견해를 달리한다는 점을 밝혀둔다.

한 사람의 병자를 치료하기 위한 의사를 육성하는 데는 대학 6년, 수련 5년, 임상경험 5년 등 적어도 16년의 교육·연수가 필요하다. 그런데 사관학교 4년을 마치고 일선 소대장으로 임명되면, 남의 집 귀하고 싱싱한 자식 30명의 생명을 좌우하는 데, 그들에 대한 교육은 전쟁·전투를 연구대상으로 하는 학문인 군사학(military art and science)을 더 중점적으로 교육시켜야 하리라.

## 4

군사학 교수 자격을 획득한지 20여년이 지난 2002년 10월 10일, 충남대학교 평화안보대학원에서는 군사학과 설치인가를 받아 「국방일보」(2002. 11. 14.)에 '2003학년도 신입생 모집' 광고가 나왔는데, 군사학 전공의 석사과정 모집을 보고 놀랐다. 그 이유는 군사학 학사과정도 없는데, 어떻게 군사학 석사과정이 존재할 수 있을까? 그래서 충남대학교 이광진 총장에게 연락하여, 12월 2일 평화안보대학원의 이주영 대학원장이 경주로 내려와서 석사과정의 군사학 전공의 학과내용에 대해 토의했다.

평화안보대학원의 2003년 3월의 신학기부터 '군사전략론'의 강의를 담당하게 되었으며, 피교육자들은 3군 대학 교관들이 주축이라 『손자병법』과 클라우제비츠의 『전쟁론』의 사상적 배경을 심도 있게 설명함으로써 군사 고전으로서의 생명력의 원천을 제시했다. 그리고 한국군은 60여만의 대군이요, 6·25전쟁과 월남전쟁에서 실전경험을 쌓았다. 그러나 지금까지 전투(battle)는 했어도 전쟁(war)을 해본 경험은 없다. 즉 군사전략 계획을 수립해서 전쟁을 수행해 본적이 없다는 뜻이다. 그래서 군사전략 수립의 기초 이론과 작성기법 및 절차 등에 관해서 중점적으로 강의했다.

2003년 8월 22일 후기 학위 수여식에서 '명예 군사학 박사 학위증'(명박 제49호)이 수여되었다. 즉 "위 분은 군사학 발전에 크게 공헌하였으며, 나아가 본교의 발전에 기여한 공적이 현저함으로 대학원위원회의 의결을 거쳐 명예 군사학 박사 학위를 수여함. 충남대학교 총장 의학박사 이광진"

군사학은 전쟁을 연구대상으로 하며 국가·민족의 생존권을 보호하기 위한 수단·방법과 이론체계를 연구·발전시키는 것으로 국가 존립을 위한 중요한 학문분야이다.

지금까지 나는 군사학이 학문분야로서의 시민권을 획득하는 데 40여년 간 노력을 기울여 왔으며, 이 목표는 달성되었다. 그러나 앞으로 알찬 결실을 맺을 수 있도록 뿌리를 내리게 하는 데, 여생을 바칠 생각이다.

(『自由』, 2005년 5월호)

# Ⅶ. 軍事史學이란 무엇인가※

-廣開土王碑文 辛卯年記事를 중심으로-

## 1. 序論

역사상 인간생활에 있어서 커다란 災害를 가져오는 두 가지 요인이 있었는데, 하나는 自然災害(태풍, 지진 등)와 다른 하나는 人間災害인 戰爭(國民의 生死와 國家의 存亡)이었다.

주지하는 바와 같이, 廣開土王碑는 장수왕 2년(414)에 건립되었다. 비석의 높이는 6.39미터, 무게는 37톤으로 추정되고, 비석의 4면에는 1,775字가 새겨져 있으나, 판독할 수 없는 글자가 141字가 된다. 碑文의 내용은 3부로 나뉘어져 있다.

제1부 : 고구려의 건국신화, 전설 및 광개토왕의 간략한 경력의 記述.

제2부 : 왕의 정복전쟁, 즉 碑麗·百濟·東夫餘·倭를 정벌하고 또한 新羅를 구원했다는 내용.

제3부 : 왕의 墓守人·烟戶에 관한 내용.

비문은 당시의 사람이 기록한 귀중한 역사적 자료이기 때문에 東아시아 古代史硏究에 있어서 重視되어 왔었다.

특히, 東아시아 古代史硏究에 있어서 중대한 논쟁점의 하나는 廣開土王碑文(차후 碑文으

※ 본고는 제32회 東아시아古代學會 學術發表大會(2007. 12. 25)에서 발표한 논문을 가필·수정한 것이다.

로 약칭함)의 征服戰爭 속에 있는 소위 辛卯年記事(차후 記事로 약칭함)의 解讀·解釋일 것이다. 그 이유는 日本古代史學界서는 記事(391)를 가지고 日本列島의 倭가 한반도 남부로 出兵했고 또 '任那日本府'說의 논거로 삼고 있기 때문이었다.

그래서 먼저 軍事史學(military history)이란 무엇인가를 밝히려고 하는데, 우리나라 文獻史學者들은 이 분야에 대해 소홀하고 관심이 별로 없는 것 같다. 그러나 記事의 爭點을 해결하는 데는 반드시 필요하지만, 筆者 외는 아무도 다루지 않았기에, 軍事史學의 觀點에서 碑文의 研究論文[1]을 발표했는데, 필수적으로 알아야 함에도 불구하고 아직 별로 알려져 있지 않고 있기에 내용을 보완해서 소개하고자 한다.

## 2. 軍事史學이란 무엇인가?

### 가. 軍事史學研究의 意義

軍事史學이란 과거의 군사문제를 연구대상으로 하는 歷史學으로 軍事理論과 歷史學이 결합된 학문이다. 그것은 역사학의 한 부분인 동시에 軍事學(military art and science)의 한 부분이기도 하다. 왜냐하면, 軍事史學의 연구과제는 군사학을 위한 발전의 한 원천의 구실을 하는 과거의 군사경험을 理論化하기 때문이다. 군사학은 경험과학에 속하며, 군사학의 이론적 기초는 바로 軍事史學에 두고 있다. 이 문제에 대해 근대 군사이론의 창시자로 알려진 클라우제비츠(1780~1831)는 다음과 같이 주장했다.

- 戰爭術(戰略·戰術)에 있어서 모든 철학적 진리보다는 경험이 더 가치를 가지기 때문이다.[2]
- 歷史的 實例는 모든 것을 명확하게 할 뿐만 아니라, 경험과학에 있어서 가장 훌륭한 證明力을 가지고 있다. 특히 戰爭術에 있어서는 더욱 현저하다.[3]

---

1) 발표한 논문의 제목은 이 논문 끝에 소개해 두었음.
2) 클라우제비츠, 『戰爭論』 李鍾學譯(서울 : 大洋書籍, 1972), p. 169.
3) 上揭書, p. 177.

우리가 軍事史學을 연구하는 목적은 아래와 같다.

첫째, 군사학의 기본 원칙의 근원을 탐구한다.

둘째, 軍事, 특히 전쟁의 본질과 실상을 파악한다.

셋째, 古今의 전쟁에서 勝敗의 원인을 찾고, 또한 주요 인물들의 체험을 배워, 자신의 자질을 향상케 하는 자료로 삼는다.

넷째, 軍事史學을 통하여 전쟁의 변천과정을 앎으로써, 未來戰의 대비를 위한 교훈을 찾는 데 있다.

다섯째, 軍事史學研究의 方法論의 개척

## 나. 軍事史學의 研究範圍

전쟁이란 국가의 모든 자원을 동원한 全面戰爭이고 보면 연구해야 할 분야가 너무 광범위해 진다. 그러나 적어도 다음 내용은 연구대상이 되어야 한다.

軍事史學 가운데 중추적 지위를 차지하는 것이 戰爭史이며, 전쟁사의 주요 연구대상은 아래와 같다.

(1) 國家戰略(戰爭目的, 戰爭性格과 規模, 將帥의 任命 등)

(2) 軍事戰略·作戰術·戰術의 檢討

(3) 指揮·統率과 兵力의 要因

(4) 組織, 規律 및 軍需의 要因

(5) 士氣·教育訓練의 要因

(6) 軍事理論 및 教理의 役割

(7) 軍事技術的 要因

(8) 社會的 要因 등등

軍事史學의 研究範圍는 아래와 같다.

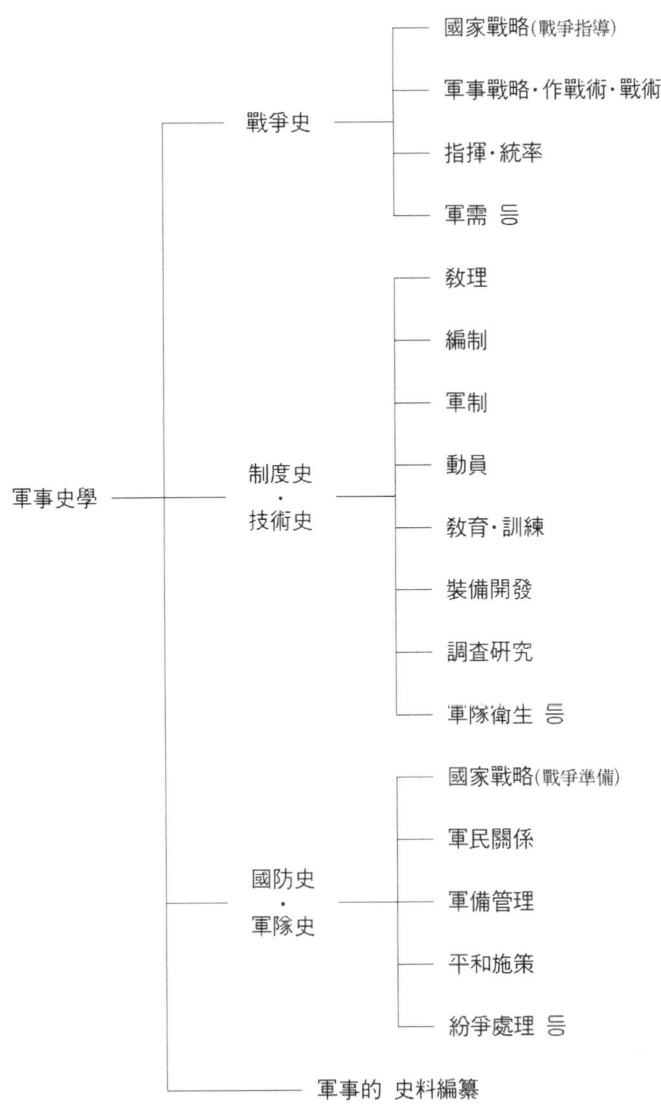


## 3. 廣開土王碑文의 辛卯年記事와 論爭點

### 가. 記事에 대한 日本參謀本部의 解讀·解釋과 論爭

碑文의 雙鉤本을 처음으로 일본에 가져간 것은 1883년 가을 육군 참모본부의 사가와(酒匂景信) 中尉였고, 그 직후부터 참모본부 편찬과원 겸 육군대학 교수인 요코이(橫井忠直)

가 중심이 되어 5년간의 철저한 연구가 진행되었다. 그리하여 1889년 6월 『會餘錄』 第五集이 비문 연구의 특집호로 간행되었으며, 記事의 해독·해석은 아래와 같다.

史料① 百殘(百濟)과 新羅는 예로부터 屬民으로서 조공을 해왔다. 그리고 倭는 辛卯年(391)에 바다를 건너와 百殘과 新羅를 破하고 臣民으로 삼았다. (日本의 通說)
(百殘新羅舊是屬民, 由來朝貢. 而倭以辛卯年來渡海, 破百殘□□□羅以爲臣民)

육군 참모본부의 橫井의 주도로 해독·해석된 記事는 그 후 日本古代史學界뿐만 아니라, 역사 교과서에서도 수용·채택되어 일본의 통설이 되었으며, 다음과 같은 내용으로 전파되었다.

(1) 碑文은 4세기 후반의 일본 세력의 朝鮮半島進出을 분명히 하는 확실한 史料이다.
(2) 「辛卯年」의 부분은, 「倭」를 主語로 하고, 「以辛卯年來渡海, 破百殘□□新羅, 以爲臣民」으로 판독하고, 「倭」가 百濟, 新羅를 복종시켰다고 해석한다.
(3) 碑文에 등장하는 「倭」를 「日本」, 「大和朝廷(軍)」, 「日本軍」 등, 日本의 統一軍事力으로 이해한다.
(4) 이런 것을 전제로 하여 大和朝廷에 의한 일본의 통일을 생각하고 있다. 이 네 가지는 상식으로 된 判讀이며, 解釋으로 보아도 좋다.[4)]

記事에 대한 日本의 通說에 대해 근본적인 비판을 제출한 것이 鄭寅普이며, 그는 記事의 후반을 다음과 같이 해독·해석하였다.[5)]

而倭以辛卯年來. 渡海破. 百殘聯侵新羅. 以爲臣民.
(그런데 倭가 辛卯年에 왔다. [고구려가] 바다를 건너서 [倭]를 파했다. 百殘이 新羅를 聯侵하여 臣民으로 삼았다.)

이것은 '辛卯年에 왔다'의 주어는 倭이지만, '바다를 건너서 破했다'는 주어는 고구려로 하고, '파했다'의 목적어는 倭이다. 다음은 또 百殘이 주어가 된다. 이것은 어법상 주어가 너무 자주 바뀐다는 난점을 면치 못하며, 해석에 있어서 [ ]를 제거한다면, 그 내용은 이해하기 어려우리라.

비문 연구에 있어서 종합적인 견지에서 단행본의 저서 속에서 記事를 다룬 연구자는, 朴時亨(1966), 金錫亨(1966), 王健群(1984), 李亨求·朴魯姬(1986) 등이 있다. 그리고 논문에서

4) 前澤和之, 「広開土王碑文をめぐる二·三の問題－辛卯年部分を中心として－」, 『続日本紀研究』 159号, 1972, p. 13.
5) 鄭寅普, 1955「廣開土境平安好太王碑碑文釋略」, 『薝園 鄭寅普全集』5 (서울 : 延世大學校出版部, 1983), pp. 251~263.

記事를 다룬 연구자는 千寬宇(1979), 鄭杜熙(1979), 金永萬(1980), 손영종(1988), 金昌鎬(1989), 林基中(1995), 李家源(1995), 李載浩(1996) 등이 있다.

우리나라 역사학계의 중진으로 활약하는 학자들의 최근의 記事에 대한 해석 및 인식이 필자로 하여금 놀라게 해서 펜을 들게 했으며, 그 내용을 소개하면 아래와 같다.

> ㉮ 능비문의 해석에서 가장 논란이 많았던 부분은 신묘년 조이다. 해석상의 다양한 설은 판독상의 의견과 결합되어 여러 형태로 개진되었다. 그런데 신묘년 조의 판독은 그간의 원석 탁본에 대한 검토 결과, 아직도 여전히 일각에서 이론이 제기되고 있지만, 전체적인 면에서 볼 때 '百殘新羅舊是屬民由來朝貢而倭以辛卯年來渡□破百殘□□□羅以爲臣民'으로 판독하는 데에 의견의 접근을 보이고 있다. 이에 대한 해석에선, [A] **'백제와 신라는 옛부터 고구려의 신민으로 조공해 왔다. 그런데 왜가 신묘년에**(또는 신묘년 이래로) **바다를 건너와 백제와 □□와 신라를 쳐서 신민으로 삼았다'**로 풀이하는 것이 '통설'이었다. 이에 대해 능비에서 주어인 고구려가 생략된 경우가 많음을 들어 '來'자 다음에 끊어 읽어, '渡□破'의 주어는 고구려이고 목적어는 倭로 보는 견해가 제기되었다. 즉 [B] '왜가 신묘년에 침입해 오자 (고구려가) 바다를 건너 (倭를) 격파하였다'로 풀이하였다.…
>
> 현재까지의 논의를 통해서 볼 때, 신묘년조 기사의 해석 자체는 '통설'과 같이 하는 게 순리라고 여겨진다. 단 신묘년조에서 전하는 기사의 내용은 그대로 다 사실성이 있는 것이라고 보기는 어렵다.[6)]

> ㉯ 倭의 해상세력이 참여한 전쟁의 기록은 永樂5年 辛卯年(391)과 9年(399) 己亥, 10年(400) 庚子, 14年(404) 甲辰條에 각각 보이고 있는데…
>
> 초기 일본 학자들은 "百殘과 新羅는 원래 屬民으로서 조공해 왔다. 그러나 倭가 辛卯年에 바다를 건너와서 百殘, □□, 新羅를 파하고 臣民으로 삼았다"고 해석하여 倭 王權(大和政權)의 南鮮經營論의 사료적 근거로 이용하였던 것이다. 그러나 신묘년 조는 기해년 조에서 알 수 있는 바와 같이 고구려의 입장에서 본 倭와 백제는 '臣民'의 관계가 아니라, 상호 '和通'의 대상이란 것을 알 수 있다. 현재로서는 이 記事는 시기적으로 보아 역사적 사실이 아니라 고구려 남하책의 대전제로서 만들어진 허구적 구문으로 보는 경향이 강한 것으로 이해하고 있다.[7)]

노태돈의 견해에 의하면(㉮), 그의 記事의 해석은 日本의 通說과 같을 뿐만 아니라, 순리라고 했다. 그러나 記事의 내용은 그대로 모두 사실성이 있는 것으로 보기는 어렵고, 또한 記事의 倭는 日本列島의 倭로 생각하고 있다. 한편, 정효운의 견해에 의하면(㉯), 日本列島

---

6) 노태돈, 「광개토왕 능비」, 『한국고대사 연구의 새동향』(서울 : 서경문화사, 2007), pp. 445~446.

7) 鄭孝雲, 「九州 海岸島嶼와 東아시아의 戰爭－古代 韓·日地域世界의 대외적 교섭을 중심으로－」, 『東아시아 古代學』第15輯(서울 : 東아시아古代學會, 2007), p. 250.

의 倭의 해상세력이 전쟁에 참여했으나, 記事의 내용은 허구적 구문으로 본다는 것이다.

필자의 견해는, 記事의 후반을 "倭가 辛卯年에 바다를 건너와 백제와 □□와 신라를 쳐서 신민으로 삼았다"고 해석하면서, 이 내용의 사실성을 의심하거나 혹은 허구적 구문으로 주장하기 보다는 論據를 제시해야 마땅하며, 또한 碑文 자체를 의심하는 것은 설득력이 없는 주장일 뿐만 아니라, 文獻史學的 接近法의 한계를 나타낸 것으로 분석·평가한다.

## 나. 記事에 대한 軍事史學的 接近法

상술한 바와 같이 記事가 발표된지(史料①) 一世紀 이상이 지났고, 정인보가 반론을 제기한 지 반세기가 지났지만, 그것이 국제적 논쟁으로 부각된 이유는 日本古代史學界에서 倭의 한반도에의 출병과 '任那日本府'說의 논거로 삼고 있었기 때문이었다.

지금까지의 비문 연구 특히 記事에 대한 연구는 문헌사학적·고고학적 연구방법과 金石文研究方法 등으로 이루어져 왔으나, 해결의 실마리를 찾지 못한 이유는 연구방법에 문제가 도사리고 있는 것이 아닐까? 碑文의 '倭'는 언제나 군사작전에 참가하고 있었으니, 전쟁의 준비·수행·결과에 대한 분석·해석은 軍事理論에 바탕을 두고 있는 歷史學, 즉 軍事史學的 研究方法이 더 적합하고 타당성이 있는 것으로 생각하며, 연구 대상의 본질에 따라 연구방법도 달라져야 할 것이다.

필자는 1993년부터 군사사학적 연구방법으로 비문의 정복전쟁, 특히 記事와 倭에 관해 이미 논문을 발표했으니, 여기서는 다만 연구 결과만 간략하게 소개하고자 한다.

### 1) 記事는 '任那日本府'說의 논거가 될 수 있나?

史料② 永樂10年(400), 王은 步兵과 騎兵 5만 명을 파견하여 신라를 구원하게 하였는데, 男居城으로부터 新羅城에 이르는 그 사이에 倭兵이 가득 차 있었다. 官軍(고구려군)이 바야흐로 도착하자 倭賊은 퇴각하였고, 관군은 倭의 배후로부터 급히 추격하여 任那加羅의 從拔城에 이르니, 城主가 곧 항복하였기에… 나머지의 倭寇는 大潰했으며…

史料③ 永樂14年(404), 倭가 법도를 지키지 않고 帶方地域(黃海道)에 침입했으며… 왕은 스스로 군대를 지휘하여 토벌을 실시했다… 왕의 직할부대는 적의 진로를 차단하고 마구 공격하니 倭寇는 潰敗되었고, 살상자가 무수히 많았다.

지금까지 비문의 연구자들은, 記事(史料①)의 해독·해석, 즉 "倭는 辛卯年(391)에 바다를 건너와 百殘과 新羅를 破하고 臣民으로 삼았다"에 초점을 두고, 왜병의 한반도에의 출병과 '任那日本府'說의 可否에 대해 논쟁을 전개해 왔으나, 군사 사학적 관점에서는 最終決戰의 勝敗(史料③)에 주목한다. 그 이유는 전쟁이란 정치적 목적(적의 영토, 자원, 인력 등의 획득)을 달성하기 위한 수단이며, 그 정치적 목적의 달성은 최종 결전의 승패에 의해 결정되기 때문이다. 구체적으로 얘기하면, 倭가 신묘년(391)에 백잔·신라를 파하고 신민으로 삼았다고 가정해도, 永樂10年(400) 뿐만 아니라, 14年(404)에 倭가 大潰·潰敗되었기 때문에, 한반도 남부에 작전의 발판이 되는 根據地(作戰基地)의 상실로 인해 '任那日本府'說은 전연 성립될 수 없기 때문이다.

예컨대, 1796년 3월, 나폴레옹은 이태리 方面軍司令官에 임명된 후로, 連戰連勝하여 황제가 되어 유럽대륙을 지배해 왔으나, 워털루決戰(1815)의 패배로 남대서양의 세인트 헤레나 섬으로 유배되었다. 프로이센의 전쟁철학자 클라우제비츠는 名著, 『戰爭論』(1832)에서 다음과 같이 주장했다.

- 전쟁이란 적을 굴복시켜 자기의 의지를 강요하기 위해 사용되는 일종의 폭력행위이다… 전쟁의 절대적 형태에는 유일한 결과, 즉 최종적 결과만이 있을 수 있다는 것이다. 이 결과에 이르기까지는 어떠한 승패의 결정도 이익도 손해도 있을 수 없는 것이다. 이런 경우 사람들은 언제나 일은 최후의 끝맺음이 중요하다는 격언을 상기하는 것이 좋으리라.[8]

전쟁에 있어서 최종적 승전, 즉 최종적 승자만이 정치적 목적을 달성한다는 군사이론의 결론과 史實을 알아야 하며, 지금까지 碑文研究者들은 이 중대한 내용을 看過하고 있었던 것이다.

### 2) 日本列島의 倭는 韓半島出兵이 가능했던가?

일본의 연구자들은 비문에 등장하는 倭는 日本列島의 大和朝廷(奈良地域)에서 파견되었다는 주장이었다. 필자는 사회적, 산업적, 경제적, 군사 이론적, 해상세력적 요인분석에

8) 李鍾學 譯(1972), 前揭書, p. 71, p. 483.

의해, 4세기 후반의 日本列島의 倭가 한반도에 大軍을 出兵시켜 정복전쟁을 수행할 능력이 없었다고 주장했다.

예컨대, 日本列島의 倭가, 對馬海峽을 통과하여 大軍을 한반도에 출병시켜 정복전쟁을 수행하고자 하면, 병력·무기·장비 등의 군수품을 수송할 선박, 즉 構造船의 존재가 전제조건이지만, 당시의 倭는 그렇지가 못했다. 茂在寅男의 『古代日本의 航海術』(1979)에 의하면, 『日本書紀』 應神天皇 31年(420)條를 바탕으로 하여, 신라로부터 造船技術者가 와서 構造船을 만들게 되었다고 밝혔다. 오늘날 일본을 제치고 한국이 世界第一의 造船國이 된 것도 위와 같은 역사적 전통이 있었기 때문이리라. 아무튼 日本學界에서는, 辛卯年(391) 이전에 日本列島에 構造船이 존재했다는 것을 文獻史學 및 考古學에서 證據를 아직 제시하지 못하고 있다.

> 史料④ 永樂6年(396), 왕은 친히 水軍을 거느리고 가서 百殘國을 토벌하였다.… 백제왕은 곤경에 빠져 男女生口 1,000명… 바치면서 왕에게 항복하고…

> 史料⑤ 永樂9年(399), … 그 때에 新羅王이 使臣을 보내어 아뢰기를, "倭人들이 신라 국경에 가득 쳐들어와서…"

위의 비문 내용을 살핀다면, 辛卯年(391)에 百濟·新羅가 倭의 臣民이 되지 않았다는 확실한 증거일 것이다.

### 3) 碑文의 倭의 實體는?

비문에 등장하는 倭의 實體에 대해서는, 大和朝廷, 北九州, 對馬島 등지에서 파견한 군대라는 견해가 제시되었으나, 上述한 내용으로 日本列島에서 파견된 倭兵이 아닌 것만은 확실하다. 그렇다면 어디서 왔으며, 그 실체는? 우리들은 비문의 永樂10年(400)條(史料②)를 면밀히 분석할 필요가 있다. 즉 거기에는 倭·倭兵·倭賊·倭寇가 등장하지만, 고구려군의 작전목표는 任那加羅이기 때문에, 百濟를 '百殘'으로 蔑稱한 것처럼, '倭'란 任那加羅에 대한 멸칭으로 해석한다. 그 이유는, "渡來系集團은 彌生時代 이래로 급속히 그 수를 증가하여, 아마도 北部九州를 중심으로 많은 小王國(部族國家)을 만든 것으로 생각한다"[9]고

9) 埴原和郎, 『日本人の成り立ち』(京都 : 人文書院, 1996), p. 283.

했는데, 이것은 합리적인 견해이기 때문이다.

### 4) 記事 後半部의 句讀點과 主語는?

記事의 해독·해석에 있어서 중요한 문제의 하나는 구두점이리라. 일본의 통설처럼, "辛卯年來渡海, 破百殘…"인가 아니면, "辛卯年來, 渡海破百殘…"인가?

中國의 碑文研究家 王健群의 견해에 의하면, "好太王碑는 「보기 드문 名文」이다. 敍述은 條理에 맞고, 文法은 규칙에 따르며, 文章은 유창하고, 意味는 명확하다.… 일본의 일부 학자는 '來渡海'로 連讀하여 '來'를 動詞로 보고 있으나, 이것은 옳지 못하다. 두 개의 동사(「來渡」)가 연결되어 있으나, 連動句가 아니면 이해하기 어렵다는 것은 당연하다. 倭는 이미 조선에 來하고 있는 이상, 다시 海를 渡하게 된다면 뜻이 통하지 않게 된다. 來해서 또 海를 渡하여 돌아가게 된다면, 어떻게 백제와 신라를 破할 수 있는가. 이것은 모두 '來'의 해석을 잘못했기 때문이다"[10]고 주장했다.

결국 하나의 문장에 두 개의 動詞가 존재한다는 것은 문장의 문법상 불합리한 것이리라. 따라서 記事는 세 개의 문단으로 나누어야 한다.

(A) 百殘新羅舊是屬民由來朝貢.

(B) 而倭辛卯年來

(C) 渡海破百殘□□□羅以爲臣民以六年…

(A)의 主語는 고구려이고, (B)의 주어는 倭이지만, (C)의 주어는 '倭'와 '고구려'로 갈라져 반세기 넘게 논쟁의 초점이 되어 왔다. 이미 위에서 논의한 바와 같이, 日本列島의 倭는 對馬海峽을 건너 作戰遂行을 할 능력이 없었을 뿐만 아니라, 비문·문헌상의 기록에도 백제와 신라를 정복한 일이 없었다. 따라서 作戰遂行能力과 '以'로 六年條와 연결시켜 놓았기 때문에 (C)의 주어는 고구려인 것이다.

### 5) 記事의 3字 缺字는?

(C)의 세 개의 缺字는 여러 연구자들에 의하여 다음과 같이 보완되어 왔다.

---

10) 王健群, 『好太王碑の研究』(京都 : 雄渾社 , 1984), pp. 178~179.

橫井忠直、 □□新
管 政友、 擊新新
那珂通世、 任那新 또는 加羅新
大原利武、 又伐新
水谷悌二郎、 □□新
橋本增吉、 又服新
林屋辰三郎、 故服新
朴時亨、 聯侵新 또는 招倭侵
千寬宇、 將侵新 또는 欲取新
榮禧、 隨破新
王健群、 □□新
朴眞奭、 往救新

碑文의 永樂10年條(史料②)는 문제점을 안고 있다. 碑文은 그 당시에 기록한 一次史料이지만, 碑文을 작성한 撰者와 碑文에 대해서는 철저한 사료 비판을 반드시 해야 한다. 그러나 지금까지 비문 연구자들은 이 문제에 대해 소홀하게 다루어왔다. 碑文의 征服記事의 내용을 검토해 보면, 찬자는 漢文專門家이기는 하지만, 군사 전문가는 아닌 듯 했다. 특히 永樂10年條는 군사 사학적 관점에서 기술되어 있지 않기 때문에 이해·해석하기가 대단히 어렵다.[11]

예컨대, 당시 고구려의 동원 가능한 총병력은 5만 명 정도였다. 이 병력을 모두 남쪽의 신라·임나가라로 파견했다고 가정한다면, 북쪽의 後燕·契丹 그리고 남쪽의 백제가 본국을 침공한다면 어떻게 대처할 것인가? 이들의 本國侵攻에 대비하기 위해 병력을 남겨 두었으며, 실제로 파견 병력은 1만 내지 1.5만 명 정도였으리라. 그리고 고구려군은 陸路·海路 어느 쪽을 택했는지 밝히지 않았다. 지금까지 연구자들은 육로를 택한 것으로 지도에 표시했다.(별지 참조)

만약 고구려군이 육로를 선택했다고 가정한다면, 당시 백제의 수도는 漢城(서울 부근)이고 보면, 백제의 영역을 통과하여 竹嶺 혹은 鳥嶺을 넘어야 했다. 그렇게 했다면, 백제군의 側方攻擊·後方遮斷에 의해 패배당할 가능성이 많았으리라. 따라서 작전상의 관점에서

11) 李鍾學, 「廣開土王碑文10年庚子條의 新硏究」, 『慶州史學』第19輯(慶州 : 慶州史學會, 2000), p. 5.

본다면, 육로의 선택은 불가능했고, 다만 東海의 海路를 선택하여 신라·임나가라에 파병했으며 또 그것을 수행할 구비조건을 갖추고 있었다.

그리고 또한 史料②에 의하면, "官軍(고구려군)은 倭의 배후로부터 급히 추격하여 임나가라의 종발성에 이르니, 城主가 곧 항복하였다"고 기록했으니, 이것은 고구려군이 金海方面으로 기습적 상륙작전을 감행했다고 想定해야만 이해가 가능하리라.

필자는 그동안 記事와 永樂6年 및 10年의 渡海作戰을 연관해서 생각하지 못했다. 그 이유는 記事가 日本의 통설처럼, 倭의 한반도에의 출병과 '任那日本府'說의 논거가 될 수 없다는 것을 알고 있었기 때문에 크게 관심을 두지 않았다. 그런데 1995년 5월 30일, 갑자기 다음과 같은 着想이 머리에 떠올랐다.

渡海破百殘(永樂6年條)＋渡海破任那加羅(永樂10年條)

＝ 渡海破(百殘＋任那加羅)

→ 渡海破百殘任那加羅(C)

고구려의 적측은 百殘(濟)·任那加羅(倭)였고, 고구려가 渡海作戰에 의해 破한 것은 百殘과 任那加羅였기 때문에 三缺字는 당연히 任那加羅가 되어야 할 것이다. 지금까지 三缺字가 수수께끼에 싸여 해명되지 못한 이유는 永樂10年條(史料②)의 작전 형태가 究明되지 않았기 때문이었으리라. 필자는 記事를 다음과 같이 해독·해석한다.

百殘新羅舊是屬民由來朝貢, 而倭以辛卯年來, 渡海破百殘任那加羅以爲臣民…
(百濟와 新羅는 예전부터 속민으로 高句麗에 조공하였다. 그런데 任那加羅가 辛卯年(391)부터 (침공해)왔다. 高句麗가 바다를 건너 百濟와 任那加羅를 破하고 신민으로 삼았다…)

여기서 記事에 三缺字가 생긴 것은 자연적인 훼손인가, 아니면 인위적인 삭제인가? 필자는 후자일 가능성이 많은 것으로 추정한다. 그것은 『日本書紀』(720)에 등장하는 소위 「神功皇后의 三韓征伐」에서 비롯된 것이며, 그 내용은 아래와 같다.

史料⑥ 神功皇后 49년(249) 봄 3月에, 荒田別·鹿我別을 將軍으로 삼았다. 즉 久氐 등과 더불어 군대를 갖추어 건너가서 卓淳國에 이르러 곧 新羅를 습격하려고 했다.… 모두 卓淳에 집결하여 新羅를 격파했다. 그리하여 比自㶱·南加羅·喙國·安羅·多羅·卓淳·加羅 七個國을 평정했다.[12]…

校注에 의하면, 書紀紀年으로 249년. 아마도 百濟記에 바탕을 둔 글이다. 干支二運을 내려 369年의 史實을 포함한다. 내용은, (a) 七國平定과 (b) 濟州道를 百濟에 붙인 것 두 가지. (a)에 대하여 池內宏은 6세기경, 任那日本府의 管下의 諸小國의 服屬起源의 얘기로 뜻한다. 末松保和는 이것을 史實로 본다[13]고 했다.

그렇다면, 記事를 일본의 통설로 읽는다면, 즉 "倭는 신묘년(391)에 바다를 건너와 百殘과 任那加羅를 破하고 臣民으로 삼았다"고 한다면, 49年條(史料⑥)를 369년의 史實로 보아 南加羅(김해)를 평정했는데, 또 신묘년(391)에 정복했다면 모순에 빠지는 것이리라. 그래서 간첩 酒匂景信로 하여금 記事의 三字를 삭제케 했으며, 酒匂는 40세 젊은 나이에 죽었는데, 필자는 이를 숨기기 위해 그가 謀殺당한 것으로 추정한다.[14]

## 다. 記事의 기본적 성격

記事의 기본적 성격에 대하여 여러 연구자들의 견해가 발표되었지만, 이 문제는 적어도 한반도의 군사정세와 倭의 실체, 記事의 후반부(C)의 主語와 缺字에 대한 보완을 전제로써 究明되지 않는다면 해결하기 어려운 문제이리라. 필자의 견해는 아래와 같다.

첫째 : "백제와 신라는 예전부터 속민으로 고구려에 조공하였다"(A)는 것이다. 지금까지 비문 연구자들 가운데는 '예전부터'(舊是)를 신묘년 이전을 생각하여, 이 비문이 顯彰碑이기 때문에 과장되었거나 아니면 허구라는 견해도 있었다. 그러나 이것은 신묘년 이전까지 확대 해석할 필요는 없다. 碑文의 撰者는, 왕의 즉위년인 신묘년(391) 이후를 표현한 것으로 해석한다. 즉 百濟王이 廣開土王에게 무릎을 꿇고, 영원히 당신의 奴客이 되겠다고 맹세했으며(永樂6年條), 또 廣開土王이 신라

12) 坂本太郎 外 校注, 『日本書紀』上(東京 : 岩波書店, 1984, 19刷), pp. 355~356.
13) 上揭書, p. 355.
14) 李鍾學(2000), 前揭論文, pp. 13~15.

를 도와 왜구를 파했기에 新羅王이 스스로 朝貢하러 왔다－이 부분은 문자의 탈락이 심하여 명확치는 않으나 이런 내용이리라(永樂10年條)－ 따라서 이것을 근거로 하여 기록한 것으로 해석한다.

둘째 : "그런데 任那加羅(倭)가 辛卯年(391)부터 (침공해) 왔다"(B)고 했다. 碑文에는 倭로 表記되어 있으나, 百濟를 百殘으로 표기했듯이, 任那加羅에 대한 蔑稱이지, 결코 日本列島의 倭는 아니다.

셋째 : "고구려가 바다를 건너 백제와 任那加羅를 破하고 신민으로 삼았다"(C)고 했는데, 이것은 永樂6年條와 10年條의 정복전쟁의 결과에 대한 요약이며, 또 원인을 나타내는 접속사, '以'를 가지고 절묘하게 永樂6年條에 연결시켜 두었다. 따라서 6年條의 主語가 고구려이기 때문에 (C)의 주어도 고구려가 되지 않을 수 없으리라.

따라서, 記事의 기본적 성격은 永樂6年(396)부터 永樂17年(407)까지의 動績內容을 요약하고, 高句麗 南進政策의 名分과 意義를 부여하는 총괄적인 내용인 동시에, 廣開土王의 遺志를 계승한 장수왕의 결의와 당위를 표명한 編年體的인 本文과는 相違한 獨立的 挿入文으로 해석한다.

## 4. 結論

軍事史學이란 과거의 군사문제를 연구대상으로 하는 歷史學으로, 軍事理論과 歷史學이 결합된 학문이다. 과거의 군사문제, 특히 전쟁의 문제는 軍事史學이 다루어야 하는 영역이며, 그래야만 적합성과 타당성이 있는 연구 성과를 가져온다.

廣開土王碑文 가운데 정복전쟁의 분야, 특히 記事의 解讀·解釋에 있어서 비문 연구자들은 文法的·文獻史學 解釋에 초점을 두고 倭의 한반도에의 출병과 '任那日本府'說의 可否에 대해 1세기 이상의 논쟁을 벌였으나, 해명하지 못했다. 그러나 군사이론에 바탕을 둔 歷史學, 즉 軍事史學的 觀點은 전쟁에 있어서 정치적 목적의 달성은 최종 결전의 승리에 의해 결정된다는 것을 史實에 의해 증명되고 있다.

일본의 통설처럼, 倭가 신묘년(391)에 백제·신라를 파하고 신민으로 삼았다고 가정해도,

永樂10年(400), 14年(404)에 倭는 大潰·潰敗당했기 때문에 한반도의 남부에 발판이 되는 근거지(작전기지)의 상실로 '任那日本府'說은 전연 성립될 수 없는 것이다. 더욱이, 4세기 후반의 日本列島의 倭는 大軍을 한반도에 출병시켜 정복전쟁을 수행할 능력, 즉 構造船을 가지고 있지 못했다.

碑文에 등장하는 倭의 實體는 任那加羅에 대한 蔑稱이었다. 왜냐하면, 永樂10年條(史料②)에 의하면, 碑文에 倭가 등장하지만, 고구려군의 작전목표는 任那加羅였기 때문이다. 記事는 아래와 같이 해석하였다.

> 百濟와 新羅는 예전부터 高句麗에 조공하였다. 그런데 任那加羅가 辛卯年(391)부터 (침공해)왔다. 고구려가 바다를 건너 百濟와 任那加羅를 破하고 신민으로 삼았다.

記事의 기본적 성격은 永樂6年 이후의 勳績內容을 요약하고, 고구려 남진정책의 명분과 의의를 부여하는 내용으로, 編年體的인 本文과는 相違한 獨立的 挿入文으로 해석한다.

- 掲 載 誌 -


(1) 李鍾學, 「廣開土王碑文의 倭에 대한 新考察」, 『自由』242호, 서울 : 自由社, 1993

(2) _____, 「廣開土王碑文의 倭의 實體에 대한 新考察」, 『新羅의 對外關係史研究』15집, 경주 : 신라문화선양회, 1994

(3) _____, 「廣開土王碑文 辛卯年記事의 檢討」, 『軍史』32호. 서울 : 國防軍史研究所, 1996

(4) _____, 「廣開土王碑文10年庚子條의 新研究」, 『慶州史學』第19輯, 慶州 : 慶州史學會, 2000

(5) _____, 「広開土王碑文の倭に関する一考察」, 『東アジアの古代文化』81号 , 東京 : 大和書房, 1994

(6) _____, 「広開土王碑文の倭の実体」 上掲書, 85号 , 1995.

(7) _____, 「広開土王碑文の真実」, 『日本及日本人』1630号 , 東京 : 日本及日本人社, 1998. 及び 『東アジアの古代文化』創刊100号 記念特大号 , 1999, 轉載.

(8) _____, 「広開土王碑文十年庚子條の新考察」110号 , 同上, 2002.

(9) 李鍾學·李道學·鄭壽岩·朴燦圭·池炳穆·金賢淑, 『廣開土王碑文의 新研究』, 경주 : 서라벌군사연구소, 1999

(10) 李鍾學, 『軍事史学による古代史散策』, 慶州 : 徐羅伐軍事研究所, 2007.

廣開土王의 征服活動과 領域(추정)

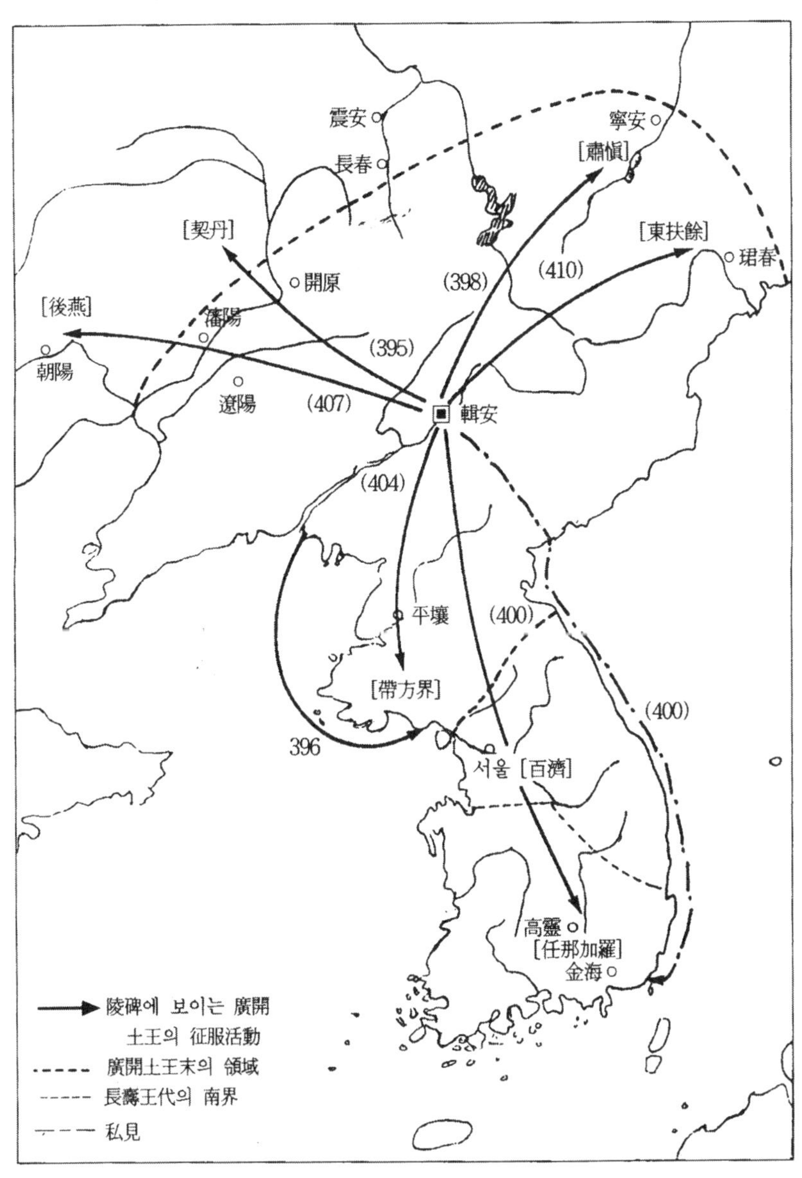

# Ⅷ. 고대 한·일관계사와 독도 영유권의 문제점

## 1. 머리말

현재 한국이 영유하고 있는 독도는 북위 37도 14분 10초, 동경 131도 52분 42초, 한국 울릉도 동남쪽 49해리, 일본의 오키섬(隱岐島) 서북쪽 86해리, 행정구역상 대한민국 경상북도 울릉군 남면 도동 산 67번지, 동도·서도라 일컫는 두 개의 섬을 중심으로 30여 개의 작은 섬으로 형성된 총면적 54,051평의 섬이다.[1)]

일본정부는 금년(2008) 7월 14일, 중학교의 학습지도 요령을 둘러싸고, 한·일 양쪽이 영유권을 주장하는 독도(일본에서는 다케시마竹島)에 대하여 처음으로 기술記述한 '요령'의 해설서를 공표했다. 한국을 배려하여 '다케시마'를 직접 '일본 고유의 영토'라는 표현은 피했으나, 한국 측에서는 반발이 강해지고 있다.… 해설서는 지금까지 북방 영토에 대해 "(러시아에) 반환을 요구하고 있다는 것에 대해 확실하게 다룰 필요가 있다"는 등에 대해 기록하고 있었으나, 이번에 최초로, "우리나라와 한국 사이에 다케시마를 둘러싸고 주장에 차이점이 있다는 것을 말하고, 북방 영토와 마찬가지로 우리나라의 영토·영역에 대해 이해를 깊게 할 필요가 있다"는 어구를 덧붙였다. 해설서는, "북방 영토는 우리나라 고유의 영토"라고

---

1) 이인선, 「獨島領有權관련, 일본 측 주장에 관한 연구」, 『空軍評論』제103호(공군대학, 1998), p. 135.

분명하게 기록하고 있고, 다케시마를 다루는 것을 북방 영토와 마찬가지로 한다 함으로써, 간접적으로 '일본 고유의 영토'로 가르칠 것을 요구했다,[2] 고 일본신문은 보도했다.

그런데, 이런 미묘한 시기에 느닷없이 미국 연방정부 기관인 지명위원회(U.S. Board of Geographic Names)는 2008년 7월 25일 독도를, '주권 미지정 지역'으로 변경·표기하기로 했다. 그리하여 주미 한국 대사관은 외교력을 총동원했고, 또 7월 30일에는 부시 미국 대통령 자신이 직접 나서 '독도 표기 원상복구' 명령을 내려 이 문제를 신속히 해결했다.[3] 그러나 이 문제는 잠시 물밑으로 들어간 상태로 보아야 하리라.

일본정부는 9월 5일 각료회의를 열고, 독도가 일본 영토라는 주장을 담은 2008년 간행 『방위백서』를 의결했다. 이에 대해 한국정부는 일본정부에 강력한 항의의 뜻을 전하고 즉각적인 시정 조치를 요구했다.[4]

일본정부의 독도 영유권 주장은 제2의 영토침략이요 또한 지난날 한반도를 강점했던 침략적 근성을 버리지 못한 새로운 군국주의와 제국주의의 등장으로 볼 수 있으며, 우리들은 이에 대한 대응책을 냉정히 수립해야 하고, 특히 최악의 시나리오는, 미 제7함대가 극동지역에서 철수하고 나면 독도를 중심으로 한·일간에 분쟁이 일어날 가능성도 배제해서는 안 되리라.

이 논문은 다음 내용을 규명해 보고자 한다.

첫째 : 일본정부는 독도를 '일본 고유의 영토'임을 중학생부터 가르치고자 장기적 안목의 전략을 수립한 모양이다. 그런데 그들의 메이지(明治) 정부(육군 참모본부)가 한반도를 침략하기에 앞서 고대 한·일관계사古代韓日關係史를 어떻게 왜곡했으며, 오늘날 일본인들의 역사인식의 문제점은 무엇인가를 살피고자 한다.

둘째 : 독도를 '일본 고유의 영토'라고 일본 측이 주장하는 논거와 거기에 대한 일본인 학자들의 최근 연구 성과의 반론은 무엇인가?

셋째 : 현 시점에서 독도문제에 대한 해결방안은 무엇인가.

---

2) 朝日新聞(東京), 2008年 7月 15日.
3) 동아일보, 2008년 8월 1일.
4) 동아일보, 2008년 9월 6일.

## 2. 고대 한·일관계사의 왜곡과 일본인의 역사인식

### 가. 고대 한·일관계사의 왜곡

우리들이 한·일관계의 과거에 관한 역사의 진실을 살피고 규명한다는 것은 현재를 이해하는데 도움을 줄 뿐만 아니라, 미래의 상호 이해와 신뢰를 구축하는 데도 지대한 영향을 미친다는 것은 잘 알려진 사실이다. 영국의 역사가 E. H. 카(1892~1982)는, "나는 지난 강연에서 역사를 과거와 현재와의 대화라고 말씀드렸습니다만, 오히려 역사는 과거의 여러 사건과 점차적으로 우리들 앞에 출현하게 될 미래의 여러 목적과의 대화라고 말씀드렸어야 했을 것입니다"고 했다.[5)]

한·일간의 고대사 문제의 현안은, 『일본서기日本書紀』(720)에 있는 신공황후神功皇后 49년(249)의 한반도 남부 7개국 평정과 광개토왕 비문(차후 비문으로 약칭함)의 신묘년(391) 기사(차후 기사로 약칭함)의 해독·해석의 문제이다.

> 사료① 49년 봄, 아라다와케(荒田別)·가가와케(鹿我別)를 장군으로 삼았다.…모두 卓淳國(대구)에 모여 신라를 격파했다. 그리고 比自㶱(창녕)·南加羅(김해)·睩國(경산)·安羅(함안)·多羅(합천)·卓淳(대구)·加羅(고령)의 7개국을 평정하였다.[6)]

교주자校注者의 견해에 의하면, 서기 기원으로 249년이다. 아마도 「백제기百濟記」에 바탕을 둔 글이다. 간지干支 2운運을 내려 369년의 사실史實을 포함한다. 내용은 7국 평정과… 이케우치(池内宏)는, 6세기경, 임나일본부任那日本府의 관하의 여러 소국의 복속기원服屬起源의 얘기로 본다. 수에마츠(末松保和)는 이것을 사실史實로 본다[7)]고 했다.

신공황후 49년은 서기 249년인데, 무슨 근거로 간지 2운, 즉 120년을 내려 369년으로 보았으며, 또 임나일본부설의 사실史實로 보았는가에 대한 구체적 설명은 없다. 이것은 아마도 비문의 신묘년(391) 기사와 연관시킨 것으로 추정한다.

일본의 메이지 정부는 1910년 대한제국을 침략·병합하기에 앞서, 역사 연구소도 아닌

---

5) Edward H. Carr, *What is History?* (New York : Vintage Books, 1961), p. 164.
6) 『日本書紀』卷第九, 神功皇后 攝政四十九年.
7) 坂本太郎 外, 『日本書紀』上(東京 : 岩波書店, 1984), p. 355.

작전계획·모략을 전문으로 하는 육군 참모본부가 중심이 되어 비문의 신묘년(391) 기사의 판독·해석을 왜곡하여 일본의 한반도 침략을 정당화 했고, 또 아직도 역사 교과서에서 왜곡된 그대로 한·일관계사를 가르치고 있다는 점에 냉철히 대응해야 한다.[8)]

### 1) 기사에 대한 육군 참모본부의 해독·해석과 논쟁

비문의 쌍구본雙鉤本을 처음으로 일본에 가져간 것은 1883년 가을 육군 참모본부의 사가와(酒匂 景信) 중위였고, 그 직후부터 참모본부 편찬과원 겸 육군대학 교수인 요코이(横井忠直)가 중심이 되어 5년간의 철저한 연구가 진행되었다. 그리하여 1889년 6월 『회여록會餘錄』 제5집이 비문 연구의 특집호로 간행되었으며, 기사의 해독·해석은 아래와 같다.

> 사료② 百殘(百濟)과 新羅는 예로부터 屬民으로서 조공을 해왔다. 그리고 倭는 辛卯年(391)에 바다를 건너와 百殘□□[新]羅를 破하고 臣民으로 삼았다.(日本의 通說)
> (百殘新羅舊是屬民, 由來朝貢. 而倭以辛卯年來渡海, 破百殘□□[斤]羅以爲臣民.)

육군 참모본부의 요코이의 수도로 해독·해석된 기사는 그 후 일본 고대 사학계뿐만 아니라, 역사 교과서에서도 수용·채택되어 일본의 통설이 되었으며, 다음과 같은 내용으로 전파되었다.

(1) 비문은 4세기 후반의 일본 세력의 조선반도 진출을 분명히 하는 확실한 사료이다.
(2) 「辛卯年」의 부분은, 「倭」를 주어로 하고, 「以辛卯年來渡海, 破百殘□□新羅, 以爲臣民」으로 판독하고, 「倭」가 백제, 신라를 복종시켰다고 해석한다.
(3) 비문에 등장하는 「倭」를 「日本」, 「야마도 조정(大和朝廷)(軍)」, 「日本軍」 등, 일본의 통일 군사력으로 이해한다.
(4) 이런 것을 전제로 하여 야마도(大和) 조정에 의한 일본의 통일을 생각하고 있다. 이 네 가지는 상식으로 된 判讀이며, 解釋으로 보아도 좋다.[9)]

기사에 대한 일본의 통설通說에 대해 근본적인 비판을 제출한 것이 정인보鄭寅普이며, 그는 기사의 후반을 다음과 같이 해독·해석하였다.[10)]

---

8) 朝比奈正幸 外, 『高等学校 最新日本史』(東京 : 国書刊行会, 1995), pp. 18~19.
9) 前澤和之, 「広開土王碑文をめぐる二·三の問題－辛卯年部分を中心として－」, 『続日本紀研究』 159号, 1972, p. 13.
10) 鄭寅普, 1955「廣開土境平安好太王碑碑文釋略」, 『薝園 鄭寅普全集』5 (서울 : 延世大學校出版部, 1983), pp. 251~263.

而倭以辛卯年來. 渡海破. 百殘聯侵新羅. 以爲臣民.
(그런데 倭가 辛卯年에 왔다. [고구려가] 바다를 건너서 [倭]를 파했다. 百殘이 新羅를 聯侵하여 臣民으로 삼았다.)

이것은 '신묘년辛卯年에 왔다'의 주어는 倭이지만, '바다를 건너서 破했다'는 주어는 고구려로 하고, '파했다'의 목적어는 倭이다. 다음은 또 백잔百殘이 주어가 된다. 이것은 어법상 주어가 너무 자주 바뀐다는 난점을 면치 못하며, 해석에 있어서 [ ]를 제거한다면, 그 내용은 이해하기 어려우리라.

비문 연구에 있어서 종합적인 견지에서 단행본의 저서 속에서 기사를 다룬 연구자는, 朴時亨(1966), 金錫亨(1966), 王健群(1984), 李亨求·朴魯姬(1986) 등이 있다. 그리고 논문에서 기사를 다룬 연구자는 千寬宇(1979), 鄭杜熙(1979), 金永萬(1980), 손영종(1988), 金昌鎬(1989), 李鍾旭(1992), 林基中(1995), 李家源(1995), 李載浩(1996) 등이 있다.[11)]

우리나라 역사학계의 중진으로 활약하는 학자들의 최근의 기사에 대한 해석 및 인식이 필자로 하여금 놀라게 해서 글을 쓰게 됐으며, 그 내용을 소개하면 아래와 같다.

㉮ 능비문의 해석에서 가장 논란이 많았던 부분은 신묘년 조이다. 해석상의 다양한 설은 판독상의 의견과 결합되어 여러 형태로 개진되었다. 그런데 신묘년 조의 판독은 그간의 원석 탁본에 대한 검토 결과, 아직도 여전히 일각에서 이론이 제기되고 있지만, 전체적인 면에서 볼 때 '百殘新羅舊是屬民由來朝貢而倭以辛卯年來渡□破百殘□□□羅以爲臣民'으로 판독하는 데에 의견의 접근을 보이고 있다. 이에 대한 해석에선, [A] **'백제와 신라는 옛부터 고구려의 신민으로 조공해 왔다. 그런데 왜가 신묘년에**(또는 신묘년 이래로) **바다를 건너와 백제와 □□와 신라를 쳐서 신민으로 삼았다'**로 풀이하는 것이 '통설'이었다. 이에 대해 능비에서 주어인 고구려가 생략된 경우가 많음을 들어 '來'자 다음에 끊어 읽어, '渡□破'의 주어는 고구려이고 목적어는 倭로 보는 견해가 제기되었다. 즉 [B] '왜가 신묘년에 침입해 오자 (고구려가) 바다를 건너 (倭를) 격파하였다'로 풀이하였다.…

현재까지의 논의를 통해서 볼 때, 신묘년 조 기사의 해석 자체는 '통설'과 같이 하는 게 순리라고 여겨진다. 단 신묘년 조에서 전하는 기사의 내용은 그대로 다 사실성이 있는 것이라고 보기는 어렵다.[12)]

㉯ 倭의 해상세력이 참여한 전쟁의 기록은 永樂5年 辛卯年(391)과 9年(399) 己亥, 10年(400) 庚子, 14

11) 李鍾學 外, 『廣開土王碑文의 新硏究』(경주 : 서라벌군사연구소, 1999), pp. 120~122 참조.
12) 노태돈, 「광개토왕 능비」, 『한국고대사 연구의 새동향』(서울 : 서경문화사, 2007), pp. 445~446.

年(404) 甲辰條에 각각 보이고 있는데…

초기 일본 학자들은 "百殘과 新羅는 원래 屬民으로서 조공해 왔다. 그러나 倭가 辛卯年에 바다를 건너와서 百殘, □□, 新羅를 파하고 臣民으로 삼았다"고 해석하여 倭 王權(大和政權)의 南鮮經營論의 사료적 근거로 이용하였던 것이다. 그러나 신묘년 조는 기해년 조에서 알 수 있는 바와 같이 고구려의 입장에서 본 倭와 백제는 '臣民'의 관계가 아니라, 상호 '和通'의 대상이란 것을 알 수 있다. 현재로서는 이 기사는 시기적으로 보아 역사적 사실이 아니라 고구려 남하책의 대전제로서 만들어진 허구적 구문으로 보는 경향이 강한 것으로 이해하고 있다.[13]

노태돈의 견해에 의하면㉮, 그의 기사의 해석은 일본의 통설과 같을 뿐만 아니라, 순리라고 했다. 그러나 기사의 내용은 그대로 모두 사실성이 있는 것으로 보기는 어렵고, 또한 기사의 倭는 일본열도日本列島의 倭로 생각하고 있다. 한편, 정효운의 견해에 의하면㉯, 일본열도의 倭의 해상세력이 전쟁에 참여했으나, 기사의 내용은 허구적 구문으로 본다는 것이다.

필자의 견해는, 기사의 후반을 "倭가 신묘년에 바다를 건너와 백제와 □□와 신라를 쳐서 신민으로 삼았다"고 해석하면서, 이 내용의 사실성을 의심하거나 혹은 허구적 구문으로 주장하기 보다는 논거論據를 제시해야 마땅하며, 또한 비문 자체를 의심하는 것은 설득력이 없는 주장일 뿐만 아니라, 문헌사학적文獻史學的 접근법의 한계를 나타낸 것으로 분석·평가한다.

### 2) 기사에 대한 군사사학적軍事史學的 접근법

상술한 바와 같이 기사가 발표된 지(사료②) 1세기 이상이 지났고, 정인보가 반론을 제기한 지 반세기가 지났지만, 그것이 국제적 논쟁으로 부각된 이유는 일본 고대사학계에서 왜의 한반도에의 출병과 '임나일본부'설의 논거로 삼고 있었기 때문이었다.

지금까지의 비문 연구 특히 기사에 대한 연구는 문헌사학적·고고학적 연구방법과 금석문 연구방법 등으로 이루어져 왔으나, 해결의 실마리를 찾지 못한 이유는 연구방법에 문제가 도사리고 있는 것이 아닐까? 비문의 '倭'는 언제나 군사작전에 참가하고 있었으니, 전쟁의 준비·수행·결과에 대한 분석·해석은 군사이론에 바탕을 두고 있는 역사학, 즉 군

13) 鄭孝雲, 「九州 海岸島嶼와 東아시아의 戰爭－古代 韓·日地域世界의 대외적 교섭을 중심으로－」, 『東아시아 古代學』第15輯(서울 : 東아시아古代學會, 2007), p. 250.

사사학적 연구방법이 더 적합하고 타당성이 있는 것으로 생각하며, 연구 대상의 본질에 따라 연구방법도 달라져야 할 것이다.[14)]

필자는 1993년부터 군사사학적 연구방법으로 비문의 정복전쟁, 특히 기사와 倭에 관해 이미 논문을 발표했으니,[15)] 여기서는 다만 연구 결과만 간략하게 소개하고자 한다.

가) 일본열도의 倭는 한반도 출병이 가능했던가?

일본의 연구자들은 비문에 등장하는 倭는 일본열도의 야마도 조정(大和朝廷, 나라(奈良)지역)에서 파견되었다는 주장이었다. 필자는 사회적, 산업적, 경제적, 군사 이론적, 해상세력적 요인분석에 의해, 4세기 후반의 일본열도의 倭가 한반도에 대군大軍을 출병시켜 정복전쟁을 수행할 능력이 없었다고 주장했다.

예컨대, 일본열도의 倭가, 대마해협對馬海峽을 통과하여 대군을 한반도에 출병시켜 정복전쟁을 수행하고자 하면, 병력·무기·장비 등의 군수품을 수송할 선박, 즉 구조선構造船의 존재가 전제·필수조건이지만, 당시의 倭는 그렇지가 못했다. 모자이(茂在寅男)의 『고대일본의 항해술』(1979)에 의하면, 『일본서기』 오진(應神)천황 31년(420)조를 바탕으로 하여, 신라로부터 조선기술자造船技術者가 와서 구조선構造船을 만들게 되었다고 밝혔다. 오늘날 일본을 제치고 한국이 세계 제일의 조선국造船國이 된 것도 위와 같은 역사적 전통이 있었기 때문이리라. 아무튼 일본학계에서는, 신묘년(391) 이전에 일본열도에 구조선이 존재했다는 것을 문헌사학 및 고고학에서 증거를 아직 제시하지 못하고 있다.

사료③ 영락 6년(396), 왕은 친히 수군을 거느리고 가서 百殘國을 토벌하였다.… 백제왕은 곤경에 빠져 男女生口 1,000명… 바치면서 왕에게 항복하고…

사료④ 영락 9년(399), … 그 때에 신라왕이 사신을 보내어 아뢰기를, "왜인들이 신라 국경에 가득 쳐들어와서…"

일본의 통설에 의하면, 신묘년(391)에 백제·신라가 倭의 臣民이 되었기 때문에 백제왕·

---

14) 李鍾學, 1981「現代軍事史의 硏究方向」, 『韓國軍事史序說』(경주 : 서라벌군사연구소, 1990), pp. 11~77.

15) 李鍾學, 「廣開土王碑文辛卯年記事의 檢討」, 『軍史』32호(서울 : 國防軍事硏究所, 1996), 「広 開土王碑文の真実」, 『日本及日本人』(東京 : 日本及日本人社 , 1998) 및 『東アジアの古代文化』創刊100号(東京 : 大和書房, 1999) 轉載. 李鍾學 外, (1999)전게서. 『軍事史学による古代史散策』(慶州 : 徐羅伐軍事硏究所, 2000)

신라왕은 비문에 등장할 수 없을 터인데, 그 후 등장하는 것을 보면 일본의 통설은 잘못된 해석이라는 확실한 증거가 될 것이다.

### 나) 기사는 '임나일본부'설의 논거가 될 수 있나?

사료⑤ 영락 10년(400), 왕은 보병과 騎兵 5만 명을 파견하여 신라를 구원하게 하였는데, 남거성으로부터 신라성에 이르는 그 사이에 왜병이 가득 차 있었다. 관군(고구려군)이 바야흐로 도착하자 왜적은 퇴각하였고, 관군은 倭의 배후로부터 급히 추격하여 임나가라의 종발성에 이르니, 城主가 곧 항복하였기에… 나머지의 왜구는 대궤했으며…

사료⑥ 영락 14년(404), 倭가 법도를 지키지 않고 대방지역(황해도)에 침입했으며… 왕은 스스로 군대를 지휘하여 토벌을 실시했다.… 왕의 직할부대는 적의 진로를 차단하고 마구 공격하니 왜구는 궤패되었고, 살상자가 무수히 많았다.

지금까지 비문의 연구자들은, 기사(사료②)의 해독·해석, 즉 "倭는 신묘년(391)에 바다를 건너와 백잔과 신라를 파하고 신민으로 삼았다"에 초점을 두고, 왜병의 한반도에의 출병과 '임나일본부'설의 가부에 대해 논쟁을 전개해 왔으나, 군사사학적 관점에서는 최종 결전의 승패(사료⑥)에 주목한다. 그 이유는 전쟁이란 정치적 목적(적의 영토, 자원, 인력 등의 획득)을 달성하기 위한 수단이며, 그 정치적 목적의 달성은 최종 결전의 승패에 의해 결정되기 때문이다. 구체적으로 얘기하면, 倭가 신묘년(391)에 백잔·신라를 파하고 신민으로 삼았다고 가정해도, 영락 10년(400) 뿐만 아니라, 14년(404)에 倭가 대궤·궤패되었기 때문에, 한반도 남부에 작전의 발판이 되는 근거지(작전기지)의 상실로 인해 '임나일본부'설은 전연 성립될 수 없기 때문이다.

예컨대, 1796년 3월, 나폴레옹은 이태리 방면군사령관方面軍司令官에 임명된 후로, 연전연승連戰連勝하여 황제가 되어 유럽대륙을 지배해 왔으나, 워털루 결전(1815)의 패배로 남대서양의 세인트 헤레나 섬으로 유배되었다. 프로이센의 전쟁철학자 클라우제비츠는 명저, 『전쟁론』(1832)에서 다음과 같이 주장했다.

- 전쟁이란 적을 굴복시켜 자기의 의지를 강요하기 위해 사용되는 일종의 폭력행위이다.… 전쟁의 절대적 형태에는 유일한 결과, 즉 최종적 결과만이 있을 수 있다는 것이다. 이 결과에 이르기까지는 어떠한 승패의 결정도 이익도 손해도 있을 수 없는 것이다. 이런 경우 사람들은 언제나 일은 최후의 끝맺음이 중요하다는 격언을 상기하는 것이 좋으리라.[16]

전쟁에 있어서 최종적 승전, 즉 최종적 승자만이 정치적 목적을 달성한다는 군사이론의 결론과 사실史實을 알아야 하며, 지금까지 비문연구자들은 이 중대한 내용을 간과하고 있었던 것이다.

다) 비문의 倭의 실체는?

비문에 등장하는 倭의 실체에 대해서는, 야마도 조정, 기타규슈(北九州), 대마도 등지에서 파견한 군대라는 견해가 제시되었으나, 상술上述한 내용으로 일본열도에서 파견된 왜병이 아닌 것만은 확실하다. 그렇다면 어디서 왔으며, 그 실체는? 우리들은 비문의 영락 10년(400)조(사료⑤)를 면밀히 분석할 필요가 있다. 즉 거기에는 왜·왜병·왜적·왜구가 등장하지만, 고구려군의 작전목표는 임나가라이기 때문에, 백제를 '백잔'으로 멸칭蔑稱한 것처럼, '倭'란 임나가라에 대한 멸칭으로 해석한다. 그리고 당시 임나가라(김해)는 대마도, 기타규슈 일대를 지배하고 있었던 것이다. 즉 "도래계渡來系 집단은 야요이 시대(彌生時代) 이래로 급속히 그 수를 증가하여, 아마도 기타규슈(北九州)를 중심으로 많은 소왕국(부족국가)을 만든 것으로 생각한다"[17]고 했는데, 이것은 합리적인 견해이기 때문이다.

라) 기사 후반부의 구두점句讀點과 주어는?

기사의 해독·해석에 있어서 중요한 문제의 하나는 구두점이리라. 일본의 통설처럼, "辛卯年來渡海, 破百殘…"인가 아니면, "辛卯年來, 渡海破百殘…"인가?

중국의 비문연구가 王健群의 견해에 의하면, "호태왕비好太王碑는 「보기 드문 명문名文」이다. 서술敍述은 조리에 맞고, 문법은 규칙에 따르며, 문장은 유창하고, 의미는 명확하다.… 일본의 일부 학자는 '來渡海'로 연독連讀하여 '來'를 동사로 보고 있으나, 이것은 옳지 못하다. 두 개의 동사(「來渡」)가 연결되어 있으나, 연동구連動句가 아니면 이해하기 어렵다는 것은 당연하다. 倭는 이미 조선에 來하고 있는 이상, 다시 海를 渡하게 된다면 뜻이 통하지 않게 된다. 來해서 또 海를 渡하여 돌아가게 된다면, 어떻게 백제와 신라를 破할 수 있는가. 이것은 모두 '來'의 해석을 잘못했기 때문이다"[18]고 주장했다.

---

16) 클라우제비츠, 『전쟁론』 李鍾學 譯 (서울 : 대양서적, 1972), p. 71, p. 483.
17) 埴原和郎, 『日本人の成り立ち』(京都 : 人文書院, 1996), p. 283.
18) 王健群, 『好太王碑の研究』(京都 : 雄渾社 , 1984), pp. 178~179.

결국 하나의 문장에 두 개의 동사가 존재한다는 것은 문장의 문법상 불합리한 것이리라. 따라서 기사는 세 개의 문단으로 나누어야 한다.

(A) 百殘新羅舊是屬民由來朝貢.

(B) 而倭辛卯年來

(C) 渡海破百殘□□□羅以爲臣民以六年…

(A)의 주어는 고구려이고, (B)의 주어는 倭이지만, (C)의 주어는 '倭'와 '고구려'로 갈라져 반세기 넘게 논쟁의 초점이 되어 왔다. 이미 위에서 논의한 바와 같이, 일본열도의 倭는 대마해협을 건너 작전수행을 할 능력이 없을 뿐만 아니라, 비문·문헌상의 기록에도 백제와 신라를 정복한 일이 없었다. 따라서 작전수행능력과 '以'로 6년조와 연결시켜 놓았기 때문에 (C)의 주어는 고구려인 것이다.

마) 기사의 3字 결자缺字는?

(C)의 세개의 결자는 여러 연구자들에 의하여 다음과 같이 보완되어 왔다.

| | |
|---|---|
| 橫井忠直、 | □□新 |
| 管 政友、 | 擊新新 |
| 那珂通世、 | 任那新 또는 加羅新 |
| 大原利武、 | 又伐新 |
| 水谷悌二郞、 | □□新 |
| 橋本增吉、 | 又服新 |
| 林屋辰三郞、 | 故服新 |
| 朴時亨、 | 聯侵新 또는 招倭侵 |
| 千寬宇、 | 將侵新 또는 欲取新 |
| 榮禧、 | 隨破新 |
| 王健群、 | □□新 |
| 朴眞奭、 | 往救新 |

비문의 영락 10년조(사료⑤)는 문제점을 안고 있다. 비문은 그 당시에 기록한 1차 사료이지만, 비문을 작성한 찬자撰者와 비문에 대해서는 철저한 사료 비판을 반드시 해야 한다. 그러나 지금까지 비문 연구자들은 이 문제에 대해 소홀하게 다루어왔다. 비문의 정복기사

征服記事의 내용을 검토해 보면, 찬자는 한문전문가漢文專門家이기는 하지만, 군사 전문가는 아닌 듯 했다. 특히 영락 10년조는 군사사학적 관점에서 기술되어 있지 않기 때문에 이해·해석하기가 대단히 어렵다.[19)]

예컨대, 당시 고구려의 동원 가능한 총병력은 5만 명 정도였다. 이 병력을 모두 남쪽의 신라·임나가라로 파견했다고 가정한다면, 북쪽의 후연·거란 그리고 남쪽의 백제가 본국을 침공한다면 어떻게 대처할 것인가? 이들의 본국 침공에 대비하기 위해 병력을 남겨 두었으며, 실제로 파견 병력은 1만 내지 1.5만 명 정도였으리라. 그리고 고구려군은 육로·해로 어느 쪽을 택했는지 밝히지 않았다. 지금까지 연구자들은 육로를 택한 것으로 지도에 표시했다.

만약 고구려군이 육로를 선택했다고 가정한다면, 당시 백제의 수도는 한성漢城(서울 부근)이고 보면, 백제의 영역을 통과하여 죽령 혹은 조령을 넘어야 했다. 그렇게 했다면, 백제군의 측방 공격·후방 차단에 의해 패배당할 가능성이 많았으리라. 따라서 작전상의 관점에서 본다면, 육로의 선택은 불가능했고, 다만 동해의 해로를 선택하여 신라·임나가라에 파병했으며 또 그것을 수행할 구비조건을 갖추고 있었다.

그리고 또한 사료⑤에 의하면, "관군(고구려군)은 倭의 배후로부터 급히 추격하여 임나가라의 종발성에 이르니, 성주가 곧 항복하였다"고 기록했으니, 이것은 고구려군이 김해방면으로 기습적 상륙작전을 감행했다고 상정想定해야만 이해가 가능하리라.

필자는 그동안 기사와 영락 6년 및 10년의 도해작전渡海作戰을 연관해서 생각하지 못했다. 그 이유는 기사가 일본의 통설처럼, 倭의 한반도에의 출병과 '임나일본부'설의 논거가 될 수 없다는 것을 알고 있었기 때문에 크게 관심을 두지 않았다. 그런데 1995년 5월 30일, 갑자기 다음과 같은 착상着想이 머리에 떠올랐다.

> 渡海破百殘(永樂6年條)＋渡海破任那加羅(永樂10年條)
>
> ＝ 渡海破(百殘＋任那加羅)
>
> → 渡海破百殘任那加羅(C)

19) 李鍾學, 「廣開土王碑文10年庚子條의 新硏究」, 『慶州史學』第19輯(慶州 : 慶州史學會, 2000), p. 5.

고구려의 적측은 백잔(제)·임나가라(倭)였고, 고구려가 도해작전에 의해 파한 것은 백잔과 임나가라였기 때문에 삼결자三缺字는 당연히 任那加羅가 되어야 할 것이다. 지금까지 3결자가 수수께끼에 싸여 해명되지 못한 이유는 영락 10년조(사료⑤)의 작전 형태가 규명되지 않았기 때문이었으리라. 필자는 기사를 다음과 같이 해독·해석한다.

百殘新羅舊是屬民由來朝貢, 而倭以辛卯年來, 渡海破百殘任那加羅以爲臣民…
(百濟와 新羅는 예전부터 속민으로 高句麗에 조공하였다. 그런데 任那加羅가 辛卯年(391)부터 (침공해)왔다. 高句麗가 바다를 건너 百濟와 任那加羅를 破하고 신민으로 삼았다…)

여기서 기사에 3결자가 생긴 것은 자연적인 훼손인가, 아니면 인위적인 삭제인가? 필자는 후자일 가능성이 많은 것으로 추정한다. 그 이유는 신공황후 49년(사료①)의 내용과 모순되기 때문이다. 그렇다면, 기사를 일본의 통설로 읽는다면, 즉 "倭는 신묘년(391)에 바다를 건너와 백잔과 임나가라를 파하고 신민으로 삼았다"고 한다면, 49년조(사료①)를 369년의 사실史實로 보아 남가라南加羅(김해)를 평정했는데, 또 신묘년(391)에 정복했다면 모순에 빠지는 것이리라. 그래서 간첩 사가와(酒匂景信)로 하여금 기사의 3字를 삭제케 했으며, 사가와는 40세 젊은 나이에 죽었는데, 필자는 이를 숨기기 위해 그가 모살謀殺당한 것으로 추정한다.[20]

## 나. 일본인의 역사인식

사헤키(佐伯有淸) 교수에 의하면, "나는 참모본부를 중심으로 하는 왜곡된 고대한일관계사관古代韓日關係史觀의 완성의 시기를 1888년 10월로 생각한다.… 계속하여 참모본부에서 해독·해석되고, 그것이 원형이 되어… 당시 일본의 조선에 대한 침략 의도를 역사적으로 정당화시키기 위해 「倭의 활동」 기록을 비문 속에서 찾으려는 것이, 의식적이든 무의식적이든 작용했으리라고 생각해야만 하리라"[21]고 주장했다.

20) 상게논문, pp. 13~15.
21) 佐伯有淸, 『広開土王碑と参謀本部』(東京 : 吉川弘文館, 1976), p. 121. 및 p. 127.

일본의 고대 사학계에서는 참모본부에서 해독·해석된 기사가 통설이 되어 일본열도의 倭가 391년에 「조선반도에의 진출」 뿐만 아니라, 「임나일본부」설의 일등사료의 논거가 되었다. 그리고 "전후의 고대 한·일관계사 연구에 있어서, 옛날에 수립된 역사상이 어느 정도 변했는가 하는 것이 문제이다. 신공황후神功皇后 를 들추어내는 자는 없으나, 고대 일본의 남부 조선 지배=임나경영이라는 역사상은 움직이지 않고 남아있다. 일본에서의 황국사관 비판은, 신화적인 조선 지배론을 부정하는 동시에, 광개토왕릉 비문 등을 이용하여 실증적인 모습으로 조선 지배론을 정착시켰다. 고대 일본의 조선지배라는 역사상은 변하지 않고 있다"[22]고 했다. 구체적인 사례를 든다면 아래와 같다.

- 369, 이 때에 야마도 정권의 통일이 진행. 이 때 임나일본부 성립.
  391, 일본군이 조선에 출병, 고구려와 싸우다.(고구려 호태왕 비문)[23]
- 고구려의 호태왕의 비문에는, 倭가 조선반도에 진출하여 고구려와 교전했다는 것이 기록되어 있다. 이것은 야마도 정권이 조선반도의 진보된 기술과 철 자원을 획득하기 위한 가라(임나)에 진출하여, 거기를 거점으로 하여 고구려의 세력과 대항했다는 것을 얘기하고 있다.[24]

필자는 2000년 1월, 나라(奈良)에 있는 항공자위대 간부학교(한국의 공군대학과 같은 수준)에서 특강을 할 기회가 있었다. 그 내용 가운데, 특히 일본의 메이지 정부가 추진한 대륙정책은 이웃나라 국민들을 괴롭힌 '침략'이다. 또 '만주·몽골은 일본의 생명선'이라 선전했는데, 태평양전쟁에서 일본이 패배하자 일본의 생명선이 없어졌는데, 만약 그것이 진실이라면, 일본 국민은 지금쯤 기아선상에 헤매야 했을 터인데, 현실의 일본은 세계 제2의 경제대국(GDP 기준으로)이 되었다. 일본은 해양국가로서 해양정책을 펴는 것이 현명한 정책이라 생각한다는 요지의 강연을 하고 질문사항이 있다면 하라고 했다.

중위 계급장을 단 한 학생장교가 "일본의 대륙정책은 '침략'이 아니라, '진출'이다"고 말하기에, "학생장교의 주장은 국제적으로는 통용되지 않을 뿐만 아니라, 상식적으로 생각해도 무역상들이 외국에 가서 활동하는 것은 '진출'이지만, 군대를 파견하여 타국을 점령하고 주권을 탈취하는 것은 '침략'이라 한다"고 답변했다. 대학을 졸업한 지성인이 '침

22) 旗田 巍, 『朝鮮と日本人』(東京 : 勁草書房, 1984), p. 129.
23) 『日本史事典』(東京 : 平凡社 , 1983), p. 446.
24) 井上光貞 外, 『詳説 日本史』(東京 : 山川出版社 , 1993), p. 25.

략'과 '진출'마저 식별하지 못할까 놀라면서 그 원인과 일본인의 역사인식·교육의 문제점을 살피다가 다음 내용을 알게 되었다.

① 나카소네(中曾根) 총리는… 동경재판을 긍정하고, 거기에다 전후의 총리 가운데 최초로 대동아전쟁은 침략전쟁이었다고 말하고 말았다. 그 발언을 알았을 때, 나는 나카소네 총리의 본인 속에서 가치관이 도착倒錯되지 않았나 생각했던 것이다. (龜井靜香 自民黨 代議士)[25]

② 1993년 8월, 비자민 연립정권의 성립 직후에, 호소가와(細川護熙) 총리는 기자회견의 석상에서 아시아 태평양전쟁에 대하여, "나 스스로, 침략전쟁이며, 잘못된 전쟁이라 인식하고 있습니다"고 발언했다.… 1994년 6월에 사회·자민이 앞장선 3당 연립정권이 발족할 때의 정책합의 가운데는 패전 50년을 맞이하여, "과거의 전쟁을 반성하고, 미래의 평화에의 결의를 표명하는 국회 결의"를 한다고 명기되어 있었다. 원래는 사회당이 적극적이고, 자민당은 연립정권 수립을 위해 동조했지만, 그 자민당 속에는 무시할 수 없는 수의 반대자가 있다는 것은 이 결의의 앞날이 다난하다는 것을 말하고 있다.[26]

③ 일본 국민 가운데는, 특히 지도적 입장에 있는 사람들 가운데, 확신범적으로 사죄를 거부하는 사람들이 있다는 것이 문제이다. 졸저, 『역사의 종말』을 번역한 와다나베(渡部昇一) 씨는 그 전형典型이다.… 와다나베 씨는 제2차 세계대전과 관련하여 완전히 자인무도한(completely outrageous) 발언을 했다. "南京 대학살은 없었다. 일본군이 남경을 떠날 때, 중국인들은 눈물을 흘리며 전송하였다"고 말했다. 이런 종류의 얘기를 히틀러에 대해 말하는 사람이 있다면, 서구사회에서는 용서받을 수 없지만, 일본에서는 그것이 허용되고 있다. 독일에서는 네오 나치집단이 출현해도 그것은 커다란 세력은 아니다. 일본에서는 이런 종류의 사람이 국수주의 세력으로서 넓게 활개치고 존재하고 있다. 그것을 사회가 수용하고 있다. 그것이 일본과 독일의 차이점이다.
사죄의 방식이 서툴거나, 표현이 어색하다는 차원의 문제가 아니고, 일본은 진실로 반성도 사죄도 하고 있지 않다. 그것이 문제이다.[27] (프란시스 후쿠야마 교수)

④ 1938년 12월 남경사건에 대하여, 오쿠미야(奧宮正武) 씨는, "강변에 면한 측에는, 약 20명의 중국병이 양 손을 뒤로 묶인 채로, 강 쪽으로 향하여 앉힌 채로, 육군병의 일본도日本刀나 총검으로 처형되고 있었다. 그 시체는 강 쪽으로 투기投棄되고 있었다.… 몇 명이 처형되어야 대학살인가 하는 정의定義는 사람에 따라 달라지리라. 하지만, 나는 500명이라도 대학살이라고 믿고 있다."[28] 고 주장했다.

⑤ 일본의 역사 교과서의 결함에 대해서, 여러 가지 원인이 있지만, 가장 큰 문제는 일본의 정부·문부성의 방침이 일본의 아시아 침략, 식민지 지배, 전쟁에 대하여, 그 책임을 명확히 인정하려 하

25) 『諸君』(東京 : 文芸春秋, 1986), 12月号, p. 66.
26) 油井大三郎, 『日米戦争観の相剋』(東京 : 岩波書店, 1995), p. 37.
27) 『諸君』, 1999年 12月号, p. 29.
28) 奧宮正武, 『大東亞戰爭－私の歴史認識－』(東京 : PHP研究所, 1999), pp. 91~92.

지 않고 가능한 한 은폐하려고 하는 점이다. 그리고 교과서의 검정권은 문부성이 장악하고 있고, 그 검정은 일본사 교과서에 대해 가장 엄격하고, 문부성의 방침을 반영시키고자 하고 있다.… (中村 哲 名譽敎授)[29]

⑥ 한국의 역사 교과서는, 일본의 침략에 대해 사실에 바탕을 투고 상세히 기술하고 있으나, 일본의 교과서는, 이 점에 관한 서술은 대단히 빈약하다고 말하지 않을 수 없다. 특히, 근·현대에 있어서의 일본의 조선 침략에 적힌 기본적인 사실에 대해서는, 그 평가는 물론이고, 지식으로서도 한·일 양 국민이 함께 가져야 하는 것이다. 한국의 교과서에 명기되어 있고, 한국인 누구나가 알고 있는 일본의 침략과 식민지 지배의 실태에 대하여, 일본인만이 모른다고 한다면, 이웃 사이의 대화와 신뢰는 깊어지지 않으리라. (高本 享 敎諭)[30]

⑦ … 방대한 「上奏記錄」이다. 그 전쟁 당시의 육해군이 쇼와(昭和)천황에게 무엇을 상주했는가의 시비를 알고 싶다. 예컨대, 미드웨이 해전(1942. 5. 6.)에서 일본의 항공모함은 4척이 침몰되었으나, 아마도 천황에게는 2척으로 보고했을 것이다. 그 이유는 미드웨이의 다음 해인, 1943년의 새로운 함대 편성표에는, 침몰된 항공모함의 이름이 확실히 들어있기 때문이다. 말하자면, 군부는 천황을 속였을 가능성이 있다.… 다만 일본인이라는 것은 객관적으로 역사적 기록을 명확하게 기록한다는 훈련이 되어있지 않다는 것도 사실이다.[31]

필자는 항공자위대의 젊은 장교가 '침략'과 '진출'의 용어를 식별하지 못하는 원인을 ③,⑤,⑥에서 찾았다. 그리고 역사적 사실은 사실로서 객관적으로 기록하는 것이 바람직한 역사인식의 첫 걸음이며, 과거의 진실을 알지 못한다면, 현재 뿐만 아니라, 미래에 대한 정확한 판단이나 이웃으로서의 화해와 우호관계의 증진도 성립될 수 없다는 점에 유의해야 하리라.

최근 일본의 신문보도에 의하면, 다모가미(田母神俊雄, 60) 전 항공 막료장(우리나라의 공군 참모총장에 해당)은 민간기업 주최의 현상에 최우수상으로 선정된 논문에서, 일본은 중일전쟁에 끌려들어간 피해자로 주장. 구 만주, 조선반도의 식민지 지배도 정당화 하는 생각을 적고 있으나… 정부는 95년, 아시아 제국에 사죄謝罪하는 무라야마(村山) 수상 담화를 각의 결정. 아소(麻生) 수상도 계승하는 생각을 표명하고 있다.… 제복조制服組의 고관이 정부 견해를 공공연하게 부정했다는 것은, 문민통제의 관점에서도 문제시 되었으나, 다모가미 씨는 "그만두라는 정치의 결정에 따르고 있다"고 말했다는 보도이다.[32]

---

29) 中村 哲 編著, 『歷史はどう教えられているか』(東京 : 日本放送出版協会, 1995), p. 28.
30) 上揭書, p. 133.
31) 『諸君』, 1999年 2月号, p. 127.

1995년 8월 15일 무라야마(村山富市) 총리대신의 '내각 총리대신 담화'의 요점은 아래와 같다.

> 우리나라는, 멀지 않은 과거의 한 시기, 國策을 잘못하여, 전쟁에의 길을 밟아 국민을 존망의 위기에 빠뜨려 식민지 지배와 침략에 의해 많은 나라들, 특히 아시아의 여러 나라 사람들에 대해 많은 손해와 고통을 주었습니다.
> 나는, 미래에 과오를 없애기 위해 의심할 수 없는 이 역사의 事實을 겸허히 받아들여, 여기서 새로이 통절한 반성의 뜻을 나타내며, 마음으로부터의 사과의 뜻을 표명합니다. 이 역사가 가져다 준 내외의 모든 희생자에게 깊은 애도의 뜻을 바칩니다.[33]

다모가미 씨가 응모한 논문의 제목은, 「일본은 침략국가였던가」이며, 중요한 내용을 간략하게 소개하면 아래와 같다.

> 우리나라가 전쟁 전에 중국대륙이나 조선반도를 침략했다고 얘기되고 있으나, 실은 일본군이 이들의 국가에 대한 주류駐留도 조약에 바탕을 둔 것이라는 것은 뜻밖에도 알려져 있지 않다. 일본은 19세기 후반 이후, 조선반도나 중국대륙에 군을 나아가게 했지만 상대국의 승인을 받지 않고 일방적으로 군을 나아가게 한 일은 없다.…
>
> 조선반도도 일본 통치하의 35년간에 1,300만 명의 인구가 2,500만 명의 약 2배로 증가했다. 일본 통치하의 조선도 풍요롭고 치안이 좋았다는 증거이다. 전후의 일본에서는, 만주나 조선반도의 평화로운 삶이, 일본군에 의해 파괴된 것처럼 얘기되고 있다. 그러나 실제에 있어서 일본정부와 일본군의 노력에 의해, 현지의 사람들은 그 때까지의 압정壓政에서 해방되고, 또한 생활수준도 각별히 향상되었다.…
> 일미 안보조약에 바탕을 두고 일본의 수도권에도 훌륭한 기지를 보유하고 있다. 이것을 일본에 돌려 달라 해도 그렇게 간단하게 돌려받지 못한다. 러시아와의 관계에서도 북방 네 개 섬은 60년 이상 불법으로 점거되고 있다. 다케시마(독도)도 한국의 실효지배가 계속되고 있다.…
>
> 지금도 아직 대동아전쟁에서 우리나라의 침략이 아시아 여러 나라에 견디기 어려운 괴로움을 주었다고 생각하는 사람이 많다. 그러나 우리들은 아시아 여러 나라가 대동아전쟁을 긍정적으로 평가하고 있다는 것을 인식해 둘 필요가 있다.… 우리나라가 침략 국가였다는 것은 바로 억울한 죄이다.[34]

일본의 무라야마 총리는 1995년 8월, 아시아 여러 나라 사람들에게 식민지 지배와 침략에 의해 많은 손해와 고통을 준 것에 대해 진심으로 사과의 뜻을 표명한다고 했다. 그런데

---

32) 朝日新聞, 2008年 11月 3日.
33) http://www5.sdp.or.jp.(2008. 11. 7.)
34) http://www.apa.co.jp.(2008. 11. 7.)

오늘날에 와서도 아직 일본 항공자위대의 최고 지휘관이 과거 일본의 침략정책·전쟁을 정당화·미화하고 있고 또 그러한 내용의 논문을 수상작으로 선정했다는 것은, 일본인들의 역사인식에 중대한 문제점이 내포되어 있다는 것을 알아야 하고, 특히 독도도 한국이 불법으로 점령하고 있다는 사고방식인데, 이에 대해 냉철한 대응책을 강구해야 하리라.

일·중 우호협회는 11일, 다모가미 전 항공자위대 막료장 등 자위대 장교들이 침략역사를 왜곡한 논문 현상공모에 대거 응모한 사건과 관련, 일본정부에 엄정한 처리를 요구했다고 중국의 관영 신화통신이 12일 보도했다. 통신에 따르면, 협회는 11일 도쿄에서 성명을 발표했다.… "이번 논문 사건은 침략전쟁에 대한 명확한 반성을 하지 않는 자위대가 과거의 일본군과 일맥상통이라는 사실을 보여 준다"며 "논문 응모에 94명의 현역 항공자위대원의 참가, 응모자의 3분의 1을 차지한 사실은 군부가 전권을 휘두를 수 있도록 용인함으로써 비참한 결과를 가져왔던 전쟁 전 상황을 떠올리게 한다"고 우려했다.

협회는 일본정부에 대해, "다모가미를 경질한 것으로 문제를 매듭짓지 말고 과거 일본군을 계승하려는 자위대의 사상을 전력을 다해 없앰으로써 침략과 식민통치 역사를 반성하는 역사인식을 갖도록 해야 한다"고 요구했다.[35]

일본신문의 사설社說에 의하면, "이렇게 왜곡된 생각을 가진 자가 자위대 조직의 정상에 있었다니. 놀랍고, 어처구니가 없고 또 마음이 싸늘해지는 사건이다.… 아소(麻生) 수상은 이번의 논문은 '부적절'하다고 말했으나, 그러한 인식으로는 불충분하다. 먼저, 이런 사태를 낳게 한 조직이나 제도의 결함을 철저히 조사하여 그 결과와 개선책을 국회에 보고해야 한다"고 주장했다.[36]

일본의 현대사학자 하다(秦郁彦, 75세) 전 교수에 의하면, "전체를 통하여, 논문이라기보다는 감상문에 가깝지만, 전체로서 치졸하다고 평하지 않을 수 없다. 결론은 제외하고도, 그 근거가 되는 사실관계事實關係가 오인誤認이 수두룩하며, 논리성도 없다"고 논평했다.[37]

---

35) 국방일보, 2008년 11월 13일.

36) 朝日新聞, 2008年 11月 2日.

37) 朝日新聞, 2008年 11月 11日.

일본정부는 근·현대의 한·일관계사에 대하여 조직적으로 또 구조적으로 역사 왜곡에 앞장서 왔고, 또 침략정책을 정당화·미화함으로써 국가의 진로를 그르쳐 패전했다는 역사적 교훈을 결코 잊어서는 안 될 것이다. 한국과 일본의 양쪽 국민이, 과거 역사의 진실을 알고, 또 상호의 입장을 이해하고자 했을 때, 상호 신뢰와 이해가 깊어진다고 필자는 확신하며, 또한 한·일관계사의 진실을 밝히는 것이 학자의 기본자세라 생각한다. 지난 반세기 동안 필자의 연구 신조로 영향을 미쳐온 클라우제비츠의 명언을 소개한다.

> 내적 힘의 충동에 의하여 그러한 일(전쟁의 역사적 연구)을 지망하는 사람은 이 경건한 일에 대해 긴 聖地巡禮에 대한 마음가짐과 비슷한 준비를 해야 한다. 그는 많은 시간과 세월을 희생해야 하며 어떠한 노고도 두려워하지 않으며 그 시대의 권력과 권위를 두려워하지 않고 자기의 허영심과 수치를 극복하며, 프랑스 법전法典의 표현을 빌면 진실을, 진실만을, 완전한 진실만을 말하도록 노력해야 한다.[38]

## 3. 독도 영유권의 문제점과 해결방안

### 가. 독도 영유권에 대한 일인 학자의 연구 성과

30여 년 전 필자와 이름이 같고 이미 고인이 된 서지가 이종학 씨(울릉도 독도박물관 초대관장)가 일본에서 어렵게 수집한 독도관계 자료 가운데, 일본의 구 해군에서 발행한 '조선 수로도'(메이지 42년?)에 독도가 울릉도에 속해 있는 해도海圖를 보고난 연후부터, 독도의 영유권 문제에 대해서 흥미를 잃었다. 그런데, 이번 일본정부의 '해설서 공표'에 의하여 독도의 영유권 문제에 얽힌 여러 가지 내용을 알게 되었다. 우리나라 독도 연구자의 연구 성과[39] 뿐만 아니라, 일본인이면서 '독도는 한국의 영토'라고 주장한 학자들이 있었다는 것이다. 그들은 주로 사실事實에 바탕을 둔 연구와 학자적 양심만으로 '독도'는 일본 영토가 될 수 없다는 이유를 사료 검증과 분석을 통해 밝혔다. 예컨대, 이미 고인이 된 역사학자 야마베

---

38) 클라우제비츠, 『戰爭論』 李鍾學 譯(1972), p. 182.
39) 이인선(1998)의 전게논문, 김병렬, 『독도논쟁』(2001) 그리고 김화경, 「독도 강탈을 위한 궤변의 허구성」, 『독도연구』 제4호(2008) 등이다.

(山邊健太郎, 1905~1977), 가지무라(梶村秀樹, 1936~1989), 그리고 시마네 대학의 나이토(內藤正中) 명예교수, 교토대학의 호리(堀和生) 교수, 나고야 대학의 이케우치(池內敏) 교수 등이다. 만약 '독도'가 '일본 고유의 영토'라고 주장하려면, 일본이 역사학자들의 견해를 신중히 또 객관적으로 검증해야 할 일이 아닐까?[40)]

일본정부가 주장하는 독도 영유권의 근거는 다음과 같다.

(1) 독도는 한국 고유의 영토가 아니고, 일본 고유의 영토이다.
(2) 독도는 주인이 없는 섬인 것을, 1905년 2월 일본이 먼저 점령했다는 점.
(3) 독도를 일본이 '영토 편입' 했는데 대해, 대한제국 정부로부터 항의를 받은 일이 없었다는 점.
(4) 일본정부가 승인하고 반환한 지역은, 1910년 8월의 '한·일 합병조약' 당시의 한국 영토에 대한 것이며, 그 이전의 1905년에 일본의 영토에 편입된 지역은 해당하는 것이 아니라는 것.
(5) 일본의 메이지 정부는, 독도가 일본 영토라고 생각했고, 한국 영토라는 것을 시인한 적이 없다는 것.
(6) 연합국 최고 사령부의 지령 제677호는, 일본의 영토에 대한 규정이 아니고 행정상의 임시조치였다는 점이다.[41)]

2008년 2월 일본 외무성에서 발행한『竹島－竹島問題를 이해하기 위한 10포인트－』란 팜플렛을 발간했는데, 이것은 일본정부의 공식견해를 종합한 최초의 간행물이다. 이 팜플렛에 대해 나이토(內藤正中, 1929~ ) 명예교수는 비판의 책자를 발간했고, 그 후기에 다음과 같이 기록했다.

나는 역사를 연구하고 있는 일본인으로서, 무엇보다도 역사의 事實을 존중해야 한다는 것을 호소하고 싶다. 다케시마의 문제는, 역사적 사실에 바탕을 두어야 해결의 실마리가 밝혀지는 것이다. 외무성의 주장처럼 史實과 동떨어지고 내키는 대로 논의해서는, 문제는 해결되지 않는다고 말해야 한다. 나는 일본국의 명예를 위해 史實에 바탕을 두고 역사를 해명하는 의도에서 이 책을 집필했다.
『竹島』 팜플렛에 있어서 최대의 문제점은, 다케시마를 우리나라 고유의 영토, 우리나라의 영토·영역이라고 말하면서, 그것을 史實에 바탕을 두고 증명하지 않고 있다는 점이다. 상세한 것은 이 책에 적어두었지만, 한 번 다시 확인해 둔다.
제1은, 幕府가 마츠시마(現 竹島)의 존재를 처음 알았던 것은, 1696년 1월의 돗토리 번(鳥取藩)과의 접촉에서였다. 이러할진대, 그 이전의 시기가 되는 17세기 중반에 현 다케시마의 영유권을 확립했다는 등은 말할 수 없다.

40) 李鍾學, 「韓国新体制と韓日関係－独島(日本名, 竹島)の領有権をめぐって－」, 『日本戦略研究フォーラム会誌』38号(東京 : 日本戦略研究フォーラム, 2008), p. 16
41) 愼鏞廈, 『独島』 韓誠 訳(京都 : インター出版, 1997), pp. 211~212.

제2는, 막부는 1692년 12월부터 1696년 1월에 걸쳐 돗토리 번과 접촉하는 가운데, 다케시마(울릉도)와 마츠시마(現 竹島)가 돗토리 번에 속하지 않는 섬이라는 것을 확인하고서, 막부로서 일본 영토가 아니라는 결론을 내고, 1696년 1월에 일본인의 다케시마 도해(竹島渡海)를 금지했던 것이다.

제3은, 1877년에 메이지 정부의 태정관太政官은 시마네 현(島根縣)이 '竹島外一島(現 竹島)'의 취급에 대한 질문을 받고, 정부로서의 조사를 실시하고서, '竹島外一島本邦無關係'(울릉도와 다케시마는 일본과는 관계가 없다)를 결정했다.

제4는, 1905년의 영토 편입을 영유권의 재확인이라는 주장은 잘못이다. 막부나 메이지 정부도 현 다케시마에 대해 領有를 주장한 일이 없고, 逆으로 1696년과 1877년의 2회에 걸쳐 일본 영토가 아니라는 것을 밝혔다. 영토 편입의 閣議決定에 있는 것은, '無主地'라는 것을 확인하여 영토 편입했다는 것이다. '무주지'라고 말하는 이상, 고유 영토라고는 말할 수 없게 된다. 문제는, 그 당시 현 다케시마는 '무주지'인가, 아닌가에 있다.

일본정부가 다케시마를 '우리나라의 영토'라고 그 영유권을 주장하기 위해서는, 이상의 문제점에 대해 명확히 해명되어야 한다. 그것을 위해 필요한 논증의 작업을 태만했기 때문에, 『竹島』 팜플렛과 같은 허술한 내용의 책이 간행되었던 것이다.[42)]

위의 내용은 나이토 명예교수가 일본 외무성의 팜플렛을 비판한 요약인데, 필자는 중요하다고 생각되는 책의 내용을 간략하게 몇 가지만 소개하고자 한다.

**Point 6 : 일본정부는 1905년 다케시마를 시마네 현에 편입하고, 다케시마를 영유할 의사를 재확인했다. → '재확인' 이란?**

1868년 메이지 유신(明治維新)의 변혁과 더불어, 신정부는 조선국과의 관계 속에서, 다케시마, 마츠시마(松島)의 문제를 검토할 필요에 봉착했다.

1870년 4월, 조선국에 파견된 외무성 관리에 의한 『조선국교제시말내탐서朝鮮國交際始末內探書』에는, 「다케시마, 마츠시마는 조선 부속으로 된 시말始末」이라는 항목 속에서, "마츠시마는 다케시마의 옆의 섬이고, 마츠시마에 대해서는 지금까지 기록된 사료史料는 특별히 없다. 다케시마에 대해서는, 겐로쿠(元祿) 연간 이후 잠시 동안은 조선국으로부터 거주하는 사람을 파견하고 있었으나, 지금은 이전과 마찬가지로 무인도가 되어있다.…"라고 조사결과를 보고하고 있다.

또 태정관의 정원지지과正院地誌課에 의한 『일본지지제요日本地誌提要』(1875)에서는, 오키(隱

42) 內藤正中, 『竹島＝独島問題入門－日本外務省≪竹島≫批判－』(東京 : 新幹社, 2008), pp. 64~66.

岐) 부분에서 '오키의 소도小島'의 합계 179를 '혼슈(本州 : 일본 본토의 뜻)의 속도屬島'라고 하고서는, 그 이외에 마츠시마, 다케시마가 있다고 적고 있다. 이것은 두 섬이 '혼슈의 속도'가 아닌 것을 뜻한다.

그리고 지적편찬地籍編纂 사업 중에서, 시마네 현으로부터 '일본해 내의 다케시마 외 한 섬의 지적편찬에 관한 질문(日本海內竹島外一島地籍編纂方伺)'이 제출되었을 때, 다케시마와 함께 '외 한 섬'의 마츠시마에 대해서도, '본국과 관계 없는 건'이라고, 1877년 3월 29일에 태정관이 결정했다. 태정관은 당시의 일본정부 최고기관이며, 거기에서의 의사결정은 중요하다.…

이러한 것으로부터, 1880년에 내무성이 작성한 「대일본국전도大日本國全圖」, 1881년의 「대일본부현분할도大日本府縣分轄圖」에는 다케시마, 마츠시마는 기재되어 있지 않다. 또 제국 육군 참모국에 의한 「대일본국전도大日本國全圖」(1877)에도 다케시마, 마츠시마의 기재는 없고…

이상과 같이 1870~1880년이라고 하는 메이지 새 정부의 발족 직후의 시기에, 지적확정地籍確定, 지지편찬地誌編纂의 작업 가운데에서 제기된 중요한 역사의 사실에 대하여, 외무성이 전연 무시하고 있다는 것은, 그것들이 외무성이 주장하는 "역사적으로도 일본의 고유 영토이다"라고 하는 설說을 근본으로부터 부정하는 것인 만큼, 간과할 수 없는 것이라고 말하지 않을 수 없다.

1905년의 리앙코 섬의 일본 영토 편입에 대해서, 외무성의 팜플렛은 "각의閣議 결정에 의해, 우리나라는 다케시마를 영유하는 의사를 재확인했다"고 한다.…

일본정부가 리앙코 섬 영토 편입의 5년 전이 되는 1900년에는, 한국정부가 대한제국 칙령 41호에 따라, 울릉도를 울도로 개칭하고 다케시마와 이시지마(石島)를 더해서 새로이 울릉군을 설치하는 행정적인 정비를 했다. 거기에서의 다케시마는 현재의 죽도(죽서竹嶼)이고, 이시지마가 현재의 독도를 가리킨다고 되어 있다. 따라서 이 칙령에 의해 독도에 대한 한국의 영유권은 명확하게 된 것으로 되었던 것이다.…

한편 외무성의 팜플렛은, "동 칙령의 공포 전후에 조선이 다케시마를 실효적으로 지배해 왔다고 하는 사실은 없고, 한국에 의한 다케시마의 영유권은 확립되어 있지 않았다고 생각된다."라고 적고 있다. 1900년 당시 '조선'은 대한제국이며, '다케시마'는 마츠시마(松島) 혹은 리앙코 섬=양코 섬이었다. 이 당시, 한국 진출의 안내서로서 일본인이 집필 간행한 저서에는, 양코 섬이 한국 강원도 울릉도에 속하는 섬으로 되어 있다. 즉 구즈우(葛生修亮)의 『한해통어지침韓海通漁指針』(1903), 이와나가(岩永重華)의 『최신한국실업지침最新韓國實業指針』(1904), 다부치(田淵友彦)의 『한국신지리韓國新地理』(1905) 등이다. 독도가 양코 섬이라고 불리며, 한국령의 섬으로 취급되고 있는 점은 영유권을 확립하고 있다는 것을 의미하고 있다. 또한 『한해통어지침』에는 농사무성의 마키(牧朴眞) 수산국장이, 『최신 한국실업지침』에는 외무성의 야마자(山座円次郎) 정무국장이 각각 서문을 쓰고 있다.…

1906년 3월에, 시마네 현 관리 일행이 울릉도를 방문했을 때, 울도 군수 심흥택沈興澤은 그것을 강원도 관찰사에 보고하는 문서 속에서, "본군소속독도本郡所屬獨島"라고, 시마네 현에 편입된 다케시마에 대해서 기록하고 있다. 울도 군수는 독도를 관할 하에 명확하게 장악하고 있었던 것이다.[43]

### Point 9 : 한국은 다케시마를 불법 점거하고 있어, 우리나라로서는 엄중하게 항의하고 있다.→ 항의의 내용은?

외무성의 팜플렛은 "한국에 의한 다케시마의 점거는, 국제법상 아무런 근거도 없이 행해지고 있는 불법 점거"이고, "다케시마에 대해서 행해지는 어떠한 조치도 법적인 정당성을 가지는 것이 아니다."고 적고 있다.

다케시마를 일본의 영토라고 주장하는 근거는, 1905년에 영토로 편입한 이래, 일부의 소유였다고 하는 것뿐이다. 그러나 점령정책의 가운데에서는, SCAPIN(연합군 최고 사령관 각서) 677호에 의해, 다케시마는 일본의 행정 행사의 구역에서 제외되었고, 더욱이 SCAPIN 1033호의 맥아더 라인으로 일본의 선박과 선원은 다케시마에서 12해리 이내에는 접근할 수 없게 했다. 단지 SCAPIN 1033호는 1952년 4월 25일에 폐지되지만, SCAPIN 677호에 대해서는 폐지 조치가 취해지지 않았다. 이 때문에 한국 측에서는, 다케시마에 대하여 명시적인 규정이 있는 것은 SCAPIN 677호뿐이며, 대일 강화조약에서 일본령에 편입한다고 규정되지 않은 이상, 일본으로부터 분리한 것에는 변화가 없다고 한다. 이것에 대해서 일본 측에서는 대일 강화조약의 발효와 동시에 SCAPIN 677호는 효력

43) 상게서, pp. 38~46.

을 잃었으며, 강화조약에서 다케시마에 대해 언급하지 않고 있는 것은 일본령으로서 남은 것이라고 생각된다고 하는 것이었다.

이 때문에 일본정부는, 다케시마의 현황을 '한국의 불법 점거'로 본다. 그러나 왜 '불법'인가에 대해서는 아무 것도 적지 않고 있다…

외무성의 팜플렛은, 1953년 7월 다케시마에서 어업에 종사하고 있는 한국 어민에 대하여 '불법 조업'이라고 하여 철거를 요구했다고 적고 있다. 앞에 얘기한 것처럼, 1953년 3월 19일에 한미 합동위원회는 독도를 폭격 연습지역에서 해제하는 것을 결정했다. 같은 날, 일미 합동위원회도 또한 다케시마를 연습지에서 삭제하는 것을 결정했다.

일본의 경우와는 달리, 한국에서는 주한 미군의 허가가 있었음에도 불구하고 독도에서 폭격 연습이 행해졌다는 것에 대해서 한국정부가 항의한 결과, 미국으로부터 폭격 연습은 하지 않는다고 하는 통보를 받은 뒤에 해제 결정의 경과 조치가 있었다. 그것은 독도를 한국령으로 인정한 위에서의 대처였던 셈이다. 지정 해제와 더불어 한국 어민은 독도 주변 해역에 출어했다. 그것을 '불법 조업'이라고 할 수 있을 것인가.

한국은 독도의 통치를, 1948년 한국이 독립했을 때에 미국 군정청으로부터 승계해 오고 있는 것이다. 1952년의 대일 강화조약에서 아무런 기술記述도 없이 독도를 일본령으로 하는 것이 가능한 것인지? 1953년 이후, 한·일 양국의 어업자가 충돌하는 사건이 일어나자, 한국에서는 독도 의용수비대가 독도의 수비에 임하여, 실효적 점유를 담당한다. 국가 경찰이 이것을 계승하는 형태로 경비를 담당하는 것은 1956년 12월부터이다. 또한 1953년부터 한·일 양국 정부간 항의 구술서가 왕복되고 있다.[44]

이상 간략하게 일부만 소개한 나이토 명예교수의 독도=다케시마에 대한 일본 외무성의 견해, 즉 다케시마는 역사적 사실에 비추어도 또 국제법상으로도 분명하게 일본 고유의 영토라는 일관된 주장에 대해 역사적 방법에 의한 비판을 소개했다. 독도 문제의 해결 방향은 먼저 역사적 사실에 바탕을 두고, 다음에 국제법 혹은 해양국제법의 관점에서 해법을 찾는 것이 순리이리라.

이미 앞에서 논의된 내용, 즉 1877년 메이지 시대의 정부라고도 생각되는 국가 최고기

44) 상게서, pp. 56~60.

관인 태정관太政官은 "다케시마 외 일도竹島外一島"는 일본의 영토 외라고 하는 지령을 내렸다. '다케시마'란 울릉도이고, '외 일도'는 마츠시마(독도)를 가리킨다. 이 중요한 지령을 수록한 공문서는 오랫동안 그 존재가 알려지지 않다가 1987년 호리(堀和生) 교수에 의해 처음으로 공개·발표되었다.[45] 그리고 새로운 자료인 태정관 지령시의 부도, 『기죽도략도磯竹島略圖』를 시츠자기(漆崎英之) 목사가 2005년 5월에 발굴했는데, 「태정관에 의한 죽도외일도판도외지령竹島外一島版圖外指令」의 내용을 소개하면 다음과 같다.

> 『기죽도략도』는 '外一島'가 마츠시마(현 다케시마=독도)라는 것을 나타내고 있다.… 메이지 정부가 태정관 결정에 의해, 다케시마(독도)를 일본의 영토 외라고 확인한 것은, 1877년(메이지 10년) 3월 29일의 일이었다. 이 결정은 동년 4월 9일, 내무성으로부터 시마네 현으로 전해졌다. 그로부터 28년 후인 1905년 2월 22일, 다케시마(독도)는 시마네 현으로 편입되었다.
>
> 근대 일본의 조선국, 대한제국에의 침략은 다케시마(독도)의 시마네 현으로 편입 이전부터 이미 시작되었으나, 구체적인 영토의 침략은, 이 다케시마(독도)에서 시작되었다고 말할 수 있다.
>
> 일본국은 패전과 동시에, 침략의 시작으로 탈취한 다케시마(독도)를 조선국, 대한제국, 현재의 한반도의 영토로 인정하고, 그 영유권을 포기해야만 했다. 일본의 다케시마(독도) 영유권 주장은, 일본국에 의한 한반도에의 침략을 정당화하는 것이며, 지금 아직도 殘滓가 청산되지 않았다는 것을 뜻한다.[46]

구로다(黑田勝弘) 산케이(産經) 신문 서울지국장이 7월 14일 오전 8시 평화방송 라디오 '열린세상 오늘 이석우입니다'에 출연해 아래와 같이 말했다. 산케이 신문은 극우성향의 언론매체이다.

> "바위덩어리 섬을 갖고 전쟁을 일으키는 나라는 없다. 벌써 독도는 한국 것이 되어있지 않은가. 50년 이상 자기가 지배하고 있는데 왜 그리 흥분하나"
>
> 그는 이 날 방송에서 '역사적으로나 실질적인 점유상태로 보나 한국 영토인데 일본이 왜 거론하느냐'는 진행자의 질문에 대해, "영토 문제는 여러 나라가 다 마찬가지로 자기 나라 주장을 대내외적으로 강력히 얘기하는 것은 당연한 것이고, 그런 발언도 자세도 있을 수 있다"며, "다만 독도 문제는 지금 이 시점에서 나온 것이 아니고, 벌써 50여 년 전부터 한·일 국교 정상화 때부터 대립이 있었던 문제"라며 논쟁이 해묵었음을 강조했다.
>
> 그는 또 "(독도에 대한) 영유권을 서로 주장해서 대립이 있다는 것은 사실이기 때문에 그것을 한국 국민도 알아야 한다"고 말하고, "일본 측에서 그런 주장이 있다는 것은 사실이기 때문에 그렇게 너무 흥분할 필요가 없을 것 같다"고 덧붙였다.[47]

---

45) 堀和生, 「1905年日本の竹島領土編入」, 『朝鮮史学会論文集』(24), 1987, pp. 103~104.
46) 內藤正中·朴炳涉, 『竹島＝独島論争』(東京 : 新幹社, 2008), pp. 309~311.
47) 중앙일보, 2008년 7월 14일.

구로다 지국장은, 독도를 '일본 고유의 영토'라는 것을 교과서에서 가르치고자 하는 일본정부의 의도에 대해, "그렇게 너무 흥분할 필요가 없다"는 말을 했는데, 이것은 일본의 새로운 군국주의자들의 침략적 근성의 대두에 대한 경고로 해석해야 한다. 일본의 저명한 고대사학자 이노우에(井上光貞, 1917~1983) 박사는 고대사 연구기관도 아닌 육군 참모본부에서 해독·해석한 '광개토왕 비문 신묘년 기사'를 사료비판도 하지 않고 역사 교과서에 게재하여 학생들을 가르쳤고 지금도 그 교재는 활용되고 있다. 신묘년(391) 기사의 왜곡된 해석은 일본의 한반도 침략의 정당성을 부각시킨 내용으로, 이노우에 박사는 국가 이익과 정책을 수용·선전하는 입장으로, 학자적 양심과 역사적 사실을 왜곡하고 말았다.[48] 구로다 지국장은 한·일관계사의 변천과정에 대해서는 별로 알지 못하는 것이 아닌지?

한편, 사학자 하다다(旗田巍, 1908~1994) 교수는 한·일 고대관계사를 다음과 같이 주장했다.

> 조선은, 일본에 있어서 외국이다. 따라서 朝鮮史는 외국사이다.… 조선사는 일본인에 있어서 특별히 깊은 의미를 가진 외국사라는 데 異論은 없으리라. 일본의 역사 내면에 삽입된 특별한 의미를 가진 외국사이다.
>
> 주지하는 바와 같이, 고대 일본의 형성기에는 조선의 문화·기술·제도 등이 많은 조선인과 함께 일본에 들어왔다. 그것들은, 일본의 사상·종교·예술·기술을 비롯하여 사회조직, 국가제도의 발전에 중대한 영향을 미쳤다. 朝鮮渡來의 문명과 사람들을 빼고서 일본의 고대문명이나 고대국가의 형성은 얘기할 수 없다.…
>
> 고대의 시대를 지나면서, 양국의 관계는 그 이전만큼은 긴밀하지는 않았다. 그러나 양국 사이에는 끊임없이 교류가 계속되었다. 그 사이에, 倭寇 그리고 도요도미(豊臣秀吉)의 출병 등의 침략도 있었으나, 한편 선린우호의 국교도 있었다.
>
> 메이지 기(明治期)에 들어오면, 일본에 있어서 조선은 전연 새로운 의미를 가지게 되었다. 근대 일본의 대륙발전 노선에 있어서 먼저 조선이 지배의 대상이 되고, 열강과 다툰 후에 조선에 대한 독점적 지배권을 입수했고, 마침내 조선을 병합하고, 이것을 완전히 식민지화 해 버렸다. 일본과 조선의 관계는, 식민지 지배국과 식민지라는 관계가 되어버렸다.[49]

양국의 국민이 과거 역사의 진실을 알고, 또 상호의 입장을 이해하려고 할 때, 상호 신뢰와 이해理解가 깊게 된다는 것을 필자는 믿고 있다. 그런데 오늘날 일본의 적지 않은 정치가와 지성인 가운데는 일본이 식민지 지배국이 되었던 그 행위를 '침략'이 아니라, '진

---

48) 이종학(2008), 전게논문, p. 17.

49) 旗田巍 編, 『朝鮮史入門』(東京 : 太平出版社, 1970), pp. 8~9.

출' 혹은 '정당화·미화'를 한다는 것은, 한국인의 입장에서 본다면 대화의 상대자도 되지 못한다는 생각이다. 일본어에 "은혜를 원수로 갚는다."는 말이 있지만 한·일관계의 긴 역사를 회고해 봤을 때, 일본 측의 태도를 표현한 적절한 말이라 생각한다.[50)]

## 나. 독도 영유권의 해결방안

한·일간의 독도 영유권의 논쟁전에 대한 해결방법은 역사적·국제법적·국제해양법적 접근법을 병행하는 것이 바람직한데, 해결방안에 대한 논의는 그렇게 활발하지 못한 듯 하다. 그러나 지금까지 논의된 해결방안을 소개하고 거기서 필자의 견해를 밝혀보려고 한다.

**방안 1** 독도 영유권 문제의 해결을 다음 세대로 연기하는 방안.

일본의 아사히(朝日) 신문 칼럼니스트 와카미야(若宮啓文) 씨는 급격하게 변화하는 세계에서 한국과 일본이 등을 돌리면 양국 모두 손해라는 게 그의 지론이다. 그는 3년 전 시마네(島根) 현이 '다케시마(竹島·독도)의 날'을 지정해 파문이 일어났을 때, 그는 "나는 아예 한국에 섬을 양보하면 어떨까 하는 몽상夢想을 하게 된다. 그 대신 한국은 이 결단을 평가해 독도를 '우정의 섬'으로 부르고…"라는 내용의 기명칼럼을 썼다.…

그는 독도가 한·일관계의 목에 걸린 가시와도 같은 존재라고 했다. 두 나라는 1965년 한·일 국교 수립과정에서도 이 가시를 빼지 못했고, 이후 때만 되면 상처가 덧났다고 말했다. "만일 1965년에도 한국이 지금처럼 일본의 독도 주장에 대해 '단호히 용서하지 못한다는 자세'였다면, 한·일 국교 정상화 자체가 성립될 수 없었습니다. 그러나 당시 양국은 문제를 후대로 미루는 지혜를 발휘했습니다."

그는 덩샤오핑(鄧小平) 전 중국 최고 지도자의 '당분간 해결하지 않는다는 해결방법도 있다'는 말을 참고해 볼만하다고 제안했다. 평행선만 긋는 소모적 주장이 아니라, 미래를 위해 양국에 무엇이 필요한지 생각해 보는 '지혜'가 필요하다는 것이다.[51)]

---

50) 이종학(2008), 전게논문, pp. 17~18.

**방안 2** 한국정부는 독도를 시마네 현에 선물로 주고, 동시에 일본정부는 쓰시마(對馬島)를 경상남도에 선물로 주는 방안.

대마도는 일본 나가사키 현 소속 섬으로 면적 695.9㎢에 인구가 4만여 명이다. 섬 전체가 해발고도 400m 내외의 산지이고 계곡들은 험준하다. 면적의 92%가 산악지형이고 농경지는 4%에 지나지 않는다. 대마도가 고려와 조선에 경제적 관계를 맺어달라고 끊임없이 요청한 데는 이처럼 척박한 자연환경 속에서 생존을 위한 것이었다. 농업 등 산업이 발달하지 못한 탓에 식량의 자급자족이 불가능하여 동해와 남해 등을 약탈한 왜구의 근거지가 되기도 했다. 필자는 1993년 봄, 대마도 답사를 했을 때, 농경지가 거의 없는 것을 보고 옛날 그들의 조상이 해적으로 생존권을 유지할 수밖에 없었던 사유를 실감했다.

대마도는 부산에서 49.5㎞, 일본 후쿠오카에서는 147㎞ 떨어져 있어 한국과 가까운 만큼 역사적으로도 한국과 가깝고도 깊었다. 신라의 실성實聖 이사금 7년(408) 2월조에는, "왕은 왜인倭人이 대마도에 군영軍營을 두고 병기와 군수품을 저축하여 우리를 엄습하려 함을 듣고, 우리는 미연에 정병을 뽑아 그들 군수의 저축을 쳐 깨뜨리려 하며…"라 했다. 고려 공민왕 17년(1368) 대마도주는 고려로부터 만호萬戶 벼슬을 받고 사신을 파견했고, 같은 해 11월 대마도 만호가 보낸 사신에게 고려 조정은 쌀 1,000석을 하사했다는 기록이 있다. 대마도주는 고려의 지방 무관직 벼슬을 받았고 쌀까지 얻어가는 관계였던 것이다.

조선의 태종은 대마도 정벌(1419년 6월)의 구체적 이유를 다음과 같이 밝혔다. "죄 있는 이를 다스리고 군사를 일으키는 것은 제왕帝王으로서 부득이한 일이다. 대마도는 본래 우리의 땅인데, 다만 궁벽하게 막혀있고, 또 좁고 누추함으로 왜놈이 거류하게 두었더니 개같이 도적질하고, 쥐같이 훔치는 버릇을 가지고 경인년(1410)부터 변경을 침입하여 국민을 살해하고 부형父兄을 잡아가고 집에 불을 질러서 고아와 과부가 바다를 바라보고 우는 일이 해마다 없는 때가 없으니… 이제 한창 농사짓는 달을 당하여 장수를 보내 출병하여 그 죄를 바로 잡으려 하는 것은 부득이한 일이다.…"(『세종실록』 세종 원년, 6월 19일)고 했다.

---

51) 동아일보, 2008년 7월 26일.

그 후에도 조선은 대마도에 대한 영향력을 오래 유지했으나, 임진왜란(1592~1598)을 겪으면서, 대마도는 왜군의 작전기지의 역할을 수행함에 따라 영향력이 약화되었다. 조선왕조는 쇄국정책으로 세계정세의 변화에 눈을 감고 있는 사이에, 일본의 메이지 정부는 1877년 대마도를 나가사키 현에 편입시키고 말았다.

이승만 대통령은 정부 출범 직후인 1948년 8월 18일 전격적으로 '대마도 반환 요구'를 발표했고, 또 1949년 1월 6일 일본에 대해 배상을 요구하면서 또 한 번 대마도 반환을 주장했다. 일본의 요시다(吉田茂) 총리는 연합군 사령관인 맥아더 원수에게 이 대통령의 요구를 막아줄 것을 요청했고, 맥아더 사령부도 이 대통령의 요구를 제지했다.

일본의 시마네 현 의회는, 2005년 3월 25일 '다케시마의 날'을 제정 선포했다. 이에 대항하여, 경상남도 마산 시는 2005년 6월 17일, 마산시청 강당에서 '대마도의 날' 선포식을 가졌다.

**방안 3** 울릉도와 오키섬의 중간을 경계선으로 하여, 그 이북은 東海로 하고, 그 이남은 日本海로 하는 방안.

국제해양법의 세계적 권위자인 미국의 존 반다이크(65) 하와이 대학교 법대 교수에 의하면, "역사적 증거에서 볼 때, 한국의 주권행사는 정당하다"면서 "1952년 이승만 당시 대통령이 선포한 평화선 안에도 독도가 한국 영토로 포함됐으나, 당시 일본은 국제법적으로 항의를 하지 않아 한국 영유권이 공고화된 것"이라고 밝혔다.

반다이크 교수는 한국의 대응방법과 관련해 "한국이 독도문제를 국제사법재판소에 제소하는 것에 대해 소극적이지만, 재판소는 역사적 증거를 들어 독도의 한국 영유권을 인정할 가능성이 매우 높기 때문에 이에 대한 준비도 필요하다"고 설명했다.

그는 "울릉도와 일본 오키 섬 사이의 중간선이 한·일 양국의 해양 경계선이 되어야 한다"면서 "이는 독도가 한국 땅이라는 말과 같은 뜻이며 일본은 이 경계선을 받아들여야 한다"고 강조했다.[52)]

이 안은 독도의 영토문제 뿐만 아니라, 바다의 명칭문제로 한·일간에 대립하고 있는 것을 동시에 해결해 준다.

**방안 4** 일본의 영유권 주장은 들은 체 만 체 하고, 합리적인 논리를 개발하여 외교력을 동원해 한국 고유의 영토임을 세계인에게 알리는 방안.

필자는 앞에 소개한 바 있는 '일본 전략연구 포럼'(Japan Forum for Strategic Studies)의 『회지』(38호)에서, "양국의 수뇌들은 가능한 한 가까운 시일 내에 회담을 통해 독도 영유권 문제를 해결해야 한다. 그 이유는 상호 신뢰와 이해 그리고 국력의 소모에 영향을 미치기 때문이다. 필자는 타당성과 수락성의 관점에서 방안 3 이 바람직하다"[53]고 주장했다. 그러나 일본의 총리 가운데 제2차 세계대전 때의 영국의 처칠 수상처럼 통솔력과 결단력을 구비한 인물이 등장하기는 아직 어려운 상황이므로 차선의 조치로 방안 4 를 당분간 채용해야 하리라.

우리들은 이제 일본정부의 행동 자체를 비난하거나, 주한 일본대사를 초치하여 우려를 전달하거나, 또 일본 대사관 앞에서 규탄대회 등을 하는 대신, 한국의 주장을 강화하는 역사적·국제법적·국제해양법적 논리를 개발해야 한다. 한국은 독도를 실효지배하고 있고, 역사적으로는 독도를 지배했다는 증거를 갖고 있다. 한국은 이런 점에 초점을 맞추고, 일본의 주장이 얄팍한 법적 해석에 기초를 두고 있다는 점을 부각시키면서, 독도의 주인이 한국이라는 것을 모든 세계인의 눈에 자명하게 보이도록 해야 한다. 그러기 위해서는 다음 네 가지 조치사항이 있어야 할 것이다.

첫째 : 여러 가지 자료(고지도·문서 등)의 종합적이고 체계적인 관리가 요청된다.

둘째 : 독도라는 한정된 문제를 전담할 전문 인력의 확보와 양성이 시급하다.

셋째 : 연구 방법론의 문제인데, 독도문제는 철저하게 역사적 사실事實을 바탕으로 하고, 다음에 국제법적·국제해양법적 접근 등, 학제적 접근법(Interdisciplinary Approach)으로 다루어야 한다는 점이다.

넷째 : 이번 기회에 영토문제, 즉 독도, 이어도 및 간도 등을 연구하는 「국립

52) 동아일보, 2008년 7월 24일.
53) 이종학(2008), 전게논문, p. 18.

영토문제연구소」를 창설해야 하며,[54] 거기서 대응전략도 연구하는 것이 바람직하다.

## 4. 맺음말

일본의 시마네 현이 '다케시마의 날'을 제정했고 또 정부의 문부과학성이 중학교 학습지도요령 해설서에 다케시마를 '일본 고유의 영토'로 명기하는 결정을 내렸다는 신문보도를 접했을 때, 이것은 제2의 한반도 침략이요, 실망과 분노를 느꼈지만, 경계심과 해결방안을 제시해야 한다는 생각이 떠올랐다. 그리하여 펜을 들어 「한국 신체제와 한·일관계(속)-독도의 영유권을 둘러싸고-」라는 글을 써서 '일본 전략연구 포럼 회지'에 투고하여 발표했다.

회상해 본다면, 메이지 정부의 요인들은 1910년 한반도 침략·합방을 달성하기 27년 전에, 고구려 장수왕이 그의 부왕을 기리는 '공덕비'의 비문을 가지고(신묘년 기사), 고대사의 진실을 밝히려는 연구기관도 아닌 육군 참모본부가 주동이 되어 '기사'를 해독·해석함으로써, 고대 한·일관계사의 왜곡된 역사의 길을 터놓았다. 즉 비문의 '기사'를 가지고 야마도 정권의 한반도 출병과 임나일본부설의 논거로 삼음으로써, 그들의 한반도 침략의 합리성·정당성을 주장했다. 그러나 필자는 그들 주장의 허구성을 분석하여 그들의 주장을 논파했다.

일본의 대륙정책은 한반도와 중국에 대한 침략임에도 불구하고, 그것의 정당성과 미화를 일삼고 추진하다 결국 패망하고 말았는데, 그들은 역사의 왜곡이 국가의 진로를 패망으로 이끌었다는 역사의 교훈을 잊어버리고 있는 듯하다. 무라야마 총리의 '내각 총리대신 담화'가 발표되었음에도 불구하고, 최근 일본 항공자위대의 최고 지휘관 등, 과거 일본의 침략정책·전쟁의 정당성을 주장하는 자가 적지 않게 존재하고 있는 원인은 무엇일까? 일본에 있어서 역사교육의 왜곡을 자행하는 원흉元兇은 교과서 검정제도이다. 즉 "일본의 정부·문부성의 방침이 일본의 아시아 침략, 식민지 지배, 전쟁에 대하여, 그 책임을 명확히 인정하려 하지 않고 가능한 한 은폐하려고 하는 점이다. 그리고 교과서의 검정권은 문

54) 김병렬, 『독도논쟁』(서울 : 다다미디어, 2001), pp. 279~280에서 상세히 다루고 있음.

부성이 장악하고 있고, 그 점은 일본사 교과서에 대해 가장 엄격하고, 문부성의 방침을 반영시키고자 하고 있다"는 데 있다. 우리들은 특히 일본인들의 이중적인 의식구조, 즉 '표면상의 방침과 본심과는 다르다'[55]는 점을 경계해야 한다.

필자는 '독도' 영유권의 문제점에 대해 주로 일본 시마네 대학의 나이토(内藤正中) 명예교수의 연구 성과를 소개함으로써, 일본정부의 주장, 즉 '다케시마는 일본 고유의 영토', '일본정부의 1905년 다케시마를 시마네 현에의 편입' 등의 부당성을 제시했다. 우리들은 '독도'에 대한 일본정부의 주장에 대해 차분하고 면밀하게 대응하는 새로운 논리를 개발하여, 국제여론을 우리 쪽으로 끌어와야 한다.

필자는 독도 영유권 문제를 해결하는 네 가지 방안을 소개했으며, 가장 최선의 방안은 방안 3 , 즉 울릉도와 오키 섬의 중간을 경계선으로 하여, 그 이북은 東海로 하고, 그 이남은 日本海로 하는 방안을 주장했다. 그리고 방안 4 를 계속 추진해야 하며, 그러기 위해 「국립 영토문제연구소」의 창설을 제의한다.

(『海洋戰略』 제141호, 해군대학, 2009. 4.)

55) 일본어에는 '建て前と本音とは違う' 라는 말이 있다.

# Ⅸ. 명량해전의 군사사학적 연구

## 1. 머리말

반세기 넘게 군사문제를 배웠고, 체험했고, 가르쳤고 또 적지 않은 저서·역서 그리고 논문도 집필해왔지만, 삼도 수군 통제사 충무공 이순신(차후 이순신으로 약칭함)에 관해서는 한 편의 논문도 지금까지 집필하지 않았다. 거기에는 두 가지의 이유가 있었다. 즉

첫째는, 해군 사관학교에 재직하고 있었던 학우學友 조성도(趙成都, 1931~1993) 교수가 평생을 이순신에 관해 연구하고 있었기 때문에, 다른 과제의 연구에도 바쁜데 거기에 기웃거리는 것이 마음에 내키지 않았고,

둘째로, 1975년 8월 일본 방위청 방위연구소 전사부의 도서실에서 빌려서 복사한 사토 데츠다로(佐藤鐵太郎, 해군 대좌海軍大佐)의 『제국국방사론초帝國國防史論抄』(1912)의 다음 내용을 읽었기 때문이었다.

> 옛날부터 전장戰將으로서 기정분합(奇正分合 : 공격과 방어, 분산과 집중 (필자 주))의 묘용妙用을 활용한 사람은 반드시 한 두 사람에 멈추지 않는다. 나폴레옹이 "우리의 전력全力을 가지고 분산된 적을 쳐라"고 한 것은 바로 이것을 뜻하는 것이다. 더욱이 해군의 장수로 이것을 보면, 먼저 동양에서 조선의 장수 이순신李舜臣, 서양에서는 영장英將 넬슨을 꼽을 수 있다. 이순신은 실로 위력이 세상을 뒤덮을

만큼 뛰어난 해장海將인데, 불행하게도 조선에서 태어났기 때문에 용장勇名도 지명知名도 서양에 전해지지 않았지만, 불완전하나 정한征韓에 관한 기전紀傳을 보면 실로 훌륭한 해장海將이다. 서양에 있어서 이 분과 겨눌만한 사람을 찾는다면, 네덜란드 해장海將 드 로이델(De Ruyter, 1607~1678) 이상이라고 말해야 한다. 넬슨과 같은 이는 그 인격에 있어서 도저히 겨눌 수 없다. 이순신은 실로 장갑함(거북선을 뜻함)의 창조자이며, 300년 이전에 이미 훌륭한 해군 전술을 가지고 싸운 전장戰將이다.[1)]

위의 글을 읽고 섣불리 이순신에 관해 논문을 집필해서는 안 되고 충분한 자료 수집과 연구가 필요하다는 생각에서 지금까지 미루어 왔다. 그런데 명량해전의 유적지 답사도 1992년 10월에 마쳤고, 벌써 희수喜壽를 맞이하게 되었으니, 더 늙기 전에 명량해전 연구에 있어서 선학先學들의 연구 성과를 바탕으로 하여 군사 사학적 연구방법[2)]으로 다음 사항을 규명해 보고자 한다.

첫째 : 명량해전 연구에서의 사료史料의 선택 문제.

둘째 : 명량해전에서 조선 수군이 승리한 원인은 무엇이며, 전술적인 해전의 승리가 전략적인 군사목표와 전쟁목적을 달성하는 데 기여했는가?

셋째 : 지금까지의 명량해전 연구에 있어서 논쟁점은 무엇이며, 거기에 대한 필자의 견해를 밝히려 한다. 특히 명량해전을 전후하여 통제사 원균과 이순신이 죽었는데, 연구자들 가운데 이순신은 자살했고 원균은 전사戰死했다는 견해에 대해 규명을 시도해 보기로 한다.

넷째 : 일본에서는 이순신을 어떻게 평가하고 있는가를 소개하고자 한다.

## 2. 명량해전의 사료 『난중일기』에 대하여

주지하다시피 『난중일기』는 현재 윤행임 편찬의 『이충무공전서』(1795)에 실린 '전서본 일기'와 국보 제76호인 '초서체 일기' 두 가지가 있으며, 『난중일기』란 윤행임이 편의상 이름을 붙여 지금은 일반화 되었다. 그리고 '전서본 일기'와 '초서체 일기'에는 차이점이 있는데, 당연히 '초서체 일기'를 기준으로 해야 마땅하리라.[3)]

---

1) 佐藤鐵太郎, 『帝國國防史論抄』(東京 : 水交社, 1912), pp. 246~247.
2) 李鍾學, 「現代軍事史의 硏究方向」, 『韓國軍事史序說』(경주 : 서라벌군사연구소, 1990), pp. 11~77. 참조할 것.

한편 '초서체 일기'에서도 정유년(1597) 8월 4일부터 10월 8일까지의 일기는 중복되어 있는데, 어느 것을 연구 사료로 택할 것인가? 예컨대, 두 내용을 소개하면 아래와 같다.

(초서체Ⅰ) 9월 15일(계사) 맑음.

밀물이 들었다. 여러 배를 거느리고 우수영 앞바다로 들어가 거기서 잤다. 밤 꿈에 이상한 징조가 많았다.

(초서체Ⅱ) 9월 15일(계묘) 맑음.

조수를 타고 여러 장수들을 거느리고 진을 우수영右水營 앞바다로 옮겼다. 그것은 벽파정 뒤에 명량이 있는데, 수효 적은 수군으로 명량을 등지고 진을 칠 수가 없기 때문이었다. 여러 장수들을 불러 모아 약속하되, "병법에 이르기를 반드시 죽기를 각오하고 싸우면 살고, 반드시 살려고 하면 죽는다 하였고, 또 한 사람이 길목을 지키면 천 명도 두렵게 할 수 있다는 말이 있는데, 모두 오늘 우리를 두고 이른 말이다. 너희 여러 장수들이 조금이라도 명령을 어긴다면 군율대로 시행해서 작은 일일망정 용서치 않겠다"고 엄격히 약속하였다.

이날 밤 신인神人이 꿈에 나타나 가르쳐 주기를, "이렇게 하면 크게 이기고 이렇게 하면 진다"고 하였다.

노산 이은상의 견해에 의하면, 본시 충무공 자신이 왜 그렇게 다시 쓰게 되었는지는 알 길이 없으나, 앞 책에 간지干支가 잘못 적혀 있는 것과 또 내용에 있어서도 뒤의 것이 앞의 책보다 비교적 좀더 많이 적힌 것 등으로 보아, 혹시 공公이 시간의 여유를 타고 기억을 되살려가며 새로 한 번 더 적어본 것이 아닌가 생각된다,[4]고 했다.

그러나 필자에게 있어서 (초서체Ⅱ)의 내용이 있음으로 해서, 그가 벽파정에서 우수영으로 진을 옮긴 이유와 그것이 다음 날 해전에 미친 영향을 밝혀주고, 병법을 인용하여 부하 장수들을 설득함으로써 해전에서의 작전목표가 무엇이며, 또한 그의 탁월한 용병술과 지휘·통솔력의 비밀을 밝혀 해전의 진상을 명확히 하고 있다. 아마도 이순신은 해전의 진상을 밝히는데, 보탬이 되도록 하기 위해 (초서체Ⅱ)를 재집필한 것으로 추정하며, 본 연구에 있어서 『난중일기』의 (초서체Ⅱ)를 채택하여 기준으로 삼는다는 것을 밝혀 둔다.

3) '전서본 일기'에는 편찬자의 주관이 개입되어 있다. 최두환, 『충무공 이순신 전집』 제1권(서울 : 우석, 1999) 참조.
4) 노산 이은상 역주해, 『난중일기』(서울 : 현암사, 1968), p. 11.

## 3. 명량해전의 연구논문과 논쟁점

명량해전을 주제로 하여 발표된 주요 논문과 논쟁점에 대해 규명을 시도해 보고자 한다.

### 가. 주요 연구논문

① 趙成都, 「鳴梁海戰研究」, 『軍史』제4호(국방부 전사편찬위원회, 1982)
② 金一相, 「鳴梁海戰의 戰術的 考察」, 『壬亂水軍活動研究論叢』(海軍軍史研究室, 1993)
③ 朴惠一 外, 「李舜臣의 鳴梁海戰」, 『정신문화연구』통권 88호(정신문화연구원, 2002)
④ 李敏雄, 「鳴梁海戰의 經過와 主要爭點考察」, 『軍史』제47호(2002)
⑤ 임원빈, 「병법의 관점에서 본 명량해전 연구」, 『海洋研究論叢』제33집(海軍士官學校 海軍海洋研究所, 2004)

### 나. 명량해전의 해전장은 어디인가?

해전장에 대해서는 두 가지 견해가 있다. 즉 하나는 진도珍島와 화원반도 사이에 있는 협수로狹水路로서 한국 수역에서 조류가 가장 빠른 곳(지도 1의 [1])과 다른 것은 우수영 앞바다(지도1의 [2])이다.

조성도에 의하면, 이 수로의 가장 좁은 곳의 폭은 약 325미터이며, 명량도(가장 좁은 곳의 서쪽·진도 등대부근)는 수심이 1.9미터의 암석일 뿐만 아니라 대조시大潮時에는 최강 유속이 11.5KTS까지 달하고 있으며 밀물은 북서쪽으로, 썰물은 남동쪽으로 흐른다.… 9월 16일은 대조기大潮期가 되므로 유속에 있어서도 최강 유속이 된다. 따라서 이 날의 해전은 전류시기轉流時期에 한하여 어느 정도의 전투가 가능할 뿐이며 전류轉流 후 약 1시간이 지나면 쌍방이 전투를 위한 전선戰船의 조정이 아주 어려운 상황에 이르게 됨을 알 수 있다.[5)]

5) 趙成都(1982), p. 43 및 p. 45.

〈지도 1〉 명량해전 상황도

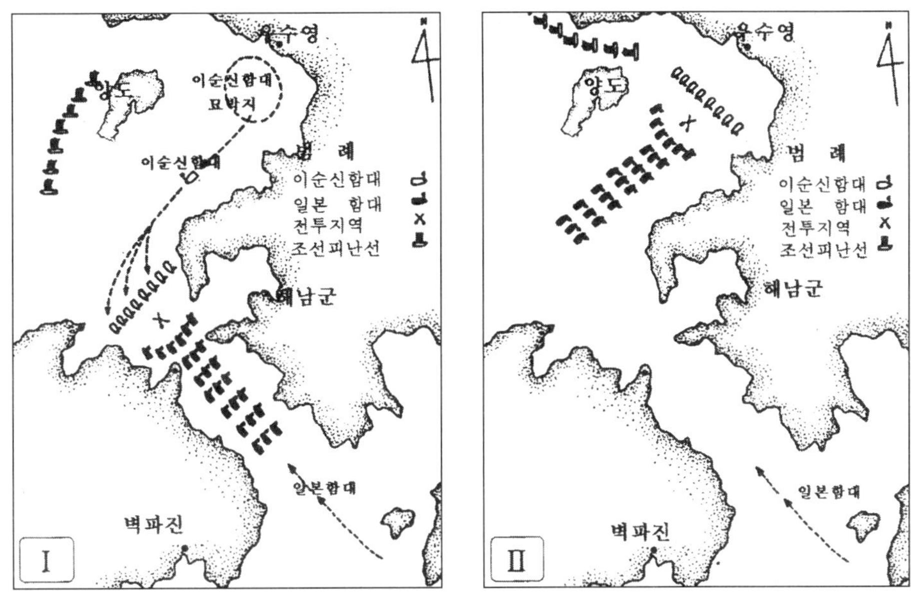


(자료 : 이민웅(2002), p. 196.)

박혜일에 의하면, 명량을 등지지 않고 좁은 길목을 막는 작전이므로, 적선과 마주친 해역은 명량해협의 북서쪽 출구임이 확실하다.… 이러한 해전 초기 상황은 서로 뱃전을 맞대고 백병전을 벌이는 등 혼전난투의 치열한 해전이 절정에 달했을 때, 또한 조류가 역조에서 순조로 바뀔 무렵인…[6]

최석남에 의하면, 명량해협에서 실질적으로 함대를 옆으로 전개할 수 있는 폭은 전기한 바와 같이 불과 400미터인데, 적의 대선 133척이 이 좁은 해협에서 집단행동을 했으니 온 해협이 적의 배로 가려졌다고 한 말은 결코 과장이 아니다. 이 133척은 순류를 타고 울돌목을 차단하고 있는 이순신 함대를 향해 들이닥친 것이다.[7]

금년(2006) 6월 10일, 필자는 이 논문의 초고를 완성하고, 재차 확인 답사를 했던 바, 명

6) 朴惠一 外(2002), pp. 134~135.

7) 崔碩男, 『救國의 名將 李舜臣』[한](서울 : 教學社, 1992), p. 346.

량대첩 기념공원(전남 해남군 문내면 학동리) 내의 전시관의 설명에 의하면, 해전장은 명량해협(울돌목)으로 되어 있었다.

한편으로 다른 견해가 있다. 즉 이민웅에 의하면, 해전장의 해답은 이순신의 해전 당일 일기의 서두序頭 부분에서 찾을 수 있다. 즉, 아침 일찍 별망군別望軍이 전한 일본 함대의 접근 보고를 받고 전투준비를 마친 후 바다로 나갔는데 곧 바로 일본의 133척이 우리 전선을 에워쌌다고 한다. 이 기록으로 볼 때 명량해전의 전장은 우수영 근처 앞바다라고 추정해 볼 수 있다. 이 곳은 해협을 통과해 우측으로 구부러진 곳으로 해협의 폭이 보다 넓어지고 유속流速이 다소 약해지는 곳으로서 해전이 가능한 장소였다고 볼 수 있다.[8)]

임원빈에 의하면, 『난중일기』의 기록에 의하면 명량해전은 정유년 9월 16일 아침에 왜 수군이 우수영을 목표로 공격해 온다는 정보를 입수한 이 충무공이 조선 수군을 출동시키자 130여 척의 왜 함선이 조선 수군의 함선 13척을 에워싸는 것으로부터 시작된다. 이렇게 볼 때 왜 함선 130여 척은 이미 명량의 물목을 통과한 것으로 보이며, 해전이 벌어지는 장소는 조류의 유속이 비교적 떨어지는 양도와 육지 사이의 우수영 수로임을 추측해 볼 수 있다. 그리고 이후 조선 수군의 함선을 직접적으로 둘러싸고 전투를 벌인 30여 척의 왜 함선이 격파된 뒤 전투는 소강상태로 접어들고 왜 수군은 바뀐 남동 방향의 조류를 타고 명량을 통과하여 후퇴하는 것으로 전투는 종료된다.[9)]

필자의 견해는 다음과 같다.

첫째 : 수로의 좁은 곳이 약 325미터이고, 유속이 너무 빨라 쌍방이 전투할 수 있는 시간은 약 한 시간 정도 밖에 안 되고, 또 좁은 해역에서 서로 뱃전을 맞대고 등선登船 백병전술(boarding tactics)을 벌이는 혼전난투의 치열한 해전이 벌어졌다면, 백병전白兵戰에 능숙한 왜 수군에 의해 조선 수군의 배의 손실이 당연히 있어야 할 터인데, 전연 없었던 이유는 무엇일까?

둘째 : 현자총통玄字銃筒의 사거리는 2,000보(1,600미터)이고, 지자총통地字銃筒의 사거리는

8) 李敏雄(2002), p. 195.
9) 임원빈(2004), pp. 26~27.

800보(640미터)[10]인데, 좁은 해협에서 해전을 했다면, 이들 총통은 거의 사용할 수 없었을 터인데, 실제는 "나는 노를 바삐 저어 앞으로 돌진하며 지자地字와 현자玄字 등 각종 총통을 마구 쏘니, 탄환이 나가는 것이 마치 바람과 천둥처럼 맹렬하였다. 군관들이 배 위에 빽빽이 들어서서 화살을 빗발치듯 쏘아대니 적의 무리가 감히 저항하지 못하고 나왔다 물러갔다 했다"[11]는 것이다. 더욱이 총통을 발사했고 또 적선이 '나왔다 물러갔다 했다'는 것은 넓은 해역이 아니면 불가능했으리라. 따라서 해전장은 우수영의 넓은 앞바다(지도1의 [2])에서 수행되었다고 생각한다. 지금까지의 조사에 의하면, 이 견해를 최초로 주장한 것은 이민웅의 박사학위논문, 「임진왜란 해전사 연구壬辰倭亂海戰史硏究」(서울대학교, 2002, p. 159)임을 밝혀둔다.

이순신은 처음에는 좁은 해역의 울돌목에서 왜 수군을 저지하려는 작전목표를 세운 것으로 추정한다. 즉 해전 전날(9월 15일)의 일기에 의하면, "병법에 이르기를… 한 사람이 길목을 지키면 천 명도 두렵게 할 수 있다(一夫當逕 足懼千夫)고 했는데, 이는 오늘의 우리를 두고 이른 말이다"[12]고 했기 때문이다.

9월 16일 이른 아침에 별망군이 와서 보고하기를, 헤아릴 수 없이 많은 적선이 명량을 거쳐 곧 바로 진지(우수영)를 향해 온다고 했다. 곧 여러 배에 명령하여 닻을 올리고 바다로 나가니, 적선 130여 척이 조선 수군을 포위했다. 이순신은 위기에 처했다. 그러나 여러 장병들을 독전하여 판옥선의 화포의 위력을 십분 발휘케 함으로써 위기를 기회로 만들었으며, 적선 31척을 격파함으로써 왜적을 패퇴시키는 세계 해전사상 보기 드문 대승리를 획득했기에 그는 "이번 일은 참으로 천행天幸"[13]이라고 기록해 두었다. 그러나 필자는 군사사학적 방법으로 그 승리의 원인을 이 논문에서 밝혀 보려고 한다.

---

10) 李炯錫, 『壬辰戰亂史』 下卷(서울 : 임진전란사 간행위원회, 1967), p.1306.
11) 이순신, 『난중일기』 정유년 9월 16일조.
12) 『吳子』 勵士의 "한 사람이 목숨을 던지면 천 명도 두렵게 할 수 있다"(一人投命 足懼千夫)의 인용이다.
13) 주 9)와 같음.

## 다. 해전장에서의 양편의 병선 수는?

일본 측 자료는 다음과 같다.

- 일본 수군의 주력 약 330척(『징비록』에는 200척으로 되어 있다)은 9월 15일까지 어란포於蘭浦에 집중했고, 조선 수군은 벽파진碧波津에 12척의 전군을 집결시켜 접전하게 되었다.[14)]
- 이 때 어란포 바다에 나타난 일본 수군의 함선 수는 확실치 않다. 다만 『지봉유설芝峰類說』에 100여 척, 『징비록懲毖錄』에는 200여 척, 『난중일기亂中日記』에는 330척, 『이통제유사李統制遺事』에는 500 혹은 600척, 『해동명장전海東名將傳』에는 수 백 척 등 여러 가지로 전해져 있다. 아무튼, 보유 함선이 다만 13척이라는 조선 수군에서 보면, 바로 절망적인 수라해도 좋았다.[15)]
- 진도 서쪽의 해륙병진海陸併進의 침공이 일본선의 어란포 진출이 되었다. 어란포로부터 서쪽의 진도의 명량은 조류가 급하고, 와조渦潮도 있고, 항해가 위험했기 때문에 대선大船을 중선中船으로 바꾸어 타고 해협 돌파를 일본군은 도모했다.… 어란포 부근에는 300여 척의 대선단이 집결했다.
  벽파진에 집결한 조선 수군은, 칠천량 해전에서, 전선을 이탈한 경상 우수사 배설裵楔의 12척과 녹도만호 송여종宋汝悰의 한 척뿐이었다.[16)]

우리나라의 자료는 다음과 같다.

- 명량해전의 실상에 관하여는 12척 대 133척(또는 300여 척)이라는 압도적인 병세와 전장의 특수성…[17)]
- 이 해상전투에 투입한 양측 세력을 아군 12척, 적군 130여 척(또는 330여 척)으로 본다.[18)]
- 명량해전에 참전한 전선戰船의 수효에 대하여 「정유일기丁酉日記(Ⅰ, Ⅱ)」에는 언급된 것이 없다. 이항복李恒福은 「충민사기忠愍祠記」에서 "경상 우수사 배설이 거느린 전선은 단지 8척이었고, 다시 녹도鹿島의 전선 1척을 더하였다.… 公은 홀로 전선 13척을 거느리고…"라고 하였다. 또한 『사대문궤事大文軌』에 수록된 정유년 외교문서에 "…전선 13척과 초탐선哨探船 32척을 수습하여… 본년 9월 16일 적선 130여 척이 이진梨津 앞바다로부터 다가왔습니다"고 기록되어 있으며, 이 내용은 『선조실록』의 선조 30년(1597) 11월 10일조에서도 확인되는 바, 명량해전에 참전한 우리 전선의 수효는 13척이었던 것이 분명하다.[19)]
- 명량해전 직전까지 이순신이 확보한 함대세력은 전선 13척과 초탐선 32척이 전부였다. …『선조실록』의 13척으로 보는 것이 타당할 것이다. 이 숫자는 배설이 지휘했던 8척의 전선에 각처의 장수들이 합류하면서 더해진 것이라고 볼 수 있다. 이에 앞서 8월 중순 조정에 보고할 때까지는 전선이 12척이었고, 그 후 1척이 더 증가했던 것으로 추정된다.[20)]

---

14) 有馬成甫, 『朝鮮役水軍史』(東京 : 海と空社, 1942), p. 255.
15) 藤居信雄, 『李舜臣覚書』(東京 : 古川書房, 1982), p. 125. 및 片野次雄,, 『李舜臣と秀吉』(東京 : 誠文堂新光社, 1983), p. 234.
16) 佐藤和夫, 『海と水軍の日本史』下卷 (東京 : 原書房, 1995), p. 303.
17) 趙成都(1982), p. 36.
18) 金一相(1993), p. 210.
19) 朴惠一 外(2002), p. 120.

필자의 견해는, 『난중일기』(1597. 9. 16)에는 명량해전에 참가한 조선 수군의 전함 수는 밝히지 않았고, 이순신이 올린 승첩장계 원본은 아직 발굴하지 못한 상태에서, 그것을 초록한 『선조실록』의 전선 13척과 초탐선 32척은 신빙성이 있는 숫자로 평가한다. 한편 어란포에 집결한 왜 수군은 약 330척 혹은 300여 척이나, 해전에 참가한 병선은 『난중일기』에 명시되어 있는 것처럼 130여 척이며, 이 병선은 대선大船인 아다께(安宅)가 아니고, 중선中船인 세끼부네(關船)임을 알아야 한다.

## 라. 명량대첩과 철쇄 설치설

명량대첩에 있어서 이순신이 좁은 해협에 철쇄鐵鎖를 설치하여 왜선을 전복시켰다는 것인데, 이에 대한 학자들의 견해는 다음과 같다.

- 이순신은 명량에 철쇄를 설치하여 적선을 전복시켰다는 사실이 전해오고 있으며, 또 최근에는 진도군 군내면 녹진리 해변의 바위 위에 박혀 있는 쇠고리(길이 25㎝, 직경 2㎝)가 그 당시의 것이라고 말하고 있으나, 좀더 조사 연구되어야 할 것으로 사료된다.[21]
- 우선 명량해협에 철쇄장치가 있었으리란 점에 대해서는 큰 의문이 없을 것 같다. 이순신의 『난중일기』에 의하면 좌수영 소포(현재의 여수시 경포)에도 철쇄를 가설하였다는 기록이 있기 때문이다(임진 2월 9일 및 3월 27일). 그런가 하면 실전에서 조선 수군이 철쇄를 이용하여 왜 수군을 낭패에 빠지게 하였다는 연구도 나와 있다.…

  철쇄문제는 당시 전라 우수사였던 김억추金億秋와 관련하여 우리 측의 자료에서 산견되는 바 『현무공실기顯武公實記』와 『호남절의록湖南節義錄』 및 『이충무공전서李忠武公全書』 속편續篇 권卷16에서 찾아볼 수 있다.[22]
- 앞에서 살펴본 여러 정황으로 볼 때, 이순신이 함대를 인수한 후 명량해전 전까지 철쇄를 가설했을 가능성은 희박하다고 사료된다.…

  만약 철쇄 가설이 사실이라면, 명량해전 이전에 설치되었어야 하는 데 이를 증명할 만한 문헌자료는 없다. 또한 좌수영의 철쇄는 이 곳 철쇄와는 무관한 것으로 서로 연결시켜 볼 이유가 없다. 만약 철쇄 가설 때문에 승리했었다면 관련 기록이 반드시 남았을 것이란 점도 부정적인 판단을 갖게 하는 근거이다. 즉 명량해전의 결과로 31척을 격파하고 수 백 명을 사살한 것 외에 추가로 확인되는 철쇄를 통한 전과는 없다.…

20) 李敏雄(2002), p. 186.
21) 趙成都(1982), p. 50.
22) 趙湲來, 「壬亂海戰의 勝因과 全羅沿海民의 抗戰－初期海戰과 鳴梁海戰을 중심으로－」, 『鳴梁大捷의 再照明』(海南文化院, 1987), pp. 83~84.

이와 같이 철쇄 가설은 당시의 정황이나 관련 기록을 검토해 본 결과 사실로 보기 어렵고, 단지 후대에 '조상의 전쟁 영웅담'이 확대 재생산되는 과정에서 만들어진 '설화說話'를 역사적 사실로 오해한 것이라고 볼 수 있다.[23)]

• 이순신은 적선 31척을 무찌르고 나서 '地字, 玄字砲를 쏘아대니 그 소리가 산천을 뒤흔들었고, 화살을 빗발처럼 퍼부어 적선 31척을 쳐 깨뜨리자…'라고 쓰고 있을 뿐 철쇄에 관해서는 단 한마디도 언급한 바가 없다.… 31척의 적선은 각종 총통과 화살을 쏘아 무찌른 것이며 여타의 수단에 의한 것은 아니다. 따라서 명량해전 당시 철쇄전술을 이용하여 승리하였다는 것은 그 근거에 의문의 여지가 있으며, 새로운 구체적인 사료가 발견되기 전까지는 하나의 전설로 평가함이 마땅할 것이다.[24)]

• 이 충무공이 명량의 좁은 물목을 철쇄를 가설하여 왜 수군 함선이 통과할 때 잡아당기게 함으로써 수 많은 왜적선倭敵船을 침몰시켜 결국 명량해전을 승리로 이끌었다는 것이 그것이다. 그런데 '철쇄 설치설'은 여러 가지 문제점을 내포하고 있는데 정리해 보면 다음과 같다. 첫째, 명량해전의 전투상황을 가장 자세하게 기록하고 있는 이 충무공의 『난중일기』 그 어디에도 철쇄를 활용하여 왜 수군의 함선을 격침시켰다는 기록이 없다. 둘째, '철쇄 설치설'의 유력한 근거자료인 이중환의 『택리지擇里志』는 18세기에 만들어진 것이며, 또한 전라 우수사인 김억추가 뛰어난 용력으로 철쇄를 가설하여 많은 일본 군선을 격침시켰다는 기록을 담고 있는 『호남절의록』은 임진왜란 200년 후인 1799년에 만들어진 것이며, 김억추의 후손들이 펴낸 『현무공실기』 또한 20세기 초에 작성된 것이므로 철쇄 가설을 증명할 수 있는 사료라고 간주하기에도 무리가 있다는 것이다.…[25)]

필자는 이민웅, 박혜일 외, 임원빈의 분석과 논거로 '철쇄 설치설'은 거의 주장할 근거가 없어졌다고 생각한다. 그럼에도 불구하고 요즘도 아직 '철쇄 설치설'이 수용되고 있지만,[26)] 그러한 주장은 역사학 연구방법을 전연 도외시했기 때문이리라. 즉, 역사학의 연구는 사료史料를 바탕으로 해야 하고, 그 사료는 외적·내적 비판을 통하여 가신성可信性이 확인되어야 하며, 그리고 그 사료는 바르게 해석되어야 한다는 점을 소홀하게 다루었다. 영국의 역사학자 E. H. 카(1892~1982)는 그의 명저 『역사란 무엇인가』(1961)에서, "우리들이 역사책을 읽으려 할 때에 제일 먼저 관심을 두어야 할 일은, 그 책 속에 어떤 사실들이 실려져 있느냐 하는 문제보다도 그 책을 쓴 역사가가 어떠한 사람인가 하는 문제입니다.… 사실에 대한 연구를 시작하기 앞서 우선 역사가를 연구하시오."[27)] 했다. 우리들은 철쇄 설

23) 李敏雄(2002), pp. 193~195.
24) 朴惠一 外(2002), p. 141 및 p. 144.
25) 임원빈(2004), p. 26.
26) 지용희, 『경제전쟁시대 이순신을 만나다』(서울 : 디자인하우스, 2003), p. 76.
27) Edward H.Carr, *What is History?*(New York : Vintage Books, 1961), p. 24. p. 26.

치설의 사료를 인용하기 전에 그 저자 혹은 편저자를 먼저 연구해야 한다.

이순신의 『난중일기』에 소포에도 철쇄를 가설하였다는 기록이 있기 때문에 명량해협에도 철쇄를 설치했다는 연구도 나와 있다고 했는데, 치밀하지 못한 사람에 있어서 유추類推(analogy)가 위험한 함정이라는 것을 알지 못하기 때문에 범하는 과오이리라. 임진년(1592)과 정유년(1597) 8월 이후의 상황은 너무나 판이하다는 사실을 무시한 데서 기인하리라. 즉, 이순신은 8월 3일에 재임명장을 수령했기 때문에, 그에게는 철쇄를 설치할 시간·자원·인력도 없었을 뿐만 아니라, 『난중일기』에도 전연 기록되어 있지 않다.

## 마. 마다시(馬多時)는 누구이며, 어떻게 죽였는가?

명량해전 때, 무늬 놓은 붉은 비단 옷을 입은 자가 바로 안골진安骨陣에 있던 적장敵將 마다시(馬多時)인데, 바다에 있는 것을 갈고리로 낚아 올려 "故卽令寸斬 賊氣大挫"라 했다.[28]

노산 이은상에 의하면, 마다시는 내도통총來島通總이라 했고, 한자 번역은 "곧 명령하여 토막토막 자르게 하니 적의 기운이 크게 꺾였다."[29]고 했다. 이것은 그 후의 번역자들에게 그대로 전승되었다. 즉, 조성도,[30] 박혜일 외,[31] 최두환,[32] 노승석,[33] 그리고 최석남은 남원 출신의 의병장 진사 조경남의 글을 인용하여, "먼저 내도수(來島守 : 적장 내도통총, 필자 주)의 머리를 베어 돛대 꼭대기에 매달았으므로 장병들이 분발하여 적을 추격했다"[34]는 것이다. 김일상은 적장 마다시는 파다신시波多信時라 했고,[35] 아리마(有馬成甫)에 의하면, "『일본전사日本戰史』(조선역朝鮮役)에는 낭인浪人인 하다노부도끼(波多信時)로 되어 있다.… 村上水軍의 將인 통총通總이 아닐까"[36] 했다. 이민웅에 의하면, "이 날 내도통총이 전사한 것은 확실하다. 하면 『난중일기』의 마다시는 내도來島와 혼동되지만, 다른 인물로서 부장급 장수 중의

28) 『난중일기』 정유, 9월 16일.
29) 노산 이은상 역주해(1968), p. 187.
30) 조성도(1982), p. 48.
31) 박혜일 외, 『李舜臣의 日記-改正版』(서울 : 서울대학교 출판부, 2005), p. 212.
32) 최두환, 『忠武公李舜臣全集』제1권(서울 : 우석, 1999), p. 440.
33) 노승석 옮김, 『이순신의 난중일기』(서울 : 동아일보사, 2005), pp. 462~463. 馬多時는 밝히지 않았다.
34) 崔碩男, 『救國의 名將 李舜臣』㊦(서울 : 教學社, 1992), p. 356.
35) 김일상(1993), p. 198.
36) 有馬成甫(1942), pp. 259~260.

한 사람으로 추정된다"[37]고 했다. 사토(佐藤)에 의하면, "마다시는 스가노 마다시로(菅野又四郎)이고, 이 때에 전사했다"[38]고 했다.

필자는 그의 이름이 '마다시로'(又四郎)이니 '마다시'로 칭한 것으로 생각한다. 그는 안골진의 적장이었으나, 명량해전에서는 선봉장인 것으로 추정하며, 그의 직위와 약력略歷에 대해서는 계속 추적하고 있는 중이다. 그런데 마다시를 "토막토막 잘랐다"(寸斬)면, 왜병들은 어떻게 그를 식별하여 사기가 꺾였을까? 寸은 마디 촌(節也), 斬은 목 베일 참(斷首)으로 생각하여 '목을 벤다'고 해석하며, 漢字의 번역은 "곧 명령하여 목을 베어 (船首에 매달므로 해서) 적군의 기세가 크게 꺾였다"고 하는 것이 타당하리라.

## 바. 이순신은 자살했고, 원균은 전사했다는데?

이 문제는 여기서 논의할 쟁점은 아니지만, 명량해전 전후로 삼도 수군 통제사 두 사람이 죽었는데, 그 죽음에 대한 표현방식에 있어서 연구가들 사이에 문제점이 있다고 생각하여 여기서 논의해 보고자한다. 특히 한 연구가가 그의 저서에서 "통제사 원균은… 전사하였다"고 기록해 두었기에 이의異議를 제기했던 바, 다음과 같은 회신이 왔다. 즉, "먼저 원균의 패사敗死와 패주사敗走死에 관한 것인데, 결론부터 말씀드린다면, 둘 다 그리 중요한 의미가 없다는 의견입니다."

이순신의 자살설에 대한 긍정·부정의 근거는 다음과 같다.[39]

① 신기한 전략·전술로 백전백승한 충무공이다. 자기 몸을 보전하려고 했다면 못할 리가 없었음에도 불구하고 적탄에 맞은 것이 의심스럽다.
② 충무공이 마지막 전투에서 "갑주를 벗고 앞장 서 나갔다"(免冑先登)는 것이 기록에 적혔는데, 왜 그와 같이 갑주를 벗었던가 하는 것이 의심스럽다.
③ 그런데다가 전쟁이 끝나면 또 무슨 모략에 얽힐는지 모르는 일이다. 공은 짐짓 자기 목숨을 적탄 아래 내어 던진 것이 아니었는가 하는 것이다.

---

37) 이민웅(2002), p. 191.
38) 佐藤和夫, 『日本水軍史』(東京 : 原書房, 1985), p. 394.
39) 李殷相(1973) 下, p. 411.

그러나 그와 반대로 충무공의 죽음을 그와 같이 자취한 것으로는 볼 수 없다는 견해도 있다.[40]

① 충무공의 일생을 통하여 생사와 화복에 대한 것은 이미 천명에 맡기고, 자기 자신은 오직 국가와 민족에게 제물로 바칠 것을 본시부터 각오한 것인데, 어찌 새삼스레 뒷일을 걱정하여 자기 생명을 함부로 내어던질 수가 있었겠는가.

② 公의 충성은 거의 절대적인 것이었으므로 보통 사람들의 얕은 견해를 가지고 공의 거룩한 죽음을 경솔히 평해서는 안 된다는 것이다.

이식(李植, 1584~1647)이 지은 公의 시장諡狀에는, "내 생명 하늘에 있거늘 어찌 병졸들만 시켜서 적을 대항하라 하겠느냐 하고 죽음으로써 일에 충성했던 것이니, 그의 본시부터의 정한 바가 이와 같았다."

이이명(李頤命, 1658~1722)의 논평은 다음과 같다. "公이 죽음으로써 국가에 보답한 것은 진실로 평생토록 쌓아 온 충성에서요, 또 진작부터 생사화복을 천명에 맡겼던 것이니, 이는 나라가 망하면 같이 망하고, 나라가 살면 같이 살려함이었거늘, 공이 어찌 차마 스스로 죽음을 취하여 길이 국가를 중흥하려던 큰 뜻을 저버렸을까 보냐."

이순신 연구가로 알려진 최석남은 그의 저서 소제목을 '적탄 빌어 자살한 이순신 장군'이라 하고, "임진·정유의 왜란 7년을 통하여 오로지 패할 줄 모르는 이 기록하기 만한 이순신 장군은 찬란한 개선장군의 명예가 그를 기다리고 있을 것이라는 것이 나 같은 凡人의 생각인데도 왜 그는 적탄敵彈을 빌어 자살을 하였을까?"[41]고 했다.

필자의 견해는, 이순신의 생사에 대한 생각은 우리들 범인凡人들의 생각과 다른 한 차원 높은 곳에 있는 것 같다. 예컨대 그가 명량해전 바로 전 날에 장수들을 모아놓고, "병법에 이르기를 '반드시 죽고자 하면 살고 살려고 하면 죽는다(必死則生 必生則死)…'고 하였고"[42] 그리고 『손자병법』에도, "혼란은 질서에서 생기고, 비겁은 용기에서 생기고, 약함은 강함에서 생긴다"[43](亂生於治, 怯生於勇, 弱生於强)고 했는데, 이것이 도대체 무슨 뜻일까? 이 내용은 변증법[44](Dialektik)을 알지 못하면 이해하기 어려우며, 또한 『무경칠서武經七書』의 진미도 알지 못하리라.

---

40) 上揭書, pp. 412~413.
41) 崔碩男, 『李舜臣과 그들』(서울 : 명양사, 1961), p. 209.
42) 노승석 옮김(2005), p. 460.
43) 兵勢 第五.
44) 李鍾學, 「공격과 방어의 변증법」, 『클라우제비츠와 전쟁론』(서울 : 주류성, 2004), pp. 232~252.

변증법의 원조元祖는 『노자老子』에서 비롯되었다고 추정하지만, 이것을 철학적 관점에서 더욱 발전시킨 것은 헤겔(Hegel, 1770~1831)이며, 그의 설명은 다음과 같다.

> 변증법의 올바른 이해理解와 인식認識은 대단히 중요하다. 그것은 현실 세계의 모든 운동, 모든 생명, 모든 활동의 생명이다. 또 변증법은 모든 참다운 학적學的 인식認識의 혼魂이다. 보통의 의식意識에 있어서, 추상적인 오성적悟性的 규정規定에 멈추지 않는다는 것은, 다만 공평公平에 지나지 않는다고 생각되고 있다. 속담에도, "자기와 상대편을 더불어 살려라"고 얘기되고 있지만, 이것은 어떤 것을 인정함과 동시에 다른 것도 인정한다는 뜻이다. 그러나 한 걸음 더 깊이 생각해 보면 유한有限한 것은 외부로부터 제한되어 있는 것이 아니라, 자기 자신의 본성本性에 의하여 자기를 지양止揚하고, 자기 자신에 의하여 반대의 것으로 옮겨가는 것이다. 예컨대, 우리들은 인간이란 죽어야 하는 것이라고 얘기하고, 그리고 그 죽음을 외부의 사정에 바탕을 둔 것으로 생각하지만, 우리들의 관점에 의하면 인간에게는 산다고 하는 성질과 죽어야 한다는 성질, 두 가지의 특수한 성질이 있게 된다. 그러나 참다운 관점은 그런 것이 아니라, 생명 그 자체가 그 속에는 죽음의 맹아萌芽를 짊어지고 있는 것이며, 일반적으로 유한有限한 것은 자기 자신 속에서 자기와 모순 되고, 그것에 의하여 자기를 지양止揚하는 것이다.[45]

위의 내용을 부연한다면, 삶(生)과 죽음의 변증법이란, 모든 유한한 것은 스스로 그 속에 자기 부정否定을 포함하고 있으며 스스로 부정하게 이른다. 따라서 유한한 생명은 반드시 사멸할 뿐만 아니라, 살아있는 사이에 이미 죽음이 시작되고 있다. 생물학자들의 연구 성과에 의하면, 살아있는 성인의 뇌 세포는 한 시간에 수 만개 씩 죽고 있다고 한다. 그리고 죽음으로 모든 것이 끝나는 것이 아니며, 또한 죽음이 일체의 종착역이 아니다. 죽음 그 자체가 또 자기 부정을 포함하여 죽음 그 자체가 죽음으로써 새로운 생명의 탄생이 이루어진다. 죽음은 끝이 아니라 시작이다. 죽음은 불모의 부정이 아니라 생산적인 부정이다. "한 알의 밀이 땅에 떨어져 죽지 않는다면 한 알로 끝나리라. 죽어야 만이 많은 열매를 맺는다"고 하는 요한복음서의 유명한 이 구절은 바로 삶(生)과 죽음(死)의 변증법을, 그리고 변증법적인 정신의 생산성을 얘기한 것으로 해석할 수 있다. 즉 'A는 非A가 된다'는 사고방식이다.

통제사 원균이나 경상 우수사 배설은 싸움터에서 비굴하게도 너무 살려고 집착했기 때문에 영원히 죽었을 뿐만 아니라, 후손들에게도 누累를 끼쳤다. 한편 이순신은 싸움터에서 죽음을 두려워하지 않고 싸우다 죽었기 때문에, 오늘날까지도 우리들 가슴 속에 영원히

---

45) ヘーゲル, 『小論理学』(上), 松村一人訳(東京 : 岩波書店, 1997, 46刷), pp. 246~247.

살아 있으며, 그가 인용한 병서의 진리를 스스로 증명한 것으로 생각한다.

먼저 자살·전사의 뜻을 『국어 대사전』[46]에서 찾아보기로 한다.

• 자살(自殺) : 스스로 자기의 생명을 끊음

• 전사(戰死) : 싸움터에서 싸우다가 죽음.

1598년 11월 19일 밤 자정에 이순신은 손을 씻고 혼자 갑판 위로 올라갔다. 두 무릎을 꿇고 하늘에 빌었다.

"이 원수를 무찌른다면 지금 죽어도 유한遺恨이 없겠습니다."

새벽에 노량 앞바다로 나아가 달아나는 적을 추격했다. 그런데 어디선지 적의 탄환이 날아와 이순신의 왼편 겨드랑이를 뚫고 나갔다. 심장 언저리의 치명상이었다. 이순신은 급히 명령하여 방패로 자기 앞을 가리게 했다. 그것은 적이 행여나 자기의 죽음을 알고 기세를 올릴까봐 걱정해서였다. 그는 숨을 거두며,

"지금 싸움이 한창 급하니 내가 죽었단 말을 말라 !"(戰方急 愼勿言我死)

이순신은 이 한마디를 마지막 유언으로 남기고 함상에서 눈을 감으니, 선조 31년(1598) 11월 19일 이른 아침이었고 세상풍파 54년으로 끝마치신 것이다.[47] 그러니 이순신(1545~1598)은 싸움터(전장戰場)에서 적탄에 맞아 죽었으니, 자살이 아니라, 분명히 '전사戰死' 라 해야 마땅할 것이다.

원균이 어떻게 죽었느냐에 대해서는 여러 기록이 있지만, 이은상의 연구에 의하면, 김식金軾의 기록은 그가 직접 원균과 행동을 같이 했던 체험기록이라 가장 정확하고 신빙성이 있다고 했다. 즉

> 선전관 김식이 한산도 사정을 조사하러 갔다가 돌아와 임금께 아뢰되, 15일 밤 10시에 왜선 5, 6척이 갑자기 기습해 와서 우리나라 병선 4척을 불 질러 전부 타버리자, 우리 병사들은 허둥지둥 배를 부려 가까스로 진을 쳤습니다. 새벽이 되자 왜선들이 헤일 수 없이 닥쳐와 서너 겹으로 에워싸며… 우리나라 병선들은 전부 불타고 깨어졌으며 모든 장수와 군졸들도 불타 죽고 빠져 죽고 모두 다 죽었습니다. 신은 통제사 원균과 순천 부사 우치적과 함께 몸을 뽑아 육지로 올라왔는데, 원균은 늙어서 걷지를 못하고 알몸뚱이로 칼만 차고서 소나무 아래 우두커니 앉아 있었고, 신이 달아나다

46) 이희승 편, 『국어대사전』(서울 : 민중서관, 1962), p. 2403, p. 2498.

47) 『李忠武公全書』 卷九 附錄(一) 行錄(一) 및 李殷相, 『忠武公의 生涯와 思想』1975(서울 : 三星美術文化財團, 1983 重版), p. 222, p. 225.

돌아보니 왜놈 6, 7명이 칼을 휘두르며 언제 벌써 원균이 있는 곳에 이르렀는데, 원균의 생사는 자세히 모르겠습니다. 경상 우수사 배설과 안골포 만호 등은 겨우 살았으나 우리 배들의 불타는 연기는 하늘을 덮었고 무수한 왜적들이 한산도를 향하여 내려갔습니다.

원균의 죽은 곳은 거제巨濟 땅이 아니라, 고성固城 땅 추원포, 지금은 통영군 광도면 황리 앞 춘원포春原浦(춘원개)였던 것이다.[48)]

점심 후 노량에 이르니 거제현령 안위安衛와 영등포 만호 조계종 등 10여 명이 와서 통곡하고, 피해 나온 군사와 백성들도 울부짖지 않는 이가 없었다. 경상수사(배설)는 도망가 보이지 않았다. 오후 이의득李義得이 보러왔기에 패하던 상황을 물었더니, 사람들이 모두 울면서 말하되, "대장 원균이 적을 보고 먼저 뭍으로 달아나고 여러 장수들도 모두 그를 따라 뭍으로 달아나서 이 지경에 이르렀다"는 것이었다.[49)]

한 나라의 함대 사령관이 전 함대를 지휘하여 싸움터에 가서 철저한 경계를 하지 않아 왜선의 기습을 받았다는 것도 원통한데, 하물며 살려고 뭍으로 먼저 도망쳤다는 것은 세계 해전사상 들어보지도 못한 추태를 역사에 남겼다. 분명한 것은 통제사 원균은 도망쳐서 싸움터(戰場)를 벗어난 곳에서 죽었으니, '도피사逃避死'이지, 결코 '전사戰死'는 아니라는 것과 한 군인으로서 전사戰死와 도피사는 생명보다 더 중요한 명예의 문제와 연관되어 있다는 것을 밝혀 둔다.

노일전쟁(1904) 때, 러시아의 여순함대의 서전이 신통치 않자, 러시아 황제는 마카로프(Makarov, 1848~1904) 해군 중장을 태평양 함대 사령관으로 임명했다. 그런데 임지에 온 지 1개월이 되어, 4월 13일 부하의 구축함이 일본 함대의 공격을 받고 고전 중이라는 소식을 듣고, 그는 스스로 기함을 타고 항구 밖으로 출격했으나, 기뢰에 접촉하여 선체는 대폭발을 일으켜 두 동강이 나서 불과 몇 분 만에 침몰했다. 마카로프 중장은 외투를 벗고 함상에 무릎을 꿇고 기도를 드리며 군함과 운명을 같이 했고, 부하 장병 630여 명도 같은 길을 택했다는 것이다.[50)]

이정일李貞一에 의하면,[51)]

---

48) 이은상(1983), pp. 186~188.
49) 『난중일기』 정유, 7월 21일.
50) 竹内芳夫, 『兵学のすすめ』(東京 : 産業能率大学出版部, 1979), p. 138.
51) 李貞一, 「壬亂과 元均」, 『忠武公 李舜臣 硏究論叢』(鎭海 : 海軍士官學校博物館, 1991). pp. 313~315.

이성령李星齡은 조경남趙慶男의 글을 싣고 있다. "원균이 비록 패사敗死하였지만, 이것이 불충不忠·불의不義한 소치所致가 아니거늘 후세에 말하기를 좋아하는 사람들은 딴 소리들만 한다. 당시의 장수將帥로서 원균보다 뛰어난 자 몇이나 있었던가. 그 후의 논공행상論功行賞에서 원균이 역시 선무공신宣武功臣의 원훈元勳의 한 사람으로 되었으니 '嗚呼라 王法은 역시 公明正大하구나!'"…

宣武功臣

| 1等3人 | 李舜臣(海豊府院君), 權慄(永嘉府院君), 元均(原陵君) |
|---|---|

돌이켜 보면, 우리가 지금까지 더듬어 온 원균의 행적은 공신책훈功臣策勳을 위해 추적追跡되었던 바로 그 길이었다는 것을 발견하게 된다.

원균의 전공戰功은 선무일등공신宣武一等功臣 3人 중의 한 사람으로 책훈되고 원릉군으로 추봉追封된 것은 공명정대하고 마땅하다는 견해도 있지만, 필자의 견해는 전연 다르다. 전쟁이 끝나고 선무공신宣武功臣을 정할 때, 공신도감에서는 원균을 二等功臣으로 정하니, 선조는 비망기備忘記를 내려 원균의 전공을 장황하게 칭찬하면서 신하들의 반대를 물리치고 一等功臣으로 정하기를 강요하니, 공신도감에서는, "원균은 당초에 군사가 없는 장수로서 해상의 대전에 참여하였고, 뒤에는 수군을 전멸시킨 과실이 있었으니, 이순신·권율과는 같은 등급으로 할 수 없어서 낮추어 이등에 녹공했던 것인데, 방금 성상의 분부를 받들었으니, 올려서 일등에 넣겠습니다"[52]고 적어두었다.

선조는 칠천량 해전의 패전에 대한 책임을 물어, 원균을 마땅히 벌을 주어야 함에도 불구하고, 오히려 신하들의 반대를 무릅쓰고 원균을 일등 공신으로 올린 이유는 과연 무엇일까? 선조는 이순신을 항명죄로 투옥시키고, 원균을 등용한 것을 정당화하려고 잔꾀를 부린 것이 아닐까? 선조는 두 가지 과오를 범했다.

첫째 : 경상 우수사 김응서가 왜군의 첩자 요시라의 말을 조정에 보고했는데, 선조는 이순신에게 출전하여 적장 가토(加藤清正)를 제거하라고 명했다. 그러나 이순신은 수상히 여겨 출전하지 않자, 항명죄로 삼도 수군 통제사의 직책을 박탈하고 투옥하고 말았다. 왕이 통제사로 이순신을 임명했다면, 전장에서의 수군의 진퇴문제는 장수의 권한에 속하며, 왕이 간섭할 문제가 아니다. 따라서 항명죄가 성립될 수 없다는 것이 필자의 견해이다. 그래

52) 『선조실록』 권163, 36년 6월 26일(신해).

서 『손자』에는 "장수가 유능하고 군주가 간섭하지 않으면 승리한다"[53]고 했다.

둘째 : 상벌을 분명히 시행하지 못한 과오이다. 당시 비변사가 아뢰기를, "원균이 주장主將으로서 절제節制를 제대로 하지 못하여 적들로 하여금 불의에 기습을 감행하도록 하여 전군全軍이 함몰되게 하였으니 죄는 모두 주장主將에게 있다 하겠습니다"[54]고 했다.

따라서, 선조는 최고 통수권자로서 독선과 무능 그리고 사리에 어두웠기 때문에 원균처럼 무패의 수군을 전멸케 한 패장을 일등 공신으로 만들었고 더 나아가 임진왜란도 사전에 적절하게 대처하지 못한 것으로 해석한다.

## 4. 조선 수군의 승인勝因에 대하여[55]

전쟁에 있어서 전략목표(군사목표)를 달성할 수 있도록 하는 물리적·정신적 힘의 구성인자構成因子를 보통 군사전략의 요소라고 칭한다. 말을 바꾸어 한다면, 전장에서 한 쪽은 승리하고 다른 쪽은 패배하는데, 그 요인이 바로 군사전략의 요소에서 기인하는 것으로 본다. 따라서 이 문제에 대해 많은 전략가들 사이에는 대동소이大同小異한 견해의 차이가 있는데 그것을 소개하면 다음과 같다.

『손자』는 다음과 같이 열거했다.[56]

(1) 정치가의 능력
(2) 지휘관의 지휘·통솔력
(3) 시간·지리의 이점
(4) 조직 및 병참
(5) 군대의 질
(6) 장병의 훈련도
(7) 군율 및 사기

53) 謀攻 第三.
54) 『선조실록』 권99, 31년 4월 2일(병진).
55) 이 내용에 대해서는 李鍾學, 『現代戰略論』(서울 : 博英社, 1972), pp. 148~204를 주로 참고로 했음을 밝혀둔다.
56) 始計 第一.

클라우제비츠는 그의 『전쟁론』(1832)에서 다음과 같이 열거했다.[57]

(1) 정신적 요소－정신적 특질 및 효과에 의해 생기는 모든 것.

(2) 물리적 요소－전력의 규모·편성·병종의 비율

(3) 수학적 요소－작전선의 각도, 외부에서 중심으로 향하는 구심적 운동 및 중심에서 외부로 향하는 이심적 운동의 기하학적 방향

(4) 지리적 요소－지형의 영향, 즉 전망이 좋은 지점·산지·하천·숲·도로 등이 포함된다.

(5) 통계적 요소－보급의 모든 수단

미국의 버언 중령은 저서 『지상 전쟁술』에 다음과 같이 열거했다.[58]

(1) 지휘관의 자질과 능력

(2) 군대의 질과 능력

(3) 사기士氣

(4) 자원

필자는 여러 선인들의 연구결과를 참고하면서, 전쟁이 아니라 전투의 승인勝因, 즉 명량해전에서의 조선 수군의 승인을 규명해 보고자 한다.

## 가. 해전 방식의 변천

옛날부터 해전은 어떤 방식으로 수행되었을까? 고대 선박의 내해성耐海性과 항해 능력에 따라 통상 연안沿岸에서 교전이 이루어졌음을 알 수 있다. 함선들은 횡렬진橫列陣으로 전개하려는 경향이 있었고, 방자防者는 흔히 육지 쪽에 닻을 내림으로써 적의 포위로부터 그들의 측방을 보호하려고 노력하였다. 당시의 전술은 충각당파(衝角撞破, ramming)와 등선 백병전(登船白兵戰, boarding) 그리고 투창投槍, 활, 돌, 화약 등 여러 종류의 발사체를 사용하는 장거리 전투(longer range fighting) 등 각각의 상황에 따라 대체적으로 다양한 면을 보여주었다. 어떠한 전술을 택할 것인가 하는 문제는 국지적인 상황에 따라 여러 요소가 복합적

57) 이종학 편저(2005), p. 190.

58) Alfred H. Burne, *The Art of War on Land* (Harrisburg, Pa : The Military Service Publishing Company, 1947), p. 4.

으로 고려된 가운데 취사선택이 이루어졌다.[59]

**첫째** : 충각당파 전술이란 가장 오랜 해전방식으로, 선수 수면 하에 뾰족한 충각(ram)을 달고 적선의 옆구리를 찔러 침몰시키는 전술로서 대표적인 사례는 살라미스 해전(480 B.C.)이다. 그리스 함대의 전술은 페르시아의 대함대를 좁은 해협으로 유인하여 그의 행동을 제약케 하고 기습을 가한다는 것이었다. 이 전술이 적중되어 살라미스의 좁은 해협에 700~800척의 병선이 뒤섞여 사투를 벌여 결국 페르시아 함대의 무덤으로 변했다. 이 해전에서 페르시아 함대의 손실은 격침된 병선 200척, 전사 4만 명이며, 피해를 입은 병선은 300척이나 더 싸울 기력을 상실했다. 이에 반하여 그리스 측의 손실은 46척에 지나지 않았다. 페르시아 함대에 탑승했던 작가, 아이스큐로스는 살라미스의 패인敗因에 대해 "우리들의 궁시弓矢는 무력하였다. 한 명도 남지 않고 충각으로 격침당했다"고 기록하였다.[60]

**둘째** : 등선 백병전 전술이란 적선에 접근하여 기어 올라가서 백병전으로 적선을 송두리째 포획하거나 격침시키는 방법으로, 대표적인 사례는 포에니 전쟁에서의 미래해전(Battle of Mylae, 260 B.C.)이었다. 로마 함대는 함대를 교묘히 조종하여 충각당파 전술을 구사하는 해양대국 카르타고와는 대적해서 불리하다는 것을 알고 새로운 무기 코르비(corvus)라는 장치를 발명했다. 즉 로마의 지상군은 카르타고의 지상군과 해군보다 백병전에 있어서는 우세하다는 사실을 전제조건으로 하여 해상전투를 지상전투와 동일한 조건하에서 싸울 수 있는 여건을 조성하는 것이었다.

그것이 바로 코르비라는 장치이며, 이것은 로마의 함선에 적선을 끌어당길 수도 있고, 또한 적선으로 건너갈 수 있는 건널다리(gangway)를 겸용할 수 있는 장치였다. 이 코르비는 길이가 약 6미터이고, 협소한 건널다리였다. 이것을 뱃머리에 장치된 선회 축旋回軸 위에 연결시키고 튼튼한 줄이나 도르레로 평상시에는 수직에 가까운 위치로 세워두었다가, 필요시에는 어느 방향이든지 배 밖으로 끌어내려 이용할 수 있도록 되어 있었다. 만약 적선이 접근해 오면, 이 코르비를 적선의 갑판 위에 내리치면, 코르비의 첨단부분 밑에 부착되어

---

59) 지오후리 틸, 『해양전략과 핵시대』(해군본부, 1992), p. 148.
60) 살라미스 해전에 대해서는, 外山三郎, 『西欧海戦史』(東京 : 原書房, 1981), pp. 18~29 참조.

있는 큰 못이 적선을 붙들어 맨다. 그러면 이 때 한 무리의 로마 보병들이 코르비를 통해 적선으로 건너가서 갑판 위에서 백병전을 수행하여 적선을 포획 혹은 격침시켰다. 로마 함대는 역사상 최초의 비밀무기를 가지고 결정적인 전투인 미래해전에서 카르타고 함대를 격파했다.[61] 즉 카르타고 함대 50척 가운데 31척을 포획했고, 14척을 격침시켰다.[62]

임진왜란(1592~1598) 때의 왜 수군은 등선 백병전 전술을 전문으로 애용했으나, 로마 함대의 코르비와 같은 장치는 결국 발명하지 못했다.

**셋째** : 장거리 전투의 전술이란 적선에 접근하되, 너무 밀착하지 않고, 투창, 활, 특히 화약을 사용한 대포를 병선에 탑재하여 사용한 해전의 양상을 뜻한다.

화약을 사용한 무기의 기원은 명확하지 않으나, 1161년 초기 중국에서 일종의 폭발물을 사용한 것은 확실하나, 이 폭발물 자체가 고작 폭음을 내는 것에 지나지 않았다. 중국이 13세기에 몽골과 장기간의 전쟁에서 극히 초보적인 로켓트를 개발했고, 이를 칭기스칸(Genghis Khan)의 후계자들 가운데 몇 사람이 실험용으로 사용했다는 사실은 상당히 신빙성이 있는 것 같다. 그러나 화약을 총알의 추진제로써 효과적으로 사용한 것은 14세기에 유럽에서 실시했다는 것은 의심할 여지가 없이 분명하다. 영국의 베이컨(Roger Bacon)과 독일의 수도사 슈발츠(Berthold Schwarz)가 공히 유럽에서 화약의 발명자로 인정받고 있다.[63]

일본의 마유즈미(黛治夫)에 의하면, 초석硝石, 유황, 목탄木炭을 혼합한 흑색 화약은 13세기 말이나 14세기 초에 중국에서 아라비아인, 무어인을 거쳐 스페인으로 건너가 급속히 유럽의 여러 나라에 보급되었다는 것이다. 통筒 속에 총알을 장전하여 화약 가스의 압력으로 총알을 힘차게 날아가게 하는 포砲는 1230년경 중국에서 발명되었다고 기록되어 있다. 이 포는 14세기 초에 유럽에 전해져, 거기서 조금씩 발달해 갔다. 영국 해군에서는 1410년 군함에 대포를 탑재했다고 한다.… 1571년 레판토(Lepanto) 해전에서 함포의 효과가 확인되었다. 이 해전에 참가한 갤리(Galley)선은 함수艦首에 적선 격파를 위해 6폰드(2.7kg) 혹은 4폰드(1.8kg) 포 1문을 장치해 두었으며, 이것은 9cm 포 혹은 7.8cm 포이다. 갤리선은 적선

---

61) R. Ernest Dupuy and Trevor N. Dupuy, *The Encyclopedia of Military History* (New York : Harper & Row, publisher, 1970), pp. 75~76.
62) 外山三郎(1981), p. 55.
63) R. E. Dupuy and T. N. Dupuy(1970), p. 332.

으로 돌진하면서 함수의 포를 발사하여 총알로 적함의 수선水線 밑으로 손상을 주어 격침시키는 전술이었다. 레판토 해전에 참가한 가톨릭 함대 수는 200여 척이고, 상대인 터키 함대 수는 300여 척이었다. 해전의 결과는 가톨릭 함대의 손실은 16척, 전사자 7,000여 명인데 반하여, 터키 함대의 손실은 117척(혹은 250척), 전사자는 25,000여 명이었다.[64]

김재근에 의하면, 고려가 화약제조의 비법을 알아낸 것은 순전히 최무선(崔茂宣, ?~1395)의 개인적인 노력에 의해서였다. 그는 독자적으로 화약을 만들어 냈을 뿐만 아니라, 각종 화기를 고안하고, 또한 그것을 사용하기에 적합한 군선도 개발하는 등 각별히 공헌이 큰 인물이다. 우왕 6년(1380)경부터 수군의 활약은 더욱 궤도에 올랐다. 동년 8월 왜선 500척이 진포구(금강 어구)에 들어와 큰 밧줄로 배를 서로 매어놓고 있는 것을 나세·심덕수·최무선 등이 전선 100여 척을 이끌고 가서 최무선이 만든 화포를 사용하여 모두 불태워버리는 결과를 거두고(『高麗史』列傳 27, 羅世), 우왕 5년(1383) 5월에는 해도원수 정지鄭地 장군이 전함 47척을 가지고 적선 120척을 추격하여 남해 관음포에 이르러 화포로 적을 해상에서 대파하고 쾌승을 올렸다(『고려사』열전 26, 정지). 특히 관음포 대첩은 함포를 가지고 적의 선단을 해상에서 격멸한 사실史實은 세계 해전사상 처음인 것으로 손꼽을 수 있다.[65]

영국의 군함에 포를 탑재한 것이 1410년이고, 해전에서 함포의 효과가 확인된 것은 1571년 레판토 해전이고 보면, 고려는 세계 해전사상 최초로, 188년 전에 함포로 적선을 격파했으며, 이것을 지적한 김재근 교수의 공적은 높이 평가해야 한다. 그리고 일본의 마유즈미 해군 대령이 『함포 사격의 역사』(1977)를 저술하면서 『고려사』를 통하여 고려의 함포 발달과정을 누락했다는 것은 커다란 실책이 아닐 수 없다. 그리고 적선에 접근하되 밀착하지 않고 활과 포를 쏘아 적선을 격멸시키는 전술은 조선 수군의 장기였다.

고려 말의 최무선이 개발한 화약과 화기의 기술은 그의 아들 최해산崔海山에 의해 조선 왕조에 전승·발전되었다. 특히 세종 대에 근멸根滅되었던 왜구가 다시 고개를 들어 변란을 일으켰기 때문에 왜구에 대비한 병선 판옥선(차후 논의함)과 이에 탑재할 함포가 개발되었으며, 명량해전 때 사용한 무기류는 과연 무엇일까?

---

64) 黛治夫, 『艦砲射擊の歷史』(東京 : 原書房, 1977), pp. 1~24. 저자는 구 일본 해군에서 1916년부터 1945년까지 30여 년간 해군 포술을 연구했고 또한 함포 사격의 기술 향상을 도모하는 해군 포술학교에서 근무했다(해군 대령). 패전 후에도 銃砲史學會에서 연구를 계속하여 그 연구결과가 상술한 저서이다.

65) 金在瑾, 1989『우리 배의 歷史』(서울 : 서울대학교 출판부, 1999, 4쇄), pp. 178~181.

나는 노를 바삐 저어 앞으로 돌진하며 지자와 현자 등 각종 총통을 마구 쏘니 탄환은 폭풍우 같이 쏟아지고 군관들이 배 위에 총총히 들어서서 화살을 빗발처럼 쏘니 적의 무리가 감히 대들지 못하고, 나왔다 물러갔다 하였다.[66]

명량해전에서 조선 수군이 사용한 무기는 지자·현자 등 각종 총통과 활을 사용하였으나, 왜 수군이 직접 응전하지 못한 이유는 화포의 사정거리와 등선 백병전을 벌이는 기회를 허용하지 않았기 때문이며, 양군의 무기 제원諸元은 아래와 같다.

조선 수군의 무기

| 명칭 | 재료 | 재원 | | | 사거리(m) |
|---|---|---|---|---|---|
| | | 전장(㎝) | 구경(㎝) | 중량(㎏) | |
| 지자총통 | 동 | 168 | 8.7 | 19.8 | 640 |
| 현자총통 | 동 | 120 | 4.2 | 4.2 | 1,600 |
| 황자총통 | 동 | 109 | 2.1 | 2.1 | 880 |

(자료 : 김일상(1993), p. 211.)

일본 소총

| 종류 | 구경 | 사정 |
|---|---|---|
| 조총 | 18㎜ | 100~200m(전투시 50m 내에서 사격) |
| 아시가루 총포 | 14㎜ | 위와 같음 |

(자료 : 김일상(1993), p. 213.)

## 나. 군 수

군수의 문제란 주로 전투원에게 무기와 장비를 제공하는 일과 또 전투원에게 식량과 기타 필수품을 보급하는 일을 과제로 다루어 왔다. 그래서 군수(logistics)를 정의定義하여, "군

66) 이순신, 『난중일기』 정유년 9월 16일.

의 이동과 유지를 계획하고 집행하는 과학, 가장 포괄적 의의로서 군사 작전상 다음과 같은 분야를 의미한다.

(1) 물자의 설계와 발주, 획득, 저장, 이동, 분배, 정비, 후송 및 처분.

(2) 인원의 이동, 후송 및 입원.

(3) 시설의 획득, 건설, 유지, 운영 및 처분

(4) 용역, 근무지원의 획득 및 제공"[67]이라 했다.

작전을 수행함에 있어서 필요한 군수의 내용을 다음과 같이 표시하는 것이 편리할 것이다.[68]

(1) 수－병력과 무기의 수

(2) 무장－무기의 질

(3) 보급－식량, 무기, 탄약 및 장비

(4) 수송－차량의 수와 질, 연료, 도로, 철도 및 항공수송 시설 등이다.

상술한 내용은 작전을 수행함에 있어서 필수·전제조건이며, 이것은 정부에서 준비·지원해 주고, 야전 총사령관은 이것을 어떻게 활용·배치하여 작전목표를 달성할 것인가를 구상·실천하면 되었다. 필자는 660년 이후의 신라의 삼국통일전쟁의 과정에서도 야전 총사령관이 모병·무기와 장비, 병사들의 식량 획득 등에 노력을 기울였다는 사실은 전연 찾지 못했다.

그런데 이순신의 경우를 살펴본다면, 1597년 7월 15일 칠천량 해전에서 조선 수군은 완패당하여 송두리째 와해당하고 말았다. 그는 동년 8월 3일 왕명으로 삼도 수군 통제사로 재임명장을 받았을 때, 임명장 종이 한 장을 주었을 뿐이고, 병력, 병선, 장비, 무기, 식량 등 군수문제를 스스로 해결해야 할 뿐만 아니라 앞으로 닥쳐올 명량해전의 작전계획도 수립해야 했다. 당시의 조선 수군의 상태는 어떠했을까?

그 때 다 쓰러진 뒤에 임명을 받아 지치고 흩어진 병사들을 거두어 모은 위에 군량이나 무기 등도

67) 『합동군사용어사전』(합동참모본부, 1972), p. 40.
68) Alfred H. Burne(1947), pp. 4~5.

보잘 것이 없었다. 그런데다가 철이 또한 늦은 가을이라 해상의 날씨가 무척 차기 때문에 公이 그것을 걱정하다가 문득 몇 백 척인지 헤아릴 수 없이 많은 피난선들이 모여드는 것을 보고 공은 영를 내려 물었다.

"큰 적들이 바다를 뒤덮는데 너희들은 어쩌자고 여기 있느냐"

…

"이제 장수들이 배도 고프고 옷도 없어 이대로 가다가는 모두 죽게 되겠는데, 하물며 적을 막아주기를 어떻게 바랄 것이냐. 너희들이 만일 여벌옷이나 양식을 내어서 우리 군사들을 도와준다면 이 적을 무찌를 수 있을 것이오, 그래서 너희들도 죽음을 면할 것이다."

하고 말하자 피난 백성들이 모두 그대로 실행하여 마침내 양식을 얻어 여러 배에 갈라 싣고 또 군사들도 옷을 입지 않은 자가 없이 되어 그래서 명량승첩을 거두었던 것이다.[69]

당시의 수군은 패잔병들이요, 또 갑자기 긁어모은 병사들일 뿐만 아니라, 그들에게 입혀야 할 옷, 먹여야 할 군량미도 없어서 피난민들로부터 얻어 먹이고 싸움터로 나갔으니, 이 글을 쓰면서 필자는 눈물이 쏟아지지 않을 수 없었다.

그러니 왜군과 비교하여 사기士氣가 있느냐, 없느냐를 말할 필요도 없으리라. 이순신 다음의 서열에 있었던 경상 우수사 배설이 도망을 치기도 했다.[70] 이순신은 당포에서 소를 훔쳐 끌고 가면서 헛소문을 퍼뜨리되, "왜적이 왔다, 왜적이 왔다"고 하는 자가 있자, 이런 헛소문을 퍼뜨린 두 명을 잡아 곧 목 베어 효시하게 하니 군중들의 인심이 크게 안정되었는데,[71] 민심 수습에도 노력했고, 제주에서 온 소 5마리를 잡아 병사들에게 먹여 사기를 높이는데 주력하기도 했다.[72]

## 다. 병선의 성능과 무장

명량해전장에는 조선 수군의 판옥선板屋船 13척과 왜 수군의 세끼부네(關船) 130여 척이 싸웠으며, 이들 병선의 성능을 살펴보고자 한다.

판옥선은 을묘왜변(1555) 무렵에 새로이 개발되고, 임진왜란(1592~1598)에서 조선 수군의 주력함으로서 왜 함대를 격파하는 데 주동이 되었다. 개발 경위를 살펴보면, 병사에 능통

---

69) 『李忠武公全書』卷九 附錄(一) 行錄(一)

70) 『난중일기』 정유 9월 2일.

71) 상게서, 8월 25일.

72) 상게서, 9월 9일.

한 서후徐厚가 1521년 임금에게 "지금 수군에서는 소선小船만을 쓰고 있지만 소선은 아무리 민첩하더라도 접전接戰에서는 쓸모가 없고, 적이 칼을 빼어들고 뛰어들 수 없는 높고 험준한 대함大艦을 가지고 적을 내려다보며 제압해야 합니다"(『중종실록』권42, 중종 16년 5월)고 건의했으며, 1555년 5월에 판옥선이 탄생되었다. 임진왜란이 발발하기 37년 전의 일이다.

판옥선은 선체 위에 하체의 너비보다 넓은 상장上粧을 설치하여 그 사이로 노를 내밀도록 되어 있다. 병선으로서의 판옥선의 특징은 다음과 같다. 첫째, 전투원과 비전투원인 격군格軍을 각각 1, 2층의 갑판에 분리시켜 그 기능을 최대로 발휘할 수 있었다. 노를 젓는 격군은 아래·위의 갑판 사이에서 안전하게 노역에 종사할 수 있었으며, 전투원은 2층 갑판에서 격군의 방해를 받지 않고 화포나 활을 편리하게 조작할 수 있었다. 둘째, 판옥선은 함선 자체가 클 뿐만 아니라, 전투원들이 2층 갑판 위에 배치되어 있어서 적을 아래로 내려다보고 공격할 수 있었다. 셋째, 왜구나 왜병들이 접근하여 공격하고자 하여도 높이 설치된 이층의 상장으로 말미암아 배에 뛰어오르기가 매우 어려웠다.[73]

> 그러나 여러 겹으로 (왜선에게) 둘러싸여서 형세가 어찌 될 지 알 수 없어 온 배에 있는 사람들이 서로 돌아다보며 얼굴빛이 질렸다. 나는 조용히 타이르되, "적선이 비록 많다 해도 우리 배를 바로 침범치 못할 것이니 조금도 마음을 동요하지 말고 다시 힘을 다해서 적을 쏘아라." 하고…[74]

이순신은 판옥선의 구조와 기능을 잘 알고 있었다. 적선이 포의 사정거리 내에 들어오면 포를 쏘고, 더 가까이 오면 활을 쏘기 때문에 왜병들은 그들의 장기인 등선 백병전 전술은 활용하지 못함을 알고서, 자신있게 얼굴빛이 질려 있는 장병들에게 조용히 말하여 납득시켰다. 일본의 오가와우찌(大河內秀元)라는 이가 지은 『조선기朝鮮記』 속에 칠천량 해전(1597. 7. 15)을 묘사한 글 중에, "판옥선은 일본 배와 비교도 안될 만큼 크다.… 우리가 저마다 출격하여 판옥선 밑에 달라붙었으나 선체가 커서 자루가 2간間이나 되는 창槍으로도 미치지 못함으로 배에 뛰어드는 것은 어림도 없다.… 소총을 퍼부어 판옥선이 노역을 할 수 없게 만들고, 불화살을 배 안으로 쏘아 들여보내 혼란을 일으켜 겨우 승리를 거두었다"[75]고 했다.

한편 왜군의 병선에 대한 취약점을 다음과 같이 적고 있다. 즉, "일본 함선의 구조인데,

---

73) 金在瑾(1999, 4쇄), pp. 203~216.
74) 『난중일기』, 정유년 9월 16일.
75) 김재근(1999), p. 220.

주목되는 것은 용골龍骨을 사용치 않았다는 것이다. 따라서 용골을 사용한 명明·조선朝鮮의 함선에 비하여 대단히 취약했다. 문록文祿의 역役(임진왜란)에서 조선선朝鮮船과의 접전接戰이 되자, 적선의 충돌을 받으면 곧 파손되어 버린 것은 선체 구조상의 결함에서 왔다."[76]

조선 및 일본 수군의 전선 제원 비교는 아래와 같으며, 판옥선에 탑재된 총통의 수는 분명치 않다.(앞에 말한 바와 같이 일본 수군의 주력함인 아다께(安宅)는 참전하지 못함)

| 조선 수군 | | 일본 수군 | |
|---|---|---|---|
| 판옥선 | 승조원 218~270명<br>격군 125명.<br>길이 52.4m, 폭 7.6m | 아다께<br>(安宅) | 櫓兩舷 80개 이상<br>길이 38m, 폭 12m,<br>포 3문, 승조원 180명 |
| | | 세끼부네<br>(關船) | 櫓兩船 40~80개<br>병사 30명, 수부 40명,<br>대포 1문. |

(자료 : 김일상(1993), p. 214 및 이민웅(2004), p. 309.)

조선과 일본 양측이 행한 해전을 통하여 조선 수군이 승리할 수 있었던 요인은 다음과 같다.[77]

> 첫째, 조선 군선이 일본 군선보다 견고했고 기동력도 우수하였다.
> 둘째, 조선 수군의 총통銃筒이 일본군의 조총보다 우수하였다. 즉 사정거리가 길었고, 파괴력도 상대적으로 컸다.
> 셋째, 이순신의 전술이 뛰어났다.
> 넷째, 거북선을 이용한 돌격전을 수행하였다.
> 다섯째, 전투함의 기동이 용이한 넓은 곳으로 유인하여 군선의 집중 기동의 사격을 했다.
> 여섯째, 사정거리가 상대적으로 긴 총통을 이용하여 원거리에서부터 공격하되 적선의 사정권 밖에서 화력을 집중하였다. 화력 집중을 위한 전투진은 학익진이었다.
>
> 이런 것들이 곧 임진왜란 때에 해전에서 조선 수군이 승리할 수 있었던 결정적 요인이라 할 수 있으며, 해전에서 함포 운용술이 결정적인 승리 요인이 되었던 것이다.

위의 내용은 조선 수군의 승인勝因을 훌륭하게 분석·요약하고 있다. 그러나 해전에서 함

---

76) 旧参謀本部編纂(1924), 『日本の戦史·朝鮮の役』(東京 : 徳間書店, 1995), p. 365.
77) 최두환, 「임진왜란 해전시의 함포 운용술 연구」, 『학예지』6, 1999, p. 169.

포 운용술이 결정적인 승리 요인이 되었다는 견해에는 전적으로 동의할 수는 없다. 왜냐하면, 이순신과 원균이 지휘했던 조선 수군은 동일한 수군이었지만, 이순신은 그 수군을 가지고 연전연승을 했는데, 원균은 왜 완패 당했을까? 전장에서의 총지휘관의 역할과 중요성에 대해 다시 검토해야 하리라.

## 라. 지휘관의 자질과 능력

### 1) 지휘관의 중요성

손자는 지휘관의 중요성에 대해 "전쟁의 본질과 수행방법을 잘 아는 장수는 국민의 생명을 맡은 사람이요, 또 국가의 안위安危를 좌우하는 주인공이다"[78]고 했다. 이것은 지휘관이 얼마나 무거운 직책을 가지고 있는가를 단적으로 표현한 것이다. 군대에 있어서 지휘의 중심이 되고 또 원동력이 되는 것은 실로 지휘관이다. 프랑스의 포슈(Foch, 1851~1929) 장군은, "전투의 승패는 지휘관에 의해서 결정되는 것이지 병사에 의해서 결정되는 것은 아니다.… 전쟁의 큰 성과는 지휘관에 의해서 달성되는 것이다. 그러므로 역사는 정당히 지휘관으로 하여금 승리에 대한 책임을 지게 하여 그 때에는 영광을 누리게 되고, 또 패전에 대해서도 책임을 지게 하여 그 때에는 굴욕을 당하게 되는 것이다. 지휘관 없이 전투도 승리도 있을 수 없다"[79]고 했다. 이것은 1870년 보불전쟁에서 프랑스군의 대패와 또 그들의 고위 지휘관들의 과오를 바로 잡으려는 결의에 의한 교훈의 결론이었다.

일찍이 나폴레옹은 "고올을 정복한 것은 로마의 군대가 아니라, 케사르였다. 로마를 전율케 한 것은 카르타고의 군대가 아니라, 한니발이었다. 멀리 인도를 정복한 것은 마케도니아의 군대가 아니라, 알렉산더였다"고 했다.

1757년 11월 롯스바하 전투에서 프레드릭 대왕의 군대에 참패를 당했던 프랑스 군대도 나폴레옹에 의해 지휘·통솔되었을 때 유럽을 휘젓고 다녔던 것이니, 군대에 있어서 최고 지휘관의 중요성은 더 설명할 필요도 없으리라. 그렇다면 이런 혁혁한 전공을 세운 지휘관들은 과연 어떤 자질을 갖추고 있었고 또 갖추어야 할 것인가?

---

78) 孫武, 『孫子』 作戰 第二.
79) Edward M. Earle, ed., *Makers of Modern Strategy* (Princeton University Press, 1943), pp. 228~229.

### 2) 지휘관의 자질

손자는 "지휘관이란 지혜, 신의, 인애, 용기 및 위엄의 덕성을 갖추어야 한다"[80]고 했다.

오자는 다음과 같이 주장했다. "文과 武를 겸비하면 장수가 될 수 있고, 강인함과 온유함을 겸비하면 능히 전쟁을 맡길 수 있다. 세상 사람들은 양장良將을 논함에 있어서 항상 용기의 유무를 주로 관찰하지마는 용기 이외도 필요한 요소가 많으므로 용기는 그 가운데 일부에 지나지 않는다. 그저 용기만 있는 자는 반드시 경솔하게 적과 접전接戰하기만 좋아한다. 그러나 이렇게 경솔히 싸우기만 해서는 이롭지 못한 것이다. 따라서 장수가 해야 할 일이 다섯 가지가 있다. 즉 첫째, 지휘·통솔에 능통해야 한다. 둘째, 작전준비에 완벽을 기해야 한다. 셋째, 과감한 용단력이 있어야 한다. 넷째, 적을 경시하지 말고 경계를 철저히 해야 한다. 다섯째, 군령軍令 등은 간명해야 한다."[81]

나폴레옹 밑에서 활약한 바가 있는 조미니(Jomoni, 1779~1869)는 장수의 자질에 대해 다음과 같이 주장했다. "첫째, 대결단을 내릴 수 있는 높은 정신적 용기, 둘째, 위험을 두려워하지 않는 육체적 용기이다. 그의 과학적 혹은 군사적 박식은 부차적인 문제이다. 장수는 박식인이 될 필요는 없지만, 그의 지식은 제한되어 있어도 좋으나 정통해 있어야 하며, 그는 전쟁술(art of war)에 바탕을 둔 전쟁의 원칙을 완전히 터득하고 있어야 한다. 다음은 장수의 인간적 인격의 자질이다. 타인을 질시하는 대신 용감하고, 바르며, 확고하고 강직하며 또 다른 사람의 장점을 평가할 수 있는 사람, 그리고 이러한 장점을 자신의 영광에다 결부시킬 수 있는 능력을 가진 사람은 언제나 훌륭한 장수일 뿐만 아니라, 위대한 인간으로도 통용될 것이다."[82]

클라우제비츠는 그의 명저 『전쟁론』(1832)에서 다음과 같이 주장했다. 즉 "적의 정세에 대한 정확한 판단, 잠시나마 열세한 병력만으로 적과 대치하려는 용기, 강행군을 하는 기력, 신속한 공격을 감행하는 대담성, 위기에 직면하여 더욱 활발성을 지닌 활동-이것이야말로 빛나는 승리의 원인이다.… 병력의 상대적 우세를 가능케 하는 근거는 장수가 그러한 결정적 지점을 정확하게 판단하는 것, 그것에 의하여 주어진 군대에 적절한 방향을 준다는 것, 눈앞의 현상에 현혹될 것이 아니라, 취사선택을 한다는 것, 말을 바꾸어 한다

80) 始計 第一.
81) 論將 4.
82) Jomini, A. H., *Jomini's Art of War* (Hrrisburg, PA : Stackpole Books, 1965), pp. 61~62.

면 그가 지휘하는 병력을 집결시켜 언제나 우세를 확보하기 위해 필요한 결단 등이다. 특히 프레드릭 대왕과 나폴레옹은 이 점에 있어서 뛰어난 장수였다."[83]

지금까지 여러 장수들의 지휘관이 갖추어야 할 자질에 대한 견해를 살펴보았다. 그런데 지휘관의 자질은 그가 국민의 생사와 국가의 존망을 좌우하는 위치에 있느니만큼 인간으로서 갖추어야 할 가장 훌륭한 자질을 갖추고 있어야 한다는 결론에 도달한다. 그러나 우리의 당면한 여건 하에서 지휘관에게 강조하고 싶은 자질을 몇 가지 논의해 보고자 한다.

• 첫째, 지휘·통솔력이다.

통솔력(leadership)이란 여러 장병들에게 복종, 신뢰, 존경 그리고 성실한 협조심을 불러일으킴으로써 주어진 목표를 달성하는 기술이라 말할 수 있다. 물론 지휘관에게는 법적 권한에 의한 직위에서 나오는 지휘권(command)이 부여되어 있지만 그것만으로는 부족하며, 그의 인격에서 우러나오는 통솔력과 조화 있게 결합함으로써 소기의 목표를 달성할 수 있다.

이순신은 불과 두 달 전에 칠천량 해전(1597. 7. 15)에서 완패당한 패잔병들을 모아 약속하되, "병법에 이르기를, 반드시 죽기를 각오하고 싸우면 살고, 반드시 살려고 하면 죽는다 하였고, 또 한 사람이 길목을 지키면 천 명도 두렵게 할 수 있다는 말이 있는데, 모두 오늘 우리를 두고 이른 말이다. 너희 여러 장수들이 조금이라도 명령을 어긴다면 군율대로 시행해서 작은 일일망정 용서치 않겠다"고 해전 하루 전에 엄격히 약속했다. 병법을 인용하여 죽음을 각오하고 싸워야 한다고 설득한 내용은 통솔의 영역에 속하고, 만약 명령을 어기면 군율대로 시행한다는 것은 지휘권의 영역에 속하며, 이것이 조화롭게 결합이 되어야 비로소 바라는 소기의 성과를 획득하게 된다. 『난중일기』(1597)에는 싸우는 모습이 상세히 묘사되어 있다.

> 그런데 9월 16일 이른 아침에 별망군別望軍이 와서 보고하기를, "헤아릴 수 없이 많은 적선이 명량을 거쳐 곧장 우리가 진치고 있는 곳으로 향해 들어옵니다"고 하였다. 곧 여러 배에 명령하여 닻을

---

83) Carl von Clausewitz, *ON WAR*, trans. by Michael Howard and Peter Paret (Princeton, New Jersey : Princeton University Press, 1976), pp. 196~197.

올려 바다로 나가니 적선 130여 척이 우리 배들을 에워쌌다. 여러 장수들은 적은 군사로 많은 적敵을 대적하는 것이라 스스로 낙심하고 모두 회피할 꾀만 내는데, 우수사 김억추가 탄 배는 벌써 2마장(馬場, 800미터) 밖으로 물러나 있었다. 나는 노를 바삐 저어 앞으로 돌진하며 지자·현자 등 각종 총통을 마구 쏘니 탄환은 폭풍우같이 쏟아지고 군관들이 배 위에 총총히 들어서서 화살을 빗발처럼 쏘니 적의 무리가 감히 대들지 못하고, 나왔다 물러갔다 하였다. 그러나 여러 겹으로 포위되어 형세가 어찌 될 지 알 수 없어 온 배에 있는 병사들이 서로 돌아다보며 얼굴빛이 질려 있었다. 나는 조용히 타이르되, "적선이 비록 많다 해도 우리 배를 바로 침범치 못할 것이니 조금도 마음을 동하지 말고 다시 힘을 다해서 적을 쏘아라." 하고 여러 장수의 배들을 돌아보니 먼 바다에 물러가 있는데, 배를 돌려 군령을 내리자 해도 적들이 더 대어들 것이라 나가지도 물러나지도 못할 형편이었다. 호각을 불어 중군에게 명령하는 깃발을 세우도록 명하고 또 초요기招搖旗를 세웠더니, 중군장中軍將 미조항 첨사 김응함의 배가 차츰 내 배에 가까이 왔는데, 거제현령 안위安衛의 배가 그보다 먼저 다가왔다. 나는 배 위에 서서 직접 안위를 불러서, "안위야, 군법에 죽고 싶으냐? 네가 군법에 죽고 싶으냐? 도망간다고 어디 가서 살 것이냐?" 고 말하였다.

그러자 안위도 황급히 적선 속으로 돌입했다. 또 김응함을 불러서 "너는 중군장으로서 멀리 피하고 대장을 구하지 않으니, 그 죄를 어찌 면할 것이냐? 당장 처형하고 싶지만 적세가 또한 급하므로 우선 공功을 세우게 한다" 고 말하였다. 그리하여 두 배가 적진을 향해 앞서 나가자 적장이 탄 배가 그 휘하의 배 2척에 명령하여 일시에 안위의 배에 개미 붙듯 하여 서로 먼저 올라가려 하니 안위와 그 배의 병사들이 죽을 힘을 다해서 혹은 모난 몽둥이로, 혹은 긴 창으로, 또는 수마석水磨石 덩어리로 무수히 치고 막다가 배 위의 병사들이 기진맥진하므로, 나는 뱃머리를 돌려 바로 쫓아 들어가서 빗발치듯 마구 쏘아댔다. 적선 3척이 거의 뒤집혔을 때, 녹두만호 송여종, 평사포대장 정응두의 배가 와서 협력하여 적을 쏘아 죽이니 한 놈도 살아남지 못했다.

항복한 왜인 준사(俊沙)는 안골에 있는 적진에서 투항해 온 자인데, 내 배 위에 있다가 바다에 빠져 있는 적을 굽어보더니, "무늬 놓은 붉은 비단옷을 입은 자가 바로 안골진에 있던 적장 마다시(馬多時)입니다" 고 말했다. 나는 무상無上[84] 김돌손을 시켜 갈구리로 낚아 올렸더니, 준사가 좋아 날뛰면서 "정말 마다시입니다" 고 말하였다. 그래서 곧 명령하여 목을 베어 선수船首에 매달므로 해서, 적군의 기세가 크게 꺾였다.

우리의 여러 배들은 적이 다시 침범하지 못할 것을 알고 일제히 북을 울리고 함성을 지르면서 쫓아 들어가 지자·현자 총통을 쏘니 소리가 산천을 뒤흔들었고, 또 화살을 빗발처럼 쏘아 적선 31척을 깨뜨리자 적선이 퇴각하고 다시는 우리 수군에 가까이 오지 못하였다. 싸움하던 바다에서 그대로 정박하고 싶었으나 물결도 몹시 험하고 바람도 역풍이라 형세 또한 위태롭고 외로워 당사도唐笥島로 옮겨 가서 밤을 지냈다. 이번 일은 참으로 천행天幸이었다.

상술한 내용은 이순신의 『난중일기』에서 명량해전 당일의 양상을 적나라하게 기록한 내

84) 이은상은 '無上'을 '물 긷는 군사'[이은상 역, 『난중일기』(서울 : 현암사, 1968, p. 187)]라 했고, 노승석은 '돛대를 조정하는 선원'[노승석 옮김(2005), p. 533]이라 했는데, 후자가 타당한 것으로 생각한다.

용이다. 삼도 통제사인 이순신이 싸워서 이겨야 한다는 굳은 신념을 가지고 진두지휘로 적선에 돌진하면서 뒤를 보니, 부하 장수들이 겁을 먹고 뒤따라오지 않았다. 호각과 초요기로 부하 장수를 호출했다. 먼저 온 안위에게 "안위야, 군법에 죽고 싶으냐, 도망간다고 어디 가서 살 것이냐?" 했고, 또 김응함에게는 "너는 중군장(참모장의 직책)으로서 멀리 피하고 대장을 구하지 않으니, 그 죄를 어찌 면할 것이냐? 당장 처형하고 싶지만, 적세가 또한 급하므로 우선 공을 세우게 한다"고 호령함으로써 부하 장수들로 하여금 죽음을 각오하고 적선으로 돌진케 했으니, 이것이야말로 전장에서의 지휘·통솔의 극치를 보여준 장면이라 아니 할 수 없다. 클라우제비츠는, 『전쟁론』에서, "어쨌든 큰 도로가 마주 치는 광장에 서 있는 오벨리스크처럼, 전쟁술의 중앙에 당당히 솟아 있는 것이, 즉 불굴의 정신을 갖춘 장수의 견고한 의지인 것이다"[85]고 했다.

이순신은 1597년 8월 3일 삼도 통제사의 임명장을 수령했다(조정에서 임명한 것은 7월 22일). 그 후 조정에서는 수군이 무척 약하여 적을 막아내지 못할 것이라 하여 이순신에게 육전에 힘쓰라는 명령을 내리므로 그는 장계를 올렸다(8월 16일). 즉 "저 임진년으로부터 5~6년 동안에 적이 감히 충청·전라를 바로 찌르지 못한 것은 우리 수군이 그 길목을 누르고 있었기 때문입니다. 이제 신에게 전선이 12척이 있사 온 바 죽을 힘을 내어 항거해 싸우면 오히려 할 수 있는 일입니다."[86]

명량해전에서 보여준 이순신의 불굴의 견고한 의지로 부하 장수들로 하여금 싸우지 않을 수 없게 만들었고, 거기에다 판옥선의 기능과 함포 운용술을 결합한 것이 해전에서의 중요한 승리의 요인이며, 그리고 옥천량의 조선 수군의 패인에 대한 책임은 전적으로 원균에게 있다는 것도 재언할 필요가 없으리라.

경상 우수사 배설은 칠천량 해전에서 병선 8척을 이끌고 도망쳐 와서 조선 수군의 모체를 만든 인물이나, 해전 자체가 불가능하다고 생각하고, 우수영에서 이순신에게 병을 치료하겠다는 승낙을 받고 육지로 오른 채 9월 2일 도망치고 말았다. 비변사에서는 곧 잡아와 처단하자고 아뢰기도 했고, 1년이나 지나 다음 해 무술년 12월에도 병조판서 홍여순이 배설을 밀고해 주는 자에게 상을 주자고도 청했으되, 거의 1년 반이 지나도록 그것 하나를

85) 이종학 편저, 『전략이론이란 무엇인가』(대전 : 충남대학교 출판부, 2005), p. 169.
86) 『李忠武公全書』(1795) 卷九, 附錄 1.

잡지 못하고 있다가, 전쟁이 끝난 다음 해 기해년(1599) 3월 6일에 와서야 도원수 권율이 선산善山 땅에서 그를 잡아 서울로 묶어 올려 참형을 시켰다.[87] 왜적을 격멸해야 하고, 전투에 임하는 우수사 배설의 사명감과 사생관은 어디로 갔으며, 도망쳐서 어디서 살 것인가? 그 말로가 한 수군의 간부로서 너무나 서글프고 안타까울 뿐이다.

• 둘째, 정보에 대한 관심이다.

정보의 중요성에 대하여 손무는 다음과 같이 주장했다.

"명석한 군주와 현명한 장수가 행동만 하면 적에게 승리하고, 여러 사람들보다 출중하게 공을 세우는 것은 적의 능력과 의도를 알기 때문이다."[88] "그러므로 적의 능력과 의도를 알고, 이 편의 그것을 알고 있으면, 백 번 싸워도 위태롭지 않다. 적의 능력과 의도를 알지 못하고 이 편의 그것만 알고 있으면, 한 번은 승리하고 한 번은 패배한다. 적의 능력과 의도 그리고 이 편의 그것을 알지 못하고 있으면 싸울 때마다 반드시 패배한다."[89]

정보에는 전략정보와 전투정보가 있으며,[90] 전투에 임하는 이순신에게는 전투정보가 필요하며, 그 내용은 적군의 능력과 의도, 적 지휘관의 능력과 성격, 적 군사력의 질과 양, 적군의 배치와 사기士氣, 지형 그리고 기상 등이 포함된다.

이순신은 갑오년(1594) 9월 3일자 일기에 『손자』의 '知彼知己 百戰不殆'를 인용했을 뿐만 아니라, 어느 곳에서도 군사들의 안전을 위하여 철저한 정찰과 경계를 실시했으나, 원균은 이런 조치를 취하지 않았기 때문에 칠천량 해전에서 왜 수군의 기습을 받아 조선 수군은 괴멸 당했다. 맥아더 원수는 "전투에서의 패배는 용서할 수 있어도, 경계를 소홀히 하여 적에게 기습을 당하는 자는 용서할 수 없다"고 했는데, 이것은 출전한 지휘관의 가장 기초적이고 기본 임무이기 때문이리라.

원균이 패전한 이틀 뒤(7월 18일), 도원수都元帥 권율은 자기의 지위를 헤아릴 여유가 없었다. 그는 친히 백의종군白衣從軍 중인 이순신의 숙소로 달려갔다.

> 얼마 뒤 원수(권율)가 와서 말하되, "일이 이미 여기까지 이르렀으니 어쩔 수 없다"고 하면서 오전

87) 李殷相, 『忠武公 발자국 따라 太陽이 비치는 길로』下(서울 : 三中堂, 1973), p. 313.
88) 用間 第十三.
89) 謀攻 第三.
90) 이종학(1972), pp. 158~159 참조.

10시까지 이야기를 나누었으나, 마음을 정하지 못했다. 나는 "내가 직접 해안지방으로 가서 듣고 본 뒤에 방책을 정하겠다."고 말했더니, 원수가 기뻐하기를 마지않았다.[91]

이 얼마나 침착하고 믿음직스럽고 또한 현실적인 태도인가. 그 후 이순신은 왜 수군의 동태, 즉 능력과 의도를 알고자 했고, 그리고 수군의 재건에 전력을 기울였으나, 뒷부분은 생략키로 한다.

- 8월 26일, 늦게 임준영이 말을 타고 와서 보고하기를, "적선이 이미 이진梨津에 이르렀습니다"고 했다.
- 8월 28일, 새벽 6시경에 적선 8척이 갑자기 습격하여… 나는 조금도 동요하지 않고 호각을 불고 깃발을 휘두르며 추격을 명령하니… 적선이 멀리 도망쳤기에 끝까지 따라가지는 않았다.
- 9월 7일, 탐망군관探望軍官 임중형이 와서 보고하기를, "적선 55척 가운데 13척이 이미 어란 앞바다에 이르렀는데, 그 목적이 우리 수군에 있는 것 같습니다"고 했다. 그래서 각 배들에게 엄중히 경계토록 일렀다. 오후 4시경에 적선 13척이 곧장 진치고 있는 곳으로 향해 왔다. 우리 배들은 닻을 올려 바다로 나가 맞서서 공격하며 급히 나아가니, 적들이 배를 돌려 달아났다.… 벽파진으로 돌아와서 여러 장수들을 불러 모아 약속하기를, "오늘 밤에는 반드시 적의 야습이 있을 것이니 모든 장수들은 미리 알아서 대비할 것이며, 조금이라도 군령을 어기는 일이 있으면 군법대로 시행할 것이다." 하고 두 번 세 번 거듭 당부하고 헤어졌다. 밤 10시경에 왜적이 과연 야습을 해 와 탄환을 계속 쏘며 공격하였다. 내가 탄 배가 곧바로 앞장서서 지자포地字砲를 쏘니 강산이 온통 흔들렸다. 적의 무리들도 감히 범할 수 없음을 알고 네 번이나 나왔다가 물러났다 하면서 화포만 쏘다가 자정이 지나서는 아주 물러갔다.
- 9월 9일, …늦게 적선 두 척이 어란으로부터 곧장 감보도甘甫島로 와서 우리 수군의 수효를 정탐하려 했다. 이에 영등포 만호 조계종이 끝까지 추격하니 적들은 당황하여 배에 실었던 물건들을 모두 바다 가운데로 던져버리고 달아났다.
- 9월 14일, …임준영이 정탐한 결과를 보고하기를, "적선 200여 척 가운데 55척이 먼저 어란 앞바다에 들어왔습니다"고 하였다.… "왜놈들이 모여서 하는 말이 '조선 수군 10여 척이 우리 배를 추격하여 혹은 사살하고 혹은 배를 불태웠으니 극히 분통한 일이다. 각처의 배를 불러 모아 합세해서 조선 수군을 섬멸해야 한다. 그런 후 곧장 서울로 올라가자' 고 합니다." 이 말은 비록 모두 믿을 수는 없으나 그럴 수 없는 것도 아니어서 곧 전령선을 보내어 피난민들을 타일러 속히 육지로 올라가도록 하였다."

－『난중일기』 정유년－

양군은 서로 전초전을 벌이면서 상대편 수군의 능력(수량)과 의도를 탐색하여 왔다. 이순신은 그 동안 철저한 경계와 정보의 획득으로 왜군의 대공세가 가까이 다가오고 있다는

91) 『난중일기』 정유년 7월 18일.

것을 예감하고 전령선을 보내어 피난민들을 속히 육지로 올라가도록 조치를 취했다.

• **셋째, 전쟁의 원칙 및 건전한 전략에 의한 계획능력이 요구된다.**

조미니의 연구에 의하면, 총사령관의 임무는 주로 지적(intellectual)인 것임이 확실하다. 위대한 지휘관이 되려면 현명한 이론(wise theory)과 위대한 인격이 겸비되어야 한다. 전쟁에 대한 천부적인 재간才幹, 병사들을 분발시킬 수 있는 능력, 이런 것들이 또한 중요하다. 그러나 지휘관이 만약 전승戰勝을 바란다면, 무엇보다도 전쟁의 기본 원칙(fundamental principles of war)을 습득하지 않으면 안 된다.[92] 즉 용병술을 터득하고 있어야 한다.

이순신의 명량해전 전날(9월 15일)의 일기를 군사이론의 관점에서 분석해 보고자 한다.

가) "조수潮水를 타고 여러 장수를 거느리고 진을 우수영 앞바다로 옮겼다. 그것은 벽파정 뒤에 명량이 있는데 수가 적은 수군으로서 명량을 등지고 진을 칠 수 없기 때문이다"고 했다. 상식적으로 생각해도 열세한 병력으로 우세한 적을 상대로 싸우면 불리한 경우가 생기기 마련인데, 그 때는 후퇴·철수를 해서 다음 기회를 엿보는 방도를 취해야 하나, 조류가 세고 좁은 해협으로 철수하기 어려우니, "명량을 등지고 진을 칠 수 없다"는 것이다. 『손자』에 의하면 "사지死地를 앞에 두고, 생지生地는 뒤에 두라"(前死後生)[93]고 했다. 死地란 지형이 험하여 거기서는 사력死力을 다하여 싸우는 길 밖에 없는 곳이요, 生地란 자유로이 기동할 수 있는 트인 곳을 뜻한다. 따라서 사지를 앞에 두면 적의 우세한 병력은 모두 참전하기 어렵고, 반면 아군은 진퇴가 자유스러운 곳이다. 이순신은 열세한 병력으로 우세한 적을 대적할 때 지형을 활용한다는 것을 잊지 않았다. 그리하여 왜 수군은 180명의 수병을 승선시키는 주력 전함인 아다께(安宅)는 참전하지 못하고, 70명 내외 밖에 승선할 수 없는 세끼부네(關船)만 130여 척 참전했던 것이다.

나) "병법에 이르기를 반드시 죽기를 각오하고 싸우면 살고, 반드시 살려고 하면 죽는다"(必死則生 必生則死)고 했는데, 이 병법은 무슨 병법에서 인용한 내용일까? 오기吳起의 『오

92) Edward M. Earle, ed.(1943), p. 87.
93) 行軍 第九.

자吳子』에 의하면, "吳子가 말하기를, 무릇 전장터라는 데는 죽은 자의 시체가 뒹구는 곳이다. 반드시 죽을 각오로 싸우면 살고, 살기를 바라면 죽는다"[94]고 했다. 이것은 전쟁터에 임하는 군인의 사생관死生觀을 설파한 내용으로, 반드시 죽음을 각오하여 싸우면 살아남을 수도 있으나, 살려고만 한다면 죽는다는 것을 강조했다. 이순신은 "必生則死"라 했으나, 『오자』에는 "幸生則死"라 되어 있는데, 아마도 사기가 떨어진 장수들에게 너무 살려고 생각하지 말라는 강조가 내포된 것으로 짐작한다.

다) "한 사람이 길목을 지키면 천 명도 두렵게 할 수 있다"(一夫當逕 足懼千夫)고 했는데, 『오자』에 의하면, "한 사람이 목숨을 던지면 천 명도 두렵게 할 수 있다"[95]는 내용의 인용구이다. 이순신은 아마도 "길이 좁고 험하며 유명한 산과 큰 요새 등을 택하면, 10명의 소수 병력으로도 1,000명이라도 통과하지 못하게 할 수 있다. 이런 지형상의 요소를 지기地機라고 한다"[96]는 내용도 생각하고 있었으리라. 이 내용은 좁고 험한 울돌목을 앞에 두고 소수의 병력으로 우세한 적을 맞이하여 채택한 작전구상作戰構想을 명시한 것으로 해석할 수 있다. 그리고 계속하여 그는 "너희 여러 장수들이 조금이라도 명령을 어긴다면 군율대로 시행해서 작은 일일망정 용서치 않겠다"고 엄격히 약속했다. 앞에서 얘기한 것처럼, 해전에 임하여 공격을 주저하는 안위에게 "군법에 죽고 싶으냐? 도망간다고 어디 가서 살 것인가?" 하고 꾸짖어 죽을 각오로 싸우게끔 만들었다.

라) "이 날 밤 신인神人이 꿈에 나타나 가르쳐주기를, 이렇게 하면 크게 이기고 이렇게 하면 진다고 하였다"고 했는데, 꿈에 신인이 가르쳐 준 승리의 비결은 과연 무엇일까? 이순신이 『오자』를 인용하여 명시한 작전구상은 왜군의 '격멸'이 아니라, 서해 진출을 '저지'한다는 것이며, 이것은 부하 장수들에게는 설득력이 있었을 것이다(지도 1의 [1]). 만약 이순신의 처음 작전구상대로 해전이 수행되었다면, 13척의 이순신 함대는 왜 수군에 의해 중앙 돌파를 당해 분할·고립되어 이순신의 지휘체계가 마비되어 결국 패배했으리라는 것이 필자의 추정이다.

---

94) 治兵 3, 吳子曰, 凡兵戰之場 止屍之地 必死則生 幸生則死.
95) 勵士, 一人投命 足懼千夫
96) 論將 4,

실제 해전은 이순신의 예상과는 달랐다. 즉 별망군이 와서 보고하기를, "헤아릴 수 없이 많은 적선이 명량을 거쳐 곧장 우리가 진치고 있는 곳으로 향해 들어옵니다"고 했다. 곧 여러 배에 명령하여 닻을 올려 바다로 나가니 적선 130여 척이 우리 배들을 포위하였다. 당초의 작전계획 구상은 울돌목의 좁은 곳에서 적의 진출을 저지하려 했는데, 실제로는 우수영 앞바다의 넓은 해역에서 130여 척의 적선에 의해 포위당하고 말았다. 이것은 분명히 위기였으나, 이순신의 탁월한 지휘·통솔력과 의지로 승리의 기회로 만들었다. 즉, 판옥선이 가지고 있는 화력(함포와 화살)으로 적선을 31척이나 격파했기 때문이다. 꿈에 신인神人이 가르쳐 준 승리의 비결은 이런 해전방식을 뜻한 것으로 추정한다.

장학근의 연구에 의하면, 임진왜란이 일어나자, 이순신은 수사水使가 되어 해전에 참전하여 10회의 해전에서 모두 승리했다. 한편 북방의 명장, 이일李鎰은 순변사로 남방전투에 참전하여 상주·충주·한강·평양 등지에서 모두 패했다. 두 무과武科 출신 장수가 전투에서 승패를 달리한 것은 무과 준비과정과 관료생활을 하는 과정에서 이일이 무예武藝 중심으로 수련한 반면, 이순신은 무학武學에 중점을 두었기 때문이다. 따라서 이순신은 전투 국면과 전투 환경에 맞는 전술 응용능력을 발휘할 수 있었지만, 이일은 북방에서 자기가 증보·편찬한 『제승방략制勝方略』의 전술에 집착하여 전투 환경에 적용하는 전술을 발휘하지 못했다. 이와 같은 역사적 사실은 창의력과 전술 응용능력 개발의 중요성을 재음미하게 한다[97]고 했다.

직책이 상위에 올라가면, 무학(武學, 군사이론)에 정통해 있으면, 전투 국면과 전투 환경에 맞는 전술 응용능력을 발휘할 수 있다는 견해는 타당하다. 그러나 이순신이 어느 무학을 중점적으로 연구했는지가 궁금했다.

주지하다시피, 조선시대의 무과 복시武科覆試에는 기사騎射·기창騎槍 등의 무예와 『무경칠서』(六韜·三略·尉繚子·孫子·吳子·司馬法·李衛公問對) 중의 한 과목을 응시자가 선택하여 강서講書를 아울러 시험했기 때문에, 이순신은 어느 병서를 택했을까? 『난중일기』의 인용문을 보면, 『손자』·『오자』의 인용구가 나오는데, 그는 아마도 『무경칠서』를 두루 연구했으리라 추정한다.

조선 수군은 패잔병과 남은 병선 13척으로, 사기가 왕성한 적선 130여 척에 포위당하면

97) 張學根, 「武科合格·軍官生活·戰術能力에 나타난 李舜臣의 武學硏究」,『軍史』제49호(국방부 군사편찬연구소, 2003), p. 192.

서도 31척을 격파하고, 한 척의 손실도 없는 세계 해전사상 그 예를 찾을 수 없는 완승을 거둔 승리의 원인은 과연 무엇일까? 지금까지 논의한 것을 요약하면 아래와 같다.

① 이순신의 탁월한 지휘·통솔력으로 진두지휘하여 부하 장병들로 하여금 사기를 높여 사력死力을 다해 싸우게끔 만들었다. 이것은 전장에서의 승리의 가장 중요한 기본적 요인이다. 왜냐하면, 싸울 의지가 없는 장병들은 그들이 가지고 있는 최신식 총통이나 활이라 할지라도 곧 폐물로 변해버리기 때문이다.

② '知彼知己'의 확실한 정보에 입각하여 치밀한 계획을 수립해서 실천했다. 즉 해전 전날에 지형을 고려하여 우수영으로 이동함으로써 강한 적과 즉시 전투를 하면 불리하니, 다음 기회를 기다린다는 계획된 전략단계였다. 그런데 적의 주력 전함인 아다께가 참전치 못하게 된 것은 클라우제비츠가 주장한 "전쟁을 자유로운 정신활동으로 만드는 개연성·우연성과 같은 도박의 요소"[98] 때문이리라.

③ 건전한 군사이론에 바탕을 둔 용병술로 위기를 승리의 기회로 만들었고, 또 판옥선의 장점과 함포 운용술을 결합함으로써 왜 수군의 장기인 등선 백병전술을 무력화시켰다.

이 세 가지를 명량해전에서의 조선 수군의 승리의 결정적 요인으로 해석한다.

이순신에 대한 일본의 평가내용을 소개하면 아래와 같다.

- 일본 최근세사상最近世史上 명장이라 일컫는 도고 헤이하치로(東郷平八郎)가 그의 승전勝戰을 축하하는 피로연 석상에서, 자기를 영국의 넬슨과 조선의 이순신에 비겨서 칭양稱揚하는 축사를 듣고 답사로서 말하되, "나를 넬슨에 비기는 것은 가하나, 이순신에 비기는 것은 감당할 수 없는 일이다."(小笠原長生의 『東郷平八郎傳』 寺尾一郎, 『日朝中連帶理論』) 하고 솔직하게 피력하여, 일본의 명장으로서도 과연 충무공만큼은 동서양 어느 누구도 따를 수 없는 절세의 대영웅이었던 것에 감복했던 것이다.[99]
- 노일전쟁 때, 東郷平八郎는 대마도 해전에서 대승리를 하여 개선했다. 그는 원수元帥가 되었다. 그 축하의 석상에서 어떤 이가 아부하여 말하기를, "이번의 대승리는 역사에 남을 위대한 것이다. 마치, 나폴레옹을 트라팔가 해전에서 패배시킨 넬슨 제독提督에 견줄만하고 당신은 군신軍神이다" 고 말했다. 東郷는 거기에 답하여 "칭찬해 주어서 감사하나, 내가 보기엔 넬슨이란 별로 큰 인물이 아니다. 진실로 軍神의 이름에 값어치가 있는 제독이 있다고 한다면, 그것은 이순신 정도일 것이리라. 이순신에 비하면, 나는 하사관 정도에 지나지 않는다"고 말했다.[100]

98) 이종학 편저(2005), p. 149.
99) 李殷相(1983), p. 231.

• 현양사玄洋社의 두령頭領, 도야마(頭山滿)가 한국의 실업가 이영개李英介 씨를 동반하여 도고(東鄕平八郎)를 만났을 때, 도고는 李氏에게, "당신네 나라의 이순신 장군은 나의 선생입니다"고 말했다는 것이다.[101]

• 역사적 위인으로서 내가 추앙해 마지않는 인격자는… 해군장관海軍將官인 나의 입장에서 평생 경모敬慕해 마지않는 해장海將은, 서쪽에서는 네덜란드의 명장名將 드 로이텔, 동쪽에서는 조선의 명장 이순신 그 사람이다. 李將軍은 그 인격이라는 점에서나, 장수로서의 도량이라는 점에 있어서 조금도 비난할 점이 없으며, 구태여 위의 두 장군에게 우열을 매긴다면, 의심할 것이 없이 李將軍을 추대한다.… 넬슨이 세계적 명장으로 이름이 잘 알려져 있으나, 그 인격에 있어서, 그 창의적 천재에 있어서도 도저히 李將軍과 비할 바 아니다.… 李將軍은 말할 것도 없이 도요토미 히데요시(豊臣秀吉)의 원정군遠征軍으로 하여금 목적을 달성할 수 없게 하는 동시에, 제해권制海權이 얼마나 국방상 중요한가를 사실적으로 증명한 명장이다.… 나는 조선에 이순신이 있다는 것을 자랑으로 생각하며, 일본에 그와 견줄만한 장군이 없다 해도 원망치 않지만, 다행히 새롭게 세계 제일의 명장 도고(東鄕)元帥로서 역사를 장식할 수 있음을 생각하면 한층 더 유쾌함을 느낀다.[102]

## 5. 맺음말

일본의 구 육군 참모본부에서 발간한 책에 의하면, "8월 하순, 일본 수군의 장수 도토(藤堂高處)·가토(加藤嘉明)·와키사카(脇坂安治)·구리시마(來島通總)·스가(菅達長) 등은 남원에서 하동으로 돌아와 협의한 결과, 육군과 호응하여 서진西進하는 작전을 세웠다.… 藤堂高處 등은 적선이 우수영의 가까운 곳에 있다는 것을 듣자, 이를 탈취하고자 했으나, 수로의 위험을 생각하여 중형함 수 십 척으로 적선대敵船隊로 향했다. 순신舜臣은 제장諸將을 격려하여 방전防戰에 노력했다. 일본군은 분전했으나 來島通總 이하 10명이 죽었고, 藤堂高處는 부상, 모리(毛利高政)는 물에 빠져 겨우 구조되는 등 무참하게 배도 수 척 침몰했다. 저녁이 되어 舜臣은 배를 당사도로 옮겼으나, 일본군은 수로水路에 밝지 못하고 추격할 수도 없었고,

---

100) 古屋貞雄, 『日·朝·中三國人民連帶の歷史と理論』(東京 : 日本朝鮮研究所, 1965), pp. 6~7.
101) 藤居信雄(1982), pp. 271~272.
102) 海軍 中將 佐藤鐵太郎, 「絕世の名將李舜臣」, 『未詳』 pp. 56~59. 佐藤中將(1866~1942)은 1887년에 海軍兵學校를 졸업했고, 日本의 國防上 海軍의 중요성에 관심을 가지고 李舜臣의 史蹟을 연구했다. 1899~1901년 사이에는 영국·미국으로 유학하여 해양전략에 관한 연구를 했으며, 그는 노일전쟁 때, 제2 함대의 선임참모로 출전했다. 전쟁 후 해군대학의 교관으로 임명되어, 대령 때, 名著 『帝國國防史論』(1910)를 출간했다. 1915년 軍令部 次長, 이 해 말에 海軍大學校長으로 임명되어 5년간 복무했고, 그 후 『大日本海戰史談』(1930) 등을 저술했다.

웅천熊川으로 철수했다. 이것으로 수군의 서진西進한다는 방책은 좌절되었다"[103]고 했다.

위의 내용은 명량해전에서 일본 수군 130여 척(關船)이 출전하여 31척이 격파 당했다는 패전敗戰에 대해 상세히는 밝히지 않았지만, 일본 수군의 작전목표가 육군과 호응해서 西進하는 데 있었다. 그러나 명량해협이 좁아서 주력 전함主力戰艦인 아타케(安宅)가 출전하지 못하고 중형함인 세끼부네가 출전했으며, 일본 수군의 장수들의 손실을 밝혔고, 특히 西進한다는 작전목표가 좌절되었다는 것을 밝혀 놓았다.

불과 2개월 전 조선 수군은 패전으로 와해되었으나, 이순신의 노력과 국민들의 호응으로 겨우 13척의 병선으로 치밀한 작전계획과 놀라운 지휘·통솔력 그리고 용병술로 130여 척의 왜 함대를 상대하여 31척을 격파했지만, 조선 수군은 전연 병선의 손실을 입지 않았다. 이것은 세계 해전사상에서도 보기 드문 완전한 승리를 달성한 것으로 그 요인을 밝혔다. 더욱이 전투에서 승리했다는 데도 의의가 있지만, 더 중요한 것은 그 승리가 작전목표를 어느 정도 달성했는가에 유의해야 하는데, 그것은 일본 수군으로 하여금 西進을 좌절케 했다는 것이며, 이것은 倭 水軍의 여러 장수들의 전사·부상자의 속출에서 비롯된 것으로 추정한다. 더 나아가 한반도에서 일본군의 철수를 강요케 한다는 전쟁목적을 달성하는 데도 이바지했다는 것이, 명량해전의 승리가 얼마나 큰 의의를 가지고 있는가의 참뜻과 해석이라 생각한다.

이순신은 병법을 인용하면서, "반드시 죽기를 각오하고 싸우면 살고, 반드시 살려고 하면 죽는다"고 말하면서 부하 장수들을 납득시켰는데, 이 내용은 비단 육체적 측면뿐만 아니라, 정신적 측면에서도 타당한 진리이다. 그리고 이순신은 해전에 임하여 진두지휘의 솔선수범으로 부하장병들의 사기를 진작시켰다. 한편, 통제사 원균, 경상 우수사 배설은 싸움터에서 살려고 몸부림치다 결국 육신뿐만 아니라, 정신적(역사적 측면)으로도 영원히 죽고 말았다. 반면, 이순신은 싸움터에서 적탄을 맞아 전사했지만, 400여 년이 지난 오늘날까지도 한국인의 가슴 속에 살아 숨쉬고 있다. 따라서 전투에 임하는 군인은 언제나 확고한 사생관死生觀을 가지고 군인으로서의 명예가 죽음보다 더 소중하다는 것을 깨닫고 실천할 마음가짐을 항상 지니고 있어야 한다.

(『海洋戰略』 제132호, 해군대학, 2006. 12.)

103) 旧参謀本部編纂(1924), 前揭書, pp. 280~281.

# Ⅹ. 리델 하트의 『전쟁론』 비판에 대한 논평

## 1. 머리말

필자는 1957년 7월부터 클라우제비츠의 『전쟁론』(1832)과 손무의 『손자』(차후 『손자병법』으로 칭함)를 연구하기 시작했는데, 60년대 초, '국방 총서 제10집'으로 문희석 해병 대령 역譯의 『전략』[1]이 1961년 12월에 출간되었다. 발행자인 국방부 정훈국장 신상철 공군 소장은 서문에서 "국방의 중책을 양 어깨에 짊어진 국군 중견장교들에게 이 대표적인 현대 전략가의 전략사상과 개념을 소개함으로써 군사지식과 자질의 향상에 크게 도움이 되고 우리 전략 부문의 연구발전에 있어서 보람 있는 연구 자료가 됨으로써 국군 발전에 기여하는 바가 조금이라도 있다면 발행자로서 그 이상의 기쁨이 없겠다"고 했다. 그 후 원문을 구하여 병행해서 읽으면서, 기본적 사항에서 석연치 않은 점이 눈에 띄었다.

19세기를 대표하는 전략 사상가가 클라우제비츠(1780~1831)라고 한다면, 20세기를 상징하는 전략 사상가는 리델 하트(B. H. Liddell Hart, 1895~1970)로 알려져 왔고, 또한 『전략』(1954)의 표지에는 그를 "20세기의 클라우제비츠(the Clausewitz of the Twentieth Century)로 널리 알려져 있다"고 소개하고 있었다. 그러나 그의 저서를 통한 클라우제비츠의 『전쟁

1) B. H. Liddell Hart, *Strategy : the indirect approach* (New York : Frederick A.Praeger, 1954)

론』에 대한 비판은 납득하기가 어려웠다. 예컨대,

> (자료 1) 칸트의 간접적인 제자이기도 한 클라우제비츠는 참다운 철학적 지성도 함양하지 않은 채 철학적 표현 양식이 몸에 배어 있었다. 보통, 군인의 사고思考는 본질적으로 구체적인 것에 멈추는 것이지만, 클라우제비츠의 전쟁이론은 너무나 추상적이고 또한 어려웠다. 그 결과 그들의 사고는 클라우제비츠의 의도한 방향과는 때때로 정반대의 방향으로 달리기도 했다.…
>
> 클라우제비츠는 전술 또는 전략에 대해서 새롭고 눈부신 진보적 사상을 제공하지 않았다. 그는 창조적이고 역동적인 사상가이기 보다는 오히려 법전 편찬적인 사상가였다.… 클라우제비츠에 대한 칸트의 영향은 클라우제비츠 사상의 이원론(dualism)에서 엿볼 수 있다.[2]

솔직히 말해서 리델 하트의 위의 글을 읽고 실망하여 지금까지는 더 연구를 하지 않았다. 그러나 2003년 신학기부터 충남대학교 평화안보대학원에 '군사학' 석사과정이 생겨 '군사 전략론'을 강의하면서, 『손자병법』, 『전쟁론』 그리고 현대적인 전략이론으로 알려진 리델 하트의 『전략』을 소개하면서, 이 논문을 집필할 생각을 가지게 되었다. 즉, 리델 하트의 클라우제비츠의 『전쟁론』에 대한 비판은 과연 합리성·타당성이 있는가?

리델 하트는 널리 알려진 군사평론가·저널리스트·기계화전 이론가·군사사 연구가·전략가로서의 인생 경력이 다양할 뿐만 아니라, 그가 남긴 문서가 방대하기 때문에 그에 대한 논평은 쉽지 않다.[3] 하지만 그의 저서, 『나폴레옹의 망령』(1933)[4]과 『전략』(1954)을 기준으로 클라우제비츠의 전쟁이론을 비판한 것을 중심으로 해답을 제시해보고자 하며, 필자의 견해가 아닌, 『전쟁론』을 바탕으로 하고자 하니, 인용구가 많고 또 길다 해도 양해하기 바란다. 그리고 특히 『전략』(1954)은 1967년에 수정판이 나왔으나, 인용구 (자료 1)은 초판과 동일했으며, 앞으로는 수정판[5]을 기준으로 논의한다는 것을 밝혀 둔다.

## 2. 리델 하트의 생애

우리들이 신간서를 접했을 때, 저자의 약력과 머리말 그리고 목차를 훑어보고 내용을

---

2) B. H. Liddell Hart(1954), pp. 352~354.

3) 그의 군사사상에 대한 연구서, Bond, B., *Liddell Hart : A Study of His Military Thought* (Oxford : Clarendon Press, 1976), 주은식 역, 『리델 하트 군사사상 연구』(서울 : 진명문화사, 1994).

4) B. H. Liddell Hart, 1933, *The Ghost of Napoleon* (Greenwood press, Inc. : 1980)

5) B. H. Liddell Hart, *Strategy* (A Meridian Book, 1991, 2nd rev. ed.)

살피듯이, 그 책 속에 어떤 새로운 내용·사실이 게재되어 있는가 하는 문제보다도 그 책을 쓴 사람이 어떠한 사람인가를 먼저 살피는 것이 바람직하다. 더욱이 리델 하트의 경우, '간접 접근전략'이나 '영국식의 전쟁방법' 등으로 이름을 날렸으나, 그런 이론이 어떻게 해서 탄생하게 되었나, 그리고 그의 클라우제비츠 『전쟁론』의 비판은 어떤 상황과 바탕에서 이루어졌는가, 하는 것을 규명하는 데는 그의 생애에 대한 고찰이 더욱 중요한 과제이리라.

리델 하트는 1895년 10월 31일 영국인 목사의 아들로 프랑스 파리에서 출생했고, 19세가 지난 후에야 비로소 영국에 영주했다. 그는 어렸을 때부터 항공기에 대해 관심이 많았다. 그의 인생에 있어서 최대의 사건은 그가 캠브리지 대학의 학창시절에 일어났다. 즉, 1914년 7월 28일 오스트리아와 세르비아 사이에 전투가 일어났고, 급기야 독일은 8월 1일 러시아에 선전포고를 하여 마침내 제1차 세계대전으로 번졌다.

그는 키치나 육군 장관의 자원입대 호소에 응답한 수천 명의 젊은이들 중 한 사람이었다. 정규장교 임관을 시키는 영국 육군사관학교의 과정이 3개월로 축소되었지만, 그것은 그에게는 너무 길었다. 왜냐하면, 그는 전쟁이 크리스마스 무렵에 끝날 것이라는 일반 대중들의 시각과 의견을 같이 했기 때문이다. 그래서 그는 대학 학훈단에서 훈련을 받고 소위로 임관하여, 1914년 11월부터 서부전선에 종군했다. 전장에서의 열병·부상 등으로 2회나 본국에 소환되어 치료를 받은 후, 1916년 봄, 세 번째의 서부전선에 종군하여, 7월의 솜므전투에 참가했다. 그가 소속했던 영국 육군 제21 사단 제9 왕립 요크셔 경기병 대대는 7월 1일 공격의 첫날에 거의 소멸되었으며, 영국 육군은 60,000여명의 사상자가 발생했다. 그의 대대는 단지 두 명의 장교만 남았고, 그들 중 한 명은 부상했으며, 반면 인접대대는 한 사람도 없었다. 이 전투는 영국의 전쟁사상 하루의 사상자 수로는 최대의 숫자였다.

솜므전투의 체험은 그에게는 너무나 비참한 충격을 주었다. 이것이 바로 그의 전략사상을 형성하는 원점이고 또 끊임없는 원동력이 되었다. 즉, 전쟁에서 동일한 목적을 달성하는데, 필요로 하는 인적 희생·물적 손실을 극소화하려면 어떻게 해야 하는가, 영국은 왜 대륙의 전쟁에 깊숙이 개입하는가, 하는 문제의식이야말로, 후년 그의 '간접 접근전략'과 '영국식의 전쟁방법'의 원점이며 또 해양국가의 입장에서 풀이했지만, 이 논문에서는 생략키로 한다.

리델 하트는 솜므전투에서 독가스로 인한 부상을 당한 후, 영국에 돌아와서 보병전술에 관한 팜플렛 작성에 힘을 기울였고, 이 팜플렛은 1917년, 프랑스 주재 영국 육군부대에 배포되었다. 그 후 그는 육군의 요청을 받아 정식으로 『보병 교범』을 작성했다. 1921년에 '내가 25세 때에 이룩한 것'이라고 이름 붙여진 주요 항목은 다음과 같다.

(1) 나는 왕립 군사문제연구소와 영국 공병연구소에서 전술에 관해 강의했다.
(2) 나는 공인 『보병 교범』의 전체 저술의 절반을 기술하였다.
(3) 나는 광고문안에 써 있듯이, '살아있는 각 분야의 가장 위대한 권위자들' 이 쓴 『대영 백과사전』 최신판에 보병전술에 관한 기사를 썼다.
(4) 나는 70개의 보병전술에 관한 조그마한 사상들 외에도 새로운 공격방법, 새로운 방어방법, 새로운 전투 지휘체계를 고안했다.[6]

그는 1922년부터 1924년까지 새로이 설립된 육군 교육부대에 근무했으나, 건강상의 이유와 그의 강력한 개성과 자부심 등으로 인해, 1924년에 실제로는 육군을 떠나 군사연구와 논평을 본격적으로 개시했고, 1927년에 대위로 제대했다. 그 후 신문기자 및 작가로서 활동하게 되며, 「모닝 포스트」, 「데일리 텔레그라프」, 「타임스」지의 군사문제 담당기자로 근무했다.

제1차 세계대전에 대한 리델 하트의 최대의 의문은, 가령 전투에서 결정적 승리를 획득한다 해도, 그것이 결과로써 우리 편에게 막대한 희생을 강요하는 것이라면, 전쟁의 승리가 무슨 뜻이 있는 것일까 하는 것이었다. 그는 이미 1924년의 논문 「나폴레옹의 오류」 속에서, 적 주력군에 대한 결전決戰을 구하는 '절대전쟁'을 수행한다는 것은 오류이다고 하며, 더욱이 그 오류의 원인이 클라우제비츠의 전략사상에 있다고 지적했다. 또한 리델 하트는 『나폴레옹의 망령』(1933)[7] 속에서 클라우제비츠를 '대량·상호 대학살의 구세주'(Mahdi of mass and mutual massacre)라고 표현했다. 즉 클라우제비츠는 나폴레옹의 전투방식을 이론화하여 전장에서 적 주력군의 격멸을 최상으로 하는 '직접 접근전략'을 주장했는데, 이것이야말로 제1차 세계대전 참전국의 그릇된 전략사상을 지배한 원흉이며, 이 전략의 존재로 인해 제1차 세계대전이 불필요한 대량 살육의 무대가 되었다는 주장이다.

---

6) 주은식 역(1994), p. 43.
7) 이 책은 1932년부터 33년에 걸쳐 캠브리지 대학에서 「18세기부터 20세기에 이르는 군사사상의 동향과 그것이 유럽사에 미친 영향」이라는 제목 하에 강연한 것을 그 후 추가·수정한 것이다.

그는 1935년~1937년, 당시 육군 장관 호아 베르시아의 비공식이라 해도 영향력이 강한 조언자로 일하기도 했으며, 1939년 「타임스」지를 떠난 후에 다시는 상근직장을 가지지 않고 문필활동을 했다.

여기서 그의 생애에서 유의할 점을 열거하면 다음과 같다.

1) 그는 캠브리지 대학에서 1년간 역사학을 공부하고는 군대에 입대하여, 그 후 학업을 계속할 수 없었다. 1924년 29세일 무렵, "그의 건강은 불확실했고 또한 그는 당시에 아내와 부양해야 할 어린 아들이 있었다. 그는 (학사)학위가 없었다. 그리고 그의 이전의 스승이 그에게 특별학기에 캠브리지에서 박사학위를 획득할 기회를 얻게 하려는 비상한 노력이 실패했다."[8] 그는 1940년대에 옥스퍼드 대학 전쟁사 교수의 지위를 획득코자 노력했으나, 실패한 이유는 아마도 학문적 경력과 학위 때문인 것으로 추정한다.

2) 리델 하트는 조미니(1779~1869)와 마찬가지로 사관학교·육군대학 등에서 군사교육을 통하여 군사 전문지식, 즉 전쟁 및 전략·전술 등을 배운 경험이 전연 없었다.

3) 클라우제비츠는 전쟁이론의 정립을 위해 방법론을 깊이 연구했으며, 그가 『전쟁론』(1832)의 원고 집필에만 12년 이상의 시일이 소요되었다. 그의 『전쟁론』을 이해·해석하기 위해서는 어느 정도의 칸트(1724~1804)에서 헤겔(1770~1831)에 이르는 관념주의 철학의 기초 지식을 구비하고 있어야 하는데, 리델 하트는 그렇지가 못했다. 그의 간접적 제자인 이시즈(石津朋之)에 의하면, "과연 리델 하트는 클라우제비츠의 『전쟁론』을 한 번이라도 정독한 적이 있었는가는 오늘날까지 분명치 않다. 그는 독일어를 거의 읽지 못한다는 것과 또 당시 번역 출판된 『전쟁론』의 영어판에는 상당한 문제가 포함되어 있었다는 이 두 가지는 확실하다"[9]고 했다.

4) 리델 하트는 유고로 『제2차 세계대전사』(*History of the Second World War*, 1970)를 남겼는데, 그 책의 서문은 부인이 집필했으며, 새로운 면을 소개했다. 즉, "충분한 재산이 없었던 남편은 생활비를 벌기 위해 잡문·논평의 글이나, 벼락치기로 집필하는 책에 쫓겨서 『제2차 세계대전사』를 위한 조사는 언제나 늦어졌다"[10]는 것이다. "1965년, 캘리포니아 대학교의 방문교수(visiting professor)를 의뢰받아, 그는 나이 70세에 교수

8) 주은식 역(1994), p. 44.
9) 石津朋之 編著, 『リデルハート』(東京 : 芙蓉書房出版, 2002), p. 206.
10) B. H. Liddell Hart, *History of the Second World War* (Cassell & Company Ltd., 1970) Forward, ix.

로서 두 세계대전에 대해 강의를 했다."[11]

리델 하트는 영국에서 대학 교수의 직장을 얻고자 무던히 노력했으나 얻지 못했다. 영어권의 군사문제의 일류 전문가였지만, 겨우 70세에 미국대학의 방문교수가 되었는데, 거기에 문제점이 내포되어 있는 것으로 생각한다.

## 3. 클라우제비츠의 『전쟁론』에 대한 평가

『전쟁론』(1832)은 전연 관점이 틀리는 '절대전쟁'과 '현실전쟁'의 혼작混作의 미완성 작품이다. 거기에다 철학적 용어의 추상성과 방대한 분량(1980년의 Ullstein Materialien版으로 718쪽)으로 인하여 명저로 알려져 있으나, 실제로 읽혀지고 있는 것보다는 인용문으로 사용되는 경우가 많고, 또한 오해·난해의 책으로 나라와 시대에 따라 평가도 엇갈리고 있다.

조미니(1779~1869)에 의하면, "클라우제비츠 장군이 박식하고 건필가라는 것을 부인하는 사람은 아무도 없다. 그러나 그 펜은 때때로 종잡을 수 없어 간결해야 하는 학술적 논의에 있어서 지나치게 허세를 부리는 것 같다. 그 외에, 따로 그는 군사학의 면에서 지나치게 회의적인 것을 보여준다. 즉 그의 첫 편은 모든 전쟁이론을 부정하는 선언에 지나지 않고, 반면 제2·3편은 이론적 원칙이 충만 되어 저자가 타인의 설을 믿지 않아도, 스스로의 이론의 효용 가치에 대해 자신自信이 가득 차 있다는 것을 증명하고 있다."[12]

플러(J. F. C. Fuller)에 의하면, "미완성이고, 추고되지 않은 『전쟁론』은 거의 논문이나 각서를 모은 것이고, 충분히 검토된 형식으로 집대성된 것은 아니다. 그것은 문장이 길고, 반복이 많고, 상투적이고 알고 있는 내용이 많다. 거기에다 여러 곳에 극도로 복잡화되고 모순되는 곳도 있다.… 그는 절대전쟁의 개념을 모든 군사행동을 추정하는 잣대로 생각한 것이 확실하다."[13]

로진스키(Herbert Rosinski)에 의하면, "『전쟁론』은 오늘날까지 나타난 전쟁과 전쟁수행

---

11) 상게서, vii
12) J. D. Hittle, *Jomini and his Summary of The Art of War* (Harrisburg, PA. : Stackpole Books, 1965), p. 42.
13) J. F. C. Fuller, *The Conduct of War* (New Brunswick : Rutgers University Press, 1961), p. 60.

에 관한 연구 중 가장 심오하고 포괄적이며 또 체계적인 유일한 군사 고전이다."[14]

브로디(Bernard Brodie)에 의하면, "클라우제비츠의 『전쟁론』은, 그 통찰력이 심오하고, 또 독창적이기 때문에 후세의 사상가들에 의해 이해되지 않았던 고전 중의 하나이다."[15]

할베크(Werner Hahlweg)에 의하면, "클라우제비츠 이론의 핵심은 아직 이해되고 있지 않든가 혹은 주목되지도 않았다. 더욱이 그의 모든 작품의 철학적·이론적 근거나, 정치·경제·사회의 다양한 요인 가운데서 볼 수 있는 전쟁의 전체상을 먼저 생각해야 한다는 것을 잊어버리고 있다."[16]

리델 하트의 견해는 앞에 얘기(자료 1)한 바와 같으며, 『전쟁론』에 관해서는 아직 학자들의 견해가 엇갈리고 있는 실정이다. 필자는 이 논문의 취지상 필요한 내용을 간략하게 설명하고자 한다.[17]

## 가. 『전쟁론』이 오해를 받는 이유는?

클라우제비츠의 『전쟁론』이 오해를 받고 있는 가장 큰 원인은, 절대전쟁과 현실전쟁의 양편의 견해가 뒤섞인 미완성의 작품이라는 데서 오는 것이리라. 그는 현실전쟁관으로 모든 작품을 근본적으로 수정하고자 했던 의도를 「저자의 두 가지 수기手記」에서 다음과 같이 밝혔다.

> ① 최초의 여섯 편은 이미 정서淨書를 했으나, 내가 보는 바로는 아직 불비한 원고이므로 다시 한 번 모두 개정改訂할 필요가 있다. 또 개정하는 경우에는 각기 목적을 달리하는 두 종류의 전쟁의 구별을 더 명확히 하고 싶다.…
>
> 지금 두 종류의 전쟁이라고 말했는데, 첫째는 적의 격멸을 목적으로 하는 전쟁이며,… 둘째는 적국의 국경부근에 있는 적 영토의 얼마간을 쟁취하려는 전쟁이다.…
>
> 이 두 종류의 전쟁 사이에는 갖가지 중간적 단계가 있다. 그러나 양자가 추구하는 목적이 전혀 성질을 달리하고 있다는 것은 어떠한 경우에도 철저히 하지 않으면 안 되며, 또 양자의 상용相容

14) Herbert Rosinski, *The German Army* (New York : Frederick A. Praeger, 1966), p. 110.
15) Carl von Clausewitz, *On War*, trans. by Michael Howard and Peter Paret (Princeton University Press, 1976), p. 50.
16) クラウゼィッツ協会編, 1980『戦争なき自由とは』クラウゼィッツ研究委員会訳(東京 : 日本工業新聞社, 1982), p. 41.
17) 상세한 내용은, 이종학 『클라우제비츠와 전쟁론』(서울 : 주류성, 2004)을 참고할 것.

치 못하는 성질을 분명히 분리해 두어야 한다.… 전쟁의 고찰에 있어서 역시 실제로 필요한 관점이 명백하고 또 정확하게 확립되어야 한다. 그것은 즉,

'전쟁이란 다른 수단을 가지고 하는 정책의 계속에 지나지 않는다'는 것이다. 언제나 이 관점에 선다면 전쟁에 관한 고찰은 지금까지보다는 훨씬 정연한 통일을 얻을 것이며, 또 모든 것은 쉽사리 해명될 수 있으리라.…

제8편의 완성으로 전쟁에 관한 나의 사상을 밝히고, 따라서 전쟁의 요강을 확정할 수 있다면, 이 정신을 최초의 여섯 편에 도입하여 그런 요강을 이들 여섯 편을 통해 나타낸다는 것은 나에게 더 쉬운 일이 되리라.… 요컨대, 완전한 것으로 생각되는 것은 제1편 제1장뿐이며, 적어도 이 장은 내가 이 책 전체에 부여하려는 방향을 제시하는 데 소용이 된다고 생각한다.

클라우제비츠의 '두 종류의 전쟁'에 의거하여 『전쟁론』의 내용을 분류하면 아래와 같다.

• 절대전쟁 : 제1편, 전쟁의 본질에 대하여(제1장은 제외)
제2편, 전쟁이론에 대하여
제3편, 전략 일반에 대하여
제4편, 전투
제5편, 전투력
제6편, 방어

• 현실전쟁 : 제1편 제1장, 전쟁이란 무엇인가(완전한 내용)
제7편, 공격(초안)
제8편, 전쟁계획(초안)

클라우제비츠는 1806년 10월 아우구스트 친왕의 부관으로 출전하여 이에나 전투에서 나폴레옹군에 의해 괴멸적인 패배를 당했을 뿐만 아니라, 포로가 되어 8개월 정도 프랑스에서 포로생활을 체험했다. 그의 『전쟁론』 연구와 집필 원점은 여기서 연유되는 것이리라. 즉 인구 3,000만의 강대국 프랑스가 인구 500만의 프로이센에 다시 침공해 온다면, 어떻게 싸워 국토방위를 할 것인가. 그리고 저자의 '수기'에 의하면 "나는 제8편으로 전략가나 정치가의 두뇌의 혼란을 일소해 버릴 의향을 가지고 있다. 적어도 무엇이 문제인가, 또 전쟁에 임하여 본질적으로 고찰해야 하는 것이 무엇인가를 명시해 보고자 한다"고 밝혔다.

클라우제비츠가 체험한 나폴레옹 식의 전투는 전연 새로운 전투, 즉 폭력을 무제한으로 발휘하여 적군의 타도·격멸을 유일한 군사목표로 하는 전투였다. 그는 이런 전투야말로 순수하고 또 마땅히 있어야 할 전쟁형식이라 확신하고, 전쟁의 모델로 생각하고 『전쟁론』을 집필하여 제6편 방어까지 완성했다. 그런데 40대 후반에 와서 연구와 사색이 무르익어 가자, 그가 전쟁의 모델로 생각한 '절대전쟁'에 문제점과 보편성이 결여되어 있다는 의문이 생겨났다.

② 나폴레옹에게 있어서 전쟁은 적을 타도할 때까지 쉬지 않고 진행되었으며, 따라서 적의 반격도 계속하여 실시되었다. 그러한 현상이 엄밀한 논리적 귀결에 따라 우리들을 전쟁 본래의 개념으로 돌아가게 한 것은 자연스럽고 또한 필연적인 것이 아니겠는가.

그런데 우리들은 전쟁에 대해 본래의 개념을 어디까지나 고집하고, 가령 현실전쟁이 절대전쟁으로부터 아무리 멀어져 있어도, 어떠한 전쟁이라 할지라도, 절대전쟁이라는 기준에 따라서 판정하고 또 전쟁의 순수한 개념으로부터 일체의 이론적 결론을 끌어내어도 좋은 것인가?

우리들은 이 문제에 대해 취해야 할 태도를 명확하게 결정해야 한다. 전쟁은 전적으로 본래의 개념대로 있어야만 하는 것인가, 혹은 그것과 별개의 것이 될 수 있는 것인가 하는 문제를 해결하지 않는 한, 전쟁계획에 대해서 확실한 수상을 할 수 없기 때문이다.(제8편 제2장, 자후 Ⅷ-2로 略記함)

클라우제비츠는 절대전쟁과 현실전쟁의 어느 것을 전쟁이론의 기준으로 선택해야 할 것인가에 대해 상당히 고민했다. 이 문제가 해결되지 않는 한, 전쟁계획 뿐만 아니라, 전쟁이론의 수립도 불가능했다. 그는 고대로부터 나폴레옹 전쟁까지 130여 개의 전역·전투를 면밀히 분석·연구한 결과, 1805년 9월의 울름전투, 1806년 10월의 이에나 전투, 1809년 7월의 와그람 전투가 절대전쟁이라 할 수 있으나, 그것은 보편성이 결여된 예외적인 전투임을 확인했다. 그리고 그것 이외의 나폴레옹의 지휘 하에서 수행된 전쟁은 제한된 목표를 가지고 수행된 현실전쟁임을 확인했다.

③ 전쟁술에 있어서는, 경험이 모든 철학적 진리보다도 가치가 높기 때문이다.(Ⅱ-5)

④ 역사적 실례實例는 모든 것을 명확하게 할 뿐만 아니라, 경험과학에 있어서는 가장 훌륭한 증명력을 가지고 있다. 특히 전쟁술에 있어서는 더욱 뚜렷하다.…

전쟁술의 뿌리에 있는 지식은, 경험과학의 분야에 속하는 것이 분명하다. 이런 지식의 대부분이 사물의 본질에서 도출되었다 하여도, 그 본질 자체는 경험을 통하여 비로소 인식되기 때문이다.(Ⅱ-6)

⑤ 강력한 논리에 지탱되고 있는 이 이론도 현실 앞에서는 무력함을 보여준다.(Ⅷ-2)

여기서 클라우제비츠는 '절대전쟁론자'로부터 '현실전쟁론자'로 입장을 바꾸었으며, 또 전쟁 철학자로 불려지고 있으나, 형이상학적 관념론자가 아니라, 현실론자가 되었다고 해석한다. 따라서 리델 하트가 클라우제비츠의 『전쟁론』을 인용하면서 출처(쪽 혹은 편과 장)를 밝히지 않았고 또 수정되지 않은 절대전쟁의 관점의 내용을 인용하여 논박했다는 것은 '불공정'한 태도라 말하지 않을 수 없으리라.

## 나. 『전쟁론』이 난해한 이유는?

『전쟁론』은 오늘날에 와서 불후의 명저로 평가되고 있지만, 이해하기 어려운 이유는, 주로 그의 전쟁연구의 방법론에서 유래하는 것이리라. 방법론(methodology)이란, 어떤 학문의 성격에 관한 철학적 관점·인식론적 기초 위에서 지식을 얻는 근거의 타당성을 규명하는 수속으로서의 이론적 접근을 뜻한다.

클라우제비츠는 논법, 사고방식, 인식론 그리고 전쟁이론의 일관된 체계를 수립하고자 당시의 칸트에서 헤겔에 이르는 독일 관념주의 철학에 기반을 두고 있다는 데 대해서는 대체로 동의하고 있다.[18] 그러나 독일 관념주의 철학 그 자체가 이해하기 쉬운 학문이 아니다. 예컨대, 칸트가 그의 『순수 이성비판』(1781)의 원고를 철학에 노숙한 친구 헬츠(Herz, 1747~1803)에게 보냈더니, 그는 그 원고를 절반 정도 읽고는 "이것을 더 읽다가는 미치겠다." 하면서 돌려보냈다.[19] 필자도 칸트의 『순수 이성비판』을 5, 6회나 시도하여 겨우 읽는 정도였다. 클라우제비츠는 「저자의 서문」에서 다음과 같이 언명했다.

⑥ 이 책의 학문적 형식이라는 것은 대체 어떤 점에 있는 것일까. 그것은 즉, 전쟁에 있어서의 여러 가지의 현상의 본질을 규명하고, 이들 현상과 이것을 구성하고 있는 여러 가지 요건의 성질과의 연관을 제시하려는 데 있다.

'현상의 본질을 규명'한다는 것은 철학적 고찰을 뜻한다. 그는 전쟁의 실태를 정확히 파악하고, 이것을 분석하는 학문적 근거에 바탕을 두는 방법을 철저하게 연구하는 필요에서

---

18) Peter Paret에 의하면, 독일 관념주의 철학과 후기 계몽주의의 미학이론을 기반으로 한 것으로 생각한다고 했다. Peter Paret, *Clausewitz and the State* (London : Oxford University Press, 1976), p. 151.

19) Will Durant, 1952, *The Story of Philosophy* (New York : Washington Square Press, 1970), p. 254.

방법론에 깊은 관심을 쏟았다. 그렇다면 클라우제비츠는 어디서 철학의 교육을 받았을까?

> 1801년, 칸트 철학을 보급시킨 키세베테르(Kiesewetter)가 교수로 있었다.… 그는 클라우제비츠에게 철학적 방법(philosophic method)에 눈 뜨게 해주어, 이것이 그의 전쟁이론의 핵심을 형성하는 데 큰 영향을 미쳤다.… 그는 대단히 철학적인 성향을 가지고 있으면서 또 실제적인 면을 가지고 있었다. 그가 집필한 글을 보면, 철학을 개념 형성이 아니라, 목적에 도달하는 수단으로 이용했다. 다른 사람의 책에서 배운 개념(concepts)이나 같은 시대의 공통적인 생각도 자유스럽게 수용했다.… 독일 철학으로부터 전쟁이란 무엇인가라는 명제의 논리적 조립법은 배웠지만, 여기서 해답은 구하지 않았다.[20]

클라우제비츠는 1801년 베를린의 초급장교들을 위한 군사학교에서 3년간 교육을 받으면서, 군사분야는 물론이고, 인문·사회·자연과학과 철학을 배웠고, 그 후 독학으로 전쟁이론 수립에 필요한 학문분야를 연구했다. 그의 전쟁이론 연구에는 광범위한 학제적 접근법(interdisciplinary approach)을 구사했는데, 그 이유는 전쟁수행이란 사회에 있어서 인간활동의 모든 분야를 망라하고 있었기 때문이었다. 그래서 『전쟁론』은 쉽게 접근할 수 있는 저서는 아닌 성 싶다.

예컨대, 제1차 대전의 패전 후, 독일 국방군의 총사령관이었던 제크트(Seeckt, 1866~1936) 대장은, 1930년 클라우제비츠 탄생 150주년을 기념함에 있어서, 그는 아직도 『전쟁론』을 '어려운 저술'이라 했고, 또 '현대철학의 술어를 사용한 비교적 애매하고 서투른' 문체라고 평했다. 그 후 수년 후(1936. 4. 1), 그는 부인에게 보낸 편지에, '클라우제비츠에 관한 한, 나는 조예가 깊은 철학적 훈련이 부족하다. 나는 차라리 가끔 행운의 공식을 발견하는 재능을 가진 경험주의자이다'라고 썼다.[21]

클라우제비츠의 『전쟁론』은 23년간의 실전 경험, 군사적 전문지식뿐만 아니라, 인문·사회·자연과학의 기초 지식, 명석한 두뇌, 그리고 12년간이라는 차분한 연구·사색의 결정체結晶體이다. 아직도 이 저서를 능가하는 책이 나타나지 않고 있으며, 이 저서를 이해하기 위해서는 장시간의 연구와 사색으로 길들인 두뇌와 인내가 필요하며, 또 비판력과 깊은 군사사軍事史의 지식, 그리고 특히 칸트에서 헤겔에 이르는 독일 관념주의 철학의 기초지식이 있어야 하니, 쉽게 비판하거나 또 번역할 수 있는 저서는 아니라고 생각한다.

---

20) Peter Paret(1976), p. 69, p. 84.
21) Michael I. Handel ed., *Clausewitz and Modern Strategy* (London : Frank Cass & Co., Ltd. 1986), p. 217.

## 다. 전쟁이론의 기능과 한계

『전쟁론』 가운데 클라우제비츠가 가장 많은 시간과 노력을 기울인 것은 제2편의 「전쟁이론에 대하여」일 것이다. 그러나 이 책을 연구하거나 읽는 많은 군인들은 이 내용을 대부분 무시했으리라. 그 이유는 군사활동의 실무에 영향을 미치지 못하기 때문일 것이다. 그러나 전쟁을 학문으로써 연구대상으로 했을 경우, 전쟁이론의 기능과 한계의 문제는 대단히 중요한 과제이며 또 중대한 영향을 미치리라.

그는 「저자의 서문」에서, "정신(Geist)과 실질(Gehalt : 병력, 무기 및 장비 등)을 구비한 체계적인 전쟁이론을 쓴다는 것은 불가능한 것은 아니다. 그러나 지금까지 나타난 여러 이론은 그러한 것과는 상당히 거리가 멀었다. 이들 이론은 쓸데없이 체계적인 연관과 완성에만 힘을 기울였기 때문에 일상적인 허튼 얘기로 시종하고 있다.… 저자는 전쟁에 관한 다년간에 걸친 사색과 전쟁을 경험한 총명한 군인들과의 교제, 그리고 나 자신이 겪은 많은 경험에 의해 나의 마음속에 형성되고 승화된 것을 불순물이 없는 순전한 알맹이로서 제시하려는 방법을 택하였다"고 기록함으로써 전쟁이론 수립에 대한 심상치 않은 의욕을 나타내었다.

클라우제비츠와 거의 같은 연배이고, 나폴레옹 전쟁을 반대편에서 함께 경험했으며, 전쟁이론에 업적을 남긴 스위스 사람, 조미니(1779~1869)와 비교·분석함으로써 그의 전쟁이론의 본질과 성격을 규명해 보고자 한다.

일찍이 삭세(1696~1750) 원수는 주장하기를, "전쟁은 암흑으로 덮인 과학이다. 그 속에서는 아무도 자신 있게 발자국을 옮겨놓지 못한다.… 모든 과학은 원칙을 가지고 있으나 전쟁의 경우에만은 없다"고 했다. 조미니는 이러한 견해에 대해 반대의 입장을 취했다. 즉 그는 『대군작전론』(1804)에서, "어떠한 경우에도 기초적 원칙이 있으며, 그것을 따르면 좋은 결과를 얻는다. 그러한 원칙은 무기체계와 역사적 시간과 장소에는 관계없이 변치 않는다"고 했다. 그리고 『전쟁술 개요』(1838) 가운데서 조미니는 이 책의 주목적은 "모든 전쟁의 작전에는 기초적 원칙이 있으며, 이 원칙은 성공하는 모든 방법을 지배한다는 것을 논증하는 데 있다"고 했다.[22)]

조미니는 네 가지의 전략의 기초적 원칙을 제시하고, 전쟁술이란 가능한 한 많은 병력

22) Edward M. Earle, ed., *Makers of Modern Strategy* (Princeton University Press, 1943), p. 84.

을 결승점에 투입하는 것이라면, 이것을 달성하는 방법은 올바른 작전선(line of operation)을 선정하는 데 있으며, 작전선의 선정은 모든 전쟁이론의 핵심이라고 주장했다.[23)]

조미니의 주요 저서인 『전쟁술 개요』는, 미국에서 남북전쟁(1861~1865) 중인 1862년에 번역되어, 전투 중의 남북 양군의 장교들이 애독했을 뿐만 아니라, 그 후 미국의 군사사상에 지배적인 영향을 미쳤다. 예컨대, 마한(1840~1914) 제독은 그의 『해양력이 역사에 미치는 영향』(1890), 『해군전략』(1911) 등은 조미니의 전쟁이론을 원용했다는 것을 분명히 밝혔다. 그러나 오늘날에 와서 클라우제비츠의 『전쟁론』은 활발하게 논의·연구되고 있는 데 반하여, 조미니의 『전쟁술 개요』는 소외되어 버린 원인은 과연 무엇일까? 이것은 클라우제비츠의 전쟁이론을 분석함으로써 이해되리라.

클라우제비츠가 최초로 해결해야 할 문제는 과연 전쟁이론의 수립이 가능한가 하는 근본문제였다. 그는 전쟁이론이 스스로의 한계를 인정하고, 이론이 측정 가능한 물질적 요인뿐만 아니라, 측정 불가능한 정신적 요인에도 충분한 가치를 인정한다면, 전쟁이론의 수립 및 효용성이 입증된다는 입장이었다. 당시 그의 비판 대상이 되었던 전쟁이론에는 어떤 것이 있었을까.

비판의 대상이 되었던 전쟁 이론가들은 병력의 우세, 군사장비와 보급, 작전기지 등 계산할 수 있는 대상만을 고찰하고자 했으며, 뷰로(Bulow, 1759~1808)가 여기에 해당되었다. 뷰로는 보급 요소가 대단히 중요하다고 믿었기 때문에 작전기지에서 작전하는 부대의 병참선의 각도가 90도 이하가 되어서는 안 된다고 주장했다. 이번에는 기하학적 원리, 즉 내선이나 작전선이 왕좌에 오르게 되었는데(조미니를 지칭), 클라우제비츠는 이런 주장의 타당성을 부정했다. 그것은 그들의 주장이 단순화되어 있기 때문이 아니고, 그들은 전쟁의 본질을 거의 무시하고 있었기 때문이었다.

⑦ 전쟁은 최초부터 가능성·개연성·다행 혹은 불행과 같은 도박적 성격이 섞여져 있는 것이다.… 이론이라는 것은 인간적인 것을 충분히 고려해야만 하는 것이다. 전쟁술은 살아있는 힘과 정신적 힘을 다루고 있기 때문에 절대적인 것, 확실한 것에 도달할 수 있는 것이 아니다.(Ⅰ-1)

⑧ 전쟁에서의 모든 것은 대단히 단순하다. 그런데 너무나 단순한 이것이 오히려 더 어려움을 간직하고 있다. 이 어려움은 누적되어 전쟁을 아직 보지 못한 자는 상상도 못할 마찰이 있다. 그래서

---

23) 상게서, p. 85.

강철과 같은 강한 의지意志가 이 마찰을 제거하며 여러 가지 장애를 분쇄해 버린다. 어쨌든 큰 도로가 마주치는 광장에 서 있는 오벨리스크처럼, 전쟁술의 중앙에 당당히 솟아있는 것, 즉 불굴의 정신을 갖춘 장수의 견고한 의지인 것이다.(Ⅰ-7)

클라우제비츠에 의하면 전쟁이론은 이 마찰(위험·육체적 고통·정보의 결핍)의 중요성을 이해하는 데서부터 출발해야 하며, 이 마찰을 극복하는 것이 정신력이며, 이로 인해 이론은 적극적인 법칙이나 교리를 제시하지 못한다는 입장이다. 그가 전쟁술에 있어서 정신력을 강조한 배경에는 1790년부터 1830년에 이른 40년간 무기와 장비 및 전술에 중대한 변화가 없었다는 것을 전제로 해서 이해되어야 한다. 정신이란 지휘관의 의지, 병사들의 사기 그리고 국민의 정신력을 뜻하는 것이다.

여러 가지 면에서 클라우제비츠를 비판했던 리델 하트도 이렇게 칭찬했다. 즉 "전쟁이론에 대한 클라우제비츠의 최대의 공헌은 심리적 요인을 강조했다는 것이다."[24] 클라우제비츠는 이론의 기능과 한계를 다음과 같이 명시했다.

⑨ 이론이란 오성悟性의 길을 잘못 들지 않도록 대상의 전체를 밝게 비추며, 오류 때문에 생긴 여러 곳의 무성한 잡초를 제거하고, 사물의 상호관계를 나타내며 중요한 것과 그렇지 않은 것을 분별하는 것이다. 또한 여러 가지 개념이 모여서 우리들이 원칙이라고 부르는 진리의 핵심에 도달하는 경우나 거기에 기준을 형성할만한 방향이 스스로 성립되어 있는 경우, 이론은 이것을 명확하게 제시해야 한다.…

이론은 정신이 가야 하는 길을 그 양쪽에 세운 원칙에 의하여 필연성이라는 좁은 길로 제시할 수도 없다. 요컨대 이론의 효용은 정신을 훈련시켜 잡다한 대상과 이들 대상 상호의 관계를 통찰하여 거기서 다시 정신을 행동의 영역으로 보내는 데 있다.(Ⅷ-1)

⑩ 전쟁이론이란 미래의 지휘관을 양성하는 것일 뿐만 아니라, 미래 지휘관의 독학獨學을 돕는 것이며, 결코 그와 더불어 전장에서 그를 인도하는 것은 아니다. 그것은 현명한 교육자가 소년의 정신발달에 방향을 가르쳐 주고, 그 진로를 인도해 줄지언정, 직접 손을 끌고 소년의 일평생을 자기의 의지대로 하지 않는 것과 같다. 이론은 어디까지나 인간의 사고思考의 철학적 법칙을 만족시켜 주고 모든 선線이 교차하는 점을 명확히 해주기 위한 것이지, 결코 전장에서 사용하기 위해 대수학적 공식을 안출하는 것은 아니다. 요컨대, 전쟁이론에서의 법칙이나 규칙은 지휘관의 사고思考를 위해 그 내적 운동의 주요 방침을 규정하는 것뿐이며, 그 전도前途를 위해 측량봉을 세우는 것은 아니다.(Ⅱ-2)

24) B. H. Liddell Hart(1991), p. 340.

조미니에 의하면, 전쟁이론은 규범적이어야 하며, 승리를 얻기 위해 무엇을 해야 하는가 하는 기본 원칙을 지휘관에게 권고 내지 지시해 주는 것이어야 한다고 주장했지만, 클라우제비츠는 위에서 주장한 것처럼 지휘관 스스로 연구하는 것을 돕는 것이지, 전장에서 그를 인도해 주는 것이 아니라고 했다. 그의 이론에 대한 부연은 다음과 같다.

⑪ 전쟁을 구성하고 있는 모든 대상은 얼른 보아서는 헝클어져 분별하기 어려움에도 불구하고, 만약 이론이 이러한 대상을 하나하나 명백히 구별하고 여러 수단의 특성을 열거하며, 또 이러한 수단에서 생기는 효과를 지적하고 목적(전쟁)의 성질을 명백히 규정하여, 더욱이 투철한 비판적 관찰의 빛에 의해서 전쟁이라는 영역을 명백히 규정하며, 더욱이 투철한 비판적 관찰의 빛에 의해서 전쟁이라는 영역을 샅샅이 비칠 수 있다면, 이론은 그 주요한 임무를 달성한 것이 된다. 이렇게 되면 이론은 전쟁이 어떠한 것인가를 책을 통해서 알려는 사람에게 좋은 안내자가 되며, 그가 가는 곳을 비춰주며, 그의 발걸음을 가볍게 해주고, 또 그의 판단력을 육성하여 그가 기로에서 헤매지 않도록 지도할 수 있는 것이다.(Ⅱ-2)

희랍의 철학자 헤라클레이토스(Herakleitos, B.C. 540?~480?)는 만물의 진상眞相은 영원한 생성生成이며, 만물은 유전하며 또 같은 흐름에 두 번 설 수 없다고 했다. 클라우제비츠도 불변의 전쟁이란 존재하는 것이 아니라, 그 시대에 따라 전쟁이론이 생겨나야 하고, 또 전쟁수행의 방법도 변하지만, 거기에 약간의 변하지 않는 요인이 전쟁이론의 연구대상이 된다고 했다. 리델 하트는 클라우제비츠의 『전쟁론』을 비판함에 있어서, 그의 전쟁이론의 기본적인 입장이 무엇인가를 좀더 상세히 고찰했어야 했다고 생각한다. 즉,

⑫ 이상으로 우리들은 역사적 개관을 끝내고자 한다. 우리들이 이러한 개관을 시도한 것은 역사상 각 시대의 전쟁수행에 관한 약간의 일반적 원칙을 얘기하려는 것이 아니라, 어떠한 시대도 그 시대의 독특한 전쟁을 실시하며, 전쟁에 가해지는 독특한 조건을 구비하며 또한 독특한 편견을 가졌다는 사실을 분명하게 하는 데 있었다. 따라서 어떠한 시대에도 조만간 이론을 철학적 원칙에 비추어 수정할 필요가 생겼다 할지라도 각 시대는 각 시대의 독특한 전쟁이론을 가졌던 것이다.…

이처럼 각 시대의 전쟁수행이 어느 것이나, 그 시대의 국가 및 군의 특수한 사정에 의하여 제약되어 있던 그런 전쟁수행이라 할지라도 얼마간의 보편적인 것, 아니 극히 보편적인 것을 포함하고 있을 것이다. 그리고 전쟁이론이 무엇보다도 논구論究의 대상으로 하는 것은 바로 이 보편적인 것에 지나지 않는다.(Ⅷ-3)

## 4. 리델 하트의 『전쟁론』 비판에 대한 논평

리델 하트가 클라우제비츠의 『전쟁론』을 비판했는데, 이 문제에 대한 연구자들의 견해는 어떠했는가를 검토해 보고자 한다. 특히 이 문제를 논의함에 앞서서 『대륙국가와 해양국가의 전략』의 저자인 사토(佐藤徳太郎, 1909~2001) 교수의 견해를 먼저 소개코자 한다.

> 클라우제비츠는 결승 전투를 전쟁의 운명을 개척하는 관건이라고 본데 반하여, 리델 하트는 오히려 이것을 바람직한 것이 아니라 하여 애써 이를 회피해야 한다고 주장했다. 전자가 전투 일반의 목적이 적 병력의 타도 격멸에 있다고 주장한데 반하여, 후자는 적을 위협 견제하여 혼란에 빠뜨려 가벼운 일격에 의하여 적을 무력화하는 것이 더 훌륭하다.…
>
> 클라우제비츠는 전략에 있어서 전술적 측면을 중시하였고, 리델 하트는 전략에 있어서 정략적 측면을 중시하였다고 하여도 좋을 것 같다. 말을 바꾸어 한다면, 전자는 장군의 눈으로, 후자는 정책결정자의 눈으로 전략을 관찰하였던 셈이다. 클라우제비츠가 전략에 유연한 정의定義를 내리고서도, 적 전투력의 파괴를 그 중심 명제로 삼았고, 또 그 주요 사업으로 삼아, 전술적 성공, 즉 전승만이 전략상의 성공成功을 가져다 줄 수 있는 유일한 것이라고 주장한 것은, 그가 실전에 종사하는 군인의 입장에서 전략을 파악하고 있었던 명백한 증좌이다. 또 그가 전략을 최소의 노력으로 최대의 적 전력을 파괴하는 술이라고 인식하면서도, 용병상의 최대의 가치를 직접 적과의 결전에 의한 전술상의 성과에 두고 있었던 것은, 그가 대륙적 군사사상의 테두리에서 끝내 벗어나지 못하였던 한계를 가리키고 있다고 하여도 좋을 것 같다. 이것이 이 책의 서두에서 말한 리델 하트의 비난의 원천이 된 것이다.…
>
> 양자의 관점의 차이점은 그 개인의 성격 자질 만으로부터 유래되었다고는 생각할 수 없다. 거기에는 시대의 차이로부터 유래된 큰 연유가 존재한다. 클라우제비츠는 나폴레옹 전쟁으로부터 주로 그 이론을 전개한 데 대하여, 리델 하트는 양차의 세계대전으로부터 그의 결론을 도출하였다. 나폴레옹 전쟁이 교전주의, 섬멸전략의 빛나는 금자탑인데 반하여, 양차 대전은 오히려 그것의 재검토를 촉진하였다. 그러나 그것만이 아니라, 이러한 관념의 상이相異를 낳게 한 근본은 양인이 속하였던 국가, 즉 영국과 독일의 위치·환경·역사·전통·국민성 및 전략태세가 현저하게 달라서, 그것이 크게 영향을 미치고 있다는 것을 간과할 수가 없겠다.[25)]

인용문이 약간 길었지만, 상술한 내용은 필자가 논의하고자 하는 논쟁점에 밝은 등불이 되는 기준을 제시해 주었다.

대륙국가와 해양국가의 전쟁관의 차이점은, 대륙국가에 있어서 적이 침공해 온다면, 그것이 어떤 규모나 형태라 할지라도 맞부딪쳐 적을 저지해야만 하며, 만약 그것이 실패하

---

25) 佐藤徳太郎, 『大陸国家と海洋国家の戦略』(東京 : 原書房, 1973), p. 101. pp. 104~105.

면 국가의 존망과 국민의 생사와 직결되기 때문에, 전투·적 군사력의 격멸을 중시하지 않을 수 없었다. 그러나 해양국가, 즉 유럽대륙의 건너편에 있는 영국에 있어서는 전쟁을 더 타산적 관점에서 처리하며, 수지가 맞지 않는 전쟁은 수지가 맞을 때까지 연기하는 여유가 있었다. 리델 하트의 『전쟁론』 비판은 그가 대륙국가와 해양국가의 전쟁관의 기본적 차이점을 소홀하게 생각한 면이 짙게 깔려 있는 것이 커다란 흠이다. 그의 『전쟁론』 비판에 대한 학자들의 견해를 살펴보고자 한다.

마이클 하워드에 의하면 "리델 하트가 최종적으로 그린 클라우제비츠의 가르침은 왜곡되고, 부정확하고 그리고 불공정했다. 리델 하트는 이 시대의 영어권에서는 가장 광범위하게 읽혀지고 있었던 군사 저작자였기 때문에, 이와 같은 이해는 제2차 세계대전까지 진실인 것으로 일반에게 수용되었다"[26]고 했다. 요하힘 니마이어(J. Niemeyer)는 한스 로드휄스(Hans Rothfels)의 복간판 후기(1980)에 다음과 같이 기록했다.

> 클라우제비츠의 평가는 앵글로 색슨(Anglo-Saxon)의 세계에 있어서, 그 때까지 하나는, 결함이 많은 그릇된 『전쟁론』 번역에 의해 훼손되었다. 또 다른 측면에서는 영어권 세계의 사람이 가장 많은 사람들에 의해 읽혀졌던 군사 저술가 리델 하트가 클라우제비츠에 관한 부정적 판단에 기울어졌기 때문에, 앵글로 색슨 세계의 군사이론 논의에 있어서는, 제2차 세계대전 중까지는 리델 하트의 영향이 여전하게 그 흔적을 남기고 있었다.[27]

미국의 육군 전쟁대학원의 군사사 교수인 루바스(Jay Luvaas)에 의하면, 클라우제비츠에 대한 리델 하트의 비평은 그가 『전쟁론』에서 세 가지 지배적인 이론으로 고려되었던 것에 집중된다. 즉, 무장국가의 당연한 결과인 절대전쟁 이론 ; 적의 주력에 대하여 먼저 집중해야 한다는 이론 ; 전쟁의 진정한 목표는 적의 군대이므로 모든 것은 최상의 전투법칙(supreme law of battle)에 복종한다는 이론이다.[28]

지금까지 리델 하트의 클라우제비츠의 『전쟁론』에 대한 비판·해석은 왜곡되고 부정확했다는 견해는 있지만, 아직까지 구체적으로 논의된 논문을 보지 못했기 때문에, 리델 하트의 구체적인 비판내용을 인용하면서 그 시비를 클라우제비츠의 『전쟁론』을 통하여 밝혀보려고 시도하는 것이 이 논문의 기본 목표이다.

---

26) Michael Howard and Peter Paret, (trans. by 1976), p. 41.
27) ハンス ロートフェルス, 1920『クラウゼィッツ論―政治と戦争』新庄宗雅 訳(東京 : 鹿島出版社, 1982), p. 282.
28) Michael I. Handel, ed., (1980), p. 209.

## 가. 클라우제비츠는 절대전쟁론자인가?

(자료 2) 그는 '절대전쟁' 교리의 원천이기 때문에, "전쟁이란 다른 수단에 의한 국가 정책의 계속에 지나지 않는다"는 논의로 시작되는 그가 작성한 이론에 대한 논쟁은 정책을 전략의 노예로 만듦으로써 끝났다.…

그런데 기묘한 것은 그가 스스로 모순에 빠졌다는 것을 알지 못했다는 것이다. 즉 만약 전쟁이 정책의 연장이라고 한다면, 그것은 필연적으로 전후의 이익을 고려해야 할 터인데, 고갈될 때까지 국력을 사용해 버린다면 정책은 파탄되기 때문이다.…

'절대전쟁'의 개념은 그의 교리의 근원이었지만, 그의 모든 (전쟁술)사상의 공헌 가운데 가장 극단적이고 비현실적인 것이었다. '절대전쟁'이라는 말의 뜻은 상대편이 저항을 지속할 능력을 상실할 때까지 싸우는 전투를 뜻하며, 실제적으로 승자도 힘이 고갈에 빠지는 것을 뜻하고, 자기의 승리의 성과를 수확하는 것이 불가능해 진다.…

서양인의 사상을 파악하는 방식과 이 편견 사상에 의해, 클라우제비츠의 철학은 제1차 세계대전의 발발을 도왔다. "전쟁은 정책의 계속에 지나지 않는다"는 그의 언명은, 호전정책을 추구케 자극하는 기발한 문구가 되었다.[29]

(자료 3) 그의 절대전쟁의 개념에서 "승리에의 길은 힘의 무제한적 사용으로 도달된다"고 단언하면서 주장한 이론적 설명과 강조는 더욱 나쁜 영향을 미쳤다. 이때 말한 "전쟁은 다른 수단에 의한 국가 정책의 계속에 지나지 않는다"는 이 문구로 시작되는 교리는 정책을 전략의 노예로 변하게 하는 모순된 결론으로 이끌면서 나쁜 전략으로 타락시켰다.

이런 경향은 그의 다음과 같은 격언에 의해 조장되었다. 즉 "전쟁 철학에 중용의 원칙을 끌어들이는 것은 어리석은 일이다. 전쟁은 그 극한점까지 추진되는 폭력행위인 것이다."…

클라우제비츠가 여러 곳에서 선언한 것처럼, "전쟁은 정책의 계속이다"고 한다면, 전쟁수행은 필연적으로 전후의 이익을 감안하면서 수행되지 않으면 안 된다. 모든 국력을 소모하는 국가는 자국의 정책을 스스로 파탄시켜 버리는 것이다.[30]…

(자료 4) 만약 그가 콜레라에 걸리지 않았다면, 그 후 『전쟁론』에 의해서 야기된 피해의 대부분은 피했을는지 모른다. 그것은 그가 '절대전쟁'이라는 최초의 개념을 폐기하고, 자신의 이론 전체를 더욱 상식적인 감각에 입각하여 고쳐 쓰려던 시점에 그에게 죽음이 찾아왔다고 볼 수 있는 징후가 발견되었기 때문이다.

그 결과, 그가 염려했던 것보다 더욱 크게 '끝없는 그릇된 개념'의 여지가 남게 되었고, 무제한 전쟁의 이론이 보편적으로 수용되어, 마침내 문명의 파괴까지 진전되어 버리고 말았다. 클라우제비츠의 가르침은 이해되지도 않고 받아들여졌기 때문에, 제1차 세계대전의 원인이나 성격에 대해서 크게 영향을 미쳤다. 그것은 또한 너무나도 논리적으로 제2차 세계대전까지 연결되는 것이다.[31]

---

29) B. H. Liddell Hart(1933), pp. 120~121, pp. 143~144.
30) B. H. Liddell Hart(1991), p. 343.

리델 하트의 견해에 의하면, 클라우제비츠는 전쟁이란 다른 수단에 의한 국가 정책의 계속에 지나지 않는다, 하고서는 정책을 전략의 노예로 만들었고, 또 전후의 이익을 고려하지 않았다(자료 2·3)고 비판했다. 이미 앞에서 논의한 것처럼(3의 가), 클라우제비츠는 절대전쟁론자로부터 40대 후반에 현실전쟁론자로 입장을 바꾸었으며, 그는 다음과 같이 정책과 전쟁의 관계에 대해 상세히 논의했다.

> ⑬ 전쟁은 정치적 교섭의 일부에 지나지 않으며, 따라서 그것만으로 독립적으로 존재하는 것이 아니라는 개념에 지나지 않는다.…
>
> 우리의 주장은, 즉 전쟁은 정치적 교섭의 계속에 지나지 않으며, 그리고 정치적 계속에 있어서 다른 수단을 섞은 계속이라고 하는 것이다.…
>
> 요컨대, 현실전쟁은 그 자체의 법칙에 따른 것이 아니고, 어떤 전체의 일부로 간주되어야 하며, 그리고 그 전체라는 것은 정책에 지나지 않는다.…
>
> 정치적 관점이 전쟁의 개시와 더불어 소멸되어 버린다는 것은 전쟁이 양측의 순전히 적대감정에 바탕을 둔 필사의 투쟁인 경우에만 생기는 것이다. 그러나 실제의 전쟁은 먼저 얘기한 바와 같이, 정책 그 자체의 표현에 지나지 않는다. 따라서 정치적 관점을 군사적 관점에 종속시킨다는 것은 불합리하다고 말하지 않을 수 없다. 전쟁을 일으키게 하는 것은 정책에 지나지 않기 때문이다. 정책은 지도적인 두뇌이고, 전쟁은 그 도구에 지나지 않으며, 결코 그 반대는 아니다. 그렇게 되면 양자의 관계는 결국 군사적 관점을 정치적 관점에 종속시키지 않을 수 없다.…
>
> 오늘날의 군사기구는 심히 다종다양하며 또 대단히 발달되었어도, 그러나 전쟁의 요강은 반드시 내각에 의하여, 다시 말하면, 군사기구가 아니라, 정치기구에 의해서만이 결정되어야 한다는 것은 널리 경험이 제시하고 있다.(Ⅷ-6)

클라우제비츠는 분명히 정책은 지도적인 두뇌이고, 전쟁은 그 도구에 지나지 않으며, 결코 그 반대는 아니다. 그렇게 되면 양자의 관계는 결국 군사적 관점을 정치적 관점에 종속시키지 않을 수 없다(⑬)고 주장했다. 리델 하트가 "정책을 전략의 노예로 만들었다"는 주장은 1933년의 『나폴레옹의 망령』에서 발표했고, 또 1954년의 『전략』에서, 그리고 1967년의 수정판에서도 동일한 주장을 했다는 것은 어처구니가 없을 뿐만 아니라, 위의 ⑬의 내용을 본다면, 그가 과연 『전쟁론』을 제대로 읽기나 했나 하는 의심을 가져오게 한다.

리델 하트는 클라우제비츠가 '절대전쟁론자'에서 '현실전쟁론자'로 입장을 바꾸지 못하고 사망한 것으로 묘사하고 있으나(자료 4), 사실은 전연 다르다. 클라우제비츠는 '현실전

---

31) B. H. Liddell Hart(1991), p. 344.

쟁론자'로 변신하여 『전쟁론』의 제7편 공격과 제8편 전쟁계획의 초안을 작성해 두었고, 완전한 것은 제1편 제1장의 '전쟁이란 무엇인가'라 했다. 다만 그는 '현실전쟁'의 입장에서 제1편부터 제6편까지 수정을 하지 못하고 죽었을 뿐이다(3의 가).

리델 하트는 클라우제비츠가 여러 곳에서 선언한 것처럼, 만약 전쟁이 정책의 연장이라고 한다면, 전쟁수행은 필연적으로 전후의 이익을 감안하면서 수행되지 않으면 안 된다. 모든 국력을 소모하는 국가는 자국이 정책을 스스로 파탄시켜 버리는 것이다(자료 2·3)고 했는데, 리델 하트는 두 가지 과오를 범하고 있다.

첫째 : 클라우제비츠를 '절대전쟁론자'로 단정하고, 제1차 대전 때의 영국·프랑스 및 독일처럼 모든 국력을 소모하여 자국의 정책을 스스로 파탄시켜 버렸다고 해석한 점.

둘째 : 전쟁이 정책의 연장이라는 명제는 '현실전쟁'의 관점에서 나왔으며, '현실전쟁'은 전쟁의 성격과 규모를 제한하는 전쟁이니 정책을 스스로 파탄시키지 않는다는 점이다.

클라우제비츠는 '절대전쟁'의 유래와 성격을 밝히고, 앞으로의 전쟁이 절대전쟁에 접근하고 여러 국가가 그 전쟁에 동참하는 경우(제1·2차 세계대전처럼), 전쟁을 시작하기 전에 전쟁 후의 결과를 고려해야 한다는 점을 다음과 같이 강조했다.

> ⑭ 그런데 1805년, 1806년, 1809년 이후의 전역戰役은 새로운 전쟁의 개념, 즉 무엇이든 분쇄해야만 하는 수행력을 가진 절대전쟁이라는 개념을 추출하여 이것을 확실하게 보여주게 되었다.… 전쟁의 성격이 확실하게 절대전쟁에 접근함에 따라 또 전쟁의 범위가 다수의 교전국을 포괄하고 이런 여러 국가를 전쟁의 와중으로 끌어들임으로써 전쟁에서의 여러 가지 일의 연관은 더욱 더 긴밀해지며, 최초의 일보를 내어 디딜 때, 최후의 결과를 미리 고려할 것이 절실히 요구된다.(Ⅷ-3)

> ⑮ 만약 그들(구스타프 아돌프, 샤를 12세 및 프리드리히 대왕)이 아시아의 여러 국가를 상대로 싸웠더라면 그들의 업적은 알렉산더 대왕의 업적에 필적할 만한 것이 되었으리라. 아무튼 그들은 전쟁에 의해서 성취된 업적에서만 말한다면, 나폴레옹의 선구자로 간주해도 좋다.
>
> 이리하여 전쟁은 한편에서는 그 강력함과 그 본성을 증대시켰지만, 다른 편에 있어서는 거기서 얻은 이점을 다시 잃게 되었던 것이다.(Ⅷ-3)

⑭의 내용은 클라우제비츠가 제1·2차 세계대전의 결과를 예언이나 하듯이, '최초의 일보를 내어 디딜 때 최후의 결과를 미리 고려할 것이 절실히 요구된다'고 했다. 따라서 리델 하트는 제1차 세계대전에서 '모든 국력을 소모하는 국가는 자국의 정책을 스스로 파탄시켜 버리는 것'이 클라우제비츠의 전쟁이론에서 비롯되었다는 주장은 논거가 없는 추리

다. ⑮는 이웃나라에 대해 절대전쟁을 구사하여 영토를 점령하고 배상금을 얻겠지만, 우호관계를 잃게 되어 복수전의 반복을 가져온다는 내용으로 해석하며, 이에나 전투(1806년), 워털루 전역戰役(1815년), 보불전쟁(1870년), 제1·2차 세계대전이 그 예이다.

## 나. 전략의 목표에 대하여

(자료 5) 클라우제비츠의 극단에 흐르는 경향은, 다시 전쟁의 목적(end of war)을 달성하는 수단으로서 전투(battle)의 논의 가운데서 나타난다. 그는 "거기에는 유일한 수단이 있다. 그것은 전투이다."

"우리들은 전쟁에 있어서 유일한 수단을 가지고 있다. 그것은 전투이다.", "유혈에 의한 위기의 해결, 적 군사력의 격멸을 위한 노력은 전쟁의 장자(first-born son)이다.", "야전에서의 대규모 전투만이 위대한 성과를 낳을 수 있다.", "유혈 없이 정복했다는 장수의 말에 귀를 기울이지 말라"…

이러한 문구를 반복함으로써, 클라우제비츠는 그 철학의 모습을 몽롱하게 하여 보이지 않게 만들어, 다만 행진곡의 상투어, 말하자면 마르세에즈(Marrseillaise, 프랑스의 국가國歌)의 프러시아판을 만들어 사람의 피를 끓게 하고 인심을 고무하는 것으로 만들었다. 주입된 이러한 교리(doctrine)는 장군용이 아니라, 하사관용이었다. 왜냐하면, 그는 전투를 다만 '참다운 전쟁다운 행동'으로 만듦으로써, 그의 교리는 전략의 우위를 탈취하여, 전쟁술(art of war)을 대량 살육의 제조기로 만들어, 더욱이 장군들을 선동하여 유리한 기회를 조성하기보다, 다만 최초부터 전투를 노리게끔 만들었다.[32]

(자료 6) "우리들은 전쟁에 있어서 유일한 수단을 가진다. 그것은 전투이다."
"유혈에 의한 위기의 해결, 즉 적 군사력의 격멸을 위한 노력은 전쟁의 장자이다."
"위대하고 전면적인 여러 전투만이 위대한 성과를 가져온다."
"유혈 없이 정복했다는 장수의 말에 귀를 기울이지 말라."…

클라우제비츠는 자주 인용되는 다음 글에 의해서 장수들의 지도력을 타락시켰다. "박애주의자들은 많은 유혈이 없이도 무장 해제하고 압도하기 위한 교묘한 방법이 있으며, 이것이야말로 전쟁술의 적절한 경향이라고 쉽게 상상할지도 모른다. 이 오류는 근절되지 않으면 안 된다."[33]

(자료 7) 흔히 적 군사력의 파괴만이 전쟁에서의 건전한 목표이며 전략의 유일한 목표는 전투(battle)이고, 클라우제비츠의 말대로 "피는 승리의 대가이다"고 생각하는 사람도 있다.… 여기서 전

---

32) B. H. Liddell Hart(1933), pp. 124~126.
33) B. H. Liddell Hart(1991), p. 342.

략가를 군사적 해결책을 구하도록 재능을 부여받은 인물이라고 가정해 보자. 그의 책임은 가장 이익이 많은 결과를 얻기 위해, 가장 유리한 상황 아래 군사적 해결을 추구하는 데 있다. 따라서 그의 진실한 목표는 전투를 추구하기보다는 오히려 유리한 전략적 상황(strategic situation)을 추구해야 한다.… 바꾸어 말하면, 적의 교란(dislocation)이 전략의 목표이다.[34]

(자료 8) 전략 목표(object)의 달성은 다음과 같은 행동에 의해 이루어진다. 즉 적의 병참선에 대한 공격, 적 병력의 여러 부분에 대한 격멸 혹은 불균형으로 커다란 손해를 입히는 것, 적으로 하여금 불리한 공격을 하도록 유도하는 것, 적 전력을 과도하게 분산하도록 하는 것, 그리고 적의 정신적·물리적 에너지를 소진시키는 것 등이다.[35]

'전략의 목표'를 논의하기에 앞서, 목적과 목표에 대한 클라우제비츠의 견해를 살피고 들어가는 것이 좋으리라.

⑯ 전쟁에 의해 또한 전쟁에 있어서 무엇을 달성하려고 하는 이 두 가지 질문에 대답하지 않고서 전쟁을 개시하는 사람은 없을 것이다. 또한 당사자로서 현명하다면 전쟁을 개시해서는 안 될 것이다. 이 질문의 첫째는 전쟁 목적(Zweck, purpose)에 관한 것이고, 둘째는 전쟁 목표(Ziel, objective)에 관한 것이다. 이 두 가지 주요 사항에 의해 군사적 행동의 일체의 방향, 사용해야 할 수단의 범위, 전쟁을 수행하는 힘의 정도가 규정된다.…

제1장에서 얘기한 바와 같이 적의 격멸이야말로 군사적 행동의 자연적인 목표(Ziel)이며, 철학적 견지에서 개념의 엄밀성을 기하려고 한다면 전쟁의 목표는 이것 이외에 있을 수 없는 것이다.(Ⅷ-2)

클라우제비츠에 의하면, 전쟁에 의해서 달성하고자 하는 것은 목적(Zweck)이고, 전쟁에 있어서, 즉 전장에서 달성하고자 하는 것은 목표(Ziel)라고 규정하고, 전장에서의 군사적 행동의 자연적 목표는 적군의 격멸(타도)이라고 밝혔다.

한편 리델 하트는 '전쟁에 있어서 유일한 수단은 전투이고, 야전에서의 대규모의 전투만이 위대한 성과를 낳을 수 있다'는 등의 교리는 장군용이 아니라 하사관용이며, 또한 전쟁술을 대량 살육의 제조기로 만들었다고 비판했고, 또한 전략의 목표는 전투를 추구하기 보다는 유리한 상황을 추구해야 하고, 적의 교란이 전략의 목표가 되어야 한다(자료 5·6·7·8)고 주장했다.

클라우제비츠는 인구 500만의 작은 나라, 프로이센의 장군으로서 또다시 나폴레옹과

34) B. H. Liddell Hart(1991), pp. 324~325.
35) 상게서, p. 321.

같은 인물이 프랑스에 등장하여 혁명에 의해 사기가 충천한 3,000만의 거대한 국민군대가 1806년의 이에나 전투처럼 노도와 같이 침공에 온다면, 어떻게 국토와 국가 재산을 방위·보호할 것인가. 더욱이 프랑스와 프로이센은 육로로 연결되어 있고, 중간에 방위를 위한 커다란 장애물인 산맥과 강도 없는 형편에! 그러니 적군이 침공해 왔을 때, 전장에서 실효를 거둘 수 있는 방법은 전투를 통해 적 주력군의 격멸·타도야말로 최후의 군사목표요, 전투만이 전쟁목적을 달성하는 유일한 방법이라는 주장은 대륙국가로서 타당한 조치이며, 그는 수정되지 않은 내용이지만, 다음과 같이 주장했다.

⑰ 요컨대, 전쟁에 있어서 목표를 달성하는 방법은 여러 가지가 있으며, 모든 전쟁이 적을 타도하는 데 결부되어 있지 않다는 것, 즉 적 군사력의 패배, 적의 영토에 대한 점령, 또는 주둔이나 침략, 직접 정치적 영향을 미치는 기도企圖, 적 공격의 수동적 시기－이러한 모든 수단은 경우에 따라서 어느 것이나 적의 의지를 굴복시키기 위해 사용할 수 있다.…

전쟁의 수단은 다만 하나에 지나지 않는다. 즉 그것은 전투이다.… 전투는 전쟁에 있어서 실질적 효과를 올리는 유일한 것이다.… 그런데 적 군사력의 격멸이라 말하는 경우, 다만 물질적 군사력에 대해서 얘기하는 것이 아니고, 오히려 정신적 군사력도 포함해서 말하고 있다는 것을 주의해 둔다.

요컨대, 전쟁에 있어서 목표에 도달하는 길, 즉 정치적 목적을 달성하기 위한 길은 많이 있다. 그럼에도 불구하고 전투야말로 목적을 달성하기 위한 유일한 수단이며, 군사적 행동은 최고의 법칙, 즉 무력에 의한 결정이라는 법칙에 따라야 하는 것이다. 그리고 적이 무력에 의한 결정을 바라는 경우 우리 편도 이것을 거부할 수 없는 것이다.…

정치적 목적이 희박하고 그 동기와 전력의 긴장의 정도가 박약하면 장수는 위기를 증대시키거나 유혈의 결전에 해결을 맡기지 않고 전장이나 내각에서 적의 특수한 약점을 이용하여 교묘히 강화에의 길을 여는 경우도 있다. 물론 이러한 장수의 예측이 충분한 근거가 있고, 또 좋은 결과를 약속해 주는 것이라면, 우리들은 그러한 장수를 비난할 권리는 없다. 그러나 그러한 경우의 장수는 그가 가고 있는 길이 미끄러운 길이며, 거기서는 전쟁의 신神이 언제 그를 넘어뜨릴지 모른다는 것을 언제나 잊어서는 안 된다. 그는 끊임없이 적의 동정에 주의를 기울이며 적이 예리한 칼로 덤벼오는 경우, 예식용 칼로 응전하는 추태를 보이지 않도록 언제나 경계해야 한다.(Ⅰ－2)

클라우제비츠는 전쟁의 목적을 달성하는 데 비군사적 수단 그리고 리델 하트가 주장하는 육체적 살육전만이 아니고, 정신적 군사력도 포함시킨다는 점을 강조했다. 그러나 이에나 전투(1806년)처럼 상대편이 결전으로 승부를 결정하자고 덤비는 경우, 전투만이 실질적 효과를 올리는 유일한 수단임을 강조했을 뿐이다. 그리고 그는 구체적으로 군사목표의 설정을 다음과 같이 논의했다.

⑱ 그런 중요한 사정에서 하나의 중심重心, 즉 힘과 운동과의 중심中心이 생겨 모든 것은 그 중심重心에 의해 결정된다. 따라서 공격자는 온 힘을 기울여 적의 그러한 중심重心에 총공격을 가해야 한다.…
알렉산더 대왕·구스타프 아돌프·샤를 12세 및 프리드리히 대왕 등에 있어서는 중심重心은 그들의 군대에 있으며, 따라서 만약 군대 자체가 타도된다면 그들의 역할은 그것으로 종말을 고했으리라. 당파로 인하여 분열되어 있는 국가에 있어서는 중심重心은 대개 수도에 있다. 열강국에 의존하고 있는 약소국에 있어서는 중심重心은 그들의 동맹군에 있다. 여러 국가가 서로 모여 결합된 동맹에 있어서의 중심은 이해관계利害關係의 일치에 있다. 국민 총봉기의 경우에 중심은 주로 지도자 개인과 여론에 있다.(Ⅷ-5)

군사전략 수립[36]에 있어서 군사목표의 선정은 군사작전뿐만 아니라, 전쟁목적의 달성에도 깊은 영향을 미친다. 예컨대, 1941년 12월 일본 해군의 진주만 기습작전에 있어서 공격목표는 전함에 한정되고, 기름이 없이는 움직일 수 없는 부두의 기름 탱크와 선박 수리시설 등은 공격하지 않았다. 태평양전쟁에 있어서 전함은 전연 쓸모없는 무기였고, 선박 수리공창에서 수리를 완료한 항공모함에 의해 1942년 5월 미드웨이 해전에서 일본 해군은 참패를 당하여 태평양의 제공·제해권을 상실하는 전환점이 되었다.

'국민 총봉기의 경우에 중심重心은 주로 지도자 개인과 언론에 있다'고 클라우제비츠는 얘기했는데, 오늘날 '독재국가의 경우'를 첨가해도 좋은 것은, 항공기의 탁월한 침투능력이 있기 때문이다. 1991년 걸프전쟁에 있어서 미군의 군사목표는 이라크군의 지상군 주력에 지향되었으나, 만약 군사목표를 후세인의 체포·타도에 두었다면, 2003년 3월의 이라크 전쟁은 일어나지 않았으리라.

군사목표의 선정은 전장의 지정학적 위치, 전쟁의 정치적 목적, 양편의 군사정세 등의 영향을 받아 선정되는 복잡하게 얽힌 문제이다. 따라서 리델 하트가 해양국가의 입장에서 클라우제비츠의 전쟁목표, 즉 전투에 의한 적 주력군의 격멸·타도에 대해, '전쟁술을 대량 살육의 제조기로 만들었다'(자료 5)는 비판은 터무니없는 주장이고, 또 대륙국가의 상황과 전쟁관의 차이점, 그리고 그가 『전쟁론』에서 인용한 내용은 수정되지 않은 절대전쟁의 관점에서 기술한 내용이라는 점을 깊이 고려해야 하리라.

---

36) 李鍾學 編著, 『軍事戰略論』(서울 : 박영사, 1987), pp. 365~386.

## 다. 수의 우위에 대하여

(자료 9) 클라우제비츠가 대량 집중의 주창자라는 것은, 다만 대부대의 집결대형의 뜻만이 아니다. 그는 개개의 전투에 있어서도 대부대의 경우와 마찬가지의 뜻을 사용했다. 그의 제한조건이 있음에도 불구하고, 그는 다만 수적 우세에 최고의 역점을 주었다. "보통, 크고 작은 전투에 있어서도, 수적 우세는 중요하며, 승리를 확약하는 것으로 생각해도 좋으리라.", "이상의 내용은 모든 전투에 앞서 기본이 되는 근본적 고려가 되어야 한다."…

바로 기계화시대에 진입하려고 할 때, 클라우제비츠는 다음과 같이 선언했다. 즉 "현대의 군사사(military history)를 공정히 고찰한다면, '수적 유세는 매일 더 결정적'으로 되어가고 있다는 것을 확신케 한다. 가능한 한, 최대한의 수를 집중한다는 원칙은, 그러기 때문에 이전보다 더 중시되리라."…

더 단적으로 말해서 클라우제비츠의 대량 집중이론의 형벌이 대학살로 나타났다. 이런 사실을 가져온 이론과 결별하기 위한 희생이 얼마나 값비싼 것인지 놀랍구나!

이러한 실패의 원인은 클라우제비츠에게 첫 번째의 책임이 있었다.[37]

리델 하트에 의하면, 수적 우세는 매일 더 결정적으로 되어가고 있고, 최대한의 수를 집중한다는 원칙은 중요시 되어야 한다는 클라우제비츠의 주장으로 인하여, 그 형벌로 1차 대전에서의 대학살로 나타났다는 해석이다.

전장, 특히 결승장에 있어서의 병력의 우세에 대한 클라우제비츠의 논의를 살펴보기로 한다.

⑲ 병력의 우위는 전술에서나 전략에서 승리의 가장 일반적인 원인이다.… 전략은 전투를 해야 하는 지점·시간 및 그 전투에 필요한 전투력을 결정한다.…

지금 유럽에서는 군대의 무기, 편성, 그 밖의 기술 등은 대단히 유사하고, 다만 군대의 사기와 장수의 능력이 약간 다를 뿐이다. 근대의 유럽 전사戰史를 살펴보아도 마라톤 전투와 같은 전례戰例는 찾기 어렵다.…

나폴레옹은 드레스덴에서 12만의 군대를 가지고 22만의 동맹군에 대항했으니, 적과의 비는 2배에 미달했다. 콜린에서 프리드리히 대왕은 3만의 군대를 가지고 5만의 오스트리아군과 싸워 승리를 획득하지 못했다. 또 나폴레옹은 라이프치히의 필사적인 전투에서 16만의 병력을 가지고 28만의 동맹군과 싸워 이것도 또한 패전으로 끝났다. 이처럼 프리드리히와 나폴레옹의 경우, 상대병력의 우세는 2배보다 낮은 것이었다.

지금까지의 논의에서 밝혀졌지만, 오늘의 유럽에서는 아무리 훌륭한 재능을 가진 장수라 할지라도 2배의 병력을 가진 적과 대항해서 승리를 얻는다는 것은 매우 어렵게 되었다.…

---

37) B. H. Liddell Hart(1933), pp. 128~129, p. 140.

오늘날 유럽이나 이와 유사한 사정에서, 결정적 지점에서 병력의 우세를 확보한다는 것은 대단히 중요하며, 또 이것은 일반적인 경우에 대해서 얘기한다면, 모든 요건 가운데 가장 중요한 것이다.…

이 절대적 병력의 양을 결정하는 것은 정부이다.… 병력의 절대적 우세가 이루어질 수 없는 경우, 주어진 병력을 교묘히 운용한다면 결정적 지점에서 상대적 우세를 배치할 수 있는 수법이 남아있으며 또 실제 그렇게 하는 방도 외에는 없는 것이다.…

수적인 우세는 근본적인 사항이라고 보아야 하며, 우리들은 어떠한 경우에는 이 사상에 가능한 한 순종해야 한다. 그렇다고 해서 수의 우세를 승리의 필수조건으로 생각한다면 우리들의 논의를 완전히 오해한 것이 될 것이다. 다만 전투에 있어서 병력의 우세야말로 가장 중요시해야 한다는 것이 우리들의 결론이다.(Ⅲ-8)

클라우제비츠에 의하면, 당시 유럽의 군사상황으로 보아, 프리드리히 대왕이나 나폴레옹이라 할지라도 2배의 병력을 가진 적과 싸워 승리하기란 매우 어렵다. 한 나라의 병력의 양을 결정하는 것은 정부이며, 장수는 전장에서 결정적 지점에서 상대적 우세를 확보하는 방도 외는 없고, 나폴레옹의 초기작전은 이를 잘 보여 주었다. 그는 병력의 우세는 승리의 필수조건으로는 보지 않고, 대단히 중요하다는 결론을 내렸으며, 이는 전쟁의 원칙 가운데 집중의 원칙(principle of concentration)을 주장한 것이다.

『손자병법』에 의하면, "훌륭한 장수는 적의 배치는 노출시키고, 이 편의 배치는 적이 알지 못하게 감추어 둔다면, 이 편은 집중할 수 있으나, 적군은 분산되기 마련이다. 이 편은 하나로 집중하고 적군은 10으로 분산한다면 그 결과는 열 사람이 한 사람을 공격하는 것이 된다. 다수의 병력으로 소수의 병력을 공격하게 되면, 적군은 언제나 약하여 승리하기 쉬운 것이다."(虛實, 六)

리델 하트의 클라우제비츠의 대량 집중이론의 형벌이 대학살로 나타났다고 하는 비판은 오해와 논리의 비약에 지나지 않으며, 또한 전쟁이론의 기능과 한계에 대한 이해 부족에서 연유된 것이리라. 즉 전쟁이론이란 미래의 지휘관을 양성하는 것일 뿐만 아니라, 미래 지휘관의 독학을 돕는 것이며, 결코 그와 더불어 전장에서 그를 인도하는 것은 아니다(⑩). 각 시대는 각 시대의 독특한 전쟁이론을 가졌던 것이다(⑫).

리델 하트는 솜므전투(1916. 7.)에서 부상당했고, 겨우 살아남았지만, 영국군은 사상 최대의 사상자, 6만여 명을 기록했다. 영국은 왜 유럽전쟁에 이렇게 깊숙이 개입해야만 하고, 또 이렇게 많은 사상자를 냈는가 하는 문제의식이 바로 리델 하트의 전략 연구의 원점이며, 그 책임(특히 후자)은 전적으로 클라우제비츠의 『전쟁론』에서 비롯되었다는 주장이었다.

그러나 그와 전연 다른 견해도 있다. 즉, 조미니는 나폴레옹의 체스 판의 전략가로 묘사한다. "전략이란 지도 위에서 전쟁을 벌이는 기술이다." 우선 전략적 목표를 정한 다음 그것을 공격하거나 방어하는 데 힘을 집중한다. 조미니로부터 장군들은 전선으로부터 멀리 떨어진 안전한 본부에서 지도를 놓고 대규모 전투를 상세히 기획하고 병력을 체스의 말처럼 배치하는 방법을 배웠다. 조미니의 방법이 큰 인기를 끌자 미국 남북전쟁과 제1차 세계대전의 양측도 나폴레옹을 모방한다는 믿음에서 그의 방법을 그대로 따랐다. 그 결과 전선이 교착되고, 대량학살의 끔찍한 전투와 엄청난 규모의 비극이 초래되었다.[38]

전쟁에서 대살육전을 가져오게 만든 장본인은 나폴레옹(절대전쟁의 수행자)이며, 그의 전쟁수행방법을 기초로 하여 전쟁이론을 수립한 것은 클라우제비츠의 『전쟁론』(1832)과 조미니의 『전쟁술 개요』(1838)이다. 이들은 '집중의 원칙'(병력)을 주장했으나, 그 책의 내용과 수용의 관점에서 본다면 조미니에게 더 많은 책임이 있다는 것이 필자의 견해이다.

## 라. 클라우제비츠는 사이비 전쟁철학자인가?

리델 하트의 견해에 의하면(자료 1), 클라우제비츠는 참다운 철학적 지성도 함양하지 않은 채 철학적 표현 양식이 몸에 배였고, 또 그의 절대전쟁과 현실전쟁은 칸트 철학의 이원론(dualism)의 영향을 받았다는 해석이다.

클라우제비츠는 1801년 베를린에 신설된 「보병·기병장교의 군사학교」에서 3년간의 전문교육을 받았다.

- 키세베테르(Kiesewetter, 1766~1819)는 클라우제비츠에게 철학적 방법에 흥미를 가지게끔 눈 뜨게 했고 또 그의 전쟁이론의 핵심을 형성케 하는 데 크게 영향을 미쳤다.[39]
- 할베크에 의하면, 클라우제비츠가 현대 군사이론의 기초 작업을 시작했을 시대는, 철학의 분야에서는 칸트, 헤겔 그리고 키세베테르의 이름으로 특색을 나타내고 있었다.… 클라우제비츠는 키세베테르의 책으로 칸트 철학의 기본에 친숙해졌고, 특히 그의 유명한 저작, 『칸트의 기본 원칙에 바탕을 둔 보편적 논리의 개요』(1802)를 클라우제비츠는 활용했다.… 1809년~1812년 사이에 클라우제비츠의 연구와 메모에 의해, 그가 자신의 새로운 군사이론을 전개함에 있어서, 철학의 개개의 영역을 어떤 방법으로 관계를 맺게 했는가, 즉 그가 전쟁이론과 실천의 통일을 철학적 사고

38) 윌리엄 더건, 『나폴레옹의 직관』 남경태 옮김(서울 : 예지, 2006), p. 27.
39) Peter Paret(1976), p. 69.

방법의 도움을 빌려 어떻게 창조할 것인가를 생각했다는 것이 분명하다.[40]

클라우제비츠는 3년간의 군사학교에서의 전문교육을 수석으로 졸업했고, 부교장인 샤른호르스트의 추천으로 아우구스트 친왕의 부관이 되었다. 샤른호르스트는 1802년 군사문제의 연구회, 「군사협회」를 창설했는데, 그는 이 학회를 이용하여 수학, 논리학, 지리학, 역사 그리고 특히 칸트의 인식론과 헤겔의 변증법을 배우는 기회가 되었다.

클라우제비츠는 「저자의 서문」에서 "이 책의 학문적 형식이라는 것은 대체 어떤 점에 있는 것일까. 그것은 즉 전쟁에 있어서 여러 가지의 현상의 본질을 규명하고, 이들 현상과 이것을 구성하고 있는 여러 가지 요건의 성질과 연관하여 제시하려는 데 있다"고 했다. 현상의 본질을 밝히려고 한다면 철학적 지성의 기반, 즉 사고방식思考方式과 인식 수단의 배경 지식 없이는 불가능하다. 예컨대, '전쟁이론을 위한 결론'을 다음과 같이 밝혔다.

⑳ 전쟁이란 구체적 상황에 따라 그 성질을 달리하는 카멜레온과 같은 것일 뿐만 아니라, 그 현상 전체의 지배적인 여러 경향을 보았을 때, 기묘한 삼위일체(Dreifaltigkeit)를 이루고 있다.

첫째는, 맹목적인 자연 충동이라 볼 수 있는 증오·적개심과 같은 본래의 격렬성.

둘째는, 전쟁을 자유로운 정신활동으로 만드는 개연성·우연성과 같은 도박의 요소.

셋째는, und aus der Untergeordneten Natur eines politischen Werkzeugs, wodurch er dem bloβen Verstande anheimfallt.[41]

이상이 삼위일체를 말하는 것이다. 이러한 세 가지 가운데, 첫째의 것은 주로 국민에, 둘째의 것은 주로 장수와 군대에, 셋째의 것은 주로 정부에 각각 속하는 것이다.(Ⅰ-1)

문제가 되어 온 내용은 셋째의 독일어로 표시된 부분이며, 이 내용은 칸트의 인식론에 대한 어느 정도의 기초 지식이 없이는 번역과 해석이 어려우며, 지금까지의 번역·해석 내용을 소개하면 아래와 같다.[42]

1) 전쟁은 정치적 도구로서 정치에 종속된 본성을 갖고 있다. 따라서 전쟁은 순수한 이성의 영역에도 귀속되어 있다.[43]
2) 전쟁은 정치의 도구라는 종속적 성질을 띠는 것이지만, 그러나 또 그러한 성질에 의해 전쟁은 전적으로 타산을 일삼는 지성의 일이 된다.[44]

---

40) クラウゼィッツ研究委員会訳(1982), pp. 441~443.
41) Carl von Clausewitz, *Vom Kriege* (Auswahl)(Stuttgart : Philipp Reclam Jun. GmbH & Co., 1980), p. 42.
42) 상세한 내용은 이종학(2004), pp. 179~194. 참고할 것.
43) 류제승 옮김, 『전쟁론』(서울 : 책세상, 1998), pp. 57~58.

3) and of the subordinate nature of a political instrument, by which belongs purely to the reason.[45]
4) and of its element of subordination, as an instrument of policy, which makes it subject to rason along.[46]
5) of its subordinate nature to the instrument of politics through which it belong to pure understanding.[47]

인용구 ⑳의 셋째는 두 개의 문장으로 구성되어 있으며, 편의상 전자를 ⓐ라 하고, 후자를 ⓑ라고 약칭한다. ⓐ는 '전쟁은 정치적 도구로서의 종속적 성격을 가진다'는 데는 이론異論이 없으나, ⓑ에 대해서는 번역과 해석 그리고 ⓐⓑ의 전후관계에 대해 사람에 따라 견해가 엇갈리고 있다. 필자는 ⓑ의 기본 성격이란 연구 대상으로서의 전쟁은 칸트 철학의 인식론으로 고찰하여 '오성'(悟性, Verstand)에 속한다는 내용으로 클라우제비츠 전쟁이론의 철학적 기초를 명시한 것으로 해석한다. 즉,

**셋째는 전쟁이란 순전히 오성悟性의 영역에 속한다는 것에 의해 정치적 도구로서의 종속적 성격을 가진다.**

그 이유는 다음과 같다.

첫째, 오성에 속한다고 해야만, ③④의 내용의 타당성을 이해할 수 있다. 칸트의 『순수이성비판』(1781)에 의하면, 감성(感性, Sinnlichkeit)이란 눈에 보이는 소재가 여러 가지 모습으로 마음에 수용되는 능력이라는 뜻이고, 오성(悟性, Verstand)이란 감성을 통해 수용된 여러 소재를 이해하는 능력(영어로는 understanding으로 번역됨)으로 능동적인 사고思考·판단 능력으로 현상에 규칙을 부여하는 능력이다. 오성은 현상세계까지를 다루고, 형이상학적 문제, 즉 신의 존재, 영혼불멸, 원리 등은 이성(理性, Vernunft)이 다루는 영역으로 구분된다. 클라우제비츠는 전쟁이란 경험과학에 속하며, 따라서 전쟁술에 있어서는 경험이 모든 철학적 진리보다도 가치가 높다고 주장했다.(Ⅱ-5)

---

44) 篠田英雄 譯, 『戰爭論』上(東京：岩波書店, 1963), p. 62.
45) *On War*, trans. by J. J. Graham, 1873(New York : Bames & Noble, INC. 1958), VOL. I . p. 26.
46) Michael Howard and Peter Paret, (trans. by 1976), p. 89.
47) Raymond Aron, *Clausewitz-Philosopher of War*, trans. by Christine Booken and Norman Stone (London : Roultedge & Kegan Paul, 1983), p. 62.

둘째, 클라우제비츠는 제1편 제1장에서 지성(Intelligenz, p. 18, p. 20, p. 41)과 오성(Verstand, p. 22, p. 36, p. 42.)을 엄격히 구별해서 사용했고, 상술한 내용을 구체적으로 설명한 제8편 제2·6장에서는 철학적 오성(philosophische Verstand, p. 329, p. 332)이라 했으며, 또 이성(Vernunft)과도 엄격하게 구별해서 사용하고 있다. 따라서 Verstand를 지성이나 이성으로 번역·해석하는 것은 잘못이리라.

셋째, 전쟁은 오성의 영역에 속하기 때문에 클라우제비츠는 절대전쟁에서 현실전쟁으로 입장을 바꿀 수 있었다. 즉 그는 40대 후반에 들어와서 "1566년부터 1815년까지의 130개 이상의 전쟁과 전역戰役을 연구하니,"[48] 1805년, 1806년, 1809년의 전투가 절대전쟁이라 할 수 있으나, 그것은 보편성이 결여된 예외적인 전투이고, 이외의 나폴레옹의 지휘 하에 수행된 전쟁도 현실전쟁임을 확인했던 것이다(3의 가 참조). 현실전쟁의 관점에 서야만 전쟁은 정책의 도구·수단이 된다는 것이 클라우제비츠의 전쟁이론의 핵심이다.

리델 하트는 『전쟁론』 가운데서 수정을 해서 완전하고 또 가장 중요한 '전쟁이론을 위한 결론'의 삼위일체에 대하여, 셋째의 영어 번역이 잘못된 번역임을 지적하지도 못했을 뿐만 아니라, 전후관계도 설명하지 않았다. 다만 그는 자기도 칸트 철학을 안다는 것을 과시하려는 듯이, '클라우제비츠에 대한 칸트의 영향은 클라우제비츠 사상의 이원론에서 엿볼 수 있다'(자료 1)고 했는데, 과연 타당할까?

이원론(二元論, dualism)이란 서로 대립된 두 개의 원리로부터 실재實在의 개개의 부분 혹은 전체를 설명하는 입장, 또 일반적으로는 대립되어 통일되는 일이 없는 두 계기契機로써 사물을 설명하는 입장… 물자체物自體와 현상, 자유와 필연을 구별한 칸트도 전형적인 이원론자로 간주된다.[49] 이원론이란 현상의 영역에 있어서 두 개의 상호 독립된 근본 원리를 인정하는 것으로 중간단계의 존재를 인정하지 않는다.

리델 하트는 클라우제비츠의 절대전쟁과 현실전쟁은 칸트의 이원론의 영향을 받은 것으로 해석했으나, 절대전쟁과 현실전쟁 사이에는 '갖가지 중간적 단계가 있다'(①, 「저자의 두 가지 수기」)고 밝혔기 때문에, 칸트의 영향을 받지도 않았을 뿐만 아니라, 이원론에 속하지도 않는다.

48) クラウゼィッツ研究委員会訳(1982), pp. 490~491.
49) 『世界哲學大事典』(서울 : 教育出版公社, 1987), p. 890.

옛 동독의 군사평론가 왈터 렘(Walter Rehm)에 의하면, "클라우제비츠의 주요한 공적은 방법론적 원칙에 있으며… 그것은 전사戰史의 변증법적 관찰방법에 있다.… 전쟁 현상의 연구·해명에 있어서 변증법적 수법을 최초로 사용한 사람은 클라우제비츠였다.… 화비안도 동일한 생각에서, 클라우제비츠의 관찰방법은, 헤겔의 변증법의 기초적 지식에 의존하고 있다. 따라서 그의 저서는 다만 전쟁수행의 책일 뿐만 아니라, 동시에 변증법적 사고思考와 응용철학의 표본이다"[50]고 했다. 클라우제비츠는 변증법(Dialektik)을 『전쟁론』에서 구사했는데, 변증법이란 무엇인가, 클라우제비츠는 전쟁 현상을 연구·해명함에 있어서 어떻게 활용했는가, 클라우제비츠는 헤겔의 변증법을 원용援用했는가의 세 가지 내용을 규명해야 하리라.

첫째, 변증법[51]이란 용어는 문답술을 나타내는 희랍어에서 유래하지만, 그 뜻은 사람에 따라 다양하게 사용되어 왔다. 여기서 헤겔의 변증법을 간략하게 소개한다면, 그것은 어떤 명제命題를 절대적인 영원 부동의 진리로서 고정하는 것을 허용치 않는다. 모든 것은 가령, 진리라 할지라도 유동적流動的, 변이적變移的인 것이며, 언제나 부정되는 가능성을 가진다. 따라서 모든 것은 상대적인 것이다. 변증법에서는 "A는 非A가 된다"고 말하고 있지만, "A는 非A이다"고는 말하지 않는다. A가 필연적으로 非A로 전화轉化하는 것을 인식하며, 거기에 모든 진실이 있다고 생각하는 것이 변증법의 사고방식이다. 동일한 것 가운데서도 대립하면서, 그러면서 통일을 유지한다는 것이 모순이다. 모순은 모든 운동과 생명의 근원이다. 거기에서만이 사물을 움직이게 하고 또 활동코자 하는 성질을 가지는 것이다.

아리스토텔레스(384~322 B.C)에서 칸트(1724~1804)에 의해 대표되는 학문의 일반적 견해에 의하면, 모순(contradiction)이란 진리에 있어서 절대로 배척되어야 한다. 즉 "A(有)는 非A(無)가 된다"고 한다면, 동일한 것이 존재하고 또 존재하지 않는다는 것이 가능하면 사고思考의 가능을 부정하기 때문이다. 이것이 전통적인 형식 논리학으로 모순은 생각할 수 없는 정지의 논리요, 불변의 논리이다. 여기에 대해 헤겔은 운동하고 발전하는 현실의 세계가 나타내는 모순을 해명하는 운동의 논리, 발전의 논리, 전화轉化의 논리를 제시하여 모순이 없는 곳

---

50) クラウゼィッツ研究委員会訳(1982), pp. 503~504.
51) 상세한 내용은, 이종학(2004), pp. 235~252 참조할 것.

에 진리가 있는 것이 아니라, 모순이 있는 곳이야말로 실재實在의 진실이 있기 때문에 모순은 바로 진리의 지표가 된다고 헤겔은 주장했다. 그의 변증법은 당시와 그 후에도 지성인들에게 잘 이해되지 않았지만, 오늘날까지도 논쟁의 대상이 되고 있는 듯하다.[52]

둘째, 동서의 병서兵書 가운데서 원용한 변증법을 소개함으로써, 클라우제비츠가 최초로 사용한 사람이 아니라는 것을 밝히고자 한다.

㉮ 혼란은 질서에서, 비겁은 용기에서, 약함은 강함에서 각각 비롯된다.[53]

㉯ 수세를 잘 하는 자는 그의 병력을 땅 속에 깊숙이 감춘 것 같이 하여 적에게 공격할 틈을 주지 않다가, 높은 하늘에서 움직이는 것 같이 공격하여 적에게 방어할 틈을 주지 않는다.[54]

㉰ 무릇 싸움터라는 곳은 시체가 뒹구는 곳이다. 반드시 죽고자 하면 살고, 살기를 바라면 죽는 법이다.[55]

㉱ 교전에서의 방어적 체제라는 것은 결코 단순한 방패(盾)와 같은 것으로 생각해서는 안 되며, 교묘하게 공방攻防 양용으로 사용되는 방패를 생각해야 한다.(『전쟁론』 Ⅵ-1)

㉲ 무릇 적극적 원리를 결여한 방어는 전술에서와 마찬가지로 전략에 있어서도 그 자체가 모순이라는 것이 우리들 본래의 주장이 되지 않으면 안 된다. 따라서 어떠한 방어도 방어의 이점利點을 모두 활용했다면, 곧 공격으로 옮겨야 한다는 것을 반복하여 지적해 둔다.(Ⅷ-4)

㉳ 우리들은 지금까지 전쟁의 본질과 원인 및 사회의 이해관계利害關係와의 모순을 논의해왔지만, 그런 경우에 이 양자를 어느 것이나 경시하지 않도록 그 양면에서 개관하지 않으면 안 된다.… 이 모순되는 두 개의 요소는 부분적으로는 서로 상쇄되면서 실제 생활에 있어서는 서로 결부되어 일체를 이루고 있어서, 다음은 양자의 그러한 통일을 구해 보고자 한다.… 그런데 통일체라는 것은, 전쟁은 정치적 교섭의 일부에 지나지 않으며, 따라서 그것만으로 독립적으로 존재하는 것이 아니라는 개념에 지나지 않는다.(Ⅷ-6)

셋째, 클라우제비츠는 헤겔의 변증법을 원용했는가 하는 문제는 견해가 분분하다. 예컨대 『전쟁론』의 역자인 시노다(篠田英雄)에 의하면, 이 전쟁 철학자의 사고방식은 헤겔의 변증법에 바탕을 두고 있다는 설이 있다(크레우츠인겔, 「클라우제비츠에 미친 헤겔의 영향」, P. Creuzinger : *Hegels Einfluss auf Clausewitz*, 1911). 마찬가지로 그의 사상은 헤겔 철학에 의해 살찌게 되었다는 주장을 하는 자도 있다. 그러나 『전쟁론』에서 헤겔의 변증법의 영향을 받았다는 것을 명확히 지적하는 것은 불가능하다. 우리들은 논리적으로 사고思考하는 한,

52) 이광모, 『헤겔 철학과 학문의 본질』(서울 : 용의 숲, 2006), pp. 179~203.
53) 『孫子兵法』 兵勢, 五.
54) 上揭書, 軍形, 四.
55) 『吳子』, 治兵, 三.

의식하지 않더라도 다소간 변증법적 사고방식을 취하는 것이라고 했다.[56]

한편 독일 관념주의 철학을 전공하고 또 『전쟁론』을 번역한 시미즈(清水多吉)에 의하면, 클라우제비츠의 『전쟁론』을 손에 넣은 것은 대학원생이 되었던 시기였다. 헤겔 철학을 배우고 있었던 나로서, 이 책은 헤겔 철학의 역사에의 적용이라는 이상의 뜻을 지니고 있었다,고 했다.[57] 피터 파레트에 의하면, 클라우제비츠의 방법론(methodology)의 원천이나 개념(concepts)은 독일 관념주의 철학과 후기 계몽주의의 미학이론에 기초를 두고 있는 것으로 추론할 수 있다고 했다.[58]

클라우제비츠는 전쟁이라는 현상과 본질을 학문으로서 이론적으로 체계화하려고 『전쟁론』을 집필하면서, 전연 註(note)를 달지 않았기 때문에 어느 부분은 누구의 영향을 받았다고 말하기는 어렵지만, 어느 정도는 추론할 수 있다는 것이 필자의 견해이다. 즉 연구 대상으로서의 전쟁이 오성(Verstand)의 영역에 속한다는 것은 칸트 철학의 영향을 받았을 것이며, 또 공격과 방어 및 전쟁의 본질과 사회의 이해관계에 대한 해법은 변증법이며, 이는 헤겔의 변증법의 활용이라고 추정한다.

특히 헤겔의 변증법은 특이特異한 것으로 잘 이해되지 않았다. 즉 절대와 상대, 무한과 유한, 삶과 죽음, 전쟁과 평화는 떨어져 있는 별개의 개념으로 알고 있었는데, "A는 非A가 된다." 하고 모순을 배제하는 것이 아니라, 모순이 있는 곳에 진리가 있고, 또 모순이 있는 곳이야말로 실재의 진실이 있다고 주장했기 때문이다. 그래서 당시 최고의 지성인 괴테(1749~1832)는, 1827년 10월 18일 바이마르를 방문했던 헤겔에게, "변증법의 본질은 무엇인가?"하고 질문했을[59] 정도였다. 그렇다면 헤겔의 변증법은 어디서 유래한 것일까? 평생을 헤겔 철학의 연구에 바쳤던 나가노(中埜 肇) 교수는, "그런데 이와 같은 변증법적인 사고방식은 어떻게 헤겔 속에서 발생하여 성숙되었는가 하는 점은 충분히 밝혀져 있지 않다"고 했다.[60]

필자는 이 문제에 관심이 있어서 규명을 시도해 보았는데, 요약하면 다음과 같다. 즉

---

56) クラウゼィッツ, 『戰爭論』上, 篠田英雄 譯(東京 : 岩波書店, 1968), pp. 360~361.
57) クラウゼィッツ, 『戦爭論』下, 清水多吉 訳(東京 : 中央公論新社, 2001), p. 588.
58) Peter Paret(1976), p. 151.
59) 박연구 옮김, 『괴테와의 대화』(서울 : 푸른숲, 2000), p. 598.
60) 中埜 肇, 1973 『弁証法』(東京 : 中央公論社 , 1994), p. 149.

『손자』의 변증법은 『노자』에 바탕을 두고 있으며, 헤겔은 「철학사 강의」에서 중국철학－孔子, 易의 철학, 道家－을 강의하면서, 변증법을 발전케 하는 암시를 받았으리라. 즉

㉮ 천하가 모두 미美됨을 알게 되면, 거기에 추醜가 나타난다.
선善이 모두 善됨을 알게 되면, 거기에 악惡이 나타난다.
그러므로 유무有無는 서로 그 대립에서 낳고, 난이難易는 서로 이룸에서,
장단長短은 서로 비교에서, 고하高下는 서로 구별에서,
음성音聲은 서로 조화에서, 전후前後는 서로 순서를 따른다.[61]

㉯ 가득 채우는 것은 적당한 때 멈추는 것보다 못하다.
두드려 날카롭게 하면, 가히 오래 보존하지 못한다.
황금과 보석이 집에 가득 하면, 능히 지킬 수 없다.
부귀富貴하고 교만하면, 허물을 가져온다.
공功을 이루고 몸 물러가는 것은 하늘의 도道이다.[62]

㉰ 道는 하나인 기氣를 낳고, 하나인 氣는 음양陰陽의 두 氣를 낳고,
음양의 두 氣는 삼인 충기沖氣를 낳는다.
만물은 이처럼 陰氣를 지고, 陽氣를 포용하며,
沖氣로써 조화를 이룬다.[63]

㉱ 한 번은 陰의 모습으로 나타나고, 한 번은 陽의 모습으로 무궁히 변하는 움직임, 이것을 道라고 한다.[64]

헤겔은 중국의 고전에서 변증법적 사고방식의 암시를 받아, 연구와 사색을 통해 정립(Thesis)과 반정립(Antithesis)을 거쳐 이 대립의 종합(Synthesis)에 도달하는 사상과 실재實在의 논리적인 발전을 이룩했다. 따라서 클라우제비츠는 헤겔의 변증법을 전쟁이론에 활용한 최초의 서구 군사 이론가라 추정한다. 또한 전쟁 철학이란 무엇인가, 즉 전쟁의 본질과 현상을 다루고, 그 현상의 궁극의 근거를 밝히는 것이라면, 클라우제비츠는 전쟁 철학의 창시자라 해도 과언이 아니며, 독일의 베를린 대학교 철학 교수 셰링(Walter M. Schering)의 견해를 소개하고자 한다.

클라우제비츠는 다만 유명한 장군, 탁월한 군사 저술가에만 멈추지 않고, 위대한 철학자의 한 사

61) 『老子』 제2장.
62) 상게서, 제9장.
63) 상게서, 제42장.
64) 『周易』 繫辭傳.

람으로, 칸트에서 헤겔에 이르는 독일 관념론 철학자와 나란히 독자의 입장을 주장하고 있다. 그의 주저主著 『전쟁론』은 당시의 전쟁이론에 의해 깊이 들어간 단순한 전쟁경험의 기술記述이 아니라, 실재의 가장 힘찬 현상인 전쟁과 그 속에서 자기를 주장하는 행동적 인간에 관한 철학설이다. '전쟁수행'(Kriegführnung)이란 단어에는 '실재에 있어서의 행동'이라는 표현을 부여하고, 또 그가 스스로 실천하는 군인을 행동자로 이해했을 때, 비로소 우리들은 그의 저서를 완전히 이해할 수 있다.[65]

## 마. 『전쟁론』이 독일 군인들에게 미친 영향은?

리델 하트에 의하면, 클라우제비츠의 가르침은 이해되지도 않고 받아들여졌기 때문에, 제1차 세계대전의 원인이나 성격에 대해서 크게 영향을 미쳤고, 그것은 또한 너무나도 논리적으로 제2차 세계대전까지 연결되는 것이다(자료 4). 클라우제비츠는 전투를 다만 '참다운 전쟁다운 행동'으로 만듦으로써 그의 교리는 전략의 우위를 탈취하여, 전쟁술을 대량 살육의 제조기로 만들어, 더욱이 장군들을 선동하여 유리한 기회를 조성하기보다, 다만 최초부터 전투를 노리게끔 만들었다(자료 5). 클라우제비츠의 대량 집중이론의 형벌이 내학살로 나타났다. 이런 사실을 가져온 이론과 걸벌히기 위한 희생이 얼마나 값비싼 것인지 놀랍구나 ! … 이러한 실패의 원인은 클라우제비츠에게 첫 번째의 책임이 있었다(자료 9)고 했다.

클라우제비츠의 가르침이 '이해되지 않고'는 수긍할 수 있지만, '받아들여졌기 때문에'에 관해서는 논의해 보고자 한다. 즉 클라우제비츠의 『전쟁론』이 독일 군인들에게 어느 정도 보급·수용되었는지, 미국 해군대학원 군사전략 객원교수인 머레이(Williamson Murray)의 발표 논문의 내용은 다음과 같다.

> 클라우제비츠의 영향은 작전 및 전술적인 수준에서 독일군의 효율성을 설명할 것이라는 견해에 대한 응답으로서, 메사슈미트 박사는 제1차 세계대전 전후에 관계없이 독일 장교들 중에 클라우제비츠를 읽으려고 노력한 장교들은 거의 없었다고 간결하게 논평함으로써 반대 의사를 표시했다.…
>
> 우리는 클라우제비츠 및 독일의 작전 및 전술 수행을 조사하기 전에, 20세기의 독일 장교단은 클라우제비츠를 읽지 않았다는 메사슈미트 박사의 신념에 대한 증거를 검토해야 한다. 1949년 영국의 위대한 군사 전술가인 리델 하트는 장갑부대 장군이었던 슈베펜부르크로부터 한 통의 편지를 받았는데, 거기에서 그는 다음과 같이 말했다.

65) シェリング, 『戰爭哲學』 白根孝之 譯(東京 : 元元書房, 1942), pp. 143~144.

"내가 참모대학에 갔었던 1911년부터 시작하여 기갑부대 및 기갑학교의 검열관으로서 책임을 맡고 있었던 1945년 옛날 독일군의 마지막까지 나의 통찰력의 시기(time of my insight : 원문대로이며, 분명히 지적 발전의 뜻)에, 독일 일반참모의 교육은 (불행하게도) 거의 전적으로 다음 저자 혹은 전략가들에 기초를 두었다.

(1) 슐리펜의 칸내(Cannae)

(2) 프리드리히 대왕

(3) 나폴레옹(예 : 오래된 친구, 이는 고전에 흥미 있을 것이다)

비록 나는 그의 책을 읽지 않았지만, 나는 리터 레프(Ritter von Leeb) 남작의 '방어'라고 불리는 한 가지를 지적하고자 한다.… 당신은 내가 클라우제비츠나 델브뤼크(Delbrück) 혹은 하우스호퍼(Haushofer)를 결코 읽지 않았다는 것을 듣고 놀랄 것이다. 우리들 일반 참모대학에서의 클라우제비츠에 대한 견해는 교수들이나 읽을 이론가의 것이었다."[66]

제1차 세계대전 후에 독일군은 와해되었는데, 그들은 왜 패전했는가 하는 문제를 이론적으로 심사숙고를 위한 계기를 만들었어야 함에도 불구하고, 독일장교들은 군사이론에 대한 연구를 소홀히 했다. 예컨대, 1935년 국방군사학교에서 실시한 강의에서 한 독일 참모장교는 다음과 같이 말했다. 즉, 어떤 사람은 흔히 클라우제비츠의 이론을 인용하지만, 그것을 읽지 않으며, 통상 은퇴하여 보다 한가로운 시간이 생길 때까지 이론의 연구는 연기한다. 그러나 이러한 시점에 도달할 때까지 그는 '행동하는 인간'의 역할을 좋아하며, 또 전쟁은 가르치거나 배울 수 있는 술術이 아니고, 자질을 타고나야 한다고 믿은 나머지 '시들어가는 이론'을 경멸한다는 풍조였다. 제2차 대전 후에 클레이스트(von Kleist) 원수는 리델 하트에게 다음과 같이 고백했다.

클라우제비츠의 가르침은 이 세대에서 – 내가 육군대학교에 있을 때, 그리고 일반참모로 있을 때조차도 – 무시되고 소홀히 다루었다. 그의 명구절은 인용되었으나, 그의 책은 면밀하게 연구되지 않았다. 그는 실질적인 교사라기보다는 군사 철학자(military philosopher)로 인식되었다. 슐리펜의 저술들이 보다 많은 주목을 끌었다. 그것들이 보다 더 실질적인 것 같이 보였다.[67]

미 육군 전쟁대학원(Army War College)의 군사사(military history) 교수인 루바스(Jay Luvaas)의 견해에 의하면, 리델 하트는 그의 저서 『서구의 방위』(1950)에서 공교롭게도 그는 군사 전문직에 종사하는 사람들의 '성서'인 클라우제비츠의 『전쟁론』을 아주 철저하게

66) Michael I. Handel, ed., (1986), p. 267, pp. 269~270.
67) 상게서, pp. 216~217.

연구했던 군인은 별로 없다고 논평했다. 이에 대해 루바스 교수는 다음과 같이 논평했다. "아마 리델 하트 자신도 이 범주에 포함되어야 할 것이다. 왜냐하면, 리델 하트가 그의 비판의 형성기간 동안 『전쟁론』을 읽었다는 점에는 의심의 여지가 없지만, 클라우제비츠가 지난 세기의 군인들로 하여금 아마겟돈(Armageddon : 세계의 종말이 올 때의 선과 악의 최후의 대결전장)의 대살육을 위한 군대를 준비한다는 견지에서 사고思考하도록 유발했다는 그의 초기의 확신은, 부지중이긴 하지만, 그의 이해의 한계성을 드러냈다.… 비록 그는 몇 가지 특별한 제목에 대하여는 가끔 클라우제비츠를 참조했겠지만, 1920년대에 그의 최초의 작품이 나타난 이래로 그가 『전쟁론』을 다시 읽었을 가능성은 희박하다 - 읽었다 하더라도 확실히 개방된 마음으로는 읽지 않았다."[68]

필자는 루바스 교수의 견해에 동의하는 입장이다. 왜냐하면, 클레이스트 원수 등의 견해처럼 독일 군인들이 『전쟁론』을 철저하게 연구하지도 않았는데, 어떻게 전쟁술을 대량 살육의 제조기로 만들었고 또한 대량 집중의 이론이 독일군의 군사교리가 될 수 있었는가? 이것은 사리에 맞지 않는 견해요(語不成說), 또한 논리의 비약이다. 리델 하트는 『나폴레옹의 망령』(1933) 이후에는 『전쟁론』을 치밀하게 읽지 않았던 것으로 추정한다.(자료 2·3의 비교)

독일 군인들이 클라우제비츠의 『전쟁론』을 본격적으로 연구하기 시작한 것은 1961년 서독에 '클라우제비츠 학회'가 설립됨으로 연유되었다. 이 학회는 매년 4회의 심포지움을 개최하여 『전쟁론』이나 현대의 안전보장·방위에 관해 논의했다. 클라우제비츠 탄생 200주년을 맞이하여, 1980년에 『전쟁 없는 자유란』(*Freiheit ohne Krieg?* 1980)이라는 주제로 심포지움을 개최했다. 이때 발표되고 투고된 세계의 클라우제비츠 연구가(학자 및 군인)들의 21편의 논문집을 발간했다.[69] 독일에서 클라우제비츠의 『전쟁론』(1832)에 대한 진지한 연구는 제2차 세계대전 이후부터 시작되었다고 보는 것이 타당하리라.

## 바. 리델 하트 두 저서의 수정할 사항

이 논문에서 다루어 온 리델 하트의 두 저서, 『나폴레옹의 망령』(1933)과 『전략』(1991) 가

---

68) 상게서, pp. 210~211.

운데 수정해야 할 내용에 대해 논의해 보고자 한다.

**첫째, "이에나 전역戰役에서 포로가 되어, 1809년에 석방되었다."[70]**

이에나(Jena) 전역은 1806년 10월 14일 나폴레옹군의 공격으로 시작되었고, 이 전투에 클라우제비츠는 아우구스트 친왕의 부관으로 출전하여, 프로이센군의 패배로 그들은 10월 24일에 포로가 되었다. 나폴레옹은 포로가 된 아우구스트 친왕을 만나고 싶어 베를린 궁정에서 만났고, 12월 30일 프랑스로 떠나 1807년 1월 18일에 낭시에서 억류생활이 시작되었다. 1807년 7월 '디이루짓드 조약'이 체결되어 프로이센은 철저하게 나폴레옹에게 굴복 당했다. 이 조약의 체결로 아우구스트 친왕과 클라우제비츠는 1807년 7월 31일에 석방 통지서를 받아, 귀국하면서 스위스에 몇 개월 체류하는 등 그 해 11월에 베를린에 도착했다. 따라서 '1809년의 석방'은 수정되어야 한다.

**둘째, "1818년 그는 소장으로 진급했고, 프로이센 전쟁대학의 교장으로 임명되었다. 재직 12년간 그는 이론연구와 교육(teaching)에 종사했다."[71]**

클라우제비츠는 1818년 5월에 프로이센 전쟁대학(Kriegsschule, 1816년 9월부터 참모장교 및 교관 양성을 위해 설립되었으며, 1860년에 육군대학으로 개편되었다)의 학장으로 임명되었고, 9월에 소장으로 진급했으며, 학장으로 취임한 것은 12월이었다. 그는 12년간 『전쟁론』의 집필에 전념했지만, 학생들의 교육(teaching)에는 일체 관여하지 못했는데, 이 사실은 『전쟁론』의 서문을 집필한 마리 부인도 밝혔다. 그가 학장으로 임명되었으나 취임이 늦어진 이유는 1815년 나폴레옹이 몰락하자 이전과는 달리 군주 전제·귀족 중심의 정치를 바라는 수구파守舊派가 더 우세해졌고, 클라우제비츠는 개혁파에 속해 있었기 때문에 그의 신원조사로 인해 늦어졌고 또 그의 영향력이 학생 장교에게 미치는 것을 방지하기 위해 가르치는 문제에는 전연 관여하지 못하게 제한했다. 이런 조치는 그에게 불만스러웠으나, 이로 인해 시간을 얻어 불후의 명저 『전쟁론』을 집필할 수 있었다.

---

69) 郷田 豊 外, 『〈戦争論〉の読み方』(東京 : 芙蓉書房出版, 2001), p. 289.
70) B. H. Liddell Hart(1933), p. 118.
71) 상게서, p. 119.

**셋째, "그의 인생은 짧았으나, 그의 저술은 실질적으로 완성되었다(virtually completed)."**[72)]

클라우제비츠의 『전쟁론』은 '실질적으로 완성'된 것이 아니라, 미완성의 작품이었다(3의 가). 그는 당초 '절대전쟁'의 관점에서 『전쟁론』의 제1편~제6편까지 집필 완료했으나, '현실전쟁'으로 입장을 바꾸어, 제7편과 제8편은 초본이고, 제1편~제6편까지 수정을 하지 못했으며, 완전한 것은 제1편 제1장뿐이라 했다. 리델 하트가 수정하지 않은 『전쟁론』의 내용을 쪽지도 밝히지 않고 인용하면서 비판을 가했다는 것은 학문하는 학자의 태도가 아니라고 생각한다.

**넷째, "불행히도 그 진전은 1830년 그가 콜레라로 죽으면서 중단되었다."**[73)]

클라우제비츠가 죽은 해는 '1830'년이 아니라, '1831년 11월 16일'이며, 사인死因에 대해서는 견해가 엇갈리고 있다. 보통 콜레라로 죽은 것으로 알려져 있으나, 마리 부인의 클라우제비츠의 임종시의 모습에 대한 기록을 보면, 그의 사인死因은 심장마비(heartattack)인 것으로 생각된다[74)]는 견해도 있다.

## 5. 맺음말

필자가 이 논문의 '맺음말'을 쓰고자 할 때, 머리에서 떠나지 않는 세 사람의 논평이 있어 소개하면 다음과 같다. 즉,

독일의 저명한 군인이며, 저술가인 골츠(Goaltz, 1843~1916) 원수는, "클라우제비츠 이후 전쟁을 논하려는 군사 저술가는 마치 괴테(Goethe) 이후에 『파우스트』를, 또는 섹스피어(Shakespeare) 이후 『햄릿』을 다시 쓰는 모험을 치르는 것과 같다. 전쟁의 본질에 관해 중요한 모든 것은 그 위대한 군사 사상가(military thinker) 클라우제비츠의 작품 속에 정석되어 발견할 수 있다."[75)]고 했다. 그리고 영국의 저명한 군사 사학자 마이클 하워드(Michael

---

72) 상게서, p. 119.
73) B. H. Liddell Hart(1991), p. 344.
74) Peter Paret(1976), p. 430.
75) Michael Howard and Peter Paret (trans. by 1976), p. 31.

Howard, 1922~ )에 의하면, "클라우제비츠의 가르침에 대한 리델 하트가 그린 마지막 모습은 왜곡되고(distorted), 부정확하고(inaccurate) 그리고 불공평한(unfair) 것이었다."[76]고 했으며, 리델 하트의 제자요, 또한 군사사가로 성장하는 데 도움을 받았던 브라이언 본드의 견해에 의하면, "1920년대 중반에 건강상의 이유로 육군을 제대하여 죽을 때까지 리델 하트는 학자라는 모습을 짙게 보였으나, 본질적으로 저널리스트였다. 글을 써서 돈을 벌어야 했다는 것이 작업의 양과 질을 좌우했다. 1940년대에 몹시 바랐던 옥스퍼드 대학 교수의 지위를 얻었다면, 리델 하트의 저작이 어떤 모습을 보였을까는 상상에 맡길 수밖에 없다. 무엇보다 리델 하트는 체계적이고 일관성이 있는 사상을 가졌던 것도 아니고 또 그 사상이 전문가의 엄격한 비판의 대상이 되지도 않았다는 점을 지적해 두고자 한다."[77]고 했다.

클라우제비츠는 3년간의 초급장교 과정의 군사학교의 교육을 이수했고, 그 후 샤른호르스트에 의해 설립된 「군사학회」에서 군사 전문지식뿐만 아니라, 인문·사회·자연과학에 대한 지식을 흡수했다. 그리고 23년간의 나폴레옹과의 실전경험을 토대로 하여 명석한 두뇌와 차분한 시간 여유를 가지고 12년간의 연구·사색의 결정체結晶體가 『전쟁론』이지만, 불행하게도 미완성 작품이다. 전쟁의 현상과 본질에 관해 『전쟁론』을 능가한 저술은 아직 출현하지 않고 있다.

리델 하트는 군사전문 기자로서 또 20여권의 저서를 남긴 문필가로서 명성과 명예를 누렸다. 즉, 그는 1966년 기사騎士 작위를 받았고, 옥스퍼드 대학에서 명예 문학박사 학위도 취득했다. 그러나 그는 영국에서 바라던 대학 교수의 직업은 얻지 못했는데, 아마도 대학 1년의 수학修學이라는 학력과 학문하는 기본 자질의 문제점 등 때문인 것으로 추정한다. 이 문제는 그의 클라우제비츠 『전쟁론』 비판에도 연결되는 것으로 생각한다.

첫째, 클라우제비츠의 『전쟁론』을 이해하자면, 전술한 바와 같이 칸트에서 헤겔에 이르는 독일 관념주의 철학에 대한 기초 지식을 구비하고 있어야 한다. 그런데 (자료 1)을 면밀히 분석·검토해 본다면, 『전쟁론』 비판을 위한 기본 학식에 문제점을 발견할 수 있으리라.

둘째, 클라우제비츠의 전쟁이론을 비판하자면, 그 핵심인 『전쟁론』의 제1편 제1장(완전한

---

76) 상게서, p. 41.

77) ブライアン·ボンド, 「リデル·ハートとリベラルな戦争観」, 『戦史研究年報』第3号(東京 : 防衛研究所, 2000), p. 84.

내용)의 「전쟁이론을 위한 결론」의 삼위일체를 가장 먼저 논의했어야 했으나, 리델 하트는 전연 언급이 없었다. 거기에는 분명히, 그리고 철학적 인식론의 내용을 제외하고도 "전쟁은 정치적 도구로서의 종속적 성격을 가진다"고 확실하게 밝혔다. 따라서 오늘날 보편화되고 있는 문민통제(civilian control)의 원형을 제시했으며, 또 정책을 전략의 노예로 만들었다는 주장(자료 2)은 전연 근거가 없는 것으로 생각한다.

셋째, 클라우제비츠는 당초 절대전쟁론자로 출발했으나, 40대 후반에 현실전쟁론자로 변신했다. 그런데 리델 하트는 이것을 분명히 밝히지 않고, 절대전쟁론자로 그리고 수정되지 않은 『전쟁론』을 인용하면서 비판을 전개했다는 것은 공정한 태도로 보기는 어려우리라.

넷째, 해양국가와 대륙국가의 전쟁관은 상이相異할 뿐만 아니라, 거기에 의거하여 전략·전술도 다르게 마련이다. 그런데 그는 이 문제를 도외시 했고, 또 클라우제비츠의 전쟁이론에 대한 기능과 한계, 집필동기 등에 대한 이해가 부족하면서도 비판을 강행하였다. 특히 제1차 세계대전 후, 독일은 영국의 적국이요, 『전쟁론』은 아무나 쉽게 접근할 수도, 이해할 수도 없는 저서인 것을 기화로 비판·공격의 화살을 퍼부어 명성을 획득한 것으로 추정한다.

리델 하트는 훌륭한 군사 전문기자이지만, '20세기의 클라우제비츠'라고는 생각하지 않으며, 더욱이 그의 『전쟁론』에 대한 이해·해석은, 원효(617~686)의 비유를 빌린다면, "술잔으로 바닷물을 잔질하고, 좁은 갈대 구멍으로 하늘을 바라보는 격"(『열반경 종요』)이라는 것이 필자의 결론이다.

(『海洋戰略』 제135호, 해군대학, 2007. 9.)

# XI.『손자병법』의 철학적 기초에 대한 연구

## 1. 머리말

1982년 7월 말, 필자가 국방대학원에 재직하고 있을 때, 미국의 워싱턴에서 개최된 국제군사사학회(International Commission of Military History)의 회의에 참석하게 되었다. 이 기회를 이용하여 회의 후, 미 국방대학원(National War College)과 미 육군전쟁대학원(U.S. Army War College)을 방문하여, 군사전략 수립을 위한 절차와 방법에 관한 교재를 수집할 계획이었다. 왜냐하면, 한국군은 60만의 대군이요, 6·25전쟁과 월남전쟁에도 참전하여 지금까지 풍부한 실전체험을 쌓았다. 그러나 한국군은 지금까지 전투(battle)는 했어도 전쟁(war)을 해보지 않았다는 사실이다. 즉 군사전략을 수립해서 전쟁을 수행하지 않았다는 얘기이다.

육군전쟁대학원의 전략처장인 존 스튜어트(John Stewart) 대령은 필자의 요청을 듣고, 한 권의 교재를 주었다. 즉 『군사전략 : 이론과 응용』(*Military Strategy : Theory and Application*, 1982~1983)이다. 귀국하여 이 책에서 주요한 논문을 선택하여 번역하고 필자의 논문을 편집해서 『군사전략론－이론과 실제－』(1987)을 발간했다. 그런데 이 자료수집 과정에서 필자를 놀라게 한 것은 미국의 최고 군사대학원에서 70년대 말부터 손무孫武의 『손자孫子』(기원전 513?, 차후 『손자병법孫子兵法』으로 표기함)와 클라우제비츠의 『전쟁론戰爭論』(1832)을 교재로 채택하여 가르치고 토의를 시킨다는 사실을 알았다. 그것은 세계 최강을 자랑했던 미군이

1975년 월남전쟁에서 전투에서는 언제나 승리했으나, 결과적으로는 전쟁에서 패배했다는 쓰라린 체험에서 비롯되었다는 것을 알았다.

필자는 1966년, 「『손자병법』으로 본 한국전쟁韓國戰爭」이라는 글에서 다음과 같이 기술했다. 즉, "『손자병법』은 심오한 전쟁철학戰爭哲學을 가지고 있다. 클라우제비츠의 『전쟁론』이 칸트(kant)의 비판철학批判哲學에 기반을 두고 있는 것과 마찬가지로, 『손자병법』은 동양 삼대사상(東洋三大思想 : 유교儒敎·불교佛敎·도교道敎)의 하나인 노장사상老莊思想에 기반을 두고 있는 것으로 생각된다. 여기서 약간 노자老子의 사상을 소개하는 것이 『손자병법』을 이해하는 데 크게 도움이 될 것이다. 노자사상의 근본은 도道의 일원론一元論이다. 도는 우주宇宙의 본체本體이며 만물창조萬物創造의 근본이며 만상萬象의 어머니인 것이다. 그리고 이 도는 시각視覺, 청각聽覺, 촉각觸覺 등을 초월한 것이다. 따라서 이것을 일컬어 무無라고 한다. 무라고 하여도 유有에 대한 상대무相對無가 아니라, 유무有無를 초월한 절대무絕對無이다. 따라서 無는 천지天地의 시작이다. 이처럼 본체가 활동적이 아니고 정지적靜止的이기 때문에 만물도 정지적인 것을 본연本然의 모습으로 하며, 본체가 초목적超目的인 것을 가지고 무위자연無爲自然이라고 칭하는 것과 같이, 만물도 또한 무위자연을 가지고 그 이상理想으로 삼지 않을 수 없다. 여기에 노자의 인생관人生觀, 윤리관倫理觀 그리고 정치론政治論이 흘러나올 뿐만 아니라, 『손자병법』의 사상적 특성도 여기서 나온다."[1)]

『손자병법』의 철학적 기초는 『노자』에서 비롯된다고 필자는 오래 전부터 생각했으나, 지금까지 그 주제에 대해 구체적으로 실증하는 논문을 발표하지 않았고 또 읽어보지 못했기 때문에 시도해 보고자 한다. 반면, 클라우제비츠의 『전쟁론』(1832)의 철학적 기초는 규명했다는 것을 밝혀둔다.[2)]

이러한 시도가 중요한 이유는 『손자병법』은 2,500여년 전에, 그리고 『전쟁론』은 170여년 전에 저술되었음에도 불구하고 군사고전軍事古典으로 지금도 생명을 유지하고 전쟁에 활용·연구되고 있을 뿐만 아니라, 경영분야에도 응용되고 있는 데 반하여, 조미니(1779~1869)의 『전쟁술戰爭術』(1838)은 미국의 남북전쟁(1861~1865) 때, 장군들은 그 책의 영역본英譯本을 배낭 속에 넣고 다니면서 읽으며 작전을 수행했을 정도로 인기가 대단했으나, 요즘은 군사고전에도 끼지 못하는 중요한 이유 가운데 하나가 철학적 기초의 빈곤에

---

1) 李鍾學, 「『孫子兵法』으로 본 韓國戰爭」, 『공군』 제96호(공군본부, 1966), p. 119.
2) 이종학, 『클라우제비츠와 전쟁론』(서울 : 주류성, 2004), pp. 179~194.

서 비롯된다고 생각하기 때문이다.

그래서 필자는 '손무의 『손자병법』은 『노자』의 철학에 기초를 두고, 전쟁의 본질, 준비와 수행에 대한 전쟁이론을 저술했다'는 가정을 세워 이를 실증해 보려고 시도한다. 이를 위해 먼저 기존의 연구 성과를 검토하고 또한 노자와 손무의 생몰 연대와 저술시기를 규명하고자 한다.

## 2. 『손자병법』의 철학적 기초에 대한 기존의 연구 성과

필자는 1954년 11월 공군사관학교를 졸업·임관했으나, 『손자병법』이나 클라우제비츠의 『전쟁론』을 배워보지도 못했을 뿐만 아니라, 이름도 들어본 적이 없었다. 당시 우리나라에는 그러한 군사고전을 가르칠 군사 전문가가 없었던 것이다. 60년대 초, 공군사관학교에 재직하면서 독학으로 『손자병법』을 연구하면서 놀란 것은 일본의 사토(佐藤堅司) 씨가 1960년에 『손자병법』을 연구하여 박사학위를 받았고, 1962년 그것을 책자로 발간했는데, 『손자의 사상사적 연구』[3]였다.

사토 박사의 연구에 의하면, 일본으로 중국의 병법이 들어온 것은 663년 이후로 추정推定되며, 그들은 백제인이며, 그 병서는 『손자병법』이라는 것, 그리고 일본인으로 『손자병법』을 최초로 중국에서 일본으로 가져온 것은 요시비(吉備眞備, 693~775)라고 했다.[4] 특히 거기에는 일본인들의 『손자병법』의 연구 성과를 시대별로 분석·평가한 것이 업적이었고 인상적이었다.

필자는 우리나라의 조선시대의 무인들은 무과시험에 『무경칠서武經七書』가 필수과목이었으니, 『손자병법』에 대한 연구서가 일본과 마찬가지로 있으리라 예상하고, 역사학의 태두인 이병도 박사(성균관 대학교 도서관장)를 찾아가서, 조선시대의 무인으로 『손자병법』을 독자적으로 연구한 책자를 소개해 달라고 했으나, "전연 그런 책을 보지 못했다"는 대답이었다. 그 후 이유를 생각해 보니, 조선시대는 숭문억무崇文抑武 정책으로 인하여, 우수한 인

3) 佐藤堅司, 『孫子の思想史的研究』(東京 : 風間書房, 1962)
4) 상게서, pp. 231~233.

재는 문과文科에 응시했고, 거기서 낙방한 자들이 무과武科로 등용되었으니, 병법을 본격적으로 연구한 무인이 없었기에, 그 결과로 조선왕조는 일제의 침략에 한 번 싸워보지도 못하고 국권國權을 상실하고 말았다고 생각했다.

사토 박사의 견해에 의하면, "『손자병법』의 보편적 군사원리의 유현성幽玄性은, 중국 특유의 철학사상의 나타남이며, 『노자』와 『관자管子』가 공통되는 것이 있다. …『손자』의 사상 혹은 문장은, 한편에 있어서는 노장老莊의 무위자연無爲自然에 공통되지만, 다른 편에 있어서는 공맹孔孟의 인도주의나 현실주의와 보조步調를 맞추고 있다"[5]고 했으나, 구체적으로 실증하지 않았다.

미국 해병대의 장군출신인 그리피즈(Griffith) 장군은 영국 옥스퍼드 대학교에서 『손자병법』의 연구로 1960년에 철학박사 학위를 취득하여, 그것을 보완해서 책자를 발간했으며, 책명은 『SUN TZU : The Art of War』(1963)이다. 그는 『손자병법』의 원문을 새로이 영어로 번역하고 손무의 시대와 전쟁양상, 중국 주석자들의 손무의 주석 그리고 손무와 모택동毛澤東 등에 관해 기술記述하고 있지만, 『손자병법』의 철학적 기반에 대해서는 전연 언급이 없었다. 그러나 흥미로운 것은 이 책에는 리델 하트(1895~1970)의 서문이 있는데, 그는 1927년 중국 상해上海에 체류하고 있었던 존 던컨(Jhon Duncan) 경으로부터 『손자병법』을 소개받고 읽은 후 그가 생각하고 있던 '간접접근'(indirect approach)과 유사성을 발견했고, 특히 "『손자병법』의 작은 책자 속에는 내가 저술한 20권 이상의 저서에서 다루어 둔 전략·전술의 근본문제를 거의 포함하고 있다"[6]고 높이 평가했다. 그리고 그리피즈 장군의 저서는 미 국방대학원과 미 육군전쟁대학원 학생들의 필독 교재로 선정되어 있었다.

미 해군대학원의 전략교수인 마이클 한델(Michael I. Handel)은 『MASTERS OF WAR : Sun Tzu, Clausewitz and Jomini』(1992)를 발간했는데, 나는 이 책의 서평을 한델 교수에게 보냈고 또 그의 답장도 받았다. 이것이 계기가 되어 「손무의 『손자병법』」(『공군평론』 97호, 1996)이라는 논문을 발표했다. 한델 교수의 저서 속에는 『손자병법』과 클라우제비츠의 『전쟁론』을 다루면서 일반적인 역사적, 철학적, 문학적 그리고 언어적 분석을 포함시키지 않았다.

---

5) 상게서, pp. 39~40.
6) Samuel B. Griffith, *SUN TZU : The Art of War* (London : Oxford University Press, 1963), p. vii.

『손자병법』과 『전쟁론』이 아직도 전해 내려오고 있으매, 여전히 탁월한 평가를 받고 있는 이유는 다음 두 가지 때문이다.

첫째, 인간 본성과 정치적 행위에 관한 근본적인 논리는 긴 역사를 통하여 변하지 않았기 때문이다. …둘째 이유는, 현대전쟁의 복잡성이 현저히 증가하고 있기 때문이다. 손자와 클라우제비츠는 이미 그 당시의 전쟁을 무한히 복잡한 것으로 간파하고 있었다.[7]

그러나 필자는 위의 두 저서가 군사고전으로서 오늘날에도 생명력을 가지고 복잡한 현대전의 준비와 수행에 가르침을 주는 이유는 철학적 기반이 있기 때문이라 생각하여, 노자사상에 대한 구체적·체계적 논의는 할 수 없었으나, 병법에 관련된 『노자』의 내용을 소개한 바가 있다.[8]

동양철학을 전공한 임원빈 박사(현재 해군사관학교 교수부장, 해군 대령)는 『손자병법』에 대한 존재론, 인식론 및 인간관을 논의했으며, 특히 존재론을 논의하면서 다음과 같이 주장했다. 즉 "사물의 세계는 그것의 극단에 이르면 대립면으로 전환되며, 이러한 과정은 끊임없이 진행된다는 것이 손무의 존재에 대한 이해였으며, 이는 사실 손무의 독창적 견해라기보다는 당시 지식인들이 공유하는 일반적인 세계관이기도 하였다."[9]고 하면서, 각주脚註에서 이러한 세계관을 『노자』의 대립면 전화의 원리(反者 道之動), 역易에서의 음양 소장陰陽消長의 원리… 등에서 광범위하게 보인다,고 했다. 아쉽게도 이 문제를 구체적으로 상세히 논의하지 않았다.

중국의 현대 군사 사상가인 도한장(陶漢章, 1917~ )은 군사대학에서 군사 교육자로 활약했고, 1955년 소장少將으로 예편한 뒤에도 북경 국제전략학회 고문 등을 역임했다. 그는 유백승(劉伯承) 원수의 좌담회에 참가한 기록과 스스로의 연구를 합하여 『손자병법 개론』(1984)을 저술했고, 1989년에는 증보판을 출간했다. 그는 "『손자병법』의 생명력과 실용 가치는 그것이 단지 군사방면에서만 유용할 뿐만 아니라, 전쟁의 승패를 좌우하는 정치, 군사, 경제, 외교, 철학적 이치(철리哲理)에 대한 종합적인 견해를 포함하고 있다는 데 있다"[10]고 했다. 그는 손무가 주장한 철학적 이치가 독창적인 것인지, 또한 구체적으로 상세히 이

---

7) Michael I. Handel, *MASTERS OF WAR : Sun Tzu, Clausewitz and Jomini* (London : Frank Cass&Co. LTD., 1992), p. 2.

8) 李鍾學, 『軍事理論과 軍事教育의 研究』(경주 : 서라벌군사연구소, 1997), pp. 79~107.

9) 임원빈, 「손자의 철학사상 연구」, 『海士論文集』第39輯(鎭海 : 海軍士官學校, 1996), pp. 13~14.

10) 陶漢章, 『손자병법 개론』 임원빈 역(진해 : 해군사관학교, 2000), p. 97.

문제를 다루지 않았다.

중국 국방대학교의 강국주(姜國柱) 교수는 『주역여병법周易與兵法』(1997)을 저술·간행했으며, 그는 다음과 같이 주장했다. "『손자병법』은 병서이지만 철학 사상을 바탕으로 하여 병법을 철학 속에 융화시켜 나타내고 있다. 『손자병법』에서 전쟁의 책략과 전략을 논할 때, 곳곳에서 유물론, 인식론, 변증법의 지혜가 빛나고 있다. 이 책은 병법과 철학이 병합된 걸작이다.… 손무의 군사 모략사상은 아주 심오하며 체계가 완벽하다. 이것은 『주역周易』에서 나왔으며 후세에 큰 영향을 미쳤고, 수많은 병법가들의 사표요, 동방 병법가들의 원조라고 불리면서 지금도 찬란한 빛을 발하고 있다."[11]

그는 『손자병법』이 철학을 바탕으로 하고 있다고 주장하면서, 아쉽게도 『주역』을 바탕으로 하여 『손자병법』에 대한 비교·분석과 주석註釋을 시도하지 않았다.

김기동·부무길은 『손자병법』의 철학적 기초에 관하여 다음과 같이 주장했다. "완벽한 체계와 풍부한 내용과 심오한 철리哲理를 갖춘 『손자병법』이 춘추시대 후기에 확립될 수 있었던 것은 물론 당시 사회의 경제, 정치, 군사 및 철학 사조의 직접적인 영향이 있었기 때문이다. 동시에 그것은 고대 군사사상의 논리적인 발전의 결과이기도 했다. 장구한 발전과정을 겪어 온 고대 군사사상은 『손자병법』의 형성에 중대한 영향을 미쳤고, 한편으로 『손자병법』은 기존의 군사사상을 단순히 반복한 것이 아니라, 한 차원 더 높은 발전형태를 보여주는 이론이었다"[12]고 했다. 저자들은 「손무에 대한 인물 소개」, 「고대 군사사상이 손자병법에 미친 영향」 그리고 「제나라 문화가 손무에게 미친 영향」 등 『손자병법』의 철학적 기초뿐만 아니라, 정치·경제·군사·외교·자연조건과 전략·전술을 광범위하게 다루었다.

김기동·부무길의 논지는 필자와 동일했지만, 내용 전개에 있어서 필자와 견해를 달리하는 부분이 있고 또 구체적 내용이 부족한 듯하기에, 필자는 가설의 주제를 다루어보고자 한다.

11) 姜國柱, 『주역과 전쟁윤리』 국방사상사 연구회 옮김(서울 : 철학과 현실사, 2004), p. 98 및 p. 115.
12) 金基洞·夫茂吉, 『孫子의 兵法과 思想研究』(서울 : 雲岩社, 1997), p. 80.

## 3. 『노자老子』는 어느 때의 작품인가?

노자에 대한 사료史料로서 한漢나라 시대의 사마천(司馬遷, 기원전 145~68)의 『사기史記』(기원전 90년경)에 다음과 같이 소개되어 있다.

> 사료① 노자는 초楚나라 고현(苦縣 : 하남성河南省) 여향 곡인리의 사람이다. 성은 이씨李氏, 이름은 이耳, 자는 백양伯陽, 시호는 담聃이니, 주周나라 수장실守藏室의 사관史官이다.
>
> 공자孔子가 주나라에 가서 삼가 예禮에 관해 노자에게 물어보자, 노자는 이렇게 말하였다.
>
> "그대가 말하는 것은, 그 사람과 뼈는 이미 다 썩었는데, 오직 그 말만이 남았을 뿐이다. … 그대의 교만한 기상과 욕심 많음과 얼굴과 태도를 꾸미는 일과 산만한 뜻을 버리라. 그런 것은 그대의 몸에 보탬이 되지 않는다. 내가 그대에게 할 말은 이것뿐이다."
>
> 공자는 돌아가 제자들에게 이렇게 말하였다.
>
> "나는 새가 잘 난다는 것을 안다.… 그러나 용龍에 대하여는 나는 그것이 어떻게 바람과 구름을 타고 하늘에 올라가는지 알지 못한다. 나는 오늘 노자를 만났다. 그는 용과 같은 존재라고나 할까."
>
> 노자는 도道와 덕德을 닦아서, 그의 학문은 스스로 숨기고 이름이 드러나지 않도록 힘쓰는 것이었다. 오랫동안 주나라에 살더니 주나라의 道가 쇠미하게 되는 것을 보고 드디어 떠나게 되었다. 함곡관函谷關에 이르자 관령關令 윤희尹喜가 말하였다.
>
> "선생께서는 장차 숨으시려고 하시는 데, 귀찮으시더라도 저를 위하여 글을 지어주십시오."
>
> 이에 『도덕경道德經』 상·하편을 지어, 5,000여 자의 문장을 남기고 가버렸는데, 그의 최후를 아는 이가 없다. 어떤 이는 말한다. "노래자老萊子도 또한 초나라 사람이다. 책 15권을 지어서 도가道家의 효용을 말하였는데, 공자와 같은 때의 사람이다."
>
> 대체로 노자는 160여 세를 살았다고도 하고, 200여 세를 살았다고도 한다. 그가 道를 닦고 수壽를 길렀기 때문일 것이다.
>
> 공자孔子가 죽은 뒤, 129년 후의 사관史官의 기록에 의하면 주나라의 태사太史 담儋이 진秦나라의 헌공獻公을 뵙고… 어떤 이는 담이 곧 노자라고 하고, 어떤 이는 그렇지 않다고 한다. 세상 사람들도 진정 그러한지 아닌지를 알지 못한다. 노자는 숨은 군자君子였다. (「노자·한비자전老子·韓非子傳」)

사마천은 『사기』를 집필할 당시, 전해져 온 여러 가지 사료를 충실히 기록했으나, 어느 것이 사실史實인지 명확하게 말하지 못하고, '세상 사람들도 진정 그러한 지 아닌지를 알지 못 한다'고 솔직하게 기록해 두었다. 그 후 많은 연구자들은, 노자는 어느 시대의 인물이며, 노자서老子書는 어느 때의 작품인가에 대해 학설學說을 발표했으며, 이 문제에 대한 김경탁金敬琢 교수의 연구 결과를 소개하면 아래와 같다.[13]

(1) 호적설胡適說 : 호적 씨는 노자는 실제 인물로서 공자보다 스무 살이나 나이가 많은 이라 하였다. 또 노자서老子書에 대하여는 비록 후의 사람들이 멋대로 덧붙이거나 고친 곳이 있기는 하나 역시 춘추시대에 노자가 지은 책이라고 하였다.

(2) 오강설吳康說 : 오강 씨는 지금 있는 노자서는 공자와 같은 시대인 노담老聃이 쓴 것으로 장자莊子보다 먼저 나왔다고 하여 대개 호적설을 지지하였다.

(3) 풍우란설馮友蘭說 : 풍우란 씨는 노자서는 전국시대戰國時代 때 사람이 지은 책이라 하여 세 가지 이유를 들었다. 첫째, 공자 이전에는 개인의 저술이 없다는 것이요, 둘째, 노자서의 문체는 문답체가 아니므로, 마땅히 『논어』, 『맹자孟子』 이후에 나온 것이라는 것이요, 노자의 글은 간단명료한 경經의 문체이므로 전국시대 때의 작품이라 하였다. 또 노자란 인물에 대하여 전국시대 때의 이이李耳요, 전설 속에 나오는 옛날의 넓고 큰 참 사람(古之博大眞人)은 바로 노담이라고 했다.

(4) 전목설錢穆說 : 전목 씨는 노자서가 『논어』 뒤에 나왔을 뿐만 아니라, 마땅히 『장자』 뒤에 나온 것이라고 말한다. 노자서 가운데 허다하게 많은 중요한 점은 거의가 『장자』 가운데서 가려 뽑아 낸 것이다. 『순자荀子』가 "노자는 굽히는 것만 보고, 펴는 것은 보지 못하였다"고 인용하였으니, 노자서는 대개 『장자』 뒤에, 『순자』 보다는 앞서서 이름 없는 사람이 지은 것이라고 했다.

(5) 다케우치 요시오설(武內義雄說) : 다케우치 요시오 씨는 노자는 공자의 손자 자사子思와 같은 시대인데, 공자보다 뒤의 사람이다. 『도덕경』 5,000여의 글은, 옛날부터 노자의 저술로서 귀하게 여겼지만, 실은 전국 말戰國末 진 초경秦初頃에 법가法家의 학자가 모은 책이다. 그 가운데는 법가의 말, 병가兵家의 말, 종횡가縱橫家의 말 및 후세 사람이 부여한 말이 많다고 했다.

(6) 츠다 소우키치설(津田左右吉說) : 츠다 소우키치 씨는 노담은 후세에서 도가道家의 학學이라고 불려지는 따위의 사상을 가진 "노자서의 작자가 그의 설說에 권위를 세우기 위하여 가설한 가공의 인물이다"고 하였다. 또 노자서에 대하여는 『맹자』보다는 뒤요, 『순자』보다는 앞이라고 하였다.

(7) 김경탁 설 : 노자서 가운데 거의 각 장마다 '고故' 또는 '시이是以'가 있는데, 대개 '故'나 '是以' 위에는 어록체語錄體요, 그 아래는 해설체解說體라고 생각한다. 그러므로 『맹자』와 『장자』보다는 후요, 『중용中庸』보다는 앞선다.

…

『노자』에 나타난 도가사상은 중국 춘추 전국시대에 걸쳐 형성 발전하였다. 『회남자淮南子』에는 "춘추 242년간에 망한 나라가 52요, 임금을 죽인 자가 36"이라 하였다. 온 천하가 도살장처럼 투쟁의 소용돌이 속에서 사람들은 힘의 법칙에 대한 인식을 아니 가질 수 없었다. 전설적인 병학자兵學者 손무가 난 것도 이 무렵이었다.

---

13) 金敬琢 譯, 『老子』(서울 : 光文出版社, 1965), pp. 39~42.

최근 이 주제에 대하여 김학주金學主 교수는 다음과 같이 주장했다. 즉, "춘추시대에 공자(기원전, 551~479)보다 20~30년 선배인 노자라는 사람이 있었고, 그가 도가의 초기 사상가의 한 사람이었음에는 틀림없지만, 도가사상道家思想이 그 노자라는 한 사람에 의하여 만들어진 것은 아님을 알 수 있다. 『노자』라는 책도 적어도 노자에 의하여 처음으로 이루어진 간단한 기록이나 그의 말 같은 것을 근거로 하고, 다시 거기에 전국시대 이후 도가들의 기록을 더 보태어 지금 우리가 보는 모습으로 발전한 것이라 보는 게 옳을 것이다."[14]

필자는 김학주 교수의 견해를 수용하는 입장이며, 또한 중국 국방대학교의 강국주姜國柱 교수의 견해를 살펴보고자 한다.

> 노자의 생몰 시기는 확실하게 밝혀지지 않았지만, 공자보다는 나이가 많았으며, 대략 기원전 580~500년 사이에 살았다고 한다. 그가 저술한 『노자』는 역대 많은 학자들에게 소중한 자료가 되고 있다.… 몇몇 사상가들이 보기에는 『노자』는 모략을 연구하는 책이었다. 사실 『노자』는 위대한 철학의 명작이고, 그 사상의 요지와 핵심은 우주와 하늘·땅·사람 삼재三才의 중심인 道를 말한다. 그런데 이 책에는 군사적 전략·전술·책략·권모술수 등 풍부한 군사사상의 내용이 빠짐없이 포함되어 있어서 역대 병가의 스승으로서 후세에 군사이론과 실천의 발전에 중대한 영향을 끼쳤다. 따라서 사람들이 『노자』를 병법서로 간주하는 것도 일리가 있는 것이다.[15]

따라서 공자가 노자를 찾아가서 만난 시기가 기원전 506년(공자 46세)이니,[16] 공자는 『노자』를 읽고서 대단한 학자로 생각하여 찾아갔을 것이다. 그러니 『노자』의 저술 연대는 노자의 나이로 보아 20여년 전, 즉 기원전 530년 전후로 추정한다.

## 4. 『손자병법』은 어느 때의 작품인가?

손무孫武와 『손자병법』에 대한 사료는 『사기』에 다음과 같이 소개되어 있다.

> 사료② 손무는 제齊나라 사람이다. 병법을 가지고 오왕 합려를 뵈었다. 합려가 말하기를, "그대의

14) 金學柱, 『노자와 도가사상』(서울 : 明文堂, 2007), p. 62.
15) 姜國柱, 국방사상사 연구회 옮김(2004), pp. 222~223.
16) 金學柱, 『공자의 생애와 사상』(서울 : 明文堂, 2003), p. 85.

병법 13편을 나는 모두 읽었다. 군대를 열병하는 것을 시험해 보일 수 있는가?" 하니, 손자가 "좋습니다." 하고 대답했다.…

합려왕은 손자가 용병을 잘한다는 것을 알고 드디어 그를 장수로 임명하였다. 서쪽으로는 강력한 초楚나라의 군사를 깨뜨리고 그 서울 영郢에 들어갔으며, 북쪽으로 제·진 두 나라를 위협하여 이름을 제후諸侯에 드러낸 것은 손자의 힘이 작용한 바이다.

손무가 죽은 뒤 100여 년이 지나서 손빈孫臏이라는 사람이 있었고 손무의 후손이다.… 손빈은 이것으로 이름이 천하에 드러나게 되었다. 세상에 그가 지은 병법책이 전하고 있다.(「손자·오기열전孫子·吳起列傳」)

『사기』에는 오자서·손무의 활동을 아래와 같이 기록하고 있다.

사료③ 오자서伍子胥는 초나라 사람이니 이름은 원員이다.…

합려는 왕이 된지 3년 만에 드디어 군사를 일으키고 오자서 등과 함께 초나라를 쳐서 서舒를 함락시키고, 본래 오나라의 장수였던 배반한 공자公子 두 사람을 사로잡았다. 이 기회에 초나라의 수도인 영郢을 치려고 하자, 장수 손무가 말하기를, "백성들이 피로하였으며, 아직은 그 때가 아닙니다. 얼마동안 기다려 주십시요." 하였다. 그리하여 드디어 돌아왔다.…

9년(기원전 506년)에 오왕 합려가 오자서와 손무에게 말하기를, "처음에 그대가 영郢에는 아직 들어가지 말라고 하였는데, 지금은 과연 어떤가?" 하였다. 두 사람이 대답하기를, "…왕께서 만일 크게 초나라를 치고자 하신다면, 반드시 먼저 당·채唐蔡를 우리 편에 끌어들이면 칠 수가 있을 것입니다"고 하였다.

합려는 그 말을 듣고 당·채와 함께 군대를 모두 동원하여 초나라를 공격하게 되었는데… 자상子常이 패하여 정鄭나라로 달아나니 이에 오나라 군대는 승세를 몰아 전진하여 다섯 번 싸운 끝에 드디어 초나라의 수도 영에 이르렀다.…

그 뒤 2년이 지나서 합려는 태자 부차夫差로 하여금 군사를 거느리고 가서 초나라를 치게 하여 번番 땅을 빼앗았다.… 이 때에 오나라는 오자서·손무의 계책을 채용하여 서쪽으로는 강력한 초나라를 깨뜨리고 북쪽으로는 제·진齊晉을 위압하였으며, 남쪽으로는 월越나라 사람을 복종시켰다.

그 후 4년(기원전 497)에 공자孔子가 노나라의 재상宰相이 되었다. 그 뒤 5년에 오나라가 월나라를 치니 월왕 구천句踐이 이를 맞아 고소姑蘇에서 오나라의 군사를 깨뜨리니, 합려는 손가락에 부상당하였으므로 오왕은 물러갔다. 합려의 병이 악화하여 장차 죽게 되었을 때에 태자 부차에게 말하기를, "너는 구천이 너의 아비를 죽인 것을 잊겠느냐" 하였다. 부차는 대답하기를, "감히 잊지 않겠습니다."(「오자서열전伍子胥列傳」)

위에 소개한 『사기』에는 손무의 저서 13편의 『손자병법』, 그의 장수로서의 활동 및 그의 자손 손빈과 그의 병법책이 전하고 있다고 기록하였다(사료②,③). 그러나 후대의 연구가들은 다음과 같은 학설學說을 주장했다.

(1) 『손자병법』의 후인 위작설後人僞作說

(2) 손무의 가공 인물설架空人物說

(3) 손무와 손빈의 동일인설同一人說

(4) 손빈 저작설孫臏著作說

(5) 손무 원작孫武原作·손빈 보완설孫臏補完說

그런데 1972년 4월 중국 산동성山東省 은작산銀雀山에서 전한前漢 초기(기원전 140~118)의 고분에서 죽간竹簡으로 된 『손자병법』과 전래되지 않았던 『손빈병법孫臏兵法』, 『육도六韜』, 『울료자尉繚子』[17] 등이 출토됨으로써 지금까지의 의문점이 거의 해결되었을 뿐만 아니라, 『사기史記』의 기록이 신빙성이 있다는 것이 증명된 셈이다.

오왕 합려는 왕이 된지 3년(기원전 512)만에 초나라의 수도를 치려고 했으나, 손무의 건의로 침공을 중지했는데(사료③), 손무가 오왕 합려에게 13편의 『손자병법』을 바치고 장수가 된 것은 기원전 512년이고, 저작 연대著作年代는 기원전 513년으로 추정한다.

지금까지 손무의 출생·사망 연대는 알려지지 않았고, 다만 공자(기원전 551~479)와 동시대인同時代人으로 알려져 있었는데, 그 논거는 사료③에서 찾을 수 있다. 즉 기원전 504년, 합려왕은 태자 부차夫差로 하여금 초나라를 쳤을 때, 오자서·손무의 계책을 채용하여 성공했고, 기원전 497년에 공자가 노나라의 재상이 되었기 때문이며, 그때 공자는 55세였다.

합려왕은 기원전 496년 초나라를 치다가 월왕 구천에 의해 패배, 부상을 당하여 죽었는데, 작전 경과로 보아 이 때는 이미 손무가 은퇴하여 참전하지 않은 것이 확실하며, 그 후 태자 부차가 왕이 되어 오자서는 부차왕으로부터 억울한 죽임을 당했다. 그래서 필자는 기원전 504년 태자 부차가 초나라를 쳤을 때, 오자서와 손무도 함께 출전해서 공을 세웠으나, 손무는 부차의 자질을 미리 짐작하고 그 후 곧 사직한 것으로 추정한다.

손무의 말년에 대해 확실한 자료를 제시하지 않고 소개된 내용에 의하면, 기원전 504년 손무는 수군을 편성하여 장강長江에서 초나라의 수군과 싸웠다. 이때 수군의 돌격대장에 합려왕의 차남 부차를 임명했다. 병법에 능한 손무는 이 수상전水上戰에서 작전이 훌륭하여 초나라의 수군을 격멸하여 패잔병들은 도망쳤다.

17) 銀雀山漢墓竹簡整理小組編, 『銀雀山漢墓竹簡』(壹)(北京 : 文物出版社, 1985), p. 1.

오나라의 수도에서는 몇 번이나 초나라의 대군을 격파한 손무 장군은 당대 최고의 병법가요 구국의 영웅이 되었다. 특히 합려왕과 재상인 오자서는 기뻐했다. 그러나 손무는 걱정스러워졌는데, 그것은 공자公子 부차夫差의 존재였다. 손무는 전투과정에서 부차의 교만함을 알고서 오나라의 앞날에 불안감을 가지게 되었다.

합려왕은 결코 현명한 명군名君은 아니었으나, 한 가지 장점은 신하의 건의를 받아들이는 아량이 있었다. 그리하여 정치면에서는 오자서, 군사 면에서는 손무의 건의를 수용했기 때문에 일에 대해 보람을 느꼈다. 그러나 다음에 왕이 될 부차는 달랐다. 자존심이 강한 부차는 부하의 건의에 귀를 기울이기는커녕 군주의 체면을 손상시킨다고 생각하는 위인이었다.

깊이 생각한 끝에 손무는 사의를 표명했다. 합려왕과 오자서는 놀라서 보류하라고 종용했으나, 손무의 의지는 확고했기에, 마침내 합려왕도 승인했다. 지금까지의 공로를 가상히 여긴 왕은 손무에게 월나라와 국경이 가까운 부춘富春에 영토를 주었고, 그 후 손씨孫氏들은 대대로 그 곳에서 병법을 가르치며 살았다.

손무가 사임하고 1년이 지났을 때, 남쪽의 월나라에서 왕인 윤상允常이 사망하자, 태자인 구천句踐이 후계의 왕이 되었다. 월나라의 왕의 교체에 의한 혼란을 기화로, 오나라는 군대를 동원하여 월나라에 침공했다. 시골에서 오월회전吳越會戰의 소식을 접한 손무는, 오나라를 위해 그 경솔함을 슬퍼했다. 오월吳越의 전투는 오나라의 대패로 끝났고, 합려왕은 패잔병을 이끌고 귀국 중 실의 속에 급사했다[18]고 했으나, 사료를 밝히지 않아서 신빙성에 문제점이 있다.

공자(기원전 551~479)와 비슷한 연배인 손무는 『노자』의 영향을 받았다는 가정 하에 논의를 진행시키고자 하는데, 한 가지 궁금한 것은 손무의 가문과 성장과정이다. 그런데 이 내용에 관해서는 『사기』에 전연 기록되어 있지 않다. 그러나 사료의 신빙성에 약간의 문제점이 있지만, 연구 성과를 소개하면 다음과 같다.[19]

손무의 자字는 장경長卿으로 춘추 말기에 제나라 낙안樂安(지금의 산동성山東省) 사람이다. 그의 주요 활동 시기는 기원전 500년 전후이다. 그의 선조 진완陳完은 진陳나라 사람인데 내

18) 松本一男, 『孫子を読む』(東京 : PHP研究所, 1990), pp. 85~87.
19) 임원빈 역(2000), 전게서, pp. 111~112 및 이병호 편역, 『손자·군사사상과 병법이론』(울산 : 울산대학교 출판부, 1999), pp. 28~32 참고.

란으로 인해 제나라로 도망쳐 제나라 환공桓公에게 중용된 뒤 후에 성姓을 전田 씨로, 이름은 완完으로 바꾸었다. 거莒나라를 정벌한 공이 있었으므로 제나라 경공景公은 손孫 씨 성을 하사하였다. 손무의 부친인 손빙孫憑 또한 제나라의 고급관리였다. 손무는 이러한 세습 귀족가정에서 태어나 자랐고, 조상과 선배들이 모두 군사에 정통하여 그로 하여금 어려서부터 군사적인 훈도를 받았다. 즉 손무는 군사학을 가학家學으로 하고 있는 군사세가軍事世家에서 출생하고 성장했던 것이다. 그래서 『손자병법』 속에는 옛날의 병서兵書인 『군정軍政』(군쟁편軍爭篇)이 등장했고 또 "이 네 가지 용병상의 원칙은 황제黃帝가 네 임금과 싸워서 승리를 거두었던 방법이다."(행군편行軍篇) 하고 인용했다.

나중에 제나라의 내란으로 인해 손무는 오나라로 도망쳤다. 『오월춘추』에 따르면, 오자서는 어느 날 망명해온 손무를 만나게 되었는데, 처음 만나 이야기해 보고, 곧 그가 놀라운 재능을 가진 사람임을 알게 되었다. 그는 합려왕에게 손무를 천거(기원전 512) 했고, 손무는 오왕의 요구에 따라 궁녀들을 데리고 훈련법을 시연해 보였다. 따라서 필자는 『손자병법』의 저술은 기원전 513년경으로 추정하는 것이다.

## 5. 『노자』와 『손자병법』의 비교·분석과 평가

### 가. 도道란 무엇인가?

노자의 철학사상에 있어서 '도道'란 키워드(keyword)이다. 노자에 의하면 '도'란 자연의 법칙일 뿐만 아니라, 형이상학적形而上學的인 우주의 본체本體로 보았다. 즉, 하늘이며 땅이며 온 만물은 '도'를 바탕으로 하여 완성되었으며, 다음과 같이 『노자』에서 설명하고 있다.

> 사료④ 혼돈된 것이 있으니, 이것은 천지天地보다도 먼저 생겼다. 고요히 움직이지 않는 모습은 다른 것에 의존하지 않는 독립된 존재이니 변형하지 않는다. 현상계現象界에서 두루 운행運行하여도 막힐 데가 없다. 또 위태하지 않고, 만물이 다 거기서 생성生成되니 천하의 모체母體가 될 수 있다. 나는 그 이름을 알지 못하므로 그것을 '도'라 이름지었고, 억지로 그것을 '대大'라 부르기로 하였다. '대'라고 하는 것은 끊임없이 변화하여 간다. 끊임없이 변화하는 것은 멀리 극도에까지 이른다. 멀리 극도에 다다르면 제자리로 되돌아간다.
>
> 그러므로 '도'란 위대한 것이며, 하늘도 위대하고, 땅도 위대하고, 왕도 역시 위대하다. 세

상에는 이 네 가지 위대한 것이 있는데, 왕도 그 중의 하나를 차지하는 것이다. 그런데 사람은 땅을 법도로 삼고, 하늘은 '도'를 법도로 삼으며, '도'는 자연을 법도로 삼고 있는 것이다.(제25장)

사료⑤ '도'라고 알 수 있는 도라면 그것은 절대 불변하는 '도'는 아니다. 명칭으로써 표현될 수 있는 명칭이라면 그것은 절대 불변하는 명칭은 아니다. 명칭이 없는 것(무명無名)은 천지가 시작되던 상태이며, 명칭이 있는 것(유명有名)은 만물의 모체母體이다.

언제나 무無는 '도'의 묘용을 드러내 보이려 하고, 언제나 유有는 만물의 차별상을 드러내 보이려 한다.(제1장)

노자는 '도'의 본체에 대해 여러 가지 표현으로 설명했다. 즉 '도'라는 것은 만물이 존재하는 이유요, 모든 이치의 근거가 되고, 또한 만물은 이치가 다르지만, '도'는 만물의 이치의 근원이 된다. 그러나 사람의 지각知覺으로서는 알 수도 없을 뿐만 아니라, 사람의 지혜로서도 그것을 제대로 표현할 수 없다는 것이다. '도'가 우주의 본원이고 근거라면, 우주의 만물은 '도道'로 말미암아 생겨났는데, 노자는 만물의 생성과정을 다음과 같이 설명했다.

사료⑥ 도가 일(一)을 낳고, 一은 이(二)를 낳고 二는 삼(三)을 낳으며, 三은 만물을 낳는다. 만물은 음陰을 짊어지고 양陽을 안고 있는 셈이며, 충기沖氣를 통하여 조화되는 것이다.(제42장)

이 내용은 마치 암호暗號 비슷한 표현을 하고 있으나, '도'는 음·양·충의 삼기三氣로 만물을 생성한다는 내용으로 변증법적 사고방식을 설명한 것이기 때문에 차후 상세히 논의하고자 한다.

노자는 '도'를 형이상학적인 우주의 본체로 삼았지만, 손무는 '도'를 전쟁수행을 위한 전력戰力의 기본 요소(五事) 가운데 첫째로 등장시켜 다음과 같이 설명했다.

사료⑦ 다섯 가지 전력의 기본 요소란, 첫째는 도道요, 둘째는 천天이요, 셋째는 지地요, 넷째는 장將이요, 다섯째는 법法이다.

첫째로, 도道란 국민들이 위정자와 같은 마음이 되어 생사를 함께 할 수 있으면 어떤 위험도 두려워하지 않도록 하는 것이다.(시계始計)

손무에 의하면, "전쟁을 시작하기 전에 가장 중요한 일은 정부 요인 및 군 수뇌 회의의 양편 전력의 분석·비교에 의한 계산(묘산廟算)이다"(始計)고 했고, 전쟁 개시의 결정자는 위정자(왕)이다. 만약 전쟁을 수행함에 있어서 위정자의 뜻과 국민의 의사가 상반된다면, 전쟁 수행은 불가능하거나 패하게 마련이다. 그래서 손무는 전쟁수행에 있어서 첫 번째로 중요한 요인으로 '도'를 주장했던 것이다.

660년 나당羅唐 연합군은 백제를 정복하고 난 후 당군은 그대로 머물러 백제의 옛 영토는 물론이요, 신라까지 정복하려는 기세를 보였다. 그러나 김유신을 위시하여 온 국민이 항전抗戰의 태세를 보이자, 당군의 장수 소정방蘇定方은 사태의 불리함을 깨닫고 계획의 실천을 포기하고는, 부지휘관을 남겨놓은 채 귀국하였다. 당나라의 왕이 소정방을 보고, "그대는 무슨 까닭으로 신라를 정복하지 못했는가?"하고 묻자, 소정방은 대답하기를, "신라는 그 임금이 백성들을 사랑하고, 그 신하가 충성으로서 왕을 떠받들며 아랫사람은 윗사람을 섬기되 그 부형父兄같이 하고 있으니, 비록 작은 나라라 하지만 함부로 정복할 수가 없었습니다"고 하였다.[20]

월남전쟁에 있어서, 미 육군은 연간 100만에 가까운 병력을 월남에 수송하고, 먹이고, 입히고, 재우고, 무기와 탄약을 공급하는 등 전투에 지장 없이 충분한 군수품을 수송했다. 그리고 전장에서 미 육군은 베트콩과 월맹군을 패배시켜 도주케 했다. 미군은 전투마다 계속 승리했으나, 마지막 결과는 비참하게도 패배로 끝났는데, 그 이유는 무엇인가?

미 육군의 해리 서머스 대령은 다음과 같이 밝혔다. 즉, 이미 150년 전에 클라우제비츠는 다음과 같이 지적한 바가 있다. 문명 국가간의 전쟁은 정부의 합리적인 판단 아래 발생하며, 당사자간의 격한 감정은 전쟁이 진행됨에 따라 점차로 사라진다고 생각하는 것은 잘못된 생각이다.(『전쟁론』제1편 제1장) 따라서 군부가 군의 통수권자(대통령)에게 말해야 했던 것은 전투, 폭격, 탄약 같은 것만이 아니라, 미국 국민의 지지부터 먼저 받지 않고 육군을 투입하려는 것은 명백한 잘못이라는 말을 했어야만 했다. 군을 투입할 경우는 전쟁수행의 능력과 명백한 목적이 있어야 되지만 그것보다 국민의 지지 없이 육군 단독으로 전쟁을 수행한다는 것은 불가능한 일이기 때문이다.[21]

한편, 같은 시대의 공자(기원전 551~497)가 주장하는 '도'는 『노자』와 손무와는 다르다. 즉 공자는 『논어』에서 "아침에 도를 들어 깨달으면, 저녁에 죽어도 좋다"고 했다. 동일한

20) 『三國史記』 卷第四十二 列傳第二(金庾信 中)
21) Harry G. Summers, *On Strategy*(Novato : Presidio Press, 1983), p. 13.

'도'란 단어를 사용하고 있지만, 공자는 인간이 올바르게 세상을 살아가는 '도리'의 뜻으로, 노자는 우주와 만물의 근원의 뜻으로, 손무는 전쟁수행의 기본 요소로 사용했다는 것에 유의할 필요가 있다.

## 나. 전쟁관戰爭觀

공자는 『논어』에서, "위나라의 영공이 공자에게 진법陳法을 묻자, 공자께서 '제사 지낼 때, 제기祭器를 진설하는 법에 대해서는 일찍이 들어 알고 있지만, 전쟁에 대한 일은 배우지 않았습니다'고 대답하시고, 이튿날 위나라를 떠나셨다"고 했다.(위영공편衛靈公篇). 그러나 앞에서 얘기한 것처럼 『노자』에는 전쟁·용병술 등의 내용이 풍부하다. 즉

사료⑧ 도道로서 임금을 보좌하는 사람은 군사력으로써 천하에 강함을 드러내지 않는다. 그 일은 근본으로 되돌아감이 좋은 것이다. 군대가 주둔한 곳엔 가시덤불이 자라게 된다. 큰 전쟁을 치른 뒤에는 반드시 흉년이 든다.

그러므로 용병을 잘하는 사람은 전쟁의 목적을 달성할 뿐이요, 바로 적국에서 병장기를 철수하여 버린다. 그 목적을 달성하고도 피정복민에게 전공戰功을 자랑하지 않는다. 교만하지도 않는다. 하고 싶지 않은 전쟁을 부득이 하였다고 한다. 이쪽이 강하다고 생각지도 않는다.(제30장)

사료⑨ 대체 무기란 상서롭지 못한 연장이다. 사람을 해치므로 이것을 싫어하고 미워한다. 그러므로 도를 닦는 이는 이런 것을 사용하지 않는다.…

무기란 상서롭지 못한 연장이기 때문에 도덕군자가 사용할 연장이 아니다. 부득이 해서 사용할 때는 적국敵國을 안정시키는 것을 상책上策으로 삼아야 한다. 승리하고도 명예롭게 생각하지 않아야 한다. 이것을 명예롭게 생각하는 사람은 사람을 죽이기를 좋아하는 사람이다. 사람 죽이기를 좋아하는 사람은 세계에 인심人心을 잃게 된다.(제31장)

사료⑩ 훌륭한 용사는 센 듯이 보이지 않고, 잘 싸우는 사람은 성내지 않으며, 적을 잘 이기는 사람은 다투지 아니 한다.(제68장)

전쟁이란 무엇인가? 프로이센의 전쟁철학자 클라우제비츠(1780~1831)는 그의 명저 『전쟁론』(1832)에서, "전쟁이란 적을 굴복시켜 자기의 의지를 강요하기 위해 사용되는 일종의 폭력행위이다."(제1편 제1장)고 했다. 요즘 와서는, 전쟁이란 대립하는 두 개 이상의 국가 또는 이에 준하는 집단간에 있어서 그들의 생존이 달려있는 국가목적을 달성하기 위해 군사력을 비롯한 각종 수단을 사용하여 자기의 의지를 상대방에게 강요하려는 행위를 뜻한다.

여기서 노자의 전쟁관을 살피기에 앞서 그가 생존했던 춘추 말기에 가장 두드러진 문제는 여러 제후국들 사이에 약육강식의 논리에 따라 큰 나라가 작은 나라를 삼켜버리는 합병 내지 침략전쟁이 그칠 새 없이 일어나고 있었다. 따라서 인민들의 피해와 국토의 황폐함은 비참했다. 이리하여 노자는, "이러한 전화戰禍는 그 원인이 어디에 있는가? 이만하면 족하다고 하는 만족감을 느끼지 못하고, 항상 소유욕과 지배욕을 무한히 신장하려고 하는 데 있다"(제46장)고 주장했다.

전쟁에 대한 철학자들의 견해는 3가지로 분류할 수 있으리라.

첫째 : 전쟁의 긍정·예찬론자이다. 희랍의 철학자 헤라클레이토스(기원전 535~475)는 다음과 같이 주장했다. "전쟁은 만물의 아버지요, 만물의 왕이다. 전쟁은 어떤 것을 신神으로 만들고, 어떤 것은 인간으로 또 어떤 것은 노예나 자유인으로 만드는 것이다.… 호머가, '신들과 인간 사이의 투쟁이 없어질 지어다'고 말한 것은 잘못이다. 그는 자기가 이렇게 말할 때, 우주의 파멸을 기도하고 있음을 모르고 있었던 것이다. 그의 기도가 이루어지면 만물은 모두 끝장이 나기 때문이다."[22)]

둘째 : 전쟁의 부정론자이다. 임마누엘 칸트(1724~1804)는 『영구평화를 위하여－한 철학적 초안－』(1795)에서 다음과 같이 주장했다. "(1) 장래의 전쟁을 위한 재료를 은밀히 유보留保한 채로 맺어진 여하한 평화조약도 진정한 평화조약으로서 시인되어서는 안 된다. (2) 독립해서 존립하고 있는 어떠한 국가도 계승·매수 또는 증여에 의해서 다른 국가의 소유가 되는 일이 있어서는 안 된다. (3) 상비군常備軍은 결국 전폐되어야 한다. … (5) 어떠한 국가도 타국의 체제와 통치에 폭력으로써 간섭해서는 안 된다.…"[23)]

셋째 : 전쟁의 현실론자이다. 노자에 의하면, 군주들의 소유욕과 지배욕 때문에 현실적으로 전쟁이 일어나지만, 무기란 상서롭지 못한 연장이며, 부득이 해서 사용할 때는 적국을 안정시키는 것을 상책으로 삼아야 한다고 했다. 즉, 전쟁은 그 목적을 달성하기만 하고, 가능하면 억제·축소하고 상대편의 피해가 없도록 하거나 최소화해야 한다는 입장이었다.(사료⑧,⑨,⑩)

---

22) 버트란드 러셀, 『西洋哲學史』上, 최민홍 역(서울 : 집문당, 1988), pp. 87~88.
23) 임마누엘 칸트, 『永久平和를 위하여』 鄭鎭 譯(서울 : 정음사, 1981), pp. 9~21.

손무는 『노자』의 전쟁의 현실론적 입장을 바탕으로 하여 『손자병법』에서 다음과 같이 주장했다.

사료⑪ 전쟁은 국가의 중대한 일이다. 국민의 생사와 국가의 존망이 기로에 서게 되는 것이니 신중히 검토하지 않으면 안 된다.(시계始計)

사료⑫ 무릇 싸워 승리하고 공격하여 토지·성곽 등 탈취했으면서도 그 전쟁목적을 달성하지 못한다면, 그것은 낭비이다. 그래서 총명한 군주는 그 점을 깊이 생각하여 전쟁을 시작하고, 훌륭한 장수는 그 명을 받으면 깊이 생각하여 용병을 결정해야 한다. 그래서 유리하지 않으면 전쟁을 하지 않으며, 얻을 것이 없으면 군대를 사용하지 않으며, 위태롭지 않으면 싸우지 않는다.

군주는 한 때의 노여움으로 전쟁을 해서는 안 되며, 장수도 분노 때문에 전투를 해서는 안 된다. 국가의 이익에 합치하면 행동하고, 이익에 합치하지 않으면, 전쟁을 해서는 안 된다. 노여움은 해소되어 다시 기뻐질 수 있고, 성냄은 다시 즐거워질 수 있지만, 한 번 멸망한 국가는 다시 소생할 수 없고 죽은 자는 다시 살아날 수 없기 때문이다.

그러므로 총명한 군주는 전쟁을 일으키는 것을 삼가하며, 훌륭한 장수는 전쟁을 경계한다. 이것이 국가를 안전하게 하고, 군대를 보전하는 방법이다.(화공火攻)

사료⑬ 그러므로 백 번 싸워 백 번 승리하는 것이 결코 훌륭한 전략이 아니고, 싸우지 않고 적을 굴복시키는 것이 최상의 전략이다. 따라서 가장 훌륭한 전략은 적이 전쟁하려는 의도를 분쇄하는 일이고, 그 다음은 적의 동맹관계를 끊어 고립시키는 일이며, 그 다음은 무력을 사용하여 적국을 격멸하는 일이며, 최하의 전략은 적의 성城을 공격하는 일이다.(모공謀攻)

전쟁을 해서 명예와 공을 세우는 것을 전문직으로 하는 병가兵家인 손무가 병서의 첫머리에, 전쟁은 국가의 중대한 일이며, 국민의 생사와 국가의 존망이 기로에 서게 되니 신중히 검토해야 한다고 한 주장은 노자의 현실 전쟁관을 한층 더 높인 탁견卓見이라 생각하지 않을 수 없다. 부끄러운 얘기지만, 필자는 사관학교를 졸업하고 직업군인이 되어서도 사람 죽이는 것을 본업으로 하는 군인생활에 회의심을 품고 있었다. 생도시절에는 『손자병법』이나 『전쟁론』을 전연 배우지 못했으며, 더 정확히 말하면, 그런 군사고전을 가르칠 수 있는 군사 전문가가 없었다. 그러나 60년대 중반 『손자병법』의 첫 구절을 읽고 감탄하고 또 깨달은 바가 있어 '전쟁'을 연구대상으로 하는 군사학(military art and science)이 평생의 연구과제가 되었다는 것을 밝혀둔다.

일본의 고노에(近衛文磨) 수상은 일본과 미국의 외교교섭을 성립시키고 미국과의 전쟁을 회피하기를 열망했으나, 이 문제를 스스로 결단할만한 용기가 부족했다. 그가 이러한 결단을 내려야 할 높은 지위에 있으면서 하지 못한 것은 그의 가장 큰 잘못이요, 일본의 불행이었다. 육군의 도조(東條英機)도 해군이 미국과의 전쟁에 대해 '못 한다'고 한 마디 하기를 기대하고 있었다. 도조는 수상에 대하여, "해군 장관은 왜 명확하게 미국과의 전쟁을 바라지 않는다고 말해 주지 않는가"라고 말했다. 그러나 해군으로서는 육군이 만주사변(1931), 중·일전쟁(1937)의 확대, 삼국동맹의 체결(1940), 베트남에의 진주進駐(1941) 등등 국민의 전쟁열을 선동해 놓고 이제 와서 책임 회피를 하고 그것을 해군에게 전가시키려는 것은 무책임하기 짝이 없다고 생각했다.

1941년 가을 일본 해군의 군령부軍令部의 부장급들이 '미국과의 전쟁에 승산이 서지 않는다는 것을 훨씬 더 정확하게 말해주는 것이 어떻습니까?' 하고 얘기한 데 대한 오이가와(及川) 해군 장관의 답변은 다음과 같다. "무적 함대라고 선전하고 있었던 해군이 미국과 싸움을 할 수 없으니 양보하라고 지금 말할 수 없지 않는가. 모든 비난을 해군이 온 몸에 받는다는 것은 견딜 수 없다. 외부에서나 내부에서 해군이 설 땅이 없어지지 않는가."

1941년 9월 16일 함대사령관 야마모토(山本五十六) 해군 대장은 도쿄를 떠나 임지로 가면서 전송 나온 친구에게 말했다. "내란으로는 나라가 망하지 않는다. 전쟁으로는 나라가 망한다. 내란을 피하기 위하여, 전쟁에 도박을 한다는 것은 주객전도主客顚倒가 너무 심하다"[24)]

이 문제에 대하여 전후 일본의 저명한 군사평론가 이토(伊藤正德)는 다음과 같이 논평했다. "실제 사정은 그러하였다. 오이가와 해군 장관에게도 동정할 여지가 많다. 그러나 해군보다 국가가 더 중요하다는 저울의 눈금을 이 사람은 잊고 있었다. 미국과의 전쟁에는 승산이 없다는 것을 알았다면, 해군이 일시 굴욕을 참아서 나라를 구하는 용기가 필요했다. 해군 장관의 명확한 언명만 있었다면, 태평양전쟁은 일어나지 않았으며, 내란과 비슷한 소동은 있었을망정 망국亡國의 서러움은 피할 수 있었을 것이며, 적어도 영토의 반을 잃는 일은 없었을 것이다."

### 다. 인간관人間觀

위에서 전쟁이란 무엇인가를 살폈는데, 그 전쟁을 준비·수행하는 주체는 새로운 무기체

24) 半藤一利,『太平洋戦争への道』(東京 : PHP研究所, 2006), p. 271.

계가 아니라, 인간이라는 사실을 결코 잊어서는 안 된다. 왜냐하면, 사람을 어떻게 운영해서 전쟁에서 승리할 것인가 하는 과제가 핵심이기 때문이다.

인간이란 무엇인가, 하는 문제는 고대 희랍철학의 중심문제였다. 그래서 소크라테스(기원전 470?~399)는, "너 자신을 알라", "합리적인 질문에 합리적인 대답을 하는 것"이라고 정의했다. 그러나 『노자』는 다음과 같이 말했다.

사료⑭ 그래서 성인聖人은 무위無爲하게 일에 처신하며, 말로 하지 않는 가르침을 행한다.(제2장)

사료⑮ 성인聖人도 천지를 본 따서 백성들을 그렇게 대수롭게 생각지 않고, 길가에 굴러다니는 풀강아지와 같이 여긴다.(제5장)

노자는 철학자답게 성인聖人으로서 어떻게 처신해야 하는가 하는 문제에는 관심이 있어도 일반 백성들의 본연의 자세에 대해서는 별로 언급하지 않았다. 하지만 김경탁 박사는, "노자는 생명도 물질도 모두 道에서 나온다고 생각했다. 사람도 그렇다. 그러나 그 모든 것 가운데, 사람만이 자각自覺하는 존재이다. 자기와 세계가 근본이 되는 근거를 자각할 수 있다"[25]고 했다.

한편 『논어』에서, "공자는 말했다. 군자君子는 의義를 밝히고, 소인은 이利를 밝힌다"(이인편里仁篇)고 했다. 의란 하늘의 도리에 합당한 것이요, 이利란 인간의 욕정이 탐하는 것이라는 해석이다. 그러나 병가兵家인 손무는 인간의 본성이나 본질을 규명하려는 것이 아니라, 병사들을 어떻게 다루어야 그들의 역량을 최대로 발휘시켜 전투를 승리로 이끌 것인가, 하는 것이 문제의 초점이었다.

서주시대에 있어서 신분제도가 확립되어 있었을 때는, 천자天子-제후諸侯-경卿-대부大夫-사士-민民에 이르는 신분질서가 엄격하게 확립되어 사士 이상의 국민만이 군인이 될 수 있었고, 민民은 주로 노동력만 제공한 시대였다. 그러나 동주시대, 특히 손무가 활동한 춘추 말기에는 전쟁 규모가 확대되고 약육강식의 시대라 병사들은 민民에서 징발하는 시기였고, 손무는 주로 소인을 상대했기 때문에 다음과 같이 주장했다.

사료⑯ 적을 죽이려면 병사들의 적개심을 유발시켜야 한다. 적의 이익, 즉 적의 비밀문서, 지도 및 군량 등을 탈취하려면 상賞으로써 격려해야 한다. 적의 전차 10대 이상 노획한 자가 있으면, 먼저 노획한 자에게 상을 주고… (작전作戰)

---

25) 金敬琢 譯(1965), 전게서, p. 51.

사료⑰ 적에게 무엇인가 주는 체 하여 그것을 취하려고 덤벼들도록 하는 것이다. 그래서 이익으로 미끼를 삼아 적을 유혹하여 움직이게 만들어 놓고, 공격하는 기회를 기다리는 것이다.(병세兵勢)

사료⑱ 이익을 보여 주어도 진격해 오지 않는 것은 적이 피로하기 때문이다.(행군行軍)

사료⑲ 병사들과 아직 친근하기도 전에 벌을 주면 그들은 심복하지 않을 것이다. 심복하지 않으면 지휘·통솔하기 어렵다. 또 이미 친근했음에도 불구하고 벌을 행하지 않으면 위신이 서지 않아 지휘·통솔할 수가 없다. 그러므로 병사들에게는 깊은 이해심을 가지고 명령하고, 벌로써 지휘해야 하는 것이다. 그리하여 싸우면 반드시 승리한다.(행군)

사료⑳ 장수가 병사들을 지휘하여 결전決戰할 경우에는 마치 사람을 높은 곳에 오르게 하고 사다리를 떼어버리는 것처럼 할 것이요,… 마치 양떼를 몰아치듯 병사들은 가는 곳을 알지 못한다. 전 병력을 집결시켜 위지危地에 투입하는 일이 장수가 해야 할 일이다.(구지九地)

손무는 전장에서의 병사들은 이해타산利害打算에 의해 움직이고 활동하는 인간관을 가지고 있다(사료⑯,⑰,⑱). 이런 관점에서 병사들을 어떻게 다루어야 하는가 하는 방법론도 제시했다(사료⑲). 사료⑳의 내용은 인도주의적 관점에서 본다면, 손무는 비난을 받아 마땅하리라. 그러나 시체가 뒹구는 싸움터에서 어떻게 병사들을 지휘·통솔하여 전투에서 승리하느냐, 하는 장수의 관점에서는 허용되어야 할 것이다. 그리고 오늘의 관점이 아니라, 당시의 관점에서 논평·해석하는 것이 마땅하리라.

## 라. 변증법이란 무엇인가?

변증법(Dialektik)이란 지금까지의 연구경험에 비추어 본다면, 군사고전인 『손자병법』, 『전쟁론』뿐만 아니라, 더 나아가 우리의 인생을 이해하고 해석하는 데 있어서도 대단히 유용한 사고방식思考方式임을 밝혀 두고 논의를 시작해 보고자 한다.

변증법이란 용어는 서양 철학계에 있어서, 문답술(dialogos)을 나타내는 희랍어에서 유래하지만, 그 뜻은 매우 다양하다. 즉, ㉮ 논리적인 결과를 조사함으로써 반박하는 방법(제논, 기원전 490?~430), ㉯ 특수한 경우라든가, 가설에서 거슬러 올라가는 추론의 과정에서 최고의 보편성을 가지는 추상적인 개념을 탐구하는 것(중세기의 플라톤 학파), ㉰ 초월적인 대상을 다루기 위해 경험을 넘고자 이성理性이 빠지는 모순을 나타냄으로써 가상假象(초경험적인 것에 관한 사고내용思考內容)의 논리를 비판하는 것(칸트, 1724~1800), ㉱ 정립(Thesis)과 반정립

(Antithesis)을 거쳐 이 대립의 종합(Synthesis)에 도달하는 사상과 실재實在의 논리적인 발전(헤겔, 1770~1831) 등이다.

지금까지 우리가 배우고 겪어온 철학은 거의 형식논리학의 원리, 그 중에서도 동일율同一律과 모순율矛盾律에 기초를 두고 있었다. 즉 A는 A이고(A=A), A는 비非A가 아니다(A≠非A). 이러한 논리는 명백하게 개념의 자기 동일성을 기초로 하고 있다. 한편 A가 A이면서 A가 아니라면 이것은 모순이요, 모순을 내포하는 명제는 거짓이다. 따라서 진리는 항구불변하는 자기 동일성을 가지는 것이라고 가정하지 않을 수 없다. 이것이 아리스토텔레스(기원전 384~322)로부터 칸트에 이르는 학문의 진리요, 논리였다.

그러나 헤라클레이토스(기원전 544?~484?)가 말하는 바와 같이 우리의 현실이 변화무쌍한 것이라고 한다면, A는 A임과 동시에 변화해서 비A가 된다. 사태를 고정불변한 것으로 묶어두는 동일율과 모순율은 따라서 운동하고 발전·변화하는 현실에 대해서는 하나의 공허한 추상에 불과하다.

헤겔에 의하면, A는 필연적으로 비A로 전화轉化하는 것을 인식하며 거기에 모든 진실이 있다고 생각하는 것이 변증법의 사고방식이다. 예컨대, 참다운 변증법이란 절대와 상대, 무한과 유한, 정지와 운동, 삶과 죽음, 전쟁과 평화, 공격과 방어 등 거의 통일이 불가능하게 보이는 궁극적인 대립도 결코 고정시키지 않고 얼핏 보아 분명히 모순으로 생각되는 대립마저도 그 개념을 유동화 함으로써 이것을 통합하는 역동적인 사고방식이라 할 수 있다. 헤겔은 모순이 모든 것의 원동력임을 다음과 같이 밝혔다. 즉, "모순은 모든 운동과 생명의 근원이다. 거기에서만이 사물을 움직이게 하고 또 활동코자 하는 성질을 가지고 있다."(『대논리학』). 이처럼 그는 대립·모순을 수용하고 전화轉化시키는 변증법을 주장했다.

> 그 참다운 모습에 있어서 변증법은 오히려 모든 오성적 규정, 사물 및 유한有限한 것이 자신의 본성이다. 모든 유한한 것은 자기 자신을 지양(aufheben)하는 것이다. 따라서 변증법이라는 것은 학문적인 진보를 안에서 움직이는 정신이며, 그것에 의해서만이 내재적인 연관과 필연성 등이 학문의 내용에 들어가며, 또 그 속에서만이 유한한 것으로부터의 외면적이 아닌 참다운 초출超出이 포함되어 있는 원리이다. 그러한 것들은 현실세계의 모든 운동, 모든 생명, 모든 활동의 원리이다. 속담에도 '자기와 상대편을 더불어 살려라' 하고 얘기되고 있지만, 이것은 어떤 것을 인정함과 동시에 다른 것도 인정한다는 뜻이다. 그러나 한 걸음 더 깊이 생각해 보면, 유한한 것은 외부로부터 제한되어 있는 것이 아니라, 자기 자신의 본성에 의하여 자기를 지양하고, 자기 자신에 의하여 반대의 것으로 옮겨가는 것이다. 예컨대 우리들은 인간이란 죽어야 하는 것이라고 얘기하고, 그리고 그 죽음을 외부의 사정에 바탕을 둔 것으로 생각하지만, 우리들의 관점에 의하면 인간에게는 산다고 하는

성질과 죽어야 한다는 성질, 두 가지의 특수한 성질이 있게 된다. 그러나 참다운 관점은 그런 것이 아니라, 생명 그 자체가 그 속에 죽음의 맹아萌芽를 짊어지고 있는 것이며, 일반적으로 유한한 것은 자기 자신 속에서 자기와 모순 되고, 그것에 의하여 자기를 지양하는 것이다.[26]

상술한 내용을 부연한다면, 삶(生)과 죽음(死)에 대한 변증법을 생각해 보자. 죽음 그 자체가 또 자기 부정을 통하여 새로운 생명의 탄생이 이루어진다. 죽음은 끝이 아니라 하나의 시작이다. 죽음은 불모의 부정이 아니라, 생산적인 부정이다. 예컨대, "한 알의 밀이 땅에 떨어져 죽지 않는다면 한 알로 끝나리라. 죽어야 만이 많은 열매를 맺는다."(요한복음). 이순신은 명량해전(1597. 9. 16) 바로 전날 장수들을 모아놓고, "병법에 이르기를, 반드시 죽고자 하면 살고, 살고자 하면 죽는다"(兵法云, 必死則生 必生則死)고 했는데, 이것은 'A는 비A가 된다'고 하는 변증법적 사고방식의 관점에서 해석해야만 이해理解가 가능하리라.

평생 헤겔 철학에 몰두했던 일본의 나카노(中埜 肇, 1922~ ) 교수는, 서양의 철학사상이 형식논리학과 이분법(dichotomy)에 의해 정립되어 있는데, 어떻게 헤겔은 모순을 수용하는 변증법을 주장했을까에 대해 해답을 제시했다. 즉, "변증법적 사고방식이 어떻게 해서 헤겔 속에서 발생하여 성숙했는가 하는 점에 대해서는 분명치가 않다.… 나는 헤겔이 칸트의 사상에 대하여 명확한 대립의 자세를 나타냄으로써 독자의 변증법 사상에 도달한 것으로 생각한다."[27]

그러나 필자는 나카노 교수와는 견해를 달리한다. 즉 헤겔은 「철학사 강의」를 하면서 중국 철학－『노자』 및 『주역』 등－을 강의함으로써, 모순을 수용하는 『노자』의 변증법에서 암시(hint)를 받은 것으로 추정하며,[28] 그 내용은 다음과 같다.

사료㉑ 우주의 근원인 道에서 一元의 氣가 생기고, 一元의 氣에서 음기陰氣와 양기陽氣가 생기고, 음기와 양기에서 충기沖氣가 생기어, 이 三氣의 화합和合운동으로 말미암아 만물이 생성된다.(제42장)

사료㉒ 세상 사람들은 모두 아름답게 보이는 것을 아름다운 것이라 여기고 있지만 그것은 추한 것일 수 있다. 모두가 선善하게 보이는 것을 선한 것이라고 여기고 있지만 그것은 선하지 않은 것일 수도 있다.

본시 유有와 무無는 서로를 낳고, 어려운 것과 쉬운 것도 서로를 이룩케 한 것이며, 긴 것과

26) ヘーゲル, 『小論理学』(上) 松村一人 訳(東京 : 岩波書店, 1997), pp. 245~247.

27) 中埜 肇, 『弁証法』(東京 : 中央公論社, 1994), p. 149.

28) 상세한 내용은 이종학, 『클라우제비츠와 전쟁론』(서울 : 주류성, 2004), pp. 242~244.

짧은 것도 서로 그런 형태를 만들어 준 것이고, 높은 것과 낮은 것도 서로 그렇게 만들어 준 것이며, 음악과 소리도 서로의 조화로써 그렇게 만든 것이고, 앞과 뒤도 서로 위치에 따라 그렇게 보이도록 해준 것이다.(제2장)

사료㉓ 화禍 속에 복福이 깃들어 있고, 복 속에 화가 숨기어져 있는 것이다. 누가 그 극치를 알 수 있겠는가? 그것은 일정하지 않은 것이다.(제58장)

『노자』 제42장의 원문은, "道生一, 一生二, 二生三, 三生萬物, 萬物負陰而抱陽, 冲氣以爲和"이다. 一은 음양陰陽의 두 기氣로 나뉘어 지기 이전의 근본적인 원元으로서의 도道이다. 道가 현상으로 되는 데는 먼저 음기와 양기로 나타나고(一生二), 두 기의 교합交合에 의해 충기冲氣가 生하고(二生三), 이 음·양·충의 삼기三氣에 의하여 만물이 생한다는 것이(三生萬物) 노자의 우주 생성론宇宙生成論이며, 음양의 두 대립의 관계는 투쟁이 아니고 화합이며, 양자의 대대성對待性에 의한 직접적인 화합이다. 대대성이라 함은 양자가 서로 대립하면서도 상호 의존하고 또 상호 전화轉化를 뜻한다. 이 원리를 우주만물과 사회현상에 적용시킬 수 있다. 즉 하늘과 땅, 낮과 밤, 아버지와 어머니, 남편과 아내 등이다. 이러한 사물과 현상이 잘 화합하여 다시 차원이 높은 사물로 전환한다. 이것이 도의 변증법적 발전이라 한다.[29]

『노자』에 의하면, 아름다운 것은 추한 것으로 되고, 선善한 것은 선하지 않은 것(不善)으로 되고, 화禍 속에 복이 깃들어 있다(사료㉒,㉓) 등은 'A는 비A가 된다'는 헤겔의 변증법의 핵심 사상과 동일한 내용이다. 『손자병법』에는 다음과 같은 내용이 등장한다.

사료㉔ 혼란은 질서에서, 비겁은 용기에서, 약함은 강함에서 각각 비롯된다.(병세兵勢)

사료㉕ 모든 전투는 적의 공격을 능히 막을 수 있는 방어(正)로써 나아가, 적을 이길 수 있는 공격(奇)으로써 승리하는 것이다. 그러므로 적을 이길 수 있는 공격(奇)을 잘하는 장수는 마치 하늘과 땅처럼 끝이 없으며, 큰 강물의 흐름과 같이 마르지 않으며, 해와 달처럼 없어졌다가 다시 나타나며, 네 계절季節처럼 지나갔다가 다시 오는 것 같다.(병세兵勢)

사료㉖ 전투가 어렵다고 하는 것은 먼 길을 곧고 가까운 길과 같이 만들며, 불리한 것을 잘 이용하여 도리어 이로운 것으로 만들기 때문이다.(군쟁軍爭)

사료㉗ 적이 편안히 휴식을 취하고 있으면 한사코 그들을 피로케 만들고, 배부르게 먹고 있으면 그들을 굶주리게 해야 하며, 안정되어 있으면 동요하도록 해야 하고, 적의 수비가 약한 곳으로

29) 金敬琢 譯(1965), pp. 233~237 참조.

나아가며, 적의 뜻하지 않는 곳을 공격해야 한다.(허실虛實)

사료㉘ 지혜 있는 자가 판단할 때는 반드시 이익과 손실을 아울러 참작해야 한다. 이익을 계산해 두면 일에 확신을 가질 수 있고, 손실을 계산해 두면 환란을 방지할 수 있다.(구변九變)

위의 내용은 변증법을 알지 못한다면 이해하고 해석하기 어려우리라. 손무는 하나의 사물에 내재하는 모순·대립으로부터 그 사물의 성격과 발전 추세를 분석하여 그 모순·대립의 전화轉化를 쟁취해야 한다고 주장하고 있다. 손무는 기정奇正, 허실虛實, 우직迂直, 강약强弱, 승패勝敗, 이해利害, 적아敵我, 중과衆寡, 노일勞逸, 포기飽飢, 진퇴進退, 치란治亂, 원근遠近, 득실得失, 안위安危, 용겁勇怯 등의 변증법을 활용해서 설명하고 있다.

1972년 중국 산동성에서 전한시대(前漢時代 : 기원전 140~118)의 묘에서 출토된 『죽간 손자병법竹簡孫子兵法』과 현행의 『손자병법』 사이에 공격과 방어에 대한 상이相異한 내용이 발견되었다. 즉

[현행 손자병법] : 적으로 하여금 승리하지 못하게 하는 것은 수세守勢이고, 적에게 승리를 쟁취하는 것은 공세攻勢이다. 수세는 병력이 부족하기 때문이요, 공세는 병력이 우세하기 때문이다. 수세를 잘하는 자는 깊은 땅 속에 숨어 있는 것과 같이 방어하고, 공세를 잘하는 자는 하늘에서 마음대로 나는 것처럼 공격한다.(군형軍形)

(不可勝者守也, 可勝者攻也. 守則不足, 攻則有餘. 善守者藏於九地之下. 善攻者動於九天之上)[30]

[죽간 손자병법] : 수세는 병력의 여유가 생기기 때문이요, 공세는 병력의 부족을 가져오기 마련이다. 옛날의 수세를 잘하는 자는 깊은 땅 속에 숨어 방어하고 있다가, 적의 허점을 찾아 하늘에서 마음대로 움직이는 것처럼 적을 공격한다.

(…守則有餘, 攻則不足. 昔善守者, 藏九地之下, 動九天之上.)[31]

---

30) 孫星衍撰, 『孫子十家註』(掃葉山房印行), 形篇第四.

31) 銀雀山漢墓竹簡整理 小組編(1985), 전게서, pp. 7~9. 이 竹簡本에 의하면, 『孫子十一家註』에도 "守則不足, 攻則有餘"로 기록되어 있으나, 옛 중국인 병법가들은 "攻不足守有餘"라고 대부분 말했다.(『漢書』 趙充國傳. 그런데, 曹操가 『孫子』의 註를 집필하면서 "守不足攻有餘"를 주장함으로, 그 후 改作되었다는 것이다.

조조(曹操, 154~220)는 전투 경험이 많은 명장이요, 또 왕위에도 올랐지만, 그는 공격과 방어를 대립되는 두 개념으로 – 이분법二分法 – 생각하여 "守不足攻有餘"로 『손자병법』을 개찬했는데, 그는 손무의 변증법적 사고방식을 이해하지 못한 것 같다. 후대의 당 태종(唐太宗, 599~649) 때의 명장, 이정(李靖, 571~649)은, "공격과 수비는 분리되는 것이 아니라, 하나의 원칙인데, 적과 우리는 나누어져 두 가지 일이 되어 대립한다"[32]고 했다. 즉 공격은 수비로 변하고, 또 수비는 공격으로 변한다는 변증법을 더 잘 알고 있었다.

클라우제비츠는 『전쟁론』에서, 지형의 유리, 국민의 지원 등의 관점에서 "방어하는 전쟁 형식은 그것 자체로서 공격이라는 전쟁 형식보다 강력하다고 말해야 한다"(제6편 제1장)고 주장했는데, 이 내용을 가지고 후대의 독일 전략가들의 대단한 비난을 받았다. 그러나 그들은 "어떠한 방어도 방어의 이점利點을 모두 활용했다면, 곧 공격으로 옮겨야 한다는 것을 반복하여 지적해 둔다"(제8편 제4장)는 내용은 읽어보지 못한 것이 분명하리라.

## 마. 용병술

노자는 철학자로서 전쟁을 축소하고 피해를 극소화하는데 노력을 기울였지만, 손무는 노자의 그러한 전쟁관에 바탕을 두고, 어떻게 하면 전쟁·전투에서 승리하여 전쟁의 정치적 목적을 달성해야 하는가 하는 과제를 군주를 돕는 장수 및 군사 이론가로서의 확신을 다음과 같이 밝혔다.

### 1) 전략수립의 기본적 태도

사료㉙ 화난禍難은 적을 업신여기는 것보다 더 큰일이 없으니, 적을 업신여기면 우리 편의 소중한 것을 모두 잃게 될 것이다.(제69장)

사료㉚ 알면서도 알지 못하는 것 같은 것이 훌륭한 태도이다. 알지 못하면서도 아는 체 하는 것은 병폐이다.(제71장)

사료㉛ 스스로 잘 알기는 하지만 스스로를 드러내지 않고, 자신을 사랑하기는 하지만 자신을 귀중한 것으로 내세우지 않는다.(제72장)

32) 『李衛公問對』(下), '攻守一法, 敵與我分而爲二事'

손무는 노자의 이러한 태도를 군사적 관점에 다음과 같이 표현했으리라.

사료㉜ 그러므로 저 편의 능력과 의도를 알고 이 편의 그것을 알고 있으면, 백 번 싸워도 위태롭지 않다.… 저편의 능력과 의도 그리고 이 편의 그것을 알지 못하고 있으면 싸울 때마다 반드시 패배한다.(모공謀攻)

군사전략을 수립함에 있어서 적과 아군의 능력과 의도를 정확하게 분석·평가해야만 한다는 것은 당연한 이치이다. 그래서 모택동(毛澤東, 1893~1976)은 그의 논문, 「중국 혁명전쟁의 전략문제」(1936)에서 밝혔다. 즉 "우리 편에 대해서는 밝지만, 적에 대해서는 어두운 사람이 있다. 또 적에 대해서는 밝지만, 우리 편에 대해서 어두운 사람이 있다. 이런 사람들은 전쟁의 법칙을 배우는 것과 사용하는 것의 문제를 해결하지 못한다. 중국 고대의 대군사학자 손무의 책에는, '知彼知己면 百戰不殆이다' 고 했는데, 이것은 배우는 것과 사용하는 것의 두 가지 단계를 포함해서 말했으며, 이 법칙에 따라 자신의 행동을 결정하고, 당면하고 있는 적을 극복하는 것까지 포함해서 말했으며, 이 말씀을 가볍게 생각해서는 안 된다."[33]

칠천량 해전(1597. 7. 15)에서 원균이 지휘한 조선 수군은 일본 수군에 의해 전멸 당했는데, 그 원인은 사료㉙, ㉜에서 찾을 수 있으리라.

### 2) 싸우지 않고 적을 굴복시킨다

사료㉝ 훌륭한 무사武士는 무력武力을 쓰지 않는다. 싸움을 잘하는 사람은 성을 내지 않는다. 대적을 잘 이기는 사람은 대적과 다투지 않는다. 사람을 잘 쓰는 사람은 남의 부하가 된다.

이것을 남과 다투지 않는 덕德이라 말하는 것이고, 이것을 사람들을 부리는 힘이라고 말하는 것이며, 이것을 하늘의 짝이 되는 극치라 한다.(제68장)

사료㉞ 옛날 병가兵家의 말이 있다. 즉 싸움을 먼저 걸지 말아야 한다. 싸움을 걸어오기까지 기다려라. 앞으로 나아가 싸우지 말고 뒤로 물러와서 지켜라.(제69장)

사료㉟ 하늘의 도는 다투지 않으면서도 잘 이기고, 말하지 않아도 모두 잘 호응하며, 부르지 않아도 스스로 온다.(제73장)

---

33) 毛澤東, 『毛澤東軍事論文選』(北京 : 外文出版社, 1969), p. 114.

위정자들이 시작하는 전쟁은 욕망, 즉 지배욕과 소유욕에서 비롯되었다. 그렇다면 이것을 어떻게 억제할 것인가의 묘책을 노자는 명심했다(사료㉝). 그리고 침략자와 부득이 전쟁을 해야 한다면, 이 편에서 먼저 도전하지 말고 응전하라고 했다(사료㉞). 그렇다면 손무는 『손자병법』에서 어떻게 해석·활용했을까?

사료㉟ 백 번 싸워 백 번 승리하는 것이 결코 훌륭한 전략이 아니고, 싸우지 않고 적을 굴복시키는 것이 최상의 전략이다. 따라서 가장 훌륭한 전략은 적이 전쟁하려는 의도를 분쇄하는 일이고, 그 다음은 적의 동맹관계를 끊고 고립시키는 일이며, 그 다음은 무력을 사용하여 적군을 격멸하는 일이며, 최하의 전략은 적의 성城을 공격하는 일이다.(모공謀攻)

손무의 주장(사료㉟)은 국가전략 가운데서, 비군사적 수단, 즉 정치·외교적, 경제적·사회심리적 수단을 강조했다는 점에서 탁견卓見이며, 특히 2차 세계대전 후, 핵무기의 등장으로 억제전략의 핵심으로 『손자병법』은 각광을 더 받게 되었다. 그리고 그는 "전쟁이란 국민의 생사와 국가의 존망"의 문제이기 때문에 함부로 전쟁을 개시하지 말라(사료㊱)고 충고하고 있다. 그는 전쟁의 개시 여부에 대해서는 피동적으로 움직여야 한다고 했지만, 전쟁이 개시되어 전장에서는 전연 태도가 달랐으며, 필승은 주도권의 장악에서 비롯된다고 했다.

사료㊲ 싸움터에 먼저 자리를 잡고 적을 기다리는 군대는 편안하고, 뒤늦게 싸움터에 달려가는 군대는 피로하다. 그러므로 용병을 잘하는 장수는 적을 조종은 하되, 적에게 조종을 당하지 않는 것이다.(허실虛實)

### 3) 물과 용병술

사료㊳ 최상의 선善은 물과 같은 것이다. 물의 선함은 만물을 이롭게 해주고 있지만 다투지 아니 하며, 여러 사람들이 싫어하는 낮은 위치에 처신한다. 그러므로 거의 도道에 가깝다고 할 수가 있다.(제8장)

노자는 물의 특성은 여러 사람들이 싫어하는 낮은 위치로 처신한다고 했는데, 손무는 물의 특성을 용병술에 어떻게 활용했을까?

사료㊴ 무릇 군대의 운용은 물과 같아야 한다. 물은 높은 곳을 피하고 낮은 곳으로 흐르기 마련이다. 마찬가지로 군대의 운용도 적의 강한 곳을 피하고 허점을 공격해야 한다. 물은 지형에 따라 흐름의 형태를 달리하는 법이지만, 마찬가지로 군도 상황에 따라, 즉 적의 허실강약虛實强

弱에 의하여 승리를 획득해야 한다. 물에 일정한 형태가 없는 것과 마찬가지로, 군의 운용에도 일정한 형태가 없는 것이다. 적의 정세에 따라 우리의 쉽고 효과적인 대응책으로 승리를 거두니, 이를 용병의 신神이라 한다.(허실虛實)

필자는 『손자병법』을 처음 읽기 시작했을 때, "무릇 군대의 운용은 물과 같아야 한다. 물은 높은 곳을 피하고 낮은 곳으로 흐르기 마련이다.…"(사료㊴)의 내용을 읽고 감탄을 했다. 즉 물의 흐르는 모습을 보고, 군대의 운용을 설파한 내용은 발상이 참신했을 뿐만 아니라, 이해하기도 쉬웠기 때문이다. 그 후 『노자』를 읽다가, "최상의 선善은 물과 같은 것이다.… 여러 사람들이 싫어하는 낮은 위치에 처신한다"를 읽었을 때, 『손자병법』(사료㊴)의 내용을 상기하지 않을 수 없었고, 그 후 연구를 함에 따라, 손무는 『노자』(사료㊳)의 내용을 읽고, 물의 특성을 전쟁터에서의 군대의 운용으로 응용·발전시킨 것이리라는 생각이 들었고, 이 논문을 집필하는 최초의 동기를 부여했던 것이다.

#### 4) 기정奇正과 허실虛實

사료㊵ 나라는 올바른 도리(正)로써 다스려야 하고, 용병에는 기계奇計를 사용해야 하며, 무사無事함으로써 천하를 차지하여야 한다.(제57장)

노자는 나라의 올바른 정치를 정正이라 생각했고, 용병은 기奇로써 수행해야 한다고 주장했다. 손무는 정기正奇를 어떻게 생각했으며, 이것을 어떻게 활용할 것인가를 다루면서 허실虛實의 개념을 가져왔다.

사료㊶ 군대가 적과 마주쳐서도 패배하지 않는 것은 공격(奇)과 방어(正)를 적절하게 하기 때문이다. 전투가 전개되면 마치 돌로 달걀을 치듯 적을 격파할 수 있는 것은 집중된 병력(實)을 가지고 분산된 적(虛)을 치기 때문이다.

모든 전투는 적의 공격을 능히 막을 수 있는 방어(正)로써 나아가, 적을 이길 수 있는 공격(奇)으로써 승리하는 것이다. 그러므로 적을 이길 수 있는 공격(奇)을 잘하는 장수는 마치 하늘과 땅처럼 끝이 없으며, 큰 강물의 흐름과 같이 마르지 않으며, 해와 달처럼 없어졌다가 다시 나타나며, 네 계절季節처럼 지나갔다가 다시 오는 것과 같다.… 이와 마찬가지로 싸움에 있어서 세勢라는 것은 기본적으로 공격(奇)과 방어(正)에 불과하지만, 그 변화에서 비롯한 전략·전술은 이루 다 헤아릴 수 없는 것이다. 공격과 방어가 잇따라 나오는 것은 마치 둥근 고리처럼 끝이 없다. 누가 그것을 알아낼 수 있으랴.(병세兵勢)

여기서 문제가 되는 것은 손무가 주장하는 기정奇正은 무슨 뜻으로 해석할 것인가 인데, 오랫동안 병학자들의 논쟁이 되어왔다. 미국의 그리피즈 박사의 번역에 의하면, '기정奇正'은 "extraordinary and the normal forces"[34]로 되어 있다. 즉 기병奇兵과 정병正兵으로 해석되고, 한국과 일본의 번역서도 이를 따르는 예가 있다. 그러나 기병과 정병이 무엇인지 밝히지 않았고 또 허실과도 연관을 맺지 않았다. 이 문제에 대해 『이위공문대李衛公問對』의 내용을 소개하면 아래와 같다.

사료㊷ 태종이 말하되, "짐은 여러 병서를 보았으나, 『손자병법』 이상의 것을 보지 못하였다. 손무의 13편 가운데서 허실虛實이 가장 훌륭하더라…"

이정이 말하되, "여러 장수들에게 가르치려면, 아군의 기·정이 서로 변하는 술을 먼저 가르치고 다음에 적의 군형軍形의 허실에 이르게 함이 순서일 것입니다. 많은 우리의 장수들은 기에서 정으로, 정에서 기로 전환하는 술책을 모릅니다. 그것이 어떻게 적군의 허 가운데 실이 있고, 실이 변하여 허가 되는 이치를 알 수 있겠습니까?"(『이위공문대』 중편中篇)

이정에 의하면, 기·정의 변화를 가르친 다음에 허·실의 형세를 가르쳐야 한다고 했다. 조선시대의 이정집·이적의 『무신수지武臣須知』(1806)의 내용을 소개하면 다음과 같다.

사료㊸ 정正이 없으면 기奇를 이루지 못하고, 기가 없으면 정을 이루지 못한다. 기·정의 병법은 공격과 방어에 쓰고, 군세의 허·실은 기·정의 운용에 나타난다.

(허虛란, 군의 기강이 바로잡혀지지 않아 혼란한 것, 식량이 부족하여 군사들이 굶주려 있는 것, 군세가 약한 것, 군사들이 피로에 지쳐 있는 것, 병력이 적은 것, 적침에 대한 대비가 없는 것 등이다.

실實이란, 군사들이 용감한 것, 군의 기강이 바로잡혀 정돈되어 있는 것, 식량이 풍부하여 군사들이 배불리 먹을 수 있는 것, 군사들이 편안히 있는 것, 적침에 대비가 있는 것 등이다. 장수는 먼저 피·아의 군세에 대한 허실을 파악한 다음에야 비로소 기·정의 병법을 운용할 수 있다.)

적을 공격할 때에는 방어를 생각하고, 방어할 때에도 적을 공격할 것을 생각하여, 방어와 공격이 서로 연결되어, 끝의 처지에서 다시 시작으로 전환할 수 있어야 한다. 이것이 죽었다가도 다시 살 수 있는 방법이다.

(적과 싸워서 승리할 수 없는 경우에는 굳게 방어를 하고, 싸워서 승리할 수 있는 경우에는 공격을 가한다.…) (『무신수지』 경권經權 제2第二)

필자는 지금까지 기정·허실에 대하여 『무신수지』만큼 간략하면서 명확하게 변증법으로 설명한 내용을 아직 보지 못했다. 기정奇正은 적의 허실虛實에 따라 변증법적으로 변화한다

34) Samuel B. Griffith(1963), *op. cit.*, p. 91.

는 것을 먼저 알아야 한다. 따라서 필자는 정正이란 적과 정면으로 대결하는 불패不敗의 방어로, 기奇란 승리하기 위해 적에게 공격을 가하는 것으로 해석했다(사료㊶). 전례戰例를 들어 설명한다면, 1950년 9월 맥아더 원수는 낙동강 방어선을 구축해 두고(正), 인민군의 허점인 후방의 인천에 상륙작전을 실시(奇)했는데, 이것은 우리의 기를 가지고 적의 허를 친 것이라 하겠다.

### 5) 공功이 이루어지면 물러가야 한다

> 사료㊹ 부귀한 생활을 하면서 남에게 교만하면 스스로 허물을 남기는 것이니, 공功이 이루어지면 몸이 물러가는 것은 자연의 법칙이다.(제9장)

위의 내용은 노자의 처세철학處世哲學을 밝혀 둔 내용이라 하겠다. 즉 지금까지 비천하게 살던 사람이 어느 날 갑자기 권력을 잡거나 부귀하게 살게 되었다고 일가친척도 몰라보고, 가까운 친구도 멸시하고, 자기의 권력과 부귀에 도취하게 된다면 반드시 몰락하게 마련이다. 그러니 어느 정도 야망이 채워졌다면 스스로 물러서는 것이 자연의 이치라는 것이다.

손무가 합려왕에게 장수로 채용된 것은 『사기』에 분명히 기원전 512년으로 기록되어 있고(사료②), 그 후 그는 장수로 활동하여 기원전 504년 태자 부차가 출전했을 때, 오자서·손무의 계책을 채용하여 초나라를 격파하고 제·진齊晉나라를 위압했던 것이다. 그런데 기원전 496년 합려왕이 월나라를 침공하다 패했을 뿐만 아니라, 부상을 당해 사망했다는 것이다(사료③). 손무가 장수직을 그만 둔 것은 기원전 504년부터 기원전 496년 이전임에는 틀림없으나, 기록에 명확하게 명시되어 있지 않다.

그러나 손무의 말년에 대해 명나라 때 씌어진 『동주열국지東周列國志』라는 역사소설에는 손무가 산중에 은둔한 것으로 나타난다. 손무는 위태롭지 않으면 싸우지 않으며, 또 침략전쟁을 반대했는데, 합려왕은 계속하여 침략전쟁을 계속하였고 또 태자 부차의 행동이 그가 생각하는 군주의 상이 아님을 알고 은둔한 것은 있을 법한 일이다.[35]

위의 내용은 역사적 기록은 아니지만 수긍이 가는 내용이며, 손무는 기원전 504년 태자 부차와 출전 후 공을 세우고는 곧 사퇴를 했으며, 기원전 496년 합려왕의 패배와 사망은

35) 이병호 편역(1999), 전게서, pp. 53~54.

손무 없이 무리한 전쟁을 수행했기 때문이라 추정한다. 오자서는 부차가 왕이 된 후, 억울한 죽임을 당했는데, 손무는 노자의 가르침(사료㊹)을 충실히 이행한 것으로 생각한다.

## 6. 맺음말

『손자병법』이 저술된 지 2,500여년의 세월이 흘렀지만, 군사학 분야뿐만 아니라, 다른 분야에서도 그 내용이 생명력과 실용적 가치가 있는 것으로 평가되고 있다. 그렇다면 그 원인은 무엇일까? 그것은 손무가 활동했던 시기와 그 이전의 철학자들의 사상과 그의 전쟁 체험과 연구결과를 체계화했으며, 특히 누구의 철학사상을 기초로 했는가에 초점을 두었다. 이 부분은 연구자에 따라 견해가 엇갈리지만, 필자는 40여년 전에 『손자병법』은 『노자』의 철학을 기초로 했으리라고 추정은 해 왔으나 구체적으로 실증을 시도하지 않았지만, 이번에 가설을 세워 실증을 시도한 것이 본 논문이다.

첫째 : 『손자병법』은 누구의 철학사상을 기초로 했는가 하는 과제에 대한 연구 성과를 검토해 보았지만 찾지 못하였다. 그러나 비슷한 논지의 저서는 있었으나, 견해를 달리하고 또 구체적 내용이 부족하다는 것을 확인했다.

둘째 : 노자의 생몰 연대에 대한 명백한 역사적 기록이 없기 때문에, 연구자들의 견해가 엇갈리는 분야이지만, 춘추시대의 공자(기원전 551~479)보다 20~30년의 선배이다. 공자가 노자를 만나러 간 것은 기원전 506년으로 공자가 46세 때이다. 공자는 노자의 저서를 보았기 때문에 찾아간 것으로 추론하여, 『노자』의 저술 연대는 20여년 전인 기원전 530년경으로 어림해 보았다. 이 책은 후학자에 의해 수정·보완이 가해지기는 했으나, 춘추시대의 노자의 저서로 생각한다.

셋째 : 손무의 생몰 연대도 역사적 기록에 없으나, 공자와 같은 시대에 활동한 동년배이다. 그러나 그가 13편으로 구성된 병서로 합려왕에 의해 채용된 것이 기원전 512년이고 기원전 500년경까지 오나라의 장수로 활동하다가 은퇴하고 말았다. 그의 불후의 명저, 『손자병법』은 기원전 513년경에 완성한 것으로 추론했다.

넷째 : 필자는 『노자』에서 다섯 가지의 명제命題, 즉 道, 전쟁관, 인간관, 변증법 및 용병

술을 골라서, 그 사상이 『손자병법』에 어떤 형태로 변화·활용 그리고 발전되었나 하는 문제를 구체적으로 병서 내용을 인용하면서 실증을 시도해 보았는데, 거기에 대한 평가는 독자들의 영역에 속한다.

특히 부언하고 싶은 것은, 군사고전인 『손자병법』과 클라우제비츠의 『전쟁론』을 이해하고 해석하기 위해서는 '변증법'(Dialektik)에 대한 연구가 필수적이라는 것, 그리고 이 논문이 『손자병법』의 철학적 기초를 이해하는 데 도움이 되기를 바라며, 이 숙원은 40여년 만에 시도되었음을 밝혀둔다.

(『軍事評論』 제400호, 육군대학, 2009. 8.)

제 2 편

# 군사학의 학문체계 및 발전방향

## - 교수 에세이 -

앞으로 군사학의 학문적 정체성을 보다 공고히 하기 위해서는
기존의 연구와 더불어 현재 문제가 되고 있는 대량살상무기 확산문제,
초국가집단의 테러행태, 군사혁신과 미래전 양상, 민·군협력관계,
인간안보 이슈, 지구촌 평화연구 등 다양한 분야에서의
학술연구가 지속적으로 진행되어야 한다.
군사학이 다양한 패러다임 또는 이론들이 모여
새로운 학문체계가 성립되는 과정에서 비롯되었다면
군사학은 학문과 학문 그리고 학문과 현실의 경계를 뛰어넘는
진리탐구로서 존재한다고 보는 것도 타당할 것이기 때문에
그 범위와 대상을 확대해 나가는 것도 하나의 방법이다.

# 1. 풍석 이종학 교수님과 장자의 사상 그리고 군사학

길 병 옥(충남대)

군사학軍事學의 큰 스승으로서 풍석風石 이종학 교수님의 세계관은 도道의 세계에서 심지心知와 초극超克을 통하여 자아의 해탈과 통달을 추구한 장자莊子의 본 모습과 일맥상통한다. 본래 하나인 도의 사상과 군사학은 특정사회와 국가가 형성되는 그 태동에서부터 인류의 철학이요, 역사라고 해도 과언이 아니다.

풍석 이종학 교수님의 군사사상은 군사학 연구에 대한 근본으로의 복귀에서 비롯된다. 군사학의 태두로서 군사학의 연구대상, 학문적 범위 그리고 정체성에 대한 모든 것은 군사와 관련된 전쟁철학의 근원에서 찾을 수 있다. 따라서 이종학 교수님의 군사학은 "전쟁의 본질과 성격 및 무력전武力戰의 준비와 수행에 관한 통일된 지식체계"이다.

군사학의 학문적 체계와 범위 그 내용에 대한 가장 심도 있는 산책은 "나의 학문學問과 인생人生"에 가장 잘 나타나 있다. 또한 반세기에 걸친 군사학 연구는 『세계종합전사』(世界綜合戰史, 1968), 『한국전쟁사』(韓國戰爭史, 1969), 『손자병법』(孫子兵法, 1974), 『군사전략론』(軍事戰略論, 1987), 『전략이론이란 무엇인가』(2005), 『한 군사학도의 연구발자취』(2006), 『군사학개론』(2009) 등에서 표현된 바와 같이 군사학 지식체계와 지혜의 최고발로最高發露라고 할 수 있는 주옥같은 글을 발표하여 왔다.

이와 같은 이종학 교수님의 군사학 역정歷程과 노정路程을 장자에 비유함은 그 사상과 이론적 체계가 통달의 경지를 뛰어넘은 소요유逍遙遊에 있기 때문이다. 도가道家에서 말하는 자연 그대로의 진실재眞實在에 긍정함은 곧 이종학 교수님의 군사학에 대한 학문적 열정과 진리에 대한 끝임 없는 탐구와 같음이다.

모든 삼라만상森羅萬象의 일체를 도에 두고 기꺼이 순응한다는 것은 곧 커다란 자유와 해탈을 얻는 것이라는 장자와 마찬가지로 풍석 선생님의 군사학은 삶의 후반전을 시작하는 새로운 도의 세계에 대한 온유溫柔함이요 있는 그대로의 소요유逍遙遊이다.

더욱이 군사학의 학문적 업적을 계도啓導하고 전승傳乘하는 일에 있어서는 군사학, 군사사학, 군사사상, 군사전략 등 생명 있는 것을 그대로 생명 있게 하는 노력 이상이었고 시대를 초월한 후학양성은 경주에서 대전을 오고가는 KTX 보다도 더 빠르다는 것을 실감하게끔 하였다.

한 가지 더욱 강조하고자 하는 바는 세속적인 삶의 권위와 가치를 부정한 장자만큼이나 군사학 연구에 있어서의 순수이성純粹理性은 풍석 선생님이 가지고 계신 단순單純의 위대성과 소박素朴의 강인함에서 비롯된다. 그동안 저술한 책 하나하나에도 그리고 평소 들고 다니시는 닳고 닳은 책가방에서도 그러한 모습이 담겨있다.

장자가 제시한 인간 본래 모습으로의 복귀에서 나타나는 초월적 삶의 유희遊戱는 고립되고 속박된 삶에서의 자유만은 아니라 세상의 섭리攝理에 대한 이해와 도의 세계로의 대한 귀의歸依이다. 마찬가지로 풍석 선생님의 군사학은 자유스러운 학문적 연구에 대한 열정과 진리탐구眞理探究의 실재요 우주의 작용이라고 여겨진다.

옷깃을 천길 벼랑 위에 휘달리고 발은 만 리 강물에 씻을 정도의 초월적인 자유로운 경지로서 구속이 없는 절대의 소요유逍遙遊가 장자가 의미하는 참된 행복을 얻는 도가사상道家思想이라면 군사학 연구의 비합리적인 역사인식과 학문적 정체성 부정이라는 진흙탕 밑바닥 속에서 발견한 해탈은 “전쟁준비와 전쟁수행에 관한 연구”라는 고유영역을 통해 만길이 넘는 군사학과의 태생으로 이르게 하였다.

특히 군사학의 이론적 기초요 발전근원의 하나로 작용하는 그리고 과거 군사경험에 대한 지식체계인 군사사학軍事史學의 연구와 발전은 전쟁의 본질과 성격을 연구하는 고유한 학문영역과 체계화를 기정사실화하는데 커다란 기여를 하여왔다. 결국 군사학이 전쟁이라는 고유한 연구대상을 가지고 보편적인 이론체계를 추구할 수 있도록 튼튼한 기반조성은 물론이고 학문으로서 시민권을 획득하게 하는데 반평생을 바쳐왔다.

장자가 혼돈과 무질서 속에서 자유와 구속이 없는 해탈을 추구한 것처럼 이종학 교수님에게 있어서 군사학 연구의 목적은 궁극적으로 인류의 생존과 번영 그리고 평화를 추구하는 것이다. 다시 말하면 평화를 파괴하는 전쟁의 실체를 연구하여 그것을 이해하고 이에 대비하여 평화를 강구하는 것을 의미한다. 국민의 평안, 국가의 번영, 인류의 평화는 준비하는 자에게 주어진 축복이라는 것을 군사학 연구를 통해 갈파하였다.

본래 하나인 도, 진실재眞實在를 심지心知로 따져서 분별한다는 장자의 견해와 마찬가지로 선생님은 군사학의 정의, 범위와 연구방법 그리고 내용에 있어서도 이론체계의 큰 틀을 세부적으로 구분되지만 결국 하나인 통일된 지식체계로 승화하였다. 군사학은 따라서 전쟁철학(philosophy of war), 군제와 용병의 전쟁학(science of war), 군사사학(military history), 군사기술(military technology), 군사교육학(military pedagogy), 해양학과 기상학을 포함한 군사지리학(military geography), 군법, 위생학 등의 군사 보조학문이 그 범위에 속한다.

그동안 많은 저서에서 주지한 바와 같이 군사학 학문체계의 고유성과 연구대상 및 범위 그리고 교육체계 정립 등 다양한 토론과 논의가 있어왔다. 많은 비평과 질의가 있었지만 이제까지의 논의를 종합해보면 군사학은 병법과 전술, 전쟁론, 전략론, 억제전략 등을 통해 그 고유성과 정체성이 확립되어 왔다는 것이 중론이다. 역사적으로 군사학의 학문적 발달은 군사적 경험의 축적과 전쟁술에서 비롯되어 지식의 체계화가 이루어졌다고 보는 것이 타당하기 때문이다.

구체적으로 군사이론의 시대구분을 고대, 중세, 근대 및 현대로 세분하여 본다면 고대의 경우는 Achilles(트로이 전쟁)의 개인 전투방법에 대한 기교나 전술, 손무孫武의 『손자』(孫子, B.C 513?, 추후 『손자병법』으로 칭함), 베지티우스(Vegetius, B.C 4세기경)의 『로마의 군사제도』(B.C 390년경), Alexander the Great(B.C 356~323)의 리더십 등이 대표적이다. 중세의 경우는 마키아벨리(1469~1527)의 『전쟁술』(1521), 김종서(金宗瑞, 1390~1453)의 『제승방략制勝方略』(1670) 이나 외침방어, 침입차단 전략 등이다.

근대나 현대에 이르러 이정집(李廷潗, 1741~1782)·이적(李迪, ?~1809)의 『무신수지武臣須知』(1809), 클라우제비츠(1780~1831)의 『전쟁론』(1832), 조미니(1779~1869)의 『전쟁술 개요』(1838), Alfred T. Mahan(1840~1914)의 해양전략을 다룬 *The Influence of Sea Power Upon History 1660~1783*(1890), Liddell Hart(1895~1970)의 전술적 차원과 대전략 이론을 정립한 *Thoughts on War*(1944), Hans Morgenthau(1904~1980)의 현실주의 국제정치 이론인 *Politics Among Nations : The Struggle for Power and Peace*(1968), 미국 국방부(U.S

DoD)에서 발행된 항공력 및 항공우주력에 대한 교리 등이 가장 많이 알려진 문헌이다.

그동안의 군사학에 대한 학문적 논의는 주로 연구대상, 고유영역, 지식체계 및 학문적 성격, 방법론적 특징, 서지의 존재 여부 등에 관심을 두어 왔다. 군사학은 학문적 정체성에 있어서 다학문적인 측면은 인정하지만 보다 광범위한 측면에서도 전쟁의 원인과 결과, 국가안보 또는 이익, 군사력 운용 등과 같은 고유영역은 존재한다.

방법론적으로도 실증주의, 해석학, 비평적 접근방법의 공통된 점은 객관적이고 과학적인 이론체계를 검증(verification), 확증(confirmation) 및 반증(falsification)의 과정과 자기반성적(self-reflective) 사유思惟를 통해 지속적으로 반복하고 결국 이론을 발전시킨다는 것이다. 군사학 또한 객관적인 분석 틀을 바탕으로 신뢰성과 타당성이 확보된 자료와 경험에 투영한 이론적 패러다임과 축적된 분석기반을 통해 정상과학의 학문체계로 발전해나가고 있다.

군사학이 종합 학문적 성격을 지니고 있기에 서구의 이론이나 군사학 분야에 걸친 타 학문분야의 분석 틀을 현실문제에 적용하는데 있어 무작위적인 사용에 문제를 제기한다. 다시 말하면 장자가 지적한 한단학보(邯鄲學步, 무턱대고 남의 흉내를 내다 이도저도 아닌 것이 됨)의 모양이 되지 않나 하는 우려가 다분히 제기되고 있다. 특히 한국의 실정에 맞는 전략과 작전 그리고 전술적인 개념과 운용원칙 그리고 정책집행이 필요하다고 판단된다.

우리의 현실에 적용이 불가능한 외국의 군사개념이나 전략 또는 첨단무기의 도입 등은 때에 따라서 중대한 오류와 시행착오를 범하는 결과를 낳기도 한다. 이제까지 많은 것은 해 왔지만 오히려 너무나 많은 것을 한꺼번에 하려고 하는 것은 아닌지 한 번 생각해 볼 필요가 있다. 새로운 지평(horizon)을 여는 시점에서 군사학에 대한 재점검과 학문적 부흥(renaissance)을 일으키는 방향과 미래에 대한 희망이 선생님의 "나의 학문과 인생"에 가득 담아 있다는 것을 새롭게 인식하는 계기가 되길 바란다.

군사학에 있어서 정체성의 문제는 타학문과 연관하여 통섭의 학문체계 vs. 독립성 여부, 이론적 체계성 vs. 모델 또는 유형분석 문제, 과학적 객관성 vs. 실천성 문제, 방법론적 분석 틀의 보편성 vs. 특정 사례연구 문제, 현실진단과 문제해결 vs. 미래전망과 대안 제시 등으로 요약된다. 따라서 무엇을 연구할 것인가에 대한 개념정의에서부터 어떻게 연구할 것인가 하는 방법론적인 것에 이르기까지 이론적 지식 축적과 학문체계 정립을 통해 그 위상을 제고하려는 노력이 필요하다.

학문적 연구대상은 기본적으로 "살아 숨쉬는 유기체적인 특징"을 지니고 있기 때문에 고정불변의 일정한 규칙이나 기준이 존재하는 것이 아니라, 시대상황 또는 장소나 역사적 환경에 따라 변해왔고, 변해야 하는 것이다. 진리탐구나 보편적인 원리를 추구하지 못한 다기보다는 객관적이고 과학적인 기준설정이 그만큼 어렵기 때문에 학문적 체계화를 위한 더 많은 노력이 필요하다고 본다. 이종학 교수님이 제시한 과학(science)과 예술(art)의 군사학 방법론은 이러한 의미에서 그 중요성이 있다.

앞으로 군사학의 학문적 정체성을 보다 공고히 하기 위해서는 기존의 연구와 더불어 현재 문제가 되고 있는 대량살상무기 확산문제, 초국가집단의 테러행태, 군사혁신과 미래전 양상, 민·군협력관계, 인간안보 이슈, 지구촌 평화연구 등 다양한 분야에서의 학술연구가 지속적으로 진행되어야 한다. 군사학이 다양한 패러다임 또는 이론들이 모여 새로운 학문체계가 성립되는 과정에서 비롯되었다면 군사학은 학문과 학문 그리고 학문과 현실의 경계를 뛰어넘는 진리탐구로서 존재한다고 보는 것도 타당할 것이기 때문에 그 범위와 대상을 확대해 나가는 것도 하나의 방법이다.

또한 규사학에 있어서 통섭(統攝, consilience)이라는 용어는 범학문적 통합이나 융합의 단계를 초월하여 학문적 경계를 넘어서는 종합학문으로서 군사학의 학문적 정체성을 제시하는 것이다. 사회현상의 다양성을 인정하는 측면과 방법론적으로 나무와 숲 그리고 골짜기와 산을 병합하는 방법론적 다원주의(methodological pluralism)를 선호한다는 측면에서 군사학의 학문적 성격인 다학문성을 더욱 공고히 해야 할 것이다.

최근 대학의 자유전공학부 신설이라든지 복수전공, 융합/연합/복합전공이라는 용어가 여러 학문분야에서 회자되고 있는 것으로 보면 군사학 또한 시대사적인 흐름과 일맥상통하는 면이 많다. 하지만 통합의 문제는 정체성과 고유성의 문제와 연관되어 있다. 군사학 또한 다른 학문분야와 마찬가지로 정체성의 문제는 연구의 대상과 내용 그리고 수준과 범위와도 많은 관련이 되기 때문에 고유영역이라는 근본(foundations)은 지켜나가야 할 것이다.

또한 최근의 국제환경 변화와 연관하여 군사정세가 다양화, 다차원화 및 다수준화 되어가고 그 복잡성(complexity)이 더욱 심화되어가고 있고 연구의 수준과 범위 설정이 어렵다는 점이 지적되고 있다. 게다가 연구내용이 급박한 상황이나 최악의 가상적 상황에 따르는 문제를 해결하는데 초점을 두기 때문에 사실상 특정 사례연구를 보편적으로 적용하기에는 한계가 있는 점도 극복해야 될 과제이다.

그렇기 때문에 군사학에 대한 그동안의 학문적 논의는 주로 연구대상, 고유영역, 지식체계 및 학문적 성격, 방법론적 특징, 서지의 존재 여부 등에 초점을 맞추어 왔다. 그 이유는 군사학이 마치 주변의 거대이론들과 같은 산맥이 형성되어 있는 곳에 묻혀 있는 "산중도"(山中島, mountain islands)의 형태를 띠우고 있기 때문이다. 산중도가 아닌 거대한 산맥으로서 군사학의 세상을 계도하는 학문체계가 되길 희망한다.

그동안 군사학은 그 학문적 특성에 부합하여 범학문적(interdisciplinary)이고 문제 지향적(problem-oriented)이며 특정 문제에 대하여 처방적(prescriptive)인 대안을 제시하고자 노력해왔다고 평가할 수 있다. 군사학은 더불어 이론적, 방법론적인 적용의 측면에 있어서 그 범위를 확장시키려는 연구를 지속하여 왔다. 향후 군사학 연구의 방향을 다음 몇 가지로 요약하여 정리해 보고자 한다.

첫째는 학문적 독립성 확보이다. 고유한 학문적 연구대상, 범위, 이론체계, 공동체 등을 체계화하는 작업에서부터 외국의 사례에 적용하는 것까지 지속적인 노력이 필요하다. 독립성은 또한 군사학이 서구의 학문체계를 원용하거나 답습하는 것이 아니라 독자적인 이론체계를 구축함으로서 이루어진다.

둘째는 현실 적용성 강화이다. 이론에 그치지 않고 현실문제에 대한 대안을 제시하는 실천 지향적인 연구활동과 방법론 개발을 활발하게 전개해야 한다. 국가 대전략 또는 비전의 제시와 같은 큰 틀에서의 해결능력을 발휘하는 것과 더불어 작전과 전술적인 차원에서의 다양한 시나리오의 개발이 필요하다.

셋째는 객관적이고 과학적인 분석 틀의 지속적인 개발이다. 방법론적인 타당성과 신뢰성의 제고를 통해 군사학의 문제해결 능력 및 분석역량을 강화해 나가는 것이 좋다. 기존의 방법론을 발전시키는 것도 필요하고 타 학문분야에서 적용되는 컴퓨터 통계기법이나 시뮬레이션을 활용하는 방법을 적극적으로 적용하는 것이 중요하다.

넷째는 타 학문과의 교류협력의 활성화이다. 학문적 배타성을 강조하기 보다는 여타 학문과의 교류를 통해 학문적 정체성을 확보하고 경쟁력을 강화해 나가는 것이 바람직하다. 범학문적인 국내외 협력의 장을 만드는 것도 향후 학문적 성숙도 제고를 위해 희망하는 바이다.

다섯째는 학문적 공동체의 육성이다. 공동체는 단순히 학자들 간의 독점적 공유에 의해 이루어지는 것이 아니라 정부, 민간단체, 외국의 참여자 등과 협력과 경쟁 그리고 공유를 통해 발전한다. 긴밀한 학문적 연대와 협력 그리고 발전적 비평을 통해 보다 많은 대안제시가 가능할 것으로 본다.

군사학의 정체성 문제와 위상 제고의 해법은 현실과 이론을 통합하려는 학문적 노력과 방법론적 분석 틀의 보편화에 있고 실천의 이론화 및 과학화를 추구함으로써 그 완성도는 높아질 것이다. 결론적으로 학문적 독립성 확보도 중요하지만 무엇보다도 비평적 사고와 문제인식을 통하여 끝임 없이 탐구하는 것이 새로운 패러다임을 정립하고 이론적 설명력과 이해도를 증진시키는 길이라고 판단된다.

최근 참여하는 국민계도와 이상적 학자의 길에 대한 논의가 지속되고 있다. 장자의 소요유逍遙遊를 통해 참된 진리와 행복을 얻는 것과 백성들의 손에 동상이 걸리지 않도록 하는 균수지약龜手之藥의 대안이 군사학을 연구하는 학도들의 희망이 되길 바란다. 이종학 선생님의 "하고 싶은 일"(독서, 연구, 답사, 농사일 등)이 큰 보람으로 군사학도들에게 투영되어 통섭統攝의 진실재眞實在로 거듭날 것으로 믿는다.

군사학 학문의 새로운 황금기(Golden Age)를 맞이하는 이종학 교수님의 큰 업적에 경의와 존경을 드리고 현재 군사학에 입문하고 있고 앞으로 연구할 후학後學들에게 군사학이라는 학문체계를 접할 수 있는 기회의 창(window of opportunity)을 활짝 열어주신 노고에 깊은 감사의 말씀을 드립니다. 우리나라 최초의 군사학 명예박사로서 후학들에게 보여주신 선생님의 학문적 열정이 알찬 결실을 맺어 더욱 더 강건한 군사학 터전이 뿌리내릴 수 있도록 많은 가르침을 주시길 바랍니다.

# 2. 군사학의 현재 인식과 미래 설계

최 병 학(충남대 평화안보대학원 겸임교수, 충남발전연구원 연구위원, RHRD센터장)

## Ⅰ. 군사학의 '학문적 시민권 확보'에 담긴 뜻

이미 오래 전에 풍석(風石) 선생께서 꺼내 내놓으셨던 것은, 바로 군사학에 있어서 '학문적 시민권 확보'라는 요청명제였다. 이를 사회 통념적 차원에서 본다 해도, 이는 군사학의 엄청난 시련이자 화급한 당면 의무가 무겁게 담겨 있음을 시사하는 것이다.

사실 학문적으로도 몇 백 년을 거치면 거의가 하나의 학문으로 자리매김 되었다고 볼 수 있다. 정치학이 그렇고 법학과 경제학이 그러했으며, 그 방계학문들인 행정학, 경영학 등이 그러했다. 이들은 당대의 무수한 사회변동 속에서 자체 내에서 또는 외부적 요인들과 수시로 결합되면서 복잡다난한 '학문적 진화과정'을 겪으면서 비로소 오늘의 외양을 갖춘 것이라 할 수 있다.

그것은 학문적 정체성과 발전성을 가늠하는 핵심(focus)과 소재(locus)를 둘러싸고 종종 논의되는 패러다임과 관련하여 설명될 수도 있다.

어떻든 필자의 입장은 학문은 현실세계와 결코 분리될 수 없다는 것이다. 더욱이 순수학문이 아닌 응용학문－사회과학과 같은－의 경우에는 더욱 그렇다.

그렇다면 군사학의 경우에는 어떠한가?

예컨대 과학기술이 발달하여 전쟁을 유발시켰는가? 아니면 전쟁을 통하여 과학기술이 발달했는가? 이에 대해 후자로 보는 경우가 대부분이다. 물론 전자의 경우도 상정해볼 수 없는 것은 아니지만, 그러한 개연성은 사실 매우 작다.

말할 것 없이 동서고금을 막론하고 전쟁과 전략에 관한 탐구 노력은 계속되어 왔다. 인간사회에서 도대체 평화를 보장할 수 없었기 때문일 것이다. 그래서 국제정치학자들은 평화를 '평화 자체'(≒진짜 평화)와 '평화 노력'(≒임시 평화)으로 구분한다. 그러다 보니 칸트의 '영구평화론'과는 별개로 '현실적인 평화'(armed peace)로 구분되는 것은 당연지사가 아닐 수 없다.

여기서 당연히 강조되어야 하는 것은, 그러한 평화를 실체적으로 요구하는 사회적, 시대적 조건이다. 만분의 일이라도 전쟁발생의 개연성이 있으면 군사력은 정당화된다. 그러나 그러한 개연성을 객관적으로 입증해내는 데 게을리 하거나, 국민들에게 충분히 납득시키지 못한다면, 군사력을 유지하는데 매우 힘이 들 것은 자명하다.

풍석 선생께서 쓰셨던 『현대전략론』(박영사, 1972)을 필자는 1970년대 초반 공사생도 시절 정규 교과목으로 배웠다. 거기에는 인류사회가 이룩되고 나서 지금까지 전쟁으로부터 자유로웠던 시절은 단 한 번도 없었다는 것이다. 지구촌 어디엔가는 전쟁이 계속하여 일어나고 있고, 어쩌다 전쟁이 종식되더라도 전후처리(포로교환, 배상문제 등) 내지는 새로운 전쟁준비(군비)를 위한 기간으로 소요되기 때문이다.

그 책으로 공부한 지 무려 35개 성상이 흐른 오늘의 시점에서 되돌아 볼 때, 그 사실은 정녕 그 때와 크게 변하지 않았다. 다만 변한 것이 있다면 이데올로기 전쟁이 테러리즘으로 바뀌었다는 것이다. 이미 자본주의와 사회주의 간 체제논쟁은 낡아버렸다. 그러면서도 전쟁의 도구와 수단은 우리의 상상을 초월하도록 진화하고 있다. 그러한 목적 또한 자국의 안위를 이념적으로 표방하면서 자국의 이익을 도모하는데 둔다. 재래식 무기를 비롯하여 핵무기까지 모두가 포함된다.

그렇다면 인간과 전쟁은 따로 분리하여 생각할 수 없으며, 전쟁과 전략에 관한 탐구 또한 계속되지 않으면 안 된다. 이것이 풍석風石 선생께서 평생 동안 강조하셨던 군사학의 학문적 성립의 필요성이자 현실적 기반이며, 당위적 요청명제라고 필자는 생각한다.

그런데 군사학에 있어서 '학문적 시민권'이 운위되는 소이연은 대체 무엇인가? 군사학은 학문적으로나, 현실적으로 성립기반이 이러한 데도, 아직도 학문적 시민권 확보를 외쳐야 하는 까닭은 정작 다른데 있다고 생각한다.

그것은 다름 아닌 군사학이 정상과학(normal science)의 굳건한 반열에 오르기 위한 학문적 노력을 가일층 확고히 해야 하며, 이를 구현하기 위한 현실적 기반을 체계적으로 다듬어나가야 한다는 준엄한 시대적 요청인 것이다.

## II. 그동안 과연 무엇이 문제였나?

앞서 언급한 것처럼 군사학은 그의 준엄한 시대적 요청에도 불구하고 기대했던 바에는 미치지 못하는 학문적 성장세를 보인 것이 사실이다. 그러한 가장 핵심적인 까닭은 과연 무엇이었던가?

먼저 군사학은 '군의 전유물'이라는 사고思考를 군은 물론 민간에서 공통적으로 취했다는 점이다. 사실 군사학의 기본적인 수요가 군과 관련하여 발생하고 있음을 부인하기는 어렵다. 그리하여 군사학은 오랫동안 정규 사관학교에서조차 학사학위 법정교육을 담당하는 교수부가 아닌 군사훈련의 연속선상에 있다는 측면에서 생도대에서 담당하는 일이 허다했다. 최근에는 군사학이 제대로 대접받는 모양새로 변해 가고 있어 일견 다행이지만, 2002년 교육당국(교육인적자원부)으로부터 공식 학문으로 인정받은 이래 정규 사관학교는 전공학사 이외의 군사학사를 함께 수여해 오고 있다.

여기서 반드시 짚고 넘어가야 할 것은, 군사학을 가장 기본으로 대해야 할 군(군 교육당국)의 자세에 관한 문제가 아닐 수 없다. 군사학을 타학문의 아류 정도로 치부하면서 군사전문가를 양성하겠다는 발상 자체가 잘못된 것이다.

어떻든 그 이후 급속한 사회변동 과정에서 군사, 군사학에 대한 민간의 관심이 오히려 군을 앞지르는 현상이 발생했고, 여기에는 민간대학과 민간연구소, 그리고 여성의 참여에 이르기까지 군사, 군사학은 더 이상 군의 전유물일 수가 없게 되었다. 이른바 군사학에 대한 민·군간 경합시대가 열렸다고 할 수 있다.

얼마 전 '경찰대 폐지법안'이 나왔을 때도, 이미 전국의 대학에 설치된 경찰(관련)학과 출신자원으로 기존의 경찰대학을 충분히 능가한다는 것이 주된 이유였다. 정규 소방대학 설치 또한 이미 대학의 소방(관련)학과로도 충분하다는 것이다.

이런 논리대로라면 아마도 전국 대학에 속속 설치되는 군사(관련)학과의 졸업자원만으로도 정규 사관학교를 대신하지 말라는 보장도 없을지 모른다. 즉, 군에서는 금과옥조로 삼아야 할 군사학을 제대로 대접하는데 매우 게을렀으며, 그 결과 군보다도 오히려 민간에서 군사학을 학문적, 현실적으로 '블루오션 영역'으로 대하는 기현상(?)이 빚어졌다고 본다면 필자의 지나친 표현일까?

다음으로 생각해 볼 문제는 군사학이 하나의 정상과학으로 자리 잡는데 요구되는 소위 '학문공동체' 구축과 관련한 문제이다. 거칠게나마 미리 답부터 내려본다면, 군사학은 일반적인, 즉 학문 일반의 공통적 규준에 걸 맞는 학문공동체로서의 내포와 외연을 갖추지 못해왔다는 것이다.

이 문제는 말미에서 재차 언급하겠지만, 학문공동체는 그 전 단계에서 하나의 '정책공동체' 형태를 띠게 되며, 이것이 전문성·창조성·자율성·상관성 등을 점차 확보해 나감에 따라 서서히 '학문공동체'로 진화해 나가는 것이 상례이다.

언뜻 필자가 보기에, 군사학과 그 분과와 관련된 학회는 상당히 많다. 그렇지만 이들 학회들이 제대로 된 인적 구성과 전문적인 역량을 갖추고 있는가? 혹여 또 다른 형태의 계급사회를 만든 것은 아닌가? 그만한 연구실적과 대내·외적 경쟁력을 갖추고 있는가? 특히 누군가가 살신성인·멸사봉공으로 그러한 학문적 기반을 갖추어 놓기 위해 일생을 걸었을진대, 그러한 학문공동체가 아직까지 우뚝 서지 못했다면, 이를 어찌 설명할 수 있겠는가? 깊이 자문자답해 볼 일이다.

최근 국정동향 중에는 국방부가 요구한 내년 국방 예산 증가율 7.9%를 국방차관이 청와대에 내년도 국방 예산 증가율이 3.4~3.8% 정도면 충분하다고 보고하면서 국방장·차관 하극상 파문, 군 동요 등 거센 후폭풍을 겪고 있다. 본래 전시(war-time)가 아닌 평시(peace-time)가 길어지면, 상대적으로 안보 가치가 저하되는 경향이 짙다. 과거 국방비가 '성역'으로 행세했지만 이제는 그렇지 못하게 된 것이다.

국방장관이 주문한 운영 유지비는 줄일망정 전력 증강비는 못 줄인다는 점과 관련, 얼마 전 한겨레신문(2009. 8. 30)에는 "국방경영으로 풀어보자"(이희우 공군준장(예), 항공우주연구원 교수)에서 영국·독일은 비전투분야 혁신으로 해마다 6천~8천억 원 절감, 총리 직속의 '국방경영개선위원회'를 두고 새 경영기법 도입으로 국방 예산 효율화 주장까지 나오고 있다.

그렇다고 해서 국방비 문제가 근본적으로 해결될 수는 없는 일이다. 더욱이 국방운영의 문민화 추세에 의해 국방논리는 민간(복지)논리에 계속 밀리게 되는 악순환을 거듭할 개연성이 높다. 과거 민·군관계는 군의 정치적 중립과 문민통제에 주안점을 두었으나, 이제는 문민화 속에서 민·군협력 등으로 새로운 돌파구를 열어야 할 시점에 당도한 것이다.

## Ⅲ. 이제는 군사학의 '학파와 학풍'을 정립할 때

이제 군사학은 기필코 평화를 지키고, 기필코 전쟁에서 이기기 위해 '학문적 시민권'을 필히 확보하지 않으면 안 된다.

좀 오래된 책이지만 『한국의 학파와 학풍』(도서출판 우석, 1982)에서는 정치학, 경제학, 법학 등 주요 사회과학 분야의 학파와 학풍을 문헌해제 형식으로 소개한 범상치 않은 책이었다. 필자는 그 당시 공군 중위로서 자비로 석사과정을 다닐 때였던 것으로 기억한다.

어떻게 이러한 자료들을 끌어 모았을까? 주류학문과 비주류, 아류들을 한데 아우르면서 누구에 의해, 어떤 과정을 거쳐서, 어떤 연구 성과를 냈다는 논평을 곁들이면서, 몇몇 학문분야에 대하여 그 학문적 업적을 기리고, 그 한계와 과제를 제시했던 것이다. 사실 필자는 공사에서 국방관리학과(이학사)에 이어 대학원에서는 '국방행정학'을 배우고 싶었으나 현실이 그러하지 못해 부득이 행정학과 석·박사과정을 다녔는데, 어떻든 당시 이 책에서는 행정학 분야도 끼어있지 못했으며, 군사학은 당연히 빠졌던 것이다. 군사학에 대한 신념체계가 그리 확고부동하지 못했던 필자에게도 '군사학의 학파와 학풍'이라는 화두가 스쳐지나갔다.

그 후 문헌해제 연구로 탁월했던 서울대 김학준 교수가 『한국정치론사전』(한길사, 1990)을 펴낸 것을 보면서, 엄청나게 방대한 정치학 저작들을 마치 인체를 해부하듯이 '문헌해제'로 정리, 집대성한 '사전事典'에서 참으로 많은 것을 느꼈다.

다행히도 이제 군사학 관련 서적은 '정치학–국제정치학–군사학'으로 계열화되어 어느 정도의 학문적 독립성은 있어 보인다. 그러나 학문체계상 아직도 정치학의 범주(국방/군사)에 머물고 있으며, 실제 대학·대학원에서 군사학과를 운영하는데 있어서도 상당기간은 정치학, 경제학, 행정학, 경영학 및 여러 공학 분야의 직·간접적인 도움이 불가피할 것이다.

문제는 아직도 일부 대학의 학부에 설치된 군사학과의 경우 이론과 실제가 적절히 조화, 결합된 교수진이 태부족하고, 관련 연구소의 경우도 마찬가지이다. 그러니 군사학의 정체성과 '학문적 시민권' 확보는 아직도 미완의 과제이다.

제대로 된 학문이라면 당연히 학부과정이 설치되어야 하고, 이는 전문대학원이라 할지라도 모체인 학부과정이 있는 것과 그렇지 않은 것은 근본적으로 다르다. 더욱이 학문의 심화와 완성을 위해서는 대학원 과정이 필수적이다. 후기 박사과정까지 계속 확산되는 마당에 군사학이 발빠르게 대응하지 않으면 실기失機할 수도 있음이 우려되는 것도 바로 이 때문이다.

그렇다면 군사학을 중심으로 대학과 대학원의 학과, 관련 연구소와 학회, 그리고 관련 협회가 전반적으로 연계 시스템 속에 놓여 있어야 한다. 물론 각 참여기관별로 무한정의 경쟁을 벌이는 것이 냉혹한 현실이지만, 군사학의 거점대학(원), 거점연구소, 거점학회, 거점협회를 토대로 어느 정도 '공식(론)화된 학문체계'를 갖출 수 있다면, 군사학은 정녕 독자적으로 전문분과를 거머쥔 정상과학의 반열에 능히 오를 수 있다고 생각한다.

여기서 빼놓을 수 없는 것은 다름 아닌 '인증제'와 '자격증제'이다. 전자는 학문체계(교과 프로그램)에 대해 공식적 인증을 통해 품질관리 및 경쟁력 확보를 위한 것이고, 후자는 이용후생 차원에서 실무적 적용을 위한 것이다. 이미 경영학 분야에서는 인증제가 도입되었으며, 자격증제 도입을 위해 동분서주하고 있다. 생존경쟁이 치열한 대학가에서는 이미 '인증·자격증 레이스'를 펼치고 있다고 한다. 비근한 예로, 최근 한국행정학회에서는 입학자원 감소와 졸업생 취업대책 일환으로 '행정학·행정학과 위기관리 특별위원회'를 구성하여 바로 이 문제를 집중 다루고 있다.

그런즉, 이제 군사학은 '학문적 시민권'을 넘어 '학문적 전권全權'을 보유해야만 한다. 그동안 수많은 부분적이고, 일시적이며, 또 간헐적인 학문적 여러 시도들은 오늘과 내일의 '학문적 완결'을 위한 귀중한 토대가 되어야만 한다.

평생 외길을 군사학의 '학문적 시민권 확보'를 위하여 온갖 정념情念을 쏟아 오신 풍석風石 선생의 간곡한 희구希求에 모든 군사학도들의 책임 있는 응답을 기대한다.

# 3. 한국 군사연구와 이종학 교수의 공헌

강 진 석(서울산업대)

1 이종학 교수님의 저서로 군사학을 공부하고 클라우제비츠 연구를 하던 필자가 공군을 전역하고 대학으로 자리를 옮긴 지금, 교수님의 팔순기념논문집 원고청탁을 받고 보니 감회가 크다. 내 서가에는 교수님의 많은 저술들이 나의 군 생활 이력만큼이나 가득히 쌓여 나를 지켜보고 있다. 그 만큼 이종학 교수님의 발자취는 크다.

이종학 교수님은 한국 군사학 역사 그 자체이시다. 더욱이 공군인으로서 이룩한 그 업적의 의미는 더 말할 나위가 없다. 공군대학에서 젊은 시절을 그리고는 국방대학원에서 오랫동안, 그리고 정년퇴임 후에는 경주의 서라벌군사연구소에서 계시며 충남대학교에서 마지막까지 후진양성을 위해 열정을 불태우시는 모습은 그대로 본보기가 되신다. 이보다 더 큰 가르침이 있으랴. 경모하는 마음으로 팔순을 축하드리며 더욱 건강한 모습으로 후배들에게 큰 가르침을 주실 것을 기원 드린다.

이 교수님께서 관심을 가지고 연구해 오신 분야는 군사학 분야로서 우리나라에서 군사학이 제대로 체계화되지 못한 상태에서 학문적 체계를 잡으신데 크게 기여하셨다. 국가정책 및 전략의 발전방향 연구와, 군사軍事이론의 현대적 조명, 군사교육의 발전방향, 사관학교 교육 발전방향 연구 그리고 한국의 군사軍史연구 분야에 많은 업적을 이룩하셨다.

특히 독일의 전략 사상가 클라우제비츠 연구에 있어서 국제적으로 독보적인 연구 성과를 가지고 계신데 우선 한국에서 최초로 『전쟁론』을 완역하였고 이것은 많은 후학들과 군인들의 교과서가 되었다. 또한 클라우제비츠의 현대적 해석에 독보적인 관점을 제시하고 미국, 일본 등 유명 국제학회에서 학자들과 새로운 영역을 구축하였다. 여기서 간단히 군사학 각 분야별로 연구현황과 교수님의 공헌을 기려보기로 한다.

## 2

국가정책·전략 분야 연구는 최근 북한 핵문제로 인하여 연구가 답보상태에 있다 하여도 과언이 아니다. 수많은 전략과 대안들이 검토되었으나 북한의 일방적인 벼랑 끝 전술에 의해 진전되는 것 없이 다람쥐 쳇바퀴 돌 듯 하고 있다. 그러나 그 이면을 보면 본질적인 것이 결여된 탓인데 그것은 우리 고유의 민족 생존전략의 철학적 기반이 없기 때문에 연유한다고 볼 수 있다.

이 교수님은 일찍이 이 점에 착안하여 '한반도의 억지전략이론'을 창안 제시하고 한민족이 3면 바다의 해양자원을 개발 활용하고, 고도의 첨단 과학기술을 개발하여 공업 선진국가로서 세계무대를 상대로 무역을 성장시켜 복지국가를 이루며, 국위를 선양하고 세계가 우러러 보는 동방의 불빛이 되는 길을 기원하였다. 특히 신라 군사연구를 통해서 문무왕의 해양정책을 그 선례로 제시한 바 있는데 문무왕의 국제화 전략사상을 재조명하고 통일한국의 진로에도 시사점이 크다고 평가하였다.

이제 세계는 이 교수님이 제시한 그대로 실현되어가고 있다. 글로벌 파워로 성장하고 있는 한국은 2050년이면 세계 1위 국가군에 진입하며, 국민소득 8만불 시대를 예고하고 있다. 북한 핵문제를 슬기롭게 극복하고 동북아 다자안보체제 구축을 통한 '한반도 억지이론' 적용 등 실천적 국가 안보전략을 적극 실현시켜 나아가야 할 시점이 되었다. 참고로 1979년의 저서 『한반도의 억지전략이론』에서 제시한 교수님의 전략구상은 다음과 같다. 첫째, 전술핵 무기체계를 보유하지만 방어용이며 결코 타국에 대해 선제공격을 하지 않는다. 둘째, 기동성이 높은 재래식 상비군을 보유한다. 셋째, 범국민적 민병대 조직을 갖춘다.

군사전략·이론 연구 분야는 불모상태에서 1972년 한국 최초로 교수님에 의해 집대성 체계화 되어 『현대전략론』이란 이름으로 저술, 발간되었다. 전략 본질론, 국가전략론, 군사전략론, 전술론, 전쟁원칙들이 수록되었다. 이후 구체적인 군사전략 수립 방법론에 관심을 가지고 연구와 자료수집을 계속하여 국방대학교 교수들과 공동으로 1984년 『군사전

략 : 이론과 적용』을, 1987년에는 군사전략의 수립절차와 방법론을 보완하여 『군사전략론 : 이론과 실제』를 발간하였다. 이로서 교수님은 근 20여년 만에 군사전략 이론과 실제 문제를 체계화 정리를 하여 후학들에게 큰 도움을 남기시었다.

군사고전 연구에 있어서, 우선 고전적 군사이론의 현대적 유용성에 대하여 매우 높게 평가하고 있는데 현대 핵전과 월남전을 경험한 미국이 동양의 『손자병법』과 클라우제비츠의 『전쟁론』연구가 미국군사학교에서 활발히 연구되고 있는 이유로 이들 군사 고전의 항구적 유용성을 강조하고 있다. 클라우제비츠 『전쟁론』 최초 한글 번역은 교수님에 의해 1972년 『세계사상대전집』(대양사, 서울) 시리즈였고 이것을 축약본으로 출판한 것이 1974년의 『전쟁론』이다. 이 책은 현재까지도 군사학도들의 꾸준한 사랑을 받고 있다. 1986년에 『클라우제비츠 생애와 사상』을 저술 출판하였다.

1995년에는 미 해군대학의 마이클 핸델 교수의 저서 『전쟁의 거장들 : 손자, 클라우제비츠, 조미니』(*Masters of War : Sun Tzu, Clausewitz and Jomini*, 1992)의 견해에 대하여 클라우제비츠 현대적 해석에 관한 토론을 나눈바 있는데, 여기서 이종학 교수는 클라우제비츠가 『전쟁론』 집필 초기에는 '절대전'적 입장에서 기술하였다가 수정작업은 '현실전' 입장에서 제1권과 8권만 수정하고 미완성인채로 죽었다는 점을 고려하여야 한다고 코멘트하였고 핸델도 이를 호의적으로 수용하겠다고 받아들였다.

『손자병법』에 대한 연구는 「손자병법으로 본 한국전쟁」(공군 96~104호, 1966~1968), 『손자병법』(1974, 박영사) 번역이 있고, 국내 군사고전 연구로 조선시대 이정집·이적 부자가 저술한 병서 『무신수지武臣須知』가 있다. 이 연구를 통해 순수 한국산 병서를 우리는 접할 수 있게 되었다.

특별히 우리의 영원한 관심국인 일본에 대해 「일본 군사이론에 대한 연구」가 있는데 이 연구에서는 백제의 병가가 왜에 병법을 전하는 내용, 일본에서 도래인의 후손과 무사단이 등장하게 된 배경, 덕천德川시대 전/후기의 병법연구, 명치明治시대 서양군사이론의 도입 등의 내용이 심도 깊게 연구되어 있다. 이종학 교수는 이 연구를 통하여 일본의 육군은 독일로부터 전쟁철학보다 용병이론(작전·전술)을 도입하는데 관심을 집중시켰고, 또 통수권의 독립체제를 굳혔다. 여기서 국무와 통수의 분열이 비롯되었고 국방의 여러 가지 문제점도 여기서 비롯되었다. 해군은 해양국가로서의 해주육종海主陸從의 군사이론으로 훌륭한 『제국국방사론帝國國防史論』(1910)을 폈지만 일본의 전통과 군의 특성상 국가정책과 운영은 육군이 주도하여 1945년 패망을 자초하였다고 분석하고 있다.

군사교육분야 연구는 「헛친스 박사의 진보주의 교육사상과 비판」 그리고 「한국사에 있어서 군사교육사상의 변천과정」이 대표적인 연구이다. 전자의 논문은 우리나라에서 '새교육', '민주교육'의 이정표로 삼고 있는 진보주의 교육이 미국에서 어떻게 대두 발전되어 왔으며 어떻게 비판되고 있는가를 분석하고 우리에게 주는 시사점을 분석한 논문이다. 군사교육뿐만이 아니라 일반학교 교육에서 오늘날 대두되고 있는 많은 문제점들은 그 뿌리가 해방 후 충분한 비판 없이 미국의 실용주의에 바탕을 둔 존 두이 교육사상을 '새교육', '진보주의 교육'이라는 상표를 붙여 수용한데서 비롯되었다면서 이 교수님은 여기서 교육의 기반이 되는 교육철학을 외국에서 수입하는 것은 좋지만 국가의 장래를 위하여 좀더 신중한 검토와 비판이 필요하다고 강조한다.

후자의 논문에서는 우선 전쟁의 본질을 규명해 보고 어떻게 역사적으로 군사교육사상 패러다임이 변하여 왔는지를 '무사도'를 고구려의 '비의皁衣', 신라의 '화랑花郞', 백제인의 '무절武節'을 통해서 검토하고 유교의 영향과 무사도가 와해되는 과정을 분석하면서 해방 이후 급진주의 교육사상과 군사 교육의 상관성을 규명하고, 이의 갈등 내용과 6·25동란을 거치면서 진작된 상무정신을 규명하고 있다.

삼국시대와 고려시대를 제외하고는 조선시대 이후는 숭문억무崇文抑武정책으로 일관했기 때문에 자주국방정신은 없고 사색당쟁과 안일로 나라를 잃는 수모를 초래하였다고 결론지으면서 어려서부터 문文-무武 일치교육을 시키는 것이 우리의 소원인 남북통일뿐만이 아니라 조국 근대화를 위한 지름길이라 강조한다.

이 외에도 사관학교 교육발전을 위한 여러 논문들과 「정무공貞武公 최진립崔震立 장군의 얼」, 「자주국방의 진로」, 「참군인관 정립을 위한 제언」, 「웨드마이어 보고서」 등 수 많은 주옥같은 연구논문과 저술들이 있다.

**3**

이종학 교수님의 군사학 및 군사교육 분야에서 이룩한 공적의 의미는 실로 크다. 우선 그는 한국 근대사의 살아있는 증인으로서 일제와 해방 이후 그리고 6·25 그리고 한국군 건군과정에 있어서 산 증인이며 역사 그 자체이다. 따라서 그는 외세를 극복하고 자주국방을 위한 염원이 가득 찬 마음으로 군사연구를 하고 제언을 하였다. 아무것도 없는 불모지에서 군사연구를 위하여 미국으로, 일본으로, 독일로 이태리로 직접 현장을 답사하며 자료를 모으고 실무자에게 물어가며 필요한 지식과 정보를 입수하였고, 필요하면 주요 이론가들과 토론하면서 우리의 주체적인 군사철학과 이론을 정립하려 노력하였다.

또한 동·서양의 고전 병서들을 섭렵하고 번역 출간하는 한편 우리의 역사적 군사저술들을 발굴해 내고 그것들을 체계화 하였다. 그리하여 탄생한 것들이 「손자병법」, 「클라우제비츠의 전쟁론」, 「일본의 군사이론 연구」, 삼국시대의 군사사상으로서 「무사도」, 그리고 「정무공 최진립 장군의 얼」 등이다. 이러한 연구들은 독보적인 것들로 한국군사 연구에서 전무후무한 것들로서 그 역사적, 내용적 가치가 크다. 후학들에게 커다란 감동과 교훈을 주는 노작들이다.

한편으로 그가 제시한 군사연구 방법론과 군사학 이론체계들은 한국적 '군사학'이라는 '안전보장학'의 한분야로서 자리를 매김하게 되었고 이로서 후학들에게 큰 길을 열어주게 되었다.

군사전략가로서 이종학 교수는 해양전략을 강조한다. 그는 공군인임에도 불구하고 우리민족이 나아갈 길은 신라 문무왕의 예를 들면서 3면이 바다인 이점을 살려 바다를 통한 세계 제패를 제안하고 있다. 그것은 우리 국가전략이 나아가야 할 방향이다. 글로벌시대 브랜드 리더십이 요구되는 시대 우리는 이미 그렇게 가고 있다. 일찍이 이러한 주장을 한 이 교수님의 혜안이 놀라울 뿐이다. 모쪼록 건강과 함께 평강을 기원 드립니다.

# 4. 북한의 유화적 공세 : 본질, 배경 그리고 대응방안

박 대 광(공군사관학교)

졸고는 부끄럽기 그지없는 내용임에도 불구하고 필자가 평소 존경해마지 않던 풍석 이종학 교수님의 팔순기념논문집 발간에 참여하고자 작성되었습니다. 한국 군사학의 선구자로서 군사학의 이론과 학문적 체계정립뿐만 아니라 군과 사회의 후학양성에도 헌신해 오신 이종학 교수님의 팔순을 진심으로 축하드립니다. 군사학 발전에 커다란 지침이 되시길 진심으로 바랍니다.

## • 서 언

지난 7월 초까지 북한은 일련의 핵/미사일 실험을 강행함으로써 루비콘(Rubicon) 강을 건넜다. 그랬던 북한이 8월부터 전례 없던 방식으로 대남, 대미 관계개선을 희망하는 신호를 보내오고 있다. 그들이 억류하고 있던 미국 여기자들과 현대아산 직원을 석방하고, 남북 이산가족 상봉과 금강산 관광 재개 등을 골자로 하는 5개항의 교류사업에 합의했으며, 김기남 노동당 비서 등 최고위급 조문단의 방남 기간동안 2·13조치의 해제와 더불어 대통령과 통일부 장관을 예방하였다. 급기야는 그동안 스스로 접촉을 거부해왔던 스티븐 보즈워스 미국 대북정책 특별대표의 방북초청 의사까지 전달하였다.

최근에는 유럽의 국가들을 대상으로 자유무역지대 설치와 무관세 혜택을 내걸고 적극적인 자본 투자 유치를 위해 노력하고 있는 것으로 알려졌다. 불과 2개월여 전까지만 하더라도 군사적 도발행위를 통해 한반도는 물론이고 동북아 지역 전체에 긴장을 고조시켰던 북한의 태도가 돌변한 것이다. 북한의 이 같은 행동을 어떻게 이해해야 할 것인가? 그리고 향후 북한의 대외정책은 어떻게 전개될 것이며, 우리는 어떻게 대응해야 할 것인가?

## • 북한의 유화적 제스처의 본질

북한의 유화적 제스처와 관련하여 분명하게 드러난 것은 북한이 남북 및 미북관계 경색의 출발점이었던 핵문제에 대해서는 여하의 표명도 배제한 채 민간채널을 통해 성사시켰다는 점, 그리고 그 추진방식이 매우 공세적인 형태였으며, 그 같은 제스처에 동조하고 편승하는 목소리들이 한국 내부에서 분출되었다는 사실이다. 만약 우리 정부당국이 북한의 유화적 제스처를 전면 무시했다면 향후 남북관계 악화의 모든 책임이 우리 정부에 전가되고 남남갈등이 고조되어 정치·사회적 혼란과 분열이 심화될 수 있었으며, 반대로 전면적으로 수용했다면 국제사회와의 대북제재 공조체제를 약화시키는 결과를 초래하게 될 것이었다. 따라서 북한이 취하고 있는 유화적 제스처에 대해 적절히 대응하고 향후의 국면을 주도하기 위해서는 그 본질과 배경에 대한 규명이 우선되어야만 한다.

초미의 관심사는 과연 북한의 유화적 제스처가 대남정책에 있어서의 근본적인 변화를 의미하는 것인가의 여부이다. 그러나 그에 대한 답은 불행하게도 회의적이다. 이러한 판단의 근거는 남북관계와 미북관계 개선의 핵심 전제조건인 6자회담으로의 복귀와 핵 포기에 대한 여하의 의사표명이 없다는 점이다. 이는 북한이 사회주의 강성대국 건설을 추구함에 있어 핵무장을 그 핵심수단으로 이용하려는 정책 노선을 여전히 고수하고 있음을 시사하는 것이다. 이런 이유로 북한의 유화적 제스처는 대남정책에 있어서 전략적 차원의 근본적 변화를 의미하는 것이 아니라 전술적 차원의 변화에 불과한 것으로 평가할 수밖에 없다.

북한의 전술적 변화의 성격은 유화적 제스처를 표출한 과정과 현대-북한간의 합의내용 그리고 김대중 전 대통령 조문정국에 분명하게 투영되어 있다. 지난 4월부터 7월 초까지의 단·중·장거리 미사일 발사와 핵실험을 통한 무력시위는 명백하게 한국과 미국 정부당국을 상대로 담판을 짓기 위한 군사 중심의 직접적 강압전술이었다. 반면 8월 이후의 화해 제스처는 한국과 미국의 여론공략을 통해 우회적으로 정책변경을 강요하기 위한 정치·사회·경제·심리 차원의 간접적 강압전술이었다.

현대아산–북한 간의 합의사항에 내포된 북한전술의 성격은 첫째, 기존 정부정책에 대한 반대여론 조장 가능성이 크다는 점, 즉 여론에 민감한 민주주의 체제의 약점을 이용하고 있다는 점에서 정치적 차원의 전술이었다.

둘째, 한국의 시민사회와 기업경제에 직접적으로 연관된 유혹적 내용들이라는 점에서 사회·경제·심리적 차원의 공세전술이었다. 남북 이산가족 상봉은 인도주의를 가장한 실향민들의 염원을 이용한 것이며, 백두산과 금강산 비로봉 관광의 추가는 다수 한국민의 관심을 끌 수 있는 매력적인 제안이었다. 개성공단사업 재개는 기존 입주기업들의 손실만회에 대한 기대심리와 절박감을 볼모로 한 것이었다.

셋째, 정부당국 간의 공식채널을 전면 배제하고 이행에 관한 여하의 권한도 없는 민간채널을 상대로 합의하고 이를 공표토록 했다는 점에서 간접접근전술이었다. 그리고 그와 같은 북측의 모든 제안과 조치들이 이행되기 위해서는 궁극적으로 우리 정부당국의 개입과 수용 여부에 대한 결정을 강요하는 것이었다는 점에서 강압전술로 평가된다.

김대중 전 대통령 조문 정국에서 나타난 북한전술의 성격은 심리전 전술과 대중선동전술의 배합이었다. 우선 2·13 제한조치 해제 등 일련의 유화적 조치들을 한국의 언론매체들이 반복적이고 지속적으로 방영하도록 함으로써 남북관계 개선과 교류 활성화에 대한 기대심리를 고조시켰다는 점에서 심리적 차원의 전술이었다. 둘째, 최고위급 인사들로 구성된 조문단 파견을 통해 은연중에 6·15 공동선언의 핵심인 “우리민족끼리”로의 복귀를 종용하는 메시지를 전하고 있었다는 점에서 김 전 대통령 지지자들의 환심을 사고 정치적 유대감을 형성하기 위한 대중선동전술을 구사한 것이었다.

요약하면, 북한은 기존의 군사 중심 강압전술이 실패함에 따라 고도로 계산된 전술적 방향전환을 모색하게 된 것이다. 더욱이 북한의 유화적 공세행위는 그들에게 가용한 모든 수단을 총동원하는 형태로, 그리고 전격적인 방식으로 추진되었다. 이러한 사실은, 현재 북한 당국이 자력으로는 해결할 수 없는 모종의 구조적 문제점에 의해 압도되어 있고 또한 국제사회의 대북제재가 그 상황을 더욱 악화시키고 있으며 이를 방치할 경우에 초래될

결과의 심각성 또한 충분히 이해하고 있음을 시사해준다. 그리고 아마도 그것은 체제의 생존 그 자체를 위협하는 상황일 가능성이 매우 높다.

## • 북한의 전술적 변화 배경

북한의 대남전술 변화는 크게 체제 내적 요인과 체제 외적 요인의 두 가지 측면에서 설명할 수 있다. 이 중 체제 내적 요인은 김정일 통치하의 북한이 지향하고 있는 사회주의 강성대국 건설의 4대 요소와 결부시켜 평가해 볼 수 있다. 북한의 지도자들은 정치, 사상, 군사, 경제 등 4대 요소의 발전을 통해 사회주의 강성대국을 추구하고 있다. 그 목표 연도는 2012년이다.

북한의 지도자들은 강성대국 건설의 4대 요소가 각기 독립적으로 발전할 수 있는 것으로 믿어왔다. 그러나 이들 요소들은 사실상 상호 깊은 연관성을 맺고 있으며 특히 경제요소는 다른 세 가지 요소들의 발전을 위한 기반이다. 그리고 이 점에 대해 북한의 지도부는 새로운 인식을 갖게 된 것으로 판단된다. 따라서 이들 4대 요소에 초점을 맞추어 언론 등 각종 매체를 통해 드러난 북한의 내부 실상을 면밀히 주시해 볼 필요가 있다.

첫째, 사상 강국 건설 측면이다. 북한은 올해 4월부터 '150일 전투'를 추진함으로써 사회주의 사상투쟁과 체제 결속을 도모해왔다. 150일 전투는 북한의 경제재건을 위한 대중노력동원이기도 하지만 1998년부터 김정일의 주도로 진행되어 온 '제2 천리마운동'과 유사성을 띠고 있다. 제2 천리마운동은 북한의 경제 재건책인 동시에 대중에 대한 사상 고양을 통해 사회주의 혁명 열성을 높이는 정치사업을 전제로 하는 대중운동이다. 그러나 그 같은 사상 강화 노력에도 불구하고 북한은 '90년대부터 표출된 계획경제의 약화와 배급제 마비상황이 지속됨에 따라 사회주의 혁명노선의 정당성 및 주체사상의 절대성에 대한 회의, 통치이념상의 갈등과 정보통제의 누수현상 등으로 인해 사회 내부에 비판세력이 점증하면서 체제 이탈 현상도 심화되고 있는 것으로 알려지고 있다.

둘째, 정치 강국 건설 측면이다. 북한의 김정일은 지난 2008년 뇌졸중으로 추정되는 뇌혈관 관계 질환을 앓은 이후 3남 김정운으로의 세습후계체제 구축을 서둘러 왔다. 그런데 세습후계체제의 조속한 안착을 위해서는 김정일 자신의 건강 이상설 불식과 핵심 파워엘리트들의 강력한 지지 및 미래 지도자로서의 김정운의 자질을 대내적으로 과시할 수 있는 신화적 업적 창출이 절대적으로 요구되는 상황이었다.

그런 맥락에서 북한의 김정일은 클린턴 전 미 대통령과 현정은 현대아산 회장 등과의 면담, 현지지도 횟수의 증대 등을 통해 자신의 건강 이상에 따른 통치지속 능력에 대한 의혹은 거의 불식시킨 것으로 평가되고 있다. 국제사회의 만류와 제재의 위험을 무릅쓰고 강행한 핵/미사일 실험도 동일한 차원에서 실행한 조치로 해석되어 왔다. 또한 올 4월 초의 제12기 최고인민회의 제1차 전체회의를 통한 집권 3기 체제 출범시에 김정일은 자신의 측근들을 권력 전면에 포진시키는 한편, 당 중앙위 조직지도부와 선전선동부, 인민군 총정치국과 국방위원회 중심의 후계체제 지지기반 조직화에도 성공하였다.

그러나, 김정운의 신화적 업적의 창출과 선전을 위해 시도한 150일 전투는 내부적 자원과 자본, 기술의 빈곤으로 인해 그 성과창출에 근본적 한계를 나타내고 있는 것으로 알려지고 있다. 더욱이, 최근 들어 군대를 비롯한 권력집단에 대한 배급이 중단되는 사태가 벌어지면서 핵심계층까지 심각하게 동요하고 있는 것으로 알려지고 있다.

셋째, 군사 강국의 건설 측면이다. 2000년대 들어 북한의 재래식 군사력은 경제난으로 인해 정체상태를 벗어나지 못하고 있는 실정이다. 그에 따라 비대칭적 능력의 개발과 증강에 집중해 왔다. 그 결과 국제사회의 반대에도 불구하고 중·장·단거리 미사일 발사시험과 2차 핵실험까지 시도할 수 있었고 이를 통해 대내·외적으로 강력한 군사적 능력을 과시하였다.

그러나 북한의 군사적 도발행위는 유엔안보리 대북제재 결의안 1874호의 채택과 시행으로 인해 더 이상의 군사적 능력 강화를 위한 향후의 모든 노력을 원천적으로 봉쇄당하는 자충수가 되었다. 대외적 기술의 유입·유출과 자금줄이 막혀버린 것이다. 북한이 대규모의 재래식 군사력, 그리고 핵무기와 같은 비대칭 대량살상무기를 보유하고 있는 것은 사실이다. 그렇지만 한·미 연합 전력을 상대로 승리할 수 있는 능력은 되지 못한다. 한국과 미국으로부터 정치·경제적 양보를 얻어내기 위한 강압수단으로 사용할 수 있는 능력으로도 미흡하다. 유엔 안보리의 대북제재가 전면 시행됨에도 불구하고 북한이 여하의 효과적 대항조치를 취할 수 없는 현실은 그 방증이다. 그리고 북한의 지도부는 그러한 한계를 충분히 인식하고 있을 것이다.

넷째, 경제 강국 건설 측면이다. 우선 대내경제 분야에서는, 북한당국이 체제 결속과 사상 고양을 위해 시행하고 있는 시장에 대한 통제와 150일 전투(그리고 천리마 정신 강조)로 북한주민들의 자생적 경제활동이 크게 제약받고 있는 실정이다. "7·1 경제관리개선조치"로부터의 후퇴 등 시장통제정책은 시장으로의 물자 유입과 지역 간 물자 이동을 제약하고 있을 뿐만 아니라 곡물의 시장거래까지 침체시키고 있다. 150일 전투와 같은 집단적 노력동원으로 기대할 수 있는 경제적 효과도 기껏해야 건설부문이나 농업과 같이 인력으로 대체가 가능한 분야에 불과하다.

대외경제 분야에서는, 2008년 하반기를 기점으로 남북교역이 하락하기 시작하였고 현재는 남북간 경제교류와 협력이 대부분 중단된 상황이다. 인도적 차원에서 진행됐던 한국의 대북 식량·비료 지원도 거의 단절되다시피 했다. 더욱이 2009년 들어서는 북한의 대對중국 무역도 정체상태에 있다. 한국개발연구원에서는 현 북한의 경제상황을 핵 위기와 김일성 사망이 겹친 1994년에 비견될 수준으로 평가하고 있다.

다음은 북한의 체제 외적 요인 측면이다. 2차 핵실험 이후 북한이 대외적으로 직면한 가장 중요한 문제는 유엔안보리 결의안 1874호에 의거한 국제사회의 대북제재이다. 이번의 대북제재에는 중국과 러시아까지 동참함으로써 북한은 정치적 고립상태에 처하게 되었다. 뿐만 아니라 대북 무기금수 및 수출통제와 금융·경제제재가 한층 강화됨으로써 북한의 경제난 극복노력은 보다 제한받게 되었다. 금융·경제제재의 경우, 인도적 차원의 지원을 제외한 무상원조, 금융지원, 양허성 차관의 신규 계약금지 및 기존의 계약 감축노력도 포함되었다.

유엔 결의 이전에도 단독으로 대북제재를 수행해 왔던 일본은 추가적으로 전면적인 대북수출 금지 결정을 내렸으며 미국은 대북제재 행정명령 연장 외에 기업과 은행 등 11곳을 특별거래 금지대상으로 계속 유지한다고 발표하였다. 따라서 지난 2000년 이후 북한경제를 유지해 온 것이 바로 해외부문이었음을 감안하면 국제사회의 대북제재로 인해 가뜩이나 악화되어 있는 북한의 경제가 최악의 상태로 치닫고 있을 것으로 추정해 볼 수 있다. 지난 6월 25일 김정일의 경제담화와 8월 26일자 조선중앙방송이 상부의 지원에 의존하지 말고 자력갱생할 것을 김정일이 주문했다고 보도한 것은 이러한 실상을 잘 방증해주고 있다.

요약하면, 2009년 8월 현재의 북한은 내부적으로 강성대국 건설의 4대 요소 전반에 걸쳐 총체적 난국 상황에 직면해 있는 바, 여타의 요소들이 북한의 실패한 경제정책으로부터 심각하게 영향을 받고 있다는 사실이다. 따라서 북한이 내부적 난관을 돌파하기 위해서는 무엇보다 경제시스템의 복원이 절실한 상황이었다고 하겠다. 그러나 북한은 자본과 기술, 물자의 부족 상태에 있어 150일 전투와 같은 자력갱생 노력은 애초부터 그 효과가 의심되는 시대착오적 경제 재건책일 수밖에 없었다. 더욱이 국제사회의 반대에도 불구하고 핵과 미사일 실험을 강행함으로써 오히려 고강도의 경제제재만 자초하였다. 북한의 지도자들은 이러한 상황이 장기화될 경우 강성대국 건설은 고사하고 정권 자체의 생존문제로 연계될 것임을 깊이 인식하게 된 것으로 판단된다. 그 결과 북한은 유화적 제스처를 통한 한국 및 미국과의 관계개선을 모색할 수밖에 없었던 것이다.

## • 결 어

사회주의 계획 경제시스템의 내적 모순에 따른 경제적 파탄은 현재 북한이 겪고 있는 총체적 난국의 근원이다. 경제적 회생만이 북한체제가 존속할 수 있는 유일한 길이다. 북한의 자력갱생 정책은 근본적 한계를 지니고 있다. 핵무기 개발도 북한을 구원해 줄 수는 없음이 명백하게 드러났다. 해외의 선진기술 습득과 대규모적 자본의 투자를 유치할 수 있는 개혁개방정책의 채택만이 살 길이다. 그럼에도 불구하고 북한은 전면적인 개혁개방 정책을 선택할 수는 없다. 그것은 대외적 경제 종속의 심화와 궁극적으로는 정치적 민주화의 길을 열어줄 맹아萌芽, 그 이상도 이하도 아닐 것이기 때문이다. 그리고 그 결과는 현 북한 통치 엘리트들의 전면적인 기득권의 상실이다.

북한이 개혁개방을 선언한다 하더라도 그 실효성은 불투명하다. 북한이 모든 핵 프로그램을 포기 하지 않는 한, 유엔안보리 결의안 1874호에 기초한 국제사회의 대북제재 공조체제는 지속될 것이기 때문이다. 미국의 지원 없이 세계무역기구(WTO)에의 가입이나 국제통화기금(IMF) 등으로부터의 원조를 기대할 수도 없다. 냉전 종식 후 미국은 거의 모든 주요 국제 안보·경제 질서의 형성과 유지에 강력한 영향력을 행사하고 있기 때문이다. 그러므로 미국과의 관계개선은 북한의 체제생존을 보장받을 수 있는 열쇠라 해도 과언이 아니다. 그러나 미북 관계개선의 첫 단추 역시 핵 프로그램의 포기와 전면적 사찰의 수용이다. 남북 관계개선 또한 핵 포기가 전제되지 않는 한 현재로서는 불가능에 가까운 일이다.

그럼에도 불구하고 북한은 핵무기를 포기할 수 없다. 북한 스스로가 핵무기의 보유를 체제 생존의 핵심수단으로 인식하고 있기 때문이다. 북한의 핵무기 포기 또한 인식의 전환과 정치적 결단을 요구하는 문제이다. 따라서 현재와 같은 북한의 파상적 대남·대미 정치·경제·심리적 유화공세는 지속될 것이다. 중국의 정치적 지지와 은밀한 경제적 지원을 얻어내기 위한 접촉도 한층 강화할 것이다. 군사적 옵션의 선택에는 보다 신중한 태도를 취하게 될 것이다. 추가적인 핵실험이나 미사일 발사시험과 같은 가시적인 행동보다는 정치적 수사(political rhetoric)의 구사 등 "모호성"의 효과를 활용한 압박전술에 보다 더 의존하게 될 것이다.

향후 우리의 대북정책은 단기적으로는 비핵화, 장기적으로는 신정적神政的 사회주의 독재체제의 변화를 목표로 한 전략적 틀을 지속적으로 유지해야만 한다. 이는 현 정부의 "비핵·개방·3000" 정책의 또 다른 표현이기도 하다. 단, 남북관계의 진전과정에서는 언제나 우리 정부가 주도권을 행사할 수 있어야만 하며 북한의 급격한 붕괴 가능성을 염두에 두고 적절한 융통성도 발휘할 수 있어야 한다. 조급성에서 기인하는 근시안적인 정책과 행동의 자유를 구속하는 경직된 정책은 북한문제의 해결에 결코 도움이 되지 않으므로 인내심을 가지고 국민을 설득할 수 있어야만 한다. 지난 10년간의 대북정책이 우리에게 준 큰 교훈을 결코 잊지 말아야 한다. 철학자 산타야나(George Santayana)는 말했다. **"역사에서 교훈을 배우지 못한 사람은 과거의 실수를 되풀이하게 된다."**

군사학의 학문적 태동에서부터 현재에 이르기까지 커다란 업적을 이룩하신 이종학 교수님의 팔순기념 논문집에 참여하게 된 것을 무한한 영광으로 생각합니다. 부족하고 미흡한 원고이지만 군사학 분야의 보다 폭넓은 연구를 위한 바램에서 글을 작성하게 되었습니다. 앞으로 보다 건강하시고 군사학이라는 큰 길을 후학들에게 활짝 열러주시길 기원 드립니다.

# 5. 학문과 인생 : 이종학 교수의 학문적 열정과 업적

김 강 녕(경기대)

## I. 서 언

미국의 저명한 경영학자이면서 미래학자인 피터 드러커(Peter Drucker, 1909~2005) 교수는 93세에 『다음 사회의 경영』(*Managing in the Next Society*, 2002)을 저술한 후, 그의 인생의 황금시절은 60대·70대·80대의 30년이었다고 술회했다고 한다.[1] 이것은 우리나라의 전통적인 노인들의 사고방식과는 전혀 다르다. 물론 요즘에는 '인생은 60부터 시작이다.'라는 말도 나오고 있지만, 우리나라에서는 전통적으로 환갑잔치를 하고 나면, 보통 사업이나 업무에서 은퇴하여 '이제 다 살았다. 남은 인생은 덤이니, 그저 고통 없이 죽기만 기다리고 덧없이 희망 없는 삶'을 누리는 것으로 생각해왔다. 이러한 사고는 '인생 칠십고래희(人生七十古來稀)'라는 말이 나올 정도로 인간이 환갑을 지나 70세를 넘기기 어려웠던 평균 수명이 오늘날보다 훨씬 짧았던 시대의 타성적 잔재로 풀이된다.

필자가 10여년 전 대전의 한 환경단체의 초청으로 민물고기 최기철 박사(1910~2002)와 함께 특강을 하게 된 적이 있었다. 특강시간보다 일찍 오게 되어 최기철 박사와 인사를 나

1) 이종학, 「나의 학문과 인생 : 군사학의 학문적 발전방향과 이론정립」, 충남대 국방연구소·미래군사연구소, 『군사학의 학문적 발전방향과 군사전략 연구』(2009. 2. 27, 충남대 평화안보대학원 세미나실 2218호), p. 1.

누게 되었고 그의 특강을 들을 수 있는 기회를 가졌다. 혈색이 좋고 음성도 힘이 넘치는 홍안백발紅顔白髮의 청년(당시 84세)이었다. 연세를 묻는 필자의 질문에 우리 인간은 기초기(유아기), 발전기(청년기), 도약기(장년기), 완숙기(노년기)의 4단계를 거치게 되는데 이제 완숙기完熟期로 접어들었다는 호방하고 자신에 찬 대답에 신선한 충격을 받은 기억이 새롭다. “호박은 늙으면 맛이나 있고요, 사람은 늙으면 보기가 싫어요.…”라는 노래가사는 전연 이치에 맞지 않는 말이며 과일이나 채소가 오래되면 더욱 영양가가 높아지듯이 사람도 늙으면 오히려 완숙해진다는 것이다.

“인생은 축구시합과 같다(Life is a soccer game)”라는 말이 있다. 인생은 25년의 성장 발육기를 갖게 되고 성장 발육기의 5배를 살기 때문에 인간이 누릴 수 있는 수명이 125세라는 설도 있다. 축구시합 논리에 125세의 수명설을 적용해보는 것은 흥미로운 것이 아닐 수 없다. 인생이라는 축구시합에서 선수(player)가 되는 데 필요한 기간은 25년으로 볼 수 있고 이 기간 동안 우리 인생은 심신을 단련하고 선수의 기량을 닦게 된다. 전반전(the first half of the game)은 55세까지이고, 후반전(the second half of the game)은 85세까지다. 하지만 전·후반 게임으로 끝나지 않고 95세까지 연장전(an extended game)을 갖게 되고 106세까지 승부차기(a shoot-out)를 하게 된다. 125세의 수명설의 견지에서 조명해보면 우리는 승부차기가 끝난 107세에 은퇴하여 여생을 편안히 즐기다가 125세에 고종명告終命하면 될 거라는 계산이 나온다. 이 이야기를 필자가 대학 강단에서 했더니 필자의 강의를 듣던 한 학생은 “저는 107세 때 축구계에서 은퇴하지 않고 축구 감독직을 맡아 125세에 순직하도록 하겠습니다.”라고 말한 학생의 인생설계는 훨씬 의욕적이어서 신선한 감동을 받은 바 있다.

필자가 이 글을 통해 다루고자 하는 이종학 교수는 인생에 있어서 60대 이후 인생을 ‘황금기’(golden age)로 생각하느냐 인생을 ‘황혼기’(twilight age)로 생각하는가 하는 문제는 각자의 인생관에 따라 달라지며, 인생이란 전·후반 축구시합에 있어서는 후반전에서 만회가 가능하므로 전반전보다 후반전이 가능하다는 생각을 가지고 두 번이나 큰 용단을 내린 바 있는데 이것이 다행스런 일이었다고 술회하고 있다.

그는 1973년 10월 중령에서 대령 진급의 심사에서 낙방하자, 1974년 11월 1일이면 복무기간이 20년이 되어 연금을 탈 수 있으나 전역을 결심했는데, 다행히 그 무렵 국방대학원 교수 제의와 공군대학 교수부 3처장 제의를 받았고, 이 중 국방대학원을 선택하여 1980년 12월 ‘군사학 정교수’ 자격도 획득하고 교수활동을 하게 됨으로써 위기가 기회가 되었다는 것이다.[2] 그리고 그 후에도 당시 65세까지 신분이 보장되어 있었지만 58세 되는 1987년에 하고 싶은 일을 하기 위해 명예퇴직을 하고 신라의 고도 경주로 이사하여 서라벌군사연구소를 개소한 이후로도 13권의 저서와 공저를 발간하는 등 연구활동을 활발히 수행해왔고, 충남대 평화안보대학원 군사학과를 개설하는데 물심양면으로 크게 기여하여 명예 군사학 박사를 수여받았으며 현재까지 충남대 평화안보대학원의 겸임교수직도 맡는 등 인생이란 축구시합에서 선수로 활약하고 있음으로서 명예퇴직이 전화위복轉禍爲福의 계기가 되었음을 보여주고 있다.

이 글은 '학문과 인생'이라는 제목 하에서 80세의 청춘(황금기·완숙기에 접어든) 이종학 선수(교수)를 중심으로 살펴보기 위한 것이다. 이를 위해 인생과 학문, 이종학 교수의 학문적 열정과 업적, 결어의 순서로 살펴보기로 한다.

## II. 인생과 학문

『명심보감明心寶鑑』의 '근학편勤學篇'을 보면 학문을 강조한 공자孔子의 명구가 나온다. 즉 "많이 배우고 뜻을 튼튼히 하며, 잘 묻고 잘 생각하면 인仁은 그 안에 있다(博學而篤志 切問而近思 仁在其中矣)"라는 구절이 바로 그것이다.[3] 사람이 지식을 넓히게 되면 도리에 밝아지고 신념이 굳으면 행동이 바르게 되고 모르는 것을 물어서 깨닫고 깊이 생각하는 태도를 가지게 되면 그 안에서 인이 실현된다는 것이다.

또한 주자朱子는 그가 쓴 『근사록近思錄』(Reflection on Things at Hand)에서 "배우지 않으면(학문을 가까이 하지 않으면) 쉽게 늙고 쇠퇴해진다(不學便老而衰)"라고 했다.[4] 이 말을 우리는 "학문을 가까이 하면 쉽게 젊어지고 기운이 왕성해진다(學便少而盛)"는 말로 바꾸어 표현해 볼 수 있을 것이다. 배움 또는 학문연구學問研究가 우리 인생에 있어서 얼마나 많은 활력을 주는 것인지 잘 이해시켜 주는 격언들이라 할 수 있다.

『논어』는 사서오경四書五經 중에서도 가장 으뜸으로 꼽히는 책이다. 그 책에서도 가장 먼

---

2) 이종학(2009. 2. 27), pp. 1~2.
3) 이동관 역, 『명심보감』(서울 : 현암사, 1980), p. 135.
4) 이범학 역, 주자 저, 『근사록』(서울 : 서울대학교출판부, 2004).

저 나오는 구절이 공자가 말하기를 "배우고 때때로(때에 맞게) 익히면 또한 기쁘지 아니한가? 벗이 있어 먼 곳으로부터 찾아오면 또한 즐겁지 아니한가? 남이 나를 알아주지 않더라도 노여워하지 아니하면 또한 군자가 아니겠는가?"[5](子曰 學而時習之 不亦說乎, 有朋自遠方來 不亦樂好, 人不知而不慍 不亦君子乎, Confucius said, "Is it not pleasant to learn with a constant perseverance and application? Is it not delightful to have friends coming from distant quarters? Is he not a man of complete virtue, who feels no discomposure though men may take no note of him?")

여기서 첫 번째 문장에서 일반적으로 시時를 해석할 때 주로 영어의 'sometimes'와 같은 의미인 '때때로'로 해석하지만, 이보다는 영어의 'timely'와 같은 의미인 '때에 맞게' 또는 '시기를 놓치지 않고', '적시에' 등으로 해석하는 것이 깊이를 더 해주는 보다 적절한 해석이 아닐까 생각된다.

그리고 두 번째 문장에서 붕朋은 의기투합意氣投合하는 동무·동지同志·지기知己의 의미를 함축한 벗(友)과 유사한 의미로 사용되기도 하지만, 스승(봉황)을 따라 나는 (새)무리, 동사동문同師同門 수학한 동창同窓 쌍패처럼 아주 소중한 학우學友를 의미하는 말이다. "벗(友)은 만나서 반갑고, 님은 정情으로 만나고, 붕朋은 가슴으로 만난다."는 말도 있다.

서양 속담에도 "생선과 손님은 사흘만 되면 썩는 냄새가 난다."고 했는데, 친구의 경우는 다르다고 할 수 있는데 그 이유는 무엇일까? 그것은 아마도 내가 지닌 진정한 가치, 즉 나의 진가眞價를 알아보고 반기며, 희망과 용기와 힘을 불어 넣어주기도 하기 때문일 것이다. 그런 친구가 온다면 어찌 반갑지 않을 것인가? 사마천司馬遷이 쓴 『사기史記』에 나오는 명구처럼 "선비는 자기를 알아주는 사람을 위해 죽는다(士爲知己者死)"고 하지 않았던가? 선비만 그러하겠는가?

끝으로 세 번째 문장은 참으로 의미심장하고 자신을 주도적으로 살아갈 수 있도록 힘을 주는 문구로 해석된다. 군자는 남이 나를 알아주지 않음을 걱정하지 않고 내가 남을 모름을 걱정한다고 했다. 스티븐 코비(Stephen R. Covey)는 자신이 쓴 『성공하는 사람들의 7가지 습관』(The 7 Habits of Highly Effective People)이라는 책에서 "성공하는 사람들은 외부의 힘에 단순하게 반응을 보이기보다 그들이 영향력을 미칠 수 있는 것을 통해 그들의 삶을 향상시키기 위해 결정을 내린다(Highly effective people make the decision to improve their

5) 이가원 감수, 『신역 논어』(서울 : 홍신문화사, 1994), p. 11.

lives through the things that they can influence rather by simply reacting to external forces)."[6] 는 말과도 일맥상통하는 말이다.

학문이 깊어 하늘의 섭리나 세상의 물리를 터득한 사람 또는 하늘을 우러러 부끄럼이 없도록 살려는 사람들은 다른 사람의 칭찬이나 표창이나 훈장 등에 영향을 받지 않으며 바라지도 않는 법이다. 다른 사람이 나를 알아주지 않는다고 전혀 화를 낼 필요가 없는 것이며 자신의 성실하고 부끄러움 없는 행동에 자부심을 가지고 자신을 스스로 인정해주고 든든하게 생각하는 것만으로도 필요충분조건이 충족되는 것이라 할 수 있다.

## Ⅲ. 이종학 교수의 학문적 열정과 업적

### 1. 군사학 정립을 향한 열정

이종학 교수는 1929년 포항에서 출생했다. 청운의 뜻을 품고 공군사관학교 및 공군대학을 입학·졸업한 후 경희대학교 대학원 사학과를 입학·졸업하여 문학석사를 취득했고, 2003년 8월에는 충남대학교에서 명예 군사학 박사학위를 취득했다.

그는 공군사관학교 교수부 군사학과장, 공군대학 교수부 3처장 및 국방대학원 교수 및 교수부 제3학처장을 역임했으며, 한국군사사학회장도 역임했다. 또한 8순을 맞이한 현재까지 서라벌군사연구소장, 충남대학교 평화안보대학원 겸임교수, 일본 클라우제비츠학회 명예회원으로서 활동하는 등 교수·연구활동에 열정과 정성을 다하고 있다.[7]

이종학 교수는 1960년대 중반, 공군사관학교 교수부 군사학과에 재직하고 있을 때, 미시간 대학교에서 물리학 석사학위를 받고서 귀국한 동기생이 하루는 "자네 군사학도 학문인가?"하고 농담·조롱의 어투의 질문을 받은 바가 있었는데, 그것이 동기가 되어 평생의 연구과제가 되었다고 한다.[8]

한국의 경우 군사학을 하나의 학문으로 체계화하기 위한 노력은 1980년대 초부터 시작

6) 김강녕, 『행복배우기』(부산 : 이경, 2008), p. 110.
7) 이종학(2009. 2. 27), p. 14.
8) 이종학(2009. 2. 27), p. 2.

되었다. 1981년 석사과정을 설치하게 됨에 따라 국방대학교에서 '군사학 이론과 교육체계 정립'이라는 주제로 세미나를 개최하여 군사학의 이론체계와 각국의 군사학 발전에 중요한 계기였고, 그로부터 10여년이 지난 1992년에 또 다시 「군사학의 학문체계 정립방향」이라는 제목으로 세미나를 개최한 바 있다.[9]

이종학 교수는 국방대학원에 재직하면서 「군사이론 체계에 관한 연구」를 『국방연구』(국방대학원, 1979)에 발표한 일이 있었는데 당시 천주원 국방대학원장이 관심을 가지고 다음해(1980. 10. 30~31) 학술세미나를 개최하게 되었고, 거기서 「군사학의 이론체계」를 발표함으로써 우리나라에서 최초로 학문으로서 이론정립을 시도했다.[10]

여기서 이종학 교수의 「군사학의 이론체계」(1980)라는 논문에서 발표한 군사학의 정의, 범위와 연구방법의 요지를 소개하면 다음과 같다. 먼저 군사학(military art and science)의 정의를 보면, "군사학은 전쟁의 본질과 성격 및 무력전의 준비·수행 억제에 관한 지식의 체계"라는 것이다. 그리고 군사학의 범위와 연구방법으로 ① 전쟁철학, ② 전쟁학 : ㉠ 군제학, ㉡ 용병술(군사전략·작전술·전술), ③ 군사사학, ④ 군사교육학, ⑤ 군사교육학, ⑥ 군사지리학(해양학·기상학 포함), ⑦ 군사보조학문(국방경제·군법·위생학 등), ⑧ 군사학의 각 분야의 연구방법의 확립 등을 제시했다.[11]

국방대학원 학술 세미나 이후 군사학의 학문체계에 관한 인상적인 성과는 육군사관학교에서 도출되었다. 육사에서는 1999년 "'99 군사연구세미나 : 군사학 학문체계 및 교육체계"라는 제목으로 세미나를 실시하고, 그 결과로서 "군사학 학문체계 정립 및 학위수여방안 연구위원회"를 구성하여 집중적인 연구를 실시하였으며, 2000년에 『군사학 학문체계와 교육체계 연구』라는 종합적인 책자를 출판하였고, 그 내용을 통해 군사학의 학문체계와 교육체계에 관한 다양한 이론적 분석을 실시하고 실행방안을 제시하였다.[12] 이것은 군사학의 학문체계에 관한 가장 집중적이고 체계적인 노력으로 평가받고 있다.[13]

이종학 교수는 1999년 6월 10일 육군사관학교 화랑대연구소 주최 세미나에서 「한국 군

---

9) 박휘락, 「군사(軍事)의 '학문화'와 과제」, 『2007년 정기총회 및 군사학술세미나』(한국군사학회 학술세미나 자료집, 2007. 11. 30, 대전대 국제회의실), p. 5.

10) 이종학(2009. 2. 27), p. 2.

11) 이종학(2009. 2. 27), p. 3.

12) 군사학 학문체계 연구위원회, 『군사학 학문체계와 교육체계 연구』(서울 : 육군사관학교 화랑대 연구소, 2000), pp. 191~195 참조.

13) 박휘락(2007. 11. 30), p. 5.

사학의 발전방향」이라는 논문을 발표했다.[14] 그 논문에서 이종학 교수는 "군사학은 군사 훈련이 아니며, 그것은 학문으로서 전쟁에 대한 지식체계이다. 군사학은 사관학교 교육의 핵심이 되어야 하며, 유일한 소망이 있다고 한다면, 그것은 사관학교에서 군사학 학사학위를 수여하는 모습을 보는 것과 일반 대학교에서도 학문으로서 군사학을 연구하는 '군사학 연구소'의 설치가 실현되는 날이다."고 주장했다.

그 꿈은 실현되었다. 2002년 10월 충남대학교 평화안보대학원에 군사학 석사과정의 설치가 인가되어 학생을 모집하게 되었기 때문이다. 이종학 교수는 충남대학교 평화안보대학원에서 군사학 석사과정 학생을 모집한다는 신문광고를 보고 그동안 군사학 연구의 논문을 보냈고, 그러한 일이 계기가 되어 충남대 평화안보대학원장이 이종학 교수의 서라벌 군사연구소가 있는 경주에 와서 군사학과의 발전방향에 대해 의견을 나누었고, 또한 이종학 교수는 충남대 평화안보대학원 군사학과 커리큘럼 구성 및 강사 선정 등 산파역을 수행했다. 그리하여 이종학 교수는 2003년 8월 충남대로부터 "군사학 발전에 크게 공헌하였으며 나아가 본교의 발전에 기여한 공적이 현저하여…" 우리나라 최초의 '명예 군사학 박사학위'를 수여받았다.

이종학 교수가 바라던 소망사항들은 이루어졌다. 2004년도부터 민간대학교에서도 군사학 학사 학위과정이 설치되었다. 2005년 3월 8일에는 공군사관학교에서 우리나라 최초로 군사학 학사 학위수여식이 있었고, 이종학 교수도 참석하여 지난날의 이러한 날의 우여곡절을 회상하기도 했다.[15] 2000년대 중반 이후에는 군사학개론서의 필요성과 학문체계에 대한 논의가 본격적으로 시작되어 2009년 2월에는 길병옥 교수와 공편으로 보다 체계적인 『군사학개론』을 발간하기도 했다.[16] 이종학 교수의 연구업적은 절을 달리해서 살펴보기로 한다.

## 2. 연구업적

이종학 교수는 8순을 맞이한 지금까지 군사학이 학문學問으로서의 시민권을 획득케 하

14) 이종학, 『한 군사학도의 연구 발자취』(대전 : 충남대학교 출판부, 2006), pp. 20~40.
15) 이종학(2009. 2. 27), p. 3.
16) 이종학·길병옥 편저, 『군사학개론』(대전 : 충남대학교출판부, 2009)

는데 40여년 간의 노력을 기울여왔으며 이러한 목표는 달성되었다. 그러나 이종학 교수는 앞으로도 군사학이 뿌리를 내리고 더욱 알찬 결실을 맺을 수 있도록 하기 위해 활발한 교수·연구·저술활동을 계속해 나가고 있다. 군사학의 연구대상은 전쟁이고, 보편적인 이론체계를 추구하지만, 그 연구를 통한 궁극적 목적은 한민족의 생존과 번영을 도모함에 있음을 그가 강조해온 터이다.

이종학 교수는 공군사관학교(1954)와 공군대학(1970)을 졸업했지만, 군사고전인 『손자병법』과 클라우제비츠의 『전쟁론』(1832)을 전연 배우지 못했다. 그러한 군사고전을 가르칠 수 있는 전문가를 찾기가 쉽지 않았기 때문이다. 그 후 이종학 교수는 독학으로 군사고전을 연구하여 사관학교 생도, 공군대학 학생장교 그리고 국방대학원생을 가르쳤고 또 『손자병법』 및 클라우제비츠의 『전쟁론』 등의 번역서도 발간하고 전략론에 대한 다수의 저서를 저술했다.[17]

이어서 이종학 교수는 군사사학 연구에 심취하여 광개토대왕 비문의 신묘년 기사를 해독·해석했다. 일본 제국주의자들은 한반도를 침략·강탈하기에 앞서, 비문의 왜곡된 해독·해석을 통해 고대로부터 왜(倭)는 한반도를 지배·통치해왔다고 함으로써 그들의 대륙정책의 침략을 정당화했다는 것을 밝혀냈는가 하면 일본 천황가의 기원을 밝히는 연구논문을 일본에 가서 발표하기도 했다. 전쟁사와 관련해서는 6·25전쟁의 초기작전의 연구를 통해 6·25전쟁의 초기작전 패인을 명쾌하게 규명하기도 했다. 역사의 연구란 과거의 진실을 밝히고 그것을 기초로 하여 현재의 위상을 이해하고 미래의 방향을 제시하는데 있음을 강조하고 있다.[18]

그동안 군사학 정립을 위해 이종학 교수가 심혈을 기울여 연구·저술해온 주요 역저를 살펴보면 다음과 같다. 즉 이종학·길병옥 편, 『군사학개론』(대전 : 충남대학교출판부, 2009) ; 이종학, 『한 군사학도의 연구 발자취』(대전 : 충남대학교 출판부, 2006) ; 이종학, 『전략이론이란 무엇인가』(대전 : 충남대학교출판부, 2005) ; 이종학, 『클라우제비츠와 전쟁론』(서울 : 주류성, 2004) ; 이종학, 『화랑세기를 본다』(서울 : 주류성, 2003) ; 이종학, 『6·25전쟁사』(경주 : 서라벌군사연구소, 2001) ; 이종학, 『병법을 알아야 경영이 산다』(서울 : 정음문화사, 1999) ; 이종학 외, 『광개토대왕

17) 이종학(2009. 2. 27), p. 5.
18) 이종학(2009. 2. 27), pp. 8~11, pp. 11~13.

비문의 신연구』(경주 : 서라벌군사연구소, 1999) ; 이종학, 『서라벌에서 온 편지』(경주 : 서라벌군사연구소, 1998) ; 이종학, 『신라화랑군사연구』(경주 : 1995) ; 이종학, 『군사전략론』(서울 : 박영사, 1992) ; 이종학 역, 손무 저, 『손자병법(신완역)』(서울 : 명문당, 1989) 등이 바로 그것이다.

## Ⅳ. 결 어

군사학의 연구대상은 전쟁이며, 전쟁은 국민의 생사와 국가의 존망을 좌우하는 중대한 과제이니, 온 국민이 진지하게 생각해야 하며, 따라서 군사학의 연구를 통해 한민족의 생존과 번영을 도모하는 것이 궁극적 연구목적이 되어야 한다는 것이 이종학 교수의 군사학의 요체이다.

평화는 길거리에서 평화를 외쳐서 찾아오는 것이 아니라 평화를 파괴하는 전쟁의 실체를 연구하여 이에 대한 대비책을 강구함으로써 획득되는 것이라는 견지에서 "평화를 바란다면, 전쟁을 이해하고, 거기에 대비하라"는 것이 이종학 교수의 평화론이다.

전쟁에 대한 철저한 대비를 통해 평화를 획득하듯이, 노년의 황금기도 발전적 사고에 바탕을 둔 인생관의 정립과 노년기의 활기찬 활동의 대비를 통해 얻어질 수 있는 것이 이종학 교수의 인생철학이다.

이종학 교수는 노년을 무기력한 황혼기로 보낼 것인가 활기찬 활동으로 빛을 내는 황금기로 보낼 것인가는 개개인의 선택과 대비에 달려 있음을 강조한 바 있다. 자신이 솔선수범하여 왕성한 학문연구 활동을 통해 노익장老益壯을 보여줌은 물론 사회적으로도 돋보이게 헌신·봉사함으로써 노년기라 할지라도 활동 여하에 따라 나이가 숫자에 불과함을 명증해주고 있다.

이종학 교수는 문무덕文武德을 겸비한 군사학자로서 ① 꿈은 희망과 용기와 끈기가 있는 줄기찬 노력을 통해 반드시 실현된다는 것을 보여주고, ② 국가의 평화이든 개인의 황금기이든 간에 유비무환有備無患의 교훈이 매우 중요함을 일깨워주며, ③ 대의와 공익을 위해 물질적·정신적 기여와 헌신을 아끼지 않은 노블레스 오브리주(Noblesse oblige)를 실천해온 군사학계의 살아 있는 '큰 바위 얼굴'이 아닐 수 없다. 남이 나를 알아주지 않더라도 자신의 소신을 펼치고 학문을 통해 깊이를 더해온 삶을 영위해온 인물이 아닐 수 없다.

인생의 축구시합에서 주전멤버로서 후반전을 열심히 뛰고 있는 완숙기·황금기(팔순)를 맞은 이종학 교수님이 남은 후반전 더 나아가 연장전과 승부차기에서도 많은 득점과 활약을 통해 후배 선수들에게 많은 희망과 용기와 격려와 활력을 안겨주는 '세계적인 선수'로서 더 큰 빛을 발휘하기를 기원해본다.


–참 고 문 헌–

- 군사학 학문체계 연구위원회, 『군사학 학문체계와 교육체계 연구』, 서울 : 육군사관학교 화랑대연구소, 2000.
- 김강녕, 『행복배우기』, 부산 : 이경, 2008.
- 박휘락, 「군사(軍事)의 '학문화'와 과제」,『2007년 정기총회 및 군사학술세미나』(한국군사학회 학술세미나 자료집, 2007. 11. 30, 대전대 국제회의실)
- 이가원 감수, 『신역 논어』, 서울 : 홍신문화사, 1994.
- 이동관 역, 『명심보감』, 서울 : 현암사, 1980.
- 이범학 역, 주자 저, 『근사록』, 서울 : 서울대학교출판부, 2004.
- 이종학, 「나의 학문과 인생 : 군사학의 학문적 발전방향과 이론정립」, 충남대학교 국방연구소 · 미래군사연구소, 『군사학의 학문적 발전방향과 군사전략 연구』(2009. 2. 27, 충남대학교 평화안보대학원 세미나실 2218호)
- _____, 『한 군사학도의 연구 발자취』, 대전 : 충남대학교출판부, 2006.
- _____, 『전략이론이란 무엇인가』, 대전 : 충남대학교출판부, 2005.
- _____, 『클라우제비츠와 전쟁론』, 서울 : 주류성, 2004.
- _____, 『6 · 25전쟁사』, 경주 : 서라벌군사연구소, 2001.
- _____, 『병법을 알아야 경영이 산다』, 서울 : 정음문화사, 1999.
- _____, 『서라벌에서 온 편지』, 경주 : 서라벌군사연구소, 1998.
- _____, 『신라화랑 군사사연구』, 경주 : 1995.
- _____, 『군사전략론』, 서울 : 박영사, 1992.
- 이종학 역, 손무 저, 『손자병법(신완역)』, 서울 : 명문당, 1989.
- 이종학 · 길병옥 편저, 『군사학개론』, 대전 : 충남대학교출판부, 2009.
- 이종학 외, 『화랑세기를 본다』, 서울 : 주류성, 2003.
- 이종학 외, 『광개토대왕 비문의 신연구』, 경주 : 서라벌군사연구소, 1999.

제3편

# 군사학의 발전방향

## – 박사과정 –

6·25전쟁은 제2차 세계대전 이후 한반도에서 20여 개 국이
참전하여 3년간이나 지속된 대규모의 전쟁이었다.
이 과정에서 정규전의 역할은 말할 것도 없지만, 비정규전도 그 일익을 담당했다.
특히 1951년 6월 이후 피아 전선이 교착되어 갈 때,
UN군 통제 아래 편성되었던 대북對北 유격부대의 활동은 더욱 활발했다.
지금까지 6·25전쟁에 관한 대부분의 연구논문은 전쟁의 원인,
국제정치에 미친 영향, 정규전 위주의 전쟁 경과 등에 치중되어 있어
사실상 북한지역에서 수행되었던 특수작전에 관한 연구는 다소 소홀한 면이 있었다.
더구나 한국정부가 거의 개입하지 않고 미군 주도하에 이루어졌던 대북 유격작전은
근본적으로 자료접근의 한계로 인해 그동안 연구에 많은 제약을 받아왔다.

# 군사학의 발전방향

## Ⅰ. 군사학의 학문체계(가나다순으로 게재)

1. 군사학의 학문적 발전과정과 저변확대방안 연구(나태종)
2. 한국 군사학 학문체계 정립과제와 발전방향(박재필)
3. 융합학문으로서 군사학의 학문적 정체성 기원(소이원)
4. 학계에서 군사학의 정체성(지종상)

# 1. 군사학의 학문적 발전과정과 저변확대방안 연구

박사과정 5기 나태종

## Ⅰ. 서 론

손무孫武는 그의 저서 '손자병법' 시계始計편에서 "전쟁은 나라의 중대한 일이다. 국민의 생사와 국가의 존망이 기로에 서게 되는 것이니 신중하게 살피지 않으면 안 된다"(兵者 國之大事 死生之地 存亡之道 不可不察也)고 하여 평시 전쟁대비와 군사문제의 중요성을 기술하였다. 이는 부전승 사상, 즉 싸우지 않고 이기는 지혜와 전략의 구사가 무엇보다도 중요하며, 전쟁개시의 결정이 신중해야 함을 강조한 내용으로 인식되고 있다. 또한 부득이하게 전쟁을 택하게 될 경우 전쟁 자체가 "국가의 안위와 국민의 생사를 좌우하기 때문에 국가의 모든 역량을 경주한 총력전을 통해 단기간에 결정적 승리를 달성하여야 한다"고 하여 군사력 운용의 원리를 제시하였다.

1990년대 들어 냉전이 종식된 이후 평화와 번영이 공존하는 새로운 시대의 도래를 기대하는 인류의 여망과는 반대로 세계 도처에서 민족·인종·종교·자원·영토문제와 테러 등으로 인해 첨예한 갈등과 대립의 악순환이 계속되고 있는 지금도 『손자병법』은 클라우제비츠(Clausewitz)의 『전쟁론』과 더불어 군사고전으로 널리 활용되고 있으며, 군사학에 관심이 있는 학자와 군인, 조직의 관리자는 물론 일반인들에 의해 폭넓은 연구가 계속되고 있다. 『손자병법』은 국방 및 군사에 관한 보편적이면서도 심오한 진리가 포함되어 있는 결정체로서 그 가치를 높이 평가받는 까닭에 손무는 가히 군사문제(군사학, 전략)의 태두泰斗로 지칭되고 있는 것은 주지의 사실이다. 한편, 우리나라도 손무를 능가하는 군사학의 큰 산을 보유하고 있는 바, 그가 바로 풍석風石 이종학(李鍾學) 선생님이다. 선생님께서는 1929년 경상북도 포항에서 출생하여 공군사관학교(1954)와 공군대학(1970), 경희대학교 대학원 사학과를 졸업하였다(문학석사). 선생님은 군생활의 대부분을 공군사관학교 교수부 군사학과장·3처장으로 재직하였고, 전역 후에는 국방대학원 교수 및 3학처장으로 13년간 재임하면서 오직 군사학 연구와 후학 양성에만 일로매진하였으며, 교육과학기술부가 자격을 부여한 군사학 정교수로서 65세까지 신분이 보장되어 있었음에도 불구하고 58세이던 1987년에 명예퇴직을 한 후 현재까지 신라의 고도古都 경주의 서라벌연구소에서 유유자적悠悠自適 하면서 독서와 연구, 전·사적지 답사, 석·박사과정 군사학 강의 등 왕성한 활동으로 군사학 발전에 헌신하고 계시다. 특히, 『현대전략론』 등 13권의 군사학 관련 저서와 다수의 논문은 군사교육기관과 학위과정의 군사학 강의 주교재로 활용되고 있다. 선생님은 충남대학교 평화안보대학원에 군사학 석사과정 설치와 교육체계 정립에 크게 공헌한 공로로 2003년 8월 충남대학교에서 한국 최초로 '명예 군사학 박사' 학위를 받으신 군사학 학문체계 연구와 정립의 선구자이기도 하다. 본 연구는 선생님의 군사학의 학문적 정립과 발전을 위한 노력을 재조명한 다음 군사학의 저변확대를 위한 방안을 제시하는데 중점을 두고 논지를 전개하고자 한다.

## Ⅱ. 학문으로서 군사학의 발전과정

### 1. 군사학의 정의와 범위

군사학의 사전적 정의는 "군대, 군비 등 전쟁에 관한 모든 부분을 연구하는 학문"[1] 또는 "군사발전을 위한 과제를 연구하는 학문으로 ① 군대, 군비, 전쟁, 무기 따위에 관한 이론을 연구한다. ② 넓은 의미로 군대나 전쟁 따위에 관련된 모든 이공계열 학문과 사회과학 분야를 통틀어 이르는 말"로 설명된다.[2] 또한 화랑대연구소에서는 하대덕, 류재갑, 온창일 등 여러 학자들의 논의를 기초로 하여 군사학의 개념을 정의하였다. 구체적으로 협의의 개념은 "전·평시 국가목표 달성을 위한 군사력의 개발, 운용, 지원, 그리고 이에 긴밀히 연관된 제 요소들에 대한 학술적인 연구"로 정의하였고, 광의의 개념은 "전·평시 국가목표 달성을 위해 전쟁의 본질과 성격을 연구하고, 군사력의 개발, 운용 및 지원 그리고 이와 긴밀히 연관된 제 요소들에 대한 학술적 연구"[3]로 정의하였다. 한편 이종학 선생님은 공군사관학교 전사교관으로 재직 중이던 1967년부터 군사학을 평생의 연구과제로 설정하고 연구를 계속하고 있다. 선생님은 군사학을 "전쟁의 본질과 성격 및 무력전의 준비·수행과 억제에 관한 통일된 지식의 체계이다."[4]라고 정의하고 군사학의 범위를 전쟁철학, 전쟁학, 군사사학, 군사기술, 군사교육학, 군사지리학, 군사보조학문으로 설정하였으며, 질적 연구방법과 양적 연구방법을 제시하여 학자들의 연구를 선도하였다. 선생님께서는 군사학이 사회과학과 경험과학 분야에 속하지만 여러 학문분야의 혼합체가 아닌 통일되고 선후 주종관계에 바탕을 둔 통일된 지식의 체계임을 주장하였다.[5] 여기서 우리는 군사학의 연구대상을 전쟁으로 하되, 전쟁연구를 통한 궁극적 목적을 한민족의 생존과 번영에 두고 군사학의 학문적 정립을 위해 40여년 간 각고의 노력을 경주한 선생님의 선견지명과 놀라운 혜안의 진면목을 유추해 볼 수 있다.

## 2. 학문으로서 군사학의 발전과정

광복 이후 건국과 건군과정, 그리고 근대화와 산업화 과정에서 군대조직과 군사자원(무기, 장비, 군사이론과 기술 등)이 국권 수호와 국가 발전에 기여한 공헌도가 타 분야에 비해 높은 비중을 차지하였다. 즉 좌익세력과 북한 공산집단의 위협으로부터 자유민주주의 체제를 수호하고, 우수한 기술력과 불굴의 정신력으로 국력신장에 이바지 하였으며, 지금도

1) 이기문, 『동아 새국어사전』, 두산동아, 2002.
2) 국립국어연구원, 『표준 국어대사전』, 두산동아, 1999.
3) 화랑대연구소, 『군사학 학문체계와 교육체계 연구』, 화랑대연구소, 2000, p. 209.
4) 이종학, 『군사논문선』(경주 : 서라벌군사연구소, 1991) p. 27.
5) 이종학, 위의 책, p. 28.

국민의 군대로서 숭고한 사명을 다하고 있다. 반면 이 기간(광복~'70년대)은 우리 군이 자주 국방과 군사력 건설에 치중하던 시기로 학문으로서의 군사학에 대한 연구는 전혀 이루어지지 못하였다. 다만 외국(주로 미국) 유학을 다녀온 일부 장교들과 군사학을 체계적으로 공부하지 않은 학자들에 의해 부분적인 연구가 진행되었으나, 그 노력의 정도와 성과달성은 미미하였다. 그 이유는 군사학만이 갖고 있는 특수성으로 인해 연구가 제한되었기 때문이다. 학문으로서의 군사학에 대한 실질적인 관심과 연구는 1980년 이후에 시작되었다. 본 연구에서는 우리나라 군사학의 발전과정[6]을 태동기(1979년~2000년), 발전기(2000년~현재)로 구분하여 반추해 보고, 추후 도약기, 확장기의 도래에 대비한 군사학의 저변확대 방안을 제시하고자 한다.

### 가. 태동기

군사학 학문체계에 대한 최초의 논의는 1979년 이종학 선생님이 「군사이론 체계에 관한 연구」 논문을 『국방연구』지에 발표하면서 시작되었다. 이듬해 10월 국방대학원 석사과정 설치를 앞두고 개최된 "군사학 이론과 교육체계 정립"이라는 주제의 세미나에서 선생님이 「군사학의 이론체계」 논문을 발표함으로써 학문으로서 군사학의 이론정립을 시도하였다.[7] 이후 1992년에 "군사학의 학문체계 정립방향" 세미나를 개최하여 군사학의 학문적 성격과 연구대상을 논의하였으나, 군사학 이론의 가시적인 발전이나 연구실적은 답보상태 수준이었다.[8] 1999년 6월에 개최된 "군사연구 세미나"에서 선생님은 「한국 군사학의 발전방향」을 발표하면서 "군사학은 군사훈련이 아니며, 학문으로서 전쟁에 대한 지식의 체계이다. 군사학은 사관학교 교육의 핵심이 되어야 하며, 유일한 소망이 있다면 사관학교에서 군사학 학사학위를 수여하는 모습을 보는 것과 일반대학에서도 학문으로서 군사학을 연구하는 군사학 연구소의 설치가 실현되는 날"임을 주장하였다.[9] 이 같은 선생님의 주장을 계기로 "군사학 학문체계 정립 및 학위수여 방안 연구위원회"가 설치되고

---

6) 현재까지 우리나라 군사학의 발전과정을 시기, 또는 연대로 구분하여 제시한 논문과 학자는 없음. 논의의 목적으로 필자가 임의로 설정하였음.

7) 이종학, 「나의 학문과 인생」, 충남대학교 국방연구소, 2009, p. 2.

8) 김광수 교수는 그 이유를 국내 대학에 군사문제 연구를 전념하는 학과가 설치되지 않았고, 군사문제를 다루는 학술저널 또는 학문 공동체가 존재하지 않은 것으로 평가하였다. 그러나 가장 근본적인 이유는 당시 우리 사회와 학계의 뿌리 깊은 반군사주의(anti-militarism) 경향이었다.

9) 이종학(2009), p. 2.

2000년에는 군사학 학문체계와 교육체계에 대한 다양한 이론적 분석과 실행을 위한 구체적 방안이 제시되었으니 풍석 이종학 선생님이야말로 학문으로서의 군사학 정립의 토대를 구축한 장본인이자 산 증인이라고 할 수 있다.

### 나. 발전기

2000년 이후 군사학은 군인 또는 군 관련 연구기관이나 군사문제에 관심이 있는 일부 학자들만의 전유물에서 탈피하여 학문체계로 발전되기 시작하였다. 군사학과의 설치는 영관장교들이 능력계발을 목적으로 취학하는 대학원에서부터 시작되었다. 2002년 충남대학교 평화안보대학원에 군사학과가 개설된 것을 시초로 대전대학교, 한남대학교, 건양대학교에 군사학과 또는 군사학 관련학과가 설치되었고 현재는 전국 대부분의 대학원에서 군사학과 및 군사관련학과(국방정책, 획득, 방위사업, 정보체계, 상담 등) 강의 및 연구가 계속되고 있다. 대학원 박사과정의 군사학과는 2005년 충남대학교가 국내에서 최초로 설치함으로써 군사 전문가 양성 및 폭넓은 군사학 연구를 통한 군사학의 학문적 정립에 획기적인 계기가 되었다. 또한 국방연구소와 미래군사학회를 설치하고 주기적인 세미나를 통해 군사학 연구를 선도하고 있다. 이후 2009년에 국방대학교와 대전대학교가 군사학 박사과정을 신설하였다. 대학의 학부과정 군사학과는 육군과의 학·군 제휴 협약에 의해 2004년에 대전대학교가 최초로 신설하였고 이어서 조선대학교와 원광대학교, 경남대학교가 군사학과를 설치하였으며, 2007년에는 서경대학교가 군사학과를 개설하였다. 현재 군사학과 신설을 요청하거나 개설계획을 발전시키는 대학이 점차 증가되는 추세에 있으며, 육군에서도 확대시켜 나갈 계획이다. 군사학이 학문으로 정립되고 관련법령의 개정에 따라 군사학 학사학위를 수여받는 방법은 3가지 종류로 다양화 되었다.[10] 또한 부사관학과는 2005년부터 개설되기 시작하여 현재 전국의 44개 전문대학에서 전문 인력을 양성하고 있다.

---

10) 2004년 9월 사관학교 설치법 개정에 의해 사관학교 졸업자에게는 주전공으로 문·이·공학사, 부전공으로 군사학사를 수여하며, 고등교육법에 의한 대학의 군사학과 졸업생은 주전공으로 군사학사, 부전공으로 문·이·공학사를 수여한다. 2002년 12월 개정된 평생교육법과 학점 인정 등에 관한 법률에 의거 2003년부터는 이미 학사학위를 취득한 자도 11개 병과학교의 초군반과 고군반 교육과정을 수료하면 군사학 학사학위가 수여된다.

## Ⅲ. 군사학의 저변확대 방안

군사학 또는 군사문제의 연구가 활성화 되어야 할 가장 주된 이유는 국가의 존립과 민족의 번영을 위한 적정 방위능력과 수단의 보유, 국가방위와 군사문제 등에 대한 폭 넓은 연구와 지식을 구비한 전문가 집단이 반드시 필요하기 때문이다. 급변하는 국내·외 안보환경의 변화에 능동적으로 대처하기 위해서는 통찰력과 분석력, 대안제시 능력을 구비한 군사전문가가 국방 및 군사정책을 입안하고 시행결과를 평가하여 환류(feed back)시키는 것이 가장 이상적이라고 할 수 있다. 그럼에도 불구하고 지금까지 군사학은 소수의 전문직 장교단과 타 학문을 전공한 학자들의 전유물처럼 취급되어 왔고 사회 전반의 관심도 낮았던 것이 사실이다. 그 이유를 진석용 교수는 군사학의 특수성으로 설명하고 있다.[11] 군사학 연구의 중심을 무엇으로 설정할 것인가에 대해서는 이종학 선생께서 '군사학의 정의' 에서 제시한 바와 같이 '전쟁'을 중심으로 하되, 점차 그 외연을 확장해 나가야 한다. 이는 서구에서 처음으로 전쟁연구를 학문적 대상으로 삼아 학과를 개설한 영국의 King's College Department of War Studies(전쟁학과)에서도 연구의 중심을 전쟁사와 전략연구에 두고 있지만 전쟁수행에만 국한하지 않고 연구를 하고 있는 것과 같은 맥락이다.[12]

일반대학의 학부과정에 군사학과가 설치되고 대학원에도 군사학 석·박사 과정이 설치된 지금은 군사학의 학문체계에 대한 논의는 무의미한 소모적 논쟁만 가중시킬 뿐이다. 왜냐하면 군사학이 학문이라고 합의하였다고 하여 군사학이 학문이 되는 것이 아니고 현실적인 군사문제에 관한 일관적이면서도 논리적인 해결책을 제시하고 그러한 체계성과 논리성이 다수에 의하여 인정될 때 학문이 되는 것이기 때문이다.[13] 이제는 군사학의 학문체계에 대한 논의보다는 어떻게 하면 저변을 확대하여 일반의 인지도와 군사문제에 대한 인식을 높일 수 있을 것인가에 대한 관심을 제고하여야 할 시기이다. 차제에 군사학의 저변확대를 위한 몇 가지 방안을 제시하면 다음과 같다.[14]

---

11) 진석용 교수는 군사학의 특수성으로 학문 수요자의 특수성, 연구대상의 특수성, 목적의 특수성, 진리적용의 대상 제한성, 진리적용의 상대성, 진리 적용의 조건성(비밀성)을 제시하고 있다. 세부내용은 『고등교육법에 의한 군사학 교육 발전방안』, 대전대학교 군사연구원, 2005, pp. 10~14. 참조.
12) 장용운, 『군사학 개론』, 양서각, 2006, p. 229.
13) 박휘락, 「군사의 학문화와 과제」, 『군사논단』제53호, 한국군사학회, 2008, p. 87.

첫째, 학문으로서의 군사학과 군사분야에 대한 공감대 확산 및 전문가 그룹의 팀웍(Team Work)을 강화하여야 한다. 지금까지 군사문제 또는 군 관련분야 연구는 타 학문을 전공한 학자들과 군사연구기관 또는 군사교육기관의 교수요원(현역장교) 중심으로 이루어졌으며, 부정기적인 세미나를 통해 연구결과를 발표하는 수준이었다. 이 과정에서 비록 일부이긴 하지만 학자들 간의 반목과 불협화음이 표출되어 왔던 것이 사실이다. 향후에는 학자들과 일부 군사학교 교수들만이 아닌 영관장교 이상 군 간부 전원이 연구 및 참여할 수 있는 공감대를 형성하고 토론의 장을 만들어 나가야 한다. 이를 위한 방향제시와 정착단계까지의 체계정립은 군사학 박사과정 학생들이 주도적인 역할을 수행해야 한다.

둘째, 민간대학의 학부과정에 군사학과를 지속적으로 신설하여 선발된 우수학생을 집중적으로 교육하고 군사학 연구를 계속할 수 있는 여건을 조성하여야 한다. 현재 학·군제휴 4개 학교(대전·조선·경남·원광대학교)와 서경대학교 군사학과에서 선발하는 학생은 200명 수준인데, 장기적으로 현재의 8~10배 규모로 확대하여야 한다.[15] 군사학과 설치는 군사학 석·박사과정이 개설되어 있고 학부과정에 군사학과 신설을 희망하는 충남대학교를 포함한 교수 및 연구여건 구비대학을 중심으로 인가하여 연구의 연계성이 유지되도록 하여야 한다. 특히 군사학을 전공한 교수 확충을 통해 교육 및 연구수준을 향상시켜 대학이 군사학 발전의 기지역할은 물론 공동연구와 협동을 통한 시너지 효과 창출에 선도적인 역할을 하여야 한다.

셋째, 군사간행물의 수준을 격상시키고 홍보활동을 강화하여야 한다. 현재 군사간행물은 월간 또는 계간의 형태로 발간되고, 군 관련 연구기관과 대학별로 연구논문을 발표하고 있지만, 그 수준이 군부대의 활동상에 대한 홍보, 군 원로와 야전지휘관의 제언, 또는 부분적인 기고문에 치중되고 있는 실정이다. 따라서 군사간행물의 발간 목적과 용도를 재분류하여 '군사평론'과 '전투발전'지 등은 군사논문 위주로 구성하여 참여도와 활용성을 높이고 다른 간행물은 장병 정신교육과 정서순화 및 홍보에 집중할 수 있도록 변경·조정하여야 한다.

---

14) 그동안 군사학의 학문화를 위한 과제와 발전방향에 대한 논의는 계속되어 왔으나, 저변확대와 활성화를 위한 구체적인 방안을 제시한 사례는 찾기 어려웠다. 따라서 앞으로는 군사분야 전문가는 물론 군사학 석·박사과정 재학생에 의해 심도 있는 논의 및 연구가 이루어져야 할 것이다.

15) 민간대학 군사학과 학생선발과 장교양성(임관인원)의 적정 규모는 육군의 장교 인력획득 계획과 연계하여 추후 구체적으로 논의되어야 할 사항이다.

넷째, 군 자체적으로 폐쇄성과 비밀 우선주의를 과감히 탈피하여야 한다. 예컨대 개인이 군사문제에 대한 권위 있는 연구를 했다 하더라도 그 과정과 성과가 공개되기까지 여러 단계의 복잡한 절차를 거쳐야하며, 연구자료 및 각종 현황의 공개여부에 대해서는 연구자 자신도 주저하는 경향이 있기 때문에, 이를 활성화하기 위한 제도적 장치를 마련하고 시행착오에 대해서는 지속적으로 보완해 나가는 노력이 요구된다.

다섯째, 군사학 예비인력 양성 및 군사문제 분야에 대한 예산편성을 확대하고 적극적으로 지원하는 분위기가 조성되어야 한다. 2008년 분야별 국방예산 중 방위력 개선과 경상운영, 병력 및 전력유지를 위한 예산 배정과 군사전문가 양성을 위한 예산배정의 비교 결과는 시사하는 바가 크다 하겠다.[16)]

## Ⅳ. 평가 및 결론

올해로 건군 61주년을 맞이하는 국군은 '정예화된 선진강군 육성'을 기치로 제 분야에서 역할과 소임을 다하면서 선진 일류 국가 건설의 초석을 다짐은 물론 국제평화에 이바지하고 있다. 군사학의 학문으로서의 위상 또한 국력과 군사력 수준에 상응한 발전을 거듭하고 있다. 국군 전체의 위용에 비해 상대적으로 왜소하던 군사학의 터전은 풍석 이종학 선생이 황무지를 개척하기 시작한 이래 발전을 거듭하여 이제는 경작을 할 수 있을 정도의 비옥한 옥토로 변화되었다. 민간대학에 군사학과가 설치되고, 확장되는 추세에 있으며, 많은 영관장교들이 석·박사과정에서 군사학 전문가가 되기 위해 연구를 계속하고 있다. 또한 대학의 교수들을 중심으로 군사학에 대한 연구는 물론 지평을 확대하기 위한 활동이 계속되고 있으며, 군사학의 연구대상 또한 전쟁연구에서 탈피하여 제반 군사문제로 확대되고 있다. 현재 군사학의 학문적 정립과 빛나는 성과는 80 평생을 우공이산愚公移山의 신념으로 오직 한 길 군사학 연구에 전념하신 풍석風石 이종학(李鍾學) 선생님의 줄기찬 노력의 결실이며 찬란한 업적이라고 평가된다.

일찍이 로마의 군사이론가 베제티우스(Vezetius)는 "평화를 원하거든 전쟁에 대비하라"

---

16) 국방부, 『2008 국방백서』, 유진 피앤피, 2009, 부록 15, 국방비 주요현황, pp. 293~295 참조.

고 하였으며, 워싱턴에 있는 한국전 참전용사비에는 "자유는 거저 주어지는 것이 아니다"(Freedom is not Free)라는 문구가 새겨져 있다. 이는 선생께서 "평화를 바란다면 전쟁을 이해하고 거기에 대비하라!"[17]고 주장하신 내용과 일맥상통하는 말로서 현재 군사학을 가르치고 연구하는 교수·학생을 포함한 후학들에게 "평화를 파괴하는 전쟁의 실체를 연구하여 이에 대한 대비책을 미리 강구하라"는 권면임과 동시에 "학문으로서의 군사학의 도약기와 확장기를 앞당기라"는 사명을 부여한 것이라 하겠다.

## -참 고 문 헌-


- 화랑대연구소, 『군사학 학문체계와 교육체계 연구』, 육사 화랑대연구소, 2000.
- 길병옥 외, 『군사학개론』, 충남대학교출판부, 2009.
- 김광수, 『군사학 학문체계』, 경남대 군사연구소, 2004.
- 박휘락, 「군사의 학문화와 과제」, 『군사논단』제53호, 한국군사학회, 2008.
- 서정권 외, 『군사학 개설대학 교육과목 검토』, 육군 교육사령부, 2008.
- 이강언 외, 『신편 군사학개론』, 양서각, 2007.
- 이종학, 『군사논문선』, 서라벌군사연구소, 1991.
- _____, 『전략이론이란 무엇인가』, 서라벌군사연구소, 2002.
- _____, 「나의 학문과 인생」, 충남대학교 국방연구소, 2009.
- 장용운, 『군사학개론』, 양서각, 2006.
- 진석용, 『고등교육법에 의한 군사학교육 발전방안』, 대전대학교 군사연구원, 2005.
- 최인수, 『국방교육체계 정립과 군사학교육체계 발전방향』, 대전대, 2005.


17) 이종학, 「나의 학문과 인생」, 충남대학교 국방연구소, 2009, p. 13.

# 2. 한국 군사학 학문체계 정립과제와 발전방향

순 서

박사과정 3기 박재필

## Ⅰ. 서 론

한국의 군사학 학문체계 정립을 위한 연구는 역사도 오래되었을 뿐 만 아니라 연구 성과 또한 크다. 군사학을 독립 학문으로 인정 할 수 있느냐 없느냐로 시작된 한국의 군사학 학문체계 정립 노력은 지난 1970년 후반부터 연구가 시작되었으며 본격적인 연구는 1980년대 초반부터 시작되었다.

지난 1980년 국방대학교의 전신인 국방대학원에서 군사학 관련 주요 학자를 초청하여 '군사학 이론과 교육체제'를 주제로 세미나를 개최하고 12년이 지난 1992년 '군사학 학문체계 정립방향'이란 유사한 주제로 세미나를 다시 개최함으로써 국내 군사학 학문체계 정립의 계기를 마련하였다.[1]

국방대학원이 주관한 두 번의 세미나를 통해 군사학은 한 학문 분야로서의 정립과 학위

1) 육군사관학교 화랑대연구소, 「군사학 학문체계와 교육체계 연구」, 『군사연구총서』제33집(2000), p. 194.

수여가 가능함을 인정받았으나, 1999년 육군사관학교 화랑대연구소가 이종학, 유재갑 등 이전 국방대학원 세미나에 참가했던 학자들을 초청해 '군사학 학문체계 및 교육체계'라는 유사한 주제로 다시 세미나를 개최하고, 결론 역시 과거 두 차례의 세미나와 유사하게 내림으로써 '왜 20여 년 동안 계속해서 같은 결론이 나는 세미나가 반복되어야 하는가'라는 비평을 야기하였다.

제기된 비평의 핵심은 "군사학이 러시아, 미국 등 선진 군사 강국에서 이미 학문으로 정립되었고, 우리도 이를 받아들여 군사학을 학문으로 발전시키는데 아무런 문제가 없다"고 하지만 "아직 한국의 군사학 학문체계 정립은 미흡하다"는 것이며, 이러한 비평과 문제의식은 세미나 이후에도 계속되고 있다.[2]

이러한 가운데 지난 2001년 1월 "전공학과 신설과 학위의 종류는 대학 자율에 맡기며 학사학위를 수여할 수 있다"는 「고등교육법」(법률 제6400호)이 제정되고 2002년 12월 한국교육개발원에 의해 군사학이 '표준교육과정'으로 공시됨으로써 군사학은 한국 내 공식 학문으로 인정받았을 뿐 아니라 연구 활성화라는 새로운 전기를 맞게 되었다.

2002년 대전대학교 및 한남대학교에 군사학 석사과정이 개설되었으며, 2003년 충남대학교 및 경남대학교에 석사과정이, 2004년에는 대전대학교에 학부과정이 최초로 설치되었고, 2005년에는 충남대학교에 군사학 박사과정이 설치됨으로써 군사학은 이제 군이라는 울타리를 벗어나 범국민적인 관심 영역으로 발전하게 되었다.

일반대학에서 불붙기 시작한 군사학의 학문체계발전은 2005년 충남대학교의 군사학 박사과정 개설을 시발로 2008년 군내 최고 교육기관인 국방대학원이, 2009년 대전대학교가 군사학 박사과정을 개설함으로써 새로운 중흥의 시대를 맞게 되었다.[3]

국내에서 군사학 학문체계 및 교육체계 정립을 위한 노력이 구체적으로 시도된 지 25년여 만에 5,000여명[4]의 학생들이 학부와 대학원에서 군사학을 공부하는 수준으로 발전했

---

2) 위의 책, p. 198.

3) 국방부는 지난 2007년 8월 14일, 국방대학교에 기존의 석사과정 이외에 군사학 박사과정을 추가 운영하기 위하여 "국방대학교설치법 시행령"을 일부 개정하는 입법예고를 하였으며 주요내용은 수업 연한은 3년으로 하고 대위 이상 군인, 5급 이상 공무원, 국방 관련 민간인을 대상으로 2008년부터 군사전략, 국방관리, 운영분석, 전산정보, 무기체계 등 5개 전공에 각 3명 씩 선발하여 운영한다는 것이다.

4) 5,000여명의 숫자는 군내 교육기관인 국방대학교, 육·해·공군사관학교, 육군3사관학교, 경남대학교, 동양대학교, 대전대학교, 조선대학교, 충남대학교, 한남대학교 등 10개여 교육기관에서 군사학 학사, 석사, 박사과정에 공부하고 있는 재학생 수를 합산한 것임.

지만, 아직까지 국내 군사학 학문체계 및 교육체계 정립이 미흡하다는 문제제기는 계속되고 있다.

제기되고 있는 문제점은 크게 3가지로 요약이 가능하다.[5)]

첫째, 군사학 연구대상 및 범위에 관한 것이다. 그동안 군사학의 본질과 대상, 범위에 대해 많은 연구가 있었지만 일치된 합의가 없다는 비평이 그것이다.

둘째, 군사학 연구방법론 정립에 관한 것이다. 군사학 연구방법론에 대한 문제 제기의 핵심은 종합 학문의 성격이 강한 군사학의 연구대상과 범위, 제반 변수 간 인과관계 판단의 기준은 무엇이고, 분석의 도구로서 사용되는 이론의 적용 범위 및 한계 기준은 무엇인지 정립할 필요가 있다는 것이다.

셋째, 군사학 연구자들의 학문 공동체가 아직 형성되지 않았으며, 이것이 군사학의 학문체계 정립에 절대적인 영향을 주고 있다는 것이다.

본고에서는 제기된 문제점 3가지를 군사학 학문체계 정립과제로 보고 발전방향을 제시하고자 한다.

## Ⅱ. 연구대상 및 범위 정립

군사학의 연구대상과 범위 정립에 관한 국내 연구는 비록 산발적으로 이루어졌으나, 상당 부분 축적되었으며 현재까지의 연구 성과만으로도 보편적 개념정의가 가능하다.

본 주제에 대한 국내 연구경향은 대체로 군사학 연구의 선진국인 미국과 소련의 군사학 정의를 고찰하고, 이와 더불어 한국의 군사와 관련된 각종 공식 문헌을 토대로 한국적 군사학 본질과 개념을 분석 정리하면서 이에 대한 연구자의 견해를 밝히는 방법을 취하고 있다.[6)]

군사학의 연구 대상 및 범위에 관한 국내 학자들의 견해는 학자 수만큼이나 다양한데,

---

5) 길병옥, 「군사학과 안보학의 학문적 이론체계에 대한 비교연구」, 『한국의 군사전략과 군사학의 학문체계』(충남대학교 평화안보대학원, 육군대학·해군대학·공군대학 공동학술 세미나, 2005), pp. 115~120.

6) 김열수, 「군사학의 학문체계 정립」, 『군사논단』제39호(2004), pp. 194~195. ; 육군사관학교 화랑대연구소, 앞의 책, pp. 179~185. ; 이종학, 「군사학의 이론체계」, 『해양전략』제6호(1981), pp. 157~159.

주요 연구자들의 견해를 소개하면 다음과 같다.[7]

국내 군사학 학문체계 정립 연구의 선구자인 충남대 이종학 교수는 군사학을 "전쟁의 본질과 성격 및 무력전의 준비와 수행 및 억지에 관한 통일된 지식의 체계"로 정의하고, 군사학이 해결해야 할 과제로, 1) 전쟁의 본질과 성격의 규명, 2) 무력전 수행의 객관적 원칙의 해명과 연구, 3) 이런 원칙에 바탕을 두어 전쟁목적을 달성하기 위한 무력전의 형태 및 방법의 연구, 4) 전쟁에 대비한 군의 준비, 경제적·정신적 및 다른 면에서의 전쟁의 전면적 지원에 관한 여러 문제의 연구와 준비·지원방법의 연구, 5) 전쟁의 교구에 따른 군대의 조직, 교육 및 훈련에 대한 연구, 6) 군사학 전체 및 군사학의 각 분야의 연구방법의 확립을 제시하였다.

이종학 교수는 군사학의 연구 범위와 관련하여 상술한 군사학의 정의와 해결과제를 근거로 군사학의 연구범위를, 1) 전쟁철학, 2) 전쟁학, 3) 군사사학, 4) 군사기술, 5) 군사교육학, 6) 군사지리학(해양학·기상학 포함), 7) 군사보조학문(국방경제, 군법, 위생 등), 8) 군사학 각 분야의 연구방법 확립이라는 8가지로 정리해 제시하였다.[8]

류재갑 교수는 "군사안보 문제의 군사적 차원에 속하는 문제에 관한 하나의 지식체계로서, 전·평시에 있어서 군사력의 역할, 발전, 운용 및 지원문제와 국가목표달성을 위한 군사력 사용에 직접적으로 영향을 미치는 경제, 지리, 정치, 사회심리 등 국력요소 간의 상호작용관계를 이론적, 체계적으로 연구하는 것"으로 군사학을 정의했으며, 하대덕 교수는 "군사학의 순수대상은 '무력투쟁현상'이며, 광의의 대상은 '전쟁과 평화에 관한 현상'이다.… 이를 근거로 하여 군사학의 대상과 범위는 무력전을 중심으로 한 국가 총력전을 대비하기 위한 군사용병, 군사정책, 그리고 기타 군사에 관한 학리를 연구하는 학문"으로, 온창일 교수는 "군사문제를 연구하는 학문분야로서, 전쟁을 억제하여 평화를 유지하고 전쟁을 신속히 종결시켜 다시 평화를 회복·유지하는 데 필요한 사상, 이론, 제도와 정책, 정략과 외교 및 군사력과 이의 운용교리를 총괄하는 연구 분야"로 각각 군사학을 정의하였다.

가장 최근의 연구자로는 김열수, 정성, 길병옥 교수 등을 들 수 있는데, 김열수 교수는

7) 육군사관학교 화랑대연구소, 앞의 책, pp. 208~209.
8) 이종학, 앞의 책, pp. 82~83.

군사학을 "군사력의 건설과 유지와 관련된 군정과 군사작전 및 전쟁과정과 관련된 군령 그리고 기타 군사 분야를 그 범위로 체계적으로 연구하는 학문이다"고 정의하고, 정치학의 연구대상인 '권력'과 '정치과정'을 원용하여 '군사력'과 '분쟁과정'을 군사학의 연구대상으로 설정[9]하였다. 정성 교수는 군사학을 "군사학은 분쟁(전쟁)을 연구영역으로 하는 학문"으로 규정하고, 교육 내용은 클라우제비츠의 군사학 분류체계를 준용하여 "양병학과 용병학으로 구분이 가능하며, 양병학의 범주에는 군사력 건설과 관련된 내용, 전쟁의 본질, 전쟁사 등 전쟁 예방에 관련된 내용 및 군사학과 관련된 사회과학 분야를 포함하고 용병학의 범주에는 군사력운용과 관련된 포괄적인 내용"을 포함할 것[10]을 제안하였다. 길병옥 교수는 "군사학은 학문적 정체성 및 연구의 운용 등과 같은 고유 영역이 존재한다"고 주장하였다.[11]

군사학의 연구 대상 및 범위를 정립할 수 있는 또 하나의 방법은 실제 군사학 학위과정이 개설된 군 교육기관 및 일반대학 관련 학과의 교과 과정을 분석하는 것이다.

군사학의 연구대상 및 범위에 관해서는, 군사학이 태생적으로 갖고 있는 범 학문적 성격으로 인해 학자들마다 의견이 다양하다. 이러한 군사학에 대해 학문 공동체에 바탕을 둔 일치된 견해가 형성되기 위해서는 하나의 기준이 필요한데, 당초 필자는 군사학부와 석·박사과정이 개설된 대학의 교과과정을 분석하면 최소한 연구대상과 범위에 대한 개념 정립은 할 수 있을 것이라 판단하였다. 이러한 판단은 1970년대 말부터 진행된 국내 군사학 학문체계정립에 관한 연구와 세미나의 목적이 모두 '군사학의 학문성을 인정받아 대학에 군사학 학위과정을 개설'하는 데 있었다는 점,[12] 그리고 5,000여명의 학생이 군사학이 개설된 학부·대학원에서 군사학을 학습·연구하고 있는 현실을 고려한 결과였다.

그러나 군사학이 개설된 대학 중 최초 학부 및 박사과정 개설 대학과 특수목적 대학의 군사학과 교과과정을 살펴본 결과, 교육기관마다 상이한 지향 목표에 따라 상이하게 과목을 편성하고 있으며, 이들 사이에 어떤 명확한 기준, 즉 정립된 군사학의 연구대상 및 범위가 있지 않다는 사실을 확인하였다.[13]

---

9) 김열수, 앞의 책, p. 197.
10) 정성, 「군사학의 기원과 이론체계」, 『군사논단』제41호(2005), pp. 107~108.
11) 길병옥, 앞의 책, p. 120.
12) 육군사관학교 화랑대연구소, 앞의 책, p. 4.
13) 상세한 교과내용은 각 대학 홈페이지를 참고하였음.

최초의 군사학 박사과정 개설학교인 충남대학교는 민간교육기관이면서도 유관기관과의 협조연구가 비교적 활발하게 이루어져 기초적인 군사학 분야에서부터 군사력 운용까지 카테고리별로 고르게 구성되어 있으며, 특히 군사전략론, 전쟁철학, 군사사, 군사정보, 군사사상, 북한·주변국의 전략론, 지휘통솔론, 군사지리, 군사과학기술, 군사제도, 군사심리학, 미래전 연구, 군사교육학, 핵전략 등 14개의 전공필수 과목을 운영하고 있다.

국방대학교의 경우 군사 분쟁의 본질 이해 및 대응능력을 배양하고 군사전략, 작전교리, 외국의 국방정책, 전략을 연구하는데 중점을 두고 군사학 교과를 편성·운영하고 있다. 또한 군사학 전공 외에도 안전보장학, 국방관리학, 국방과학 등 4개 분야의 전공을 별도로 운영하고, 특히 군사학 박사과정의 경우 군사전략, 국방관리, 운영분석, 전산정보, 무기체계 등 5개 전공분야를 둠으로써 군사학의 대상과 범위를 일반대학 군사학과에 비해 비교적 넓게 보고 있는 게 특징이다.

육·해·공군사관학교의 경우 군사전문가를 양성하는 곳이기는 하나, 종합적인 대학생활도 영유하는 곳이기 때문에 일반대학 군사학과와는 달리 직업 군인으로서 필수적으로 요구되는 군사학을 중점적으로 배우는 것이 가장 큰 특징이다. 군대윤리, 지휘론, 무기체계 등이 기본적으로 포함되어 있고, 각 학교별로 특성을 살려 육사의 경우 워게임, 군구조물 과목이 개설되어 있다. 해사의 경우 항해학개론, 추진체계학, 잠수함 공학개론, 상륙군 전술 등을 군사학에 포함하고, 공사의 경우 항공법, 항공우주학개론 항공전략론, 기상학을 포함시켜 교육하고 있다.

그 밖에 경남대와 대전대의 군사학 학부과정은 초급간부 양성을 목표로 하기 때문에 3군 사관학교와 마찬가지로 군사이론과 더불어 실무위주의 교육을 하고 있다. 즉 잠재역량 개발, 병영체험 훈련 등을 군사학에 포함하여 교육하고 있으며, 군사학 교과 과정에는 병무정책론, 군사사회학, 직업군인론 등이 포함되어 있다. 대전대 박사과정의 경우는 국방정책전략과 국방획득관리 두 개의 전공을 둠으로써 국방대학교의 군사전략과 안전보장학, 국방관리전공을 합친 것과 같은 특징을 보이고 있다.

이상에서 보듯이 군사학을 개설한 대학마다 각 학교가 지향하는 목표에 따라 과목을 다르게 편성하고 있으며, 어떤 명확한 기준, 즉 정립된 군사학의 연구대상 및 범위에 따라 편성하고 있지 않다는 사실을 알 수 있다. 따라서 군사학 교육체계의 보편성 확보 차원에서도 군사학 연구대상과 범위에 관한 개념 정립노력은 절대적으로 필요하다.

## Ⅲ. 연구방법론 정립

비교적 신생 학문인 군사학이 학문으로서의 체계를 정립하기 위해서 또 하나 고려해야 하는 점이 연구방법론 정립이다.

한 학문이 학문으로서 공인받기 위한 뚜렷한 법칙이나 기준이 있는 것은 아니지만, 일반적으로 학문체계를 구성하기 위한 몇 가지 주요한 지표는 설정될 수 있다. 우선 그 학문의 **대상**이 뚜렷해야 하고 그 대상을 탐구하기 위한 **방법론**이 정립되어야 한다. 또한 동일 학문 분야 연구자들로 구성된 학회 등 **학문 공동체**와 새로운 이론에 대한 검토와 비판 등을 행하는 연구와 논의의 **사회적 과정**, 끝으로 신진 연구 인력을 양성하기 위해 학위 수여 등을 비롯한 **교육체계**가 정립되어야 한다.[14)]

종합학문의 성격이 강한 군사학의 연구대상과 범위, 제반 변수들 간 인과관계의 판단 기준, 분석 도구로 사용되는 이론의 범위와 한계에 관한 기준 정립을 위해서는 군사학 연구방법론 정립이 매우 중요하다.

다른 학문분야와 마찬가지로 군사학 연구에는 크게 두 가지의 연구방법이 있는데, 양적 방법(Quantitative method)과 질적 방법(Qualitative method)이 그것이다.[15)] 이 두 가지 방법 중 국내 연구경향은 대체적으로 질적 연구방법을 선호하고 있으며, 구체적 내용을 도표로 분류하면 다음과 같다.[16)]

2000년 이후 발표된 박사학위 논문 중 비교적 군사학과 관련이 있다고 추정되는 36편의 논문을 분석한 결과, 80% 이상이 문헌조사를 통해 사례분석을 하는 연구방법을 택하고 있었다. 이용된 문헌자료로는 정부 공식문서, 국회 보고서, 청문회 보고서, 국정감사 제출자료, 각종 국가 연례보고서, 공식 회담 및 회의 참가자 발언 등의 1차 자료와, 정부발행 단행본, 정기간행물, 전문가 집단의 저서 및 논문, 언론 보도, 인터넷과 같은 2차 자료들이 주를 이루고 있었다.

---

14) 육군사관학교 화랑대연구소, 앞의 책. pp. 43~44.

15) Morton H.Halperin, *Contemporary Military Srrategy* (Boston : Little, Brown and Company, 1967), pp. 3~42.

16) 국내 교육기관 중 군사학 박사과정은 충남대와 국방대, 대전대학교에서 운영 중에 있으나, 아직까지 군사학 박사학위는 수여되지 않았음. 〈표 1〉 '군사학 연구방법 분류표'는 논자가 국회도서관에 소장된 2000년 이후 발표된 박사학위 논문 중 군사력의 정의에 포함된 두 단어 "전쟁"과 "군사"와 군사학과 관련이 있는 "국방", "안보", "동맹"이라는 단어를 검색 키워드로 사용하여 표본 논문 36편을 선정하여 분석·정리하였음.

<table>
<tr><th colspan="2">구 분</th><th>내 용</th></tr>
<tr><td rowspan="4">질적<br>방법</td><td rowspan="2">귀납적 방법</td><td>유사 사례들로부터 공통점을 결론으로 분석</td></tr>
<tr><td>유사 사례들로부터 차이점을 결론으로 분석</td></tr>
<tr><td rowspan="2">연역적 방법</td><td>특별한 사건 또는 이슈를 중심으로 가설을 설정하고 그 가설 검증의 방법</td></tr>
<tr><td>기존 이들로부터의 분석의 틀을 설정한 후 사례분석을 통해 검증하는 방법</td></tr>
<tr><td colspan="2">양적 방법</td><td>면접, 설문조사, 시뮬레이션법, SPSS 등</td></tr>
</table>

〈표 1〉 군사학 연구방법 분류표

또한 논문에서 적용되고 있는 사례분석의 방법도 대체로 위의 〈표 1〉의 4가지 범주 안에 포함되었으며, 유사한 사례들의 공통점을 귀납적·서술적으로 분석하여 결론을 도출해 내는 방법이 가장 흔히 이용되었다. 김교덕은 「동아시아 해양 분쟁과 안보협력에 관한 연구」[17]에서 동아시아 해양 분쟁의 원인을 고찰하기 위해 독도, 동중국해, 남중국해 그리고 말라카·싱가포르 해협의 분쟁 원인을 서술적·귀납적으로 분석하였다. 또한 이표재도 「지역안보질서의 형성과 변화 : 유럽, 동북아지역 사례 비교」[18]에서 지역체제의 안보질서 형성과 변화에 미치는 핵심적 변수를 식별·검증하기 위해 냉전 이후 유럽 및 동북아지역에서 나타난 안보질서의 유형변화 패턴과 규칙성, 그리고 지역 간 안보질서 유형 비교에서 발견할 수 있는 상이성을 분석하였다.

유사한 사례들의 차이점 분석을 통해 결론을 도출하는 방법 또한 발견되는데, 김은기는 「한·미 안보협력체제하에서 미국의 한반도 위기관리전략 연구」[19]에서 한반도지역에서 발생한 위기 사례 중 미국의 국가 이익과 주한 미군이나 미군 자산이 관련되었던 사례 3건(1968년 미 정보함 푸에블로호 피랍사건, 1976년 판문점 도끼만행사건, 1993년 북핵문제)과 미국인이나 자산이 포함되어 있지 않은 3건의 사건(1968년 청와대 기습사건, 1983년 버마랭군 폭파사건, 1999년

17) 김교덕, 『동아시아 해양분쟁과 안보협력에 관한연구』(단국대학교 정치외교학과 박사학위논문, 2006)
18) 이표재, 『지역안보질서의 형성과 변화 : 유럽, 동북아지역 사례 비교』(연세대학교 정치학과 박사학위논문, 2003)
19) 김은기, 『한·미 안보협력체제하에서 미국의 한반도 위기관리전략 연구』(경기대학교 정치전문대학원 외교안보학과 박사학위논문, 2003)

연평해전) 등 총 6건의 사례를 선정하여 사건 발생 시 한·미 양국의 위기관리실태를 한·미 협조체제와 미국의 위기관리 전략을 중심으로 분석하였다.

이와 같이 유사한 사례들로부터 유사성과 차이성을 찾는 '귀납적' 방법 외에도 어떤 특별한 사건 또는 이슈를 중심으로 가설을 설정하고 이를 검증하는 방법으로 관련된 사례들을 분석하는 '연역적' 방법이 있다. 배양일은 「한미동맹과 자주 : 한미동맹관계에 나타난 한국의 자주성 형태에 관한 연구」[20]에서 "비대칭 동맹관계에 있는 약소국은 자주-안보의 교환에 따른 정치적 부담 때문에 자주성이 제한적일 수밖에 없다"는 결론을 도출하기 위해 "대통령 중심 정치체제를 가진 약소국의 경우 탈냉전 후 자주-안보 교환관계로서 형성되는 자주성 형태는 지도자의 리더십 유형에 의해 크게 영향을 받는다"는 가설을 설정하여 한국의 역대 정부별 주요 대미 군사협력 사례의 추진과정을 분석하였다. 또한 강진석은 「미국의 안보정책과 전략 변화에 미친 대테러전쟁의 영향」[21]에서 탈냉전 이후 클린턴 행정부의 국가안보전략이 9·11 테러 이후 부시정부에 의해 어떻게 수정되었는지를 귀납적으로 분석하였다.

또한 군사학에서 자주 적용되는 방법 중 기존 이론들로부터 분석의 틀을 설정한 후 사례분석을 통해 이를 검증하는 방법이 있다. 군비경쟁모델, 게임이론, 억제이론, 기대와 효용이론, 연계이론 등 국제정치학에서 개발된 이론을 비롯하여 자유주의적 국제주의, 현실주의, 신보수주의, 패권주의 등 다양한 이념들을 중심으로 분석의 틀을 설정하고, 이러한 분석 특과 관련된 사례들을 들어 그 이론을 검증하는 방법이다. 이은득은 「전쟁성격의 변화에 관한 연구」[22]에서 민족주의의 재등장, 복잡한 국제관계 역학 구도 속에서 전쟁 주체인 국가의 위기관리 실패 등 비교적 새로운 전쟁 발발 요인들을 보스니아 사태와 걸프전쟁의 사례를 통해 분석하였다.

이 밖에도 자주 사용되는 사례분석의 방법으로 역사적 접근방법이 있는데, 백성호의 「한·미 안보동맹과 미·일 안보동맹의 비교 연구」,[23] 강진석의 「미국의 안보정책과 전략 변화에 미친 대테러전쟁의 영향」[24]과 같이 발전 및 변천 과정을 분석하는 데 앞서 살펴본

20) 배양일, 『한미동맹과 자주 : 한미동맹관계에 나타난 한국의 자주성 형태에 관한 연구』(연세대학교 정치학과 박사학위논문, 2006)
21) 강진석, 『미국의 안보정책과 전략 변화에 미친 대테러전쟁의 영향』(충남대학교 정치외교학과 박사학위논문, 2004)
22) 이은득, 『전쟁성격의 변화에 관한 연구』(고려대학교 정치외교학과 박사학위논문, 2001)
23) 백성호, 『한·미 안보동맹과 미·일 안보동맹의 비교 연구』(동국대학교 정치학과 박사학위논문, 2002)

4가지 사례 연구방법이 복합적으로 사용되고 있다.

이처럼 군사학의 연구방법론이 질적 내용 분석에 치우치는 이유는 전쟁은 양적 방법으로 다루지 못하는 많은 요인을 내포하고 있기 때문이다. 즉 전쟁수행의 주체는 지·정·의(知情意)를 가진 살아있는 인간이며, 이들의 사기, 전투경험, 전투를 수행하려는 결의와 자질 등이 중요한 변수가 된다. 따라서 전쟁철학, 군사사상, 전투발전사의 경우 양적 방법보다는 질적 방법이 효율적이다.

그러나 나머지 20%의 논문에서는 사회과학에서 사용하고 있는 설문조사, 면접, 변수설정을 통한 가설검증법 등을 통해 객관성을 확보하려는 노력도 보이고 있다. 예컨대 군수의 처리, 권력구조의 분석, 무기체계의 비용분석 등은 양적 방법이 효과적으로 이용될 수 있다. 신상은의 「국방과학기술혁신 시스템에서 대학 연구 성과 및 내재화 영향요인」,[25] 전재범의 「군 전문직위제 운영의 발전방안에 관한 연구 : 국방업무 관련자의 인식조사를 중심으로」[26]와 같은 논문들은 사회과학 연구에서 주로 사용되고 있는 설문조사법을 실시했으며, 실증적 분석을 위해 SPSS를 사용, 설문결과 DATA를 대상으로 빈도분석, 평균분석, 분산분석 및 교차분석 등과 같은 통계분석을 실시하였다.

양적 방법과 질적 방법은 각각 장·단점을 지니고 있어 연구 대상 및 연구 의도·목적에 따라 다르게 적용될 수 있다. 우선 양적 방법은 연구 대상을 수량화하여 객관성을 확보할 수 있다는 장점이 있으나, 연구대상을 수량화할 수 없다면 적용할 수 없을 뿐만 아니라 엉뚱한 결과가 도출될 수도 있다는 단점이 있다. 반면 질적 방법은 양적 방법과 같은 객관성 확보는 어려우나 해당 분야에 대한 개인의 풍부한 경험과 논리, 직관과 통찰력에 의해 분석 내용을 풍부하게 할 수 있다.

결국 타 학문체계와 마찬가지로 군사학에도 연구의 주된 목적과 연구 주제에 따라 다양한 방법론이 적용될 수 있다. 때로는 양적 방법을 활용해 보다 객관적인 결론을 도출하는 것이 더 바람직한 연구가 될 수도 있으며, 다소 객관성이 떨어지더라도 풍부한 내용을 얻기 위해 질적인 방법이 바람직할 때도 있다. 따라서 연구방법론은 양적·질적 방법의 장·

24) 강진석, 앞의 논문.
25) 신상은, 『국방과학기술혁신 시스템에서 대학 연구성과 및 내재화 영향요인』(충남대학교 경영학과 박사학위논문, 2005)
26) 전재범, 『군 전문직위제 운영의 발전방안에 관한 연구 : 국방업무 관련자의 인식조사를 중심으로』(경원대학교 행정학과 박사학위논문, 2005)

단점과 한계점을 잘 분별해서 효과적으로 그것을 사용하는 데 기여하는 방향으로 정립되어야 한다. 즉 군사학만의 고유한 이론적 분석틀의 정립이 가능한지, 아니면 군사학의 범학문적인 성격으로 인해 타 학문으로부터 이론을 도입하는 것이 유용한 경우 그 범위와 한계에 대한 개념을 정립하고 이에 대한 군사학 공동체의 합의를 도출하는 작업이 반드시 필요하다.

## Ⅳ. 학문 공동체 형성

"군사학이 학문인가?"라는 문제 제기에 대한 국내 학자들의 연구성과를 분석해보면 대부분의 연구자들은 군사학의 학문체계 정립에 대한 부정적인 견해와 긍정적인 견해 두 가지를 소개하고 있다. 전자의 이유로는 군사학의 고유 학문 영역이 모호하고, 실천 중심적인 성격을 가지고 있으며, 전쟁의 불확실성으로 인해 과학적으로 이론화 할 수 없고, 조직적 파괴와 살상을 전제로 하기 때문에 도덕적 차원에서 학문으로 인정하는 곤란하며, 학문 공동체 형성이 미흡하다는 점 등을 들고 있다. 또한 후자의 이유로는 군사학은 종합과학이나 전쟁과 군사력이라는 고유 영역이 분명히 존재하고, 규범학, 정책과학 등 실천적 성격이 강하나 리더십, 조직관리, 군사과학 등 이론적 성격도 지니고 있으며, 군사연구는 폭력의 독점에 관한 연구만 하는 것이 아니라 전쟁예방과 평화추구도 연구대상으로 하며, 전쟁에 대한 학술적 연구와 이론화가 가능하고, 군사학 학회 및 연구활동이 증가 추세에 있다는 점 등을 들고 있다.[27]

2000년 육군사관학교 화랑대연구소가 군사연구논총 33집으로 발간한 『군사학 학문체계와 교육체계 연구』에서는 "군사학이 학문인가?"라는 상술한 같은 문제에 답하기 위하여 먼저 오늘날 세분화된 제반 개별 학문들을 배태시킨 '서양 학문발달사'에 대한 고찰을 통해 학문의 조건과 자격에 대한 입장을 크게 전통적 보수주의적 입장과, 현대적 진보주의적 입장으로 구분하고 있다. 이 연구는 전자의 입장을 1) 객관성, 보편타당성의 추구, 2) 자연과학적, 실증적 방법론의 주도, 3) 학문의 질, 우열의 비교를 통해 학문의 조건을 엄

---

27) 김열수, 앞의 책, pp. 194~195 ; 육군사관학교 화랑대연구소, 앞의 책, pp. 79~185 ; 이종학, 앞의 책, pp. 157~159.

격히 제한하는 입장인데 반해, 후자의 입장을 1) 엄격한 객관성, 보편성 추구에 대한 회의, 2) 다양한 방법론 인정, 3) 지식체계 질적인 우열비교 곤란, 4) 학문 공동체 합의의 중요성 설파 등 상대적으로 완화된 입장이라고 정리하면서, 이 문제에 있어 **'학문 공동체 합의'**의 중요성을 부각시킨 바 있다.[28)]

사실 어떤 연구나 학문이 의미와 가치가 있는 것이냐는 그 분야, 그 영역의 관련 종사자들, 전문가집단의 동의와 합의에 얼마나 근거하고 있느냐에 깊이 관련된다고 말 할 수 있다. 더 나아가 말하자면, 이젠 소위 학문성의 여부를 논할 때 전통적 보수주의 입장처럼 절대적·보편적·객관적 진리의 추구나 이를 보장하는 과학적·실증적 방법론의 채용과 같은 문제보다는, 관련 주제 영역이 있고 이를 다룰만한 적절한 방법을 가지고 있으며 무엇보다 이들에 관한 관련 영역 전문가들의 합의가 있느냐 하는 점들이 학문이나 학과로 인정받는데 있어 보다 중요한 요인으로 작용하고 있는 추세이다.[29)]

이런 측면에서 볼 때, 군사학 관련 학회와 연구소들이 연계하여 학문 공동체 형성을 위한 노력을 강화해 나가는 것이 한국 군사학의 학문체계의 발전을 위해 무엇보다 시급한 과제이다.

## V. 결 론

본 연구의 주된 목적은 군사학 학문체계 정립에 관한 세 가지 문제, 즉 군사학 연구대상 및 범위, 군사학 연구방법론, 그리고 군사학 학문 공동체 형성에 관해 고찰하고, 군사학 체계정립을 위해 시급한 과제와 발전방향을 제시하는 것으로서, 본 연구를 통해 얻은 결론은 다음과 같다.

첫째, 학부과정 및 석·박사 과정에 군사학과가 개설된 주요 대학 및 사관학교 교과과정의 특징을 개설 과목중심으로 살펴 본 결과, 대부분의 대학과 사관학교에서 기존의 군사학 연구대상 및 범위에 대한 연구 성과를 반영한 것이 아니라 광의의 군사학 연구대상 및 범위를 상정하고 있으며, 편성기준 또한 교육기관의 교육목적에 따라 상이하여 군사학이

---

28) 육군사관학교 화랑대연구소, 앞의 책, pp. 163~177.
29) 위의 책, p. 177.

라는 공통된 대상과 범위를 특징지을 수 없음을 확인했다. 따라서 무엇보다 군사학의 연구대상 및 범위에 대한 군사학 관련학회, 연구소, 군사학과 개설 대학 등을 포함하는 학문 공동체의 권위 있는 공식 견해가 필요하다.

둘째, 2000년 이후 발표된 군사학 본질에 부합되는 주제의 박사학위 논문 36편의 주요 연구방법을 조사한 결과 80%가 문헌조사 중심의 질적 방법이었으며, 논문에서 적용되고 있는 사례분석 방법은 대부분 유사한 사례들의 공통점과 차이점을 분석하여 결론을 도출하는 '귀납적' 방법이거나, 특별한 사건 또는 이슈를 중심으로 가설을 설정하고 그 가설 검증의 방법으로 관련된 사례들을 분석하는 '연역적' 방법이었다. 이외에도 기존 국제정치학에서 개발된 이론을 비롯하여 자유주의적 국제주의, 현실주의, 신보수주의, 패권주의 등 다양한 이념들을 중심으로 분석의 틀을 설정하고 관련된 사례들을 분석하는 방법이 있었으나, 군사학만의 고유한 연구방법론은 도출할 수 없었다. 따라서 군사학의 학문체계 정립을 위해서는 군사학만의 고유한 이론적 분석틀의 정립이 가능한지, 아니면 군사학이 그 범 학문적인 성격으로 인해 타 학문들로부터 이론 또는 분석틀을 도입·차용할 필요가 있다면 그 범위에 대한 개념정립과 이에 대한 군사학 공동체의 합의가 반드시 필요하다.

셋째, 군사학 학문적 공동체가 아직 형성되지 않았으며, 이것이 군사학의 학문체계 정립에 절대적인 영향을 주고 있다는 것이다.

정리하면, 한국 군사학 학문체계의 발전을 위해서 시급한 과제는 '학문 공동체' 형성이다. 군사학 학문 공동체 형성을 위해 한국군사학회·한국군사과학기술학회·국방정책학회·군사사학회·군사운영학회·미래군사학회·한국군사회복지학회 등 기존에 설립되어 활동 중인 군사학 관련 학회들과, 현대군사문제연구소·육사 화랑대연구소·충남대 국방연구소·해양전략연구소·KIDA·ADD·국방대 안보문제연구소 등 군사 관련 상설 연구기관 간에 연계된 노력이 필요하다. 군사학 학문체계 정립을 위해 이들 전 유관 학회 및 연구소가 참가하는 공동 프로젝트 연구 착수도 하나의 방법이 될 수 있을 것이다.

## -참 고 문 헌-

• 강진석, 『안보정책과 전략 변화에 미친 대테러전쟁의 영향』, 충남대학교 정치외교학 박사학위논문, 2004.

• 길병옥, 「군사학과 안보학의 학문적 이론체계에 대한 비교연구」, 『한국의 군사전략과 군사학의 학문체계』, 충남대학교 평화안보대학원, 2005
• 김교덕, 『동아시아 해양분쟁과 안보협력에 관한 연구』, 단국대학교 정치외교학 박사학위논문, 2006.
• 김열수, 「군사학 학문체계 정립 및 학위수여 방안」, 『국방대 군사전략전공 교육발전 워크숍 논문집』, 국방대학교, 2004.
• 김은기, 『한·미 안보협력체제하에서 미국의 한반도 위기관리전략 연구』, 경기대학교 정치전문대학원 외교안보학 박사학위논문, 2003.
• 류재갑, 「군사학의 학문체계 및 교육체계」, 『'99 군사연구 세미나 I』, 화랑대연구소, 1999.
• 배양일, 『한미동맹과 자주 : 한미동맹관계에 나타난 한국의 자주성 형태에 관한 연구』, 연세대학교 정치학 박사학위논문, 2006.
• 백성호, 『한·미 안보동맹과 미·일 안보동맹의 비교 연구』, 동국대학교 정치학 박사학위논문, 2002.
• 신상은, 『국방과학기술혁신 시스템에서 대학 연구 성과 및 내재화 영향요인』, 충남대학교 경영학 박사학위논문, 2005.
• 온창일, 「군사학과 군사학체계」, 『'92 안보학술세미나(2)』, 국방대학원, 1992.
• 육군본부, 「간부정예화 방안」, 『1980년대 육군정책』제3집, 육군본부, 1979.
• 이은득, 『전쟁성격의 변화에 관한 연구』, 고려대학교 정치외교학과 박사학위논문, 2001.
• 이재호, 「자주국방을 위한 전문교육의 일고」, 『육사신보』 1월호, 1978.
• _____, 「미국의 군사학 교육체계」, 『국방학술세미나 논문집』, 국방대학원, 1980.
• 이종학, 「한국 군사학의 발전방향」, 『'99 군사연구세미나 I』, 화랑대연구소, 1999.
• _____, 「군사학의 이론정립」, 『한국의 군사전략과 군사학의 학문 체계』, 충남대학교 평화안보대학원, 2005.
• 이표재, 『지역안보질서의 형성과 변화 : 유럽, 동북아지역 사례 비교』, 연세대학교 정치학 박사학위논문, 2003.
• 장용선 외, 「군사학 학문체계와 교육체계 연구」, 『군사연구총서』제33집, 2000.
• 전재범, 『군 전문직위제 운영의 발전방안에 관한 연구 : 국방업무 관련자의 인식조사를 중심으로』, 경원대학교 행정학 박사학위논문, 2005.
• 정 성, 「군사학의 기원과 이론체계」, 『군사논단』제41호, 2005.
• 황병무, 「사회과학 학문체계 구성요건과 군사학」, 『국방대학원 교수논총』제1집, 1993.

• Halperin, Morton H., *Contemporary Military Strategy*, Boston : Little, Brown, and Company, 1967.

• Sokolovskii.V.D., ed., *Soviet Military Strategy*, trans. by H. S. Dinerstein et al. Englewood, New Jersey : Prentice-Hall, Inc., 1963.

• Atkinson, E. B., "Military Arts and Science : Is There a Place in the Sun for it?," *Military Review*, Jan. 1977.

# 3. 융합학문으로서 군사학의 학문적 정체성 기원

## -손자병법에 나타난 제자백가 사상을 중심으로-

순 서

박사과정 2기 소이원

## Ⅰ. 머리말

과학(科學, science)이라는 말은 '알다'라는 의미를 지닌 라틴어 'scire'에서 연유했다고 한다.[1] 20세기 대표적 과학자 아인슈타인(1970)은 "과학이란 인간이 인간을 둘러싸고 있는 자연의 혼돈과 다양성에 대한 인간의 감각과 경험을 체계적이고 논리적인 사고체계로 정립하려는 시도이며 또한 과학은 인간이 자연을 해석해 가는 과정이며 과학은 인간의 역사 속 에 있다."고 했다. 인간을 둘러싸고 있는 자연 및 사회 환경의 제 현상에 대한 끊임없이 알기 위한 노력(effort of inquiry)이 다양한 학문을 태동시키고 인간을 인간답게 하고 생존, 성장, 번영을 구가하고 현대문명을 이룩한 오늘날의 지구촌 인류공동체를 이룩하기에 이르렀다고 볼 수 있다. 군사학도 과학이라고 할 수 있으며, 학문적 정체성이 있는가, 인간을 둘러싼 환경에서 발생하는 모든 현상에 대한 알기 위한 노력이 과학이라는 원래 의미

1) 한승준, 『조사방법의 이해와 SPSS 활용』(서울 : 도서출판 대영문화사, 2006), p. 20.

에 비추어 볼 때 오늘 이 시간에도 한반도에서 남과 북이 대치하고 있고 지구촌 곳곳에서 분쟁과 갈등, 대·소규모의 전쟁과 군사적 여러 현상이 계속되는 현실을 올바르게 직시한다면 이는 올바른 앎을 위한 탐구하는 자가 취할 바람직한 자세가 아니라고 본다. 따라서 본고에서는 21세기 융합과학으로서 그 중요성이 점증되고 군사학 연구가 확산되는 시대적 상황[2]을 감안하여, 군사학의 학문적 기원에 대하여 군사학 분야의 불후의 고전으로 자리매김하고 있는 『손자병법』에 나타난 융합과학(fusion science)적 측면을 제자백가 사상과 연계하여 분석하여 군사학에 대한 종합 학문적 정체성의 기원을 찾고 현대적으로 온고지신溫故知新하고자 한다.

## 1. 군사학의 정의 및 학문적 성격

오늘날 군사학은 "전쟁의 본질과 성격 및 무력전의 준비와 수행에 관한 통일된 지식체계"[3]라고 정의하기도 하고, 전쟁 및 분쟁에 관한 연구를 하는 학문으로 전쟁학 또는 방위학으로 지칭되기도 한다.[4] 이와 같은 군사현상에 대한 연구는 군사학(military science or military studies), 전쟁학(studies on war), 군사연구(studies of military affairs), 군사이론(military theory) 등 다양하게 이루어지고 있으며, 학문적 독립성에 대한 문제제기는 지속되어 왔다.[5] 그러나 군사학이 학문이냐, 과학적이냐 비과학적이냐 하는 논의는 고대로부터 병법, 병가, 무도 등 전쟁과 군사와 관련된 용어가 다양하게 사용되고 있는 점과 제자백가 사상 출현 시 병가라는 군사학파가 활발한 탐구 및 저술활동이 있었던 역사적 맥락을 고려해 보면, 오늘날 지나치게 파편화된 개별 분과 학문의 연구자로서의 단견과 근시안적 탐구자세가 결합된 부분적 담론에 지나지 않는다고 생각된다. 따라서 현대 학문분류체계상 자연현상에 대한 연구를 자연과학(natural science), 사회현상에 대한 연구를 사회과학(social science)이라고 하는 맥락에서 본다면, 군사학(軍事學, military science)은 군사현상(軍事現象, military phenomenon)에 대한 과학적 탐구(scientific inquiry)라고 할 수 있다. 또한

2) 오늘날 한국에는 육·해·공군의 사관학교 외 정규 4년제 일반대학에 군사학과가 설치되어 운영 중 이며 군사학 석사, 박사과정도 개설되어 군사학의 학문적 기반이 확장되고 있다.
3) 이종학, 『군사논문선』(경주 : 서라벌군사연구소, 1991), p. 27.
4) 정성, 「군사학의 기원과 이론체계」, 『군사논단』, 통권 제41호, 2005, p. 89.
5) 길병옥, 「군사학과 안보학의 이론체계에 대한 비교연구」, 『평화와 안보』제2권, 2005, p. 25.

오늘날 군사학 학문공동체의 기원을 제자백가시대 병가로부터 도출하는 것은 동양 역사학의 시작을 사마천의 사기로 보는 것과 다를 바가 없다.[6] 이와 같은 군사현상에 대한 연구는 상기 정의에서도 보았듯이 인간집단 간의 전쟁, 분쟁, 무력전 수행과 관련된 제 현상을 탐구하는 것으로서, 기본적 속성이 복합적, 종합적 성격을 지닌다. 따라서 특정한 개별 분과 학문의 단일한 연구방법 보다는 범학문적(inter-disciplinary), 다 학문적(multi-disciplinary) 접근이 요구되며, 정치학, 사회학, 심리학, 역사학, 행정학, 경영학 등 다른 인문, 사회과학의 학문분야와 깊은 연관성을 지닌 "산중도"(山中島, mountain islands)[7] 와 같은 종합 학문적(synthetic science), 융합 학문적 특성(fusion science)을 지닌다. 그리고 오늘날 이와 같은 융합 학문적 탐구 경향은 군사학과 같은 종합 학문분야만 아니라, 자연과학의 기초학문인 현대물리학에도 나타나고 있다. 원자물리학을 연구하는 프리초프 카프라는 그의 저서 현대물리학과 동양사상(2008)에서 전통적으로 서양에서는 융합보다는 자기주장, 종합보다는 분석, 직관적 지혜보다는 합리적 지식, 철학·종교보다는 과학, 협동보다는 경쟁, 전체보다는 부분을 중시하는 패러다임을 견지해 왔으며 이러한 패러다임은 현대의 자연에 대한 인간의 우월적 사고와 맞물려 생태계적, 도덕적, 사회적, 정신적 여러 문제를 야기 시켰으며, 이를 보완하기 위해 동양사상에 나타나고 있는 전일적 접근이 물리학 연구에도 중요하다고 제시하고 있다.[8]

## Ⅱ. 제자백가 사상과 손자병법

### 1. 제자백가 사상 출현 배경

제자백가 사상은 동아시아 5천년사의 학문과 사상의 원류로서 고대 중국의 춘추전국시대 나타난 유가, 도가, 법가, 묵가, 음양가, 병가, 명가, 종횡가, 농가, 잡가, 소설가 등 다

---

6) 사마천은 B.C 108년 한나라의 황실도서관의 천문·역법을 관장하는 태사령으로 근무하면서 먼저 태사령을 지낸 아버지 사마담의 유언에 따라 중국고대사를 정비하는 사기를 집필했다.
7) 길병옥, 「군사학과 안보학의 이론체계에 대한 비교연구」, 『평화와 안보』제2권, 2005, p. 41.
8) 프리초프 카프라 지음, 김용정·이성범 옮김, 『현대물리학과 동양사상』(서울 : 범양사, 2008), pp. 20~21.

양한 사상과 학설을 말한다.[9] 고대 중국은 인류 4대 문명의 발생지 중 농경문화와 동양문화를 대표하는 이른바 황하문명, 동아시아 문명 발상지로서 농경 기반의 고도의 정치, 사회공동체를 이룩하여 하, 상, 주로 이어지는 통일 왕조를 이어왔다. 특히, 주나라는 약 800년 동안 통일된 상태를 유지하면서 태평성대를 구가해 왔다. 그러나 인구가 증대되고 사회가 분화되면서 정치, 경제, 사회 제반분야에서 급격한 변화가 일어나고 유목민의 침입이 많아지면서 주나라 황실 중심의 정치, 사회질서는 쇠퇴하고 정치, 사회적 불안과 불확실, 역동적 변화가 시작되면서 분열, 전쟁, 약육강식이 일상화 되었다. 이른바 주 황실 지배하의 통일된 공동체와 태평성대는 백승지국百乘之國, 천승지국千乘之國, 만승지국萬乘之國으로 불리는 100여 개가 넘는 군소 국가로 분열되어 끊임없이 분열과 전쟁을 반복하는 혼란의 시대가 도래 하였다.[10] 이와 같은 시대 상황은 기존의 인간관계, 사회질서, 정치 및 군사 전반에 걸쳐 변화와 혁신이 요구되었으며, 이와 관련하여 정치, 경제, 사회의 제반 문제를 해결하고 주나라 시대의 태평성대를 회복하기 위한 다양한 처방과 주의 주장들이 나타나게 되었다. 이를 제자백가 사상 이라고 한다. 이는 사상사에 있어서 큰 변화였으며 공자가 자유로운 학문 활동 분위기를 유도하면서 아래와 같이 유가를 필두로 다양한 학파가 나타나게 되었다.

## 2. 주요 학파와 사상

### 가. 유가儒家

제자백가 사상의 출발은 공자를 창시자로 하는 유가로부터 출발한다. 유가는 공자(B.C. 551-479)를 중심으로 맹자, 순자가 뒤를 이어 제자백가 사상의 주류를 형성하면서 중국문화에 많은 영향을 미쳤다. 유가의 핵심 사상은 정치, 사회적 이상향은 주나라 시대의 인정仁政, 인치人治를 기반으로 하는 태평성대를 이미 경험해 보았으니, 현재의 도덕적 타락과 사회적 혼란을 극복하기 위해서는 도덕재무장 운동을 실시하여 주 시대의 질서로 복귀해야 한다는 것으로 요약 할 수 있다.[11] 이를 위해, 개인과 사회도덕 질서의 기본이 되는 인,

9) 중국문화연구소 역, 장기홀 저, 『중국사상의 근원』(서울 : 문조사, 1986), p. 37.
10) 이병호 편역, 『손자, 군사사상과 병법이론』(울산 : 울산대학교 출판부, 1999), p. 21.
11) 주희 집주, 임동석 역주, 『사서집주언해, 논어』(서울 : 학고방, 2004), p. 108.(周監於二代, 郁郁乎文哉, 吾從周)

의, 예, 지, 신, 효를 중시하고 가정으로부터 실천하여 사회, 국가 수준으로 확대하면 인과 예를 기반으로 하는 위계적 도덕적 이상적인 사회질서가 확립되고, 각자 제 위치에서 제 본분을 다함으로서(正名 : 君君臣臣, 父父子子) 분열과 전쟁을 종식시키고 평화로운 천하(平天下)를 건설 할 수 있다는 주장이다.[12] 인을 바탕으로 자신을 완성하고, 예를 실천하는(修己治人, 殺身成仁, 克己復禮) 천인합일天人合一의 사람을 유가의 이상적 인간 상, '성인군자聖人君子'로 선정하고, 교육과 노력에 의해 도달 할 수 있으며(博學, 愼思, 明辯, 篤行)먼저 나 자신부터 수양하고 가정과 사회로 확대 할 것을 강조하였다.[13]

### 나. 도가道家

도가는 노자를 창시자로 하여 장자, 열자로 이어지면서 유가와 함께 중국 사상에 많은 영향을 미친 학파이다. 노자는 그의 저서 『도덕경』 제1장 체도편에 도道라고 알 수 있는 道라면 그것은 절대 불변하는 道가 아니며 명칭으로 표현 될 수 있는 명칭이라면 절대 불변하는 것을 표현하는 명칭이 아니다. 천지가 생길 때의 모습은 명칭이 없으며, 명칭이 있는 것은 만물의 모체이다.[14]라는 구절에 도가사상을 함축적으로 표현하고 있다. 이는 인간의 인식작용에 의해 생겨난 모든 개념이나 사상, 명칭은 "절대 불변하는 도"를 표현 할 수가 없으며, 또한 표현될 수도 없다는 의미이다. 즉, 도가의 핵심 사상은 유가가 주장하는 인위적 도덕질서(人道)로는 한계가 있으니 근원적인 자연 질서(天道)를 확립해야 정치, 사회적 이상향을 건설 할 수 있다는 주장이다. 노자는 유가 학자들이 인仁, 의義, 예禮, 악樂 등을 강조하면서 사회혼란상을 수습 할 수 있다고 주장하는 것에 부정적 태도를 견지하면서(大道廢有仁義)[15] 인, 의는 대도大道가 아니며, 유가 학자들을 부분적인 앎을 전부 다 알고 있는 것처럼 행세하는 일곡지사一曲之士라고 하고 세상을 현혹하게 하는 자들이라 비판 했다.[16] 도道라는 것은 인간이 개념을 부여하거나(人爲, 有名) 어떠한 실체로 명명 할 수 있는 것이 아니라 우주만물의 생성과 변화와 관련된 근원적인 것으로서 '스스로 그러함'(自然)상태이

---

12) http://www.poori.net/ethics/421.htm(검색일 : 2007. 2. 27.)

13) Chao-Chaun Chen and Yueh-ting Lee, *Leadership and Management in China* (Cambridge University Press, 2008), p. 43.(修己治人, 內聖外王 : 格物, 致知, 誠意, 正心, 修身, 齊家, 治國, 平天下)

14) 김학주 편역, 『노자』(서울 : 명문당, 2002), p. 69.(道可道,非常道, 名可名,非常名, 無名天地之始, 有名萬物之母)

15) http://www.poori.net/ethics/421.htm(검색일 : 2007. 2. 27).

16) 이강수, 『노장철학의 이해』(서울 : 예문서원, 2005), p. 22.

다. 도에 의해서 모든 만물이 생겨나며, 도에 근원을 둔 우주만물의 생성과 변화가 일어난다. 이러한 자연적 질서가 인위적 질서보다 앞서는 자연법칙(天道)이라고 하고 천도에 합치하는 이상적 인격자를 천인天人, 신인神人, 지인至人, 성인聖人이라고 했다.[17] 또한 道는 인위적 학문(僞學)에 의해서 완성되는 것이 아니라 인위적인 것을 최소화 하고(無爲道) 망인의忘仁義, 망예악忘禮樂하여 가장 자연과 가까울 때 달성(得道, 體道, 坐忘)되는 것으로 보았다.[18] 그리고 인간은 자연과 분리되고 자연보다 우위의 특권을 누리는 존재가 아니라, 인간은 자연의 일부이며 자연과 조화를 이루는 것이 천도를 구현하는 것으로 주장했다.[19] 도가사상을 현대적 의미로 해석하면 존재론, 인식론, 우주론과 같은 철학적 형이상학적 학문과 관련이 있으며 힌두교, 불교 등 종교사상과도 관련이 있다. 특히, 21세기 글로벌 차원의 기후변화, 환경문제와 관련하여 인간과 자연은 분리될 수 없다는 노장사상은 많은 교훈을 주고 있으며 동양의 노장사상이 서구문명의 한계를 극복하고 지속가능한 성장을 위한 사상적 기반으로서 중요성이 부각되고 있다.[20]

### 다. 법가法家

앞에서 언급한데로 유가는 인, 예를 중시하는 사회질서를, 도가는 천도에 입각한 자연법칙을 주장한데 반해 법가는 인간은 선천적으로 이기적이고 악한 본성이 있으므로 현재의 분열과 투쟁 혼란은 인간의 이기심의 발로와 관련이 있다고 보고 엄격한 형벌과 법을 철저히 시행해야 질서를 회복 할 수 있다고 주장했다. 법가의 대표적 인물로는 한비자, 신불해, 이사, 상앙을 들 수 있다. 특히 한비자는 법法, 술術, 세勢를 법치의 3대 요소로 선정하고 신상필벌이 군주의 양대 최고 권한이라 표방하며 법가 이론을 체계화 하였다.[21] 한비자는 군주중심의 중앙집권적 법치체계가 부국강병의 지름길이며 유가에서 주장하는 인정仁政, 왕도사상王道思想은 비현실적이며 실용적이지 않고 탁상공론에 불과하다고 반박하였다.[22] 또한 법가사상은 절대법치를 중시하고 악법도 법이라고 인정 하였다. 법가사상은 상

---

17) 이강수, 상게서, p. 21.(道常無名, 有物混成先天地生,道一生, 一生二, 二生三, 三生萬物,道生之, 德畜之, 物形之, 勢成之)
18) 노자, 『도덕경』 48장.www.quanxue.cn/CT_BingFa/SunZiIndex.html(검색일 : 2007. 11. 14.)
19) Chao-Chaun Chen and Yueh-ting Lee,(2008), p. 87.(天地與我竝生, 萬物與我僞一)
20) Chao-Chaun Chen and Yueh-ting Lee,(2008), p. 103.
21) 장기홀 저, 중국문화연구소 역(1986), p. 332.
22) 중국문화연구소 역, 장기홀 저(1986), p. 361.

앙이 진나라 재상으로 발탁되면서 진나라에 의해 전면적으로 채택되어(變法) 전국시대의 분열을 종식시키고 천하 통일하는데 기여함으로써 중국 역사상 유가사상과 더불어 국가 통치의 중요한 사상(法治)으로 영향을 미치게 된다.

법가사상을 현대적 의미로 해석하면 법학, 행정학, 정책학 등 국가 통치체계, 법체계와 관련이 있다.

### 라. 음양가陰陽家

음양가는 추연을 주요 인물로 하는 자연적 우주론, 변화와 생성에 관한 사상이다. 우주 만물은 음과 양의 화합과 조화에 의해 끊임없이 생성 변화하며(變化無常), 일음일양을 도(一陰一陽道)라 한다. 또한 하늘의 도(天道)를 세우는 것은 음과 양이요 땅의 도리地道를 세우는 것은 유 와 강이다. 자연계는 수, 목, 화, 토, 금 5행을 기본 요소로 하여 오행상생상승五行相生相勝하는 질서로 운행된다.

상호대립속의 조화와 상생이 음양가의 핵심 사상이며 동양적 변증법적 사고의 출발점 이기도 하다. 음양과 오행은 상보상성相輔相成하며 서로 순환한다.[23] 음양가는 도가사상과 맥락을 같이 하는 면이 있으나 실제경험, 현지답보 등 오늘날 자연과학적 방법론을 시도했다는 독창적 의미를 갖는다. 또한 변증법적 사고와 일원론적 우주관과 관련이 있다.

### 마. 묵가墨家

묵가는 묵자를 창시자로 하는 평등과 대동단결 사회를 주장하는 사상이다. 유가의 사회적 신분에 따른 인과 예의 차별성(別愛), 위계적 사회질서 구축과는 달리 묵가는 '정상에 있는 것을 내리고 밑바닥에 있는 것을 개방하여 천하를 평정해야 한다.'[24]는 겸애兼愛를 통한 평등하고 대동단결된 사회를 구현하는 것이 목표였다. 이를 위해 비공非攻, 비전非戰, 절용절장節用節葬 등 전쟁을 삼가고 서로 공격을 하지 않으며 예를 명분으로 불필요한 낭비와 사치스러운 장례를 지양하고 근검절약을 생활화해야 한다고 주장했다. 또한 천하의 모든 이익을 흥하게 하고 천하의 모든 해를 제거시켜 모든 백성들이 다 같이 이익을 얻고(交相利)

---

23) 중국문화연구소 역, 장기홀 저(1986), p. 444.
24) 중국문화연구소 역, 장기홀 저(1986), p. 8.

최대의 행복을 누려야 한다고 했다.[25] 묵가사상을 현대적으로 해석하면 실용주의적, 평등주의적 정치·사회사상과 관련이 있다고 볼 수 있다.

### 바. 기타 사상

앞에서 언급한 유가, 도가, 법가, 음양가, 묵가 외에도 귀곡자, 소진, 장의를 주요 인물로 하는 외교와 책략을 주장했던 합종 및 연횡가, 현대의 논리학적 접근과 실험적 측정을 중요시하며 대자연속의 참된 진리를 추구했던 혜시의 명가, 농업정책을 중시했던 농가, 기타 이와 같은 제학파의 사상을 종합하여 '유가와 묵가를 아울러 갖추고 명가와 법가를 더하면서 나쁜 점은 버리고 좋은 점을 따오면 만능의 책략을 깨칠 수 있다.'[26]는 여불위의 잡가雜家, 문학작품으로 경천애인, 충효사상을 창의적으로 표현했던 굴원을 대표로 하는 소설가 등 다양한 학문활동과 탐구활동, 창작활동이 춘추전국시대에 있었다.[27] 중국의 춘추전국시대는 사회적 혼란 분열, 전쟁 과 더불어 현대적 의미로 자연과학으로부터 인문학에 이르기 까지 전영역의 학문적 활동이 활발하게 이루어졌던 학문적 사상적 다양성과 역동성이 함께 했던 시대라고 볼 수 있다. 이와 같은 학문적, 사상적 다양성은 군사학 분야의 병가학파에도 많은 영향을 미쳤다.

## Ⅲ. 『손자병법』의 주요 내용과 제자백가 사상과 연계성

### 1. 『손자병법』 개요

『손자병법』은 춘추시대 병가 창시자였던 손무(B.C. 541-482)가 지은 책이다. 손자는 군사학을 대대로 연구하는 소위 군사세가軍事世家에서 출생하고 성장하였다. 즉, 군사학을 가업으로 연구하는 집안에서 성장한 군사학자이다. 손무 이전 고대 중국에는 전쟁이 많았으며 전쟁을 주도하는 황제의 전쟁에 관한 축적된 지식을 풍후라는 신하가 『악기경』에 체계화

25) 중국문화연구소 역, 장기홀 저(1986), p. 222.
26) 중국문화연구소 역, 장기홀 저(1986), p. 60.(兼儒墨, 合名法, 舍短取長, 則可以通萬方之略)
27) 중국문화연구소 역, 장기홀 저(1986), p. 62.

시켜 병법 13편으로 담아 전했다고 하며,[28] 강태공의 『태공병법』(六韜)도 전해지고 있었다고 한다. 중국의 고대 저작물들은 대개 하나의 학파로부터 서로 이어지고 교류하며 이루어졌으며 이러한 전통과 관습은 중국문화 형성에 많은 영향을 미쳤다.

손자의 먼 후손인 청나라 고증학자 손성연孫星衍이 지은 『손자병법孫子兵法』 서문에 이르기를 "중국 상고로부터 황제의 병법이 있었다고 하는데, 그 글은 이미 없어졌고 태공의 『육도』(太公 六韜)도 원본이 지금 전하지 아니 하고 오직 『손자병법』 13편이 가장 오래된 글이다. 옛 사람의 학술은 반드시 받아온 전통이 있는 것이니 손자의 병학도 황제의 병법으로부터 나왔는지 모른다. 그 글이 천, 지, 인, 수, 화, 금, 목, 토에 통하고 인의仁義를 근본으로 하고 권모權謀로서 보좌하여 그 설이 매우 바르다. 옛날의 명장이 이대로 쓰면 이기고 이법에 어기면 패하므로 병경兵經이라 칭한다."[29] 라고 『손자병법』의 특징을 함축적으로 언급하고 있다.

손무의 『손자병법』도 이와 같은 맥락에서 어느 날 갑자기 아무것도 없는 무에서 손무 자신의 독창적인 창작에 의해서 저술된 것이 아니라 역사와 전통, 동시대의 제자백가 사상의 영향을 받았다고 볼 수 있다.[30] 즉, 손무는 앞에서 언급한 춘추전국시대의 사상기적 황금기에 고대로부터 전래되어 오던 전쟁에 관한 병서를 참고하고 자신의 경험을 체계화 및 집대성하여 『손자병법』을 저술했다. 『손자병법』은 제 1편 시계, 제2편 작전, 제3편 모공, 제4편 군형, 제5편 병세, 제6편 허실, 제7편 군쟁, 제8편 구변, 제9편 행군, 제10편 지형, 제11편 구지, 제12편 화공, 제13편 용간 등 총 13편 6,109 자로 구성되어 있으며,[31] 전쟁사상, 전쟁대비, 전술 및 전략, 리더십 등 군사와 전쟁에 관한 전반적 분야를 체계적으로 제시하고 있다.

## 2. 각 편별 세부내용 분석

제1편은 **시계**始計이다.

시계란 최초의 근본적인 계책이라는 의미로 전쟁을 결심 또는 시작하기 전에 검토 및

28) 노병천, 『손자병법 통달을 위하여』(서울 : 도서출판 21세기, 1996), p. 17.
29) 성낙훈, 『세계의 대사상』(서울 : 휘문출판사, 1983), p. 31.
30) 중국문화연구소 역, 장기홀 저(1986), p. 527.
31) 노병천, 『도해 손자병법』(서울 : 도서출판 한원, 1990), p. 13.

갖추어야 할 기준과 기본 대책을 말한다. 손자는 시계편에서 군사업무, 전쟁업무와 관련하여 전쟁과 군사에 관한 일은 국가의 큰 일로서 국민의 생명과 국가의 존망과 관련되어 있으므로 신중히 검토해야한다[32]고 했다. 검토 요소로서 5사 7계를 제시했는데, 5사란 도道, 천天, 지地, 장將, 법法을 말한다. 5사를 분석해 보면 도가와 유가에서 제시된 도, 천, 지, 인 요소와 법가사상인 국가의 법과 제도와 관련된 법이 검토요소로 제시되고 있음을 알 수 있다. 道란 백성들로 하여금 군주, 또는 임금과 더불어 한뜻이 되게 하여 함께 죽고 함께 살 수 있게 하여 위험도 두려워하지 않게 하는 것이다.[33]라고 했으며, 도는 정치지도자와 국민들 간의 리더십에 관한 것(治國)으로 5사의 첫 번째 요소로 올바른 정치, 도에 의한 정치(主孰有道)를 가장 중요시 하고 있다. 이는 유가 정치사상의 핵심을 이루는 '자신을 수양하고 백성을 평안케 한다'(修己而安人)는 인정仁政과도 관련이 있다. 손자는 확실히 유가의 인본철학의 영향을 많이 받아 인의지사仁義之師라 불리며 이것이 바로 중국 군사사상의 정수라 할 수 있다.[34] 천, 지는 기상과 지형에 관한 요소로 자연환경이 군사에 미치는 영향요소로 제시하고 있다. 장將은 군대 지휘관의 리더십에 관한 요소로 지·신·인·용·엄(智信仁勇嚴) 5가지를 제시하고 있다. 즉, 군대 지휘관이 구비해야하는 자질과 역량으로서(武德) 지모, 신망, 인애, 용기, 위엄과 엄정함을 갖추어 함을 제시하고 있다. 이는 유가의 지, 인, 용 사상, 법가의 엄격한 법질서 구축과 신상필벌과 관련된 사상과 연관이 있다. 마지막으로 법法은 군대의 편성 조직, 제도, 전투근무지원과 관련된 국가 및 군대의 법과 제도와 관련된 것을 말하며 이는 법가사상과 많은 관련이 있다. 제1편은 전쟁과 관련하여 군주와 장수들의 정신적 인면 국가의 법과 제도를 언급하고 있는 분야로서 도가, 유가, 법가의 사상을 군사적 측면으로 수렴하여 논리정연하게 제시하고 있음을 알 수 있다. 특히 손자병법과 유가의 道는 길은 다르나 추구하는 바는 같아 많은 사상들이 일치하고 있으며 서로 보완관계에서 서로를 완성해 주는 역할을 하고 있다.[35] 즉, 손자병법은 군사문제를 다루고 있지만 미시적 관점의 술術이 아니라 손무의 먼 후손 손성연이 앞에서 언급한 바와 같이 인의仁義를 근본으로 하고 권모權謀로서 보좌하는 무도武道를 논하고 있음을 알 수 있다.

32) 노병천,(1990), p. 26.(兵者, 國之大事, 死生之地, 存亡之道, 不可不察也)
33) 노병천,(1990), p. 28.(道者令民與上同意也)
34) 중국문화연구소 역, 장기훌 저(1986), p. 518.
35) 중국문화연구소 역, 장기훌 저(1986), p. 540.

제2편은 **작전**이다.

전쟁의 시행과 관련하여 전쟁의 무제한적 소모성과 힘든 준비 경제적 부담을 고려하여 속전속결의 중요성과(兵貴勝, 不貴久)[36] 군수품의 현지조달, 불필요한 사상자 방지 등을 주요 내용으로 제시하고 있다. 이는 전쟁을 실행하는 과정에서도 유가의 인, 의 사상이 근저에 흐르고 있으며, 전쟁의 경제적 측면, 효율성도 고려하고 있음을 알 수 있다. 또한 현재 분열된 상태에서 적이지만 보다 큰 차원의 하나의 공동체 의식(一家)이 전제되어 있으며 전쟁의 목적이 적 유생역량 말살이 아니라 전쟁 의지를 말살하여 무혈항복(不戰而屈人之兵) 시키는 것이 최선이라는 부전승 사상, 전승사상과 연관이 있다. 이는 모든 것은 道에서 생겨났으며 하나로 귀일한다는 도가사상과 유가에서 제시한 평천하平天下와 관련이 있다고 볼 수 있다.

제3편은 **모공**이다.

모공이란 모계로서 적을 굴복시킨다는 뜻으로 현대적 의미로는 외교전에 관한 내용이다. 모공편의 핵심은 일관된 부전승 사상, 군주와 야전 장수와의 권한 위임 및 통수권에 관한 문제, 아군과 적에 대한 정보의 중요성이 언급되고 있다. 손자병법 전편에 걸쳐 일관된 사상적 흐름은 부전승 사상(不戰勝 思想),[37] 즉 피·아간 유혈충돌 없이 전쟁의 목적을 달성하는 것이 최선이라는 논리이다.[38] 손자는 적을 굴복시키는 방법이 오로지 군사력에 의한 물리적 수단만이 아니라, 현대적 의미의 정치, 외교, 경제 등 가용한 모든 수단을 모공 차원에서 다루고 있으며 군사적 수단은 최후의 방책으로 여기고 있는 부전승 사상, 전승 사상, 신중한 전쟁관이 『손자병법』의 전반적 내용에 일관되게 나타나고 있다.

제4편은 **군형**이다.

군형이란 군의 배치형태를 말한다. 군형편의 핵심 내용은 전투에 패하지 않을 준비를 갖추어 놓고 적의 약점을 공격해야 한다는 것과 적이 이기지 못하게 하는 것은 나에게 달려있고 내가 이기는 것은 적에게 달려있으니,[39] 용병을 잘하기 위해서는 도와 법을 닦고

---

36) 노병천(1990), p. 70.

37) Sammuel B. Griffith, *Sun Tzu The Art of War*(Oxford University Press, 1971), p. 40.(Sun Tzu did not conceive the object of military action to be the annihilation of the enemy's army, the destruction of his cities, and the wastage of his countryside. Weapons are ominous tools to be used only when there is no alternative)

38) 노병천(1990), p. 81.(全國爲上, 破國次之, 百戰百勝, 非善之善者,不戰而屈人之兵, 善之善者也)

39) 노병천(1990), p. 103.(不可勝在己, 可勝在敵)

연마해야 한다는 내용이다.[40]

손빈은 승리의 중요한 관건은 도를 아느냐에 달려있다고 했다. 도를 안다는 것은 위로는 하늘의 도를 알고 아래로는 땅의 이치를 알며, 안으로는 국민들의 마음을 알고 밖으로는 적의 상황을 아는 것을 말한다.[41] 또한 강태공의 『육도六韜』에는 "道는 볼 수 없는 곳에 있고 일은 들리지 않는 데서 일어나며 승리는 적이 모르고 있다는 바로 그곳에 있다"고 했다.[42] 전투 승리의 관건은 나 자신이 도를 수도하고 연마하여(戰道, 武道) 아군과 적군과의 상대적 관계에서 능수능란하게 이를 활용(將孰有能)해야 한다는 내용이다. 공자는 '군자는 모든 책임을 자신의 탓으로 돌리지만 소인은 모든 잘못을 다른 사람의 탓으로 돌린다'[43] 라고 했다. 유가사상과 관련이 있으며 모든 것을 나로부터 출발하는 동양사상이 『손자병법』에서도 나타나고 있다. 제1편에서 언급된 5사 중에서 도, 법에 대해서 다시 언급하고 있으며 용병자로서 도, 법, 능道法能 구비의 중요성을 재강조하고 있다.

제5편은 **병세**이다.

병세兵勢란 아군의 전투력이 적을 압도하는 위력과 형세로서 세勢의 중요성이 강조되고 있다. 勢의 개념은 『손자병법』에서 중요한 위치를 차지한다. 전세戰勢란 정正과 기奇의 끊임없는 변화에 의해서 역동적이고 무궁무진하게 생성, 변화하는 것으로 획일화 하거나 단순하게 접근 할 수 없는 것이다. 따라서 군대 지휘관은 상황과 여건을 아군에게 유리하고 적에게 불리하도록 正과 奇를 능수능란하게 활용하여 전세를 적극적으로 조성하여 승리할 수 있어야 한다[44]고 제시하고 있다. 이는 노자사상에 제시된 도에 의해서 모든 만물이 생겨난다는 변화의 원리를 원용한 것으로서, 이와 같은 원리에 의거 전장에서 장수는 아군에게 유리하고 승리 할 수 있는 세를 적극적이고 주도적으로 형성(因利而制權也, Situation Making)하는 것이 중요하다고 했다.[45] 또한, 우주만물은 음과 양의 화합과 조화에 의해 생성 변화하며, 일음일양을 도(一陰一陽道)라 하며, 자연계는 수, 목, 화, 토, 금 5행을 기본 요소로 하여 오행상생상승五行相生相勝하는 질서로 운행된다는 음양가 사상과도 연관이 있다.

---

40) 노병천(1990), p. 111.(善用兵者, 修道而保法, 故能爲勝敗之政)
41) 중국문화연구소 역, 장기훌 저(1986), p. 61.(知道者, 上知天之道, 下知地之理, 內得其民之心, 外知敵之情)
42) 중국문화연구소 역, 장기훌 저(1986), p. 538.
43) 주희 집주, 임동석 역주(2004), p. 548.(君子求諸己, 小人求諸人)
44) 노병천(1990), pp. 12~127.(戰勢, 不過奇正,奇正之變, 不可勝窮也,故善戰者, 求之於勢, 不責於人,凡戰者, 以正合,以奇勝)
45) 노병천(1990), p. 132.(善戰者 求之於勢, 不責於人)

제6편은 **허실**이다.

허실虛實은 빈틈과 충실함, 약점과 강점을 말한다. 아군의 실로서 적의 허를 공격하면 승리한다는 내용이다. 허실편에도 제5편의 병세와 더불어 변화무상變化無常의 원리가 강조되고 있다. 특히, 군사력 운용은 물과 같아야 한다. 물은 일정한 형상이 없으나 높은 곳에서 낮은 곳을 찾아 자유자재로 흐른다. 따라서 군대운용도 상황에 따라 자유자재로 하여 적의 변화에 따라 능수능란하게 대응하여 승리를 하는 것이 최선이다.46)라고 강조하고 전쟁의 도(戰道)의 극치는(神의 경지) 변화되는 적의 상황에 맞게 대응하여 승리를 쟁취하는 것으로 제시하고 있다. 노자사상에 도가 현실에 구현되는 모습으로 물을 자주 인용한다.(上善若水). 물은 항상 낮은 곳으로 흐르면서도 자신의 정체성을 모양에 맞게 적응하면서 물로서 기능을 다한다.

물의 존재와 흐름이 도에 가깝다.[47] 이러한 도가사상이 군사력 운용관련 원용되고 있다고 볼 수 있다.

제7편은 **군쟁**이다.

군쟁軍爭이란 군을 사용하여 승리를 쟁취한다는 의미로 전투수행에 관한 구체적 방법론(How To Do)에 관한 내용이다. 전투는 적을 기만함으로서 성립하고 이로운 방향을 좇아 움직이며 병력을 분산하기도 하고 합하기도 하여 상황변화에 적절하게 대응하는 것이 중요하다.[48] 군쟁편에서는 시계편에서 언급한 궤도詭道가 다시 부각된다. 전투 실시간 변화(變)에 대한 대응, 적을 기만하는 것(詭, 詐, 奇)이 강조되고 있다. 손자의 正과 奇의 개념은 매우 다양한 포괄적 의미를 지닌다. 여기서 말하는 궤, 사, 기詭詐奇는 도덕적인 거짓(僞)의 의미가 아니라 전술적 차원의 기변奇變을 말한다.[49] 즉, 전쟁과 관련된 도(戰道, 詭道, 武道)를 의미한다. 또한 유가에서는 상황에 적합하고(合情) 이치에 어긋나지 않은(合理) 즉, 중용中庸, 중도中道를 중시하고 있다. 노자는 도는 고정된 명칭이 없으며(道常無名),[50] 또한 천지의 시작은 이름이 없으며(無名), 이름이 있음은(有名) 만물의 어머니이다. 무명과 유명은 양자가 동시에

---

46) 노병천(1990), pp. 156~157.(夫兵形象水, 水無常形, 兵無常勢, 故能因敵變化而取勝者, 謂之神)

47) Sammuel B.Griffith, *Sun Tzu The Art of War*,(Oxford University Press, 1971), p.43.(Sun Tzu's theory of adaptability is an important aspect of his thought. Just as water adapts itself to the conformation of the ground, so in war one must be flexible; he must often adapt his tactics to enemy situation.)

48) 노병천(1990), p.173.(故兵以詐立, 以利動, 以分合爲變者也)

49) 이병호 편역,(1999), p. 21.

50) 노자, 「도덕경」, 32장.www.quanxue.cn/CT_BingFa/SunZiIndex.html(검색일 : 2007. 11, 14.)

나타난 것으로 명칭만 다를 뿐이다.[51] 유, 무는 분리되고 고정된 실체(常)가 아니며 무는 유의 다른 모습(形, Form)이고, 유는 무의 또 다른 모습(形, Form)으로서 동시에 생겨났으며 끊임없이 변화하는 것(變化無常)으로 제시하고 있다. 이러한 무無는 공무(空無, Nothingness)가 아니라 천지만물을 생성하는 무한한 창조력을 가진 가능태(Potentiality)를 말한다.[52] 이것이 노자사상 나아가서 동양사상의 근저를 이룬다. 전쟁과 전투를 대비하면 전쟁은 정, 전투는 기, 공격은 정, 방어는 기라 할 수 있으며 유, 무가 실체가 없이 동시에 생겨나 변화무상하듯이 정과기의 개념도 고정된 실체가 있는 것이 아니라 변화무상의 차원에서 이해되어야 한다. 즉, 정은 기의 다른 면이며 기는 정의 또 다른 면이다. 이러한 사상은 『손자병법』 전편에 걸쳐 일관성 있게 전개되고 있다. 노자사상과 깊은 연관이 있음을 알 수 있다.

제8편은 **구변**이다.

구변九變이란 9가지의 변화를 말한다. 변變은 상常과 대비되는 개념으로서 전투는 원칙을 준수하되(正, 道, 常) 상황에 따라 융통성 있게, 상황 적합적(奇, 中道, 變)으로 대처해야 한다는 것이다. 승리를 하기 위해서는 길이라도 가서는 안 되는 길이 있고 적군이라도 공격해서는 안 되는 적군이 있으며 요새라도 공격해서는 안 될 요새가 있고 적지라 해도 쟁탈해서는 안 되는 땅도 있다. 또한 군주의 명령이라도 무조건 받아들여서는 안 될 경우도 있다.[53]고 했다. 지휘관이 야전에서 전투실시간 현지상황, 적 상황에 맞게 변화에 효과적으로(當地, 當時, 合情, 合理) 대처해야 함을 강조하고 있다. 특히, 군주의 명령도 무조건 이행하는 것이 아니라 현장상황에 맞게 이행하는 것을 언급하고 있다. 이는 도, 상, 변, 정, 기의 개념이 전장의 구체적 상황에서 어떻게 적용되어야 하는가를 재강조하고 있다고 볼 수 있다. 또한 철수하는 적의 퇴로를 막지 말 것(歸師勿遏), 적을 포위 할 때는 반드시 퇴로를 열어 둘 것(圍師必闕), 막다른 지경에 도달한 적은 핍박하지 말 것(窮寇勿迫)을 강조하고 있다.[54] 이는 부전승 사상의 연장선상에서 피·아 다같이 불필요한 희생과 인명손실을 방지하자는 의미이며 거시적 관점에서 적에 대한 유가의 인 사상의 구현이라고 볼 수 있다.[55]

---

51) 노자, 『도덕경』, 1장.www.quanxue.cn/CT_BingFa/SunZiIndex.html(검색일 : 2007. 11. 14.)(無名天地之始, 有名萬物之母, 兩者同出而異名)

52) 이강수, 『노장철학의 이해』(서울 : 예문서원, 2005), p. 28.

53) 노병천(1990), p. 192.(塗有所不由,軍有所不擊,城有所不攻,地有所不爭,君命有所不受)

54) 노병천(1990), p. 191.

55) Chao-Chaun Chen and Yueh-ting Lee,(2008), p. 155.

제9편은 **행군**이다.

행군行軍이란 군대의 이동을 말하지만 본편에서는 단순한 이동에 대해서만 아니라 주둔, 정찰, 작전, 리더십에 대한 내용이 광범위하게 언급되고 있다. 리더십과 관련하여 병사들과 친해지기도 전에 처벌부터 하게 되면 따르지 않고 따르지 않으면 효과적인 임무수행이 어렵다. 병사들과 친해졌는데도 상벌을 엄격하게 시행하지 않으면 군기가 없어 용병이 어렵다. 따라서 승리를 쟁취하기 위해서는 부하에 대한 리더십 발휘는 덕과 정으로 하고, 군기 및 질서유지는 무武로서 해야 한다.[56]고 제시하고 있다. 유가의 인, 법가의 법과 엄 사상이 원용되고 있음을 알 수 있다.

제10편은 **지형**이다.

지형地形이란 본래 지표의 형태를 말하지만, 본편에서는 작전수요와 지형의 차이를 종합하여 전술운용의 일반원칙을 제시하고 있다. 즉, 지형과 아군 및 적 쌍방의 군사적 상황, 기후를 포함한 종합분석을 바탕으로 주변국가와의 관계까지 거시적 전략지리를 결합해야 승리 할 수 있다는 것을 강조하고 있다.[57] 지형은 용병을 도와주는 것이다. 적의 정세를 판단하여 지형의 험하고 좁음, 멀고 가까움을 헤아려서 승리로 이끄는 것이 장수의 도이다. 따라서 전쟁의 도에 비추어 승리가 확실하면 군주가 싸우지 말라고 해도 반드시 전투를 해야 하며 전쟁의 도에 비추어 승리가 확실치 않으면 군주가 싸우라 해도 전투를 해서는 안 된다. 자신의 명리를 추구하기 위해 출전해서는 안 되며 처벌이 두려워 퇴각해야 할 때 퇴각하지 않아서도 안 된다. 오직 국민을 위하고 국민을 보호하고 군주에게도 이로운 것을 추구하는 것이 전쟁의 도를 실천하는 것이며 이와 같은 장수가 국가의 보배이다.[58]라고 제시하고 있다.

이는 노자사상에 도는 결코 행하지 아니하나 행하지 아니하는 것이 아니며 행하지 아니하는 듯 행하는 것이 도이다.[59]라는 구절이 있다. 그리고 유가의 충忠 개념은 자신을 극복하고 모든 인간관계에서 성실과 신뢰에 따라 행동하는 것으로 강조한다(主忠信, 克己復禮).[60]

---

56) 노병천(1990), pp. 224~225.(卒未親府而罰之,卽不服,不服則難用也,卒已親附,而罰不行,則不可用,故令之以文,齊之以武是謂必取)

57) 이병호 편역(1999), p. 389.

58) 노병천(1990), pp. 242~243.(夫地形者, 兵之助也, 料敵制勝, 計險阨遠近, 上將之道也, 故戰道必勝, 主曰無戰, 必戰可也, 戰道不勝, 主曰必戰, 無戰可也, 故進不求名, 退不避罪, 惟民是保, 而利於主, 國之寶也)

59) 노자, 『도덕경』, 37장.www.quanxue.cn/CT_BingFa/SunZiIndex.html(검색일 : 2007. 11. 14.).(爲無爲, 事無事, 道常無爲, 而無不爲)

이와 같은 사상이 본 편에 원용되고 있음을 알 수 있다.

제11편부터 마지막 13편까지는 구지九地, 화공火攻, 용간用間에 관한 내용이다. 먼저, 구지편에서는 주로 9종의 작전지역과 그에 따른 용병원칙을 논하면서 기습과 신속한 공격을 강조하고 있다. 화공편에서는 화공의 종류 조건과 방법을 논하고 전쟁을 구상하는 군주의 자세에 대해 군주는 일시적 노여움으로 전쟁을 해서는 안 되며 장수는 화가 난다고 전투를 해서는 안 된다는 주요 전쟁수행자의 정신적 균형상태의 중요성을 강조하고 있다.[61] 이는 노자사상에 '전쟁을 바람직하게 수행하는 자는 노하지 아니한다(善戰者不怒)'[62]라는 내용과 관련이 있다.

마지막으로 용간편에서는 전략적 차원의 간첩운용의 중요성과 구체적 방법과 미신적 요소를 배격하고 합리적 과학적 방법의 중요성을 강조하고 있다.[63] 적 상황을 알기 위한 구체적 수단으로서 간첩운용의 중요성은 현대적으로 인간정보의 중요성과 맥락을 같이 한다.

## 3. 분석결과 종합

『손자병법』 각 편에 나타난 제자백가 사상의 주요내용을 종합하면 유가사상을 비롯하여 도가사상, 법가사상, 음양가 사상, 기타, 명가와 묵가사상이 『손자병법』 제1편부터 제 13편 전반에 걸쳐서 광범위 하게 영향을 받고 있음 을 알 수 있다. 특히, 유가의 인, 의, 예, 지, 사상, 도가 및 음양가의 음, 양, 지, 수, 화, 목, 토 상호연계 및 변화 사상, 법가의 법, 권위, 술, 관련 사상이 많은 영향을 준 것으로 보인다.[64] 또한 이미 앞에서 논의된 바와 같이 중국 고대의 황제 병법, 강태공의 『육도六韜』의 치국과 용병에 관한 내용도 영향을 준 것을 알 수 있다. 이와 같이 고대 중국의 학문전통과 저술 활동이 앞에서 언급된 바와 같이 대개 하나의 학파로부터 서로 이어지고 교류하며 이루어졌으며, 어느 날 갑자기 아무것도 없는 무에서 이루어 진 것이 아님을 알 수 있다. 손무의 손자병법도 이와 같은 맥락

60) http://www.poori.net/ethics/421.htm(검색일 : 2007. 2. 27.)
61) 노병천(1990), p. 291.(主不可以怒而興師, 將不可以慍 而致戰, 合於利而動, 不合於利而止)
62) 노자, 『도덕경』, 68장.www.quanxue.cn/CT_BingFa/SunZiIndex.html,(검색일 : 2007. 11. 14.)
63) 이병호 편역(1999), p. 449.
64) Chao-Chaun Chen and Yueh-ting Lee,(2008), p. 145.

에서 손무 자신의 독창적인 창작에 의해서 저술된 것이 아니라, 역사와 전통, 동시대의 제자백가 사상의 영향을 받았다고 볼 수 있다.[65] 그러나 공자의 논어에 "기술하되 자의적으로 창작하지 않는다(述而不作)"라는 말이 의미하듯이, 학자로서 단편적, 부분적 지식을 체계화하고 집대성하여 논리와 객관성을 갖춘 과학적, 체계적 군사사상체계로 정립하여 종합학문으로서 군사학의 기원을 이룬 것은 손무가 이룩한 위대한 학문적 업적으로 볼 수 있다. 중국의 역사학자 반고가 지은 한서 예문지에 보면 한나라 시대까지 전해지던 천하의 책들을 모아 크게 여섯 가지로 분류하고 있는데, 그 속에 군사와 전쟁에 관한 책을 병서략兵書略으로 분류되어 전하고 있다. 병서략은 더욱 세분되어 병권모 13가, 병형세 11가, 음양 16가, 병기교 13가로 나누어 도합 53가 790편의 병서를 수록하고 있다.[66] 제자백가 학파 중에 병가가 얼마나 중요한 위치를 차지하고 있는가를 잘 보여주고 있는 사례이다. 중국의 대표적 근대사상가 손문 선생은 '중국의 군사철학은 2천여 년 전에 당시의 전쟁원리를 체계적으로 기술한 손자병법으로부터 성립되었다'고 했으며, 장개석은 『손자병법』은 군사 분야의 '철학이며, 과학이며 예술이다'라고 했다.[67] 또한 공자를 지성至聖, 맹자를 아성亞聖, 손자를 무성武聖으로 칭송되기도 하는데 이는 손자의 군사사상이 중국의 군사 분야에서 차지하는 중요성을 잘 표현하고 있다.

## Ⅳ. 맺음말

오늘날 동·서양을 막론하고 손자의 군사사상을 벗어나서 군사학을 논할 수 없을 정도로 『손자병법』의 영향력은 면면히 계속되고 있다. 앞에서 알아본 바와 같이 『손자병법』은 중국의 제자백가 사상과 중국의 오래된 전쟁에 관한 축적된 경험과 춘추전국시대의 사상적, 학문적 다양성이 종합적으로 상호 작용하여 결실을 맺은 전쟁과 군사에 관한 과학적 지식체계(武道, 戰道, 詭道)이다. 체계화되고 집대성된 군사학 연구의 기원(起源, Origin)으로서 군사학의 학문적 정체성은 동양과 서양을 막론하고 『손자병법』으로부터 찾는데 이의를 제

65) 성낙훈, 『세계의 대사상』(서울 : 휘문출판사, 1983), p. 31.
66) 김학주 역, 『손자·오자』(서울 : 명문당, 1999), p. 261.
67) 중국문화연구소 역 장기훈 저(1986), p. 519.

기하는 사람은 없다고 본다. 『손자병법』 전체의 문장 중에서 병兵자가 70여회 나온다. 兵字의 의미는 전쟁, 전투, 군대, 무기, 군사기술 등 여러 가지로 사용되고 있다.[68] 이처럼 군사학은 전쟁 및 군사력 건설과 운용 등에 관하여 고유 연구주제 영역을 가지고 있다. 그러나 전쟁 및 군사문제는 매우 포괄적이며 중대한 관심사이기 때문에 현대의 인문학, 사회과학, 자연과학의개별 분과학문과 직·간접적으로 연계되는 종합 학문적 성격을 지닌다.[69] 따라서 군사학의 독자적 고유성과 정체성을 견지하되 개방된 자세와 열린 마음으로 다양성을 통합하고 학문적 포용성을 유지해 나가는 것이 어느 학문보다도 중요하다. 고유영역 및 정체성에 대한 배타적 사고방식이나 미시적 분석, 단편적 지식의 발견 등 개별성에 지나치게 치우쳐서 나무를 보면서 숲을 보지 못하는 우愚를 범하면 군사학이 추구하는 도(武道, 戰道)를 달성할 수 없다.[70]

손자병법과 제자백가 사상에서 보았듯이 모든 학문은 상호 의존적이고 연계성(interdependence and interconnection)을 유지하면서 일가一家를 이룬다. 21세기 군사학은 학문 공동체의 시간적, 공간적 상호 의존성과 연계성을 올바르게 인식하고 손자병법이 지닌 종합 학문적 성격과 정체성을 기원으로 하여 이를 현대적으로 온고지신하여 더욱 발전되어야 한다.

## -참 고 문 헌-


• 길병옥, 「군사학과 안보학의 이론체계에 대한 비교연구」, 『평화와 안보』제2권, 2005.

• 김학주 역해, 『노자』서울 : 명문당, 2002.

• _____역, 『손자·오자』, 서울 : 명문당, 1999.

• 노양규, 『365일 손자병법』, 서울 : 신한출판, 2007.

• 노병천, 『도해 손자병법』, 서울 : 도서출판 한원, 1990.

• _____, 『손자병법 통달을 위하여』, 서울 : 도서출판 21세기, 1996.


68) 성낙훈(1983), p. 375.

69) 장용선, 「한국의 군사학 학문체계 정립방향」(육사 화랑대연구소, 1999), p. 11.

70) Jack E. Edwards, *How to conduct organizational surveys*,(CA : Sage Publications, 1997), p. 131.(More analysis and findings are not always better, especially if they create a can' t-see-the-forest-the-trees problem)

- 성낙훈, 『세계의 대사상』, 서울 : 휘문출판사, 1983.
- 이강수, 『노장철학의 이해』, 서울 : 예문서원, 2005.
- 이병갑, 「대학 3강령 8조목의 분석과 행정학적 함의」, 『한국행정학회보』, 2004.
- 이병호 편역, 『손자, 군사사상과 병법이론』, 울산 : 울산대학교 출판부, 1999
- 이상옥 편역, 『육도삼략』, 서울 : 명문당, 2007.
- 이종학, 『군사논문선』, 경주 : 서라벌군사연구소, 1991.
- 정성, 「군사학의 기원과 이론체계」, 『군사논단』, 통권 제41호, 2005.
- 장용선, 「한국의 군사학 학문체계 정립방향」, 육사 화랑대연구소, 1999.
- 중국문화연구소 역, 장기홀 저, 『중국사상의 근원』, 서울 : 문조사, 1986.
- 주희 집주, 임동석 역주, 『사서집주언해, 논어』, 서울 : 학고방, 2004.
- 프리초프 카프라 지음, 김용정·이성범 옮김, 『현대물리학과 동양사상』, 서울 : 범양사, 2008.
- 한승준, 『조사방법의 이해와 SPSS 활용』, 서울 : 도서출판 대영문화사, 2006.

- Chao-Chaun Chen and Yueh-ting Lee, *Leadership and Management in China*, Cambridge University Press, 2008.
- Jack E. Edwards, *How to conduct organizational surveys*, CA : Sage Publications, 1997.
- Sammuel B. Griffith, *Sun Tzu The Art of War*, Oxford University Press, 1971.
- http://www.poori.net/ethics/421.htm, (검색일 : 2007. 2. 27.)
- http://kr.blog.yahoo.com/k4568/21.html, (검색일 : 2006. 4. 6.)
- www.quanxue.cn/CT_BingFa/SunZiIndex.html, (검색일 : 2007. 11. 14.)

# 4. 학계에서 군사학의 정체성

순 서

박사과정 1기 지종상

## Ⅰ. 서 설

군사학의 학문적 정체성正體性이란 불변하는 군의 존재 목적과 그 목적을 지향한 본질적인 현상과 활동 및 기능에 근원하는 독립적인 학문으로서 군사학의 영역이다. 이 정의에 따른 군사학의 연구 영역은 첫째, 군이 존재하는 목적으로서 국가사회에서 군 고유의 역할을 수행하는 현상, 활동, 기능, 효과 및 관심과 관련되어야 한다. 둘째, 타 학문분야와 뚜렷이 구별되는 차별성이 있어야 한다. 연구의 실제에서 그 차별성은 타 학문분야가 그동안 다루지 않았거나 잘 다룰 수 없는 반면, 군사학이 다루지 않으면 안 되거나 더 잘 다룰 수 있는 영역領域이어야 한다. 끝으로 타 학문의 연구나 발전 또는 학제간 연구 프로젝트에서 군사학의 고유 영역에서 조력하거나 조언자로서 기여할 수 있어야 할 것이다.

## II. 현 군사학문체계 정립에서 간과한 문제와 지배적 선입견

군사학이 우리 학계에 등장하는 과정에서 군사학의 이론체계 또는 학문체계에 관한 많은 논의[1]가 있었으나 대부분 기존의 학문분야에서 다루어 왔던 것들을 "군사"라는 수식어만 붙여서 조합하여 제시해 왔다. 그럼으로써 군사학은 태생적으로 타 학문의 아류亞流로써 그 정체성에 대한 심각한 문제를 내포하고 있다.

군사학문체계軍事學問體系에 대한 그러한 접근이나 주장에 따르면, 현존 경영학이나 역사학이 국방경영(관리)이나 전쟁역사를 대상으로 연구하면, 그 결과는 군사학의 영역이 될 수 있다는 논리와 다를 바 없다. 다른 예를 들어, 심리학이 군사조직사회의 심리문제를 연구대상으로 삼으면 군사학연구로 변신한다는 주장이다. 군사와 관련된 제 학문분야를 조합한 군사학은 해당 분야에서 결코 관련 타 학문을 앞설 수 없게 된다. 따라서 타 학문의 아류일 수밖에 없다.

현존 군사학문체계에 대한 논의에서 드러나는 문제점은 부적절한 명칭을 포함하여 군사학에 대한 다음 두 가지 인식상의 오류에 기인하며, 그 오류의 근원으로서 군사학에 대한 세 가지 지배적인 선입견이 있다.

### 1. 군사학에 대한 세 가지 인식상의 오류

그 첫 번째로서 군사학문체계라는 명칭의 부적절성이다. 정치학의 본질적 영역을 정치학의 학문체계로 부르지 않듯이 군사학의 학문체계라는 명칭은 군사에 관련된 제 학문체계로 받아드릴 수밖에 없다. 그 결과 군사와 관련될 수 있는 제반 학문체계의 조합으로 인식하게 된다. 따라서 군사학의 본질적 영역이라는 용어를 사용했어야 합당하다. 다음 두 가지 오류는 첫 번째의 부적절한 명칭에서 파생된 오류로 볼 수 있다.

두 번째는 군사학을 군대조직사회 문제와 현상 및 그 도구나 수단에 대한 연구영역으로 인식한다는 점이다. 그럴 경우 사회현상을 다루는 인문과학 전 영역과 그 도구와 수단에

1) 그 중 하나는 충남대학교 평화안보대학원과 육·해·공군대학 공동학술세미나 자료이다. 충남대학교 평화안보대학원, 『한국의 군사전략과 군사학 학문체계』(충남대학교 평화안보대학원 출판부, 2005)

관련된 자연과학 전 영역이 군사학의 영역으로 망라될 것이다. 그러한 인식상의 오류는 기존 학문의 예를 들어서 설명하는 것이 적절할 것이다. 만약 정치학을 정치조직사회 문제와 현상 및 그 조직사회가 사용하는 도구와 수단에 관한 연구라고 규정한다면, 정치학의 영역도 정치조직사회 문제와 현상을 다루는 인문과학 전 분야와 도구 및 수단에 관련된 자연과학 제 분야가 망라되어야 한다. 정치학은 정치조직사회(일반 조직사회를 포함)의 다양한 문제나 현상 또는 과정 중 기 정의된 "정치" 측면의 연구로 한정함으로써 그 조직의 경제문제(타 분야)를 다루는 경제학(타 학문)과 차별화된다.

세 번째 오류는 군사학의 본질과 군사학을 교육하기 위한 교과체계를 구분하지 않음으로써 야기된다. 정치학 교과체계는 정치학만이 아니라 정치와 관련된 타 학문분야를 포함하듯이, 군사학에 대한 교과체계도 군사학을 중심으로 타 학문분야를 관련시켜 종합적으로 편성해야 해당 학문의 위상을 명확하게 인식시킬 수 있을 뿐만 아니라, 제 학문들이 종합되는 해당 분야의 실제 문제를 해결하거나 종합적으로 분석할 수 있다.

그러한 인식상의 오류들은 군사학문체계라는 애매한 주제에 대한 논의에서 군사학 교과체계와 군사학의 본질적 영역을 구분하지 않음으로써 불가피하게 나타난다. 특히, 군사학과를 신설하는 입장에서 교과체계를 확정하려는 의도적인 목적이 개입되어 혼란을 가중시켰을 것이다.

요컨대, 군사학의 교과체계는 현실적으로 그럴 듯하게 확정되었으나, 군사학의 본질적 영역은 아직도 규명되지 않은 셈이다. 교과체계에 대한 그처럼 관대한 평가는 분석적 관점에서 보면 전혀 달라진다. 군사학의 본질적 영역이 규정되지 않았다면, 군사학에 관련된 타 학문분야를 조합하여 커리큘럼을 편성하는 논리도 부재하기 때문이다. 그 결과 현행 군사학 교과체계도 본질적인 영역이 부재한 상태에서 군사, 안보, 국방, 전쟁이라는 용어를 곁들인 주변 학문 분야를 교양과목으로 편성한 느낌을 받게 된다.

## 2. 지배적인 감성적 선입견

고도로 분석적인 정밀한 용어사용을 학문적 연구의 기초로 삼는 학자들의 군사학에 대한 논의에서 명칭부터 오류를 범한 근본적인 이유는 무엇인가? 그것은 아마도 군사에 대한 학자들의 거부감에 기인한다. 군사학을 학문적 지위로 올려놓으려는 목적은 현 군사대학 교육 및 연구의 주체인 현역이나 예비역 군인만으로 달성할 수 없는 수준으로 군사학을 발전시킬 수 있으리라고 기대했기 때문이다. 그 기대는 반드시 학자들의 능동적인 참여와 조력을 전제하고 있다. 따라서 군사에 대한 학자들의 거부감을 해소하지 않는 한, 군사학은 학계에서 고립되어 타 학문분야를 모방한 군인들만의 어설픈 논쟁의 장場으로 남게 될 것이다. 이에 대해 충남대학교 교수인 길병옥 씨는 '山中島'로 표현한다.[2)]

군사에 대한 학자들의 거부감은 과거 군사정권의 경험으로 형성되어 고착된 뿌리 깊은 감성적 선입견과 군사학 개설에 대한 현실적인 이해관계와 관련된 오해에 근원한다. 먼저 군사학 개설에 대한 현실적 오해는 군사학은 군인들의 학문이라는 인식이다. 그 인식은 군대조직이나 군대사회를 지칭해 왔던 군사라는 명칭 때문에 필연적이다. 학자들의 현실적인 이해관계와 관련된 그 오해는 군사학이 아니더라고 새로운 학문이 대두될 때마다 항상 있어 왔던 정서적 반응이기 때문에 감당해야 할 문제이다.

이해관계에 따른 거부감을 완화시키기 위해서는 무엇보다도 먼저 군사학이 타 학문들의 영역을 잠식하여 조합한 듯한 성격에서 벗어나 차별화시킬 것을 요구한다. 또한 군사학 연구가 유·무형적으로 타 학문에게 이익이 됨을 인식시키려는 지속적인 노력도 필요하다. 그러나 극단적으로 군사학을 군인들이 학계에 진출하는 방법으로 인식한다면, 학자들의 적극적인 참여를 통한 군사학의 학문적 발전은 기대하기 어렵다. 따라서 그러한 오해들은 군사학에 진출하는 군인들의 배우려는 자세와 인내심으로 풀어야 할 과제이다.

예를 들어, 학문적인 접근을 통해 군사분야를 발전시킬 목적으로 군사학을 설립했다면, 비록 군사의 실제에서 경륜이 높은 군인일지라도 학자들을 설득하거나 가르치려는 태도를 버리고, 학자들로부터 학문적 접근을 배우려는 일관된 태도가 합목적적일 것이다. 그러한 태도는 학자들에게 무형적인 이익을 부여하는 하나의 방법(존중)이 된다. 실질적인 이익으로서 더 많은 군사학 관련 프로젝트를 관련된 타 학문의 학자들에게 제공할 수 있어야 한다.

군사에 대한 학자들의 태생적인 거부감은 과거 군사정권에 대한 저항의 중심이 학자들이었다는 점에서 이해해야 한다. 안보나 전쟁 위협을 빙자한 강권정치에 대한 비판과 저항의 경험으로 형성된 군사에 대한 경원심敬遠心은 국가안보나 전쟁마저도 자신들과 무관

---

2) 길병옥, 「군사학과 안보학의 학문적 이론체계에 대한 비교연구」, 『한국의 군사전략과 군사학 학문체계』(충남대학교 평화안보대학원 출판부, 2005), p. 100.

한 군사문제로 인식한다. 그러나 국가안보나 전쟁위협은 위정자나 직업군인에게 기회가 될 수 있는 반면, 그 위협의 가장 큰 피해자는 자신들을 포함한 국민이라는 점에 대한 인식을 이미 형성된 감정적 선입관이 가로막고 있다. 안보나 전쟁위협이 강조되면 될수록, 분석적으로는 진보주의자들의 "분배의 정의"가 오히려 타당화 된다. 왜냐하면, 그 위협을 실질적으로 감당하게 될 계층은 유학중인 자녀나 이중국적을 가진 부류가 아니라, 오갈 데 없는 중산층 이하이기 때문이다.

더군다나 군사분야에 지출되는 막대한 예산집행의 효율성은 그 분야에 대한 과학적 분석과 비판을 요구하며, 그 요구는 국가예산의 출원자를 대표하는 학자들의 연구·분석에 근거한다. 따라서 군사에 대한 감성적 거부감으로 안보위협이나 전쟁문제를 냉소적으로 기피하거나 침묵을 지키는 무책임은 결코 이성적인 학자의 양심이나 지조志操로 미화될 수 없다.

국가안보와 전쟁으로부터 연상되는 군사문제는 오히려 직업군인의 문제가 아니라 국민들의 관심과 학자들의 학문적 분석을 요구한다. 군사분야에 대한 거부감이나 경원심은 국가안전보장과 전쟁수행 문제를 비판 없이 군인들을 성역에 안주하도록 보장해 주는 대신, 그 비효율성으로 인한 피해는 전적으로 학자들을 포함한 국민들의 부담으로 남게 된다.

따라서 군인들을 괴롭히면서 동시에 국가안보 역량을 개선하는 이성적인 방법은 군사분야 연구에 학자들이 직접 참여하여 군인들을 자극하고 비판하는 것이다. 학문으로서 군사학 설립 목적도 바로 그 관점에서 보아야 한다. 군사나 안보 또는 전쟁에 대한 감정적인 선입견은 그들과 함께 이성적이고 과학적인 분석 경험을 통해서만 해소될 수 있기 때문에, 군사학이 학계에 등장한 것이다.

## Ⅲ. 군사학의 본질적 영역

학문의 한 분야로서 군사학의 본질적 영역에 대한 규정은 기존의 타 학문의 영역과 비교하는 것으로부터 출발해야 할 것이다. 예를 들어 정치학이나 경제학은 정치조직이나 경제기구의 운용에 대한 연구가 아니라 국가 또는 국제사회에서 정치의 역할이나 기능 또는 해당 부문을 연구의 대상으로 삼듯이, 군사학도 군대조직관리나 군대사회에 관한 연구가 아니라 국가 또는 국제사회에서 그 궁극적인 목적이나 역할이나 기능에서 찾아야 할 것이다.

## 1. 군의 존재 목적과 역할

국가 또는 국제사회에서 군이 존재하는 궁극적인 목적은 성공적으로 전쟁을 수행하는 것이며, 평화시의 역할은 합목적적으로 전쟁을 준비하여 전쟁을 억제하고, 유사시에는 조성된 유리한 여건에서 성공적으로 전쟁을 수행하는 것이다. 따라서 전쟁수행을 궁극 목적으로 고려함이 없이 군사력의 기타 역할들은 무의미하다. 즉, "군사"라는 용어가 갖는 특수성은 궁극적으로 오직 전쟁수행(Warfighting)[3]에 근원한다.

국가사회에서 다른 조직사회의 구성원과 다를 바 없는데도 군대사회가 이질적으로만 느껴지는 이유는 군대사회가 전통적으로 그러해 왔기 때문이 아니라, 군이 존재하는 궁극 목적이나 역할이 그것을 필요로 하기 때문이다. 그 "필요"란 평화시부터 전쟁수행(Warfighting)의 특수성을 유지해야 할 것을 의미하며, "궁극목적"이란 평화시의 현실적인 목적이 가상적인 전쟁수행이라는 목적을 지향하기 때문에 붙여진 수식어이다. 전쟁수행의 특수성은 학문, 조직, 또는 직업 등 모든 명칭에서 "군사"라는 수식어를 대표한다.

군사라는 용어가 가상적인 전쟁수행을 대표하기 때문에 많은 혼란을 초래한다. 첫 번째 혼란은 정치학이나 경제학이라는 명칭이 정치조직이나 경제기구의 여러 활동을 연상하지 않는 반면, 군사학이라는 명칭은 직접적으로 군대라는 조직사회나 현실적인 과업을 먼저 연상하고 전쟁수행은 오히려 부차적인 과업으로 생각한다는 점이다. 그 혼란이 군사학을 현재의 군사학문체계로 규정하는 과정에서도 작용하였다.

두 번째 혼란은 군사에만 유일한 목적의 이중성 때문에 발생한다. 국가사회의 모든 분야는 현재의 일이 곧 실제적인 목적이며 역할이다. 심지어, 시나리오에서 가상 인물을 배역하는 배우일지라도 그 역할에 충실하는 그 자체가 바로 그 배우의 현실적 목적이다. 그러나 군의 존재 목적은 현실적인 조직관리가 아니라 가상적인 전쟁수행이라는 목적을 지향한다.

---

3) 전쟁수행(Warfighting)이란 전쟁의 수준을 전략적, 작전적 또는 전술적으로 구분하지 않고 전쟁을 수행하는 모든 활동을 포괄하는 용어이다.

가상적인 목적을 지향하여 현실적인 거대한 조직관리의 실제를 다루어야 하는 괴리乖離로 인해, 군인들마저 가상적인 궁극 목적과 현실적인 조직관리 목적을 혼동하거나, 궁극 목적을 오히려 부차적인 것으로 미루기 십상이다. 전쟁수행과정에서 의문시되는 현실적인 경제성이나 편의성 또는 안전에 중점을 둔 국방개혁이나 부대관리 성향이 그 대표적인 예이다.

전쟁보다 훨씬 더 오랫동안 지속되어 온 평화 상태에서 가상적인 전쟁수행의 특수성에 따라 관리되고 운영되어야 하는 목적의 이중성을 이해하지 못한 채, 평화시의 현실적 관점에서 경제적인 국방조직 관리나 사회발전에 부응한 부대관리나 인권 또는 복지를 요구할 때, 군 자체만으로 그것을 해결할 수 없을 뿐만 아니라, 군사에게만 책임지울 경우, 조직 자체의 이익에 따라 궁극목적을 망각하거나 그 우선순위를 뒤로 미룰 수밖에 없게 된다. 왜냐하면 본래 전쟁수행 문제는 군사만의 문제가 아니라, 국가적인 문제이기 때문이다.

그러한 연유로, 인류역사는 전쟁의 승패는 평시부터 합목적성 지향 여부에 따라 결정된다는 것이 진리임을 보여주고 있다. 그 함의는 50%의 패자는 현실적인 목적에만 급급해 온 국가 또는 군대였다는 점이다. 학문으로서 군사학의 본질적 영역은 그 합목적성에 근원해야 하며, 그럼으로써 군사만으로 실현하기 어렵거나 변질되기 쉬운 합목적성을 학문적인 연구를 통해 비판하고 뒷받침해 주어야 한다.

## 2. 고유 영역을 전쟁수행으로 규정했을 때 제기될 문제들

군사학의 본질적 영역을 전쟁수행으로 규정했을 때 필연적으로 제기될 수 있는 다음 네 가지 문제들에 대해 추가적인 설명이 요구된다. 그 중 하나는 전쟁수행의 학문적 접근 가능성에 관한 것이며, 다른 세 가지는 군사학의 영역을 전쟁수행으로 단순하게 규정할 경우 야기되는 문제들이다. 후자는 일반적으로 군사에 대한 접근은 전쟁억제와 전쟁수행 등 전쟁 중심적 사고와 평화시 전쟁이외 군사력의 역할 중심의 사고로 대별할 수 있기 때문에 제시될 수 있다.

### 가. 전쟁수행에 대한 학문적 접근 가능성 문제

이는 주로 전쟁수행이나 군사작전은 문제해결방법에 치중하기 때문에 학문적 접근이 불가능할 것이라는 우려에서 비롯된다. 그것은 이론과 실제 또는 이론과 이론의 적용을 함께 고려하지 않았거나 미개발과 개발 불가를 동일시하여 나타나는 우려이다. 또한 그러한 우려는 문제해결과정에서 이론이 적용되는 과정에 대한 경험부족으로 제기된다.

문제해결 과정은 이론만으로 충족되지 않으며, 상황적 경험에서 터득한 직관이라는 술術이 작용한다. 이를 학술(學術, Science and Art)로 지칭한다. 문제해결 과정에서 이론의 역할은 해당 문제에 대한 관觀(세계관世界觀)을 형성하는데 기여하거나, 확고한 원리에 기초하여 문제의 전반이나 부문을 해결하도록 도와준다.[4)]

정치학이나 경제학 등 타 학문의 이론이 실제에 적용될 경우에도 이론만이 아니라 경험적 직관이 융합되는 문제해결 과정을 거쳐 정책대안으로 제시된다. 따라서 그러한 우려는 전쟁수행이나 군사작전이 주로 문제해결 위주이기 때문에 아직 과학적 접근이 부족하여 어려울 것이며 그것을 극복하기 위해 노력이 배가되어야 한다는 권고로 받아들이는 것이 타당하다. 그 분야의 연구 산물이 부족하다는 평가도 그 분야에 관한 충분한 이론검색 결과로 언급하지 않았을 것이다. 개인적인 경험에 비추어 볼 때, 그 분야에 관한 이론이나 연구실적도 추가적인 학문적 연구를 뒷받침하기 어려울 만큼 부족하지 않다고 생각된다.

### 나. 전쟁수행에 대한 학제간 접근의 필연성

군사학의 본질적 영역을 전쟁수행으로 규정할 경우, 이는 어의적으로 전쟁수행과 군사작전을 동일시하는 문제가 대두된다. 전쟁은 군사만이 아니라 국가 제 분야의 노력이 총합되어 수행되기 때문에 전쟁수행에 관한 연구는 필연적으로 학제간 접근을 요구하며, 그 중 군사학은 어의적으로 전쟁의 한 부분인 군사력의 운용 연구로 한정된다. 따라서 전쟁수행을 다루는 엄밀한 학문 명칭은 "전쟁학"이 적합할 것이나 이 명칭은 너무 호전적이라

4) 이론의 역할은 미 지참대 SAMS의 이론서 NO.5에 근거한다. 그 논문에서는 군사이론의 목적을 다음과 같이 6가지로 언급한다.
첫째, 군사이론은 신뢰할 수 있는 전쟁의 청사진을 제공한다.(전쟁관)
둘째, 군사이론은 비판의 기반을 제공한다.
셋째, 전쟁을 지배하는 조건에서 나타나게 될 질적인 변화를 예측할 수 있게 해준다.
넷째, 변화가 실제로 나타날 경우 그 변화를 인식하게 만들어 준다.
다섯째, 이론은 再照明의 수단으로써 새로운 경험적인 洞察을 타 전문가와 공유하게 해준다.
여섯째, 이론은 현실을 유리하게 변화시키도록 해준다.
· James J. Schneider, *The Eye of Minerva: the Origin, Nature, and Purpose of Military Theory and Doctrine* (SAMS Theoretical Paper NO.5), (USACGSC, Fort Leavenworth, KS), pp. 15~16.

는 느낌을 준다. 다른 관점에서, 군사학 이외의 타 학문이 가상 상황의 전쟁수행 문제를 거의 다루지 않을 뿐만 아니라 더 잘 다룰 수 없기 때문에, 군사분야의 주 관심사인 전쟁수행을 군사학의 영역에 포함하는 것이 합당하다. 그럴 경우, 전쟁수행에 대한 학제간 연구에서 군사학은 타 학문을 주도하고 조력해 주어 그 정체성을 보장할 수 있다.

### 다. 평화시 국가안보와의 관계

가상 상황에서의 전쟁수행은 필연적으로 평화시의 안보문제나 전쟁이외의 군사력의 역할을 배제했다고 생각하기 쉽다. 그러나 국제안보나 국가안보는 궁극적으로 평화시부터 가상적인 전쟁에 유리한 국제적 및 국가적 조건을 조성하여 전쟁을 예방하는데 그 목적이 있다. 전쟁수행 여건을 평화시부터 조성하는 이유는 그러한 활동은 대부분 장기적으로 지속적인 노력을 통해서만 가능하기 때문이다.

미 국방성 사전[5]에서는 국가안보를 특정 국가 또는 국가집단에 비해 군사적 또는 방위적 이점이 제공하는 조건, 상대적으로 유리한 외교적 입장이 제공하는 조건, 그리고 내외의 공개적이거나 은밀한 적대행위 또는 파괴행위를 성공적으로 격퇴할 수 있는 방위태세가 제공하는 조건으로 정의하며, 안보 목표를 그 세 가지 조건을 달성하는 것으로 규정한다. 우리의 국가안보에 대한 정의[6]는 위협의 근원부터 제거하는 미연방지, 위협이 확대되기 이전에 성공적으로 해결하는 배제, 끝으로 대처에 유리한 조건을 조성이라는 세 가지 기능으로 요약할 수 있다.

그 정의에 따르면 위협의 강도에 따라 해석이 달라질 수 있으나, 궁극적으로 전쟁수행을 지향한다. 요컨대, 전쟁수행에 관한 세계관이나 지배적인 원리를 간과한다면, 실제적인 안보활동은 합목적성을 상실하여 변질될 수 있다. 따라서 국가안보도 전쟁수행에 관한 연구에 근원한다는 점에서 일탈하지 않는다.

### 라. 전쟁 이외의 작전과의 관계

평화시 전쟁 이외 작전은 국가안보의 맥락에서 군사력의 역할과 관련된 구체적인 활동

---

5) U.S. Department of Defense, *Joint Publication 1-02 Department of Defense Dictionary of Military and Associated Terms*(Amended 2009)

6) 국방부, 『국방용어사전』(서울 : 국방부, 2000)

들이다. 그 작전들은 자체의 단기적인 목적이 있을 수 있으나, 장기적이며 궁극적인 목적은 전쟁수행의 유리한 조건을 조성하여 전쟁을 억제하거나 예방하는 활동들이라는 점에서 전쟁수행을 지향한다.

예를 들어, 평화시 대민지원일지라도 그 목적은 국민에게 편익을 제공하는 것만이 아니라, 전쟁수행에 필수적인 대군 신뢰성을 증진시키기 위한 목적 하에 수행된다. 해외에 파병되어 수행하는 평화작전도 국제적으로 평화 지향적인 이미지를 개선하여 유사시 국제적 지지 가능성을 증진시키는 목적을 갖는다. 그러한 합목적성을 지향할 때 비로소 그 목적에 부합한 정교한 활동을 계획하고 수행하여 효과를 극대화할 수 있다. 반대로, 만약 국가안보와 무관한 세계평화에 기여하고 국가 위신을 창달하거나 인도주의적인 목적이라면, 그것은 국가 타 분야의 대외활동으로 더 잘 달성할 수 있기 때문에, 값비싼 군사력을 사용할 과업이 아니다.

군사학의 정체성과 관련된 여하한 논의에서도 전쟁수행을 간과한 논쟁은 본질에서 일탈을 가속화시킨다. 궁극적인 전쟁수행을 고려하지 못한 국가안보에 대한 여하한 논쟁이나 정책적 제안도 타 학문의 아류에서 벗어나기 어려우며 전쟁수행의 효율성에 초점을 맞추지 못한 국방관리에 대한 논쟁이나 제안도 목적 부재의 맹목盲目을 초래한다.

전쟁수행에 근원하지 않는 군사 리더십은 군 자체를 유지하기 위한 군사 리더십에 불과하며 경영학이나 관리학 등 타 학문에서 이미 개발한 조직 리더십 이론의 아류로 전락한다. 그럼으로써, 군의 존재 의의에 대한 의구심을 증폭시켜 오히려 기회비용의 관점에서 규모 축소(downsizing) 일변도의 군사개혁으로 변질될 수 있는 계기를 부여하기 십상이다.

요컨대, 국방관리, 경제적 군 운용, 투명한 획득관리나 군수지원 방안 또는 평시 부대관리 등을 평가하는 모든 효율성의 척도는 오직 전쟁수행에서 상승효과(synergy) 창출로 수렴되어야 한다. 그러하기 위해서는 전쟁수행에 관한 막연하고 잡다한 지식이 아니라, 학문적 접근으로 달성할 수 있는 분석적이고 과학적인 원리에 관한 지식을 요구한다.

## Ⅳ. 실천적 기여도

군사학의 본질적인 영역을 전쟁수행으로 설정했을 때, 그 기여도는 무엇보다도 학계에서 군사학의 정체성을 보장할 수 있으며, 그 연구 산물은 실천적으로 국가안보전략과 국가전쟁기획을 다루는 국가안보회의나 효율적인 전쟁수행을 위한 제반 국방관리 및 부대관리에 궁극목적에 관한 과학적 원리를 제공할 수 있다. 지구상에서 가장 안보 또는 전쟁위협이 높은 우리에게 국가안보전략이나 국가전쟁전략이 없었던 근본 이유를 전쟁수행연구, 즉 군사학의 부재 탓으로 돌릴 수 있다.

첫째, 군사학의 정체성을 보장한다. 군사학의 본질적 영역으로서 전쟁수행은 "군사"라는 본질적인 특수성을 가장 잘 반영할 뿐만 아니라, 경쟁적인 학계에서 타 학문이 결코 더 잘 다룰 수 없는 고유 영역으로서, 전쟁수행 분야에서는 타 학문의 연구를 지도할 수 있기 때문에 군사학의 정체성을 확고하게 유지할 수 있다.

둘째, 국가안보회의에 논쟁의 초점을 제공할 수 있다. 전쟁수행문제에 관한 학문적 연구 성과는 국가안보전략이나 국가전쟁기획을 취급해야 하는 국가안보회의의 논쟁에 학문적인 논거를 제공하여 그 동안 형식적으로 운용되어 왔던 헌법상의 기구를 보다 더 활성화하는데 기여할 것이다.

셋째, 평화시 국방관리나 군사문제에 합목적성을 제공할 수 있다. 국방부의 모든 기획체계나 경영 또는 관리의 목적은 궁극적으로 전쟁수행의 효율성이다. 그것이 국방관리와 일반 조직관리를 구분하는 유일한 특수성이다. 따라서 전쟁수행 문제를 학문적으로 연구하는 군사학은 국방기획관리 전반에 걸쳐 합목적적인 논거를 제공한다. 국방관리의 비용대 효과로 지칭되는 경제성도 전쟁수행의 효율성이 기준이 된다.

끝으로 군사학 교육을 위해 타 학문으로부터 빌려온 현행 교과체계도 전쟁수행이라는 관점과 시각에서 분석하고 이해할 수 있도록 설계되어야 하며, 무엇보다도 전쟁수행이나 작전수행이 교과체계의 중심에 위치해야 한다.

## V. 후 설

어떤 방안을 모색할 때 어김없이 등장하는 말은 "앞으로 더욱 발전시켜야 한다."라는 전제이다. 그러나 그 조건이 전제된 방안이 확정된 후에는 어김없이 그 전제를 다시 생각하려고 하지 않는다. 달리 말하자면, 무언가 불완전한 방안을 최선의 것으로 믿고 더 이상

생각하지 않는다. 현행 군사학문체계도 예외가 아니다. 이 글은 현행 군사학문체계를 확정하는 과정에서 제기되었으나 잊고 있었던 그 전제를 다시 검토해 보려는 것이다. 그 의도는 부차적인 것이 아니라, 군사학의 존속 여부를 좌우할 수 있는 정체성에 관한 것이다.

또한 이 글은 현행 군사학문체계정립 과정에서 유일하게 군사학의 본질적인 영역으로 "전쟁 준비와 전쟁 수행"을 주장하시고 더 나아가 "전쟁학"이어야 한다고 일관되게 강조하신 이종학 교수님의 명철明哲한 혜안慧眼을 복잡하게 부연하여 설명한 것에 불과하다.

## -참 고 문 헌-


• 국방부, 『국방용어사전』, 서울 : 국방부, 2000

• 충남대학교 평화안보대학원, 『한국의 군사전략과 군사학 학문체계』, 대전 : 충남대출판부, 2005.

• James J. Schneider, *The Eye of Minerva: the Origin, Nature, and Purpose of Military Theory and Doctrine*, SAMS Theoretical Paper NO.5. USACGSC, Fort Leavenworth, KS.

• U.S. Department of Defense, *Joint Publication 1-02 Department of Defense Dictionary of Military and Associated Terms*,(Amended 2009)

# 군사학의 발전방향

## Ⅱ. 전쟁과 전략 (가나다순으로 게재)

# 5. 전쟁을 통해 본 고려와 조선의 군사전략 및 전술 비교

박사과정 4기 강현우

## Ⅰ. 서 론

1960년대 중반부터 보다 체계적인 군사학 연구에 열정을 쏟아 오신 이종학 선생님의 발자취를 더듬어 보면, 군사학의 이론체계 정립과 용병술, 군사사 등 다양한 분야에 커다란 족적을 남기고 계신다. 이러한 선생의 뜻을 받들어 군사학도로서 용병술과 군사사에 큰 관심을 기울여 오는 가운데, 우리 역사 속에서 흥미로운 의문점을 가지게 되었다.

한반도와 만주 대륙에서 활동하였던 한민족은 역사 기록상 931회의 이민족의 침입을 받아왔다. 이 가운데 전투행위로 간주되는 무력충돌은 200여 회이며 전국이 전쟁의 영향하에 있었던 횟수만도 20여 회에 달한다.[1] 이러한 전쟁을 겪으면서 우리 민족은 끝까지 항전하는 의지를 보였고, 대부분의 전쟁에서 이민족의 침략을 격퇴하였으나, 조선시대만큼은 이민족의 침입에 무릎을 꿇고 말았다. 이러한 과정들을 들여다 볼 때, 특히, 고려와

1) 이재 외 5명, 『한민족전쟁사총론』(서울 : 교학연구사, 1988), p. 41.

조선은 많은 비슷한 환경과 조건임에도 불구하고 상이한 전쟁결과가 나타나는 흥미로운 사실을 발견하게 된다. 따라서 이러한 결과 요인을 탐구하기 위해 오늘날의 용병술체계 중 군사전략과 전술이라는 관점으로 고려와 조선의 대외 전쟁을 살펴보게 되었다.

## Ⅱ. 군사전략과 전술의 개념

이종학 선생께서는 군사전략이란 군대를 운용하는 방책으로서 군사목표 달성을 위해 그 실천을 통제하며, 군사행동의 방향뿐만 아니라 일단은 전투를 하게 되면 전세를 유리하게 인도하여 그 결과를 결정적으로 확대하기 위한 방책[2]으로 정의하였으며, 전술은 전투 개시 전과 전투를 수행하는 과정에서 부대의 배치, 기동, 무기와 장비의 운용 등 전장에서의 군사력 사용에 대한 계획을 실시[3]하는 것으로 정의하였다. 한편, 우리 군에서는 다양한 학자들의 정의와 논쟁을 바탕으로 군사전략은 국가목표를 달성하기 위하여 군사적인 수단을 효과적으로 준비하고, 계획하며, 운용하는 방책[4]으로, 전술은 군단 이하의 전술 제대가 전투와 교전에서 승리하기 위하여 전투력을 조직하고 운용하는 술과 과학[5]으로 정의하였다.

이러한 군사전략과 전술의 개념을 바탕으로, 오랜 선조들의 전쟁에서 군사전략과 전술을 도출하는 것이 용이하지 않지만, 선조들의 대외 전쟁을 통해 어떠한 군사전략과 전술을 적용했고, 이러한 것들이 전쟁의 결과와 어떠한 관계를 가지고 있는지 분석하는 것은 분명 새로운 시도와 접근일 것이다.

## Ⅲ. 고려와 조선의 대외 전쟁

고려는 918년 건국 이래 후삼국 통일전쟁, 거란전쟁, 여진정벌, 몽골전쟁, 홍건적 침입

---

2) 이종학·길병옥 편저, 『군사학 개론』(대전 : 충남대학교출판부, 2009), p. 43.
3) 이종학·길병옥 편저, 위의 책, p. 52.
4) 육군본부, 『야교 3-0-1 군사용어사전』(대전 : 육군본부, 2006), p. 112.
5) 육군본부, 위의 책, p. 539.

등의 전쟁을 겪었으며, 조선은 1392년 건국 이래 대마도 정벌, 여진정벌, 임진왜란, 정묘·병자호란 등을 경험하였다. 이 중에서 우리가 적의 침입을 잘 격퇴한 전쟁과 가장 큰 수모를 겪은 전쟁을 꼽으라면, '고려의 대對거란전쟁'과 '조선의 정묘·병자호란'일 것이다. 고려는 993년부터 27년간 거란과의 약 14회의 전쟁을 통해 군사적 침략을 격퇴하고, 동아시아 질서를 실질적으로 이끌어가는 국가로 부상하였다. 반면, 조선은 1627년 정묘호란과 1636~1637년 병자호란을 통해 우리에게 삼전도의 치욕으로 기억되는 '인조의 삼배구고두'라는 치욕적 항복을 하였다. 두 가지 전쟁을 살펴보면, 거란과 후금이라는 기마민족이 북쪽에서 유사한 기동로를 통해 침공하였으며, 고려와 조선이 비슷한 수세전략으로 대응하였음을 알 수 있다. 따라서 동일한 지형조건 아래 거란과 후금의 침입에 대한 고려와 조선의 대응을 군사전략과 전술 측면에서 분석해 보겠다.

## Ⅳ. 군사전략 측면 비교

고려는 공세적 수세전략으로 거란의 침공에 대응하였다. 우선적으로 북방의 방어태세를 강화하기 위해 군사 거점인 진을 설치하고, 성곽 등 군사요새를 구축하였다. 특히, 북방일대 50여개소의 성을 신축 또는 개축함으로써 청천강을 중심으로 한 방어태세를 구축하였다. 그리고 거란의 침공시에는 북방의 주둔군과 중앙군을 유기적으로 결합시켜, 북방에서의 수성전을 통해 적의 남진을 지연시키는 동안 중앙군이 반격작전을 실시하였다. 또한, 기회가 주어질 때마다 농성전을 벌이던 성안의 기마병력들이 소극적 방어가 아닌 배면 공격을 통해 적의 퇴로를 차단하였다.

이를 뒷받침하기 위한 군사제도를 중앙군과 지방군으로 나누어 살펴보면, 중앙군은 2군 6위, 지방군은 5도, 양계, 경기의 3원 구조하에 주현군과 주진군으로 구성되어 있었다. 이를 바탕으로 고려가 유사시 동원할 수 있는 편제상의 병력 수를 산술적으로 뽑아보면, 2군 6위의 병력 4만 5천여 명, 주진군 14만여 명, 주현군 4만 8천여 명에 947년 거란의 침입에 대비하기 위해 설치한 광군 30만여 명까지 합하면 대략 54만여 명의 동원이 가능했다.[6]

한편, 조선은 임진왜란을 경험한 후 철저한 친명배금정책親明排金政策을 추진하였다. 이는 조선의 안위가 아니라 명에 대한 후금의 위협 제거를 통한 명나라의 안위를 도모하기 위한 것으로서, 가도에 머물고 있는 모문룡군을 지원해 주고, 명나라로 사신을 파견하는 등의 외교활동을 하였다. 이로 인해 후금은 조선과의 무력충돌을 예상하고, 병마/군량/무기 등을 정비하고, 조선 서북국경에 대한 소규모 탐색전을 전개하였다. 조선 역시 인조반정 이후 후금의 침략을 예상하고 대비책을 강구하였는데, 호위청, 어영청 등의 군영을 신설하여 중앙상비군을 강화하고, 경기지역의 지방군을 중앙군으로 개편하였다. 또한, 서북 국경지대 병력을 증강 배치하였다. 이러한 상황하에서 조선은 수세적 방어전략을 수립하였다. 이는 후금이 안주를 공격시 한성 방어를 포기하고 강화도로 몽진하는 결과로 나타났으며, 남한산성을 거점으로 하삼도 군사력을 동원하여 강화도와 협력하여 항전하고자 하였다.

이러한 양측의 군사전략은 기본적으로 수세적 방어전략이라는 측면에서는 비슷하지만, 이를 뒷받침하기 위한 전쟁 준비와 적에 대한 인식, 군사제도 등의 측면에서는 커다란 차이점이 있다.

고려는 제1차 전쟁으로 확보한 의주에서 안주에 이르는 강동 6주를 통해 서북 연해 및 내륙의 통로에 있어 청천강 이북지역을 종횡으로 치밀하게 방어할 수 있는 준비를 함으로써 거란이 침입할 때마다 번번이 거란의 발목을 붙잡는 효과적인 방어 거점의 기능을 발휘하였다. 또한, 거란이 속전속결을 통한 공세전략과 신속한 기동력을 이용하는 것에 대응하여 수성을 토대로 한 지연작전을 펼쳤다. 이 때문에 고려 내륙으로 침입한 적은 성곽이나 주요 진지를 우회하여 진격했고, 그 결과 퇴로를 차단당한 채 전·후방에서 고려군의 협공을 받아 번번이 무너졌다. 그리고 고려시대 남성들은 계급 고하를 막론하고 16세부터 59세까지 병역 의무를 다함으로써 충분한 군사력을 확보할 수 있었기 때문에 거란군을 물리칠 수 있었다.[7]

한편, 조선은 전쟁을 하려면 먼저 군사력을 강화하고 전쟁 전에 대응전략을 완비해 놓아야 했지만, 실질적인 대책과 노력을 취하지 않았다. 단지 조선이 전쟁을 자초하면서 마련한 막연한 수세적 방어 전략[8]으로 인해, 조선이 명나라에 대한 의리를 지키려다가 청나라의 침략을 받고 고전하고 있을 때, 명나라와 가도에 있던 모문룡군은 조선을 위해 어떠

6) 국방부 군사편찬연구소, 『고려시대 군사전략』(서울 : 국방부 군사편찬연구소, 2006), p. 108.
7) 국방부 군사편찬연구소, 위의 책, pp. 140~142.
8) 청나라가 침입하면 조정은 강화도로 피신하여 남한산성에 집결된 군사와 기각지세를 이루면서 항전.

한 군사행동도 취한 바가 없었다. 오히려 가도의 모문룡군은 조선의 출혈 군량지원에도 불구하고 더 많은 군량을 요구했으며 청군이 조선을 침입하자 곧바로 가도로 숨어들어 군사작전을 기피했다. 따라서 고립무원이 된 조선은 출성항복出城降伏이라는 치욕의 역사에 고개를 숙여야만 했다.[9] 그리고 조선시대에는 16세부터 60세까지의 양인(농민) 남자들에게만 병역의 의무가 부가되었는데, 농민들의 경제적 기반이 허약하여, 수도 방위와 국경 방어를 위한 군사 동원계획이 번번이 차질을 빚고, 군사력이 약화되었다. 당시 조선은 남한산성 수어청에 광주진관 소속 5개 읍의 군사와 원주·대구·안동 등지의 병력 12,700여 명을 배속하였고, 수도 방어를 위한 상비군으로 5개 부대의 총병력 4만 5천여 명을 확보해 놓았으나, 각 부대의 병력은 2교대 내지 8교대로 상경근무를 하게 되어 있어 전투지역에서 긴급사태에 응할 수 있는 실제 병력은 1만 2천여 명에 불과했다.[10]

## V. 전술 측면 비교

고려는 성城 중심의 방어로서 청야입보와 개문출격 전술을 혼합한 견벽고수 전법을 구사하였다. 우선적으로 국경지대 산성을 이용하여 적의 진격을 최대한 저지하고, 중앙군의 증원을 통해 반격으로 전환하는 것이었다. 이때 방어의 핵심은 주진군이 '어떻게 전투력을 발휘해 주느냐'이었다. 그리고 개활지 전투는 상대의 전투대형 와해가 승리의 관건이었는데, 먼저 중기병이 적진을 돌파하여 전투대형을 파괴하고, 이때 경기병은 중기병의 돌격을 엄호하고, 적군의 대형이 돌파되면 측·후면 공격을 통해 적진을 초토화시키는 임무를 수행하였다. 또한, 검차병과 창병은 적의 기마돌격을 저지하고 필요시 공격에 합세하여 전과를 확대하였는데, 검차병과 궁기병을 이용하여 적의 공격을 약화시키면, 중기병의 돌격과 경기병의 포위를 통해 적을 격멸하였다. 이러한 고려군은 거란의 침공시 성 안에서 방어만 하는 것이 아니라 기회 있을 때마다 밖으로 나와서 기습을 했다. 이는 기병을 중심으로 전장을 휩쓸고 다니던 거란군에게 있어 보급선을 위협하는 활동이었다. 그리고

---

9) 국방부 군사편찬연구소, 『조선시대 군사전략』(서울 : 국방부 군사편찬연구소, 2006), pp. 238~239.
10) 장학근, 『조선, 평화를 짝사랑하다』(서울 : 플래닛 미디어, 2008), pp. 261~262.

고려는 화약무기를 사용하지는 않았지만 전문적인 군대를 육성하고, 검차와 같은 새로운 무기와 그것을 운용하는 전술까지 개발하여, 이러한 것들이 고려의 뛰어난 산성 구축기술과 결합해 거란과의 전쟁에서 엄청난 위력을 발휘하였다.[11)]

한편, 조선은 후금의 침입예상경로를 의주-용천-철산-정주-안주, 벽동-창성-삭주-귀성-태천-영변-안주로 판단하고, 최초 접적이 예상되는 백마, 용골, 능한산성 등을 강화하였다. 그리고 훈련도감군과 하삼도 군사를 서북 국경에 배치하고, 함경도 남부 병력을 평안도로 조정함으로써 국경 방어병력을 증강시켰다. 이러한 가운데 후금군의 진출을 지연시키기 위해 3개의 방어선[12)]을 설정하고, 강화도 및 남한산성에 대한 군사력 강화계획을 수립하였다. 특히, 수도방어계획은 국왕의 강화도 몽진시 수도 방어군과 협력하여 강화도를 엄호하고, 각 도의 수사는 가용선박을 차출하여 강화도로 출동시키며, 안주의 제1방어선 붕괴시 국왕이 강화도로 몽진하게 되어 있었다. 결국, 이러한 것들은 국경선에 대한 적의 침입을 막는 것이 아니라 국왕이 강화도로 피신할 수 있는 시간을 벌기 위한 일시적 지연전술에 불과하였다. 따라서 조선은 고려와 유사하게 산성에서 농성전을 펼쳤으나, 후금은 이를 우회하여 기동하였고, 이에 대해 조선은 후금의 후방을 위협할 수 있는 군사력과 전술을 갖추고 있지 못했기 때문에 속수무책으로 무너질 수밖에 없었다.

## Ⅵ. 결 론

앞서 살펴본 것처럼, 고려는 거란에게 무수한 침공을 받았으나 1019년 전쟁이 종결되었을 때에 국제적 위상은 그전보다 훨씬 높아져 송나라조차 거란이 고려를 두려워한다고 평가할 정도였다. 즉, 거란이 도발한 27년간의 전쟁은 거란의 예상과 전혀 다른 결과를 낳았다.[13)] 반면, 정묘·병자호란은 1627년부터 1637년까지 10년간 2차에 걸쳐 여진족의 침입에 항거하다 군사력이 부족해지자 국왕이 적장 앞에 나가 항복하는 결과를 낳았다.[14)] 지금

11) 김성남, 『전쟁으로 보는 한국사』(서울 : 수막새, 2005), p. 170.
12) 1방어선 : 안주를 중심으로 한 청천강 이남, 2방어선 : 황주-송림-평양-중화, 3방어선 : 봉산-재령.
13) 국방부 군사편찬연구소, 『고려시대 군사전략』(서울 : 국방부 군사편찬연구소, 2006), p. 138.
14) 국방부 군사편찬연구소, 『조선시대 군사전략』(서울 : 국방부 군사편찬연구소, 2006), p. 236.

까지 이러한 고려의 대對거란전쟁과 조선의 대對후금전쟁을 군사전략과 전술적 차원에서 부분적으로 분석해 보았다. 특히, 지면의 제한상 다양한 많은 부분들을 언급하는 것은 제한되지만, 북쪽에서 침입해 온 거란과 후금이라는 기마민족과 동일한 전장에서 다른 결과를 가져온 원인을 집중적으로 살펴보았다.

결과적으로 어느 국가가 어떠한 군사전략과 전술을 채택/적용하였을 때, 단순하게 전략과 전술 자체만을 가지고 평가하는 것은 극히 제한된다. 국제정세에 대한 올바른 흐름 판단과 국익을 고려한 전쟁 시행 여부 판단이 선행되어야 하고, 전쟁이 불가피할 경우에는 적의 전략과 전술을 고려한 대응전략과 전술이 수립되어야 한다. 또한, 고려와 조선의 사례에서 살펴보았듯이 전략의 궁극적인 최종 상태가 무엇인지도 명확하게 판단되어야 하며, 채택된 전략을 바탕으로 이를 구현할 수 있는 현실적이고, 구체적인 전술이 마련되어야 한다. 그리고 결정적으로 이를 뒷받침할 수 있는 국가 및 전쟁 지도자의 올바른 판단능력과 결단력, 전쟁 준비와 군사력이 갖추어졌을 때에 수립된 군사전략과 전술이 제대로 그 효과를 발휘할 수 있다.

## -참 고 문 헌-


- 국방부 군사편찬연구소, 『고려시대 군사전략』, 서울 : 국방부 군사편찬연구소, 2006.
- 국방부 군사편찬연구소, 『조선시대 군사전략』, 서울 : 국방부 군사편찬연구소, 2006.
- 김성남, 『전쟁으로 보는 한국사』, 서울 : 수막새, 2005.
- 육군본부, 『야교 3-0-1 군사용어사전』, 대전 : 육군본부, 2006.
- 이재 외 5명, 『한민족전쟁사총론』, 서울 : 교학연구사, 1988.
- 이종학·길병옥 편저, 『군사학 개론』, 대전 : 충남대학교출판부, 2009.
- 장학근, 『조선, 평화를 짝사랑하다』, 서울 : 플래닛 미디어, 2008.

# 6. 미·소(美蘇) 작전술의 변화와 결정요인 분석

순 서

박사과정 3기 노양규

어린 시절 나다니엘 호손의 '큰 바위 얼굴'을 읽은 기억이 생각난다. 이종학 교수님을 뵈오면 큰 바위 얼굴이 자꾸 생각난다. 군사학 발전에 일평생을 바치시고, 팔순이 되신 지금도 후학들을 지도하기 위해 바쁘시다. 경주 서라벌 연구소 '풍석재(風石齋)' 서재에는 책상과 바닥에 온갖 메모들과 책들이 마치 아름다운 꽃처럼 여기저기 펼쳐져 있다.

국방대학교 석사과정 때 스승님으로 모시고, 이제 20년이 지나 늦깎이 박사과정 공부를 하면서 다시 한 번 스승님으로 모시게 되어 행복하다. 육군대학의 어둠을 밝히며, 늦은 밤 책과 씨름하면서도 즐거운 것은 큰 바위 얼굴 같은 교수님을 생각하기 때문이다.

## Ⅰ. 서 론

작전술(Operational Art)은 전쟁의 작전적 수준에서 적용되는 용병술로서, 전략과 전술의 연결고리 역할을 수행하는 전쟁수행의 핵심적인 영역이다. 작전술은 전략목표를 군사작전으로 전환시키고, 작전을 연속적 동시적으로 조직하여 전술에 유리한 여건을 조성함으로써 전술을 지도한다. 또한 작전적 수준의 지휘관 및 참모가 전략목표 달성을 위해 전역(Campaign)과 대규모 작전(Major Operations)을 계획하고 준비 및 실시하기 위한 창의적인 지략[1]이다.

이러한 작전술은 제1차 세계대전, 1917~1920년까지의 볼셰비키 혁명과 러시아 내전, 투하체프스키의 비스툴라 전역분석 등을 통해 1920년대에 소련에서 처음 인식되기 시작하여 제2차 세계대전을 거치면서 더욱 발전되었고, 1950년대 후반부터 소련에서 본격적으로 적용되기 시작하였다. 한편 미군은 월남전 패배를 분석하는 과정에서 전략과 전술의 중간영역인 작전적 수준의 용병술이 필요함을 인식하고, 소련의 작전술 개념을 도입하여 1982년 『FM 100-5 작전요무령』에 처음 반영하였다. 그 후 지속적인 발전을 통해 '91년 걸프전에서 성공적으로 적용하였다. 이후 작전술은 '90년대 탈냉전과 구소련의 붕괴로 재래식 전면전쟁의 가능성이 줄어들고, 저강도 위협이 증대되면서 새로운 형태로 변화되었다.

한편 한국군도 미군 교리의 영향을 받아 1989년도 작전요무령 교범[2]에 처음 작전술을 적용하기 시작하였으나, 한국적 특성에 맞는 작전술로 발전시키지는 못하고 대부분을 미군 작전술 교리에 의존[3]하였다. 그러나 2012년 전시작전 통제권이 한국군에게 전환되게 되면서 교리적 환경은 변화되었다. 한국군은 한반도 전쟁을 주도적으로 이끌어야 하고, 한반도 전역계획도 자체적으로 작성해야 하게 되었다. 따라서 작전적 수준의 군 운용을 과거처럼 미군에게 의존하고 위임할 수만은 없는 것이다.

오늘날 작전술은 전쟁수행의 핵심교리로 발전되고 있다. 특히 미군이 세계 전지역에 군사력을 투사하기 위해 작전적 수준의 군 운용을 세부적으로 발전시킴으로써 작전술은 과거와는 다른 질적 변화를 가져왔으며, 특히 탈냉전 이후 위협의 변화는 작전술의 패러다임을 변화시키고 있다. 이외에도 작전술의 변화를 가져오는 요소는 다양하다. 미래에도 작전술은 다양한 요소들에 의해 변화 발전할 것이다. 그러나 아직까지 이러한 작전술의 변화를 검토하고 그 결정요인을 분석한 연구는 미흡한 실정이다. 오늘날 전쟁수행의 핵심

1) 육군 교육사, 『교참 8-3-18, 작전술』(대전 : 육군 교육사, 2007), p. 1~4.

2) 육군본부, 『FM 100-5 작전요무령』(대전 : 육군본부, 1989), pp. 16~18.

3) 한미 연합체제하에서 전시작전 통제권을 한미 연합사령관이 보유하고 있음으로써 한국군은 독자적으로 한반도 전역계획을 수립할 수 없으며, 작전계획을 수립하는 기획능력도 사실상 획득하지 못했다. 따라서 가장 발전된 미군 작전술은 자연스럽게 한반도에서 한미연합사를 중심으로 적용되게 되었고, 작계작성 및 검토시에도 적용이 되었다.

교리로 정착되는 작전술 변화의 결정요인은 무엇인가?

본 논문에서는 1920년대부터 오늘에 이르기까지 소련과 미군의 작전술 변화과정을 검토함으로써 그 결정요인을 분석해 보고자 한다. 미국과 소련 이외에도 독일과 영국, 프랑스, 캐나다, 중국, 북한 등 작전술을 적용하는 국가들이 많이 있지만, 작전술을 최초로 인식하고 이를 용병술 체계로 정립한 것은 소련군이다. 그리고 1980년대에 소련군으로부터 작전술 개념을 도입하여 현대적으로 발전시킨 것은 미군이 가장 대표적이다. 더욱이 초기 유럽 국가들의 작전술은 소련과 미군의 작전술 태동 및 변화 과정에 모두 수용되었으므로 소련과 미군의 작전술 변화를 중심으로 분석하고자 한다.

## II. 미·소美蘇 작전술의 변화와 특징

작전술의 변화는 나폴레옹전쟁 이후 군 규모가 획기적으로 증대되고, 산업혁명 이후 무기의 발달, 전장의 광역화, 장기적인 전쟁수행, 제 전투의 연속적 동시적 수행 등과 밀접한 관련이 있다. 작전술은 최초 나폴레옹전쟁과 보불전쟁 등을 거치면서 인식되기 시작하여 제1차 세계대전과 소련의 내전을 통해 소련에서 제일 먼저 발전되기 시작하였다. 제2차 세계대전을 통해 그 개념이 구체적으로 발전하였고, '60년대 이후 핵전하에서 재래식 전쟁의 유용성이 제기되면서 그 개념이 확고하게 형성되었다. 소련의 작전술은 '70년대 후반 미군에게 영향을 주었고, 미군 작전술은 합동성과 연계되면서 더욱 발전되었다. 걸프전 이후 오늘날에는 작전술이 전쟁을 수행하는 작전적 수준의 용병체계로 확고하게 자리 잡았다.

### 1. 소련의 작전술

소련은 다른 어느 국가보다도 많은 인구와 광활한 영토를 가진 국가로서 전쟁의 범위나 규모가 대단히 방대하였고, 또한 국내외적으로 오랜 기간에 걸쳐 격렬한 전쟁을 치른 나라이다. 따라서 소련은 자연스럽게 전쟁을 심층 깊게 연구하는 경향을 갖게 되었다.[4]

제1차 세계대전의 와중인 1917년 10월의 볼셰비키 혁명 이후 수적으로 부족한 적군赤軍

은 백군에 대항하여 소수 정예 기병 중심의 전투편성, 신속한 기동과 집중으로 내선의 위치에서 각 방면의 백군을 각개격파하였다. 이러한 내전에서의 전투경험은 당시 적군 지휘관들로 하여금 광범위한 전선에서 단 1회의 결정적인 타격으로는 백군의 격멸이 불가능함을 인식하게 만들었다. 또한 제1차 세계대전의 경험을 통하여 1개 야전군을 격멸하거나, 1개의 전역에서 승리한다고 하더라도 전쟁에서 승리할 수 없고, 최종적인 승리를 위해서는 수많은 전투를 연속적으로 조직하는 것이 필요함을 인식하였다. 소련은 내전의 경험과 광활한 영토, 상대적으로 제한된 병력 등을 고려하여 서방보다 일찍이 작전술이 논의되었다.

1914년 제정 러시아 참모장교였던 독일 유학파 장교 겔루아, 메스너 대령이 공동으로 '작전적(operational)'이라는 의미의 '오빼라찌까'란 용어를 처음으로 사용하였다. 그 후 1920년대 초, 프룬제(M. N. Frunze) 원수에 의해 작전술의 개념 적용이 시도되었으며, 투하체프스키(Tukhachevskii)의 '종심전투이론', 트리안다필로프(V. K. Triandaffilov)의 '충격군이론'등으로 더욱 발전되었다. 특히 스베친(A. Svechin)은 그의 저서 『전략』(1926)에서 '작전술을 군사전략 목표를 달성하기 위하여 부대작전을 준비하고 수행하는 이론과 실제'라고 최초로 정의하였고, 전략 및 전술과의 관계를 '작전술이란 전략의 목표를 달성하기 위하여 작전을 조합하는 활동이며, 전쟁준비를 통합하는 술로서 군대는 바로 작전을 지배하는 작전술에 의해 힘을 받게 된다'라고 주장하면서 군사 교리화를 추구하였다.

이렇게 1920년대에 본격적으로 발전하기 시작한 소련의 작전술은 1937년 고급장교들의 대규모 숙청에 의해 침체되었다가, 1953년 스탈린이 사망하자 정치적 변화와 더불어 새로운 부활기를 맞이하였다. 1955년에 츠베코프 중장이 기술적인 변화를 중심으로 작전술의 발달과정을 규명하고, 1963년에는 에고로프의 작전술 서적이 재출판되어 작전적 사고의 부활을 예고했다. 1965년 작전술이 『기본 군사술어사전』에 공식적으로 반영되었고[5], 이서슨은 작전술의 발전에 관한 회고록을 저술하였으며, 소련 일반참모장이었던 자크하로프 원수는 스베친과 투하체프스키 같은 초기 작전술 이론가들을 공식적으로 복권시켰고, 1970년대 그의 저서에서 역사적인 작전적 기동의 주요 요소들과 종심작전 개념의 역사적인 발전을 세부적으로 재조명하였다.

---

4) David M. Glantz, 김석순 역, 「소련 작전술의 본질」, 『군사평론』제292호(1991), pp. 53~54.

5) *Dictionary of Basic Military Terms*(Moscow : Voeniszat, 1965), trans. by State Department of Canada, Pub. by U.S. Air Force (Washington, D.C. : GPO, 1982)

1970년대에 접어들어 소련에서 작전술은 완전히 부활하였고, 초기 작전술 이론들이 제 1·2차 세계대전의 경험과 결합되었다. 작전술에 대한 관심이 증대되고, 핵전하에서의 재래식 전쟁의 유용성이 검토되었으며, 많은 이론가들에 의해 연구되고 발전되었다. 이러한 이론들이 바탕이 되어 종심전투이론, 충격군이론, 기동군이론 등과 독일의 전격전 개념을 수용 발전시킨 대담한 돌진전법 등이 통합되어 1970년대에 작전기동군(OMG)[6] 등으로 발전하였다.

이상에서 살펴본 것처럼 소련의 작전술은 소련 지역의 광활한 영토와 광범위한 지역에서 대규모 군을 연속적, 동시적으로 조직하고 유리한 상황을 조성하는 측면에서 중점적으로 발전되었으며, 주로 유럽전역에서의 지상작전 위주로 발전[7]하였다. 또 1980년대 『군사백과사전』을 보면, 작전술은 '군단급 이상 부대가 합동, 연합 및 독립작전을 준비하고 수행하는 과정에서 적용하는 이론과 실제'라고 정의한 것처럼, 대규모 부대가 운용하는 것을 작전술이라고 하였다. 그리하여 작전술을 적용하는 최상위 부대를 '전선군(Front)' 또는 야전군[8]으로 규정했다.

이처럼 소련은 최초로 작전술 개념을 연구하여 군사이론체계로 정착시켰으며, 광활한 영토에서 대규모 부대를 운용하는 지상작전 위주의 개념으로 발전하였다. 특히 가용 군사력을 전략목표를 달성하기 위하여 어떻게 연속적 동시적으로 조직하여 전쟁 승리로 연계시킬 것인가 하는 실제적인 면에 보다 더 치중하였다. 그리고 작전술을 국가 외적으로의 투사개념보다는 가용 군사력을 어떻게 효율적으로 운용하여 성과를 극대화할 것인가 하는 군 편성과 운용에 집중되었다.

## 2. 미국의 작전술

미국의 작전술은 소련에 비해 늦은 1970년대 말에 인식되기 시작하여 80년대에 집중적

6) 서구에서 OMG개념에 대해 최초로 주목한 것은 도넬리(C. N. Donnelly)가 1982년 9월에 *International Defense Review*지에 「소련의 OMG-나토에의 새로운 도전」("The Soviet Operational Maneuver Group-A new Challenge for NATO")이라는 논문을 기고하면서부터이다.

7) 공군, 해군 등 합동작전이 전혀 이루어지지 않았다는 것이 아니라, 최기 작전술의 개념 형성이 지상작전에서 유래되었다는 것이며, 미군은 1986년 골드워터 니콜스법이 제정되면서 합동작전이 교리의 기본이 되었다.

8) David M.Glantz, 김석순 역, 「소련 작전술의 본질」,『군사평론』제292호(1991), p. 56.

으로 발전하였다. 미군은 2차 세계대전 이후 핵의 위력을 과대평가한 나머지 독일이나 소련에 비해 대규모 부대 운용보다는 핵전략 위주 전략을 추구하였다. 그 결과 전략과 전술을 연계시켜 전략목표를 달성하려는 노력이 부족하였고, 핵전하에서의 대규모 군 운용개념을 발전시키지 못하였다. 그러한 결과는 월남전의 패배로 이어졌고, 70년대 중반 월남전 패배를 분석하는 과정에서 문제점이 제기되었다. 작전술을 도입한 또 다른 요인은 양적 우위의 소련군 위협에 대응하는 기동전 사고를 도입하고 또 제4차 중동전쟁 결과를 반영하면서 자연스레 작전술과 연계되었다. 이러한 논의는 루트왁(E. N. Luttwak), 해리 서머스(Harry Summers Jr.) 스태리 등 많은 군사이론가들에 의해 이루어졌다. 그리고 새로 창설된 미 교육사와 지휘참모대학, 전쟁대학 등을 중심으로 확산되었다. 이러한 노력으로 미국은 그동안 잊어버렸던 새로운 차원의 용병술 즉 작전술을 인식하고 발전시키게 되었다.

작전술은 1982년 『FM 100-5 작전요무령』 초안[9]에 공지전투와 함께 공식적으로 사용되기 시작하였으며, 1986년 교범에서는 보다 명확하게 그 개념을 제시하였다. 즉 작전술이란 '전역 및 대규모 작전의 계획, 편성 및 실시를 통하여 전쟁전구 및 작전전구에서의 전략적 목표들을 획득하기 위한 군사력 운용기술이다'라고 정의하였다. 미군의 작전술 정의는 소련군과 같이 전략적 목표를 달성하기 위한 것으로 그 개념이 유사하나 보다 구체적으로 정의되었다.

그리고 '86년도에 작전술 교리를 합동성 차원으로 격상시킴으로서 더욱 발전시켰으며 이러한 교리적 발전은 '91년 걸프전에서 그 진가를 발휘하였다. 소련군의 작전술이 광활한 영토와 대규모군 운용을 위한 지상군 위주의 개념으로 발전한 데 비하여 미군의 작전술은 합동차원에서 발전되었고, '86년 교범부터 작전구상 요소를 도입함으로서 질적인 발전을 가져왔다. 작전술이 전략과 전술을 조직적, 동시적으로 조직화하고 유리한 여건을 조성하여 전술을 지도하고 또 작전적 승리를 통해 전략목표를 달성하기 위해서는 전역계획을 구상하고 수립하는 과정에서의 보다 세밀하고 체계적인 노력이 필요하게 되는데, 미군은 이러한 부분에 대한 발전을 구체적으로 모색하였으며, 그 결과가 작전구상과 작전구상요소의 지속적인 발전이었던 것이다.

---

9) 『FM 100-5 작전』 최종 초안(1982. 1. 15)에서는 작전술이라는 용어를 사용하였으나, 8월에 발간된 『FM 100-5 작전』 최종안에서는 '작전술'이라는 용어 대신에 '전쟁의 작전적 수준'이라는 용어를 사용하였다. 이러한 혼란은 '86년 교범에 작전술의 개념으로 명확하게 제시됨으로써 혼란이 정리되었다.

'90년대 탈냉전과 구소련의 붕괴, 그리고 9·11테러사태 등 전략적 환경의 변화로 미군의 작전술은 새로운 패러다임의 변화를 겪고 있다. 즉 전역과 대규모 작전 등 대규모 부대 운용보다는 부여된 임무와 역할에 따라 작전술의 적용을 달리하는 방향으로 변화되고 있다. 대규모 부대뿐만 아니라 전술부대도 임무에 따라 작전적 수준의 제대로서 역할을 수행하게 된 것이다.[10)]

오늘날 전쟁수행의 중심 교리로 확고하게 정착된 미군의 작전술은 소련군의 작전술과는 다르게 보다 합동성 차원에서 적용되고 있으며, 주기적으로 발간되는 교범을 통해 체계적으로 전파되고 있다. 그리고 세계적 군사력 투사와 연계되어 발전되었으며, 탈냉전 이후에는 새로운 패러다임의 변화와 함께 질적인 변화를 도모하고 있다. 특히 소련과는 다르게 전쟁의 수준, 작전구상, 작전구상 요소 등을 새롭게 제시하여 계획수립 절차와 방법상의 발전이 두드러졌다. 특히 새로운 위협의 대두는 재래식 전면전보다는 저강도 분쟁 위주의 작전에 작전술을 적용하는 방안들이 획기적으로 보완되었다.

## Ⅲ. 작전술 변화의 결정요인

이 세상에 고정 불변의 원칙이나 교리란 없다. 시대와 상황에 따라 지속적으로 변화하게 되는데, 이러한 작전술의 개념도 시대와 국가에 따라 변화 발전하여 왔다. 그러면 미국을 포함한 여러 국가들에서 작전수행의 중심 교리로 정착된 작전술은 어떠한 영향요인에 의해 변화되고 발전되어 왔는가? 지난날 제1·2차 세계대전을 통해 작전술을 인식하게 되었던 요인들은 무엇이며, 초기 형태의 소련군 작전술이 오늘날 미군의 작전술로 변화 발전하게 된 요인은 무엇인가? 작전술 변화에 대한 결정요인을 분석하거나 제시된 내용은 아직 없지만, 작전술이 군사전략과 정책의 영향을 받는 작전수행의 핵심 요소이므로 국방정책과 군사전략 변화의 결정요인을 작전술 변화의 결정요인 분석에 원용하는 것은 가능할 것이다.

---

10) 미 『FM 100-6』(협조 초안), Large Unit Operation, 김석순 역(미 지휘참모대, 1987), p. 17. 미 작전요무령에 '작전술이 단독으로 또는 유일하게 적용되는 특정제대가 존재하는 것은 아니다'라고 한 것은 미군의 1개 군단 또는 사단 규모를 가지고도 미국이 추구하는 해당 분쟁지역에서의 전략목표를 달성할 수 있기 때문이다.

국방정책의 결정요인에 대해서 머레이(D. J. Murray)와 비오티(P. A. Viotti)는 국제환경, 국가목표 및 전략, 관료정치, 정책결정자의 상대적 중요성 등을 제시했다. 국제환경에 대한 분석은 국제체제 내에서의 상대적 위치, 위협, 국제체제 내에서 국가가 인식하고 있는 역할과 기회, 연합 및 상호의존 등이 고려되며, 이데올로기, 문화 및 능력에 의해 설정된 국가목표는 군사정책을 결정하는데 주요 고려사항이 된다고 하였다.[11] 또한 노이만(S. G. Neuman) 교수는 국방정책 결정요인을 대내적 요인으로 국가적 특성과 사회, 정치적 특성을, 대외적 요인은 국제환경과 과거의 경험, 과학기술의 역할 등을 제시하였다.[12] 국방대 최병갑 교수는 대외적인 환경에서 세력균형의 변화, 새로운 위협국의 등장, 기성제국의 몰락 또는 영토의 획득이나 상실, 대내적 환경에서는 재정적자의 증가, 강력한 의회의 감세 요구, 사회교육, 문화비의 증액요구 등이 있을 때 군사정책의 변동이 이루어진다고 하였다.[13] 한편 전략 결정요인으로 머레이(W. Murray)와 그림스레이(M. Grimsley)는 지리, 역사, 정치제도, 경제 및 기술을 제시하였고, 로이드(M. Lloyd)는 위협과 기회, 제한된 자원, 기술, 동맹관계를 제시하였다. 또 박기련은 군사전략의 결정요인으로 국민여론(도덕성, 이데올로기, 문화), 국제질서 변화, 위협요인, 기술적 요인, 지형적 요인, 경험적 요인 등을 제시하였다.[14]

이상의 주장들을 종합해 보면, 국방정책과 군사전략의 결정요인으로 국가전략, 기술적 요인, 경제적 요인, 사회·정치적 요인, 국가 속성(지정학적 요인), 개인 차원의 변수(정책결정자의 능력과 성향) 그리고 대외적 요인으로 위협, 동맹관계, 세력균형의 변화, 경험적 요인 등을 들 수 있다. 이러한 결정요인들 중 본 논문에서는 국가정책과 전략, 위협, 전쟁의 경험, 과학기술의 변화, 국가 속성 등을 주요 결정요인으로 선정하였다.

국가정책과 군사전략은 작전술의 상위 개념으로서 작전술 변화에 직접적인 영향을 준다. 따라서 작전술은 군사전략 목표 달성에 기여하는 수단으로서의 역할을 수행하여야 하므로 국가정책이나 전략에 따라 변화될 수밖에 없다.

위협은 작전술이 변화하는 가장 결정적인 요소이다. 작전술이라는 것이 적에 대응하는

---

11) 국방대학교 안보문제연구소 역, 『중급 국가의 국방정책』(Douglas J. Murray and Paul A.Viotti, *The Defense of Nation : A Comparative Study*), 『안보총서』32(서울 : 국방대학교 안보문제연구소, 1982), pp. 21~27.

12) Stephnie G. Neuman, *Defense Planning in Less-Industralized States : The Middle East and South Asia* (Lexington Massachusettes : D.C. Heath and Com., 1984), pp. 24~38.

13) 최병갑, 「군사정책론」, 『국방대학교 교수연구보고서』(서울 : 국방대학교, 1985), pp. 16~33.

14) 박기련, 「미국 안보정책과 군사전략의 변화 : 그 특징과 결정요인」(충남대학교 국제정치학 박사학위 논문, 대전 : 충남대학교, 2004), pp. 173~177.

직접적인 전쟁수행방법이기 때문에 위협의 성격이나 양상에 따라 다양한 대응책이 모색될 수밖에 없다. 적 위협의 변화는 새로운 전략을 필요로 하고, 전략의 변화는 작전술의 변화를 동반하게 된다. 구소련의 붕괴로 위협이 변화되자 미국의 전략과 작전술이 변화하였으며, 9·11테러로 인한 새로운 위협의 등장 역시 전략과 작전술이 변화를 가져왔다.

전쟁의 경험은 모든 국가들에게 새로운 변화를 가져온다. 전쟁 결과는 긍정적인 것일 수도 있고 부정적일 수도 있다. 평시에 전쟁을 실험을 할 수 없기 때문에 전쟁 경험은 모든 국가들에게 기존의 전략과 작전술을 확인하고 분석해 보는 실험기간이 된다. 따라서 전쟁의 경험은 작전술의 변화에 직접적인 영향을 준다. 60~70년대의 중동전쟁이나 아프간전쟁, 걸프전, 이라크전 등은 무기체계 변화와 전쟁수행방법, 전쟁수행교리, 작전술에 많은 변화를 주었다.

과학기술의 변화는 무기체계의 등장과 발전을 포괄하는 요소로서 전략과 작전술, 전술 등 군사력 운용에 종합적인 영향을 미친다. 19세기 산업혁명과 과학기술의 발달은 전쟁의 양상을 획기적으로 변모시켰고, 특히 1차 세계대전을 통해 등장한 전차와 항공기, 화학무기 등은 전쟁의 질적 변화를 가져온 중요한 요소들이었다. 따라서 무기체계를 포함한 과학기술의 변화가 실질적인 전쟁수행방법 즉 작전술에 변화를 가져오는 주요소이다.

국가의 속성이란 그 국가가 처한 지정학적 위치와 정체성, 군사사상, 군사전통, 문화 등이 포함된 요소들로서 전쟁수행방식이나 전략전술에 지대한 영향을 미쳐왔다. 대륙국가와 해양국가의 전쟁수행방식이 상이하고 광대한 영토를 가진 국가와 협소한 국가의 전쟁에 임하는 태세는 다르게 나타나며, 산악으로 형성된 국가와 평지로 구성된 국가의 군사사상이나 군사전통은 상이하다. 따라서 국가 속성에 따라 작전술은 상이하게 나타나고 발전되어 왔다.

## Ⅳ. 결 론

작전술 교리는 세계적으로 작전수행의 핵심 교리로 정착되고 있으며, 전쟁의 패러다임과 전쟁양상이 변화함에 따라 새로운 형태로 변화되고 있다. 과거 대규모 군 운용을 대변하던 작전술의 개념이 오늘날에는 부대 규모와 유형과는 관계없이 부여된 임무와 역할이 무엇이냐에 따라 전쟁의 수준을 구분하는 형태로 변화되고 있다. 따라서 과거와는 다르게 작전술의 개념이 보다 복잡해지고 다양해지고 있으며, 특히 작전적 수준에서의 계획수립 과정에서 작전구상과 작전구상 요소들이 구체적으로 제시되었다. 작전술의 변화에 영향을 주는 결정요인들로서 가장 대표적인 것으로는 국가정책과 전략, 위협, 전쟁의 경험, 과학기술의 변화, 국가 속성 등을 들 수 있다. 이러한 요인들에 의해 국가별, 지역별, 시기별로 작전술은 변화 발전되고 특성을 가지게 되는 것이다.

한국군은 미군 교리의 영향을 받아 1989년도 작전요무령에 작전술을 처음 적용하였으나 한국적 작전술을 발전시키지 못하고 미군 교리에 의존하여 왔었다. 그러나 이제 전시작전 통제권을 환수하고 한국군이 주도적으로 한국 방위를 담당하게 되면, 작전술은 더욱 중요한 전쟁수행교리로 자리매김하게 될 것이며, 미군과는 다른 한국적 작전술의 원형이 개발되어 적용될 것이다. 그러한 노력들은 진정으로 한미동맹관계를 발전시키고 한미연합작전을 성공적으로 이끄는 요인이 될 것이다.

그러한 측면에서 소련과 미군의 작전술 변화를 검토하고 그 결정요인을 분석하는 것은 작전술 발전의 기초가 될 뿐 아니라 한국적 작전술 교리 발전의 동력이 될 것이다.

## -참 고 문 헌-


- 이종학, 『군사전략론』, 대전 : 충남대학교출판부, 2009.
- _____, 『전략론이란 무엇인가』, 대전 : 충남대학교출판부, 2009.
- _____, 『군사이론과 군사교육의 연구』, 경주 : 서라벌군사연구소, 1997.
- 정연우, 『작전술의 발전과정과 본질』, 대전 : 육대, 2006.
- 육군 교육사, 『교참 8-3-18, 작전술』, 대전 : 육군 교육사, 2007.
- 류재갑, 「소련, 중공, 북한의 작전술 발전경향」, 『안보전략문제연구소 연구보고서 90-1』, 서울 : 한국전략문제연구소, 1990.
- U.S. Army. *FM 100-5/3-0 Operations*, Department of the Army Washington, D.C. ('82년, '86년, '93년, '01년, '08년)
- David M. Glantz, *Soviet Military Operational Art : In Pursuit of Deep Battle*, London : Frank Cass, 1991.

• B. J. C. McKercher, and Michael A. Hennessy, *The Operational Art : Developments in the Theories of War*, London : Praeger, 1996.

• Clayton R. Newell, *The Framework of Operational Warfare*, London and New York, Rout., 1991.

• Harold S. Orenstein, *The Evolution of Soviet Operational Art 1927–1991 : The Documentary Basis*, Volume I·II. London : Frank Cass, 1995.

• V. YE. Savkin, *The Basic Principles of Operational Art and Tactics*, Washington D.C. : U. S. Government Printing Office, 1979.

• Aleksandr A. Svechin, *Strategy*, Minnesota, East View pub., 1991.

• Edward N. Luttwak, "The Operational Level of War," *International Security Winter (1980–1981)*, Vol.5, No.3.

• Michael R. Matheny, "Origins of Modern Amercian Operational Art", Ph.D. diss., University of Temple, 2007.

# 7. 국가의 위기관리에 대한 소고

순 서

박사과정 5기 박계호

## Ⅰ. 서 언

2008년 7월 11일 금강산을 관광 중이던 여행객 박모 씨에 대한 북한군의 총격사망 사건과 일본의 독도 영유권 주장을 위한 일본 중학교 교과서 해설서에 기록을 계기로 촉발된 두 가지 사건으로 말미암아 정부의 위기관리 및 위기 발생시 조치능력 부재가 집중적으로 제기되었고 마침내 청와대는 위기관리 능력의 강화를 위하여 인원 및 기구를 보강하였다.

위기란 무엇인가? 그리고 언론에서 주장하듯 금강산 피격사망 사건이나 독도의 일본 영유권 주장이 과연 국가의 위기관리 대상인가? 논란이 있을 수밖에 없다.

## Ⅱ. 위기란 무엇인가?

이스라엘-시리아와 골란고원에서 서로 대치-무력충돌 위기, 최근 기상이변으로 곡물

작황 부진–식량위기, 자원부족으로 고유가 지속–석유수급 위기, 외환보유고 지속 하락–외환위기 가능성 대두, 김모 씨 숙환으로 입원–오늘밤이 위기… 앞에서 보듯이 위기란 말이 도처에서 사용되고 있다.

위기(Crisis)란 말은 정치적, 경제적, 군사적, 사회적으로 심지어는 개인의 건강과 운동에 이르기까지 폭넓게 쓰이고 있고 그만큼 해석도 다양하다.

사전적으로 위기는 '중대한 결심을 해야 하는 매우 어렵고도 불확실한 시기(기간)로 정의한다. 법령상에서는 위기를 국가 주권 또는 국가를 구성하는 정치 및 경제, 사회, 문화체계 등 국가의 핵심요소와 가치에 중대한 위해가 가해질 가능성이 있거나 가해지고 있는 상태'를 말하며 학술적으로는 '기존체계에 어떤 요인이 가해져 그 체제의 구성요소나 가치변화에 대한 조치가 필요한 시점'으로 정의하기도 한다.

그러나 최근 포괄안보(包括安保, Comprehensive Security) 개념으로 확대되면서 위기를 과거의 군사적 위기에서 에너지와 환경, 식량, 전염병, 테러 등 비군사적 분야까지 확대되는 경향을 보이고 있다.

위기는 통상 일련의 과정을 거쳐서 발생된다. 즉, 어떤 요인에 의하여 쌍방이 추구하는 목표들이 상호 양립하기가 불가능한 상태인 갈등(Conflict)이 발생하고 이 갈등이 악화되면 분쟁(Dispute)과정을 거쳐 위기로 악화되다 이것이 해결되면 평화(Peace)로 악화되면 전쟁(War)으로 발전되는 것이다.

〈위기 및 위기관리 진행단계〉

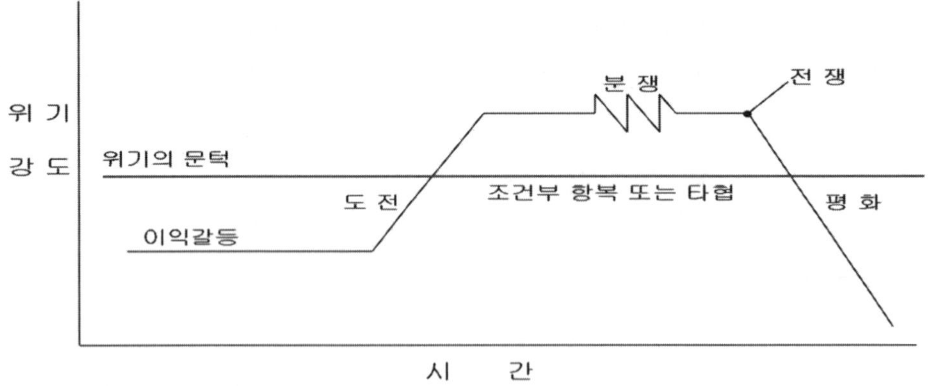

위기상황이 발생하면 이것을 악화시키지 않고 평화적으로 해결하기 위한 위기관리(Crisis Management)를 하게 된다. 국방부 위기관리 규정에서는 위기관리를 '양 국가 간 또는 다수 국가간 국가 이익이 상충되는 곳에서 갈등과 분쟁상태가 전쟁으로 돌입하느냐 아니면 평화회복으로 가느냐를 결정짓는 분수령으로 어떤 사태가 급변시에 분쟁 당사국들이 전쟁의 확대를 방지하고 이를 수습하기 위하여 위기의 통제와 확대 방지에 노력하는 모든 것'으로 정의를 하고 있다.

위기가 발생하면 사태가 악화되거나 확대되는 것을 방지하기 위하여 필요한 조치를 하는데 이것이 위기관리이다. 위기관리를 위해서 제반 사항을 검토하고 조치하는데 이것은 위기 조치(Crisis Action)이다. 군사적으로 보면 방어준비태세(DEFCON) 변경, 동원령(Mobilization Order) 및 계엄령(Martial Law) 선포 검토 등이 있다.

## Ⅲ. 위기관리 및 조치관점에서 본 금강산 피격사망 사건

금강산을 관광하러 간 민간인을 그것도 여성을 비록 새벽이라고는 하지만 총을 쏴 살해한 것은 무슨 이유로도 설명이 될 수 없는 야만적인 행위이다. 이 사건이 새벽 5시경에 발생하여 대통령까지 보고된 시간은 약 6시간이 경과된 오후 1시 경으로 알려지고 있고 이런 중대한 사건이 발생되어 6시간이나 지난 뒤 대통령에게 지연 보고 되었음을 지적하면서 국가 위기관리의 허점이 있지 않느냐는 것이다.

국민의 생명과 재산을 보호해야 하는 것이 국가의 제1의 책임으로 볼 때 남북이 합의한 금강산 지역에서 그것도 비무장한 여성을 총기를 사용하여 살해를 하였으니 국내적으로나 국제적으로 비난을 받을 만큼 커다란 사건임에 틀림없다.

정부는 이 사건이 발생된 뒤 여러 시간이 지나서 사건발생 보고를 받고도 그에 따른 적절한 조치가 미흡하였으므로 국민의 생명과 재산을 보호해야 할 정부에 대한 비판의 소리가 나오는 것은 당연한 일일 것이다. 그러나 이것을 국가의 위기관리 차원까지 연결하여 정부의 위기관리 능력에 문제가 있음을 주장하는 것은 무리가 있다고 생각한다.

첫째, 이 사건은 비록 사건이 파장이 컸음에도 불구하고 위기관리 개념에 연계시켜 볼 때 적절치 않다는 것이 나의 생각이다. 우리 국민이 북한군의 총격에 의해 사망하였다는 것은 분명히 잘못된 것이다. 그렇다고 이것을 위기라는 개념과 연결시키는 것은 무리라고 본다. 위기개념에 부적합한 것이다.

둘째, 이 사건으로 인하여 남북한의 관계가 일정부분 경색되고 있음은 맞다. 그러나 이 사건 이후 진행되고 있는 남북의 긴장도 북한의 여러 트집에 의해 현 정부 집권 이후 그 연장선상에서 이루어지고 있고, 그 위에 이 사건이 남북의 긴장을 악화시킨 면이 없지 않으나 그렇다고 이 사건이 위기관리학에서 언급하듯이 또 다른 갈등을 야기함으로써 분쟁을 악화시킨 면에서 볼 때는 거리가 멀다는 생각이다.

셋째, 이 사건을 통상 사용하는 위기라는 개념으로 볼 때 사용할 수는 있어도 전문적인 용어로서의 위기관리는 개념에는 부합되지 않는다고 볼 수 있다. 즉, 어떤 중대한 결심을 해야 하는 매우 어렵고도 불확실한 시기(기간)도 아니고 그렇다고 국가의 핵심 가치에 대한 중대한 위해가 가해져서 문제가 더 확대되는 것도 아니라고 보기 때문이다.

최근 북한은 개성지구에 근무하던 유모 씨가 북한체제를 비방했다는 이유로 체포하여 100여일이 지나도록 면회는 물론 생사 여부조차 알려주지도 않는 상태로 지속되고 있지만 이를 두고 위기상황이라고는 말하지 않는다. 금강산 피격사망 사건과 같은 유사한 사건이 발생되지 않도록 해야 되겠지만 만약 유사한 사건이 발생한다 하더라도 이는 위기관리 차원보다는 관련부서들이 종합적으로 발생된 상황을 남북합의서에 기초, 일련의 절차를 이용하여 합리적으로 처리하는 방법으로 해야지 위기가 아닌 것을 정말로 위기로 만드는 우를 범해서는 안 될 것이라고 본다.

## Ⅳ. 위기관리 및 조치관점에서 본 일본의 독도 영유권 주장

일본 문부성이 독도를 자국의 영토라고 중학교 교과서 해설서에 명기하기로 한 이후 양국간의 갈등이 심화된 독도사태는 미국이 7월 독도를 주권 미지정 지역으로 발표한 이후 확산되는 듯하다가 조지 부시 대통령의 원상회복 지시에 의거 일단 수면 아래로 잠복하고 있다. 그러나 일본은 과거에도 그랬듯이 언제라도 독도를 자국의 영토라고 주장할 개연성은 높으며 이것은 다시 양 국가 간 갈등을 재발할 수 있다. 독도를 실효지배하고 있는 우리로서는 이 문제가 확산되고 국제문제화 하는 것을 결코 바라지 않지만 그럼에도 언제라도 갈등이 발생되어 분쟁으로 확대될 소지는 충분히 있는 것이다.

과거에도 일본은 독도와 근접한 지역까지 자위대 항공기를 비행시키거나 해상보안청의 함정이 이런 저런 이유로 독도에 근접함으로 갈등을 야기한바가 많으며 이것은 외교적 분쟁으로 확대되는 듯하다가 어느 시점에 가라앉고는 하였다.

그러나 일본의 우익세력이 점차 그 영향력을 확대해 나가는 일본의 국내정치상 언제 또 독도문제가 불거져 나오고 이 문제가 외교적 갈등에 이어 군사적 분쟁으로 확대될지는 누구도 결코 장담할 수 없을 것이다.

위기관리 관점에서 본 일본의 독도 영유권 주장문제는 독도라는 문제가 일본이 자국의 영토라고 주장을 함으로써 외교적 갈등은 발생한다. 이것이 양 국민의 민족주의 감정에 불을 붙임으로써 악화되면서 외교적 갈등이 악화되는 양상을 취한다.

한국이나 일본 모두가 이 문제가 악화되어 외교적 충돌과 나가서 군사력이 충돌하는 상황까지 확대되는 것을 원하지 않으므로 시간이 지나면서 조용해지는 양상이었으며 양국 정부도 이를 악화하는데 따른 부담을 않고 있기 때문에 원만하게 조치하는 방향으로 처리하여 왔다.

이와 같은 양상이 계속 반복되어 오면서 더 크게 악화되지 않고 조용해지다가 어느 순간에 다시 갈등이 발생한다.

다행히 군사적 충돌까지는 악화되지 않고 평화적으로 해결되는 양상을 보여 왔지만 결코 그 가능성을 배제할 수 없으며 위기관리 및 조치관점에서 본다면 독도문제야말로 전형적인 위기관리 대상이 될 것으로 본다.

첫째, 독도 영유권 주장문제는 어느 순간에 외교적 갈등이 발생하고 분쟁으로 확대되는 듯하다가 조용해지는 전형적인 위기관리 발생과정을 따라 간다.

둘째, 독도 영유권 주장문제는 이 문제가 외교적 갈등으로 시작되지만 언제라도 양국의 민족주의 정서에 호소하면서 분쟁으로 확대될 시 군사적 충돌의 가능성도 배제할 수 없는 성격을 갖고 있다. 이 문제가 외교적으로 잘 처리되면 평화적으로 해결되는 것이고 그렇지 못하여 문제가 확대되면 분쟁이 생기고 극단적인 경우에는 군사적 충돌도 발생할 수 있는 가능성이 있다.

## V. 결 론

금강산 피격사망 사건과 일본의 독도 영유권 주장을 위기관리 관점에서 비교하여 보았다. 위기와 관련하여  그 사태가 발생할 가능성이 있을 때는 이를 예측하여 사전에 예방하는 것이고 차선은 발생된 사건이 확대되고 악화되는 것을 방지하는 것이며, 차차선은 발생된 위기를 조기에 수습하는 것이다.

금강산 민간인 피격사망 사건은 남북한 관계에 있어 악영향을 미치는 작지 않은 사건이었지만 이것을 위기라는 관점에서 보는 것은 너무 확대된 생각이라고 본다.

반면에 일본의 독도 영유권 주장문제로 촉발된 한일간의 외교적 갈등은 동 상황이 악화되면 분쟁이 발생되고 심각한 외교 및 군사적 위기로 까지 확대될 수 있다는 관점에서 전형적인 위기관리 대상이 된다고 볼 수 있다.

위의 두 사건이 계기가 되어 정부에서는 위기관리 시스템을 전반적으로 재정비하고 있음은 다행한 일이라고 본다. 그러나 위기가 아닌 것을 위기라고 인식하는 것도 문제가 있다고 본다.

차제에 국가적인 위기가 어떤 것인지에 대한 인식의 공감대가 필요하며 이를 바탕으로 하는 국가 위기관리 시스템을 정착할 수 있는 계기가 되었으면 한다.

–참 고 자 료–


• 국방부, 『위기관리규정』, 국방부.
• 이동훈, 『위기관리사회학』, 집문당, 1999.
• 장용, 『군사전략 이론 및 적용』, CODI출판부, 2005.
• 조영갑, 『국가 위기관리론』, 신학사, 2006.
• 합동참모본부, 『군사기본교리』, 2001.
• 중앙일간지 : 동아, 중앙, 조선일보 등

# 8. 지상군 운용개념과 소요전력 도출을 위한 이론적 접근

순 서

박사과정 3기 박광철

## Ⅰ. 서 론

역사적으로 돌이켜 보건대 대한민국은 수많은 외침을 받아왔으며, 때로는 성공적으로 방어하고 때로는 왕조가 망하거나 나라가 타국에 의해 지배를 받아야 하는 고통을 경험하였다. 임진왜란은 왜군에 비해 절대적으로 열세하였지만 탁월한 전략, 전술을 발휘했던 이순신 장군과 명나라 지원에 의해 극복하였으나, 19세기 말에는 청나라와 러시아에 의지했지만 일본에 의해 침략을 당하였다. 세계 최강의 군사 대국인 미국도 군사적 효과를 위해 우방국, 동맹국과 협력을 통해 연합/합동작전으로 걸프전, 아프가니스탄전쟁 및 이라크전쟁에서 승리를 달성하였다. 단순하지만 역사를 통해 배울 수 있는 것은 최소한 스스로 방위할 수 있는 역량이 있어야 적의 침략을 격퇴하여 생존할 수 있으며, 전쟁을 억제하고 유사시 군사적 승리를 달성하기 위해서는 동맹과 협력이 필요하다는 것이다. 이러한 견지에서 방위에 관한 이론적 고찰과 사례 분석을 통하여 통일 후 한국 방위를 위해 지상군을 어떻게 운용할 것인가, 여기에 소요되는 최소한의 전력소요를 판단하는 이론과 모델을 제시함으로써 통일한국의 방위력 발전방향에 기여하고자 한다.

따라서 연구내용은 통일 후 한반도에서의 지상군 전력운용을 검토하기 위하여 전략, 작전술, 전술적 수준에서의 방위력 관련 이론을 검토하고 적용 가능한 이론을 도출하여 효과적인 지상군 운용방안과 최소한 전력수준을 제시하는 것을 목표로 연구, 분석한다. 연구 방법은 외국에서 개발한 이론을 먼저 고찰하고 적용 가능한 이론에 대한 다양한 분석기법을 사용하고자 한다. 그런데 본 연구는 과거 전쟁 및 전투 결과에 대한 데이터베이스의 불충분함의 연구 한계가 있다.

## Ⅱ. 안보·전략·작전술 및 전술적 분석틀

### 1. 안보전략의 분석틀

과거보다 미래에 더 많은 평화를 향유할 수 있을 것인가에 대한 관심은 지속되고 있고 이를 위해 노력하고 있다. 평화는 동시에 향유할 수 있는 수많은 목적 중에 하나이며 평화를 추구하는 수단들은 많다. 목적을 추구하기 위하여 수단은 다양한 조건하에서 적용된다. 사회는 정치조직과 분리할 수 없으며 최소한 조정하는 권위로서 조직의 부재에서 약간의 평화와 함께 사는 것은 불가능하다.[1]

일본의 핫도리 미노루는 국가의 전체적인 능력의 견지에서 방위력의 구성요소는 군사적 요소(① 군사 방위력과 군사력, ② 민간 방위력), 사회·문화적 요소(③ 인구와 방위 의지), 경제적 요소(④ 경제능력), 정치적 요소(⑤정치적 리더십), 자연·지리적 요소(지리)로 이루어지는 것으로 분석하고 있다. 민간방위는 국력에 포함되지는 않지만 방위력으로서 민간 방위력은 빼놓을 수 없는 중요한 구성요소라고 설명한다.[2] Robert J. Art에 의하면 국가가 소유하는 권력 자산에는 인구, 지리, 거버넌스, 가치, 경제적 부, 리더십, 군사력 등이 있다고 본다. 경제적 부는 가장 높은 대체가능성(fungibility)의 권력자산으로서 전환하기 용이한데, 즉 돈

1) Kenneth N. Waltz, *Man, the State and War* (Columbia University Press, 1959), pp. 1~11.
2) Kenneth N. Waltz(1959), pp. 272~340.

은 양호한 언론, 최첨단 기술, 협상력 등 다양한 품목을 구매하는 데 사용가능하다는 것이다. 또한 부는 군사력에 필수적으로 부유국은 더 많은 군사력을 창출할 수 있다는 것이다. 한편 군사력은 세 번째 대체 가능성 있는 자산으로서 군사력은 평화기간에 조차도 정치에 필수적이기 때문에 다양성을 소유하는데 국제정치에서 군사력이 필수적이라는 것이다. 군사적으로 강력한 국가는 군사적으로 약한 국가보다 세계정치에서 더 큰 영향력을 보유하며, 더 많은 보호를 받을 수 있고, 다른 국가에 더 위협적일 수 있다는 것이다. 이를 연구하고 준비하는 군사학은 전쟁의 본질과 성격 그리고 무력전의 준비와 수행 및 억지에 관한 통일된 지식의 체계이다[3]라고 정의했듯이 평시에도 군사력 준비와 운용에 관한 연구는 매우 중요하다.

이러한 관점에서 군사력은 평시에도 유용하다. 의지들의 충돌에서 승리하는 것을 지원하는데 올바로 적용된다면 유용성이 있다고 생각하기 때문에 전력은 유용하다는 것이다.[4] 따라서 전력이 전략적으로 사용되는 방법으로 반영되어야 하고 강조할 사항은 단지 우리의 영토를 방어하기 위하여 전력을 조직하는 것으로부터 국민과 우리의 생활을 안전하게 위하여 그리고 이러한 작전들을 국경선에서 멀리 떨어져 수행하는 방향으로 전력을 사용하도록 전환해야 한다는 것이다.

냉전 이후 유럽의 군축과 재구조 과정이 논의되어왔다. 전환성 연구문제로서 이는 방어경비에서 몇 퍼센트의 감축을 가정하고, 어떤 종류의 대안이 바람직하고 군의 전반적으로 감축이 어떻게 분배되어야 하는가? 그리고 유사시 및 평시 필요한 민간 기술 및 힘이 어떻게 군사력으로 전환될 수 있는가에 대한 연구가 지속되었다. 전략 및 전환연구 사이의 갭을 연결하는데 적절한 기여로서 의도되어 방어 재구성, 연구 그리고 실제로 발생하고 미래 추세에 대한 예측을 기도하는 것의 평가의 방향, 보조 및 확장의 문제를 다룬다. 거기에 기초하여 전환을 위해 군사 재구성의 함의를 평가한다. 후자는 폭넓게 고려되는데, 예를 들면 무기생산 뿐만 아니라 인력, 지상 및 민간사용에 재할당 될 수 있는 군사소비와 타 국력에 투자되어 다시 군사력으로 전환될 수 있는 방법에 대한 연구가 지속되어야 한다는 것이다. 평화연구자들에 의해 안보는 군사문제일 뿐만 아니라 거기에는 중요한 비군사적 측면이 있다는 것은 정책수립가 뿐만 아니라 정치학자들과 전략가들의 주류에 의해

3) 이종학, 『한 군사학도의 연구 발자취』(대전 : 충남대학교 출판부, 2006), p. 3.
4) Rupert Smith, *The Utility of Force* (2007), p. 410.

점차로 인식되고 있다. 더구나 하나의 당면문제를 해결하기 위하여 소비되는 자원들은 다른 목적으로 쉽게 사용될 수 없다는 이유이기 때문이라면 많은 분석가들은 다른 유형의 안보를 추구하는 것 사이의 거래를 인식하고 있다. 더 자세하게는 군사력에 대한 과도한 강조는 국가의 안보를 감소할 것인데 예를 들면 경제적 건강을 손상하면서 덜 군사화된 국가에 비하여 총체적인 국력을 약화시킨다는 것이다. 더구나 국가들은 환경적 재앙, 세계적 기근 등의 위협 같은 모두 다른 형태의 위협의 중요성과 안보를 깨닫기 시작하고 있다. 이것들은 국가안보의 문제는 아닐지라도 안보문제로 인식하기 시작한다. 이처럼 군사력과 타 국력사이에 전환 가능성을 염두에 두어야 한다는 것이다.[5)]

## 2. 군사전략의 분석틀

군사력의 창출은 단지 부분적으로 국가들의 물자와 인적 자원에 의존한다. 부, 기술 및 인적 자산은 국가들의 능력이 전투력을 창출하는데 확실하게 중요하다. 하지만 국가들이 이러한 자산들을 어떻게 사용하는 것도 동일하게 중요하다. 문화적 사회적 요소, 정치제도 및 국제적 영역으로부터 압력 등은 국가가 이러한 자원을 어떻게 사용할 것인가를 형성하여 한 국가의 군사적 활동이 발생하는 환경을 구성한다. 예를 들면 전략적·작전적 계획수립, 리더의 선택, 무기의 획득, 병사들 훈련, 그리고 교리의 창의를 위해 유형과 일상적인 일이 어떻게 나타나고 발전하는지에 영향을 미친다. 이러한 활동에 영향을 미침으로써 국가의 사회 그의 국제적 환경은 국가가 전쟁을 조직하고 준비하는 과정에서 물자와 인적 자산을 어떻게 잘 사용할 것인가와 군사력을 창출하는 능력에 영향을 미친다. 국가들의 군사적 효과성의 원천을 이해하려는 노력으로 사회적·정치적 힘을 점검해야 한다. 이러한 효과성에 영향을 미치는 요소들을 위해 분석 구조를 제공하는 분석틀을 소개하면 특히 군사적 효과성을 평가하는데 4가지 속성이 있다. 통합 또는 군사활동에서 항상성을 보장하고, 군사활동의 수준 내에서 수준에 걸쳐서 시너지를 창출하며 반생산적인 활동을 피하는 능력, 둘째 반응성인데 무력분쟁을 위해 자신을 준비하는데 내·외부적 제약과 기회를 국가가 수용하는 반응성, 셋째 군인들이 전장에서 과제를 수행하는데 동기화되고 준

5) Bjorn Moller and Lev Voronkov, *Defense Doctrine and Conversion*,(Darmouth, 1996), pp. 1~3.

비하는 것을 보장하는 능력을 포함하는 숙련된 기술, 그리고 질 또는 필요한 무기와 장비를 보급하는 국가의 능력이 그것으로 군사가 이러한 속성들을 더 많이 나타낼수록 국가는 군사력 창출에서 더 능력이 있는 것이다.[6]

## 3. 작전 구상(작전술 요소들의 적용)

작전구상은 전역 또는 주요작전 계획과 그의 후속하는 실시를 기초하는 틀의 개념과 구축이다. 작전술을 통하여 지휘관과 참모들은 지상전력을 포함하여 군사적 수단들을 적용하는 데 폭넓은 개념을 발전시키고 합동전력을 운용하는데 통합적이고 가능하도록 작전을 구상하도록 하게 한다. 따라서 작전 구상은 모든 작전에 통일된 목적과 초점을 제공한다. 아래 도식은 작전 구상이 전술적 과제들을 전략적 최종상태에 연결시키는 조건을 조성하는 역할을 나타낸다.(①,②,③은 작전 구상의 수준)

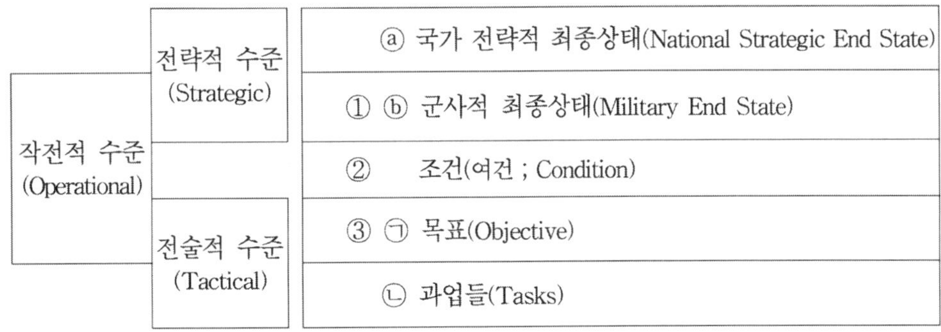


〈도식 1〉 전술적 과업-전략적 최종상태간의 관계

작전술을 적용함에 있어서 지휘관들은 작전구상 요소들을 고려한다. 이것들은 그의 실행을 기술하기 위하여 틀을 제공함으로써 작전의 개념을 명료화하고 정립하는 데 도움을 주는 도구들이다. 그들은 지휘관들이 전투력의 복잡한 결합을 이해하고 가시화하고 설명하는데 도움을 주고 그들의 의도와 지침을 형성하는데 도움을 준다. 작전구상 요소들은

6) Risa A. Brooks&Elizabeth A. Stanley(edited), *Creating Military Power·The Sources of Military Effecitveness* (Stanford University Press, 2007), pp. 1~2.

작전에 따라서 선택적으로 사용될 수 있지만 구상요소의 적용은 전역과 주요작전의 맥락에서 가장 광범위하다. 작전구상 요소들은 전략적 최종상태에 도달하는데 전술적 임무를 결합하는 과업들과 목표들을 식별하는데 필수적이다. 그들은 세부계획 또는 명령을 발전시키기 위하여 기초를 형성하는 작전개념을 정의하고 초점을 맞추는데 도움을 준다.

지휘관/참모들은 작전구상 요소들이 임무변수들에 어떻게 관련되는지를 측정한다. 개인별 요소들의 적용성은 제대에 따라서 변한다. 일반적으로 전략 및 작전적 수준에서 모두 적용한다. 몇몇은 전술적 관련성이 없는데 예를 들면 지상구성군 지휘관은 작전적 범위와 한계점을 작전적 기동을 위해 광범위한 디자인으로 전환하는데; 결정적 지점은 작전선과 작전노력을 따라서 목표가 된다.

<table>
<tr><td>최종상태(End State)</td><td rowspan="3">문제의 틀을 형성<br>Frame/Reframe the Problem</td><td></td></tr>
<tr><td>조건들(Conditons)</td><td></td></tr>
<tr><td>중심(Center of Gravity)</td><td rowspan="4">디자인 형성<br>Formulate the Design</td></tr>
<tr><td>작전적 접근(Operational Approach)</td><td></td></tr>
<tr><td>결정적 지점(Decisive Points)</td><td></td></tr>
<tr><td>작전선/노력선(Lines of Operations/Effort)</td><td rowspan="7">디자인 정립<br>Refine the Design</td></tr>
<tr><td>작전적 범위(Operational Reach)</td><td></td></tr>
<tr><td>템포(Tempo)</td><td></td></tr>
<tr><td>동시성과 종심(Simultaneity and Depth)</td><td></td></tr>
<tr><td>단계화와 전환(Phasing and Transitions)</td><td></td></tr>
<tr><td>한계점(Culmination)</td><td></td></tr>
<tr><td>위험(Risk)</td><td></td></tr>
</table>

〈도식 2〉 작전구상 요소들의 연결

작전술은 3가지 연속적이고 주기적인 활동들을 요구한다. 이러한 활동들은 분쟁의 스펙트럼에 걸쳐서 군사적 및 비군사적 행위를 정의하는데 문제를 틀로 형성하고(그리고 틀을 재형성), 작전구상을 형성하고, 그리고 구상을 정립한다.[7]

## Ⅲ. 지상군 운용개념의 이론적 고찰

개념은 합동 능력통합 및 개발시스템에 영향을 준다. 개념은 전력을 어떻게 운용할 것인가를 제시하고 예상되는 합동 작전환경에서 적에 대하여 군사작전의 범위를 수행하는 데 요구되는 능력을 설명하며, 지휘관이 군사술과 과학을 활용하여 바라는 효과와 목표를 달성하기 위하여 능력을 어떻게 운용할 것인가를 설명한다. 개념들은 미래 요구능력 결정노력의 기초이다. 개념은 미래의 10~20년간의 군사작전의 제안되는 구조 내에서 미래능력의 묘사로 구성된다. 각 개념은 해결할 문제, 잠재적 해결의 구성, 그리고 구성요소들이 함께 어떻게 문제를 해결할 것인가를 설명한다.[8] 실험은 운용의 혁신적인 방법을 연구한다. 특히 그들의 가능성을 판단하고, 그들의 유용성을 평가하며, 또는 현행 작전 및 미래 개발 노력에서의 모험을 감소시키기 위하여 그들의 제한사항을 결정하기 위하여 노력한다.

개념발전과 원형 실험은 능력개발을 정의하고 전력발전을 위해 결심 수립을 지원하기 위하여 신뢰할 만한 분석적 기초를 제공함으로써 전쟁수행자들에 대한 모험을 감소시키는데 도움을 준다. 실험은 발견, 가설검증, 그리고 시범접근을 적절하게 활용하여 제안된 전투수행 능력의 효과를 실제화하기 위하여 구조화된 판단절차를 적용한다. 이것은 작전개념을 정의하고 전투발전요소[9] 능력 요구를 확인하며, 잠재적인 전투발전요소(DOTMLPF) 능력 해결을 판단한다. 적절한 수준의 해결책을 지원하는 방법을 활용하는 실험에 기초하는 분석을 통하여 실험은 이러한 활동을 수행한다. 실험들은 연구, 세미나 및 워크샵으로부터 통합된 실기동, 가상 및 컴퓨터 환경에 이르기까지의 범위에 이른다.[10]

---

7) DoA, FM 3-0 *Operaions* (HQ DoA, 2008), pp. 6-1~6-6.

8) TRADOC, *Force Development : Concept Development, Experimentation, and Requirements Determination* (TRADOC : Fort Monroe, 2009), pp. 9~10.

9) TRADOC Regulation 71-20에 의하면 미군의 전투발전요소는 Doctrine, Organization, Training, Materiel, Leadership and Education, Personnel, and Facilities(DOTMLPF)의 7개 요소로 구성된다.

10) TRADOC(2009), pp. 10~11.

## Ⅳ. 소요결정의 이론적 고찰

먼저 전략적 평가와 협조 과정이 필요하다. 전략적 평가는 최고 직위의 군사 및 정치지도자들이 서로 컨설팅하고 정책방안을 분석하고 그렇지 않으면 국가 간 분쟁 이전 또는 동안에 군사전략에 대하여 결심 수립에 참여하는 절차이다. 전략적 평가는 한 국가의 동맹들과 적들의 능력 그리고 다른 군사작전의 비용과 위험의 정확한 평가를 제공함으로써 반응성을 개선할 수 있을 것이다. 이러한 것은 군이 자신의 강점을 최대화하고 적의 약점을 이용하기 위하여 전략, 교리 및 전력구조를 맞추어가도록 돕는다. 이것 또한 군이 지형, 기상 또는 국제 여론과 같은 부정적인 제한의 효과를 최소화하도록 도와준다. 그리하여 전략적 무기 획득은 국가들이 무기와 장비를 그들 힘으로 구입하는 과정이다. 정치화되거나 부패한 과정이라기보다는 공정한 기술적 표준에 의해 특징되는 획득 절차는 전력구조와 신무기 개발이 현행 위협환경에 대응하는 것을 보장함으로써 반응성을 향상시킬 수 있다. 이것은 자산할당과 무기 능력을 조정하여 교리 및 전술에의 통합을 개선시킬 수 있을 것이다. 이것은 국가가 높은 양질의 무기를 획득하도록 보장함으로써 질을 향상시킬 수 있을 것이다. 또한, 전략적 지휘 및 통제는 정치지도부와 상급제대의 군 지휘계통이 의사소통하고, 협조하며, 지휘계통으로 결심을 전파하는 과정이다. 정보는 군이 다른 국가들의 능력에 관하여 첩보를 수집, 분석 및 전파하는 과정이며, 내부 감시는 그들이 자신의 능력을 어떻게 평가하는 것을 말한다. 장교 선발, 교대 그리고 진급절차는 군이 개인들이 계급구조에서 진급하고 주요 보직으로 선발되도록 식별하는 방법을 포함한다. 이러한 과정은 지휘계통에서 개인들이 책임 있는 직위에 선발되는 기준에 영향을 주어 효과성에 영향을 줄 수 있다. 그들은 외부 위협환경과 외생적인 제약사항을 철저히 이해하는 장교들을 진급시켜서 그들이 적의 전술과 작전교리에서의 취약성을 이용하기 위하여 전술을 채택하고 더 잘 수행할 수 있게 됨으로써 반응성을 향상시킬 수 있을 것이다.[11]

미군의 소요 결정시행은 JCIDS[12]를 활용하여 행해진다. JCIDS절차를 수행하는 기본적인 초점은 합동군의 일부로서 육군이 세계 도처에서 관련된 모든 작전환경에서 군사작전

11) Risa A. Brooks&Elizabeth A. Stanley(edited)(2007), pp. 19~21.

의 범위에 걸쳐서 임무를 수행하기 위한 필요 능력을 갖도록 보장하는 것이다. 최근 작전들은 통합되고 상호 운용 가능한 합동 전쟁수행 능력의 필요성을 강조한다. 합동 및 육군 개념 중심 능력 식별절차 또는 현행분쟁으로부터 교훈은 새로운 능력이 어떻게 식별되고 발전되는가를 정립하도록 요구되어진다.

JCIDS는 전발요소와 정책에서 변경을 통하여 새로운 능력의 개발을 지도하기위해 사용되는 통합되고 공동적인 절차이다. 변경 건의(제안)는 미래 합동 및 육군 작전을 위해 전쟁수행자의 요구에 기초하여 발전되고, 평가되며, 우선순위가 정해진다. JCIDS는 국가 군사전략과 방위전략을 지원하기 위하여 군사력을 변혁하기 위한 주요 결정 지원절차를 포함하는 능력에 기초하는 계획 수립절차의 한 가지 구성요소이다. JCIDS는 전투 수행자가 이러한 전략들을 지원하기 위하여 요구되어지는 능력을 식별하는 절차에서 주요역할을 한다. 하지만 이러한 능력의 성공적인 전달 구현은 능력에 기초하는 계획 수립절차와 위협 환경 내에서 국방 및 합동 결정절차(획득과 기획관리제도(PPBE[13]))와 조화롭게 작업하는 JCIDS에 의존한다.

JCIDS는 현존하는 능력에 대한 개선을 식별하고 보장되는 시기에 새로운 전쟁수행 능력을 개발하기 위하여 육군, 타군, 정부기관, 산업, 그리고 학계의 전문성을 레버지하는 위협 및 능력에 기초하는 접근이다. JCIDS는 전략적 지침으로부터 일련의 절차를 걸쳐서 능력을 식별하는 방법이다. 지침에 기초하여 합동작전개념과 육군 개념군이 합동 및 지상군 전력이 미래 10~20년 군사작전의 범위에서 전략적 목표를 달성하는데 지원하는데 어떻게 운용되기를 예상하는가를 설명한다. JCIDS는 현재의 육군개념 또는 작전개념에 기초하여 CBA[14]의 실행을 통하여 개시된다. CBA는 전쟁수행능력의 강건하고, 구성군에 걸쳐서 분석하는 것이다. 이것은 특정 위협환경 내에서 임무를 성공적으로 수행하기 위하여 요구되는 능력과 작전수행기준을 식별한다. 이러한 능력을 야전에 인도하는데 있어서 결점, 연관된 위험요소들, 그리고 능력 결점에 대한 가능한 해결책을 식별한다. 적합한 구성군, 구성군 간에 걸쳐서, 유관기관간 전문성 ; 과학&기술 공동체 창안 ; 워게임, 실험 그리고 다른 적합한 분석결과 ; 그리고 통합된 아키텍쳐가 전발요소 해결책의 발전에서 고

12) JCIDS : Joint Capabilities Integration and Development System.
13) PPBE ; planning, programming, budgeting and execution.

려되어져야 한다. JCIDS절차에서 고려되는 문제들의 광범위한 배열 때문에 분석의 폭과 종심은 이슈에 적합하도록 조정되어져야 한다. CBA를 통하여 관련자들은 합동능력, 관심사항들 그리고 해결책에 대한 접근을 고려해야 한다. CBA는 능력 갭을 문서화하는데 능력의 속성을 결정하고 갭을 조정하게 되는 능력의 결합을 결정하고 그리고 가능한 실행을 위한 비물질 및/혹은 물질 해결을 식별한다.[15]

## Ⅴ. 결 론

미래 작전환경에 요구되는 전력의 운용과 소요결정은 안보전략, 군사전략 및 작전 디자인의 분석틀 속에서 주요한 변수가 변경될 때마다 환류되어 수정되고 조정될 수 있다. 미래 작전환경, 위협에 대처해야 하는 특히, 통일 후 정치적, 경제적, 환경적 변화에 적응하여 생존하고 번영하기 위하여 이러한 분석틀에서 의하여 지상군 운용개념을 발전시키고, 소요전력을 결정하며 미래지향적인 동맹과 협력의 이론적 모델이 정립되는 것이 요구되어진다.


-참 고 자 료-

- 권태영·노훈, 『21세기 군사혁신과 미래전 : 이론과 실상, 우리의 선택』, 서울 : 법문사, 2008.
- 김우상 외 편저, 『국제관계강의』1, 서울 : 한올 아카데미, 1997.
- 노훈·독고순·유지용·고덕수, 『미래전장 스트랩』, KIDA press, 2008.
- 이종학, 『클라우제비츠와 전쟁론』, 서울 : 주류성, 2004.
- _____, 『전략이론이란 무엇인가』, 충남대학교 출판부, 2005.
- 이종학·길병옥 편저, 『군사학개론』, 충남대학교 출판부, 2009.
- 최경락·정준호·황병무, 『국가안전보장서론』, 서울 : 법문사, 1989.


---

14) CBA ; capabilities-based assessment.

15) TRADOC, *TRADOC Regulation 71-20 Force Development Concept Development, Experimentation, and Requirements Determination* (TRADOC, 2009), pp. 43~44.

• Biddle, Stephen D., *Military Power*, New Jersey : Princeton University Press, 2004.
• Cebrowski, A. K., *Military Transformation : A Strategic Approach*, Washington : Defense Pentagon, 2003.
• Cronin, Patrick M., *The Evolution of Strategy Thought*, London and New York : Routledge, 2008.
• Jaiswal, N. K., *Military Operations Research : Quantitative Decision Making*, Stanford University, 1997.
• Joint chief of staff, *Joint Publication 3-0 Joint Operations*, JCS, 2008.
• Phillips, T. R., *Roots of Strategy : Sun Tzu, Vegetius, De Sax, Frederick, and Napoleon*, U.S.A : Stackpole Books, 1985.
• Risa A. Brooks and Elizabeth A. Stanley, *Creating Military Power : The Sources of Military Effectiveness*, Stanford University Press, 2007.
• Smith, Rupert, *The Utility of Force : The Art of War in the Modern World*, 2007.

• 김희상, 『21세기 한국의 안보환경과 국가안보』, 박사학위 논문, 2003
• 길병옥, 「한반도 평화체제 구축과 국제협력」,『평화와 안보』제3권, 충남대학교출판부, 2006
• _____, 「군사학과 안보학의 학문적 이론체계에 대한 비교연구」,『평화와 안보』제2권, 충남대학교 출판부, 2005.
• _____, 「한반도 평화번영정책과 국가안보」,『평화와 안보』창간호, 충남대학교출판부, 2004.
• _____, 「동북아 지역분쟁과 우리의 대응방안」,『한반도 군비통제』제37집, 2005.
• Huber, Reiner I., Friedri, Gernot ch, and Jaroslaw Leszczelowski, "A New Paradigm for Estimating Russian Force Requirements? On Tsygichko's Model of Defense Sufficiency", *European Security*, Vol.8, No.3 (Autumn 1999)

# 9. 탈냉전 이후 북한의 군사정책 소고

순 서

박사과정 1기 배일권

## Ⅰ. 문제의 제기

현 정부의 대북정책은 '상생과 공영'으로 함축된다.[1] 전 정부들의 화해협력을 기조로 하는 햇볕정책 내지 평화번영정책과 그 의미상 별 차이가 없어 보인다. 그러나 사회 일각에서는 현 정부의 대북정책이 "냉전시대로 역주행"[2]하고 있다고 비난한다. 그렇다면 과연 한반도는 냉전에서 벗어난 적이 있었는가?

세계적 냉전의 종식은 구소련의 변혁을 계기로 미·소 양국의 군사적 적대관계가 청산됨으로써 가능했다. 그러나 상황을 한반도로 국한시켜보면 예나 다름없는 군사적 대치가 지속되는 가운데, 질량적 군비 증강과 위협은 도리어 가중되는 형국이다. 따라서 냉전의 종식이 한반도에 평화를 가져다주지는 못했으며, 한반도는 여전히 냉전적 상황에 있다는 평

1) http://www.unikorea.go.kr/(검색일 : 2009. 7. 13.)
2) http://www.minjoo.kr/board/board_view.php(검색일 : 2009. 7. 13.)

가가 가능하다.

또한, 선언적으로는 노태우 정권에서 시발되고,[3] 이후 역대정권에서 가시화 되거나 본격 추진된 대북 화해협력정책도, 한반도에서 냉전적 잔재를 걷어 내거나 근절시키지 못한 것은 마찬가지이며, 그러한 조건의 성숙에 기여했다고 보기도 어렵다. 그래서 햇볕정책이 한반도에서 냉전을 종식시키기 위한 어떤 조짐을 싹틔우기보다는, 오히려 지난 정권들이 대북對北 퍼주기에 일관함으로써 북한이 핵과 미사일 등의 비대칭적 대량살상무기를 중심으로 하는 군사 역량을 강화하는 데 도움을 주었을 뿐이라는 비판이 존재한다.[4]

결국, 정부의 대북정책에 대한 두 가지 상반 된 평가는 남남갈등으로 이름 지워진 채 국론의 분열과 정파적 투쟁으로 이어지면서 한국의 정치·사회적 혼란을 가중시키는 기제로 작용하고 있다. 이러한 현상의 원인은 다각적으로 진단될 수 있겠지만, 가장 근본적인 문제는 북한의 국가목표 내지 전략, 특히 북한체제의 특성과 그에 기초한 북한의 군사정책에 대한 이해의 부족 내지 차이에서 비롯된바 크다고 여겨진다.

이에, 본 소고는 우리 정부가 화해협력 정책을 적극화하기 시작한 탈냉전 이후, 특히 김정일 시대의 군사정책을 고찰해 봄으로써 북한의 군사위협 정도를 인식하는 데 이바지하는 것을 목적으로 한다. 다만, 여기에는 너무 많은 변수가 작용하는 관계로 누구나 동의할 수 있는 객관적 결론을 도출하기란 거의 불가능하다고 본다. 그리고 군사적 위협의 평가는 능력[5]에 기초하는 것이 일반적이지만, 본 소고는 북한의 군사정책을 군사적 의도와 의지라는 변수로 상정하여, 이에 절대적 영향을 미친다고 보이는 북한체제의 특성과 북한정권의 목표 및 전략과 연계하여 살펴봄으로써 북한의 군사위협을 평가해보고 우리의 대응책을 개념적으로 정리해 보고자 한다.

---

3) 남북은 1990년 남북 고위당국자회담 개최, 1992년 남북 기본합의서 및 비핵화공동선언 발효 등 군사, 정치, 경제, 사회·문화교류·협력에 합의하였다.

4) 조선일보 : 2009. 7. 9.

5) 핵무기 등 대량살상무기 개발에 적극적인 북한의 군사적 능력을 특정하기는 어렵지만, 일반적으로 알려져 있는 세계 5위의 군사력이며, 한국에 비해 병력 1.5배, 장비 2배의 무력을 보유하여 매우 위협적이라고 평가되고 있는 것을 전제로 논의를 전개한다. 국방부, 『국방백서(1999~2006)』"남북한 군사력(병력 및 장비) 현황비교" 참조.

## II. 북한 체제의 특성

### 1. 김정일 유일 지배체제

3대 세습을 준비하고 있는 김정일 유일 지배체제의 확립은 소련에서의 스탈린 개인숭배를 모방하여 이루어진 북한의 김일성 개인숭배로부터 시작되었다. 1967년까지 김일성을 '조선인민의 지도자'로 칭하던 북한 언론들은 이후, 그를 '국제 진보운동세력의 지도자'로 칭하면서, 그 정당성 확보차원에서 주체사상을 제3세계와 서방국가로 수출하는데 열을 올리게 된다.[6] 그리고 1974년 김정일이 그의 후계자로 결정되면서 김일성의 권위는 절대화로 치닫는다. 김일성의 사상을 '김일성주의'로 선포하는 등 수령 교시의 무조건성, 권력의 무제한성을 나타내기 시작했으며, 후계자로서의 김정일의 위상도 함께 절대화되면서 당을 장악한다. 이를테면 김일성-김정일의 유일적 영도를 보장하는 체제로 굳어진 것이다.

1990년 소련과 동구 공산권의 붕괴로 위기상황에 직면한 김정일은 기존에 강조되어온 주체사상과 김일성주의에 입각한 유일 사상체계의 강화와 함께, 1991년 5월 5일 "인민 대중 중심의 우리식 사회주의는 필승불패다."라는 논문을 통하여 수령·당·인민대중의 통일체를 강조하면서 체제유지에 총력을 기울인다.[7] 특히 군사부문에 중점이 실린 이른바 정치적 자주, 경제적 자립, 군사적 자위를 재강조하게 된다.

그리고 김일성 사후 김정일은 국가 주석이 아닌 국방위원장의 직함을 가지고 북한을 통치하면서 자신의 신념철학이라는 '붉은 기 사상'을 제시하고, 인민들의 일심단결을 강조하는 가운데 '고난의 행군정신', '수령 결사옹위 정신', '백두의 혁명정신' 등을 통해 수령제의 강화를 꾀한다.[8] 또한 1998년에 이르러 "위대한 당의 령도에 따라 사회주의 강성대국을 건설해 나가자"고 주장했다.[9] 소위 사상·군사·정치·경제 강국을 이룩하자는 것이다. 강성대국론은 곧 수령 중심의 체제를 뜻하는 것이며, 수령의 유일적 영도체제는 당과 국가의 모든 활동이 수령의 지도에 절대적·무조건적으로 복종하고 따라야 한다는 것을

---

6) 이종석, 『현대북한의 이해 : 사상, 체제, 지도자』(서울 : 역사비평사, 1995), pp. 218~219.
7) 오일환, 정순원, 『김정일 시대의 북한 정치경제』(서울 : 을류문화사, 1999), pp. 59~60.
8) 오일환, 정순원, 상게서, pp. 63~64.
9) 로동신문 : 1998. 9. 9.

의미하는 것이다.

## 2. 당·군 중심의 체제

북한에 있어 당은 여타 사회주의 국가들과 마찬가지로 국가 정책의 모든 결정권과 통제권을 갖는다. 특히 1972년 최고인민회의 제5기 1차 회의에서 새로운 헌법을 제정하고 주석제를 시행하면서 권력이 주석에게 집중되게 되었으며, 1980년 10월 제6차 당 대회를 통하여 유일 사상체제를 확립하였다. 앞에서 검토하였듯이 유일체제는 수령의 영도를 위한 것이고, 결국 당은 그 정치적 도구요, 수단이라고 할 것이다. 즉, 수령이 제시한 사상, 노선, 정책을 관철하기 위하여 인민대중을 조직하고 동원하는 기구인 것이다. 그러나 당은 여전히 모든 국가기관의 우위에 있으며, 조선노동당의 총비서는 김정일이고 그는 또 실질적 권력을 가진 국방위원회 위원장으로서 북한을 총체적으로 지도하는 수령의 위치에 있는 것이다.

한편, 북한의 인민군은 창건 초기 당의 군대, 혁명의 군대, 인민의 군대로 간주되었으나 점차 수령의 군대, 김정일의 군대로 그 성격이 탈바꿈해 왔다.[10] 특히 김일성 사후 1997년 처음 등장한 '선군정치'라는 용어[11]는 "인민군대의 강화에 최대의 힘을 넣고 인민군대의 위력에 의거하여 혁명과 건설의 전반 사업을 힘 있게 밀고 나가는 특유의 정치"라고 표현된다.[12] 달리 말하면 군사선행, 군 중시의 정치인 것이다. 군은 강성대국 건설의 주역이며, 혁명의 주력이다. 그 군을 지휘하는 국방위원장인 김정일은 모든 정치, 경제, 군사 역량을 지휘통솔 한다. 그리고 이것은 김일성에 의해 조선인민혁명군이 먼저 창건 된 후에 북한 정권이 수립된 것과 역사적 맥을 같이하는 것이기도 하다. 이렇게 볼 때 북한 체제는 수령의 유일 지도아래 당과 군을 중심으로 운영되는 국가체제라는 특성을 갖는다고 할 것이다. 즉, 북한은 군국주의적 성격을 가진 '병영국가'라고 할 것이며, 따라서 군사행동의 가능성이 매우 높은 체제적 특성을 가지고 있는 것이다.

---

10) 유영구, 「북한의 정치군사관계의 변천과 군내의 정치조직 운영에 관한 연구」,『전략연구』제4권 제3호(한국전략문제연구소, 1997), pp. 61~134. 참조.

11) 북한은 1995년 1월 1일 김정일이 다박솔 초소를 방문하였을 때부터 선군정치가 시작되었다고 주장하고 있다.(로동신문 : 2001. 11. 22.)

12) 로동신문 : 1998. 10. 19.

## Ⅲ. 북한 정권의 목표와 국가전략

### 1. 북한 정권의 전략적 목표

수령과 당에 의해 지도되는[13] 북한 정권의 목표는 노동당 규약 전문에 명시된 대로 당면 목표는 "공화국 북반부에서 사회주의의 완전한 승리를 이룩하여 전국적 범위에서 민족해방과 인민민주주의 혁명과업을 완수"하는 것이고, 최종목표는 "온 사회의 주체사상화와 공산주의사회를 건설"하는 것이다. 이것은 당 건설과 활동의 기본원칙으로서 북한 내지 한반도에 유일사상과 유일 지배체제를 세우겠다는 것을 의미한다. 달리 표현하면 한반도 적화통일이 그들의 정권적 국가 전략목표다.

북한이 상기와 같은 전략목표를 추진하는 와중에 탈냉전과 함께 김일성의 사망이라는 뜻하지 않은 상황에 직면한다. 갑작스럽게 대내·외적 어려움에 봉착하면서 정치·사상, 경제, 사회 전반에 걸쳐 체제 위기를 맞게 된 것이다. 그러자 김정일은 위기 극복을 위해 유훈통치, 고난의 행군, 사회주의 총진군 등의 슬로건을 제시하면서 인민들의 결집에 주력했다. 그리고 소위 '우리민족 제일주의'와 '우리식 사회주의'를 강조했다. 그러다가 1998년 새로운 사회에 대한 비전으로서 '강성대국 건설'을 제시한다.[14] 이것이 탈냉전 후 김정일 시대의 장기적 목표가 된 것이다.

### 2. '강성대국' 건설론

노동신문 정론에 따르면 강성대국[15]이란 첫째, 사회주의 수호 및 우월성을 발양할 수 있는 사상적 담보가 마련된 나라, 둘째, 자주적인 정치로 전 인민의 일심단결 실현과 세계정치 무대에서 강한 영향력을 행사할 수 있는 나라, 셋째, 주체적인 군 중시의 정치구현으로

13) 사회주의 헌법 제11조에서는 "조선민주주의 인민공화국은 조선로동당의 영도 밑에 모든 활동을 진행한다."고 규정하고 있다.

14) 전자는 위기상황 극복이라는 소극적 방어논리였다면, 후자는 위급한 상황은 벗어났다는 판단과 김정일 체제의 확립을 위한 적극적인 행보라고 할 것이다. 고영환, 『우리민족 제일주의』(평양 : 평양출판사, 1989), pp. 126~127. 참조.

15) '강성대국'이라는 정론에서 "우리 혁명에서 새로운 전환적 국면이 열리는 오늘의 장엄한 역사적 시기에 우리 앞에 나선 가장 신선한 목표"라고 규정하였다.(로동신문 : 1998. 8. 22)

어떤 침략세력도 감히 건드릴 수 없는 무적 필승의 나라, 넷째, 자립성과 자주성이 보장된 민족경제와 전 부문이 현대화·과학화되고 인민들의 풍부한 물질문화와 생활조건을 보장해주는 나라를 뜻한다.

2000년 신년 공동사설에서는 소위 '강성대국 건설의 3대 기둥'으로 표현되는 "사상중시, 총대중시, 과학기술중시 노선을 틀어쥐고 총진군을 다그쳐 나가야 한다."고 강조한다.[16] 주체의 사회주의 국가를 고수하는 가운데 정치·사상 강국, 선군정치의 군사강국, 과학기술의 경제강국 건설로 체계화 한 것이다. 그리고 이의 실현은 선군정치 영도방식을 통해 이룩해 나가겠다는 것이다.

요약하면 강성대국 건설론은 한마디로 전 한반도의 사회주의 혁명, 즉 공산화 통일을 위한 종합적·장기적 정책 목표이며, 체제 생존을 위한 내부 통제 및 대외 선전적 정치 슬로건이다. 결과적으로 김정일 시대의 국가전략과 대남전략은 과거와 다름없이 '남조선 혁명'의 기조를 유지하고 있는 것이다. 그리고 수령과 당의 장악력 강화 및 대외적 협상력 제고를 통한 체제 생존에 목적이 있다고 하겠다. 이렇게 본다면, 북한의 대남 '민간차원의 경협선호 및 확대' 현상은 남북 화해와 협력의 상징이라 할 수 없으며, 북한 정권 내지 국가의 전략적 변화는 더욱 아니다. 단지 이시기에 북한 정권의 생명 유지에 필요한 '단물' 일 뿐인 것이다.

# Ⅳ. 탈냉전 이후 북한의 군사정책

## 1. 군사정책 기조

북한은 군사정책을 '군사로선'으로 표기한다. 조선말 대사전에 따르면, 군사노선은 당의 군사과업 수행을 위한 기본방향과 방침, 그를 실현하기 위한 방도를 통틀어 이르는 말로서, 1962년 12월 채택된 주체사상에 기초한 '국방에서의 자위원칙' 아래 그 행동노선으로서 '전군의 간부화', '전군의 현대화', '전인민의 무장화', '전국토의 요새화'를 기본 내용으로 한

16) 로동신문 : 2000. 1. 1.

다.[17]고 밝히고 있다. 이것은 북한 사회주의 헌법 제60조에도 명시되어 있다. 인민경제의 발전에서 일부 제약을 받더라도 우선 군사력이 강화되어야 한다[18]는 것을 강조하면서 추진된 국방에서의 자위정책은, 쿠바사태와 중·소 이념분쟁이라는 국제정세의 변화에 따른 것으로서 더 이상 군사력 건설과 국방을 중·소에 기대기 어렵다는 판단에서였다고 할 것이다.

자위원칙의 국방정책 채택 후 약 8년이 지난 1970년 11월 제5차 당 대회 총화보고에서 김일성은 추진성과를 다음과 같이 평가했다. 즉, "4대 군사로선을 적극 추진한 결과, 전 인민이 총을 쏠 줄 알며 총을 메고 있다. 모든 지역에 철옹성 같은 방위시설을 쌓아 놓았으며, 주요한 생산시설까지 요새화하였다. 자립적 국방공업기지가 창설되어 자체로 보위에 필요한 현대적 무기와 전투 기재들을 만들 수 있게 되었다."[19]고 말했다. 김일성의 언급을 통해 알 수 있는 것은 우선 대내적으로 전·후방 구분 없이 전쟁 총동원 태세를 갖추는 동시에, 대외적으로는 급속한 군사력 증강, 특히 대남 우위의 군사력 건설을 목표로 하고 있다는 점이다.

이와 같은 정책기조를 뒷받침하기 위한 정책의 전개는 단계적으로 추진되었는데, 해방으로부터 1961년까지를 노농적위대의 창설과 중·소와의 동맹조약 체결을 추진한 군사정책 형성기라고 할 수 있다. 그리고 1962년부터 1970년까지는 자위노선 채택과 함께 붉은청년근위대의 창설 등 동원태세의 확립과 속전속결전략, 무기체계, 군사교리 및 훈련을 발전시켰다. 이 시기에 북한은 군사장비의 경량화, 장갑화, 자동화 및 특수부대의 확충, 해·공군력의 강화 등 공격형 군사력 건설에 주력하였다. 1971년 이후 탈 냉전기까지는 기습전과 단기전의 능력함양과 기갑, 기계화, 포병의 증강 및 군사력의 50%에 가까운 병력과 장비를 평양-원산 이남으로 전진 배치하는 등 대남우위의 군사력 강화에 매진한 시기로 구분할 수 있다.

## 2. 국방위원장의 위상 강화

북한은 1992년 4월 헌법 개정을 단행하고 '국방'을 한 개의 장으로 신설하는 한편, 종전

---

17) 사회과학출판사, 『조선말 대사전』(평양 : 사회과학 출판사, 1992), p.339.
18) 조선중앙통신사, 『조선중앙연감』(평양 : 조선중앙통신사, 1963), pp.157~163.
19) 로동신문 : 1970. 11. 3.

에 중앙인민위원회의 산하기관에 불과하던 '국방위원회'를 '주석' 다음의 독립기관으로 격상시켰으며, 1998년 개정에서는 주석제를 폐지하였다. 이러한 일련의 헌법 개정은 구 사회주의권의 몰락 이후 급변한 국제환경에 대응하고 김정일에게로의 후계 권력체제 기반을 다지며 순조로운 권력 승계를 위한 것이었다. 일체 무력의 지휘통솔권이 주석제의 폐지로 국방위원장에게로 이전되고 여기에 전시상태와 동원령 선포의 권한이 집중되었다. 이러한 헌법상의 규정보다 국방위원장의 실제위상은 보다 광범하고 강력하다. 헌법상 최고 주권기관인 최고인민회의 상임위원장 김영남이 1998년 제10기 1차 회의에서 김정일을 국방위원장에 재추대하는 연설을 통해 "나라의 정치, 군사, 경제역량의 총체를 통솔·지휘하여 사회주의 조국의 국가체제와 인민의 운명을 수호하며, 나라의 방위력과 전반적 국력을 강화·발전시키는 사업을 조직 영도하는 국가의 최고 직책"[20]이라고 밝힌 것에서 실감할 수 있다.

김정일 국방위원장의 위상 강화는 북한의 '군사 국가화'를 의미하며, 이는 국내외 정세의 인식과 대응에서 군사적 조치를 우선시하리라는 판단을 가능케 하는 것이다. 적어도 공세적 군사정책의 추진과 긴장조성, 위협의 상존이 예상된다. 또한 군의 중시는 군사력의 증강으로 이어질 것이며, 북한군의 호전성을 심화시키고 전략적 과감성을 키우는 결과를 가져올 것이다. 그만큼 남북 간의 군사적 긴장은 고조되고 충돌의 가능성도 높아질 것이다. 직접적 도발에도 적극적일 수 있는바, 포용정책을 추진하던 국민의 정부시절 연평해전 등이 그 실례다. 나아가 국제사회의 제재, 특히 미국의 위협을 빌미로 한국에 대한 단계적 공세를 강화함으로써 NNL의 무력화, 주한미군의 철수, 정전협정의 폐기 등 군사적 목적을 달성하고 안보위협을 증폭시킬 가능성도 존재한다. 이러한 상황은 북한이 노리는 한반도에 있어서의 정치군사적 주도권 확보와 연결되어 미국의 한반도 군사전략 자체를 제한하는 요소로 작용할 수도 있을 것이다.

## 3. 탈냉전 이후의 군사정책 방향과 위협

탈냉전기 김정일 정권은 위기 돌파와 체제 생존을 위해 핵카드를 꺼내 들었다. 중·소에

20) 김구섭·차두현, 『북한의 권력구조와 엘리트』(서울 : 한국국방연구원, 2005), p. 71.

대한 군사적 의존에서 탈피하는 방편이면서, 다른 한편으로는 인민 세뇌를 위해 지속적으로 과장해온 미국과 한국의 침략위협 부각 차원을 뛰어넘어 인민들이 정치적 자긍심을 가질 수 있도록 할 필요가 있었다. 핵개발은 곧 강력한 군사무기일 뿐만 아니라 북한의 국제적 지위와 위신을 일거에 격상시킬 수 있는 기제이며, 이는 곧 김정일의 위업이 되고 인민의 결속을 가져올 수 있기 때문이다.

또한 자주노선 위주의 기존 군사정책 기조를 유지하되 국제안보상황의 급변과 극심한 경제난으로 인해 더 이상 재래식 군비의 강화를 통해서는 대남 우위를 확보하기 어렵다고 판단한 것이다. 따라서 비교적 저렴하면서 위력 있는 핵 및 미사일, 생·화학무기 등 대량살상무기 개발과 확충에 진력해 왔다. 그리고 이미 남한 전 지역의 전략적 목표를 기습적으로 집중 타격 할 수 있는 능력을 갖춘 것이다.[21] 나아가 2차에 걸친 핵실험으로 진정한 핵보유국이 되었음을 강조하면서, 이에 대응한 유엔의 대북제재 결의와 우리의 PSI 전면참여 선언에 대해 "선전포고로 간주 하겠다"거나, "서울이 군사분계선에서 불과 50km 안팎에 있다는 것을 순간도 잊지 말라"[22]고 위협하고 있다.

이것은 단순한 협박이 아니라 안보·군사적 현존 위협이며, 군사적 우위를 바탕으로 한 도발 의도 내지 의지의 표출이다. 그리고 이는 곧 미지의 변수 발생 시 군사력의 사용으로 이어질 수 있다는 것을 의미한다. 그리고 그러한 상황은 불확실성으로 인해 더 위협적이다. 전면전의 위협은 차치하고라도 국지도발 가능성은 상존하며, 북한 내 급변사태 발생 시 군부에 대한 예측 불가능성은 또 다른 성격의 위협이 아닐 수 없다. 그에 따른 국제적·국내적 파급도 사회 전 부문에 걸쳐 악영향으로 작용할 것이며, 그 자체로 안보위협 요소가 된다.

지난 10여 년간 한국의 대북對北 유화정책은 남북 간에 여러 가지 약속을 만들어 내기는 했으나 과거에 그랬던 것처럼, 북한은 자기들의 뜻과 맞지 않는 상황이 발생하면 즉시 폐기하고 있다.[23] 한반도 적화정책도, 조선노동당 규약도, 핵과 미사일의 개발 문제도 오

---

21) 북한이 보유한 1만 2천문의 포대는 위치 변동 없이 한미연합군과 서울에 시간당 50만발가량 쏠 수 있으며, 주일 미군까지도 타격이 가능하다는 것이다. 하상식 외, 「북한의 군사력, 군사정책과 우리의 대북정책」, 『대한정치학회보』제11집 2호(대한정치학회, 2003), pp. 195~202.

22) 동아일보 : 2009. 5. 27.

23) 2009. 1. 30. 북한 노동당 대남 선전기구인 조국평화통일위원회는 성명을 통해 "북남사이의 정치·군사적 대결이 극단에 이르러 불과 불, 철과 철이 맞부딪치게 될 전쟁접경으로까지 왔다"면서, "북·남사이의 정치·군사적 대결상태 해소와 관련한 모든 합의사항들을 무효화한다."고 선언했다. 이외에도 북한은 그동안 남북 기본합의서 위반과 한반도 비핵화 공동선언 위반, 1·2차 남북 정상회담에 따른 합의 위반 등 남북한 간의 합의 내지 공동선언을 위반하거나 폐기하는 행위를 반복해 왔다.(조선일보 : 2009. 1. 31.)

히려 악화되었을 뿐 긴장완화와 평화 지향적 변화의 조짐은 없다. 오히려 탈냉전 이후 두 차례의 헌법 개정으로 군사 분야가 강화되고 있다.

종합해 볼 때 북한의 비대칭적 군비 증강을 중심으로 하는 대남우위의 군사력 건설 목표와 이를 뒷받침하는 군사정책은 상당기간 변함없이 추진될 것이며, 지속적으로 한반도에 긴장과 위협으로 다가올 가능성이 크다. 그리고 북한이 군사정책을 구사하는 방법은 대외적 위협에 대처한다는 명분으로 내부 안정과 결속을 다짐으로써 김정일 유일 지배체제의 안정화를 꾀하고, 대외적으로는 군사적 위협을 통한 국제적 위상 강화와 함께 외교적 협상력과 자율성을 확보하는 것이 될 것이다. 결국 북한의 군사정책은 생존과 위협이라는 양날의 칼인 셈이며 목표 달성 전에는 결코 버릴 수 없는 것이다.

## V. 전망과 대응

본 소고는 북한의 군사적 모험 가능성과 위협의 측면에서 군사정책의 의도 내지 의지를 변수로 검토되었다. 그 결과 북한 김정일 정권은 앞으로도 여전히 통일 주도권 확보 차원에서 위협적인 대남 군사 우위정책을 유지할 것으로 판단된다. 뿐만 아니라 북한의 군사정책은 강성대국 건설과 이의 실현을 위한 선군정치에 입각하여 사회의 제 문제－이를테면 정치·통일, 경제·건설, 외교, 군사, 사상 및 사회통제 등－ 해결을 위한 전가의 보도寶刀처럼 가장 핵심적이고 기본적인 정책적 축軸으로 기능할 것이다. 또한 경제난으로 인해 비교적 저렴한 비용으로 군사적 우위를 지속시킬 수 있는 대량살상무기 개발과 전력화에 집중할 것으로 전망된다.

한편, 국제환경과 경제난에 따른 체제불안이 가중될수록 체제유지를 위한 군사력에의 의존도는 그만큼 높아질 것이며, 미국을 비롯한 국제사회와 한국의 침략 위협을 정치 선전함으로써 지속적으로 군부의 위상을 강화하면서 대내 정치·사회적 통제 효과를 제고하려 할 것이다. 그리고 이와 같은 상황의 전개는 남북한 간의 군사적 긴장과 위협요인으로 작용할 것이다. 극적인 대·내외 상황의 변화가 발생하지 않는 한 북한은 우리의 대북 화해협력 노력이 배가된다 하더라도 경제적 실익을 챙기기 위한 수준에 머물 것이며, 군부의 위상을 약화시킬 수 있는 그 어떤 유화적 정책도 추진할 가능성은 거의 없어 보인다.

실례로서 연평해전이 그렇고 두 번에 걸친 핵실험이 말해주듯이 전 정부들이 추진했던 대북 포용정책과 평화번영정책은 북한의 군사정책에 의해 폐기된 것이나 마찬가지다.

따라서 이제 우리가 취해야 할 정책적 대응 방향은 명확해 진다. 먼저, 앞서 지적한 것과 같은 정책적 실패를 되풀이하지 않기 위해서는 대북관계에서 철저한 안보 우선주의와 상호주의에 입각한 교류협력정책이 요구되는 것이다. 아울러 한시라도 국방 및 군사 대비태세에 소홀함이 없어야 한다. 북한의 비대칭적 군사력 증강에 대한 대책도 억지력 확보 측면에서 조속히 강구되어야 한다. 그리고 국민들이 북한의 위협에 대한 올바른 이해를 바탕으로 확고한 안보의식을 가질 수 있도록 하기 위한 각계의 노력배가가 있어야 한다. 특히 통일부와 국방부 차원에서 군 장병들을 대상으로 적 개념 및 안보상황에 대한 정신교육을 강화하는 한편, 일반 국민들에게는 북한의 군사적 실체와 위협 상황을 제대로 알리는 정책브리핑을 포함한 안보홍보를 강화함으로써 안보에 대한 경각심을 높이고 국론을 결집해 나가야 할 것이다.

## -참 고 문 헌-


- 강성윤 외 역, 『김정일과 현대북한』, 서울 : 을류문화사, 2000.
- 강신창, 『북한학 원론』, 서울 : 을류문화사, 1998.
- 고영환, 『우리민족 제일주의』, 평양 : 평양출판사, 1989.
- 김구섭·차두현, 『북한의 권력구조와 엘리트』, 서울 : 한국국방연구원, 2005.
- 오일환·정순원, 『김정일 시대의 북한 정치경제』, 서울 : 을류문화사, 1999.
- 오일환 외, 『현대북한체제론』, 서울 : 을류문화사, 2000.
- 이종석, 『현대북한의 이해 : 사상, 체제, 지도자』, 서울 : 역사비평사, 1995.
- 사회과학 출판사, 『조선말 대사전』, 평양 : 사회과학 출판사, 1992.
- 정신문화 연구원, 『북한의 실상』, 서울 : 고려원, 1986.
- 조선중앙통신사, 『조선중앙연감』, 평양 : 조선중앙통신사, 1963.
- 통일부, 『2004 북한개요』, 서울 : 통일부, 2003.
- 고유환, 「김정일의 위기 대응과 생존 전략」, 『현대북한연구』 제3권 2호, 2000.
- 박헌옥, 「김정일체제의 군사정책 분석」, 『군사논단』 제37호, 2004.

• 양병기, 「북한 군사정책의 전개과정과 변화전망」, 『군사논단』 제13호, 1998.
• 유영구, 「북한의 정치군사관계의 변천과 군내의 정치조직 운영에 관한 연구」, 『전략연구』제4권 제3호, 한국전략문제연구소, 1997.
• 정성임, 「북한의 선군정치와 군의 역할」, 『국방연구』제47권 제1호, 2004. 6.
• 하상식 외, 「북한의 군사력, 군사정책과 우리의 대북정책」, 『대한 정치학회보』 제11집 2호, 2003.
• 동아일보 : 2009. 5. 27.
• 로동신문 : 1970. 11. 3, 1998. 8. 22, 1998. 9. 9, 1998. 10. 19, 2000. 1. 1, 2001. 11. 22, 2004. 1. 22.
• 조선일보 : 2009. 1. 31. 2009. 7. 9.
• http://www.minjoo.kr/board/board_view.php(검색일 : 2009. 7. 13.)
• http://www.unikorea.go.kr/(검색일 : 2009. 7. 13.)

# 10. 군사작전 수준에 부합된 군수지원

## -전략적 군수를 중심으로-

순 서

박사과정 5기 서상윤

## Ⅰ. 개 요

필자가 군사학에 관심을 갖게 된 계기는 교육사령부 근무시절(2004~2005) 군사학의 학점은행제 적용에 대한 실무를 접하면서부터이다. 2002년 한국교육개발원은 「평생교육법」제 4조 및 동법 제28조 2항의 근거에 의거, 군사학 학위 수여의 기준이 될 「표준교육과정」을 3개 전공(군사행정학, 군수관리학, 지상전학)으로 나누어 공시하였다.

학점 인정 대상학교로는 「학점인정 등에 관한 법률」 제9조가 규정하고 있는 사관학교 외에 육군의 경우 11개 병과 학교가 학점인정기관으로 승인을 받아 2003년 초군반 입교자부터 누적학점을 인정하여 이들이 고군반을 수료하는 해에 군사학 학위가 수여되도록 되어 있었다. 그리고 고등교육법에 의한 일반대학의 군사학과 설치학교는 현재 4개 대학(대전대, 조선대, 경남대, 원광대)이며 석·박사 과정은 충남대, 대전대, 국방대에 개설되어 있다. 당시에는 군사학의 학문적 창시자나 정체성에 대해서는 관심을 기울이지 못했는데 필자가 2009년도 충남대 군사학 박사과정에 입학하면서 군사학 태동의 중심에는 이종학 선생님이 계셨다는 중요하고도 새로운 사실을 발견하게 되었다. 그리고 박사과정에서의 첫 수업이 바로 선생님의 '군사전략론'이었고, 그 때 처음으로 들려주신 군사학에 대한 소개는 지금 군사학도로서의 자긍심과 감사함으로 무장되어 내 마음속에 자리 잡고 있다. 따라서 본 연구서는 선생님의 군사전략사상과 필자가 군생활 대부분을 군수인으로서 경험한 사실을 바탕으로 군사전략과 군수지원관계를 정리하고, 군사작전 수준(전략적, 작전적, 전술적 수준)중에서 특히 전략적 수준과 연계된 전략적 군수를 제시하려고 한다.

## II. 군사작전 수준과 군수

### 1. 군사작전 수준

군사작전이란 전쟁과 분쟁 또는 평시에 국가 및 군사전략 목표를 달성하기 위하여 전장 또는 그 외의 특정지역에서 군사적 수단을 사용하는 제반 군사활동을 말하며, 군사작전 수준은 분명한 한계나 경계선이 존재하는 것은 아니지만 군사력의 효율적인 운용을 위하여 전략적, 작전적, 전술적 수준으로 구분한다. 이러한 수준은 부대규모와 유형에 따라 구분되어지는 것이 아니라, 작전을 통해 달성하려고 하는 목적에 따라 달라진다. 예를 들면, 소규모 특수작전부대라 할지라도 병참선상에서 전략적으로 의미를 갖는 군수시설을 목표로 선정하여 타격하였다면 그것은 전략적 수준의 군사작전이라고 볼 수 있다. 여기서 전략적 수준의 군사작전이란 군사전략 목표와 전략지침의 수립 및 하달, 군사작전의 지도와 군사작전 소요 판단, 부족 소요를 정부 각 부처에 제기, 예하부대에 과업의 부여 및 할당 등을 말한다. 그리고 군사작전 수준별로 군사력을 운용하는 용병술은 군사전략, 작전술, 전술로 구분하고 있다.[1)]

### 2. 군사작전 수준과 군수의 관계

군사작전 수준에서의 군수의 '술'적 운영은 전문 군수인의 영역이 아니라, 제대별 지휘

1) 육군본부, 『야전교범 4-0 (지상군 기본교리)』, 2005, pp. 2-3~2-4.

의 영역이라 볼 수 있으며, 교리에서는 군사작전 수준과 연계하여 군수수준을 전략적 군수, 작전적 군수, 전술적 군수로 구분하고 있다. 그리고 이러한 각 수준은 분명한 한계나 경계선이 존재하는 것은 아니지만, 작전부대에 대한 전투근무지원의 효율성을 고려하여 표준적인 지침으로 적용하고 있다. 전략적 군수는 전투준비태세를 유지하고 군사전략 목표달성을 위한 정확한 자원소요를 판단, 조달 빛 획득하여 적정재고를 확보하고 군수지원체계와 산업체간 연동체계를 구축하여 전쟁지속능력 확보, 병참선을 유지하여 전략적적 기동성과 분배체제를 유지하는 역할을 한다. 작전적 군수는 군수품을 생산기지나 양육항, 공항, 보급창 등지에서 전투지대로 이동시키는 역할을 하며, 전술적 군수는 군단급 이하의 전투지대내에서 군수부대 및 군수시설의 배치와 운용, 군수품 및 수송수단의 통합과 패키지 지원, 군수품의 전환 및 회수 등 통합성, 적시성, 융통성, 지속성 등이 더욱 요구된다.

## 3. 군수의 영역

군수에 대한 영역은 국내·외의 교리측면에서도 명확하지 않고, 군사학자들 사이에서도 다양한 견해를 보이고 있으나, 『야교 4-0』「군수업무」에는 군수관리와 군수지원으로 분류하고 있다. 그러나 이러한 분류는 "군수과학"에 너무 치중되어 있고 「군수술」[2]적인 부분은 명확하게 제시하지 못하고 있다. 국내·외 문헌에 제시된 영역개념을 정리해 보면 대체적으로 〈그림-1〉같은 영역으로 구분되며 이러한 영역은 다시 세분되고 각각의 업무체계를 갖고 있다.

군수는 그 동안 효율적인 군수관리를 위해 과학적 관리에 중점을 두고 추진해 왔으나, 자원의 한정성과 전체 효율성 때문에 군수의 외부적인 환경요소, 즉 군사전략과 연계된 군수준비 및 운용이 중요시됨에 따라 전략적 군수계획 및 운용에 관심을 가지게 되었다.[3] 군수과학영역은 평시 자원의 준비 및 관리와 운영유지 차원으로 볼 수 있는데 이 분야는 응용과학의 적용과 기술의 발달로 많은 발전을 이룬 반면, 전시 상황을 상정한 군수술 영역은 우리 군이 지금까지 전쟁에서 자체적으로 전략을 수립하거나 군수지원을 해 본 경험이 없기 때문에 중요도에 비해 관심도가 매우 적었다.

2) 이재천 장군은 그의 저서 『군사술과 군수』에서 군수술이란 "전투효율성을 증대시키기 위하여 군사자원의 준비 및 관리(군사과학)를 용병술(전략, 작전술, 전술)과 연계시키는 '지휘술' 즉 군사자원의 전략적, 작전적, 전술적인 운용술이다"고 정의하고 있다.

〈그림-1〉 군수업무 체계군수관리

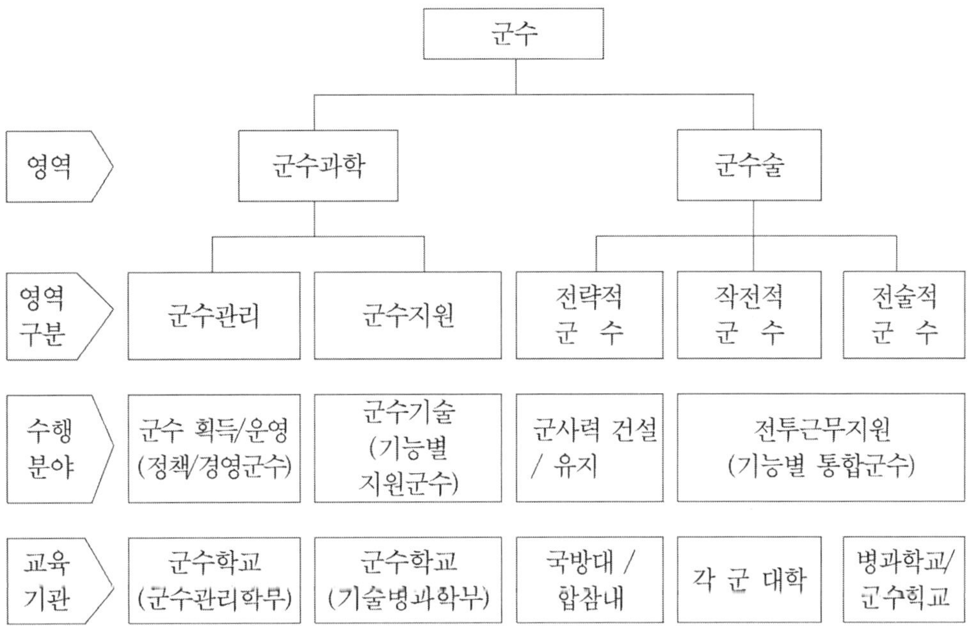


이클스는 "모든 전투상황에서의 지휘결심은 전략과 전술 그리고 지휘와의 통합물이다"[4] 고 강조하면서 "지휘는 목적과 수단을 일치시키며, 군수에 대한 지휘통제과정을 통해서 잠재 전투력을 실제 전투력으로 전환시킨다"고 주장하였다. 또한 지휘는 전략적, 전술적 군수계획을 완전히 통합하는데 필요한 요소의 정도와 특성을 동시에 결정해야 하는데, 이는 매 지휘결심마다 지휘결심의 책임과 특성에 상응한 군수계획요소를 가져야 함을 뜻한다[5]고 볼 수 있다.

3) 이재천, 『군사술과 군수』, 1996, p. 123.
4) Eccles, *Military Concept and Philsophy*, p. 69.
5) 위의 책, pp. 96~97.

## Ⅲ. 전략적 군수의 실제

### 1. 전략의 개념

영어의 Strategy란 장군의 용병술이란 의미를 가진 그리스어인 Strategus에서 유래된 용어이다. 전략의 뜻은 각 시대, 장소 및 사람에 따라 각인각색의 정의를 내렸기 때문에 모든 사람이 동의하고 승인하는 전략의 정의는 존재하지 않는다. 그러나 이 단어는 전쟁술에 관한 저서와 연구가들이 많았던 18~19세기 클라우제비츠, 조미니 등에 의해 군사용어로 정착하게 되었으며, 특히 나폴레옹 전쟁시 프랑스군에서 활동했던 조미니는 실전을 바탕으로 다음과 같이 정의하고 있다.[6]

> 전략이란 도상에서 전쟁을 계획하는 술이며, 모든 작전지역을 포함하고 있다. 대전술이란 도상의 계획을 대조하면서 현지의 특성에 따라 전장에 부대를 배치하고 이것을 행동으로 옮기고, 또한 지상에서 전투를 시키는 술이다. 군수는 전략 및 전술의 계획을 수행하기 위해 제 수단과 제 준비로 구성되어 있다. 전략은 어디까지 행동할 것인가를 정하고, 군수는 그 지점에 부대를 옮기고, 대전술은 전투실행의 양식과 부대의 운용법을 결정한다.[7]

그리고 군사전략에 대해서도 많은 군사학자들이 정의를 내렸지만 우리의 군사용어사전(「야교 3-0-1」, 2006)에는 군사전략이란 "국가목표를 달성하기 위하여 군사적인 수단을 효과적으로 준비하고 계획하며 운용하는 방책이다"고 제시되어 있고, 미 육군에서는 군사전략은 "국가전략의 일부분이며, 군사력의 행사 또는 시위로서 군사정책상의 제 목표를 달성하기 위하여 국가의 군사력을 운용하는 기술과 과학이다"고 정의하였다. 한편 이종학 선생님은 군사전략은 "국가목표를 달성하기 위한 국가정책에 바탕을 둔 최고 군 지휘관의 계획된 전반적인 방책이다"[8]고 정의 하면서 국가적 차원과 전장 차원을 동시에 고려해야 한다고 강조하였다.

---

6) 이종학, 「군사이론과 군사교육의 연구」(경주 : 서라벌군사연구소, 1997), p. 15.

7) Antoine H. jomini, *Jomini and His Summary of the Art War*, Trans, J.D.Hittle(Harrisbugg, Pa : Stackpole Books, 1965), p. 66.

8) 이종학, 「현대전략론」(서울 : 박영사, 1983), p. 135.

## 2. 전략적 군수의 개념

전략적 수준의 군수란, 전략목표달성을 위해 군수자원을 준비하고, 작전지역으로 이동시키기 위해 국가경제·산업능력을 군사력으로 전환토록 기획, 추진하는 과정이다. 이는 전쟁수행능력을 확보하기 위해 소요를 결정하고 병력 및 물자의 획득, 비축하는 활동과 군수교리, 체제 및 제도, 군수교육, 개발시험 등의 활동영역이 포함된다.[9] 따라서 '무엇을' 필요로 하며 '어떻게' 하는 것인지를 탐색하는 과정 속에서 「군수」란 무엇이 얼마나 필요하고 어떻게 준비하는 것인지를 핵심적으로 다루는 분야이므로 전략의 한 부분이다. 그리고 전략의 한 과정 속에서 군사전략이 추구하는 방향으로 「무엇을, 어떻게, 얼마나」 구체적으로 준비할 것인가를 탐색해 나가는 과정을 전략적 군수(Strategic Logistics)라고 정의할 수 있다. 이러한 전략적 군수는 군사적으로 소요되는 인력, 물자, 기반구조 및 용역, 전시 생산소요 및 민간소요를 기획하고, 협조하며, 할당하는 과정으로 볼 수 있으며 정부 부처, 의회 및 산업체간의 협조가 요구된다.

## 3. 전략적 군수 영역

전략군수는 주로 전쟁을 준비하는 과정에 적용되며, 전쟁 초기에 작전지휘관에게 어떻게 군사전략목표를 달성할 것인가를 결정하는 수단으로 사용된다. 전략수준에서 국가 목표가 현행 군수능력을 초과할 경우, 국가 목표는 장기 군수동원 및 건설에 계획인자로 제공되는 반면에, 작전적 수준에서는 작전목표가 가용 군수능력에 상응되고 조화되도록 조정되어야 한다. 그리고 연구개발 및 투자, 조달 및 보급정책, 국가적 차원의 수송기능, 군수부대 구조에 관한 결심 등은 전략적 군수에 포함되며 이는 국가경제와 연관되어 있기 때문에 경제력이 제한되면 부대구조에도 직접적인 영향을 미치게 되어 작전수행방법에도 영향을 주게 된다.[10] 따라서 전략군수는 군사력의 건설과 운영차원의 전쟁준비 및 지도 문제로서, 전시 군수자원을 어떻게 계획 및 획득하고 통제할 것인가 하는 전반적이며 개략적인 계획분야로서 평시에 더욱 강조되며 수행제대는 국방부, 합참, 각 군으로 볼 수 있다.

---

9) 육군본부, 『야전교범 4-0 (전투근무지원)』, 2007, p. 4-38.
10) 이재천, 앞의 책, p. 128.

## 4. 전략적 군수문제들

Moshe Kress는 전략적 군수문제는 군사관련 기반구조를 건설하고 유지하는 것과 관련되어 있다고 하면서 이러한 기반구조를 기술기반구조, 산업기반 구조, 재고조사기반 구조, 저장 및 수송기반 구조로 구분하였다.[11] 기술적 기반구조는 무기체계를 발전시키고 유지하는데 필요한 능력을 제공하고 이는 직접적으로 한 국가의 군사력에 기여한다. 산업기반구조는 전쟁 중 필요한 장비 및 보급물자의 생산과 유지를 위해 필요한 수단을 제공한다. 재고 기반구조는 보급품들의 비축물로 이루어지며, 이는 추가적인 군수물자 없이 충분히 유지될 수 있는 군사작전의 형태, 강도 및 기간을 결정한다. 그리고 재고품으로 만드는 과정은 다른 국가들로부터 획득하거나 자체 생산하는 것으로서 이러한 두 가지 출처(획득 및 생산)간의 균형은 주요한 전략적 문제가 된다. 저장(창고) 기반구조는 보급물자의 재고품을 사용할 시기까지 충분히 양호한 상태로 정비 및 유지를 위해 필요한데 창고시설의 위치는 현재의 교리와 전략적 계획에 의해 도출된다. 수송 기반구조는 정적인 구성요소와 동적인 구성요소로 구분할 수 있는데 정적인 요소는 도로망, 철도시스템, 수로, 해로, 항로, 항만, 비행장, 도관선 등이 있고, 동적인 요소는 수송기, 함선, 컨테이너, 기차, 트럭과 같은 수송수단들이 있다. 그리고 기타 전략적 군수문제로서 교리 및 군수관련 전투발전문제, 전력투사임무수행을 위한 전략적 기동에 관한 문제, 연합작전을 수행하는 외국군과의 군수체계 협조문제 등을 들 수 있다. 전략군수는 군사전략목표를 지원하기 위한 물자의 개발 및 획득, 그리고 그것을 사전에 배치하는데 집중해야 하며, 특히 국가의 경제 및 산업능력을 무장 및 보급, 그리고 수송을 통하여 실제 전투력으로 전환시키는 것을 계획하고 수행하는데 중점을 둔다. 그리고 예비전력을 전선에 전개하는 계획은 전략적인 계획일 뿐 만 아니라 군수적인 계획이므로 전략수준의 군수문제이다.

# Ⅳ. 결 론

군사전문가들 견해와 교리분야에서는 “군수는 과학임과 동시에 술”이라는 내용을 공식

11) Moshe Kress(도응조 옮김), 『작전적 군수』, 2008, pp. 57~61.

화 하여 사용하고 있으나, 우리는 아직 '술'적인 영역에 대해서 이해가 미흡한 실정이다. 지금까지 군수가 과학적 관리 위주로 발전되다 보니, 투입대 산출물의 능률성만을 추구하였고, 이를 구현하기 위해 보급관리분석이나 운영 및 체계분석, 통계 등의 응용과학이 적용되어 발전하였으나, 전투환경을 고려한 융통성 있는 조치가 요구되는 군수의 '술' 적 운용은 상대적으로 소홀하였다. 따라서 용병술체계(전략, 작전술, 전술)와 군수의 상호 연계성이 중요한 과제로 등장하게 되었는데, 본 연구에서는 군사작전 수준 중 전략적 군수문제의 일부분만을 다루었다. 특히 2012년의 전작권 환수와 국방비전 2020의 수행의 틀 속에서 전장환경과 군 구조의 전향적인 변화가 예상되는데 군수 수준별 과학과 술 분야에 대한 정립이 요구되는 중요한 시기이다. 따라서 필자는 군사작전 수준의 제 분야에서 군수술(전략, 작전, 전술군수)체계의 정립을 시도하려고 준비 중에 있다.

## -참 고 문 헌-


- 모세 크레스(도용조 역), 『작전적 군수』, 문화사, 2008.
- 이재천, 『군사술과 군수』, 도서출판 21세기, 1996.
- 이종학, 『군사전략론』(개정판), 충남대학교 출판부, 2009.
- 이종학·길병옥, 『군사학 개론』, 충남대학교 출판부, 2009.
- 최기출, 『획득군수관리론』, 21세기 군사연구소, 2009.
- 육군본부, 『야교 4-0 (지상군 기본교리)』, 2005.
- 육군본부, 『야교 4-15 (전투근무지원)』, 2007.

# 11. 한반도 미래전 양상판단과 한국군 발전방향 연구

순 서

박사과정 5기 신기철

## Ⅰ. 이종학 선생님과의 만남과 논문제목 선정의 인연

인생의 후반기를 시작하면서 2009년 3월에 충남대 군사학 박사과정에 입학하면서 나이에 비해서 늦었다는 생각에 두려움으로 첫발을 들여놓았다. 군무관계로 야간에만 연구해야 하기 때문에 학기 내내 마음속 갈등을 겪기도 했다. 그러나 평상시 존경하는 이종학 선생님과의 만남은 진정한 인생 및 학문의 Role Model로서 가슴깊이 다가왔으며, 연구에 대한 열정을 지속할 수 있도록 무한한 우주 생명에너지로 다가왔다. 그렇다. 늦지 않았다. 이제부터 본격적으로 이종학 선생님께서 선구자적 정신으로 개척해 놓으신 군사학에 입문해보자. 군사학 입문의 시작이 앞으로 작성할 학위논문에 대해 연구설계를 하는 것으로써 이종학 선생님의 팔순을 진심으로 축하드리자. 부족하지만 이러한 노력을 하는 제자를 흐뭇하게 생각하시리라.

본인은 군사학의 대부이신 이종학 선생님께 미약하나마 보은할 수 있는 길은 지나간 전쟁을 연구하여 앞으로의 평화에 기여하는 것이라 생각하였다. 왜냐하면 전쟁은 그 시대의 산물이기 때문이다. 전쟁사를 살펴보면 어느 국가든 안보라는 기둥이 무너지거나 흔들릴 때, 그 나라가 보유하고 있는 온갖 가치들이 일순간에 무너지게 됨을 알 수 있다. 대한민국이 세계 속에 웅비하는 국가로 지속발전하기 위해서는 자유민주주의체제와 시장경제제도의 가치를 유지한 가운데 미래의 어느 시기에는 대한민국 주도하에 통일이 되어야 할 것이다. 통일 시점이 어느 시기가 될지는 예측할 수 없으나, 통일 대한민국 전·후 시대는 아시아·태평양시대로서 통일조국을 이룩하고 하나가 된 모습으로 자유와 번영을 누리며 한국군도 통일 국군이 되어야 할 것이다. 이것이 대한민국 국군의 미래비전일 것이다. 그러나 미래는 준비하는 자의 몫이다. 따라서 필자는 군사적 관점에서의 미래비전에 대비하는 핵심을 "한반도에서의 미래전 양상판단과 한국군 발전방향 연구"에 두었다. 이러한 논문제목을 이종학 선생님의 팔순 기념일에 맞추어 최초로 결심을 하게 되어 무한한 영광으로 생각하면서 앞으로도 지속적인 지도편달을 부탁드린다. 연구에 매진하면서 관련된 산물을 발전시켜 나갈 것을 약속드린다.

## II. 작성할 논문 내용과 방향

위에서 제시한 논문 제목을 논리적으로 접근하여 연구의 중점을 규명해보고자 논문 구성은 총 6장으로 편성하였다. 제 1장의 서론(문제제기, 연구목적, 연구범위 및 방법)에 이어, 제 2장에서는 미래전에 대한 이론적 고찰과 진화하는 정보화시대의 전쟁 영역과 전쟁 유형 등을 기술하고, 제 3장에서는 미국의 현대전쟁 수행 사례연구를 중심으로 최근의 전쟁에서 나타난 미국의 안보환경 및 외교정책의 변화, 우리 군에 주는 시사점을 살펴보겠다. 제 4장에서는 북한의 군사위협 변화와 주변 4대 강국의 군사혁신 발전 추세를 분석하여 한반도에서의 미래전 양상을 예측하도록 하겠다. 제 5장에서는 한반도에서의 미래전에 대비하기 위한 5대 우위 달성측면을 포함한 군사혁신 측면에서 한국군의 발전방향을 제시할 것이다. 제 6장의 결론에서는 연구결과를 요약하고 핵심적인 내용을 강조하도록 하겠다.

1991년에 일어난 걸프전은 21세기에 즈음하여 군사전문가들 사이에서 미래전 양상에 대해 관심을 더욱 증폭시킨 촉매제가 되었다. 미군은 걸프전에서 교리와 기술이 접목된 시너지 효과를 창출하여 단기전으로 승리를 쟁취함으로써 미래의 전쟁양상에 대한 단초들을 제공하였다. 그 이후 1999년 코소보전, 2001년 아프간전, 2003년 이라크전을 통해서 미국이 수행한 일련의 전쟁결과가 미래전쟁 대비차원에서 집중적으로 연구대상이 된 것이다. 한국군도 많은 분야에서 미군의 현대전 수행과 관련된 군사적 시사점과 교훈을 도출하여 제대별·기능별로 혁신적인 발전을 도모하고 있다.

이러한 선행연구 산물들을 토대로 하여 이제까지 용어의 정립도 하지 못하고 있는 「5대 우위」라는 용어를 새롭게 정립하고, 미래 군사혁신 측면에서 우리 군의 발전방향을 제시함으로써 미래전에서 효과적으로 작전을 계획－준비－실시 및 지도하여 승리를 달성하는 데 미력하나마 기여를 하고 싶다. 즉 미래혁신은 5대 우위 달성을 위한 또 다른 혁신이 될 수 있다는 것을 강조하고 싶다. 이러한 관점에서 접근해본 결과, 각 제대별·기능별·병과별로는 다양한 선행연구 산물들을 확인할 수 있었으나, 국내·외적으로 5대 우위라는 용어의 개념 미정립과 이에 대한 종합적인 연구산물이 없다는 것을 알 수 있었다. 이번 기회에 이러한 문제를 발굴하여 해결해 나가는 것으로 하고 싶다.

## Ⅲ. 연구의 목적과 중점

지난 200여년의 전쟁사는 네 차례의 커다란 변화를 거쳐 왔다고 할 수 있다. 나폴레옹 전쟁은 1세대전쟁으로서 전투원을 공격목표로 한 인력전이었다. 제1차 세계대전은 2세대 전쟁으로서 화력의 집중에 의존한 적의 전투력을 주요 공격목표로 한 화력전이었다. 제2차 세계대전은 기동전으로서 3세대전쟁으로 불리고 있다. 이러한 각 세대별 전쟁들은 앞선 모든 전쟁과 마찬가지로 정치·경제·기술 및 사회적 변화의 산물이었다. 이제 제2차 세계대전 이후의 사회적 변화의 결과로써 4세대전쟁[1]이 전면으로 부상하고 있다.[2]

특히 3세대전쟁이라고 할 수 있는 걸프전에서는 화력을 주 수단으로 운용하고 기동은

---

1) 4세대전쟁은 첨단기술전쟁과 대비되는 개념이며, 20세기 초 마오쩌둥의 유격전 사상으로 체계화되기 시작하였으며, 전략적으로 적의 정치적 의지에 타격을 주어 승리하는데 목표를 두는 소규모 전쟁이다. 이러한 4세대전쟁은 가장 최근의 이라크전과 아프간전, 기타 테러와의 전쟁 등에서 보듯이 이미 세계 전쟁사의 한 장을 차지하고 있다.

2) Thomas X. Hammes 저, 최종철 역, 『21세기 제4세대전쟁』(*The Sling and Stone:On War in the 21st Century*)에서 시대별 전쟁을 제1세대로부터 현대의 4세대, 그리고 미래의 5세대전쟁으로 명명하여 분석하고 있다(국방대학교 안보문제연구소, 2008), pp. 21~39, pp. 255~274.

보조적으로 운용하는 다국적군이 아군의 희생을 최소화하면서 단기간에 전쟁에서 승리하였다. 아프간전에서는 인간 정보자산과 무인 항공기 등 첨단기술이 접목된 정찰·감시 장비를 운용하여 핵심 표적에 선별적으로 정밀타격을 실시함으로써 미군이 전쟁에서 승리하였다. 또한 미군은 이라크전에서 신속결정작전(RDO)과 불필요한 대량 파괴를 최소화하고 설정된 요망 효과를 달성하는 효과중심작전(EBO)을 적용하면서 네트워크중심전(NCW)으로 전쟁을 수행하였다. 이외에도 기술발전 및 정보 우위에 의거 정찰·감시 능력, 결심속도, 교전거리 증가, 파괴 및 살상 속도 등 먼저 보고 먼저 결심하여 원거리에서 정밀 타격하는 능력이 획기적으로 향상되었음을 보여주었다. 이러한 현대전을 고찰하면 미래전에 대한 양상과 대비 방향을 발전시키기 위한 시사점을 도출해 낼 수 있다. 따라서 한국군도 전통적 재래전과 병행하여 첨단 과학기술에 의존하는 미래전에 대한 관심을 한층 높일 필요가 있다. 한반도에서는 북한의 급변사태에 의한 전쟁 가능성을 고려해야 할 뿐만 아니라, 미래전에 대한 깊은 연구에도 많은 노력을 경주해야 할 것이다.

본고에서는 21세기 정보화시대의 미래전 양상과 미국의 현대전쟁 수행사례를 고찰하여, 북한의 군사 위협 변화에 따른 한반도에서의 미래전 양상을 판단해 보고 한국군의 발전방향을 제시하는데 목적을 두고자 한다. 이러한 연구목적을 달성하기 위하여 아래와 같은 4가지 질문에 대한 해답을 얻고자 한다.

첫째, 미래전에 대한 이론과 21세기 정보화시대의 전쟁영역 및 전쟁유형은 무엇인가? 일반적인 미래전 양상의 주요 특징은 무엇인가? 한반도에서의 미래전 양상에는 어떠한 영향을 미칠 것인가? 둘째, 미국이 수행한 현대전 사례연구[3]를 통해 한반도에서 미래전 양상과 대비방향에 영향을 주는 5대 우위 달성과 관련된 시사점은 무엇인가? 새로운 개념으로 설정할 5대 우위는 어떻게 정립해야 하는가? 셋째, 북한의 군사위협 변화와 주변 4대 강국의 군사혁신 발전 추세는? 그리고 한반도에서의 미래전 양상은 어떻게 나타날 것인가? 넷째, 한반도에서 미래전 양상을 고려하여 5대 우위 달성을 위한 미래 군사혁신 측면에서의 발전방향은 무엇인가? 즉 한국군은 미래전에 어떻게 대비해야 하는가?

3) 현대전쟁을 통해 미군은 『합동비전 2020』에서 추구하는 새로운 전쟁수행방식을 실제로 가시화하고 있음을 보여주고 있다. 『합동비전 2020』은 미군이 정보 우위를 바탕으로 압도적 기동, 정밀교전, 초점화 군수, 전차원 방호 능력을 발전시켜 전차원 지배를 달성할 것을 설정하고 있다. 또한 군사혁신은 지식, 속도, 정밀성, 치명성을 가진 군사력을 바탕으로 한 전쟁수행방식을 강조하고 있다.

## Ⅳ. 규명하고자 하는 핵심내용

지나간 전쟁과 똑같은 전쟁은 다시 일어나지 않는다. 무기가 바뀌고, 전쟁 유형이 바뀌며 세계가 바뀐다. 여전히 전쟁은 있을 테지만, 우리는 과거의 전쟁을 연구하여 미래의 전쟁에 대비해야 한다.[4] 지나간 전쟁을 고찰하여 미래전을 연구해야 하는 당위성이 여기에 있다. 전쟁 양상이 인력-화력-기동의 순으로 진전되어 왔다면, 미래전 양상은 대량살상무기 등을 운용하는 정규전과 반란전·비대칭전의 혼합된(Hybrid) 또 다른 형태가 될 수도 있다. 한반도에서 북한은 여전히 현존 위협으로 존재하고 있다. 통일 대한민국을 이루기 전까지는 이러한 위협은 계속될 것이다. 특히 규명하고자 하는 핵심 내용은 아래와 같다.

우선은 21세기 정보화시대의 전쟁 영역과 전쟁 유형은 무엇인가에 대한 연구이다. 전쟁이 진화됨에 따라 전쟁 영역도 진화·발전되었다. 전쟁의 영역은 3가지 영역인 물리적 영역·정보 영역·인식적 영역으로 구분한다. 물리적 영역에서의 우주 및 사이버 영역의 확대와 정보 영역의 혁신적 확대 등이 네트워크 중심전과 통합되면서 시너지 효과는 상상을 초월할 것으로 예측된다. 특히 우주 우위 및 정보 우위 달성을 위한 우주 정보전이 예상됨에 따라 대부분의 선진국들은 우주 공간을 네트워크와 연계된 군사목적으로 활용할 수 있도록 엄청난 자본과 기술을 투자하고 있다. 그리고 군사기술에서의 혁신과 교리 등에서의 혁신은 전쟁 영역을 크게 변화시켜 다양한 유형의 전쟁형태를 탄생시켰다. 학자들 마다 주장하고 있는 다양한 전쟁 유형 가운데 21세기 정보화시대에 대표적으로 예상되는 4종류의 전쟁유형은 정보전, 원거리 정밀타격전, 압도적 기동전, 그리고 우주전이다. 이러한 일반적 유형의 미래전 양상이 한반도에서는 어떻게 나타날 것인가? 이러한 문제에 대한 해답을 찾기 위해서는 많은 노력이 요구될 것으로 생각된다.

다음은 미국이 수행한 현대전 사례연구를 통해 한반도의 미래전 양상과 대비방향에 영향을 주는 5대 우위 발전방향과 관련된 시사점은 무엇인가에 대한 연구이다. 걸프전, 아프간전, 이라크전을 고찰해본 결과 5대 우위는 공통적으로 상호 밀접하게 작용하고 통합되어 시너지 효과가 극대화되어 나타났다. 개별적 또는 통합적으로 분석해 봄으로써 우리

4) 戰勝不復이지만 溫故知新할 줄 알아야 한다. 지나간 과거의 전쟁사를 연구함으로써 현대전 및 미래전에 대한 군사적 혜안, 통찰력, 창의성 등의 능력을 구비할 수 있기 때문이다.

군의 발전방향에 많은 도움이 될 것으로 생각한다. 미래전에서 승리를 견인할 수 있는 공통요인을 5대 우위라는 요인으로 도출해 볼 것이다.

또한 북한의 군사 위협 변화와 주변 4대 강국의 군사혁신 변화추세를 판단해보고, 이러한 요인들이 한반도에서의 미래전 양상에 어떠한 영향을 줄 것이며, 이에 따른 한반도에서의 미래전 양상은 무엇인가에 대한 연구이다. 북한의 현존 위협과 미래 위협 및 주변국의 군사혁신 추세 및 잠재 위협을 고려하여 한반도에서의 미래전 양상을 판단해낼 것이다. 군사전문가들의 일반적인 미래전 양상에 대한 예측들이 한반도에서는 과연 어떻게 나타나게 될 것인가? 유사성과 차이점은 무엇인가? 과연 미래전 양상을 어떻게 판단 및 분석해야 예측 가능한 것인가?

끝으로 한반도에서 미래전 양상을 고려하여 5대 우위 달성 측면에서의 미래 군사혁신을 위한 발전방향은 무엇인가? 우리 군은 미래전에 어떻게 대비해야 하는가에 대한 연구이다. 과연 5대 우위라는 개념설정이 타당한 것인가? 그리고 5대 우위가 미래전을 승리로 이끌 수 있는 요인이라고 본다면 어떻게 해야 5대 우위를 달성할 수 있는 것인가? 궁극적으로 통일한국의 통일국군에 대비하기위한 통일 한국군의 발전방향도 될 수 있을 것이다. 이러한 사항들을 규명해 내기 위한 연구에 집중할 것이다. 그렇게 함으로써 한국군의 발전방향을 다양한 관점에서 제시할 수 있을 것이다. 본격적인 논문작성으로 들어가기 전까지 미리미리 주요 항목별로 단계적인 연구산물이 나올 수 있도록 최선을 다할 것이다. 우선은 2009년 9월 육군대학 제병협동 및 합동교리발전 세미나 시에 "한반도 미래전 양상 판단과 대비방향 연구"에 대하여 주제발표를 하고, 2010년 6월에는 "통일 한국군 대비 군사혁신 추진방향 연구"에 대하여 논문을 발표할 예정이다. 박사과정을 수료하는 2010년도 12월부터는 종합적인 학위논문으로의 발전이 가능하도록 하여 완성되는 순간까지 시간과 노력을 즐겁게 투자할 것이다.

## V. 완성을 위한 소신 있는 출발

미래전 양상을 예측하고 대비하는 것은 고대로부터 계속되어 왔지만, 걸프전 이후의 주요 현대전쟁과 관련된 사례들이 연구의 핵심 주제와 연구범위로 적절한 것으로 판단되어 선정하였다. 북한의 군사 위협을 상정하여 중점 분석하되 그 외의 주변국 위협분야를 포함할 것이다. 또한 5대 우위 가운데 단일 요소에 대한 우위달성으로 모든 것을 설명하려는 시도는 마치 한 가지 의학이론이나 기능으로 모든 질병을 설명하려는 것과 같다고 할 수 있을 것이다. 5대 우위의 각각의 개별적 기능도 중요하고 개별적 우위달성도 중요하지만, 통합된 개념으로 발전시키는 것도 중요하다고 생각된다. 이러한 연구산물이 기회가 되어 미래전에서 5대 우위의 통합으로 시너지 효과를 극대화할 수 있는 제대별·기능별로 심층 깊은 연구가 지속되기를 기대한다. 본인은 논문제목과 관련 있는 소주제들을 지속적으로 염출하여 주기적인 연구발표를 해 나갈 것이다. 왜냐하면 미래에 대한 준비는 현재를 준비하면서 동시에 병행 되어야 하기 때문이다. 지금 이 순간의 현재는 미래와 공존하는 것이다. 주변을 둘러보라. 미래는 이미 이곳 현재에 와있다. 완성을 위해 소신 있게 지금 당장 시작하자.

존경하는 이종학 선생님의 팔순을 진심으로 축하드리며, 앞으로도 건강하시고 행복이 충만하시기를 기원드린다.

## -참 고 문 헌-


1. 단 행 본

- 국방과학연구소, 『이라크전에 등장한 무기체계 분석』, 국과연, 2003.
- 권영근, 『미래전과 군사혁신』, 연경문화사, 2006.
- 권태영·노훈 공저, 『21세기 군사혁신과 미래전』, 법문사, 2008.
- 권태영·정춘일·박창권 공저, 『미래전 양상 연구』, KRIS, 2004.
- 김강녕, 『국가안보와 북한체제』, 신지서원, 2006.
- _____, 『한반도 평화론』, 신지서원, 2009.
- 앨빈 토플러, 김진욱 역, 『제3의 물결』, 범우사, 1992.
- 앨빈 토플러, 이규행 역, 『전쟁과 반전쟁』, 한국경제신문사, 1994.
- 육군 교육사령부, 『최전선에서』, 교육사, 2007.
- ___________, 『GULF전쟁 전훈분석』, 교육사, 1991.
- 육군대학, 『세계전쟁사』상·하권, 육군대학, 2004.
- 육군발전연구위원회, 『군수지원체제 발전방향』, 육군본부, 2003.
- 육군본부, 『걸프전쟁』, 군사연구실, 1991.

• ______, 『사막 폭풍작전』, 군사연구실, 1991.
• 이남규, 『걸프전과 첨단무기』, 조선일보사, 1992.
• 이종학, 『군사전략론』(개정판), 충남대학교 출판부, 2009.
• 치아오리양·왕샹수이 공저, 『초한전』, 중국사회출판부, 2005.
• 황진환 외 3명 공저, 『미래전과 군사변혁』, 화랑대연구소, 2008.
• 합동참모본부, 『아프간전쟁 종합분석(항구적 자유작전)』, 합참, 2002.
• __________, 『이라크 전쟁 종합분석』, 합참, 2003.
• 홍성표, 『이라크전과 새로운 군사안보 패러다임』, 국방대학교, 2003. 7.
• David S. Alberts 외 2명 공저, 서영길 역, 『네트워크 중심적 작전－정보 우월성의 발전과 영향－』, 21세기 군사연구소, 2000.
• Kenneth Allard, 권영근 역, 『미래전 어떻게 싸울 것인가』, 연경문화사, 1999.
• Robert J. Art, 김동신·이석중 공역, 『미국의 대전략』, 나남출판, 2005.
• Hans Binnendijk 편저, 배달형 외 3명 역, 『미래전에 대비하여 미국은 어떻게 군사력을 변환시키고 있나』, 한국국방연구원, KIDA출판부, 2004.
• Max Boot, 송내범, 한내영 역, 『전쟁이 만든 신세계』, 도시출판 플레닛 미디어, 2008.
• Thomas X. Hammes, 최종철 역, 『21세기 제4세대 전쟁』, 국방대학교 안보문제연구소, 2008.
• Donsld M. Snow 외 1명 공저, 권영근 역, 『미국은 왜 전쟁을 하는가』, 연경문화사, 2003.
• Fareed Zakaria, 윤정석 외 2명 역, 『흔들리는 세계의 축』, 도서출판 베가북스, 2009.

2. 논 문

• 길병옥, 「국방개혁 : 혁신의 방향과 과제」,『군사저널』제24호, 2007.
• _____, 「한반도 평화체제 구축과 국제협력」,『평화와 안보』제3권, 충남대출판부, 2006.
• 김성환, 「9·11테러 사태 이후 미국의 안보정책 변화와 한반도」,『한반도 군비통제』 군비통제 자료 32, 국방부, 2002. 12.
• 노훈·이상현, 「세계적 군사혁신 추진동향과 미래전 양상」, 정책과제 연구용역보고서, 2001.
• 박헌옥, 「이라크 전쟁과 민사작전의 교훈」,『합참』제21호, 합참, 2003.
• 안기석, 『한국군의 군사혁신 추진방향 연구』, 경기대 박사학위 논문, 2005.
• 이상현, 「국방개혁의 방향과 과제」,『정세와 정책』, 세종연구소, 2005.
• 정춘일, 「미국의 군사혁신 개념과 비전」, 『국방연구』제42호, 1999.
• _____, 「군사혁신」,『국방정책의 이론과 실제』, 도서출판 오름, 2004.
• 조용만, 『군사 혁신의 문명사적 고찰』, 경기대 박사학위 논문, 2007.

# 12. 국제분쟁의 원인고찰

순 서

박사과정 5기 이용웅

## Ⅰ. 서 론

국가 간은 항상 분쟁관계에 있다고 해도 과언이 아니다. 분쟁(Conflict) 개념은 크게는 대규모 분쟁이라고 일컬을 수 있는 전쟁의 형태로, 작게는 인권유린이나 인종차별 등으로 발생하는 갈등 양상의 모습으로 나타내기도 한다. 또한 최근에는 목적을 달성하기 위해 민간인을 불문하고 반인륜적이고 무차별적인 성격을 지닌 테러의 양상이 증가하고 있다. 특히 9·11테러로 미국은 테러와의 전쟁을 선포하면서, 대량살상무기 제거 명목으로 이라크 전쟁을 시작하였다. 아프가니스탄의 탈레반 정권은 알 카에다에게 은신처를 제공하였다는 이유로 미국의 공격을 받았다. 미국은 최근에는 이란과도 대립관계에 있는데 공교롭게도 이 모든 국가들이 이슬람이라는 점에서 공통점이 있다. 새무얼 헌팅턴은 21세기를 '문명의 충돌'시대라고 규정하고 냉전시대의 자본주의와 사회주의 대립이 끝나면 이번에는 상이한 문명 사이의 대립이 일어날 것이라고 주장하였다. 특히 기독교와 이슬람 문화권 사이의 대립이 바로 그것이다. 하지만 세계나 한 사회에는 다양한 종교와 문화를 갖고 있는 사람들이 함께 생활하고 있다. 이슬람이기 때문에 서구문명과 대립한다는 것은 편견이 개입된 지나치게 단순한 주장이다.

전쟁은 사소한 분쟁에서 시작되기도 하는데, 고대 펠로폰네소스 전쟁은 코르키라와 코린트 도시국가의 분쟁에서, 제1차 세계대전은 오스트리아의 황태자 프란츠 페르디난드의 암살에서 시작되었다. 역사적으로 볼 때, 전쟁은 단 한 가지 원인으로 인하여 발생하기보다 정치·경제·사회심리적 요인들이 복합적으로 작용하여 발생한다고 볼 수 있다(김강녕, 『국가안보와 북한체제』, 2006). 앞서 말했듯이 전쟁은 대규모 분쟁이라고 할 수 있는데, 이러한 분쟁의 원인은 과연 무엇일까? 이를 조셉 나이는 한마디로 민족주의, 종교, 세력균형 정치라고 하였다(조셉 나이, 『국제분쟁의 이해』, 2000).

이상과 같이 국제분쟁은 다양한 원인에 의해서 발생한다. 본 연구에서는 국제분쟁의 원인론에 대한 고찰과 국제분쟁의 현 실태를 통해서 다양한 원인을 살펴보고 그리고 국제분쟁에 대한 해결방안을 제시하고자 한다.

## Ⅱ. 국제분쟁의 원인론에 대한 고찰

국제분쟁의 원인에 관한 많은 이론들이 있다는 사실은 놀랍지 않다. 어떤 이론들은 인간의 본능에서 그 원인을 찾기도 하며, 또 어떤 이론들은 개별적 지도자, 국내정치, 정치이데올로기, 자본주의, 경제적 상호의존, 국제정치체제 등에 초점을 맞추기도 한다.

케네스 월츠(Kenneth Waltz)는 전쟁의 원인을 규명하기 위해 인간의 본성, 사회 또는 국가의 특성 그리고 국제체제의 구조적 특성을 연구함으로써 전쟁을 인간적 수준, 국가·사회적 수준 그리고 국제 체제적 수준으로 분석했다. 그는 인간의 좌절감, 왜곡된 인식이 전쟁을 유발하게 되고 또한 정책결정자가 자국의 능력 또는 상대국의 의도나 능력을 잘못 인지하게 되면 전쟁이 발생하게 된다고 주장했다.

스토이신저(John G. Stoessinger)는 전쟁이 민족주의나 군국주의, 동맹체제, 경제적 요인 또는 다른 '근본적인' 요인에 의해 발생한다는 기존 자료들과는 달리, 전쟁이 인간의 본성으로부터 기인했다고 주장했다. 그는 제1·2차 세계대전과 한국전쟁, 베트남전쟁 등 8개의 주요 전쟁 및 분쟁 사례를 제시하면서 지도자의 성격과 지도자의 잘못된 지각이 중요하게 작용함을 보여주었다.

국가간 힘의 분포상황을 국제분쟁을 이해하는 데 가장 중요한 요인이라고 주장하는 몇 가지 이론들이 있다. 먼저 세력균형이론으로 권력이 소수의 블록에 집중될수록 전쟁발발 가능성이 높고 다수의 국가나 블록에 분산될수록 전쟁발발 가능성이 적다는 이론이다. 즉 독자적 행위자의 수와 전쟁 사이에는 상관관계가 있으며, 전쟁은 다극체제 하에서보다 양극체제 하에서 발생가능성이 많다는 것이다. 세력균형이론과는 상반되는 개념인 단극체제 안정론, 즉 패권 안정론이란 권력이 소수의 국가나 블록에 집중될수록 전쟁발발 가능성이 낮고 다수의 국가나 블록에 분산될수록 전쟁발발 가능성이 높다고 본다. 길핀(Robert Gilpin)과 오르간스키(A. F. K. Organski) 교수는 지배적 국가는 국제체제의 안정을 조장한다는 세력전이이론을 주장한다. 이는 전쟁은 힘의 균형관계가 가까워지는 상황에서 발발 가능성이 증대된다는 것이다. 즉 힘의 균형이 유지되어 안정되는 상황보다 균형이 깨지는 상황에서 전쟁 발발 가능성이 증대된다는 이론이다.

사실 국제분쟁에 관한 원인론에 대해서 단일 모델로 설명할 수는 없을 것이다. 하지만 사회 갈등, 양극화, 국가간의 갈등, 인종간의 차별 및 분쟁 등 다양한 문제들을 면면히 살펴볼 때 인간적인 요인을 간과할 수 없다. 전쟁은 주로 양자 간의 의지의 충돌에서 기인하며 인간 본성적 측면에서 보면 특히 지도자의 성격은 중요한 의미를 지니게 된다. 보다 자세한 내용은 국제분쟁의 현 실태를 통해서 알아보자.

## Ⅲ. 국제분쟁의 현 실태

오늘날 우리는 다양한 매체를 통하여 국제관계 뉴스를 접하면서 지구촌 곳곳에서 발생하고 있는 다양한 종류의 분쟁과 갈등에 관한 소식도 접하고 있다. 그 분쟁과 갈등의 원인에는 인종적·민족적·종교적인 대립과 국내외의 정치적인 이해관계가 복잡하게 얽혀 있다. 이와 아울러 인간적인 요인도 무시할 수 없다.

본고에서는 아시아와 유럽 및 아프리카 지역의 대표적인 분쟁을 대상으로 그 원인을 간략히 살펴보고자 한다. 먼저 아시아의 분쟁을 살펴보자.

인도–파키스탄 분쟁은 종교문제가 대표적인 원인이다. 인도와 파키스탄 간의 대립은

10세기 경부터 계속되어 온 힌두교도와 이슬람교도의 분쟁에서 기인하며, 이는 카슈미르 지방 귀속 문제를 둘러싸고 전쟁으로까지 확대되었다. 이러한 분쟁의 원인에는 종교적 갈등, 영토의 주장, 경제적 불균형, 자연재해, 민족주의적 열망, 난민의 유입, 핵 경쟁 등 다양한 요소가 혼합되어 있다. 아울러 개인적 적대감과 지도자의 덧없는 자존심은 분쟁을 가속화시키는 요인이 되었다.

이란-이라크 전쟁(1980~1988)은 이란의 샤(Shah)를 무너뜨린 이슬람 혁명으로 국내 문제의 혼란과 이란 내 아랍어 사용지역에서 환영받을 것이라는 사담 후세인의 오산으로 시작되었다. 이는 종교와 민족주의 그리고 세력균형에 대한 고려가 함께 작용함에 따라 걷잡을 수 없는 분쟁으로 확장되었다. 중동에서 정치지도자들은 탈식민지화 과정의 불만을 이용하려 했다. 일부는 민족주의에 호소하고, 다른 일부는 범아랍주의에 호소했으며, 또 다른 이는 종교적 근본주의에 호소했는데, 이 모든 것들이 중동지역에 분쟁을 일으키는 복잡한 힘으로 작용했다. 후세인의 오판은 이라크가 쿠웨이트를 침공하게 만들었다. 걸프전쟁 이후 이라크의 후세인 정권은 유지되었으나 2003년 미군의 공격으로 후세인 정권이 무너졌다. 하지만 수니파와 시아파, 쿠르드족 문제, 각종 무장단체와 현 정부군과의 테러전 등으로 여전히 분쟁 상태가 지속되고 있다.

아랍-이스라엘 분쟁은 조그마한 땅을 요구하는 두 개의 그룹 간 여섯 차례의 전쟁을 야기했다. 이 또한 인종, 종교, 민족주의에 기초한 국지적 분쟁을 보여주며, 강경주의자들에 의해서 서로를 더욱 강경하게 만들어 분쟁의 해결이 더욱 어려워지고 있음을 보여주는 좋은 사례다. 팔레스타인 지역은 오슬로 협정(1994년) 이후 유태인과 팔레스타인 아랍인이 공존하며 살고 있지만, 1948년 영국 위임통치령이었던 팔레스타인 땅에 이스라엘이 영·미·소의 도움으로 민족국가를 세우고 팔레스타인을 축출하였기에 근본적인 분쟁의 원인이 해결되지 않고 있다. 한 번도 국가를 가져보지 못한 유대인들은 이제 그들의 국가를 가지게 되었고 이것을 잃을지도 모른다는 두려움에 휩싸여 있으며, 한 때 국가가 있었으나 이제는 잃어버린 팔레스타인인들은 이것을 다시 찾기를 열망하고 있다. 이것은 거의 집단적 무의식으로 작용하고 있다. 이스라엘 극단주의자에게 저격당한 라빈 총리와 같은 인물이 등장하여 종교를 넘어서 서로의 다름을 인정하는 것에서부터 분쟁의 실마리를 풀 수 있을 것이다.

아프리카 지역의 분쟁은 대부분 내전의 형태를 띤다. 오늘날 아프리카는 유럽의 식민지

배에서 벗어났지만 여전히 기아와 전쟁으로 인한 고통에 신음하고 있다. 이는 19세기 후반 유럽의 제국주의 국가들이 종족 분포나 정치 성향을 전혀 고려하지 않은 채 아프리카 대륙을 자국의 이해에 따라 분할하였기 때문이다. 그 대표적인 예로 르완다와 콩고 민주 공화국을 들 수 있다.

르완다 내전은 후투족과 투치족의 갈등에서 비롯되었는데, 벨기에가 14%에 불과한 투치족을 내세워 85%에 해당하는 후투족을 억압하면서 편 정책들이 르완다가 독립한 이후에도 두 부족들이 대립하게 만들었다. 1962년 독립을 달성한 르완다는 후투 인민해방당이 집권하자마자 투치족에 대한 학살이 대규모로 자행되었다. 1994년 후투 과격파들은 대통령까지 살해하면서 후투족의 단결과 투치족 말살정책을 보다 효과적으로 전개하고자 하였다. 이러한 '인종청소'는 유럽지역의 보스니아에서도 이루어졌다. 1992년 3월 세르비아와 몬테네그로가 신유고 연방을 창설하였고, 보스니아-헤르체고비나 역시 국민투표를 통해 독립을 선포하였다. 유럽연합과 미국이 보스니아의 독립을 승인하였지만, 이에 불만을 품은 보스니아 세르비아계가 내전을 일으키고 이슬람교도들에 대한 대대적인 '인종청소'를 시작하였다. 3년 동안의 내전은 1995년 12월 평화협정으로 고질적인 민족 분쟁을 해결하였지만, 세르비아계와 이슬람계 및 크로아티아계 모두가 이 협상이 강대국의 이해관계에 의해 체결된 협상이란 문제점을 인식하고 있기 때문에 여전히 분쟁의 불씨는 남아있는 상태이다.

콩고 내전은 르완다와 부룬디와 함께 서로 불가분의 관계에 있다. 이것은 르완다와 브룬디에서 정권이 바뀔 때마다 투치족이나 후투족 난민이 콩고 동부지역을 피난처로 삼아 몰려들었고 이는 결국 콩고 내분에 본질적인 영향을 미쳤다. 르완다 내전을 피해 이주한 투치계의 소수 민족 바냐물렝게족은 구자이르(현 콩고) 주민들로부터 환영받지 못했고, 모부투 대통령의 지속적인 탄압을 받았다. 그리고 이들은 이에 대항하여 '콩고·자이르 해방민주세력연합(ADFL)'을 결성하였고 르완다, 부룬디, 우간다 정부의 지원을 받으며 미국의 지원을 상실한 구자이르의 정부군을 붕괴시켰다(1997년 5월 콩고민주공화국(DRC) 건설). 하지만 1998년 카발라 대통령은 자신의 집권과정에 도움을 제공한 르완다의 투치족을 비롯한 외국군의 철수를 요구하였고, 이에 배신감을 느낀 투치족은 카발라 정부를 공격하여 내전으로 비화되었다. DRC를 지원하는 짐바브웨, 앙골라, 나미비아, 차드 등과 반군을 후원하는 르완다와 우간다, 부룬디 등의 주변국들이 자국의 이익을 명분으로 전쟁에 참여하여 내전에서 국제전 양상을 띠었다. 또한 지하자원의 채굴권을 둘러싼 이권으로 벨기에와 영국, 미국 등의 다국적 기업이 정치세력과 연결되어 있기 때문에 분쟁이 조장되었다.

## Ⅳ. 국제분쟁 해결방안

이상에서 아시아와 유럽 및 아프리카 지역의 대표적인 분쟁을 대상으로 그 원인을 간략히 살펴보았다. 지금도 지구 곳곳에서는 다양한 요인들에 의해서 분쟁이 일어나고 있다. 국제분쟁의 원인에 대한 연구는 결국 평화로 이르는 길과 일맥상통한다. 먼저 UN과 같은 국제기구가 분쟁을 해결할 수 있다.

1990년 이라크의 쿠웨이트 침공에서는 소련과 중국이 거부권을 행사하지 않았기 때문에 40년 만에 처음으로 UN 집단안보가 가동될 수 있었다. 하지만 UN의 집단안보는 신세계 질서의 기초가 되기에는 무엇인가 부족하다. UN체제하에서는 명백한 침략이 있을 경우 작동을 잘 하지만 내전의 경우에는 작용하기기 훨씬 더 어렵다. 또한 집단안보 거부권이 없는 경우에는 작동하겠지만, 미국과 러시아 또는 미국과 중국의 목적이 다시 엇갈리면 집단안보도 다시 무력화될 것이다. 또한 집단안보는 회원국이 자원을 제공할 경우에는 작동하지만, 만약 군사적 강국이 자원을 제공하지 않을 경우 집단안보가 작동하리라고는 상상하기는 힘들다. 하지만 집단안보가 적용될 수 없다고 하더라도 유엔은 일정한 정치적 효과를 가지고 있다. 유엔 헌정에 명시된 무력에 대한 반대는 힘을 사용하기를 원하는 자에게 자신의 정당성을 증명할 의무를 지우기 때문이다.

지난 세기 식민통치하에서 독립한 대부분의 나라는 강대국의 이해관계에 의해 영토가 분할된 경험이 있고 이것이 여전히 분쟁의 불씨로 남아있다. 따라서 앞으로 국제기구 등에서 이루어지는 국제적인 조치가 제대로 취해져야 할 것이다.

다음으로 국제법의 중요성이다. 보스니아의 대부분의 분쟁 기간 동안 UN과 NATO, EU는 대응방법을 놓고 분열되어 있었다. 이는 그 분쟁의 어디까지가 보스니안 크로아티아, 세르비아, 이슬람교도 간의 내전이고, 어디까지가 세르비아의 개입인가를 평가하는 문제의 어려움 때문이었다. 그럼에도 불구하고 국제법과 기구는 정치 현실의 중요한 부분이다. 국가 간 상호의존이 증대될수록 방대한 국제 거래는 증가하고 마찰의 소지 또한 증가한다. 국제법은 이와 같은 마찰이 발생했을 경우, 정부들이 높은 수준의 분쟁을 피할 수 있도록 한다.

냉전이 종식되었으나, 첨단 과학기술이 발전하고 이러한 기술이 초국가적으로 확산됨에 따라 핵무기의 소형화로 작은 국가라도 핵무기를 사용할 가능성이 높아지고 있다. 향후 가장 큰 위협 중의 하나는 초국가적 테러리스트가 대량파괴무기를 획득하는 문제일 것이다. 비록 테러를 하는 개인이나 단체의 입장에서는 저항운동(예를 들어, 이스라엘을 대상으로 한 하마스의 로켓 공격)으로 치부할 수 있지만, 민간인을 공격하는 것에는 충분한 정당성을 얻기 힘들 것이다. 이러한 경우 다양한 매체를 통하여 올바른 여론은 형성하는 것이 필요할 것이다.

군대가 분쟁을 해결하는 하나의 수단이 되기는 하지만 근본적인 해결책이 될 수 없으며, 때론 보다 큰 분쟁을 유발하기도 한다. 군대 이외에도 국제기구, NGO, 국제법 등이 분쟁 해결에 큰 도움이 될 것이다. 보다 실질적인 분쟁해결의 대안을 제시해 본다면 UN과 같은 국제기구 직속으로 '분쟁 해결기구'가 신설되는 것이다. 이 기구는 분쟁 발생지역에 최우선적으로 투입되어 분쟁의 원인을 조사하고, 미디어를 이용하여 진실을 알림으로써 분쟁 당사국의 지도자의 잘못된 인식과 거짓 선전을 바로잡는다. 이는 초기 폭력의 걷잡을 수 없는 증폭을 막는데 효과적으로 작용할 것이다.

## V. 결 론

지금도 지구 곳곳에서는 민족, 종교, 패권 등의 이유들과 작게는 사회심리학적 요인들에 의해서 분쟁이 일어나고 있다. 분쟁의 원인을 이해하는 데는 어느 한 단면으로 이해할 수 없을 것이다. 냉전 이후 강대국인 미국에 의한 패권에 의해서 세력균형이 이루어져왔다. 그러나 미국이 세계 경찰국가로 군림하는 동안 오만한 행동으로 인한 노골적 또는 은연 중 반미감정이 증대하였고, 경제 위기 등으로 국제질서가 어느 정도 어지러워져 분쟁의 가능성도 그 어느 때보다 커지고 있는 것이 현실이다. 더 이상 종교, 민족 등으로 양분화 할 것이 아니라 서로가 공유할 수 있는 가치 기준을 마련해야 한다. 군대와 국제기구, NGO, 국제법 등이 분쟁해결에 큰 도움이 될 것이다. 보다 실질적인 분쟁해결의 대안을 제시해 본다면 UN과 같은 국제기구 직속으로 '분쟁 해결기구'가 신설되는 것이다. 현상을 제대로 인식하고 상대국에 대한 오해를 줄이는 것이 작은 분쟁을 전쟁으로 키우지 않는 지름길이라고 본다.

## -참 고 문 헌-


- 공봉진 외, 『세계변화 속의 갈등과 분쟁』, 부산 : 세종출판사, 2008.
- 김강녕, 『국가안보와 북한체제』, 부산 : 신지서원, 2006.
- 다케나카 치하루 저, 노재명 역, 『왜 세계는 전쟁을 멈추지 않는가?』, 갈라파고스, 2009.
- 박재영, 『국제정치패러다임』, 서울 : 법문사, 2000.
- 이정록·구동회, 『세계의 분쟁지역』, 서울 : 푸른길, 2005.
- 이종학·길병옥 편저, 『군사학 개론』, 대전 : 충남대학교출판부, 2009.
- 조셉 나이 저, 양준희 역, 『국제분쟁의 이해 : 이론과 역사』, 2000.
- 존 G. 스토신 저, 임윤갑 역, 『전쟁의 탄생』, 서울 : 플래닛미디어, 2009.

# 13. 선제공격이란 무엇이며 어떻게 이해해야 하는가?

박사과정 4기 정재학

## Ⅰ. 서 론

먼저 이종학 선생님의 팔순을 진심으로 축하드리고 저의 졸필拙筆이지만 함께 축하드릴 수 있는 기회를 주신 것에 진심으로 감사드립니다. 현재 군사학이라는 학문분야의 열악한 연구환경을 고려해 볼 때 팔십 평생을 군사학에 대한 열정으로 살아오신 삶 자체만으로도 우리 후학들이 존경하고, 미래의 좀 더 나은 발전을 위해 뒤를 따라야 한다고 생각합니다.

본인이 다루고자 하는 주제는 '선제공격(Preemptive Attack)'이다. 고대로부터 현재까지 우리 한민족은 많은 외부의 침략을 방어하는 형태의 전쟁수행으로 인해 방어사상이 깊이 뿌리내리고 있다. 그러나 현재 우리는 전쟁의 피해를 최소화 하면서 조기에 우리의 의도대로 전쟁을 종결하기 위해서는 공격사상이 무척 필요하다고 생각한다. 이러한 공격사상을 우리가 받아들이고 발전시키기 위해서는 무엇보다도 먼저 '선제공격'에 대해 이해가 필요한 것이다.

그러므로 아래에서 선제공격의 의미를 정확하게 제시하고 이것을 우리가 어떻게 이해해야하는지를 제시하겠다.

## Ⅱ. 본 론

요즘 각종 매스컴에서 '선제공격'이란 용어가 자주 등장하고 있다. 특히 테러와 대량살상무기의 위협이 증가하면서 강대국들은 테러 혹은 대량살상무기의 위협으로부터 자국의 안전보장을 위해 '선제공격'을 적극적으로 제시하고 있는 것이다.

그런데 이렇게 빈번하게 사용되고 있는 '선제공격'이라는 용어가 실제 의미와는 다르게 사용됨에 따라 일부 오해를 유발할 수 있어, 정확한 '선제공격'의 개념을 제시하고자 하는 것이다.

핵을 이용한 선제공격 제시

각 국가들이 '선제공격'에 대하여 언급한 내용을 보면 2008년 3월 중국 왕러취안(王樂泉) 신장위구르자치구 당서기는 베이징 올림픽과 관련하여 "중국 당국은 테러범과 분리주의자, 극단주의자에게는 선제공격의 원칙을 견지한다."고 언급하였다.[1] 러시아 역시 동년 1월 "국익에 필요할 경우 특정 국가나 지역에 핵으로 선제공격을 할 수 있다."고 군軍참모총장이 언급하였으며,[2] 미국은 이미 2002년 5월 미 육사졸업식에서 부시 독트린(Bush Doctrine)[3]을 통하여 '선제공격' 을 언급한 후 지금까지 계속해서 '선제공격'을 자국의 군사전략으로 제시하고 있다. 최근 2008년 7월에는 이스라엘까지 이란의 핵개발과 관련하여 '선제공격'을 실시하겠다는 경고[4]를 공

1) 연합뉴스, "중 신장서 비행기 테러시도 진압", 2008. 3. 9.
2) 연합뉴스, "러 참모총장 '핵무기 선제공격 가능'", 2008. 1. 20.
3) "테러리스트들을 관용하는 국가나 단체를 잠재적 표적으로 삼는다"는 부시 행정부의 정책을 이름붙인 것이다. 연합뉴스, "백악관, 미 테러정책에 '부시 독트린' 명명", 2001. 10. 10.
4) 송한수, "이스라엘 '이란 선제공격'", 「서울신문」, 2008. 7.12.

식적으로 제시하고 있다.

이렇듯 세계 강대국들이 자국의 안보를 위하여 '선제공격'을 채택하고 있음을 우리는 알 수 있다. 그리고 우리도 이미 2008년 3월 합참의장에 의해 '선제공격'에 대한 내용을 제시[5]하기도 하였다.

이렇게 '선제공격'이라는 용어가 우리 주변에서 자주 등장하다보니 '선제공격'이라는 용어의 사용도 자연스럽게 증가하고 있는 것이 사실이다. 즉 '선제공격'이라는 용어를 스포츠, 경제, 안보 등 다양한 분야에서 빈번하게 사용하고 있는 것이다. 그런데 일부 '선제공격'의 정확한 의미를 이해하지 못하고 사용하여 그 의미를 왜곡하거나 오해를 유발하고 있어 '선제공격'에 대한 정확한 개념을 제시하여 잘못 이해되는 부분을 바로잡고자 한다.

## 1. '선제공격'의 의미

먼저 '선제공격'의 의미를 정확히 알아보면 『합동·연합작전 군사용어사전』[6]에는 '선제공격'이란 "적의 공격이 임박한 확실한 증거를 기초로 시작하는 공격으로서 자위권 차원에서 실시하는 공세행동"이라고 제시하고 있다. 또, 미 『국방용어사전』[7]에서는 '선제공격(Preemptive Attack)'을 "긴박하게 적의 공격이 이루어질 명백한 증거에 기초해 실시되는 공격(An attack initiated on the basis of incontrovertible evidence that an enemy attack is imminent)"이라고 정의하고 있다. 즉 '선제공격'이란 적이 공격하려는 의도를 가지고 이미 전쟁의 준비가 완료된 상황에서 상실된 주도권을 회복하고 자신에 대한 자위(self-defence) 차원에서 실시되는 공격인 것이다.

그리고 군사전략 차원에서 '선제공격'을 이해해 보면, '선제공격'은 공세전략이다. 우리가 일반적으로 군사전략을 제시할 때에는 평시平時와 전시戰時로 구분하여 평시에는 억제전략에, 전시에는 수세, 수세 후 공세, 공세전략에 중점을 둔다.[8] 대부분의 국가는 수세 후 공세전략[9]을 채택하고 있지만 강대국들은 앞에서 제시했듯이 '선제공격'과 같은 공세전

5) 김민석, "북한이 핵무기 공격한다면 작동하지 않게 핵기지 타격", 「중앙일보」, 2008. 3. 27.
6) 합동참모본부, 『합동·연합작전 군사용어사전』(2004), p. 237.
7) Department of Defense, *Department of Defense Dictionary of Military and Associated Terms*,(2007), p. 418.
8) 교육사령부, 「군사이론연구」, 군사발전지 부록 제44호(1987), p. 182.
9) 합동군사전략서에 제시된 '공세적 방어'도 수세 후 공세전략의 의미이다.

3차 중동전쟁 전황 요약

략을 주로 채택하고 있다.[10] 그러나 공세전략에 '선제공격'만 있는 것은 아니다. '예방전쟁(Preventive War)'[11] 역시 공세전략에 포함된다. 하지만 '예방전쟁'은 국제적으로 정당성을 인정받기 어렵기 때문에[12] 적용이 제한되므로 주로 공세전략으로 '선제공격'이 적용되고 있는 것이다.

## 2. '선제공격'을 적용한 실례와 올바른 사용

'선제공격'의 좋은 예가 바로 제3차 중동전쟁이다. 1967년 이스라엘은 아랍연합의 공격에 대한 자위(self-defence) 차원에서 아랍연합이 이스라엘을 공격하기 직전에 먼저 공격을 실시하여 전쟁에서 승리를 달성한다. 이때 실시한 이스라엘의 공격을 바로 '선제공격'이라고 하는 것이다. 즉 이스라엘과 아랍연합은 이미 상호 전쟁준비가 완료된 상황이었고, 아랍연합이 공격을 실시할 징후가 농후하게 나타난 상황 하에서 이스라엘이 자국의 피해를 최소화하면서 전쟁에서 승리하기 위한 자위自衛 차원에서의 공격을 결정하였던 것이다.

---

10) 현재 군사작전이 전면전보다는 소규모 국지분쟁과 전쟁 이외의 활동에서 이루어지기 때문에 미국, 중국, 러시아의 '선제공격'은 그들과 대등한 강대국을 지향하기 보다는 주로 전쟁의 상대가 되지 않는 약소국, 그러면서도 강대국(미국, 중국, 러시아)의 영토를 직접 타격할 수 있는 대량살상무기 개발 의심 국가나 테러 지원국에 대해 보복 또는 근원 제거의 일환으로 사용하는 전략적 선택이므로 전면전을 고려한 일반적인 국가 사이에서의 '선제공격'과는 구분하여야 한다.

11) 합동참모본부, 앞의 책, p. 284.에서 '예방전쟁'이란 "전쟁의 발발이 당장 급박한 상황에 이르지는 않았지만 조만간 一戰이 불가피하다고 판단되는 긴장 속에서 적이 유리한 태세 하에서 전쟁을 개시하는 것을 예방하기 위하여 적보다 앞서서 開戰하는 전략"이라고 제시하였다.

12) Y.Harkarbi, 『핵전쟁과 핵 평화』, 류제갑·이제현 역, 국방대학원 안보총서 제52권(서울 : 국방대학원 안보문제연구소, 1988), pp. 79~81. ; 국방대학교, 『안보관계 용어집』(서울 : 국방대학교 안보문제연구소, 2005), pp. 149~152. 선제공격은 최종적 절망의 순간이나 적의 공격 행위 발생이 확실한 경우에 전쟁을 결정하고, 예방전쟁은 ① 갑작스런 국가 지위 하락, ② 예방전쟁이 아직도 자국에게 유리한 효과가 있다고 판단되었을 때, ③ 현재의 전망은 낙관적이고 미래의 전망은 비관적일 때 전쟁을 결정한다. 그리고 선제공격은 상대방이 이미 개시한 행동을 저지하는데 목적이 있고, 예방전쟁은 상대방이 하려고 하는 행위나 할 의도를 나타내는 행위를 저지하기 위한 즉, 상대방의 의지를 저지하는 데 목적이 있다. 그러므로 선제공격은 적의 공격이 필연적으로 일어날 수밖에 없다는 확실성 때문에 정당성이 인정되지만 예방전쟁은 예상되는 적의 행동에 관한 확실성이 적기 때문에 그 정당성을 인정받기가 어려운 것이다.

그런데 앞에서 언급하였지만, '선제공격'이라는 용어를 사용함에 있어 위에서 제시한 의미를 잘 고려하지 않고 임의대로 잘못 사용하는 경우가 많다.

예를 들면 서해교전이나 연평해전과 같은 '북한의 기습도발'을 '북한의 선제공격'이라고 표현하거나,[13] 6·25전쟁에서도 '북한의 기습남침'을 '북한의 선제공격'이라고 제시하는 것이다. 그리고 미래에 예상되는 '적의 기습도발 또는 기습공격'을 '적의 선제공격이 있다면…'이라고 표현하는 경우도 있다.

그런데 이러한 '적敵의 선제공격'이라는 의미는 이론상 우리가 적에 대하여 먼저 공격 의도를 가지고 기습공격을 하려 하거나 또는 공격을 할 준비 및 징후가 있는 가운데 적국敵國이 이를 간파하고 자신의 자위(self-defence) 차원에서 먼저 공격을 했다는 뜻으로 해석되기 때문에, 자칫 전쟁의 시작과 원인을 우리가 제공한 것으로 오인될 수 있는 것이다.

## Ⅲ. 결 론

과거로부터 현재까지 "누가 먼저 전쟁을 도발했느냐?" 하는 것은 전쟁의 책임 문제나 국제사회로부터의 지원, 전쟁의 정당성 등을 고려해보면 매우 중요한 사항이다. 특히 오늘날 다양한 안보위협에 효과적으로 대응하기 위해서는 한 국가의 능력만으로 대응하기보다는 다양한 국가와 협력하여야 하고, 이 점을 고려해 본다면 전쟁의 정당성은 더욱 더 중요한 요소라 할 수 있다.[14]

그런데 국가안보의 최첨단에 있는 군인들이 '선제공격'과 같은 중요한 용어를 잘못 사용할 경우, 작게는 한 사람의 오해로 그치겠지만, 크게는 한 국가의 국제적 오해와 불신을 제공할 수 있는 빌미가 될 수 있고, 이것은 전쟁의 정당성 측면에서 큰 부작용을 낳을 수도 있다. 즉 전쟁의 원인을 우리가 제공한 것처럼 오해받을 수 있는 것이다. 이러한 측면을 고려해 볼 때 군軍에서 적절하게 용어를 사용하는 것이 얼마나 중요한 것인지 이해할 수 있는 것이다.

---

13) 윤상호, "'서해교전'→'제2 연평해전'으로", 「동아일보」, 2008. 4. 9.
14) 김덕현, 권영근 역, 『전쟁원칙의 신사고』(서울 : 경성문화사, 2006), p. 318.

앞으로 '선제공격'이라는 용어의 사용은 더욱 더 증가할 것이고 용어의 정확한 의미를 이해하지 못하고 사용하는 추세도 더욱 증가할 것이다. 그렇다면 군에서부터 '선제공격'의 의미를 정확하게 이해하고 사용함으로써 사회 전반에 걸쳐 '선제공격' 개념의 이해를 증진시키고 올바른 사용을 유도할 수 있도록 앞장서 노력하는 것이 바람직할 것이다.

아울러 풍석 선생님의 팔순을 다시 한 번 축하드리면서 군사학을 깊이 연구하는 우리들부터 '선제공격'의 의미를 정확하게 사용하고 더 나아가 공세적인 사상을 우리 군사학에 접목할 수 있도록 노력해야 할 것이다.


-참 고 문 헌-

- 교육사령부, 「군사이론연구」, 군사발전지 부록 제44호, 1987.
- 국방대학교, 『안보관계 용어집』, 서울 : 국방대학교 안보문제연구소, 2005.
- 김덕현·권영근 역, 『선생원칙의 신사고』, 서울 : 경성문화사, 2006.
- 합동참모본부, 『합동·연합작전 군사용어사전』, 2004.
- Y. Harkarbi, 『핵전쟁과 핵 평화』, 류제갑·이제현 역, 국방대학원 안보총서 제52권, 서울 : 국방대학원 안보문제연구소, 1988.
- Department of Defense, *Department of Defense Dictionary of Military and Associated Terms*, 2007.
- 김민석, "북한이 핵무기 공격한다면 작동하지 않게 핵 기지 타격", 「중앙일보」, 2008. 3. 27.
- 송한수, "이스라엘 '이란 선제공격'", 「서울신문」, 2008. 7. 12.
- 연합뉴스, "러 참모총장 '핵무기 선제공격 가능'", 2008. 1. 20.
- _____, "중 신장서 비행기 테러시도 진압", 2008. 3. 9.
- 윤상호, "'서해교전'→'제2 연평해전'으로", 「동아일보」, 2008. 4. 9.

# 군사학의 발전방향

## Ⅲ. 전쟁사 (가나다순으로 게재)

14. 군사학의 한 분야로서 군사사 연구방법론 고찰(김정운)
15. 6·25전쟁과 대북對北 유격전에 관한 연구(신종태)
16. 청과 일본의 동아시아 패권 비교연구(이종호)
17. 항일 무장독립전쟁과 청산리 전역의 군사사적 의의(조필군)
18. 북한의 6·25전쟁 휴전전략에 관한 연구(허동욱)

# 14. 군사학의 한 분야로서 군사사 연구방법론 고찰

순 서

박사과정 3기 김정운

## Ⅰ. 서 론

"어리석은 자는 자신의 경험에서 배우고, 현명한 자는 타인의 경험에서 배운다"는 말은 독일 통일의 위업을 달성한 철혈재상 비스마르크가 남긴 명언으로서 이는 과거의 역사에서 지혜를 얻고 현상을 풀어나가는 방법을 배우고 있다는 것을 강조한 말이다.[1]

유사 이래 5천년 동안 지구 전역에서 발발한 전쟁은 26,000여 회 발발하였으며,[2] 싱어(David J. Singer)에 의하면 기원전 3,600년부터 1980년까지 3,400여 회 이상의 전쟁이 있었고, 전란 등을 포함하면 13,600번의 전쟁이 있었으며,[3] 전쟁 없이 지낸 기간은 겨우 268년[4]으로 비율로 따져보면 약 8%에 불과한 시간인데, 전쟁이 없던 시기는 진정한 평화

---

* 충남대학교 대학원 군사학 박사과정 수료. 현) 해군대학 교관.

1) 이종학, 『한국군사사 서설』(경주 : 서라벌군사연구소, 1991), p. 26.에서 재인용.
2) 국제평화연구소, 『평화의 연구』(서울 : 법문사, 1982), p. 23.
3) Francis A. Beer, *Peace Against War*(San Francisco : W.HFreeman and Company, 1981), pp. 39~40.

의 시기가 아니라 전쟁준비를 위한 기간임을 부정할 수 없다.

이러한 기록을 볼 때 인류의 역사는 전쟁과 함께하고 있으며, 전쟁으로 인하여 역사가 진행되고 있다고 해도 지나친 말이 아닐 것이다. 따라서 전쟁을 연구하고 과거의 전쟁과 관련된 역사를 연구하는 군사사의 연구야 말로 전쟁으로 점철된 역사를 이해하는데 중요한 부분을 차지하고 있다고 할 수 있다.

본 논문에서는 군사학의 한 분야를 차지하고 있는 군사사를 어떻게 연구해야하는지 그 연구방법론을 고찰하고자 한다. 이를 위하여 풍석 이종학 선생님의 군사사 이론과 학문으로서 군사학이 발전한 러시아의 군사사에 대한 이론을 비교의 대상으로 삼아 연구를 하고자 한다.

## Ⅱ. 군사사의 개념과 연구대상 및 범위

### 1. 군사사의 개념

군사학이 학문분야로서 정립되고 발전되었다고 판단되는 러시아에서의 군사사에 대한 정의 및 개념은 다음과 같다.

> 군사사란 과거의 전쟁 및 군대에 관한, 공동체 생활의 물질-기술적 사회-경제적·정치적 환경의 변화에 따라 군이 실시하는 군사행동의 수단·형식·방법 등의 발전에 관한, 그리고 공동체의 군사활동 전반의 경험에 관한 지식의 한 분야이다.… 군사사는 연구대상 및 내용상 일반 역사의 일부이고, 또 한편으로는 군사학 발전을 위한 역사적 기초이기 때문에 군사학의 일부이다.[5]

미국의 메트로프는 "군사사는 군사학과 일반역사 사이의 영역에 달려 있다. 그러나 군사문제를 군사학으로 보아서는 안 된다. 군사사는 사회의 군사적 경향과 지적, 사회적, 경제적, 정치적, 그리고 외교적 요인의 상호작용과 합류점을 다루게 된다. 그 상호작용과 합류점은 역사의 넓은 흐름 속에서 찾아야 한다."고 했다. 또한 풍석 선생은 이러한 메트로

---

4) Paul Shaw & Yuwa Wang, *Genetic Seeds of Warfare*(Boston : Unwin Hyman, 1989), p. 3.
5) 박종철 역, 『러시아의 군사학』(서울 : 육군사관학교, 1996), pp. 167~168.

프의 견해에 대체로 동의하고 있으며, 전사 및 전쟁사라는 말은 군사사의 중추적 지위를 차지하지만, 군사사의 한 분야에 포함되는 것으로 분류하고 있다.[6]

앞에서 언급한 군사사의 여러 정의를 바탕으로 군사사의 개념을 정립하면 다음과 같다. 군사사란, 군사문제와 관련된 역사를 연구하는 군사학의 한 분야이다. 군사사는 역사를 군사문제에 관련한 관점에서 분석한 것으로 과거의 정치·경제·사회·외교·군사문제가 상호 결합된 문제를 대상으로 하는 지식체계이다. 또한 과거 역사의 특정부분을 연구한다는 측면에서는 역사학의 한 분야이며, 군사문제와 관련된 관점에서 역사를 분석한다는 측면에서는 군사학의 한 분야라고 할 수 있다.

## 2. 군사사의 연구대상 및 범위

군사사의 연구대상에 대해서는 여러 가지 분류가 있으나, 여기에서는 러시아와 이종학 교수의 분류를 대상으로 살펴보겠다. 러시아 군사학에서는 "군사사의 기본 객체는 전쟁의 역사와 군대의 역사이며, 여기서 군사사의 한 측면인 사회-정치현상으로서 전쟁의 역사와 강압수단이나 국가의 중요한 상징(attribute)으로서 군대의 역사는 일반역사에 사실과 결론을 제공하고, 다른 한 측면은 전쟁의 한정된 내용, 즉 무력전 및 그 수행수단에 대한 소급연구에 노력을 집중한다. 이러한 것들을 모두 합한 것이 군사사의 대상"이라고 말하고 있다. 또한 군사사의 주요 부분은 전쟁사, 군사 사상사, 군사술사, 군대 건설사, 인원의 교육 및 교양의 역사, 무기 및 군사장비의 역사 등으로 구성되며, 이 외에 군사수사(Military historiography), 군사사 자료학, 군사 고문헌 수사(Military archaeography), 군사 고고학, 군사 통계학 등 특수 분야 지식도 포함하고 있다.[7]

풍석 선생은 현대전쟁은 국가의 모든 인적·물적 자원을 총동원한 전면전쟁이므로 군사사의 연구대상은 너무 광범위하게 되나, 적어도 다음의 내용을 군사사의 연구대상으로 해야 한다고 주장하고 있다.[8]

---

6) 이종학, 앞의 책, pp. 20~21.
7) 박종철 역, 앞의 책, pp. 167~172.
8) 이종학, 앞의 책, p. 21.

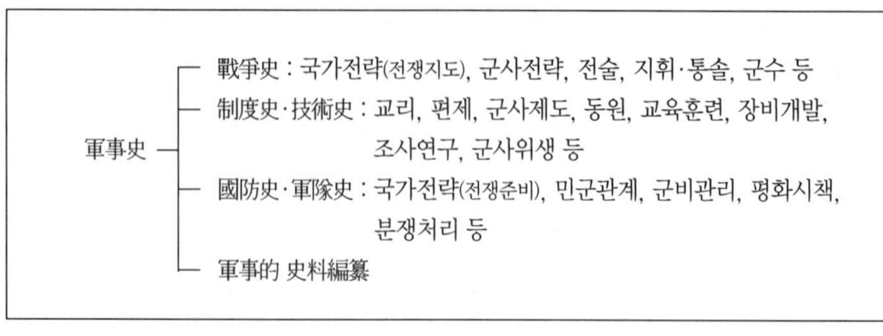


## Ⅲ. 역사학적 연구방법과 군사사 연구방법론 비교

### 1. 역사학적 연구방법

역사연구가 자체의 방법을 갖추기 시작한 것은 인간 중심적인 역사사고歷史思考가 일어나기 시작한 르네상스 시기부터이다. 이 시기에 사료들에 대한 언어학적 비판이 응용되기 시작하였다. 이후 17세기에는 사료들을 수집, 발견, 비판, 정리하는데 있어 조직적이고 체계적인 협동작업이 이루어졌으나, 개별문헌들에 대한 기초 작업 수준이었으며, 사료들 사이의 연관관계를 파악하고 과거사건을 재구성하는 근본적인 방법은 못되었다.

드로이젠의 역사학 고유 방법론은 두 개의 명제로 구분되는데, 제1 명제는 "역사학은 아직도 남아있는, 경험적 인지가 가능한 것 속에서 찾는다"는 것이며, 제2 명제는 역사학의 방법은 "연구하며 이해한다"는 것이며, 이것이 역사학의 제2 명제이자, 역사학적 방법의 본질이라고 강조하였다.[9)]

역사학은 연구 분야와 분석대상의 성격에 따라서 때로는 제한적으로 실증주의적·자연과학적 관찰 및 분석방법을 응용할 수도 있다. 왜냐하면 역사 형성에는 인간적·물질적·자연적 힘들이 다 함께 작용하고 있기 때문이며, 계량적 방법과 통계적 방법이 활발하게 응

9) J. G. Droysen, Historik, S. 22. 19세기 말, 빈델반트는 자연과학은 "법칙 정립"이며, 역사학은 "개성 기술적"이라는 견해를 발표하면서, 역사학의 고유한 방법론적 특성을 다시 한 번 제기했다. W. Windelwand, *Geschichet und Naturwissenschaft*, 1894 ; 이상신, 『역사학 개론』(서울 : 신서원, 2005), pp. 41~43.에서 재인용.

용되고 있다. 또한 역사가는 연구대상이 일어나고 진행되었던 해당시대에서 함께 작용했던 여러 영역들을 다 함께 분석하는 병시적(synchronisch) 관찰과 전후시대의 사건들 및 진행들과의 관계 속에서 분석하는 통시적(diachronisch) 관찰을 동시적으로 수행해야 한다.[10]

E. 베른하임에 따르면, 모든 사회활동의 관련, 원인 고찰을 위해 사료학이 확대되었으며, 진위 검증을 위해 새로운 비판적 연구법이 생겨나게 되었다. 또한 사회심리학적 고찰방법이 널리 행해진 이후 역사연구의 제2의 직능인 해석(Interpretation)이 생겨나게 되었다. 현재 역사연구의 쟁점은 인자의 관여, 그들 인자의 작용, 파악 방법 이 세 가지를 어떻게 결정하는가에 있으며, 이 밖에 연구방법론의 주요 항목으로 사료학, 비판, 해석, 서술 등이 있다.[11]

## 2. 군사사 연구방법

러시아 군사사 연구에서 중요한 것은 연구의 시기와 대상을 결정하는 것이다. 군사사는 사회-경제적 구조(socioeconomic structures)를 밑바탕으로 시대(period)를 구분하며 각각의 시대는 군사발전 단계로 구분된다. 군사사 연구대상의 분류는 공간-지리적 특징 및 종합적 문제들을 고려하거나, 개별적인 전쟁별 또는 군사사적 사건별로 이루어지기도 한다. 군사사 연구는 종합적 문제별로 이루어지며, 군사 경험연구의 사실적 측면과 분석적 측면의 결합이라는 문제를 짚고 넘어가는 것이 합목적적이다. 군사발전의 합법칙성 및 경향을 인식하기 위한 사실적 자료의 발굴, 축적, 종합은 군사사의 으뜸가는 과제이며 군사사의 진단적 결론의 핵심이다. 군사사의 방법론적 기반과 이론적 기반은 유물론적 철학, 사회학, 정치학, 기타 사회과학, 이학, 공학 등이다.[12]

풍석 선생님은 군사사의 연구방법은 개괄적 방법(extensive method)과 집중적 방법(intensive method)으로 구분하며, 개괄적 방법은 군사와 전쟁의 문제를 고대에서부터 현대에 이르기까지 폭넓게 연구해야 한다는 것이며, 집중적 방법은 몇 개의 주제에 대하여 좁게 그리고 깊게 연구한다는 것이다. 군사사 연구방법은 첫째, 연대순으로 군사사를 개관

10) 이상신, 위의 책, pp. 44~47.
11) E. 베른하임, 박광순 역, 『역사학 입문』(서울 : 범우사, 1992), pp. 95~102.
12) 박종철, 앞의 책, pp. 169~171.

하여 군사사의 전체적 형태와 모습 관찰, 둘째 주제별로 깊이 있게 연구, 셋째 주제별 깊이 있는 연구경험을 쌓은 자가 군사사를 개관하게 되면 어느 정도 미래를 전망할 수 있으리라고 하면서 군사사 연구에 있어서는 개괄적 방법과 집중적 방법을 병용하는 것이 바람직하다고 강조하였다. 또한 다른 분야와 마찬가지로 양적 방법과 질적 방법이 군사사 연구의 주요 방법이며, 양적 방법은 연구대상을 수량화할 수 있다는 전제에서 출발하는 것이다. 질적 방법은 계산 및 측정의 방법을 취하지 않는 것으로 개인의 논리, 평가, 직관, 통찰력 및 능력 등에 이루어지며 특히 역사적 연구방법이 여기에 속한다.[13)]

## 3. 군사사 연구방법의 비교

앞서 언급한 학자들의 역사학적 연구방법과 군사사 연구방법의 특징을 비교하면 다음과 같다.

| 구 분 | | 내 용 |
|---|---|---|
| 유사점 | 역사학 연구방법 | · 병시적·통시적 관찰<br>· 비판적 연구방법<br>· 계량적·통계적 방법 응용 |
| | 군사사 연구방법 | · 개괄적 방법 및 집중적 방법<br>· 사실적 측면 및 분석적 측면<br>· 양적 방법 및 질적 방법 |
| 차이점 | 역사학 연구방법 | · 현재의 경험적 인지 가능한 곳에서 발굴<br>· 연구하며 이해(이해이론) |
| | 군사사 연구방법 | · 시대, 시대별 군사발전 단계로 구분<br>· 공간-지리적 특징 및 종합적 문제별로 구성<br>· 개별 전쟁별·사건별로 구분<br>· 합법칙성 및 경향 인식 위한 자료의 발굴, 축적, 종합 |

위의 비교를 통하여 역사학 연구방법과 군사사 연구방법이 근본적으로 역사를 연구한다는 점에서 몇 가지 유사성을 가지지만, 군사문제라는 특정분야를 대상으로 연구한다는 측면에서 차이점도 나타나고 있다. 이러한 차이는 군사사가 연구내용으로 포함하고 있는

여러 가지 사항의 특징과 군사학이 종합학문으로서 연구대상이 광범위하다는 점에 따른 것으로 보여 진다.

## Ⅳ. 군사사 연구방법론 발전방향

한국의 군사사 연구에 있어서 가장 큰 문제는 군사사를 연구하는 학자들이 많지 않으며, 한국 군사학 학문분야에서 독창성 있는 이론이 정립되지 않았고, 군사사를 연구하는 방법론 또한 공통적인 인식의 기반이 갖춰지지 않았다는 점이다.

앞 장의 역사학 연구방법과 군사사 연구방법의 비교를 통하여 나타난 결과를 바탕으로 군사사 연구방법의 발전 방향을 제시하면 다음과 같다.

첫째, 개괄적 방법과 집중적 방법이 적절하게 조화되어야 한다. 이는 연구목적과 연구대상에 따라 그 차이가 있으며, 사건의 본질을 이해하기 위해서는 그 시대의 연구대상과 관련된 전반적인 내용과 전후시대를 통해서 이해할 수 있도록 병시적·통시적 관찰방법이 병행하여 사용되어야 한다.

둘째, 사건의 객관화와 실체를 규명할 수 있는 사실 규명과 분석적 방법이 사용되어야 한다. 역사기록 및 유물은 승자의 역사이다. 최후의 승리자가 승자 위주의 역사를 남기게 되므로 이를 비판적인 시각에서 객관화하고 사건을 명확하게 분석하는데 필요한 양적·질적 방법이 병행되어야 한다.

셋째, 합법칙성을 도출하고 자료를 종합적 분석을 해야 한다. 연구대상이 어떠한 인과관계를 가지고 있으며, 반복성을 가지고 있는지, 현재에 남아있는 것이 과거에는 어떤 모습이었는지를 종합적으로 분석해야 한다. 군사사는 전쟁만을 연구대상으로 하는 것이 아니라 군사문제와 관련된 전반적인 사항을 연구대상으로 하기 때문이다.

넷째, 그 시대에 적용되었던 군사이론, 전략, 전술, 군사제도 등이 동시에 분석되어야 한다. 군사문제에 있어서 군사력의 건설, 유지, 운용은 당시의 군사전략, 군사제도, 군사이론이 바탕이 되어 전술을 구사하기 때문에 이러한 것은 군사사 연구에 기본이 되는 요소이다.

다섯째, 사건이 발생한 시대의 정치상황과 정치지도자, 군사지휘관에 대한 연구가 반드시 병행되어야 한다. 전쟁 또는 각종 군사문제는 최종 정책 및 방책의 결정자에 의해 계획이 수립되고 집행되므로 이러한 최고 의사결정권자에 대한 분석이 이루어져야 사건의 본질을 명확하게 분석할 수 있다.

여섯째, 연구대상 선정은 규명하고자 하는 사건의 성격과 목적, 연관성에 따라 시기별, 개별 사건별, 지역별 분석이 되어야한다. 한 사건은 갑자기 생기는 것이 아니라 그 사건이 발생하기까지 원인과 준비과정이 있기 때문에 한 사건만 분석하지 않고 그와 관련된 여러 사건 또는 시기 및 지역별로 병행하여 연구되어야 더욱 객관적이고 신뢰할 수 있는 분석을 할 수 있다. 그러나 단순히 분석방법에서 도출하고자 하는 것 즉, 적용된 원칙 또는 특정 사안에 대한 분석일 경우 그러하지 않을 수도 있다.

## V. 결 론

한국 군사학은 독립된 학문분야로 인정받아 뿌리를 내리고 있으며, 여러 대학에서 학부과정, 석사과정 및 박사과정에서도 군사학과를 개설하여 교육을 하고 있다. 그렇지만 군사학을 연구하는 학자들 사이에도 아직까지 명확하게 정립된 이론적 체계가 부족하다고 판단되며, 군사학의 학문분야와 그 하위 분야로서 각종 학문들이 가지고 있는 고유 이론이나 연구방법론 등은 아직도 더욱 연구되고 정립이 필요하다고 할 수 있다.

군사사 연구방법의 발전방향에 제시한 여섯 가지 방법은 사료, 비판, 해석, 서술 등의 연구수단과 군사사 연구 고려요소 등은 배제하여 제시한 것이다.

본 논문은 풍석 선생이 충남대 군사학 박사과정에 개설하였던 "군사사 특수연구"라는 강의를 통하여 습득한 군사사에 대한 이론과 사례분석을 통하여 느낀 군사사 연구방법에 대한 개인적인 의견을 제시한 것에 불과하다. 이를 통하여 풍석 선생이 평생을 바쳐 연구하고 정진하였던 한국 군사학 발전에 조금이라도 보탬이 되었으면 하는 바람이다.

## -참 고 문 헌-


- 국제평화연구소, 『평화의 연구』, 서울 : 법문사, 1982.
- 두유운·권중달 역, 『역사학 연구방법론』, 서울 : 일조각, 1996.
- 듀푸이, 허중권 역, 『세계 군사사 사전』, 서울 : 학연문화사, 2009.
- 박종철 역, 『러시아의 군사학』, 서울 : 육군사관학교, 1996.
- 이상신, 『역사학 개론』, 서울 : 신서원, 2005.
- 이종학, 『한국 군사사 서설』, 경주 : 서라벌군사연구소, 1991.
- 일본방위학연구회, 강영구·김행복 역, 『군사학 강좌』, 서울 : 병학사, 2000.
- E. 베른하임, 박광순 역, 『역사학 입문』, 서울 : 범우사, 1992.
- E. H. 카, 길현모 역, 『역사란 무엇인가?』, 서울 : 탐구당, 2004.
- Paul Shaw & Yuwa Wang, *Genetic Seeds of Warfare*, Boston : Unwin Hyman, 1989.
- Francis A. Beer, *Peace Against War*, San Francisco : W. H. Freeman and Company, 1981.

# 15. 6·25전쟁과 대북對北 유격전에 관한 연구

−피아 전세에 미친 영향을 중심으로−

순 서

박사과정 2기 신종태

## Ⅰ. 서 론

6·25전쟁은 제2차 세계대전 이후 한반도에서 20여 개 국이 참전하여 3년간이나 지속된 대규모의 전쟁이었다. 이 과정에서 정규전의 역할은 말할 것도 없지만, 비정규전도 그 일익을 담당했다. 특히 1951년 6월 이후 피아 전선이 교착되어 갈 때, UN군 통제 아래 편성되었던 대북對北 유격부대의 활동은 더욱 활발했다. 지금까지 6·25전쟁에 관한 대부분의 연구논문은 전쟁의 원인, 국제정치에 미친 영향, 정규전 위주의 전쟁 경과 등에 치중되어 있어 사실상 북한지역에서 수행되었던 특수작전에 관한 연구는 다소 소홀한 면이 있었다. 더구나 한국정부가 거의 개입하지 않고 미군 주도하 이루어졌던 대북 유격작전은 근본적으로 자료접근의 한계로 인해 그동안 연구에 많은 제약을 받아왔다.

아울러 유격대원들의 대부분의 출신 연고가 북한지역인 점은 전쟁 당시의 작전경과 공개시 현 북한거주 관계자들의 불이익과 처벌을 고려해야 하는 복잡한 사유 등으로 체계적인 연구가 이루어지지 못한 분야로 남아 있는 실정이다. 그러나 열악한 장비, 희박한 생환

가능성, 신분보장의 불확실성에도 불구하고 수 만 명의 주로 북한 피난민들로 구성된 대북 유격대원들이 휴전시까지 북한지역에서 특수작전을 수행하였다. 그들은 오로지 고향을 되찾고 자유 민주주의를 북한에 정착시키겠다는 일념하에 공산주의자들과 싸웠다.

또한 이들의 피눈물 나는 혈전의 결과 약 150,000~200,000명의 공산군들은 동·서해안과 후방지역에 묶여 있어야만 했고 휴전협상 간에도 UN군이 절대적으로 유리한 입장을 차지하게 만들면서 결과적으로 백령도 이남 서해 5개 도서 확보와 더불어 서해 NLL 설정에도 결정적인 역할을 하게 되었던 것이다. 이와 같은 6·25전쟁시 대북 유격전에 관한 연구를 각종 1차 사료들과 함께 참전자들의 증언 등을 보다 세밀하게 분석하여 구체적으로 미래 한반도 전쟁에 대한 분야별 교훈을 도출해 보자고 하는 것이 본 논문요지이다.

## Ⅱ. 대북 유격부대의 작전활동

### 1. 창설배경

반만년 역사를 이어오는 동안 숱한 국난을 당했을 때마다 혼연히 일어섰던 의병의 후예들은 6·25전쟁 때도 분연히 일어나 싸웠다. 지하에 숨어 활약하던 수많은 북한의 반공 애국청년들은 국군의 북진과 더불어 각종 청년단체를 조직, 치안을 확보하며 패주하는 적을 섬멸하기도 했다. 중공군의 개입으로 유엔군이 후퇴하게 되자 이들 청년들은 일부 연안도서나 산속으로 들어가 결사항전을 계속했고 일부는 실향의 한을 품은 채 남하하고 말았다. 적의 무기를 노획해 겨우 무장을 갖춘 이들 반공청년의 항전은 처절하기만 했다.

이 같은 북한출신 반공청년들은 곳곳에서 출신지역별로 규합해서 유격전을 벌리기 시작했다. 훈련과 장비가 거의 없었던 이들의 초기 유격전은 출신지역을 드나들며 적 후방 행정질서를 교란시키는 일에 지나지 않았다. 그러나 국군 정보장교나 유엔군과 접선이 되면서부터는 필요한 장비도 갖추고 산발적이던 조직도 점차 통합 확대되었고 대담한 작전을 전개하기 시작됐다.

## 2. 작전목표/주요활동

인천 상륙작전 이후 한반도 통일을 목표로 내세웠던 유엔군의 전략목표는 통일 목전에서 중공군이 "항미원조"의 기치 아래 대규모 개입을 하게 됨으로써 다시 수도 서울을 적에게 내주는 사태에까지 이르게 되었다. 그러나 한강 이남에서 전열을 가다듬은 유엔군의 반격작전으로 비록 수도 서울을 수복했을지라도 전선은 38도 선상에서 우리 측에게 막대한 인명손실을 요구하는 장기 지구전에 의한 진지전으로 전황이 이루어졌다. 이러한 새로운 전쟁양상과 전개에 따라 유엔군의 전략목표는 "현 주저항선에서의 현상유지 및 휴전협상 성취"를 위한 작전으로 수정되었다.

이에 따라 유엔군 유격대는 북한 전역 또는 일부지역을 해방시키기 위해 적전선 후방에서 저항조직을 구축하여 예상되는 유엔군의 공세작전시에 정규군을 지원하는 것이 최초 임무였으나, 유엔군의 전략 목표변경으로 유격대는 해안상에 배치된 적 및 내륙지역의 적 부대에 대하여 소규모의 습격 및 교란작전 임무를 수행하게 되었다. 따라서 유엔군 유격대는 이러한 임무를 기초로 하여 적 부대 및 수송수단에 대한 공격위주의 작전을 실시하였고 부가적으로 정보활동과 기타 보급시설에 대한 공격을 실시하여 적에게 타격을 가하기 시작했다.[1]

과거 전쟁사에 있어서도 항상 적지 후방에서의 유격전은 있어왔다. 6 · 25전쟁에서의 유격전도 사실상 이와 같은 맥락에서 똑같은 전쟁의 형태로 진행되어 왔다고 할 수 있다. 그러나 6·25전쟁 간 대북 유격전은 UN군이나 한국정부에서 처음부터 명확한 전쟁목표나 정규작전과의 연계성을 고려하여 부대를 편성하였던 것이 아니고 북한 피난민들의 자생적인 무장집단들에 의해 이루어진 특이한 형태로 진행되었다. 따라서 위에서 언급한 유격전의 원칙은 초기에는 거의 적용되지 않았고, 전선이 안정되고 UN군에서 대북 유격부대의 작전성과를 인정하기 시작할 즈음에서야 유격전의 원칙에 입각한 교육훈련과 장비보급이 이루어지기 시작했다.

## 3. 공산군의 대응

1951년 말, 국군은 지리산 좌익 빨치산의 토벌을 위해 전선의 수도사단과 제8사단을 뽑

1) 육군본부, 『한국전쟁과 유격전』, 군사연구실, 1994, p. 120.

아 작전에 투입했다. 이와 마찬가지로 북한에서도 아군 유격대의 끊임없는 공격으로 어려움을 겪었다. 한 때 지리산 지역에서 밤에는 '인공기', 낮에는 태극기가 나부끼듯이 황해도 지역에서도 밤에는 태극기, 낮에는 '인공기'가 게양되었다. 야간에 인민위원회 간부들은 아군 유격대의 피습을 우려하여 방공호로 피난하여야 했다고 한다. 이렇게 황해도 지역에서 유격전이 지속적으로 이루어지는 데에는 현지 반공인사들의 지하조직이 편성되어 유기적인 협조가 잘 되었기 때문이었다.[2)]

아울러 동·서해안에서 아군의 유격대 활동이 활발해지자, 공산측은 아군의 상륙을 대비해 해안과 지역경계 부대를 증강시켰다. 일반적으로 유격대를 진압하거나 억제하기 위해서는 유격대 병력보다 훨씬 많은 병력이 소요된다. 공산측도 유격대 활동의 견제와 토벌을 위해 1951년 7월부터 9월 사이 황해도 지역에 주둔하는 병력을 증강하여, 동년 10월에는 북한군 1군단과 제4군단의 총 77,000명이 주둔했다. 1952년 10월에도 북한군 제4군단이 황해도 해안지역 방어를 담당했고, 북한 제9여단 제81부대와 중공군 제42사단, 63군, 64군이 해안 및 지역 경계와 관련된 부대라고 추정한다면 황해도 인접 지역에 있는 방어부대의 총병력은 163,300명에 이르러 1951년 보다 8만여 명이 증가한 셈이다.[3)]

## Ⅲ. 전세에 미친 영향

6·25전쟁시 대북 유격부대가 전세에 미친 영향은 단순한 공산군 인명손실이나 시설파괴 등의 수치로 평가할 수는 없다. 왜냐하면 공산군의 입장에서는 휴전 직전 총병력 120여 만 명 중 상당수의 전투병력을 아군 유격부대로 인해 후방지역에 고착시켜 둘 수밖에 없는 입장에 처해졌던 것이다. 또한 동·서해안에서의 활발한 유격부대 작전은 제2의 인천상륙작전이 시행될 것이라는 오해를 공산측이 갖도록 만드는데 결정적인 역할을 했다고 평가할 수 있다.

당시 공산측의 문건을 분석해 보면, 중국 공산당 중앙위원회, 중앙군사위원회의 결정과 배치에 따라 1952년 12월 하순부터 1953년 4월까지 지원군은 전례 없는 대상륙작전 준비

2) 조성훈, 『한국전쟁의 유격전사』(국방부 군사편찬연구소, 2003), pp. 236~237.
3) 조성훈, 위의 책, pp. 243~244.

를 진행했다. 특히 모택동은 UN군의 상륙작전에 대한 분석과 서해안에 상륙할 것이라는 판단과 결심에 동의했다. 중공군 지도부가 모택동에게 보낸 문건에서 “어떤 희생도 기꺼이 감내하고, 어떤 어려움도 극복하여 적이 우리 측 후방에 발을 딛지 못하게 하겠다. 서해안뿐만 아니라 동해안의 원산, 통천, 해주지역 또한 충분한 준비를 진행하고, 정면에서 적극적이고 주도적으로 적에게 타격을 가해 적을 섬멸하고 적의 상륙 계획을 분쇄하겠다”고 언급하고 있다.[4] 아울러 북한 김일성도 전쟁기간 중 위험을 무릅쓰고 수시 동·서해안 북한군 진지를 시찰하며 해안방어의 중요성과 후방지역에서 활동하는 아군 유격부대에 대한 대비를 철저히 할 것을 강조하기도 하였다. 이처럼 공산측의 입장에서는 UN군 상륙작전 가능성과 연계된 아군 유격부대 활동을 억제하기 위하여 상당규모의 병력을 전선에 투입하지 못하고 후방지역에 주둔시켜야만 한 것으로 판단된다.

즉 1953년 7월경, 〈도표 1〉에서와 같이 공산군 총병력 122만 명 중 약 34%의 병력인 41만 여명을 전선 후방지역에 배치한 것으로 나타난다. 물론 후방지역 병력 모두가 아군 상륙작전이나 유격부대 소탕을 위해 배비된 것은 아닐 것이다. 전쟁 지속을 위한 보급지원 및 주민 통제를 위해 최소한의 병력들이 후방지역에 위치하는 것은 너무도 당연하다. 그러나 UN군의 경우에는 동일한 시기에 대부분의 전투부대들이 한강 이북 및 양구－강릉선 북쪽 전선지역에 밀집 배치되었던 것을 비교한다면 공산측이 후방지역 작전을 위해 상대적으로 훨씬 많은 전력을 배치하였던 것을 알 수 있다.[5]

〈도표 1〉 공산군 전투서열 첩보(1953년7월19일)

| 구 분 | 북한군 | 중공군 |
|---|---|---|
| 전선부대 | 82,000 명 | 410,200 명 |
| 전선예비부대 | 92,100 명 | 226,500 명 |
| 후방부대 | 129,100 명 | 119,100 명 |
| 기타부대 | 85,800 명 | 77,700 명 |
| **계** | **389,000 명** | **833,500 명** |
| **총계** | **1,222,500 명 + $\alpha$** | |

4) 군사편찬연구소, 『중국군의 한국전쟁사』3권(국방부, 2005), pp. 532~533.
5) 육군사관학교, 『한국전쟁사 부도』(서울 : 도서출판 황금알, 2005), p. 151.

따라서 아군의 대북유격부대가 6·25전쟁간 전세에 미친 영향을 보다 구체적으로 분석해 보면,

첫째, 공산군 병력 약 40여 만 명을 후방지역에 고착시켜 아군 전선지역의 적 압력을 상당부분 해소시켰다. 사실상 평양 및 청천강 일대에 포진하고 있었던 중공군 제38·39·50군 및 북한군 제4군단, 원산권에 위치한 북한군 제7군단은 아군의 상륙작전과 유격작전 대비 및 전쟁 보급로 확보 등이 주임무인 것으로 판단된다. 만약 이 병력의 절반 정도만(약 10~20만 명) 가까운 임진강 일대의 전선지역으로 집중 증원되었다면 당시 서울은 또다시 공산군에게 피탈될 수도 있을 것으로 판단된다.

둘째, 1951년 6월 이후 시작한 휴전협상에 있어서도 UN군의 입지를 유리하게 하였다. 그러나 공산측의 터무니없는 억지 협상전술에 의해 수개월씩 휴전회담은 중단과 협상을 반복할 수밖에 없었다. 결국 회담 결렬시에는 군사적 압박을 통해 UN측은 공산대표를 회담장으로 끌어내야만 했다. 이때 사용할 수 있는 UN군의 전략은 아군 손실을 최소화 하면서 공산측의 피해를 최대화 할 수 있는 방안을 찾는 것이었다. 그 방안의 하나로 공중과 해상에서의 공산군 압박 전술이었다. 그러나 당시의 군사적 기술 수준은 적 후방 주요 전략목표 및 군사목표 타격시에는 반드시 함정이나 항공기 표적을 유도하고 피해분석을 해 줄 수 있는 적지 종심 작전요원(대북 유격부대원)들이 꼭 필요했던 것이다.

셋째, 휴전회담 간 현 서해안 백령도-연평도 근해의 NLL 확보는 서해안 도서지역 유격부대의 역할이 결정적 이었다. 1953년 7월, 휴전 직전까지 평안북도 압록강 하구 유역의 가도, 대화도와 장산곶 일대의 백령도, 월래도, 대·소청도, 해주만 일대의 대부분의 도서들은 아군 유격부대가 장악하고 있었다. 따라서 해·공군 작전능력이 없었던 공산측의 입장에서는 UN군의 자발적인 38선 이북의 도서지역유격부대 철수 결정은 피 한 방울 흘리지 않고 전쟁전의 동·서해안 공산측 통제 도서를 다시 확보하게 되었던 것이다.

결국 서해상의 NLL(북방 한계선)은 휴전협정 서명과 동시에 UN군 사령관의 명령으로 기존 38선 이북의 제반 도서들은 UN 해·공군과 대북 유격부대에 의해 실질적인 지배가 가능했음에도 불구하고 공산측에 사실상 양보해서 돌려주게 된 것이다. 당시 해·공군력이 UN군에 비해 비교가 되지 안될 만큼 열세였던 중공군과 북한군은 사실상 군사력으로 동·서해안 도서를 다시 장악한다는 것은 불가능한 일이었다.[6)]

결과적으로 전쟁기간 중 서해안 주요 도서들은 대북 유격부대에 의해 지속적으로 장악되어 있었으며 대북 특수작전 발진기지로서의 큰 역할을 담당해 왔다. 만약 아군 유격부대의 도서지역 확보가 없었다면 휴전협상시 UN군은 현 NLL선을 설정하기 곤란했을 것이며 육상의 군사분계선 연장선으로서의 해상 경계선을 주장하는 공산측 논리에 대응할 명분이 거의 없었을 것으로 판단된다. 따라서 대북 유격부대의 서해 도서지역 활동은 휴전협정시 UN군의 현NLL 설정에 결정적인 역할을 했다고 볼 수 있다.

넷째, 만주대륙 근접지역에 UN군의 R/D 기지를 설치할 수 있는 도서를 유격부대가 확보해 줌에 따라 UN 공군작전에 크게 기여하였다. 즉 만주지역 일대의 공산군 공군기의 활동을 UN공군에게 조기경보를 해줌으로써 북한지역의 공중 우세권 확보에도 큰 영향을 주었을 것으로 분석된다. 1951년 3월 중·조 연합 공군사령부가 창설된 후 공산군들은 북한지역의 비행장을 사용하려고 하였으나 모든 비행장이 사용불가였다. 이에 따라 공산군 공군은 만주지역의 비행장을 활용할 수밖에 없었다. 이때 북위 40도선 상에 위치한 대화도를 포함한 일부 서해안 도서에 UN군의 R/D 기지가 설치되어 대북 유격부대의 보호를 받고 있었다. 1940년대 미국 공군이 활용하였던 소형 방공 R/D 성능(SCR-270)을 고려시 160~180㎞ 내외의 탐색거리를 가진 것으로 판단된다. 이와 같은 성능의 R/D는 대화도에서 압록강 하구의 안동(현 단동)을 포함하여 압록강에 근접한 비행장에서 출격하는 공산군 공군기는 거의 포착이 가능했을 것으로 판단된다.[7]

다섯째, 유격부대는 산동반도로부터의 압록강, 대동강 하구지역까지의 공산군 해상 보급로를 차단하는 역할을 하였다. 혹자는 압도적인 UN 해·공군력으로 공산군 해상 보급로 차단이 가능했을 것으로 가정할 수도 있으나, 당시의 탐색장비 수준으로는 야간이나 악기상시에 이동선박에 대한 확인은 극히 제한되는 상황이었다고 분석된다. 그러나 대량의 전쟁 물자를 선적한 공산군 선박들은 압록강, 청천강, 대동강 하구를 통한 이동은 서해안의 제반도서를 장악한 유격부대의 감시망은 피할 수가 없었던 것이다. 또한 실제적으로 유격부대원들은 중국대륙에 근접하여 압록강 하구로 각종 보급품을 싣고 이동하는 중공군의 선박을 수시 습격하여 파괴시키거나 나포하는 전과를 수차례 올리기도 하였다.

---

6) http://www.minjokcorea.co.kr/, '09. 5. 1. 검색.
7) 위키피디아, 미 백과사전, 군용 R/D 부분에서 인용.

여섯째, 북한 전역에서 활동하고 있던 대북 유격부대원들이 적지에 추락한 UN군 공군 조종사의 30% 이상을 구출하였다. 미 제5 공군 보고서에 의하면 1950년 7월부터 1952년 1월간 북한지역 상공에서 추락하여 구조된 93명의 조종사들 중 29명은 대북 유격대원의 지원으로 생환할 수 있었다.[8] 전시 적지 추락 조종사의 생존성 보장은 공군전력 유지나 사기앙양 측면에서 군에 큰 영향을 미쳤다고 볼 수 있다.

## Ⅳ. 미래 한반도 전쟁에 대한 시사점

현재 남·북한은 유사시 적 후방지역에 침투하여 특수작전 임무를 수행하는 많은 부대들을 보유하고 있다. 특히 북한은 전방군단 특수전 부대를 포함한 18만 여명에 달하는 특수전 부대는 유사시 남한 전 지역에 동시다발적으로 침투하여 후방지역 혼란조성을 기도할 것으로 평가된다. 이와 함께 전선지역의 주요 접근로에 위치한 것으로 판단되는 땅굴을 통해 은밀 침투를 병행할 때에는 기습의 효과가 배가 될 것이다.[9] 한편 한국도 육군 특수전 사령부를 포함한 OOOO명에 달하는 정예 특수전 수행요원들을 보유하고 있다. 과거 6·25전쟁시 이루어졌던 쌍방의 제2전선전략을 남북한 전쟁지도부들은 너무나 잘 알고 있는 것이다.

특히 지난 60여년 간 남북간 첨예하게 대립되어온 이념 갈등은 장차 한반도에서 전쟁 재발시 6·25전쟁보다 훨씬 더 처절한 전쟁이 될 것으로 예측 된다. 또한 보다 체계적이고 고도로 훈련된 쌍방의 특수 부대원들은 파괴력이 강한 무기와 각종 첨단 장비를 활용하여 치열한 유격전을 치르게 될 것이다. 6·25전쟁시에는 쌍방 극히 제한된 전장지역에서 대부분 첩보수집, 소규모 습격작전 등으로 유격전이 전개되었으나, 미래 전쟁은 한반도 전체가 전장화됨과 동시에 다양한 형태의 대규모 특수작전이 진행될 것이다. 아울러 해·공군 및 장거리 타격 수단과 연계 작전수행시에는 그 파괴력 역시 상상을 초월할 것이다.

전투근무 분야도 현지 획득을 원칙으로 하나, 각종 다양한 수송수단으로 특수부대에 대

8) 박상준 참전유격대원(한국 유격군 전우회 회장, 2009년 6월 11일 북한 5도청에서 면담) 자료제공, "The Fifth Air Force reported that of ninety-three of their pilots shot down between July 1950 and January 1952 who managed to evade cap-ture, twenty-nine of them, or 31 percent, were rescued by partisans."

9) 국방부, 『2006 국방백서』6(국방부, 2006), p. 20.

한 보급이 이루어질 것으로 판단된다. 그러나 북한의 유격부대들은 열악한 지원부대 능력과 한국사회의 풍족한 물량 등을 고려시 현지 약탈로 전투근무 지원문제를 해결하고자 할 것이다. 따라서 우리 국가도 이와 같은 상황을 고려, 전쟁 대비체제가 더욱 강화되어야 할 것으로 생각된다. 최근의 걸프전, 이라크전 등의 사례에서 보듯이 제2전선 전략의 중요성은 더욱 중요해지고 있다. 그러나 이와 같은 유사시의 실질적인 대비책은 과거 6·25 전쟁 사례에서 그 교훈을 도출해야함에도 불구하고 우리 국민들의 관심이 점점 더 멀어져 가는 것 같아 안타까울 뿐이다. "당신은 전쟁에 관심이 없지만 전쟁은 당신에게 관심이 많다!"라는 격언처럼 끊임없이 우리의 생존을 위한 전쟁연구는 계속 되어야할 것이다.

6·25전쟁시 남북한의 유격전 수행양상은 전쟁의 본질을 극명하게 보여주었던 대표적인 사례라고 볼 수 있다. 근본적으로 서로 다른 이념 하에 상대방을 완벽하게 섬멸시켜야만 자신의 생존을 보장받을 수 있었던 6·25전쟁은 우리 민족에게는 기억하기도 싫은 참혹한 비극이었다. 그 중에서도 적국의 후방에서 정상적인 보급지원을 받지도 못하고 처절하게 싸워야 했던 대북 유격부대와 대남 빨치산부대는 휴전 후 양쪽 다 그들의 공적을 인정받지 못했다.

이제 6·25전쟁이 끝난 지 56년이 지났으며 그들의 외로운 투쟁을 기억하는 사람은 거의 없다. 단지 만약의 경우 또 다시 한반도에서 남북간의 전쟁이 일어난다면 보다 정예화된 전투원들에 의해 피아간 다양한 특수전이 전개될 것으로 예측하고 현재 남북한에는 대량의 비정규전 부대를 보유하고 있다. 따라서 과거 6·25전쟁 간에 있었던 제2전선전략과 남북유격전에 대해 보다 심도 깊은 연구를 함으로써 미래의 전승을 보장 받을 수 있는 좋은 교훈을 얻을 수 있을 것이다

## -참 고 문 헌-


- 국방부 전사편찬위원회, 『대비정규전사(1945~1960)』, 전사편찬위원회, 1988.
- 국방부 군사편찬연구소, 『라주바예프의 6·25전쟁보고서』1~3권, 군사편찬연구소, 2001.
- 국방부 군사편찬연구소, 『백호부대 유격전사』, 군사편찬연구소, 2001.
- 김응수, 『북위40도선(유격 백마부대전사)』, 서울 : 백마출판사, 1979.
- 박두호, 『증언을 통해본 백호유격부대의 빛나는 전투』, 인천 : 백호부대 전우회, 2003.
- 박순용, 『6 · 25전쟁 증언록』 1~2권, 서울 : 사단법인 대한민국 6 · 25 참전 유공자회, 2008.

• 박태균, 『한국전쟁』, 서울 : 도서출판 책과 함께, 2007.
• 버어질네이·모택동, 『유격전의 원칙과 실제』, 서울 : 사계절출판사, 1986.
• 옹진학도 유격부대 전우회, 『학도 유격부대 전사』, 서울 : 명성출판사, 1992.
• 육군본부, 『한국전에서의 유엔군 유격전』, 육군본부, 1988.
• 육군본부, 『한국전쟁과 유격전』, 육군본부, 1994.
• 육군사관학교 전사학과, 『한국전쟁사 부도』, 서울 : 도서출판 황금알, 2005.
• 정원석, 『북위 38도선』上·下, 서울 : (주)교학사, 2006.
• 주영복, 『내가 겪은 조선전쟁』, 서울 : 고려원, 1990.
• 중앙일보사, 『민족의 증언』1~5권, 서울 : 을유문화사, 1973.
• 홍학지, 『중국이 본 한국전쟁』, 서울 : 한국학술정보(주), 2008.
• Douglas C. Dillard, *Operation Aviary : Airborne Special Operations-Korea, 1950-1953*, Trafford, 2003
• David McLaren·Warren Thompson, *MiG Alley : Sabres Vs, MiGs Over Korea*, Specialty Press/Midland, 2002.

• 김 문, 「여자유격대원들 종횡무진 활약 : 정보와 위생, 통신대원으로 사선을 넘나들며 유격전 성공적으로 수행」, 『뉴스피플』426, 2000. 7. 13.
• 대한유격참전동지회, 「백골병단전사 추가기록」1·2, 1993.
• 백병훈, 「중국의 革命戰爭과 毛澤東의 遊擊戰 연구」, 『北韓』158, 1985. 2.
• 신평길, 「조선노동당과 남한 내 유격투쟁」(下), 『북한』276, 1994. 12.
• 싱글로브, 「위험한 임무 1-8」, 『서울신문』, 1991. 8. 3.~9. 7.
• 이경남, 「구월산 유격대 활약상 정부 기록보존소에서 발굴」, 『月刊同和』11, 1998. 11.

# 16. 청과 일본의 동아시아 패권 비교 연구

순 서

박사과정 4기 이종호

본 논문은 저를 넓고 깊은 군사학 학문의 바다로 안내해 주시고 또 스스로 항해할 수 있도록 나침반이 되어 주신 이종학 선생님의 팔순 기념논문집에 봉정하기 위해 작성되었습니다.

평생을 군사학의 학문적 발전방향과 이론정립에 헌신해 오신 선생님의 위업에 비한다면 이 글은 너무나 보잘 것이 없습니다. 그러나 제가 지난 2년간 선생님으로부터 군사사와 군사전략의 진수를 지도 받으면서 느꼈던 지적 충격과 깨달았던 군사학의 작은 지식을 담아 드리는 것이 제자된 도리라고 생각하여 감히 펜을 들고 작은 글을 올립니다.

## Ⅰ. 서 론

조선, 명, 일본이 국운을 걸고 싸웠던 임진왜란의 공간에서 급성장한 청나라가 17세기 초기 명나라와 동아시아의 패권을 두고 전쟁을 치르는 와중에 조선도 정묘호란과 병자호란으로 전 국토가 전쟁터가 되었으며, 결국에는 청나라를 종주국으로 인정해야만 했다.[1]

약 300년 후 동일한 공간에서 러시아와 일본이 동아시아의 패권을 두고 전쟁을 치르는 와중에 대한제국[2]은 전쟁터가 되었다. 일본이 승리한 이후 약 5년간 의병전쟁이라고 불리어지는 무장 저항이 확산되자 이를 진압하기 위한 일본군의 잔혹한 작전이 펼쳐졌으며, 결국 한일합방으로 대한제국은 멸망하였다.[3]

본 연구의 목적은 어떤 요인으로 일개 변방민족이었던 여진족이 후금을 건국한지 28년 만에 동아시아의 패권국 명나라를 멸망시키고 새로운 제국으로 등장하였는지 그리고 동아시아의 변방국인 일본이 메이지(明治) 유신 이후 37년 만에 강대국 러시아를 누르고 패권국으로 등장하게 되었는지 이를 분석, 비교하여 함의를 도출하는데 있다.

더불어서 두 가지 역사적 사례에서 보듯이 동아시아의 대륙세력과 해양세력이 패권 경쟁을 벌일 때 한반도는 전쟁의 불씨가 되었으며, 국가의 운명도 변하였다.[4] 따라서 본 논문은 동아시아 패권 형성의 요인과 우리의 국가 생존전략을 모색해 나아 갈 선행연구의 의미도 있다.

## II. 분석을 위한 이론적 틀

패권과 관련된 국제체제이론의 대표적인 것은 클라우디, 모겐소 등의 현실주의자들이 주장하는 세력균형이론, 오르간스키의 세력전이이론, 길핀의 패권전쟁이론, 모델스키의 장주기이론, 월러스타인의 세계체제론 등을 들 수가 있다.

이 중에서 청과 일본이 동아시아 패권을 장악해 나가는 과정을 효과적으로 설명할 수 있는 이론적 틀은 길핀(Robert Gilpin)의 패권전쟁이론이다.[5]

이 이론의 핵심은 국가 간 국력의 '불균등한 성장'이 국제체제의 원천을 이루고 이것이

---

1) 최동희, 『조선의 외교정책』(서울 : 집문당, 2004), p. 55.
2) 아관파천 이후 왕권을 강화하기 위해 1897년 10월 13일 국호를 대한제국으로 선포, 국왕을 황제로 올리고 연호를 광무로 칭했다.
3) 후지와라 아키라 저, 엄수현 역, 『일본 군사사』(서울 : 시사일본어사, 1994), p. 138.
일본측 자료에 의하면 의병과 일본군의 전투는 1907년 8월부터 1911년 6월까지 전투 횟수 2,852회, 의병 전투병력 141,815명이 보고되고 있다.
4) 이종학, 『한반도의 억지전략 이론』(서울 : 형설출판사, 1981), p. 334.
5) Robert Gilpin, *War and Change in World Politics*(Cambridge : Cambridge University Press, 1981) 참조.

패권 전쟁의 핵심요인이라는 것이다. 이때의 '불균등한 성장'은 다시 도전 국가의 급격한 성장과 패권 국가의 완만한 성장 내지 정체로 구분할 수 있는데, 도전국의 급격한 성장에 영향을 주는 요소는 정치체제 및 제도, 경제 및 군사 등 국력요소 그리고 영토 및 인구의 확장 등이 있다. 특히 영토 정복은 인구 증가와 직결되며, 인구 증가는 다시 경제적 필요성을 높여 성장의 중요한 메카니즘이 된다. 다시 말해 도전국의 영토 증가는 곧 패권국에게 손실이 되는 성격 때문에 체제변화에 있어 중요한 변수로 작용하는 것이다. 경제 및 군사 등 국력 그리고 정치체제는 시대와 상황에 맞는 상대적 발전성 내지는 적합성이 성장의 요인이다.[6)]

청나라와 일본의 패권과정을 비교 설명하려면 먼저 국제체제 내 위계 구조의 변화를 기준으로, '국제체제의 균형단계', '체제 내 국력의 재분배단계', '체제의 불균형단계', '체제적 위기 해소단계'까지 4단계로 패권의 주기를 구분하는 것이 우선이다. 그 다음 이 단계 구분의 틀 안에서 체제변화에 영향을 미친 정치체제, 경제·군사 등 국력, 영토·인구 요소를 가지고 불균등한 성장을 설명한다.

청나라의 패권과정은 누르하치가 여진족을 통합하여 후금을 건국한 1616년부터 청이 중국을 완전히 통일한 1683년까지 67년 동안을 4단계로 구분한다.

국제체제의 균형단계 당시 동아시아 국제체제는 패권국 명나라와 적극적인 동맹관계를 맺고 있는 조선, 그리고 분열되어 있는 몽골족, 마지막으로 동북쪽의 후금으로 구성되어 있었다. 당시 몽골족은 국가의 형태를 갖추진 못하였으나, 명나라의 입장에서 볼 때 대외적으로 가장 큰 위협은 몽골방면이었다.

이 균형단계는 1619년 명나라의 예방전쟁이었던 사르흐전투에서 누루하치가 결정적 승리를 달성함으로써 국력의 재분배단계가 되었으며, 1636년 청 태종이 황제에 등극했을 때는 이미 몽골을 병합하여 체제 내 양극화가 이루어졌다. 1637년 병자호란의 결과로, 국제체제는 청나라, 몽골, 조선의 동맹과 명나라의 고립관계로 재편됨으로써 동아시아 국제체제는 불균형단계가 되었다. 결국 '이자성의 난'이라는 불씨가 원인이 되어 명나라는 멸망(1644년)하고, 청나라가 대륙을 통일(1683년)하여 체제적 위기는 해소되었다.

6) 이상창, 「신생 패권국 청나라의 성장요인 분석」, 『육사논문집』제63집, 2007. p. 11.

일본의 패권과정은 1868년 메이지 유신으로 사회 진화론적 세계관에 입각한 문명개화, 부국강병이라는 시대정신(Zeitgeist)에 몰입하여 근대 일본제국으로 거듭나기 시작한 이후[7] 조선에 대한 일련의 폭력적 개입, 청일전쟁, 러일전쟁 그리고 제1차 세계대전의 참전으로 1918년 승전국의 반열에 오르기까지 50년의 기간을 4단계로 구분한다.

균형단계는 아직까지 일본이 국내적 정비에 몰두하고 러시아는 만·한지역에 대한 전략적 의도가 생성되지 않음으로써 중국의 중화적 질서가 유지되고 있었다. 그러나 지역 내 국가들의 불균등한 성장은 1894년 청일전쟁을 기점으로 국력의 재분배가 이루어지고 일본의 성장에 위협을 느낀 열강들의 삼국간섭, 러시아의 극동진출 등으로 러시아와 일본의 양극화가 이루어졌다. 이러한 국제체제의 불균형 상태는 결국 1904년 러일전쟁과 의병전쟁, 제1차 세계대전에서 일본이 승전국이 되고 지역적 패권국으로 인정받음으로써 체제적 위기는 해소되었다.

## Ⅲ. 정치체제의 성장 비교

청나라의 정치체제 발전은 역사적으로 원, 금나라 등 북방 유목민족의 발전체계와 맥을 같이한다. 즉 대외 의존도가 높은 경제체제에서 중국과의 대외경제권을 장악한 지배체제가 정치조직화 되는 과정에서 국가형태를 형성하고 대외 팽창적인 국가로 발전해 나간다.

여진의 여러 부족 통일로 규모가 커진 후금 역시 부족국가 수준에 적합했던 군정조직으로서의 팔기제도에 무관제武官制, 봉작제封爵制를 적용하면서 국가의 면모를 갖추게 된다. 그러나 요동진출에 따른 한인지배는 또 다른 문제를 야기했으나, 누르하치를 계승한 홍타이지가 내부적으로 국가 지배체제를 중앙집권화하면서 한인 지배를 공고히 할 수 있었다. 또한 몽골족을 통합하고 조선과 동맹관계를 구축함으로써 명나라를 국제적으로 고립시키고, 전략적 우위에 설 수 있었다.

일본의 정치체제 발전은 구미 자본주의의 수용을 통한 국가체제 전반의 변화와 함께 발생

---

7) 강상규, 『19세기 동아시아의 패러다임 변환과 제국 일본』(서울 : 논형, 2007), p. 107.

하였다. 특히 1868년 메이지 유신 이후 일본은 봉건 영주제를 폐기하고 중앙 집권국가를 형성하여 근대화의 길을 모색하였으며, 중화 질서의 주변부에 위치하고 있던 위계질서를 깨고 동아시아의 정치변동을 주도하는 제국이 되고자 배타적이면서도 팽창적으로 발전해나갔다.

근대국가로 변화함에 따라 정당이 출현하고 민중 사이에 자유민권운동이 발생하였으나 지배계층의 군국주의 촉진과 자유민권운동의 패퇴에 따라 천황제 침략국가로 변화되었다.

일본, 청나라, 러시아의 3국 관계는 동아시아 지역패권을 추구하는 과정에서 필연적으로 충돌할 수밖에 없는 상황으로 전환되면서 일본은 국가이익과 전략적 수단을 확보하기 위하여 영일동맹과 미일 준동맹전략을 성공적으로 활용하였다.

## Ⅳ. 경제·군사 등 국력의 성장 비교

도전국의 불균등한 성장에 있어서 경제 및 군사 등 국력 요소는 그 시대와 상황에 맞는 상대적 발전 내지 적합성이 성장의 요인이 된다.

청나라의 대외 경제관계는 군사력을 이용한 몽골, 조선 그리고 요동 및 명나라 변경에 대한 정복방식을 단기적 방편으로 삼고 명과의 관계개선을 통한 교역방식을 궁극적인 방안으로 삼아서 발전하였으며, 결과적으로 명이 멸망함으로써 교역이 아닌 정복의 방식으로 경제적 안정을 달성하였다. 또한 청나라의 팔기군 제도는 취락조직까지 겸한 전·평시 통합조직으로 행정조직, 군사편제, 전투편성 그리고 병력 동원조직으로서의 역할까지 포함한 복합 기능조직이었다. 청의 효율적인 팔기군 제도는 군사력 발휘와 제국의 성장에 결정적으로 기여하였다.

일본은 메이지 유신 초기 선진국이었던 서양제국을 따라 잡기 위해 부국강병책을 세워 상공업을 진흥시켜 나갔다. 청일전쟁 후에는 방적을 중심으로 하는 경공업 부문이 확고한 기반을 구축하였으며, 러일전쟁 후에는 중공업 부문이 확립됨으로써 일본에서의 산업혁명은 성공을 거두게 되었다. 바로 이것이 동아시아 지역체제 내에서 힘의 균형이 전환되는 중요한 요인이 되었던 것이다.

또한 일본은 천황제 군대의 성립을 기초로 프러시아 군제를 모방한 국민군대를 조직하였다. 일본군은 청일전쟁과 러일전쟁을 거치면서 군제를 지속적으로 개혁하여 일본의 독자성을 반영한 근대군대로 거듭났으며, 이후 대외 팽창전략의 핵심적인 도구가 되었다.

## V. 영토 및 인구의 증가 비교

영토 정복은 인구의 증가와 직결된다. 인구 증가는 또 경제적 필요성을 높이므로 성장의 중요한 메커니즘이 될 뿐만 아니라 체제변화에 있어 중요한 변수로 작용한다.

청 태조 누르하치는 주로 요동지역에 대한 직접 통치를 목표로 적극적인 공세를 펼쳤으며, 청 태종 홍타이지는 대부분 몽골지역으로 영토 확장을 하였다. 이렇게 확대된 영토는 경제적 가치보다는 정치·군사적으로 더 유용하였다. 1577년에 총인구 10만을 넘지 못했던 만주족은 1616년 후금의 건국 이후 만·몽·북방 한족까지 포함하여 인구가 급속히 증가하였다. 청은 외형적으로 성장하였지만, 인구 압박으로 인하여 경제적 의존성은 개선되지 않아 생존권 차원에서 대명공세對明攻勢를 계속할 수밖에 없었다.

일본은 메이지 유신 이후 대외 팽창적인 정책을 추진하면서부터 영토가 확장된다. 1879년 오키나와를 합병하였으며, 청일전쟁의 승리 후 대만과 팽호제도를 획득하였다. 러일전쟁의 승리 후 대한제국을 보호국으로 하고, 요동반도의 여순을 확보하여 만주 진출의 여건을 마련하였다.

1850년에 일본의 총인구는 3,000만을 넘지 못했으나, 1853년 페리의 내항 이후 근대국가로 발전하면서 급격히 증가하기 시작하였다. 이는 노동력의 증가와 병력의 확충으로 이어져서 성장의 주요 동력원이 되었다. 그러나 인구의 급격한 증가는 다시 계속해서 대외 팽창전략을 추진하게 하는 요인이 되었다.

## VI. 결 론

길핀의 패권전쟁이론을 통해서 명·청 교체기 동안의 청나라와 청일전쟁과 러일전쟁을 거치는 동안의 일본이 동아시아 패권을 장악하는 과정을 비교해 보았다.

청나라는 여진족을 통합하여 후금을 건국한 이후 67년 만에 완전한 통일을 달성하였으며, 명나라와 요동 통치권 장악을 두고 결전을 했던 사르흐전투로부터 25년 만에 북경에 들어가 이자성의 반란을 진압하고 명을 멸망시켰다. 이러한 역사를 가능하게 한 청나라의 원동력은 영토 확장에 따라 시기별로 국력을 결집하기 위해 시행한 정치·제도적 조치들과 만·몽·조선의 동맹과 명나라의 국제적 고립화 그리고 지속적인 군사력의 질적·양적 증강이었음을 알 수 있었다.

일본이 지역 패권국으로 부상하는 과정도 동일한 맥락이라고 볼 수 있다. 조선을 가운데 두고 일본의 성장에 두려움을 느낀 청나라는 결국 청일전쟁을 치르지만 패함으로써 동아시아에 새로운 국제질서가 태동하는 단초를 제공했다. 일본의 국력 성장은 동아시아 각국의 국가이익을 재분배해야 하는 과정을 거칠 수밖에 없어서 결국 러일전쟁의 개전開戰 원인이 되었으며, 전승한 일본은 새로운 지역 패권국으로 등장했다. 일본은 국력을 효율적으로 활용하면서 영일동맹과 미일 준동맹관계를 최대한 이용함으로써 단지 50년 만에 지역의 패권국으로 성장했던 것이다.

결론적으로 두 가지 사례분석에서 나타난 것처럼 동아시아 국제체제에서 패권이 교체될 때에는 패권전쟁이 발생하였다. 명·청 교체기에 있어서 명나라는 제국의 말기적 현상으로 말미암아 청의 강대국 부상에 대비한 대응전략을 명확한 목적하에 일관성 있게 구사하지 못하였으며, 일본의 부상기에 청과 러시아도 제국의 말기적 현상 때문에 명확한 전략적 목적을 정하지 못하고 축차적인 대응으로 국력을 소진함으로써 신흥 패권국이 부상하는 요인을 제공했다.

또한 청과 일본이 패권국으로 등장하는 과정에서 공히 우리나라는 전쟁터로 변하여 무수히 많은 인적, 물적 피해를 당할 수밖에 없었다. 왜 그러한 일이 발생하였으며, 피할 수는 없었을까?

미래에도 이와 유사한 상황이 생길 수 있지 않을까? 본 논문을 계속 연구해나갈 이유이면서 남겨진 숙제라고 생각한다.

## –참 고 문 헌–

• 강상규, 『19세기 동아시아의 패러다임 변환과 제국 일본』, 서울 : 논형, 2007.

• 강성학, 『시베리아 횡단열차와 사무라이』, 서울 : 고려대학교출판부, 1999.
• 이종학, 『한반도 억지전략이론』, 서울 : 형설출판사, 1981.
• _____, 『한국 군사사 서설』, 경주 : 서라벌군사연구소 출판부, 1990.
• _____편저, 『군사전략론』, 서울 : 박영사, 1987.
• 임계순, 『淸史』, 서울 : 신서원, 2000.
• 최동희, 『조선의 외교정책』, 서울 : 집문당, 2004.
• 최문형, 『국제관계로 본 러일전쟁과 일본의 한국병합』, 서울 : 지식산업사, 2004.
• 후지와라 아키라 저, 엄수현 역, 『일본 군사사』, 서울 : 시사일본어사, 1994.
• 이상창, 「신생 패권국 청나라의 성장요인 분석」, 『육사 논문집』제63집, 2007.
• Robert Gilpin, *War & Change in World Politics*, New York : Cambridge University Press, 1981.

# 17. 항일 무장독립전쟁과 청산리 전역의 군사사적 의의[1)]

순 서

박사과정 2기 조필군

## Ⅰ. 머리말

일제의 강점으로부터의 독립獨立은 세계사적으로 볼 때 형식상으로는 연합국에 대한 일본의 무조건적 항복에 의해 이루어졌지만, 을사늑약과 경술국치로부터 광복에 이르기까지 국권의 상실에 따라 유생과 백성에 의한 의병활동에서 독립군과 광복군에 이르기까지 '독립전쟁'의 개념에 의거 무장 독립투쟁에 의해서 달성된 자주독립自主獨立[2)]인 것이다. 이와 같은 독립운동의 전개는 무저항 비폭력의 3·1운동이 실패함으로 인하여 무장투쟁론에

1) 이 글은 군사학의 개척자로서 군사학을 학문의 반열로 올려놓고자 반세기 이상의 세월동안 심혈을 다하여 기반을 마련하고 지금도 천리 길도 마다하지 않고 한걸음에 달려오시어 군사학도 양성을 위하여 강단을 지키시는 이종학(李鍾學) 선생님의 은혜에 조금이나마 보답하고자 이 분야에 대해서는 문외한이라 할 수 있는 본인이 평소 선생님의 군사사 강의를 통해 얻은 식견과 봉오동과 청산리 전투지역을 2회 현지답사한 것을 계기로 선생님의 군사학과 군사사 연구에 대한 열정의 그림자를 좇는 심정으로 독립운동사의 중요한 일부인 청산리 전역에 대해 군사사적 의의를 고찰해 보고자 하였다.

2) 독립군의 궁극적인 목표는 만주에서 무력을 양성한 후 국내에 진입하여 한반도를 강점한 일제의 침략을 몰아내고 국권을 회복하는 데 있었지만, 결국 독립군은 국내에 진입하여 직접 일본군과 싸워 볼 기회를 갖지 못한 채 해방을 맞이하였다. 이로 말미암아 한국의 독립 그 자체가 한민족 스스로의 힘으로 쟁취한 것이 아니라 연합군의 승리의 결과로 주어진 것이라는 부정적인 평가를 받지 않을 수 없게 되었다.(국방부 전사편찬위원회, 『獨立軍抗爭史』, 1985, pp. 305~306. 참조)

입각한 항일투쟁이 본격화되었는데, 만주지역에서는 이미 1905년부터 이상설李相卨을 시작으로 1910년대 여러 지역에서 서전의숙, 신흥무관학교, 명동학교 등 수많은 인재를 양성하는 학교가 생겨났고 이곳을 통해 군사적 식견을 가진 독립군들이 양성되었다. 이처럼 군사적 인재의 양성과 무기武器의 확보 등 꾸준한 군비軍備활동을 통해 청산리 전역과 같은 대승첩을 이끌어냈다고 볼 수 있다. 따라서 청산리 전역[3]은 우연한 승리가 아니고 국제적 상황을 예측하고 사전부터 독립운동에 필요한 군자금軍資金을 확보함으로써 확실하게 준비한 예견된 승리였다고 할 수 있다. 다시 말해서 청산리 전역은 우리의 항일 무장독립 투쟁사에서 독립군獨立軍이 일본의 정규군을 상대로 싸워서 이긴 승리의 효시嚆矢라고 할 수 있으며, 항일 독립 투쟁기간을 통틀어 볼 때 독립전쟁의 개념을 제대로 구현한 대첩大捷이었다고 할 수 있다. 이것은 우리의 역사를 통해 볼 때 고구려의 살수대첩, 고려의 귀주대첩, 조선시대의 한산도대첩 등과 같이 역사에 길이 전할 만 한 것으로 군사사적軍事史的인 측면에서 근대사의 중요한 전사戰史로 기록되어야 마땅할 것이다. 하지만 지금까지 청산리 전역에 대한 평가[4]는 주로 항일투쟁에 대한 역사의식의 고양이라는 차원에서 분석이 이루어 졌고 실제 전투를 승리로 이끌게 된 군사적 관점에서의 분석이 미흡하였다고 본다. 따라서 본고에서는 청산리 전투를 인물 중심적 평가에서 벗어나 청산리 전역의 값진 승리에 대한 군사사적 고찰을 시도하고자 한다.

## II. 청산리 전역의 개황

일제 침략에 의해 대한제국이 망국의 위협에 직면하게 되자, 대일 항쟁은 유생儒生들에

---

3) 戰役(Campaign)은 주어진 공간 및 시간 내에 공동 목표를 달성하도록 지향된 일련의 관련된 군사작전(『미 육군 지휘참모대학 교재』, 1979), 또는 전쟁에 있어서 명료한 단계를 긋는 지역 및 시간적으로 관련된 일련의 諸作戰(일본 방위학회편, 『국방용어사전』, 1980)으로 정의 된다. 戰鬪(Battle)는 작전을 성공적으로 이루기 위한 작전행동의 한 수단으로써 적을 섬멸하여 승리를 획득하기 위한 직접적인 행동(육군본부, 『육군 군사술어사전』, 1988)으로 정의 된다(허중권, 「한국 고대 전쟁사 연구방법론」, 『軍史』제42호(2001. 4), p. 239). 신용하(愼鏞廈)는 그의 논문 「독립군의 청산리 독립전쟁의 연구」(『한국민족독립운동사연구』, 을유문화사, 1985, pp. 422~426)에서 靑山里戰鬪를 三道溝와 二道溝 一帶에서 전개된 한국민족의 독립군과 日本軍 東支隊 사이의 10여 차례의 전투들을 묶어서 「靑山里獨立戰爭」이라고 부르는 것이 더 적합하다고 기술하고 있으나, 허중권의 위의 논문인 「한국 고대 전쟁사 연구방법론」(p. 230, p. 239.)에서 기술한 戰爭과 戰役(campaign), 전투(battle)의 개념에 따라 청산리 대첩은 여러 개의 전투가 이루어진 하나의 戰役으로 표현함이 적절할 것으로 본다.

4) 지금까지 청산리 전투에 대한 연구는 신용하, 윤병석, 신재홍 등을 비롯하여 많은 연구결과가 있음.

의하여 의병항쟁이 주도되었으나 1909년에 '남한 대토벌작전'에 의해 의병세력이 거의 소멸되자, 소극적인 대일對日 투쟁방법에서 탈피하고 적극적인 무력 항쟁만이 구국의 길이라고 생각하여 '독립전쟁론獨立戰爭論'을 제기하게 되었다. 따라서 전 국민은 이 '독립전쟁론'에 기초하여 모든 분야에서 민족적 역량을 축적하고 무장 세력의 양성과 군비를 갖추면서 독립전쟁의 기회를 기다려야 한다는 전제 아래 독립군 기지 건설계획獨立軍基地建設計劃[5]을 수립하게 되었다. 이처럼 '독립전쟁론'에 의한 대일 전쟁준비 작업은 국내에서 활동기반을 잃게 된 의병세력의 국외 망명과 결합되어 만주지역[6] 독립군이 형성되었다.[7] 북간도의 서전의숙瑞甸義塾을 시작으로 만주지역에는 신흥무관학교, 동촌무관학교東村武官學校와 밀산무관학교密山武官學校 등 독립군을 양성할 목적으로 무관학교들이 설립되었고 이들을 기반으로 1910년대부터 이 지역에서 추진되고 있던 독립전쟁론이 활기를 띠었다. 무력으로 대항하기 위해 편성된 만주독립군 단체로서는 후일 청산리 전역에 참가한 대한독립군大韓獨立軍, 북로군정서北路軍政署, 군무도독부軍務都督府, 국민회군國民會軍, 의군부義軍府, 한민단韓民團, 의민단義民團 등 7개 단체가 있었다. 이들은 1919년 이후 현지에 거류 중인 일본인들에게 위협적인 존재로 부각되었고, 압록강과 두만강을 건너 일본군 국경 수비를 교란하는 무장활동을 전개하였다.[8] 특히 대한독립군大韓獨立軍은 1919년 3·1 운동 직후에 연길현延吉縣 명월구明月溝에 근거지를 두고 홍범도洪範圖가 창설한 부대로서 청산리 전역의 전초전이라고 부를 수 있는 봉오동 전투를 승리로 이끌었다. 홍범도가 이끈 대한독립군의 국내 진공 유격전에 큰 피해를 입게 된 일제는 국경 3도道에 경비를 대폭 강화했지만 독립군과의 전투에서 계속 패하게 됨으로써 1920년 8월 본격적인 침입 작전인 '간도지역 불령선인 초토계획間島地域不逞鮮人剿討計劃'을 작성하게 되었다. 동년 10월 2일 오전 4시 마적단이 훈춘琿春의 일본 영사관을 습격한 소위 '훈춘사건琿春事件'을 구실로 간도를 향해 대병력을 빠른 시일

5) ① 한반도와 가까운 만주지역에 독립군 기지를 건설하고, ② 국내에서 대규모의 移住事業을 전개하여 만주지역에서 병력을 확보할 수 있도록 하며, ③ 국내에서 軍資金을 모금하여 재정적인 뒷받침을 한다.

6) 만주지역은 고구려와 발해의 옛 땅으로서 한민족과는 지역적 연고가 깊을 뿐만 아니라 한반도와 인접하여 독립운동의 기지건설에 적합한 곳이었다. 이곳은 조선시대 회령부사 홍남주(洪南周)가 청국과의 외교적인 마찰을 피하기 위해 두만강 대안 지역을 조선과의 사이에 있는 空地라는 뜻으로 '間島'라 지칭하였음. 이러한 간도 지역은 일본이 1909년 청국과의 '간도에 관한 청·일 협약'을 체결하여 당시 한국인들의 의사와는 무관하게 간도가 청국에 넘겨졌고, 한일합방 이후로는 간도 거주민들이 일제의 통치를 받지 않게 되었으므로, 오히려 한국인들에게 간도는 대일 항쟁의 기지가 된 셈이었다.(국방부 전사편찬위원회, 『獨立軍抗爭史』, 1985, pp. 24~25.)

7) 국방부 전사편찬위원회, 『獨立軍抗爭史』(전사편찬위원회, 1985), pp. 1~3.

8) 국방부 전사편찬위원회, 상게서, pp. 5~6.

안에 침입시켰는바 두만강을 넘어 남쪽에서는 조선군 제19사단과 20사단 병력을 기림지대磯林支隊, 목촌지대木村支隊, 동지대東支隊, 사단직할부대, 국경수비대로 나누어 토벌지구를 분담케 하였고, 동쪽에서는 제14사단, 제11사단, 제13사단이, 북쪽에서는 북만주에 파견되어 있던 보병 중대 3개와 기관총대 4개, 기병 소대 1개 부대가, 서쪽에서는 관동군 제19연대 1개 대대와 기병 제20연대가 간도지역을 포위하여 침략해 왔으며 총 병력 규모는 18,000명에서 20,000명으로 추정된다.[9] 이와 같이 간도를 초토화하기 위한 일본군의 포위작전에 맞서 싸운 1920년 10월 21일부터 24일까지의 4일간의 전투인 백운평白雲坪전투, 완루구完樓溝전투, 천수평泉水坪전투, 어랑촌漁郎村전투, 맹개골전투, 만기구萬麒溝전투, 쉬구溝전투를 합해서 일반적으로 청산리 전역靑山里戰域으로 칭한다.[10] 당시의 전투결과 자료를 검토해 볼 때, 대한(북로)군정서가 상해 임시정부에 제출한 정식 보고서와 『독립신문獨立新聞』, 당시 중국의 『요동일일신문遼東日日新聞』 그리고 청산리 전역에 직접 참가했던 이범석의 증언에 따라 구체적 전과가 조금씩은 다른 점을 확인할 수가 있다. 하지만 일반적으로 자기편의 전과를 강조하는 전투 기록이라는 특성을 고려한다면 경우에 따라 다소 그 전과를 과장하였을지 모르나 대체적으로 대첩을 거둔 윤곽은 분명한 것이다.[11] 독립군 연합 부대는 2,800명의 작은 병력으로 일본군의 대포위大包圍 초토작전剿討作戰을 분쇄하고 일본군 1,200명의 전사와 2,100명의 부상을 내게 한 대승리大勝利를 쟁취한 것이었다. 뿐만 아니라 질적으로 볼 때 독립군의 청산리 전역은 일제가 1년간에 걸쳐 대규모로 정밀하게 세운 독립군에 대한 초토계획剿討計劃 그 자체를 완전히 붕괴시켜 버리는 데 성공한 것이었다.[12]

## Ⅲ. 청산리 전역의 군사적 고찰

전투의 목적은 우리 측의 전투력으로서 적의 전투력을 분쇄하거나 정복하는 것[13]이기 때문에 전장의 지휘관들은 결정적인 시간과 장소에 전투력을 배치하여 적보다 유리한 상

---

9) 국가보훈처, 『간도사건 관계서류(Ⅰ)』(국가보훈처, 2003), pp. 5~10.
10) 신용하, 「독립군의 청산리 전역」, 『軍史』제8호(군사편찬위원회, 1984년), pp. 271~274 참조.
11) 윤병석, 「만주 독립군의 軍史와 한국광복군의 맥락」(한국광복군창군 제 64주년기념대학술회의, 2004. 9. 17.), p. 53.
12) 청산리 전역의 결과는 申載洪, 「독립군의 편성과 활동」, 『軍史』제5호(1982. 12), pp. 71~72 참조.
13) 김홍철 역, 『전쟁론』제41부 전투(삼성출판사, 1977)

황으로 조성하여 주도권을 장악함으로써 전투를 승리로 이끌고자 한다. 이때 전투력이란 일반적으로 지휘관에게 가용한 물질적 수단과 그 부대의 정신전력의 결합체라고 정의된다.[14] 전쟁에서 물질적 수단에 해당하는 핵심적 요소는 적을 직접적으로 살상하는 무기와 이의 운용을 위한 제반 군수지원 능력이라고 할 수 있다. 따라서 얼마만큼의 가용한 물질적 수단을 확보하고 운용할 수 있는가에 따라 전투원의 전투의지와 함께 전투의 승패가 좌우된다고 할 수 있다.

지금까지의 독립전쟁과 청산리 전역에 대한 승리 요인을 분석함에 있어서는 주로 물질적 수단의 중요성을 간과한 상태로 전투의 결과에 의거하여 전투에 가담한 전투원들의 결사의지와 지휘관의 지휘능력을 중심으로 분석하는데 그치고 있다. 청산리 전역을 역사적 관점에서 보면, 1910년 일제에 의하여 나라를 잃은 한민족은 간도를 비롯한 남·북만주와 시베리아 연해주 일대에서 그곳 한인사회를 바탕으로 국내외의 민족적 역량을 합하여 국외 독립운동기지를 설치하는 한편, 그곳에서 독립전쟁을 감행할 민족의 군대인 독립군 양성을 추진하여 온 '독립전쟁론'의 중요한 소산이라 할 수 있다. 또한 나아가 봉오동 승첩과 청산리 대첩은 3·1운동에서 보여준 한민족의 자주독립의지를 계승하여 일제 침략군과 독립전쟁을 결행하면 승리할 수 있다는 민족적 자주독립 역량을 훌륭히 입증해 보이는 데 중요한 전통을 세운 것이기도 하다.[15] 청산리 전역은 군사적 관점에서 볼 때, 당시 군사적으로 대국인 일본의 정규군과 싸워 이긴 지극히 정상적인 방어 전투라고 볼 수 있다. 방어에 유리한 지형을 사전에 확보하여 적을 유인격멸誘引擊滅한 전투라고 할 수 있으며, 지형의 이점을 최대한 활용하였고 준비된 무기의 화력을 집중 운용함으로써 전술적 지휘능력을 발휘한 대승리였다고 할 수 있다. 따라서 청산리 전역은 일회적이고 우연한 승리가 절대로 아니며, 당시의 국제정세를 미리 예견하고 대일對日 독립전쟁론에 입각하여 꾸준히 군비軍備를 통해서 일구어 낸 회심의 일전이었음을 간과해서는 안 될 것이다. 한편 청산리 전역을 현재적 역사(Contemporary history)의 관점에서 볼 때, 일견 청산리 전역은 전투에서는 완승을 하였지만 전략적 차원에서 결코 승리였다고 볼 수 없는 측면이 있다. 왜냐하면 이 전역 이후 일본은 만주 일대를 거점으로 하는 독립군 토벌과 거주민에 대한 만행을 통

14) 김광석 편저, 『用兵術語研究』(서울 : 병학사, 1993), p. 516.
15) 윤병석, 상게서, pp. 53~54.

해 독립투쟁의 근거지를 조기에 초토화됨으로써 독립군의 활동거점이 와해되어 값진 전투적 승리에도 불구하고 전반적으로 독립전쟁의 기세가 약화될 수밖에 없었기 때문이다. 또한 독립전쟁의 활동거점을 잃게 된 독립군은 독립투쟁의 전략도 러시아 백군 및 적군과의 공동투쟁, 중국 혁명군 및 공산당과의 공동 투쟁, 그리고 미국과의 연합투쟁 등으로 항일 무장투쟁 전략 노선이 변화될 수밖에 없었다. 하지만 역사의 평가는 현재의 시각이 아닌 당대의 시각에서 보아야 한다는 점에서 볼 때, 일본의 선제공격에 의한 불가피한 선택의 일전[16]이었던 점을 감안하면 당시 군사 대국이라고 할 수 있었던 일본을 상대로 정규전을 통해 당당히 승리했다는 사실 자체만으로도 큰 의미가 있으며, 청산리 전역의 승리는 당연히 대승리로 평가되어야 함이 마땅하다. 아울러 주권을 상실한 온 국민에게 항일 무장투쟁을 통해 자주독립을 쟁취할 수 있다는 민족적 자존감의 고취와 자주독립의 의지를 고양하는 데 크게 기여함[17]으로써 해방 이전까지 끝까지 굴하지 않고 독립을 쟁취하는데 밑거름이 되었다고 할 수 있다. 이러한 독립군의 1920년의 청산리 전역의 승리는 1910~45년 독립군 무장 항쟁의 역사 중에서 가장 크고 완벽한 전승이었으므로 전승의 요인을 더욱 깊이 분석되고 연구되어야 필요가 있는 것이다. 다시 말해서 청산리 전역에 대한 기존의 역사적 관점의 평가에 추가하여 독립전쟁준비의 차원에서 볼 때 군자금에 의한 독립군 인재의 양성과 무기 확보 문제는 실제 전투를 승리로 이끈 전술적 부대 운용과 군사 이론적 고찰에 못지않게 보다 구체적으로 이루어져야 할 것이다. 특히 1920년 청산리 전역 이전까지의 군자금 확보실태 확인을 통해 어떻게 일본군과 싸워 이길 수 있도록 독립전쟁을 준비하였는가를 규명하는 것은 청산리 대첩의 군사사적 의의를 고찰하는데 매우 중요한 사안이라고 볼 수 있다. 따라서 만주의 독립군들은 열악한 환경 속에서 당시 무장 독립단체는 어떠한 방식으로 군자금을 조달했는지를 살펴보아야 할 것이다. (중략)[18] 이

16) "청산리 전투는 독립군 측에서 미리 계획을 짠 전투가 아니고 독립군의 위신으로 보나 의기로 보나 피할 수 없었던 전투이었으며 마지못해 싸운 전투였다. 병력으로는 10배 이상, 때로는 20배 이상의 적병이 가장 예리한 근대 무기에 비행기까지 가진 강적이었다. 이와 같이 압란지세壓卵之勢로 들이닥쳐 오는 적에게 큰 타격을 주고 아군의 손해를 최소한도로 그치게 한 실정은 경이적이며 기적적이었다. 이러한 기적을 가져오기 이전에 독립군을 군대답게 하기 위한 장비를 갖춤에 있어서도 일찍이 예기치 못한 기회가 찾아 왔었다."(독립운동사편찬위원회, 『독립군전투사』(상)1973, p. 380.)

17) 2001년 8월 31일 준공한 청산리 항일 대첩 기념비의 내용을 보면, "(중략) 청산리 대첩은 '일군 무적' 의 신화를 깨뜨리고 연변 내지 전국 각 민족 인민의 항일 투지를 지대히 고무하고 일본 군국주의 위풍을 추풍낙엽처럼 쓸어버렸거늘…(중략)" 이라고 새겨져 있는 점으로 보아 청산리 대첩에 대한 중국과 연변지역의 조선족의 인식은 아직까지도 공감을 이루고 있다고 본다.

처럼 독립군에게 무엇보다 중요한 것은 군자금軍資金이었으며, 군자금의 준비는 부대의 전력戰力을 좌우할 뿐만 아니라 독립운동의 성패를 가름하는 것이었다. 또한 독립군이 군자금의 마련과 동시에 시급히 추진한 것이 무기의 구입이었다. 당시 무기를 구입할 수 있는 주된 길은 시베리아 연해주로부터였으며, 무기 판매상에 의하여 비밀리에 거래가 성립되고 있었으므로 독립군이 무기를 구입하는 것은 자금만 있으면 이들 무기상을 통하여 얼마든지 가능하였다. 뿐만 아니라 당시 시베리아로 출병하였던 체코슬로바키아군으로부터 막대한 무기를 싼값에 구매[19]하였던 점을 볼 때, 청산리 전역에 가담한 독립군의 무기의 규모와 종류는 의병전쟁에서부터 사용되었던 전근대식 무기와 1920년대 초 무기구매를 통해 확보한 근대식 무기가 혼재되어 있었다고 할 수 있으며,[20] 독립군들이 일본군과 청산리 대첩과 같은 전투를 치를 만한 충분한 무장력을 갖추었음을 알 수 있다.[21] 한편 무기 구입에 있어 가장 어려운 것이 운반이었다. 철도를 이용하여 소·만蘇滿 국경까지 운반되면, 그곳에서 본부까지 사람이 직접 운반하였다. 중·일 군경의 눈을 피하여 산간지방으로 운반하였는데, 산간지방에서는 마적의 무기 탈취를 피하기 위해 독립군은 무기 운반대運搬隊를 편성하여 운반 도중에 발생되는 사고에 대비하였다. 이처럼 항일독립군이 체코군단의 무기 구입에 실패했거나 또 그것을 운반 도중 일·만군이나 마적들에게 탈취 당했었다면, 청산리 전승의 기적은 아마도 없었을 것이다. 그럼에도 불구하고 당시 체코군단의 성격과 동향은 물론, 북로군정서가 그 무기를 적의 눈을 피해 감쪽같이 비밀운반 할 수 있었던 점은 청산리 전역의 승리에 기여한 작전[22]의 일부로 중요한 요소였음을 간과해서는 안 될 것

---

18) 군자금 모금관련 내용은 김주용, 「1920년대 만주 독립군 단체와 군자금」, 『軍史』제52호(2004. 8), 국방부 전사편찬연구소, pp. 29~30과 이이화, 『한국사 이야기 21 : 해방 그 날이 오면』(파주 : 한길사, 2004), pp. 30~40 참조.

19) 申載洪, 「독립군의 편성과 활동」, 『軍史』제5호(1982. 12), 국방부 군사편찬연구소, p. 66.

20) 이 점에 대해서는 사료에 입각한 좀 더 구체적 연구가 추가되어야 할 것이며, 현재까지의 연구결과는, 국방군사연구소, 『韓國武器發達史』(1994) 참조할 것.

21) 국가보훈처, 『간도사건 관계서류(Ⅰ)』일본편⑧,(국가보훈처, 2003), p. 27.

22) 무기가 있는 블라디보스톡에서 무기가 와야 할 왕청현 서대파 북로군정서까지 거리는 장장 500리 길이었다. 1920년 7월, 북로군정서는 운반방법을 숙의한 끝에 '인간사슬'을 500리 길에 연결하여 릴레이식으로 운반하는 방법이 최선의 방책으로 채택되어 무장 운반대를 여러 개 조직해서 500리 길을 토막토막 맡도록 하였다. 북로군정서는 한 운반대를 150명으로 편성하여 500리 길에 30여개의 운반대를 깔았다. 여기에 동원된 인원수만도 북로군정서 자치구역 거주 청장년 9,000명이 동원되었다. 그들을 동원하는데 소요시간은 이틀이 다 안 걸렸다고 한다. 게다가 동원된 장정들은 아무런 불평도 없이 기꺼이 무기를 운반해 주겠다고 자청하고 나섰다. 이러한 무명의 애국적 영웅들이고 보니 불과 이틀 동안도 안 되어 9천여 명이 소리 없이 동원된 것이고, 그 많은 무거운 무기를 사고 없이 감쪽같이 운반해 준 것이다. 이와 같은 방법으로 북로군정서는 공용화기를 포함한 1개 연대분의 소총과 기타장비를 거뜬히 운반하여 항일독립군이 맹렬한 무장훈련이 들어갈 수 있었다.(허만위, 「항일독립군, 체코군단 무기비밀운반 사례연구」, 『군사논단』제7호(1996년), 육군본부, p. 197.)

이다. 이와 같은 방법으로 북로군정서는 공용화기를 포함한 1개 연대분의 소총과 기타 장비를 거뜬히 운반하여 항일독립군이 맹렬한 무장훈련에 들어갈 수 있었던 것이다.

## Ⅳ. 청산리 전역의 군사사적 의의

독립군의 항일투쟁 전반에 대한 평가는 그 항쟁으로 이룩한 성과가 무엇인가 하는 것보다는 독립군이 처해 있던 제반 여건을 정확하게 인식하고, 그것을 바탕으로 항쟁 자체가 지닌 역사적 의의가 무엇인가 하는 것을 규명하는 데 초점이 모아져야 할 것이다.[23] 이런 관점에서 청산리 전역의 승리는 우리 군의 정통성을 유지할 수 있는 정신적 기반을 제공하였다고 볼 수 있다. 왜냐하면, 1907년 대한제국 군대 해산 이후 의병義兵의 구국운동과 이를 이어 받은 독립군이 항일정신을 계승하였고, 다시 광복군이 맥을 이어옴으로써 현재의 국군이 있을 수 있었던 것은 청산리 대첩과 같은 대일 무장 독립전쟁의 승리가 있었기 때문에 가능했다고 볼 수 있다. 따라서 군사사적 측면에서도 청산리 전역의 승리는 당시 세계의 군사대국인 일본의 정규군, 그것도 10배 규모의 부대와 맞서 싸워 이긴 점에서 역사적으로 고구려의 살수대첩, 고려의 귀주대첩, 조선의 한산도 대첩 등 3대 대첩에 가히 견줄 수 있으며, 독립전쟁사에 길이 남을 대첩이라는 데 중요한 군사사적 의의가 있다고 할 수 있다. 우리가 군사사를 연구함에 있어서 다루어야 할 연구 범위로 전쟁사, 제도와 편제, 교리, 제도, 훈련 및 장비개발 등 제도사制度史 및 기술사技術史, 전쟁준비의 국가전략, 민군관계 등 국방사國防史 및 군대사軍隊史 등을 제시[24]하고 있다. 또  군사사를 연구할 때 전쟁과 관련되는 모든 요소[25] 중에서 산업 기술적 요소라는 스펙트럼을 통해 볼 때 전쟁사에 있어서 산업기술의 발달, 특히 새로운 무기의 출현은 전쟁의 성격을 변질시켰고, 또한 그것은 군사조직의 새로운 체계를 가져오게 하였다.[26] 또한 영국의 유명한 군사사가

---

23) 국방부 전사편찬위원회, 『獨立軍抗爭史』(전사편찬위원회, 1985), p. 307.

24) 이종학, 「현대 군사사의 연구동향」, 『軍史』제3호(1981), 국방부 군사편찬연구소, p. 21. 이종학, 「한국 군사사학의 발전방향」, 『21세기 한국 군사사학의 발전』, 한국군사사학회 학술회의(2005. 6), pp. 48~50 참조.

25) 군사사를 연구할 때 전쟁과 관련되는 모든 요소들에 대하여 이종학 교수는 사회적 요소, 산업 기술적 요소, 조직 및 관리적 요소, 군사 이론적 요소, 군사 교리적 요소, 통솔적 요소, 사기적 요소, 전략적 요소 등을 군사사 연구의 주요 스펙트럼으로 구분하고 있다.(정토웅, 「군사사 연구방법론(Ⅰ)」, 『軍史』제24호, 1992. 12, p.8.)

마이클 하워드(Michael Howard)는 군사사 연구 및 이용에 있어 명심해야 할 3대 요소로서 "폭, 깊이, 맥락"을 제시하였다.[27] 하워드는 '맥락'의 요소를 강조하면서 역사적 사건이란 사건 당시의 적절한 환경에 놓여야 한다는 것이다. 따라서 군사사가들이 전쟁을 연구할 때 그들이 전쟁터에서 발생하는 사항에만 초점을 맞춘다면, 다만 빙산의 일각을 보고 있을 뿐이라는 점을 깨달아야 한다. 일본이 제2차 세계대전 중 많은 전투에서는 이겼으나 전쟁에서 이길 수 없었던 점을 감안할 때 전장 자체에만 주목하면 우리는 이야기의 중요한 부분을 놓치게 된다는 점을 유념해야 한다. 그래서 관계와 환경의 요소는 역사적 사건을 적절한 배경에다 던지고 맥락을 파악하도록 하는데 있어서 매우 중요한 것이다.[28] 이런 맥락적 관점에서 볼 때 그 당시의 주변상황과 관련하여 청산리 전역이 전투적 대승을 가져왔지만, 장기적인 안목에서는 독립전쟁론에 입각한 전략적 승리를 보장해 주지는 못했다는 점도 함께 분석되어야 할 것이다. 따라서 역사적 의의와 함께 독립전쟁을 승리로 만들게 한 요인을 좀 더 객관적 시각으로 평가하기 위해서는 당시의 대외 정세와 관련하여 독립전쟁을 주도하였던 임시정부의 대일對日 독립전쟁 전략과 전술, 그리고 무기의 획득, 지휘관의 전투 지휘력, 전쟁에 가담했던 전투원들의 사생관, 지역 동포들의 적극적 협조 등을 군사적 측면에서 구체적으로 고찰해야 할 필요가 있는 것이다.

## V. 맺음말

우리 민족의 무장 항일운동은 1919년 3·1운동을 계기로 조직적으로 본격화되었다. 1920년대의 무장 항일투쟁은 상당한 진전을 보아 병력면이나 무기면에서 의병전쟁과는 비교할 수 없는 비약적인 발전을 보여 대규모의 독립전쟁을 개시할 준비를 착실히 진행시

26) 정토웅, 「군사사 연구방법론(Ⅰ)」, 『軍史』제24호(1992. 12), p. 11. 산업기술이 전투수행에 공헌한 일례로 임진왜란 때 이순신 장군이 거둔 혁혁한 승리는 그의 탁월한 지휘통솔력과 아울러 신출한 용병술에 의하여 가능했다고 하는 것을 누구나 인정한다. 그러나 그의 능력을 십분 발휘할 수 있도록 한 무기와 장비에 대한 설명이 없다면 이야기가 성립되지 않을 것이다. 이순신의 거북선에는 대형 화포였던 천자총통, 지자총통 그리고 현자총통이 있어서 왜선은 화력에 있어서도 상대가 되지 않을 정도로 열세였던 것이다. 이와 같이 장갑과 화력에 있어서 조선 수군이 왜군에 비하여 훨씬 우세하였고 바로 이러한 利點을 최대로 활용한 이순신 장군이 승리하였던 것이다.(정토웅, 상게서, pp. 12~13.)

27) 정토웅, 「군사사 연구방법론(Ⅱ)」, 『軍史』제24호(1992. 12), p. 59.

28) 정토웅, 상게서, pp. 60~61.

켜 나갔다. 이러한 독립전쟁의 준비를 통해 봉오동 전투와 청산리 전역에서 놀랄만한 전과를 올렸던 것이다. 이러한 독립군의 무장투쟁 정신을 이어 1940년 임시정부의 광복군을 창설하게 되었으며, 대한민국 정부수립과 동시에 국군으로 성장함으로써 민족의 국방군으로서 역사의 맥락을 단절함이 없이 이어갔던 것이다.[29] 이처럼 '의병義兵'에 의한 의병전쟁과 의병전쟁을 계승한 '독립군獨立軍'의 독립전쟁 그리고 독립군의 독립전쟁을 계승한 '광복군光復軍'이 대한민국 임시정부의 국군으로 활동[30]하여 오늘날 우리 군軍의 명맥을 유지하고 있다는 사실을 주목하고 이와 같은 국군 역사의 중요한 부분인 청산리 전역이 항일 독립투쟁사 중에서 정규군 전투의 승리로 재평가되어 한국군韓國軍 군사軍史의 중요한 일부로 자리매김 되어져야 할 것이다. 향후 청산리 전역에 대한 연구는 군자금 확보 등에 대한 사료의 발굴을 통해 독립전쟁을 위한 무장투쟁활동이 좀 더 구체적이고 객관적인 평가가 이루어지도록 해야 할 것이다. 또한 청산리 전역의 여러 전투에 대해 전술교리에 입각한 현대적 재조명과 아울러 소총, 엽총, 권총, 기관총, 각종 포병화기 등 청산리 전역에 사용된 쌍방 무기의 사거리, 발사 속도 등 무기의 성능이 전투 결과에 미친 영향과 연계하여 분석함으로써 군사사적 의의를 보다 다각적으로 고찰해야 할 것이다.

-참 고 문 헌-


• 국가보훈처, 『간도사건관계서류(Ⅰ)』일본편⑧, 2003.
• 국방군사연구소, 『韓國武器發達史』, 1994.
• 국방부 전사편찬위원회, 『獨立軍抗爭史』, 1985.
• 김홍철 역, 『전쟁론』, 서울 : 삼성출판사, 1977.
• 이이화, 『한국사 이야기21 : 해방 그날이 오면』, 파주 : 한길사, 2004.
• 김주용, 「1920년대 만주 독립군 단체와 군자금」, 『軍史』제52호, 2004.
• 신재홍, 「독립군의 편성과 활동」, 『軍史』제5호, 1982.
• 신용하, 「독립군의 청산리 전역」, 『軍史』제8호, 1984.
• 윤병석, 「만주독립군의 軍史와 광복군의 맥락」, 『한국광복군창군 제64주년기념대학술회의』, 2004.
• 이종학, 「현대군사사의 연구동향」, 『軍史』제3호, 1981.
• _____, 「한국 군사사학의 발전방향」, 『21세기 한국 군사사학의 발전』, 2005.

• 정토웅, 「군사사 연구방법론(Ⅰ)」, 『軍史』제24호, 1992.
• _____, 「군사사 연구방법론(Ⅱ)」, 『軍史』제24호, 1992.
• 허만위, 「항일독립군, 체코군단 무기비밀운반 사례연구」, 『군사논단』제7호, 1996.
• 허중권, 「한국 고대 전쟁사 연구방법론」, 『軍史』제42호, 2001.

# 18. 북한의 6·25전쟁 휴전전략에 관한 연구

순 서

박사과정 4기 허동욱

## Ⅰ. 서 론

충남대학교 군사학 박사과정에서 수학하면서 이종학 선생님께서는 40여 년 동안 오로지 군사학의 이론체계 정립과 군사전략 분야 연구에 평생을 바치셨음을 알게 되었다. 선생님께서는 일찍이 「한국 군사학의 발전방향」에서 "군사학은 군사훈련이 아니며, 그것은 학문으로서 전쟁에 대한 지식의 체계이다"고 하셨다. 또한 "군사학은 사관학교 교육의 핵심이 되어야 하고 사관학교에서 군사학 학사학위를 수여하여야 한다"고 주장하셨다.[1)]

이러한 이종학 선생님의 군사학에 대한 선구자적 역할로 오늘날에는 충남대학교를 선두로 국방대학원에도 군사학 박사과정이 개설되어 명실상부한 군사학 학문체계를 갖추게 되었다.

1) 이종학·길병옥 편저, 『군사학 개론』(대전 : 충남대학교 출판부, 2009), pp. 10~11.

최근 미국에서는 6·25전쟁 정전 56주년 기념일을 맞이하여 7월 27일을 '6·25전쟁 참전용사 정전 기념일'로 선포하면서 미국의 모든 정부기관에 조기를 게양했다. 6·25전쟁 기간 동안 미국은 육·해·공군 연인원 485만여 명이 참전하여 5만 명 이상이 전사 했거나 실종됐고, 46만여 명이 넘는 부상자가 발생했다.[2]

워싱턴에 있는 한국전 기념공원에는 "알지도 못하는 나라, 만난 적도 없는 사람들의 지켜달라는 부름에 응했던 우리의 아들·딸들에게 깊은 경의를 표한다"는 문구가 있다. 미국 국민들에게는 6·25전쟁 참전용사가 잊혀진 과거의 사람이 아니라 현재에도 마음속에 살아 움직이는 실체라 할 수 있다. 미국 사회의 극진한 예우는 6·25전쟁에 대한 우리 사회의 인식과 대응을 되돌아보게 한다.

6·25전쟁은 잊혀진 전쟁이 아니며, 결코 잊혀질 수 없는 전쟁이다. 6·25전쟁 중 한국군 희생자는 전사 138,000여 명, 실종 2만여 명, 부상 45만여 명, 그리고 포로도 8,600여 명이 있었다. 이외에 민간인 희생자도 100만여 명에 이르고 있다.[3]

이러한 6·25전쟁에 대해 행정안전부 등 각종 여론조사에 따르면 20대의 56.6%가 6·25가 언제 일어났는지 모른다고 응답 했으며, 중·고교생의 절반 이상이 북한의 남침을 모르고 있는 것으로 나타났다. 이 땅에서 6·25가 잊혀진 전쟁이 되어 가고 있으니 심각한 문제이다.

내년은 6·25전쟁 발발 60주년이다. 전쟁의 아픔을 뼈저리게 느꼈기에 철저히 대비를 해 한반도에 전쟁이 아닌 평화가 정착되기를 기원하는 것이다. 그러나 북한은 아직도 남한에 대해 호전적 태도를 버리지 않고 있다. 핵무기와 장거리 미사일 개발은 우리에게 큰 위협이 되고 있다.

이 연구에서는 북한의 휴전전략 배경, 휴전전략을 위한 전쟁지도, 한반도 휴전체제가 갖고 있는 문제들을 소련·중국의 새로운 자료를 통해 분석함으로써 통일을 대비하고 한반도에 평화를 정착시키는 방안을 모색하고자 한다.

---

2) 국방군사연구소, 『한국전쟁 피해통계집』(서울 : 국방군사연구소, 1996). p. 135.
3) 국방군사연구소, 위의 책, pp. 33~34.

## Ⅱ. 북한의 휴전전략 배경

이종학 선생님께서는 군사전략이란 군대를 운용하는 방책으로서 군사목표 달성을 위해 그 실천을 통제하며, 군사행동의 방향뿐만 아니라 일단은 전투를 하게 되면 전세를 유리하게 인도하여 그 결과를 결정적으로 확대하기 위한 방책[4]으로 정의하였으며, 국가전략은 국가의 목표를 달성하기 위하여 평시 및 전시에 있어서 국방 군사력을 위시한 국가의 정치력, 경제력 및 심리적 역량을 발전시키며 응용하는 기술과 과학[5]으로 정의하였다.

가장 훌륭한 국가전략은 적의 전쟁하려는 의도를 분쇄하는 일이고, 그 다음은 적의 동맹관계를 끊어 고립시키는 일이다.[6] 또한 한 나라의 군사전략은 그 국가가 위치하는 지정학적·전략적 환경에 따라 서로 다르기 마련이다. 예컨대 대륙국·해양국의 군사전략이 다르고, 우리나라처럼 반도국의 군사전략이 다르게 마련이다.[7]고 주장하였다.

이러한 국가·군사전략과 전쟁의 정치적 목적을 바탕으로, 북한의 6·25전쟁 휴전전략 배경을 뷰석해 보면 휴전협상에 임하는 각국의 이해관계는 다양하였으나, 한국정부를 제외한 어느 누구도 전쟁이 지속되는 것을 원치 않았다.

중국은 위신이 크게 신장되고 군대가 소련(현, 러시아) 무기로 무장되었기 때문에 처음에는 6·25전쟁에서 이익을 보았다. 그러나 전쟁은 내전으로 황폐화된 중국을 재건하는 데 필요한 훈련된 인적 및 물적 자원을 소진시켰다. 중국의 엄청난 인명 손실 또한 추가적인 부담이었는데, 1951년 6월까지 577,000여명의 인명 손실이 있었다. 전쟁이 38도선에서 교착상태에 들어간 이후, 중국은 최고의 명성을 얻었고, 더 이상의 전투는 더 많은 희생자를 내기 때문에 전쟁을 종결하는 것이 중국에게는 최상의 이익이었다.

반면 북한은 6·25전쟁으로 거의 이익을 거두지 못하였다. 1951년까지 북한은 많은 인력 손실을 당했다. 북한 영토는 황폐화되었고, 최악의 상태에 있었다. 경제 파탄으로 다른 공산국가로부터의 식량 보급이 없다면 기아로부터 헤어날 수 없게 되었다. 1951년 6월경, 북한의 사기는 바닥에 닿을 정도로 위험 수위에 있었으므로 북한정부로서는 휴전만이 최

4) 이종학·길병옥 편저, 앞의 책, p. 43.
5) 이종학, 『전략이론이란 무엇인가』(대전 : 충남대학교출판부, 2006), p. 36.
6) 이종학, 위의 책, p. 5.
7) 이종학, 『군사이론과 군사교육의 연구』(경주 : 서라벌군사연구소 출판부, 1997), p. 54.

상의 선택이었다.[8]

이렇듯 김일성이 1951년의 상황에서 휴전을 고려할 수밖에 없었던 데에는 미국이 개입하리라는 것을 예상하지 못한 북한은 미군의 참전으로 이미 전의를 상실하였다고 볼 수 있다. 비록 개전 초기에 군사적 승리를 거두었으나 낙동강 선에서 모든 전력을 거의 소진하였고, 소련(현, 러시아)은 미국과의 전면전을 피하기 위해 북한에 공개적으로 지원할 수 없었다.

따라서 1950년대 말부터 북한은 더 이상 자력으로 전쟁을 수행할 수 없게 되었고, 중국과 소련(현, 러시아)의 지원에 의존하여, 전쟁의 주도권을 중국에게 이양하는 결과가 되었다. 특히 이러한 요소들은 북한의 군대와 인민들의 사기를 극도로 저하시키는 원인이 되어 북한이 할 수 있는 것은 휴전 밖에는 대안이 없었다고 볼 수 있다.

## Ⅲ. 휴전전략을 위한 전쟁지도

6·25전쟁(1950. 6. 25~1953. 7. 27)은 제2차 세계대전이 끝난 후 냉전체제하에서 자유진영과 공산진영이 최초로 싸운 전쟁이었고, 휴전회담도 양대 진영 간의 최초의 협상이었다. 2년(1951. 7. 8~1953. 7. 27)여에 걸친 휴전회담 기간의 군사작전은 휴전회담 추이와 밀접한 관련 하에 전개될 수밖에 없었다.

최근 중국의 자료들이 공개되면서 6·25전쟁에 대한 새로운 분석이 나오고 있다. 중국인민지원군 부사령관 홍학지는 6·25전쟁 회고록에서 "전쟁은 단순한 군사행동이 아니다. 외교투쟁과 긴밀하게 결합하는 것이다."라고 하며 1950년 10월 2일 미군이 38선을 넘었을 때 소련·중국 등은 제5차 유엔총회에서 평화적 해결을 제안했으나 미국이 거절했고, 중국군이 미군을 37도선까지 밀어붙인 상태에서 미국이 1951년 1월 11일 돌연 휴전회담을 하자고 제안했다. 그리고 '유엔 한국전 휴전 3인위원회'가 제출, 통과시킨 평화적 해결안은 한반도에서 즉시 휴전을 실시하면서 유엔이 한반도에 통일정부를 세우는 한편 미국, 영국, 소련, 중국 등 4개국 대표가 극동문제의 해결을 위해 협의하자는 내용이었다고 한다.

---

8) 국방군사연구소, 『한국전쟁』(하)(서울 : 국방군사연구소, 1997), pp. 441~442.

이때 팽더화이(彭德懷) 중국군사령관은 미군이 화해의 신호를 보내왔을 때 지금 회담을 하는 것이 많은 지역을 손에 넣고 있는 데다 동지들의 희생을 줄일 수 있어 중국 측에 유리하다고 판단했다. 그러나 당시 중국의 마오쩌둥(毛澤東) 생각은 지금 휴전회담을 할 필요가 없으며, 미국의 휴전 제의는 중국군의 공격 속도를 늦추려는 계책이라는 판단을 하고 있었다고 한다.[9)]

앞장에서 살펴보았듯이 북한 김일성은 휴전을 바라고 있었다. 1951년 5월 말 미국이 화해의 분위기를 던지자 김일성은 6월 초 북경으로 마오쩌둥, 저우언라이(周恩來)를 찾아가 휴전회담에 관한 방침과 방안 등을 논의했다고 한다.

또한 북한의 김일성은 유엔주재 소련대사 말리크의 교전 쌍방이 휴전하고 군대를 38선 양쪽으로 철군하자는 연설에 대해 북한의 입장을 대변하는 것이라고 하였으며, 중국군사령관 팽더화이의 성명발표 하루 전날 김일성은 중국의 마오쩌둥에게 전보를 보내 자신의 의견을 제시하였다고 한다. 마오쩌둥은 7월 2일 승낙하면서 본국의 리커눙(李克農 : 중국 외무부부장)을 공산군측 휴전회담 대표로 지명했다고 한다.[10)]

이렇게 북한 김일성은 휴전전략을 위한 전쟁지도를 중국과 소련에 의해 조정 받고 있었으며, 사실상 휴전회담의 주도권을 장악하기 위한 수단으로 공세전략을 하였음이 홍학지의 회고록에서 확인되었다.

중국과 북한대표단을 이끄는 리커눙은 휴전회담(1951. 7. 10)이 있기 전날 밤 전체회의를 소집하여 최초 휴전회담에서 제시할 휴전전략 세 가지 원칙은 "양측은 즉각 전투를 중단하고, 비무장지대 설치를 위해 38도선에서 군대를 철수시키며, 모든 외국군은 한반도에서 철수 한다"는 것이다. 또한 협상에 관한 네 가지 준수사항을 강조했다. 첫째, 세계 인민들 앞에서 평화를 위한 중국의 원칙을 명백히 밝혀야 하고, 둘째, 휴전회담은 중국의 통제지역에서 열려야 하며, 셋째, 회담 또한 "전투"라고 말했다. 대표단은 군사적이 아닌 정치적 전쟁을 하는 것이다. 언제나 전략적 배경에서 대표단의 정치적 목표를 설정하고 특정사항에 대해서는 상대측이 먼저 행동한 후에 공격해야 한다. 마지막으로 휴전회담이 단 일초라도 전장에서의 상황과 별개의 문제로 여겨져서는 안 되며, 연락장교는 전장의 새로

9) 홍학지, 『중국이 본 한국전쟁』(파주 : 한국학술정보, 2008), pp. 316~318.
10) 홍학지, 위의 책, pp. 320~321.

운 상황변화를 즉각 대표단에게 알리도록 했다.[11]

1951년 7월 10일 최초 본회담에서 공산군 측에서는 남일南日 인민군 총참모장을 단장으로 5명의 대표가 참석하였다. 공산군 측 남일은 기조연설을 통해 1950년 6월 25일 이전으로의 원상회복에 목표를 두고, 쌍방 적대 군사행동의 중지, 38도선을 군사분계선으로 하여 철수, 모든 외국군은 한국에서 철수 등을 회담의 내용으로 할 것을 주장하였다.[12] 이러한 모든 주장은 중국·소련의 조종에 의해 움직이고 있었다.

이와 같이 북한의 휴전전략은 휴전을 하되 전쟁 이전의 38선을 군사분계선으로 하는 전략을 목표로 하여 전선에서는 갱도진지를 구축하여 적극적인 진지 방어전을 전개하고 휴전회담과 연계한 밀고 밀리는 공방전을 하였으며, 특히 1953년 5월부터 중국군은 포로 석방문제로 난항을 겪고 있는 휴전회담의 조속한 실현을 위해 한국군을 주요 공격목표로 정하여 집중공격을 하였음이 확인되었다. 그 결과 중부전선의 금성돌출부 절반을 점령하며 막판 휴전회담의 주도권을 잡았다.

## Ⅳ. 휴전협정 체결

휴전협정(the Korean Armistice Agreement)은 한반도에서 전쟁의 상태를 정지시키고 현실적으로 휴전상태를 가능케 한 유일한 법적·제도적 장치라고 할 수 있다.[13] 1953년 7월 유엔군 측과 공산군 측 간에 체결된 군사협정인 한반도 휴전협정은 한반도의 전쟁억지 또는 평화의 기본 틀로서 기능을 해왔고, 불안정하긴 해도 한반도의 평화는 이러한 휴전협정에 의해 유지·관리되어왔다.

1951년 6월 23일부터 시작된 휴전협상은 1953년 7월 27일 오전 10시 판문점에서 개최된 제159차 본회담에 유엔군 측 해리슨(Wolliam K. Harrison) 중장과 북한 측 남일의 휴전협

11) 공군본부, 『중국군 장군들의 한국전쟁 회고』(계룡 : 공군본부, 2004), pp. 259~262.

12) 서용선, 『한반도 휴전체제 연구』(서울 : 국방군사연구소, 1999), p. 17.

13) 휴전(休戰, armistice)과 정전(停戰, truce)은 혼용되고 있지만, 엄밀히 말한다면 휴전과 정전은 차이가 있다. 휴전은 정치적 목적을 두고 당사국간의 협정에 의한 적대행위의 중지를 말하는 반면, 정전은 군사적인 목적을 두고 쌍방 군사령관 간에 적대행위의 정지를 말한다. 휴전은 정전의 상위개념이라 할 수 있으며, 휴전은 다시 부분적 휴전(partial armistice)과 일반적 휴전(general armistice)으로 구분된다. 차기문(2003. 6), p. 9.

정문서에 서명으로 12분 만에 체결되었다. 이때 한국정부는 휴전을 인정할 수 없다고 하여 대표를 참석시키지 않았다. 이 협정은 곧 문산에서 클라크(Mark W. Clark) 유엔군 총사령관에 의해, 또 평양에서 북한의 김일성과 팽더화이에 의해 확인되었다.[14)]

쌍방의 대표들이 무려 2년 1개월에 걸친 총 575회나 되는 기나긴 마라톤회담을 거듭한 끝에[15)] 1953년 7월 27일에 조인된 휴전협정은 전문 5조 63항으로 이루어져 있으며, 휴전협정의 목적은 막대한 고통과 유혈을 초래한 한반도의 군사 충돌을 정지시키고자 최종적인 평화해결을 이룩할 때까지 적대행위와 모든 무장행동의 완전한 정지를 보장하는 휴전을 확립하는 데 두고 있다.

이를 위해 휴전협정은 ① 체결 당시의 현 접촉선을 군사분계선으로 삼아 폭 4km의 비무장지대(DMZ : Demilitarized Zone)를 설정하여[16)] 이를 완충지대로 삼고, ② 정전의 구체적인 보장책으로서 쌍방이 군사인원, 군사무기 및 자재 등을 보충할 경우에도 정전성립 당시에 보유하고 있던 정도를 초과하지 못하도록 했으며, ③ 정전의 충실한 실시와 규제조치의 올바른 집행을 위해 군사정전위원회 및 중립국 감시위원회를 두고 그 하부기구를 각각 운영함을 주요내용으로 하고 있다.

## V. 결 론

오늘날 우리는 북한의 핵무기·장거리 미사일에 위협을 받고 있으면서, 북한에 식량을 지원하고 개성공단과 금강산 관광을 추진하는 현실이 새로운 통일의식과 안보의식의 조화를 모색하여야 할 필요성을 나타내 주고 있다. 주변국과 북한을 상대로 국가 지도자의 올바른 판단과 협상전략이 절실히 필요할 때이다.

본 연구에서 중국·소련의 자료를 중심으로 그간 잘 알려지지 않았던 새로운 사실을 알게 되었다. 미국은 1951년 1월 휴전을 제안하면서 한반도에 통일정부를 세우고 미국, 영국, 소

14) 김강녕, 『남북한관계와 군비통제』(부산 : 신지서원, 2008), pp. 423~424.
15) 김학준, 『한국전쟁』(서울 : 박영사, 2003), p. 307.
16) 비무장지대는 휴전협정에 따라 한반도 중부지역 243km를 동서로, 이를 기준으로 남북으로 각 2km씩 4km 폭으로 갈라놓은 지대이다. 해역까지 합친 총길이는 448km이며, 520㎢이다.

련, 중국 등 4개국 대표가 극동문제 해결을 위해 협의하자고 제안했으며, 1951년 6월경 미국, 소련, 중국, 북한, 한국의 입장에서 전쟁이 누구에게도 도움이 안 된다는 결론에 도달하고 있었다는 사실을 밝힘으로써 '휴전협정' 성립의 국제적 환경을 규명하고 있다.

또한 스탈린이 북한으로 하여금 한반도를 무력통일 하도록 한 것이 일차적으로 미국이 아닌 중국을 의식했기 때문이라는 해석이 있다.

중국의 마오쩌둥은 "전선에서 승리를 거두면 거둘수록 담판 테이블에서 주도권을 잡게 마련"이라고 강조하여 중국군은 휴전회담과 연계된 하계 반격을 하였다.

미국의 포로송환 반대로 회담이 교착상태에 빠질 때 중국은 회담과 보조를 맞추기 위해 당초 6월 초 개시하려던 하계 반격을 5월 중순으로 앞당겨, 한국군 8사단을 공격하여, 미국 측으로부터 전쟁포로 송환문제에 합의를 받아냈다. 휴전회담의 뚜렷한 진전이 가시화된 것이다.

또한 이승만 대통령이 휴전협정에 반대하며 서울에서 대규모 군중집회가 열렸던 시기, 중국군은 최초 서부전선의 미군을 주공격대상으로 했던 계획을 변경해 동부전선의 한국군을 주요목표로 공격하였으며, 미군은 중대 이하 소규모 병력을 공격하고, 다른 국가의 군대에 대해서는 아예 공격을 하지 않았다는 사실이다. 이 시기에 한국군은 금성지구전투에서 심대한 타격을 입었으며 이로 인해 군사분계선을 3번 변경 하게 되었다.[17] 휴전전략의 중요성을 깨닫게 하는 대목이다.

-참 고 문 헌-


• 공군본부, 『중국군 장군들의 한국전쟁 회고』, 계룡 : 공군본부, 2004.
• 국방군사연구소, 『한국전쟁』하, 서울 : 국방군사연구소, 1997.
• 국방군사연구소, 『한국전쟁 피해통계집』, 서울 : 국방군사연구소, 1996.
• 국방부 군사편찬위원회, 『군사』 63호, 서울 : 국방부 군사편찬위원회, 2007.
• 국방부 전사편찬위원회, 『한국전쟁 휴전사』, 서울 : 국방부 전사편찬위원회, 1989.


17) 1차 설정, 51년 11월 27일, 2차 조정, 53년 6월 17일(1차 때보다 140㎢ 더 남쪽으로 내려감). 3차 조정, 53년 7월 27일(2차 군사분계선에서 192.6㎢ 남진했다).

• 김강녕, 『남북한관계와 군비통제』, 부산 : 신지서원, 2008.
• 김학준, 『한국전쟁』, 서울 : 박영사, 2003.
• 서용선, 『한반도 휴전체제 연구』, 서울 : 국방군사연구소, 1999.
• 이종학, 『군사이론과 군사교육의 연구』, 경주 : 서라벌군사연구소 출판부, 1997.
• 이종학, 『전략이론이란 무엇인가』, 대전 : 충남대학교출판부, 2006.
• 이종학·길병옥 편저, 『군사학 개론』, 대전 : 충남대학교출판부, 2009.
• 척 다운스, 『북한의 협상전략』, 서울 : 도서출판 한울, 1999.
• 한국정치외교사학회, 『한국전쟁과 휴전체제』, 서울 : 집문당, 1998.
• 홍학지, 『중국이 본 한국전쟁』, 파주 : 한국학술정보, 2008.

# 군사학의 발전방향

## Ⅳ. 민군관계 (가나다순으로 게재)

# 19. 군산복합체의 육성에 관한 연구

박사과정 1기 이명숙


풍석 이종학 선생님께서는 군사학(military art and science)을 언제나 푸르고 우뚝 솟은 거송으로 성장할 수 있도록 밑거름이 되어 학문으로 승화·발전시키셨다. 이번 이종학 선생님의 팔순을 진심으로 감축 드리며, 앞으로 더욱 건강하실 것을 기원 드리는 바이다. 팔순 기념논문집 발간이 그 동안의 선생님의 노고에 조금이나마 위안이 되기를 기대해 보며, 아울러 이번 기회에 이 제자도 군사학의 발전에 미력하나마 기여할 수 있기를 바란다.

## Ⅰ. 서 론

본 논문은 한반도에서 한민족의 번영과 평화통일정책을 추구하기 위한 전쟁억지력을 구비하기 위해서[1] 군사력의 증강과 경제력을 동시에 향상시킬 수 있는 방안의 하나로 군

1) 이종학, 『한국군사사 서설』, 서라벌군사연구소, 1991, p. 374.

산복합체(military-industrial complex) 육성의 필요성에 대한 연구이다. 현실적으로 경제가 안보에 중요한 영향을 미치고 있으며 안보의 변화는 정치·군사적 측면에서 경제·기술 위주로 바뀌고 있어 이 분야에서도 경제의 중요성은 더욱 확대되고 있다. 현대의 전쟁은 군수전이다. 전쟁에서 승리하기 위해서는 전략이 중요하지만 풍부한 자원도 뒷받침되어야 한다. 냉전 구도가 해체되면서 군사적인 대립은 차츰 줄어들 것으로 예상되었지만, 실상은 곳곳에서의 전쟁과 갈등으로 얼룩져 있으며, 각 국은 군사적 능력을 확대시키기 위하여 치열한 경쟁을 벌이고 있다.

이 연구에서는 군산복합체에 대한 기본적인 이해를 돕기 위하여 군산복합체의 개념과 한국의 군산복합체에 대해 살펴보고 우리나라 상황에서의 군산복합체의 필요성과 육성방안을 모색해 본다.

## II. 군산 복합체의 개념과 한국의 군산복합체

군산복합체(military-industrial complex)의 정의는 학자에 따라 다르고, 보는 시각에 따라서도 다르며, 국가마다 그 형태와 내용도 다르다. 그러나 대체적으로는 군부와 방위산업체 사이의 상호 의존체제로 군산공동체라고도 한다. 특히 오늘날 군산복합체라고 하면 보통 대규모 군수산업체를 뜻하는 것이다. 군비를 증강하고 정치적 영향력을 강화하려는 군부의 요구는 결국 군수산업체의 이윤 축적으로 구현되고, 군수산업체의 축적 논리는 지속적인 군비증강을 가능하게 하는 구조적 요인으로 작용하기 때문이다.[2] 군산복합체는 조직적 단일체가 아니라 공식적·비공식적 네트워크이며 사실상 군·산·학 복합체로 존재한다. 군산복합체의 핵심은 경제, 정치, 군사의 3대 권력 엘리트들의 결합[3]이며 군비의 확장을 둘러싸고 공통의 이해관계를 공유하는 비공식 네트워크(informal network)를 의미한다. 이러한 군산복합체는 오늘날 군사화의 가장 강력한 추진주체이다.[4] 군산복합체라는 네트워크는 현대사회의 핵심적인 권력관계이다. 전쟁의 대규모화와 무기체계의 복잡화에 따라

2) 김진균·홍성태, 『군신과 현대사회』, 문화과학사, 1996, pp. 45~46.
3) Mills C. Wright, 『The Power Elite』, 1956. 진덕규 역, (한길사, 1978), p. 243.
4) 김진균·홍성태. 앞의 책, p. 27.

정치세력으로서 군부가 등장하고, 군사정책은 군의 의사결정을 따를 수밖에 없게 되었다.

군산복합체는 미국에서 2차 대전 이후 국방성의 설립과 더불어 핵심 권력 작용과 산업의 독점자본의 형성을 의미하는 거대한 체제로 굳어지고 있다. 일본의 경우 근대화 과정에서 군수산업의 기여가 널리 인정되고 있어 정부, 군대, 그리고 중공업으로 구성된 일종의 삼자연맹은 1880년대 이래로 일본의 경제발전 패턴을 형성하였다.[5]

한국에서는 1970년대 초 '자주국방' 의지에 따라 국가에 의한 방위산업의 육성책으로 중화학공업의 발전을 선도하였고, 1980년대에는 업체의 자율적 운영을 유도했으나, 국가지정 품목을 생산하는 수동적 운영을 해왔다. 각종 법률과 규정도 경쟁을 유도하기 보다는 방위산업체의 이탈을 막기 위한 통제체제로 구축되었다.[6] 한국에서의 군산복합체의 구성체는 국가의 방위산업 육성이라는 과정을 통하여 형성되었고 현재도 완전한 형태의 핵심과 주변을 제도화시키지 못하고 있다. 한국의 군산복합체는 방위산업체가 민수를 겸하고 있어 재벌연합이 군산복합체로서 성격을 강하게 띠지 않고 있다는 점에서 미국의 군산복합체와 차이가 난다. 한국의 방위산업체는 현재 84개로 주요 방위산업체로는 한국항공우주산업(KAI), 삼성테크인, 삼성탈레스, 넥스원퓨처, 두산인프라코어 등이 있다.[7]

## Ⅲ. 군산복합체 육성의 필요성

군사력과 경제력을 동시에 향상시켜서 국력을 강화시킬 수 있는 군산복합체를 육성시킬 필요성은 한국의 안보환경의 중요성과 과학기술의 발달과 미래전의 특징에 맞는 대비를 하기 위함이다. 군사력의 본질적 기능은 자국의 의지를 상대에 강제하는 정치목적 달성의 물리적 강제력임과 동시에 자국의 안전을 보장하기 위한 타국의 이기적 정치목적 달성에 저항하는 기능[8]을 가지고 있다. 군사력의 효율성은 적절한 기능을 통하여 나타나는데 군사력을 보유하고 있는 국가의 의지에 따라 다를 수밖에 없다.

---

5) Raimo Vayrynen, 『군수산업과 경제발전』, 이내주 역(육군사관학교 화랑대 연구소, 2002), p. 54.
6) 김정기, 『한국 군산복합체의 생성과 변화』(연세대학교, 1995), pp. 14~16.
7) http: // www. naver.com (2009. 6. 20.)
8) 육군사관학교 화랑대 연구소, 전게서, pp. 54~57.

## 1. 한국의 안보 환경

한국의 안보환경은 여전히 불안과 갈등을 내포하고 있다. 북한과의 대립·갈등은 물론이고 한반도 특유의 지정학적 여건으로 주변 국가들로부터 많은 영향을 받고 있다. 더욱이 2006년 10월 9일 북한 핵실험이 시행된 이후 북한의 핵 보유가 현실로 나타나고 연이은 장거리 미사일의 발사실험으로 핵 위협이 구체적 위험으로 등장하고 있다. 북한의 핵 해결을 위한 6자 회담이 개최되고 있지만 그 성공여부는 여전히 불명확하며 기존의 재래식 무기와 대량의 화학·생물무기와 더불어 핵·미사일 등 북한의 군사적 위협이 계속되고 있다. 북한의 권력세습으로 인한 사회불안도 좌시할 수 없다. 현대의 경제위주 사회에서 불안한 안보환경에 대비하면서 경제발전에 기여 할 수 있는 방안 중의 하나가 바로 군산복합체의 육성에 관한 것이다. 국가안보와 정치·경제·환경·사회 분야의 상호관련성은 중요하다.[9] 국가안보 개념은 절대안보에서 공동안보, 협력안보 개념으로 발전되었으며 최근 글로벌 거버넌스(Global Governance)가 진행되면서 다차원, 다원인적, 포괄적, 총체적, 체계적 안보개념이 종합적 정책과학으로서 정착되고 있다.[10]

과거에는 주로 군사적인 위협을 배제하는 것에 주안점을 두었지만 현대에 와서는 국가내부에서 발생하는 비군사적인 위협요인도 중요하다. 또한 안보를 위협하는 요인들이 국가들 간의 관계에 국한되는 것이 아니라 자원의 고갈, 기상이변, 대량파괴무기의 확산 등 초국가적인 영역으로 확장되고 있어 국가안보의 개념도 포괄적인 안보관이 설득력을 얻고 있다.

## 2. 과학기술의 발달

과학기술의 발달에 따라 새로운 무기의 등장과 이에 따른 연구, 새로운 무기체계 생산, 현대 무기의 운영체계에 적합한 군산복합체의 활성화가 요청되고 있다. 21세기의 과학기술은 혁명성을 띠고 있으며 핵무기를 비롯한 정보·지식기술혁명, 기계전자 기술혁명, 재료기술, 생명과학기술 등의 전개로 인류에게 무한한 가능성을 열어주고 있다. 과학기술의

9) 한용섭, 「평화의 군사안보」, 『21세기 평화학』 하영선 편, 풀빛, 2002, pp. 198~199.
10) 조명현, 『한국의 국가안보』, 교학연구사, 1997참조.

발전은 무기체계의 성능과 형태에 일대 혁신을 초래하여 무기의 사거리, 정확도, 파괴력 등의 발전적 추세와 이에 대한 대응 무기체계와의 경쟁적 발전관계는 계속 추가적인 장치를 부가시킴으로써 무기체계를 확장시키고 복잡성을 한층 더 야기 시키고 있다.

한국의 현 국방과학기술 수준은 선진국에 비하여 상당히 낮다. 이는 지난 1970년대 중반 이후 전력증강 투자 사업이 대부분 해외도입에 의했고 국방 연구개발비의 규모 및 비중이 매우 낮은데 기인한 것이다. 우리의 국방과학기술은 스텔스와 생명·환경 분야가 가장 낙후되어 있고, 추진, 에너지·물질변환, 유체역학, 구조·기기 분야가 60%선, 센서, 신호처리 65%, 정보통신·전자 제어, 소자·전자분야가 70%선, 체계공학기술이 75%로 가장 우수하지만, 선진국에 비해 많이 뒤떨어져 있다.

급변하는 과학기술의 발달로 인간의 생활방식은 물론 전쟁에서의 패러다임도 변화하고 있으며, 새로운 전쟁수행방식으로 발전하고 있어, 이에 따른 새로운 무기체계의 연구개발이 요청되고 있다. 우리 스스로 발달된 과학기술을 활용하여 우리 상황에 맞는 새로운 무기체계를 개발하고 이의 생산을 위한 방위산업을 육성하기 위하여 군부와의 관계와 상호 연관요소들과의 결합인 군산복합체의 양성이 더욱 바람직하다.

## 3. 미래전의 양상

세계가 정보사회로 변환됨에 따라 전쟁양상도 지식·정보의 상대적 지배성과 독점성이 승패 여부를 결정하며, 파괴의 탈 대량화, 공중 우주의 통제의 중요성, 로봇의 기능 및 역할, 군대조직의 네트워크화와 임무 중심의 변모를 거듭하고 있다. 전쟁은 국가의 존망과 국민의 사생에 깊은 관계가 있기 때문에 어떻게 대처해야 할지 더욱 중요하다. 21세기 정보사회에서는 인간의 생산방식에 지식·정보가 중요하듯이 전쟁에서도 지식·정보의 상대적 확보가 승패 여부를 좌우한다. 더 나은 미래를 지향하고 평화를 유지하기 위하여 새로운 전쟁 패러다임에 대한 연구를 통하여 선진국의 새로운 정보와 지식, 우리 상황에 맞는 새로운 군사기술을 활용한 무기와 전쟁양상에 맞는 군산복합체가 요구되고 있다. 미래전쟁은 군수전이라고 할 정도로 무기체계와 장비, 기타 물자의 원활한 획득이 중요하기 때문에, 이를 위한 방위산업 중심의 군산복합체가 유용하게 활용되어야 한다.

## Ⅳ. 군산복합체의 육성방안

### 1. 민간기술과의 연계강화

군산복합체에서 군부와 더불어 핵심적인 위치를 차지하는 부문이 바로 방위산업체이며, 군산복합체의 육성은 방위산업체에 대한 것으로 보아도 무방하다. 우리나라 방위산업체의 한해 매출액은 4조원을 넘는 정도로 액수는 크지만 뚜렷한 증가 없이 몇 년째 제자리 수이며, 수출 비중도 미약하다. 군사적인 목적을 추구한 연구개발은 많은 자금이 소요되는 반면, 특수한 분야의 기술이기 때문에 민수용民需用으로 응용할 수 없다는 약점을 가지고 있다. 그러나 최근에는 군사기술의 민간기술에의 파급효과(spin-off)와 민간기술을 이용한 군사기술의 발전효과(spin-on)가 연구되고 있어 그 연계효과가 부각되고 있다. 요즘 대기업들은 수익성이 낮은 방산부문을 분리하고 있고, 고급 인력들도 급여 수준이 상대적으로 낮은 방위산업체 취업을 기피하는 추세다.[11] 따라서 군사기술과 민간기술의 협력강화를 위한 제도적 장치를 마련하여 민간의 참여를 확대시켜야 한다.

### 2. 정부지원과 예산의 확대

한국의 군산복합체는 국가주도로 시작하여 민간소유, 민간운영형태(Co-Co : Company Owns Company Operation)로 운영되고 있다. 그러나 현실적으로 군산복합체의 발전에는 중앙정부의 의지가 가장 큰 영향을 미치고 있다고 할 수 있다. 따라서 중앙정부의 지원과 예산 강화가 요구된다. 현재 방위산업이 답보상태지만 정부에서 국가 경쟁력 차원으로 지원액을 늘린다면 고부가가치 산업으로 도약할 수 있을 것이다.

국방 연구개발비를 크게 늘리고 집중적인 관심을 유도한다면 우리의 과학기술도 2025년경에는 비약적인 발전으로 일부분야에서는 선진국을 능가할 것으로 예측된다. ISR(정보, 감시, 정찰) 분야는 우주개발계획과 연계하여 센서기술, 고고도 무인 항공기 비행 및 장기체공기술 등을 발전시킨다. 지휘통제 네트워크 분야는 우리의 선진정보기술을 활용하

11) 매경 이코노미(2006. 10. 20.)

여 초고속 정보통신 계획, 초고속·광대역 무선중계기술 등을 활용하여 통신 중계용 위성·무인기·성층권비행선과 전장정보의 공유화를 추진한다. 정밀유도무기분야는 초음속·장 사정 추진기술, 고 기동 고정밀의 위치 및 유도기술을 전략적으로 육성 발전시킨다. 플랫폼 분야는 로봇, 미소기술, 인공지능, 연료전지 등으로 무인기기를 발전시키고 방호체계는 고성능 추적레이더, 요격 미사일 체계를 확보하고 정보보호, 정보마비, 전자전체계와 지향성 에너지 무기, 생물무기, 비 살상무기 등을 확보할 수 있다.

### 3. 지방자치단체의 방위산업체 유치노력

지방분권화 시대를 맞이하여 국가 경쟁력은 지방 경쟁력으로 가름할 수 있으며 국가 사무의 지방자치단체로의 이양이 주진되고 있다. 국방사무는 지방자치법 제11조 지방자치단체가 처리할 수 없는 국가사무 7가지 중에서 국가존립에 필요한 사무로 규정되어 있다. 그러나 지방분권시대에 걸맞게 지방자치단체에서도 그 역할을 분담하여 군산복합체와의 상호연계를 더욱 밀접하게 할 수 있는 방안을 모색해야 한다. 지방자치단체는 군사관련 위원회의 필요성을 인지하고 상호의견의 기회를 만들어야 하며 과학기술의 연구와 무기 등의 연구개발을 주요 업무로 하는 국방과학연구소(ADD)와의 유대관계를 공고히 하여 국방과학기술의 민간전수를 모색해 보아야 한다. 방위산업체의 유치를 통하여 지방자치단체는 군사기술발전에 기여할 뿐만 아니라 지역경제발전을 도모할 수 있다. 특히 대전광역시와 충청남도는 삼군 본부와 군수사령부, 군 관련 교육기관, 국방과학 연구소, 대덕 연구단지가 위치하여 군산복합체의 발전에 유리하기 때문에 방위산업체의 유치를 위해 더 많은 노력을 해야 한다.

## V. 결 론

한국에서의 군산복합체는 안보여건에 따라 '자주국방 의지'와 '국가 주도'의 인위적인 의도를 가지고 방위산업체의 지정과 육성, 이의 지원을 위한 국방과학연구소의 설립으로 형성되기 시작하였다. 한국의 군산복합체는 압력집단으로 군림하고 있는 미국의 군산복합체와는 그 태동이나, 형성여건, 구조 등에 있어 많은 차이를 보이고 있으며 또한 그 영향력이 부족한 실정이다.

한반도의 안보환경은 특히 유동적이기 때문에 첨단과학기술의 활용이 필요하며, 변화되고 있는 미래전에 대비할 수 있도록 방위산업을 중심으로 하는 군산복합체의 육성이 필요하다. 국민의 안보의식, 정치권의 의지와 함께 군산복합체의 육성을 통하여 국가의 경제발전과 안보를 동시에 추구해야 한다.

한 조직에서 어떤 시작이 성공적으로 이행되기 위해서는 환경의 변화가 있어야 하며[12] 변화를 위한 도입을 지원하기 위해서는 자원이 있어야 한다.[13] 이를 위하여 제도적 장치 마련을 통한 민간의 참여확대, 중앙정부의 의지강화와 예산의 지원, 군산복합체와 지방자치단체의 상호연계가 필요하다. 정부, 지방자치단체, 민간의 협력으로 군산복합체를 강화하여 현대사회에 알맞은 전력체계를 갖추고 다른 어느 국가나 북한의 위협에 철저한 준비를 하여 경제발전과 국민복지 향상을 도모해야 한다.

## -참 고 문 헌-


- 김진균·홍성태, 『군신과 현대사회』, 문화과학사, 1996.
- 김정기, 『한국 군산복합체의 생성과 변화』, 연세대학교, 1995.
- 김철환 외, 『국방행정』, 대명출판사, 2005.
- 이종학, 『한국군사사 서설』, 서라벌군사연구소, 1991.
- 조명현, 『한국의 국가안보』, 교학연구사, 1997.
- 한용섭, 「평화의 군사안보」,『21세기 평화학』, 하영선 편, 풀빛, 2002.
- Julia Melkers·Katherine Willoughby, "Models df Performance-Measurement Use In Local Government", *Public Administration Review*, March/April 2005. Vol.65, NO.2.
- Mills C. Wright, 『The Power Elite』, 1956. 진덕규 역, 한길사, 1978, p.243.
- Raimo Vayrynen, 『군수산업과 경제발전』, 이내주 역, 육군사관학교 화랑대 연구소, 2002.
- Streib and Willoughby forthcoming, Local Government as E-Governments. 2005.
- 매경 이코노미, 2006. 10. 20.
- http: // www. naver.com (2009. 6. 20.)


12) Streib and Willoughby forthcoming, Local Government as E-Governments. 2005, p. 234.
13) Julia Melkers·Katherine Willoughby, "Models df Performance-Measurement Use In Local Government", *Public Administration Review*, March/April 2005. Vol.65, NO.2. p. 181.

# 20. 한국군 예비전력제도에 관한 연구

순 서

박사과정 2기 이 영

## Ⅰ. 문제제기

### 1. 연구목적

급변하는 국내외 안보환경 및 미래전 양상 변화에 따른 예비전력 정예화는 과거에는 예비군 조직편성 및 관리체계가 부분적 수정되어 왔을 뿐 근본적인 변화는 미흡하였으나, 현재에는 예비군 관리 및 훈련 제도에 대한 개선이 다양하게 진행되고 있고 마일즈 장비, 서바이벌 장비 활용과 성과 위주 훈련 등 많은 분야에서 정착되고 있다. 그래서 미래에는 새로운 군 구조와 전력구조에 부합한 예비전력 정예화를 위해 문제점 및 발전방향을 제시하고자 하는 것이 본 논문의 목적이며 또한 국방개혁과 연계된 예비전력제도의 분석 및 평가를 통해 시스템을 검증하고자 한다.

## 2. 이론적 고찰

시스템 이론은 각 유기체 또는 변수들의 상호관계를 나타내는 이론으로서 부분들의 상호 의존성으로 인하여 기능이 발생하는 전체적인 것을 시스템이라 하고 이러한 시스템이 다양한 시스템 내에서 어떤 결과를 가져오는지를 연구하는 이론이다.[1] 본 논문에서 시스템 이론을 적용한 이유는 국내외 환경 변수 상호간의 관계를 분석하여 전체적인 국방환경 틀에서 예비전력제도를 분석하는데 적합하기 때문에 시스템 이론을 적용하였다. 또한 논문 주제와 시스템 다이내믹스와의 관련성은 한국군 예비전력제도 변천 등을 분석함에 있어 제도 등의 현황이 발전하는 동태적 상황을 분석한 것으로서 시스템의 특정 문제와 관련한 구조 및 시간의 흐름에 따른 변화를 정량적으로 분석하여 의사결정을 지원해 주는 방법이고, 시간의 흐름에 따른 동태적 변화와 요소들 사이의 인과관계를 나타내는 피드백 구조를 강조하는 측면에서 시스템 이론과 구별되며, 시스템 다이내믹스는 시스템 이론의 상호작용 정도를 평가하고 분석하기 위해 쓰이는 기법이므로 주제와 관련이 있다.

시스템 사고와 예비전력제도와의 연관성은 한국군 예비전력제도에 대한 분석을 함에 있어 동태적인 변화 유형, 순환적 피드백 구조, 사실적 요소를 바탕으로 한 분석적 사고와 통합적 사고의 조화를 강조하는 측면에서 접목을 시켰다. 즉, 시스템 사고는 모든 것이 다른 모든 것과 연관되어 있다는 것을 이해하고 시스템의 측면에서 세상을 바라보아 그 속의 순환적 관계성을 찾으려는 사고방식이라고 정의할 수 있다.[2] 그리고 인과지도 기법을 논문 주제에 적용시킨 이유는 예비전력 구조를 정성적으로 분석하고 문제점을 파악하여 해결책을 제시하고자 적용시켰으며 다시 말해, 시스템 다이내믹스 연구에서 가장 핵심적인 단계는 시스템의 피드백 구조를 파악하는 것이다.

---

1) James E. Dougherty, Robert L. Pfaltzgraff,Jr., *Contending Theories of International Relations*,(J. B. Lippincott Company, 1971), pp. 102~104.

2) Sterman, J. D., Business *Dynamics-System Thinking and Modeling for a Complex World*,(Irwin McGraw-Hill, 2000.)

〈 그림1-1 연구절차 〉

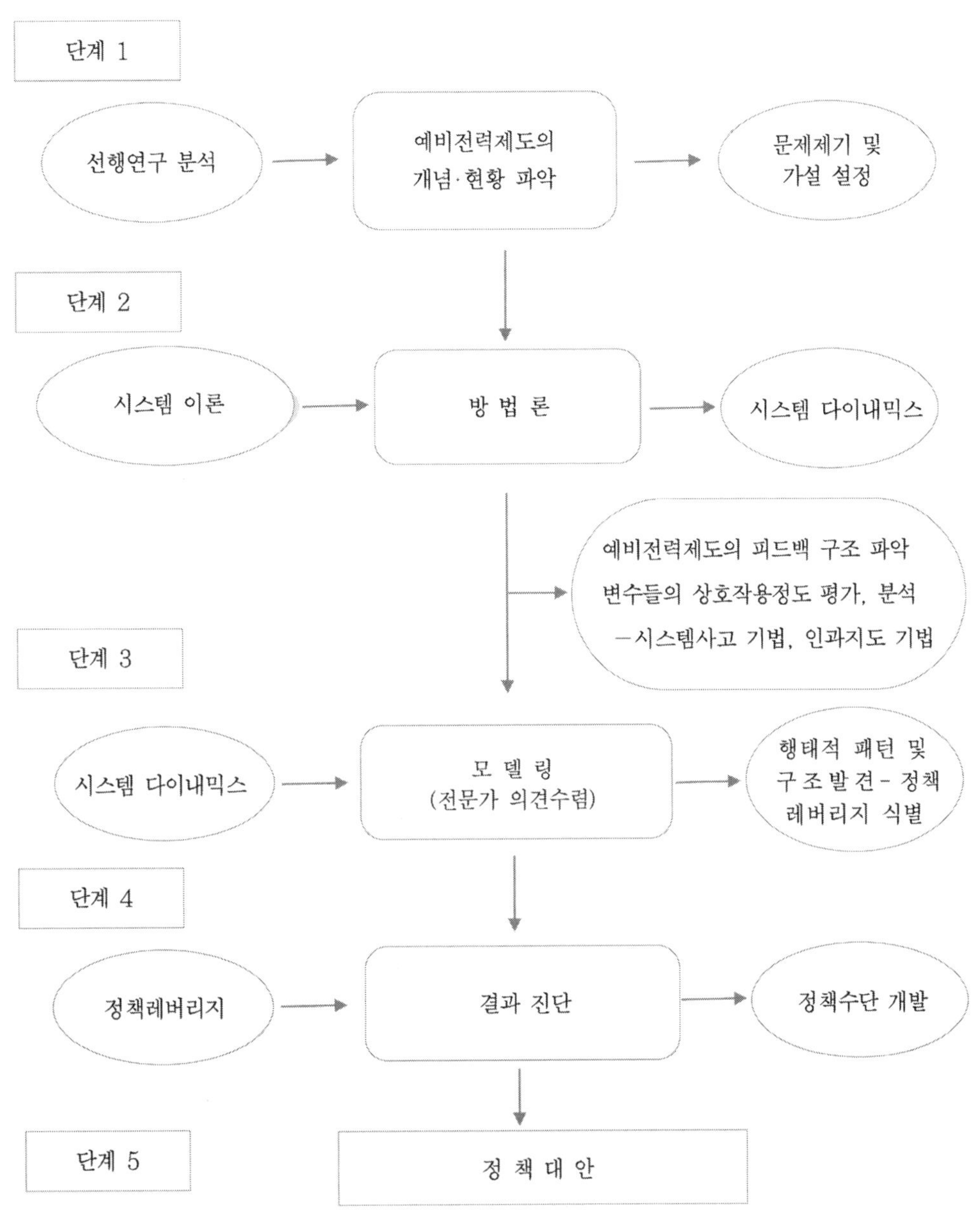

단계 1
선행연구 분석
예비전력제도의
개념·현황 파악
문제제기 및
가설 설정
단계 2
시스템 이론
방 법 론
시스템 다이내믹스
예비전력제도의 피드백 구조 파악
변수들의 상호작용정도 평가, 분석
-시스템사고 기법, 인과지도 기법
단계 3
시스템 다이내믹스
모 델 링
(전문가 의견수렴)
행태적 패턴 및
구조발견 - 정책
레버리지 식별
단계 4
정책레버리지
결과 진단
정책수단 개발
단계 5
정 책 대 안

〈 그림1-2 분석틀 〉

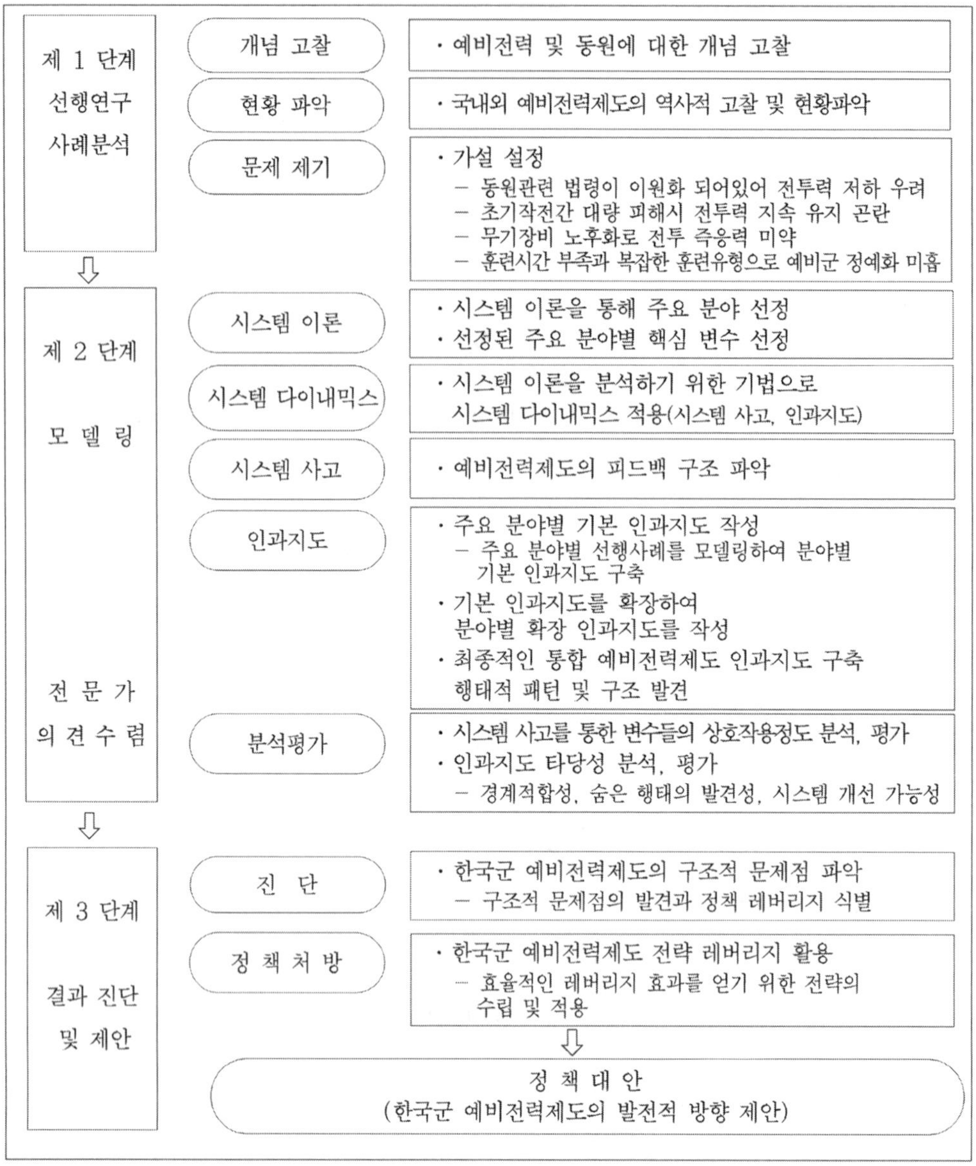

| 단계 | 구분 | 내용 |
|---|---|---|
| 제 1 단계<br>선행연구<br>사례분석 | 개념 고찰 | · 예비전력 및 동원에 대한 개념 고찰 |
| | 현황 파악 | · 국내외 예비전력제도의 역사적 고찰 및 현황파악 |
| | 문제 제기 | · 가설 설정<br>– 동원관련 법령이 이원화 되어있어 전투력 저하 우려<br>– 초기작전간 대량 피해시 전투력 지속 유지 곤란<br>– 무기장비 노후화로 전투 즉응력 미약<br>– 훈련시간 부족과 복잡한 훈련유형으로 예비군 정예화 미흡 |
| ⇩ | | |
| 제 2 단계<br>모 델 링<br>전 문 가<br>의 견 수 렴 | 시스템 이론 | · 시스템 이론을 통해 주요 분야 선정<br>· 선정된 주요 분야별 핵심 변수 선정 |
| | 시스템 다이내믹스 | · 시스템 이론을 분석하기 위한 기법으로<br>시스템 다이내믹스 적용(시스템 사고, 인과지도) |
| | 시스템 사고 | · 예비전력제도의 피드백 구조 파악 |
| | 인과지도 | · 주요 분야별 기본 인과지도 작성<br>– 주요 분야별 선행사례를 모델링하여 분야별 기본 인과지도 구축<br>· 기본 인과지도를 확장하여<br>분야별 확장 인과지도를 작성<br>· 최종적인 통합 예비전력제도 인과지도 구축<br>행태적 패턴 및 구조 발견 |
| | 분석평가 | · 시스템 사고를 통한 변수들의 상호작용정도 분석, 평가<br>· 인과지도 타당성 분석, 평가<br>– 경계적합성, 숨은 행태의 발견성, 시스템 개선 가능성 |
| ⇩ | | |
| 제 3 단계<br>결과 진단<br>및 제안 | 진 단 | · 한국군 예비전력제도의 구조적 문제점 파악<br>– 구조적 문제점의 발견과 정책 레버리지 식별 |
| | 정 책 처 방 | · 한국군 예비전력제도 전략 레버리지 활용<br>– 효율적인 레버리지 효과를 얻기 위한 전략의 수립 및 적용 |
| | ⇩ | |
| | 정 책 대 안<br>(한국군 예비전력제도의 발전적 방향 제안) | |

이러한 모델링 과정에서 일반적으로 인과지도[3]를 사용하며 시스템 사고를 통해 피드백 구조를 분석하고 문제점을 파악하여 그에 대한 해결책을 제시하는 것들이 모두 인과지도

3) Hall, R. I., "Casual Policy Maps of Managers : Formal Methods for Elicitation and Analysis", *System Dynamics Review*, 1994. ; Weick, K. E., *Cognitive Processes in Organizations, Research in Organizational Behavior*, 1979.

단계에서 이루어지기 때문에 무엇보다도 중요하다고 볼 수 있다.

## II. 한국군 예비전력제도 발전방향

시스템 이론에 의거 다음과 같은 가설들을 설정하였다.

첫째, 동원관련 법령이 이원화 되어 있어 전투력 저하가 우려된다. 현재 전시법과 평시법이 이원화되어 있어 국가 총동원제도를 원활하게 운용하기 위해서는 정부 부처별 산재되어 있는 법령을 통합하여 가칭 「동원 기본법」을 제정해야 한다. 전시 동원집행의 측면에서는 전시 자원관리에 관한 법률이 별도로 제정되어 있어 평시 동원자원관리 및 전시 집행이 이원화된 문제점이 있다. 즉, 전·평시 동원관련법인 비상대비 자원관리법(평시법)과 전시 자원동원에 관한 법률 및 긴급명령(전시법)을 통합·보완하여 「동원 기본법」을 제정해야 한다. 또한 위기상황에 다른 동원시행의 적시성을 보장하는 차원에서 동원령 선포요건을 국가 안위에 관계되는 중대한 교전상태에서 전시사변 또는 이에 준하는 국가비상사태로 완화해야 한다.[4)]

둘째, 초기작전간 대량 피해 발생시 전투력 지속 유지가 곤란하다. 군 구조개편과 관련하여 예비전력관리를 위한 별도의 조직이 필요함에 따라 향토사단별 동원지원대를 운용하여 평시 예비군 자원관리와 동원훈련, 장비 및 물자관리, 기타 지원사항 등을 수행할 수 있도록 발전시켜야겠다. 또한 전시 소요되는 인력·물자 및 업체 등 국가동원 자원을 체계적·효율적으로 관리·운영할 수 있는 정보체계를 구축할 수 있도록 자원관리부처와 정보 및 자료를 공유하여 국방 동원정보체계를 조기에 전력화시켜야 한다.

셋째, 예비군 무기·장비의 노후화로 전투력 발휘가 제한된다. 군 구조 개편과 연계하여 단계별로 예비군 규모를 조정하고 복무체계를 개선하여 예비군 정예화를 달성해야한다. 예비전력 관리기구 편성 및 운영으로 향토사단별 동원지원단, 시·군·구 단위로 향방대대, 연대급 권역별 통합으로 예비군 훈련대를 설치해야한다. 또한 적정 규모의 예비군을 편성하고 향방예비군 노후 무기를 M16 소총 등 현역 전력화 전환 장비로 교체하고 부족한 향

4) 길병옥, 「국방개혁과 연계된 동원·예비군제도 발전방안」, 2007, pp. 10~11.

방전투장구류 확보를 통해 전투력 발휘를 보장해야한다.

넷째, 예비군 교육훈련시간 부족과 복잡한 훈련 유형으로 예비전력 정예화가 미흡하다. 군 구조 개편 및 미래 안보환경의 변화에 맞는 예비군 훈련제도 개선을 통해 상비전력 수준의 예비전력 정예화를 달성해야한다. 예비군 훈련대와 연계한 권역별 예비군 훈련장을 통합하여, 현대화·과학화, 정형화된 주민 친화적 훈련장 설치 및 운영으로 효율적인 훈련을 실시하며 또한 사이버 원격교육 체계발전으로 상시 임무수행 가능상태를 유지하고 예비군들의 자발적인 훈련참여 유도와 훈련에 참여한 예비군에게 지급되는 훈련비를 실비 지급에서 생업보장 차원의 일비수준으로 점진적 현실화 추진 적용하고 있다.

## Ⅲ. 요약 및 결론

### 1. 가설 검증결과

첫째, "동원관련 법령이 이원화 되어 있어 전투력 저하가 우려된다"는 것은 동원관련 법령이 전·평시 이원화 되어있고, 동원령 선포요건이 엄격하여 동원의 적시성 및 실효성이 미흡함에 따라 이원화된 동원관련 법령을 통합, 정비하여 군사도발 및 테러 등 다양한 국가안보 위협에 효율적 대응해야 하기 때문에 설정하였으며, 분석틀에 의거 적용한 결과, 전·평시 동원관련법인 비상대비 자원관리법(평시법)과 전시 자원동원에 관한 법률 및 긴급명령(전시법)을 통합·보완하여 「동원 기본법」을 제정해야 하며 또한 위기상황에 다른 동원 시행의 적시성을 보장하는 차원에서 동원령 선포요건을 국가 안위에 관계되는 중대한 교전상태에서 전시사변 또는 이에 준하는 국가 비상사태로 완화하여야 한다. 따라서 단기적으로 비상대비 자원관리법을 개정하고, 장기적으로는 동원기본법 제정을 추진해야 한다.

둘째, "초기작전간 대량 피해 발생시 전투력 지속 유지가 곤란하다"는 것은 군 구조개편과 관련하여 예비전력관리를 위한 별도의 조직이 필요함에 따라 전시 전방지역 대량 피해 발생시 부대단위 보충을 위해 병력·장비, 물자·탄약·훈련을 패키지화하여 즉각 전투력을 발휘할 수 있도록 해야 하기 때문에 설정하였으며, 분석틀에 의거 적용한 결과, 향토사단별 동원지원대를 운용하여 평시 예비군 자원관리와 동원훈련, 장비 및 물자관리, 기타 지원사항 등을 수행할 수 있도록 발전시켜야겠다.

셋째, "예비군 무기·장비의 노후화로 전투력 발휘가 제한된다"는 것은 예비군 정예화를 달성해야 하는 것은 적정 규모의 예비군을 편성하고 향방대대 설치·운영하며 향방무기·전투장비 현대화를 통해 전투력 발휘를 보장해야하기 때문에 설정하였으며, 분석틀에 의거 적용한 결과, 향토사단별 동원 지원단, 시·군·구 단위로 향방대대, 연대급 권역별 통합으로 예비군 훈련대를 설치해야하며 또한 적정 규모의 예비군을 편성하고 향방예비군 노후 무기를 M16 소총 등 현역 전력화 전환 장비로 교체하고 부족한 향방전투장구류 확보를 통해 전투력 발휘를 보장해야 한다.

넷째, "예비군 교육훈련시간 부족과 복잡한 훈련 유형으로 예비전력 정예화가 미흡하다"는 것은 미래 안보환경 변화에 맞는 예비군 훈련제도 및 여건 개선을 통해 예비전력 정예화를 달성해야 하기 때문에 설정하였으며, 분석틀에 의거 적용한 결과, 예비군 훈련대와 연계한 권역별 예비군 훈련장을 통합하여, 현대화·과학화, 정형화된 주민 친화적 훈련장 설치 및 운영으로 효율적인 훈련을 실시하고 사이버 원격교육 체계발전으로 상시 임무수행 가능상태를 유지하고 예비군들의 자발적인 훈련참여 유도와 훈련에 참여한 예비군에게 지급되는 훈련비를 실비 지급에서 생업보장 차원의 일비수준으로 점진적 현실화 추진 적용해야한다.

## 2. 정책적 함의

오늘날 대부분의 국가들은 상비전력을 즉응전력 위주로 유지하면서 예비전력의 역할을 증대시켜 나가는 추세이다. 한정된 국가 재원으로 대규모 상비전력을 유지하기 위해서는 군사비 지출에 많은 제한을 받게 되므로 예비전력에 대한 의존도는 향후 더욱 증가될 것으로 전망된다. 최근 정부는 "국방개혁 2020수정안"을 발표하며 미래 한국 국방의 비전을 추진하고 있다. 이에 발맞추어 국가 동원분야에 있어서도 그동안 내재되어 있던 많은 문제점과 제한사항을 새로운 시각에서 재검토하여 혁신해 나가야 할 것이다.

우선 남북이 대치된 상태에서 통일 이전의 예비전력과 통일 이후의 한반도 전략적 위상의 예비전력 대안이 요구된다. 이를 위해서는 첫째, 통일 이전의 예비전력은 북한의 준군사부대와 경보병부대 등을 이용한 배합전과 북한 핵 보유 등 비대칭전력에 대비한 대비책이 요구된다. 이는 현재 대치하고 있는 명백한 위협에 대비하여야 함을 의미하는 것이다. 둘째, 통일 이후의 비핵화된 한반도 전략적 위상의 주변 4강에 대비할 수 있는 차원에서의 대비책이 필요하다고 하겠다. 이는 장차 통일 이후 한국의 잠재능력에 기초하여 향후 위협을 대비해야 함을 의미하는 것으로 인식이 가능할 것이다. 결론적으로 향후 국가 동원정책은 북한의 위협에 기초한 정책과 통일 이후 존재하게 될 주변 강대국에 대한 능력에 기초한 정책이 필요하다고 하겠다.

## -참 고 문 헌-


1. 국내문헌

- 국무총리비상기획위원회, 『세계동원의 역사』, 서울 : 비상기획위원회, 2004.
- 국방부, 『외국의 예비군 제도』, 서울 : 국방부, 2003.
- 국방부 동원국, 『외국의 동원제도』, 서울 : 국방부 동원국, 2003.
- 길병옥, 「국방개혁 : 혁신의 방향과 과제」, 『군사저널』제24호, 2007,
- _____, 「국방개혁과 연계된 동원·예비군제도 발전방안」, 2007.
- 김도훈 외, 『시스템 다이나믹스』, 서울 : 대영문화사, 1998.
- 문정성, 「미국의 예비군제도」, 서울 : 향토방위연구소, 1998.
- 문태훈, 「시스템 다이내믹스 발전과 방법론적 위상」, 서울 : 한국 시스템 다이내믹스학회, 2002.
- 손태원, 「시스템 다이내믹스를 활용한 경쟁전략 수립방안에 대한 연구」, 서울 : 한국 시스템 다이내믹스 학회, 2002.
- 육군본부, 『각국의 예비군 제도 연구』, 대전 : 육군본부, 1994.
- 육군본부, 『육군동원 50년 발전사』, 대전 : 군사연구실, 1998.
- _______, 『한국 고병서의 현대적 이해』, 대전 : 군사연구실, 2006.
- 이종학, 『미국의 동원제도 연구』, 서울 : 육군사관학교, 1991.
- 이필중, 『군사동원론』, 서울 : 국방대학교, 2003.
- 임성철, 「예비전력 동원업무 실용성 증진 방안 : 공군 동원업무체제를 중심으로」, 서울 : 국방대학교, 2007.
- 장병옥, 「국방동원의 과제와 전망」, 『연파 장병옥 교수 정년기념논문집』, 서울 : 한국국방연구원, 1996.
- _____, 「새로운 국제환경에 부응한 예비군제도 정립연구」, 대전 : KIDA, 2000.

• 장창규, 『세계의 국방인력 편람』, 서울 : 경희정보 인쇄(주), 2001.

• 정동훈, 『각국의군수지원체계』, 대전 : 육군 교육사령부, 2002.

• 정원영, 「21C 국가동원체제 발전방향」, 대전 : 육군본부, 2004.

• _____외, 「2005 국방동원체계 발전방향」, 서울 : 한국국방연구원, 2005.

• _____외, 『예비전력, 미래국방력 건설의 또 하나의 선택』, 서울 : 한국국방연구원, 2005.

• 조남인, 「국가 동원제도에 관한 연구」, 서울 : 국방대학교, 2002.

• 조영갑, 『국가 동원연구』, 서울 : 국방참모대학, 1999.

• 최기웅, 『국가 동원체제의 발전방향』, 대전 : 육군 교육사령부, 2002.

• 최진혁, 「우리나라 지방분권의 발전적 고찰」, 『사회과학연구』제13권, 대전 : 충남대학교 사회과학연구소, 2002.

• 한국국방연구원, 『국방 민간 인력의 발전 방향과 과제』, 2003.

• __________, 『세계 각국의 병역 및 동원제도』, 2000.

• 한국전략문제연구소, 『2005년 육군전투발전 미래지향적 인력설계 및 정책방향』, 2005.

• _____________, 『2004 육군전투발전 미래지상전개념 구현전략』, 2004.

• 한승준, 『조사방법의 이해와 SPSS활용』, 서울 : 대영문화사, 2006.

• 황동준, 『국방발전, 어떻게 할 것인가』, 서울 : 한국국방연구원, 2006.

2. 국외문헌

• Forrester, J. W., *Industrial Dynamics*, Waltham, MA : Pegasus Communications, 1961.

• Harper, Glen William, *Problems with regular Army and Army Reserve integration: The rise and decline of the Total Force concept, 1973-1994*, Dalhousie University (Canada), 1996.

• James E. Dougherty, Robert L. Pfaltzgraff,Jr., *Contending Theories of International Relations*, J. B. Lippincott Company, 1971.

• Kirby, John Michael, An *interdisciplinary model to evaluate alternative roles of military reserve components in modern American society*, Salve Regina University, 2000.

• Knorr, Klaus., *Military Power and Potential*, 국방대학원(역), 『군사력과 군사잠재력』, 국방대학원, 1976.

• Lloyd, Richmond M. and Lorenzini, Dino A., *Foundations of Force Planning*, Naval War College Press, 1986.

- Melnyk, Les' Andrii, *A true National Guard : The development of the National Guard and its influence on defense legislation 1915–1933*, City University of New York, 2004.
- Merritt, Hardy L. and Carter, Luther F., *Mobilization And the National Defense*, Washington, D.C. : National Defense University Press, 1985.(미국의 사례)
- Phillips, Roy Franklin, *European reserve forces and the conventional defense of Europe*, The RAND Graduate School, 1988.(독일, 스위스, 이스라엘 사례)
- Richardson, George P., *Feedback Thought in Social Science and System Theory*, Philadelphia : Unibersity of Pennsylvania Press, 1991.
- Richmond, B. and Peterson, S., *Stella Ⅱ : An introduction to Systems Thinking*, High Performance Systems Inc, 1992.
- Sligh, Robert Bruce, *Plowshares into swords : The decision to mobilize the National Guard in 1940*, Texas A&M University, 1990.
- The Department of Defense, *Quadrennial Defense Review Report*, 2001.
- The Department of the Army, *History of Military Mobilization In The United States Army 1775~1945*, 1989.
- The Department of the Army, *U.S Army Mobilization And Logistics In The Korean War A Research Approach*, 1997.

# 21. 종교적 사유 등에 의한 입영 거부자의 합리적 대체 복무제도 연구[1)]

순 서

박사과정 1기 이영구

## Ⅰ. 문제 제기

2001년 『한겨레 21』은 제345호 「마이너리티」와 제351호를 통해 당시 1,000여명 이상의 '양심적 병역 거부자'가 수감되어 있다는 기사가 게재하였다. 이 기사는 '양심적 병역 거부자'를 '소수자의 인권' 문제로 바라볼 것을 촉구하였으며, 병역 부담의 형평성을 유지하는 방안으로 '대체 봉사제도'를 제안하고, 대만과 독일 등 외국의 '대체복무' 사례를 간략히 소개하였다. KBS의 〈취재파일 4321〉에서 양심적 병역 거부자들을 집중 취재해 방송했고, 4월8일 문화방송 〈시사매거진 2580〉에서도 대만의 대체봉사제까지 아우르는 프로그램을 방영하였다. 또한 장영달 의원과 천정배 의원에 의해 의원입법형식으로 이들을 위한 '대체복무제'가 추진되는 등 양심적 병영거부가 정치권에서도 논의된다.

이 시기에 병역 거부의 형태가 집총 거부에서 입영 거부로 전환된다. '양심적 병역 거부

1) 이 글은 완성된 논문이 아니며, 동일 제목의 학위논문 작성을 위한 연구계획서에 지나지 않음을 전제한다.

자들'은 입영 후 집총 거부의 사유로 약 3년형을 선고(군사법정에서 항명죄로 처벌) 받았으나, 2001년부터 입영 거부로 약 징역 2년 또는 1년 6월의 형을 선고(민간법정에서 병역 기피죄로 처벌)받게 된다. 같은 해, 12월 7일 오태양 씨가 '병역 거부선언'을 하면서 이른바 '양심적 병역 거부'의 문제는 사회적으로 공론화되기 시작했다.

그 후 서울지법의 병역법 제88조 제1항 제1호에 대한 위헌심판 제청(2002. 1), '양심에 따른 병역 거부권 실현과 대체복무제도 개선을 위한 연대회의' 출범(2002. 2), 서울남부지방법원 이정렬 판사에 의한 최초의 무죄판결(2004. 5), 대법원 유죄판결(2004. 7), 헌법재판소의 합헌판정(2004. 8), 유엔자유권규약위원회에 대한 개인통보 제출(2004. 10/ 2007. 5), 종교단체 토론회(2005. 12), 유엔자유권규약위원회의 요청(2007. 1), 울산지법에 의한 향토예비군설치법 위헌심판 제청(2007. 4), 국방부의 「병역이행 관련 소수자의 사회복무제 편입 추진 방안」 발표(2007. 9), 청주지법 이형걸 판사에 의한 무죄판결(2007. 10), 대법원의 유죄판결(2007. 12), 춘천지법의 위헌심판 제청(2008. 9), 국방부의 대체복무제에 대한 수용불가능 선언(2008. 12)의 형태로 전개된다.

이 문제는 정부기관과 정부기관 간의 입장이 다르고, 사회단체 간, 종교단체 간의 의견도 다르며, 국제사회의 권고가 계속되고 있고, 무엇보다도 다양한 여론조사에 의해 표출되는 국민의 의견도 상이하여 그 해법이 쉽지 않은 것이 사실이다.

따라서 본 연구는 쟁점들이 복잡하게 얽혀있는 '양심적 병역거부'와 대체복무제도에 대한 의견을 합리성, 합법성, 국민적 합의의 세 가지 차원에서 고찰해 볼 계획이다. 아울러 국민적 합의가 가능한 대체복무의 제도를 마련하는데 연구목적이 있다.

## Ⅱ. 연구 개요

### 1. 연구 범위

본 논문의 제목인 "종교적 사유 등에 의한 입영 거부자의 합리적 대체복무제도 연구"는 연구의 범위와 직접적으로 관계한다.

먼저 "종교적 사유 등에 의한" 부분이다. 대체복무제를 도입할 경우 대체복무의 인정 유형을 종교적 사유, 개인적 신념, 정치적 이념으로 구분하고 있다. 관련 분야에서 포괄적이고 종합적인 연구 성취를 보인 진석용의 연구에 따르면, 양심의 동기로 종교적 신앙, 개인적 신념, 철학, 윤리, 도덕, 인도주의, 평화주의 등을 포괄적으로 인정하는 것이 바람직하다고 주장한다. 이러할 경우 병역(입영) 거부의 사유로 종교적 사유뿐만 아니라 개인적 신념도 인정해야 한다. 그러나 한국의 경우, 종교적 사유로 인한 병역 거부자의 숫자[2]가 압도적으로 많아, 개인적인 신념을 거부사유로 포함하되 현재의 상황을 반영한 "종교적 사유 등에 의한"으로 표기하였다. 다만 이라크전쟁을 반대하여 병역을 거부하는 등과 같이 특정 전쟁을 반대하는 등의 정치적 거부는 '정치적 이념' 이기 때문에 연구대상으로 고려하지 않는다.

다음은 "입영 거부자" 부분이다. 병역 거부의 형태는 입영한 뒤의 집총 거부와 입영 자체를 거부하는 입영 거부, 그리고 특정 전쟁 거부로 나눌 수 있다. 그러나 2001년을 기준으로 입영 거부의 형태가 압도적으로 늘어, 현재 집총 거부의 형태에 대한 보고는 없는 실정이다.[3] 집총 거부자는 비전투근무를 요구하고, 입영 거부자는 대체복무를 요구한다는 차이가 있으나, 해당자에 대한 처벌수위가 달라진다는 점이 집총 거부자가 줄어드는 요인으로 판단된다. 집총 거부자는 군사법정에서 항명죄로 약 3년형을 선고받았으나, 입영 거부자는 민간법정에서 병역 기피죄로 약 징역 2년 또는 1년 6월의 형을 선고받고 있기 때문이다. 특정 전쟁 거부(예를 들면 2003년 이라크 전쟁을 반대하며 귀대를 거부한 강철민 이병의 경우)의 경우, 한국 내 사례가 거의 없고, 이는 정치적 신념에 의한 것으로 본 연구범위에서는 포함하지 않는다.

다음은 "합리적 대체복무제도 연구"부분이다. 추후 선행연구의 분석을 통해 밝히겠지만, 현재까지 국회, 국가인권위, 병무청, 시민단체, 대학 등에서 수 차례의 토론회를 개최하였고, 최근 7년 동안 30여 편의 학술논문이 발표되었으며, 40여 편의 학위논문이 발표되었다. 여기에 더하여, 국가 인권위원회와 병무청의 용역보고서도 있고, 각 사회단체의 성명문도 상당수 존재한다. 그러나 이러한 연구들은 병무청 용역보고서를 제외한다면 거

2) 1992년부터 2008년 7월까지의 병역 거부자 현황을 보면, 집총 거부가 3,964건이고 입영 거부가 4,851건으로 총 8,815건에 이른다. 국가 인권위원회 자료(1992~1996)와 2008년 병무청 자료(1997~2008).

3) 2000년에 655 : 1의 집총 거부와 입영 거부의 비율이, 2001년에는 267 : 379로 역전되었고, 2007년에는 0 : 571이 되었으며, 이후 집총 거부에 대한 통계가 없는 실정이다. 국가 인권위원회 자료(1992~1996) 및 2008년 병무청 자료(1997~2008).

의 대부분의 연구가 '양심적 병역 거부' 와 이에 따른 대체복무제의 찬반논리 분석에 머무르고 있다. 이러한 상황에서 국내의 상황에 적합한 대체복무제도 방안을 모색해 보는 일도 의미 있는 일이 될 것이다.

## 2. 논문의 공헌

앞에서 언급했듯이, 관련 주제에 대하여 이미 많은 연구가 선행되어져 있다. 그럼에도 불구하고, 동일한 주제를 택해 논문을 작성하려는 이유는 본 논문이 다음과 같은 내용에 대해 학문적으로 기여하기를 바라는 마음에서이다.

### 가. 찬반논리에 대한 분석틀 제공

'양심적 병역 거부'와 이에 따른 대체복무제도에 대한 찬반논리는 병역 거부자들에 대한 재판과정에서 나타는 유무죄 논리와 상당부분 동일하다. 이를 9개의 쟁점[4]으로 분류할 수 있으며, 각 쟁점에 대한 주장은 선행연구를 통해 쉽게 접할 수 있다. 그러나 이러한 쟁점을 일정한 기준에 맞추어 분석한 사례는 아직 발견하지 못하였다. 따라서 본 논문에서는 합리성, 합법성, 국민적 합의라는 3가지 차원의 기준틀을 만들고, 이 기준에 따라 각 쟁점들을 분석할 예정이다.

### 나. 국제규범의 효력에 관한 연구

'양심적 병역 거부'와 대체복무에 대한 유엔인권위원회의 결의는 권고에 불과하다. 반드시 따라야 하는 것은 아니다. 그러나 한국은 1993년부터 2006년까지 이 위원회의 위원국으로 활동하였으며, 현재 유엔인권이사회(유엔인권위원회의 업무를 이어 받았다)의 이사국으로 활동하고 있다. 또한 유엔 사무총장도 한국인인 것을 고려한다면, 이러한 국제기구의 권고에 대해 반대해야 할 명백하고 현존하는 위협이 없는 한 긍정적으로 검토해야 한다.

더구나 유엔자유권규약위원회의 결의와 검토의견은 법적인 구속력을 갖는다. 「자유권

4) 진석용은 병역 거부자의 유죄와 무죄의 법리 비교를 통해, 1) 양심자유, 2) 국제법 규범, 3) 대체복무제, 4) 공평부담, 5) 예방 효과, 6) 국가안보, 7) 기피 수단, 8) 종교 특혜, 9) 사회 성숙도 등 9개의 쟁점으로 분류하였다. 진석용 정책연구소, 「종교적 사유 등에 의한 입영 거부자 사회복무체계 편입 방안 연구」, 병무청 용역보고서. 2008.

규약」은 한국이 가입한 국제조약이기 때문이다. 국제조약은 국내법과 동일한 효력을 지니며, 국내 법원도 이 효력을 부정하는 판결을 할 수 없다.

선행연구를 살펴보면, 유엔인권위원회(혹은 이 기구의 권한을 이어 받은 유엔인권이사회)와 유엔자유권규약위원회의 '양심적 병역 거부'와 '대체복무'에 대한 결의에 대한 언급은 쉽게 찾아볼 수 있다. 그러나 이러한 부분에 대한 시대상, 혹은 사건별의 체계적인 양적 접근은 이루어지고 있지 않다. 국제기구의 많은 결의와 검토의견에 대해 (선행연구에서는) 중요 부분만 발췌하여 연구를 진행한 것일 수 있겠지만, 본 논문에서는 이러한 다양한 결의와 검토의견을 종합적으로 접근할 계획이다. 또한 유엔자유권규약위원회에 대한 개인통보 제출(2004. 10/2007. 5) 사안까지도 꼼꼼히 살펴볼 계획이다. 이러한 양적 연구 또한 본 논문이 해당분야의 학문적 발전에 기여할 수 있는 또 하나의 방법이 될 것이다.

### 다. 대체복무제도 연구

선행연구와 언론보도를 살펴보면, 대체복무제도의 도입에 대하여 20건 이상의 여론조사 결과가 나타난다. 여론조사 주관기관의 이념적 성향에 따라 설문결과가 확연히 다르게 나타난다는 점은 논외로 하더라도, 대부분의 여론조사 결과에서 i) 전반적으로 대체복무 허용을 반대하는 의견이 높다[5]는 점과 ii) 대체복무를 반대하는 비율이 점차 낮아지고 있다[6]는 점을 쉽게 알 수 있다. 그러나 문제는 국민 대다수가 대체복무제에 대한 정확한 지식이 없다는 점이다. 즉, 대체복무제의 제도내용에 따라 얼마든지 여론조사의 결과는 바뀔 수 있다는 것이다. 예를 들면 대체복무의 기간을 i) 현역과 동일한 수준, ii) 현역 복무기간의 2배로 정했을 때의 찬반비율이 달라질 수 있다는 점이다. 또한 복무내용도 i) 출퇴근 형태의 단순 근무(현 공익근무요원 수준), ii) 합숙소 생활을 바탕으로 치매노인이나 장애인 수발과 같은 난이도가 높은 업무로 정했을 때의 찬반비율도 확연히 달라질 것이라는 점이다.

즉 징벌적이지 않되 병역 기피의 수단으로 악용되지 않을 대체복무 제도(안)를 구상할 수 있다면, 국민적 합의가 더 용이할 수 있다는 것이다.

---

5) 이러한 주장의 근거를 구체적으로 설명하면, 2004년 한국사회여론조사연구소(반대비율 67.70%), 2005년 현대리서치(72.30%), 2006년 TNS(68.70%), 2007년 리얼미터(59%) 조사의 예를 들 수 있다.

6) 대체복무제 도입에 반대하는 의견의 경우, 2004년 한국사회여론조사연구소에서는 67.70%였으나, 2008년 리얼미터의 여론조사에서는 38.70%로 낮아진다.

본 연구에서는 국방부의 「병역이행 관련 소수자의 사회복무제 편입 추진 방안」 발표(2007. 9)와 진석용 정책연구소의 병무청 용역보고서를 토대로 대체복무 제도에 대한 각론적 논의를 진행하고자 한다.

### 3. 논문 목차(안)

Ⅰ. 서론

1) 연구목적

2) 선행연구 분석

Ⅱ. '양심적 병역거부'와 대체복무제의 현황

1) 사회적 공론화 과정

2) 주요 판결 분석

3) 국제사회의 권고내용

4) 국가기관의 대응

5) 국제적 현황

Ⅲ. 대체복무제 도입에 대한 찬·반 논리

1) 합리성 측면

2) 합법성 측면

3) 국민적 합의 측면

Ⅳ. 국내 환경에 적합한 대체복무체계 방안

1) 법률적 부분

2) 제도적 부분Ⅰ(청구, 심사 영역)

3) 제도적 부분Ⅱ(복무 영역)

Ⅴ. 결론

1) 향후 전망과 대책

2) 결론

### 4. 연구방법

- 공청회, 토론회 참여를 통한 현장조사(연구기간 내 개최시)
- 문헌연구
  - · 주요사안에 대한 선행연구 검토(논쟁되는 부분, 법리적 부분)

· 주요사안에 대한 각계(정계, 학계, 종교계, 군, 연대회의 등)의 성명서 등 입장 검토
· 본 주제를 다룬 석사, 박사학위 논문 분석
· 국제법 규범 연구
· 국내법 규범 연구(주요 판결 분석)
· 입영 거부자에 대한 외국의 처리사례 및 실태 연구

– 전문가 조언
· 대체복무 도입을 찬성하는 전문가의 의견 청취
· 대체복무 도입을 반대하는 전문가의 의견 청취
· 지도교수 및 학계 전문가의 의견 청취

## –참 고 문 헌–


• 안경환·장복희 편,『양심적 병역거부』, 사람생각, 2002.
• 워치 타워,『여호와의 증인의 연감』, 2001~2007.
• 조 국,『양심과 사상의 자유를 위하여』, 책세상, 2001.
• 이남석,『차이의 정치-이제 소수를 위하여』, 서울 : 책세상, 2001.
• _____,『양심에 따른 병역 거부와 시민 불복종』, 서울 : 그린비, 2004.
• 전쟁없는 세상 외,『총을 들지 않는 사람들』, 철수와 영희, 2008.
• 김두식,「평화의 얼굴 : 총을 들지 않을 자유와 양심의 명령」, 서울 : 교양인, 2007.
• 김명재,「양심의 자유와 병역의무 2004. 8. 26. 2002헌가1 결정에 대한 평석」,『공법학연구』제8권 제3호, 한국비교공법학회, 2007.
• 김병록,「양심적 병역거부의 헌법이론적 검토」,『헌법학연구』제9권 제1호, 한국헌법학회, 2003.
• 김학성 외,「통일 이후 갈등해소를 위한 국민통합 방안」, 통일연구원, 2004.
• 나달숙,「양심적 병역거부 해결방향」,『법학연구』제24집, 한국법학회, 2006.
• 박현조,「국방의 의무에 관한 소고」,『경성법학』, 경성대학교 법학연구소, 2005.
• 윤영철,「병역법 제88조 제1항과 양심적 병역거부」,『비교형사법연구』, 한국비교형사법학회, 2004.
• _____,「양심적 병역 거부에 대한 형사 처벌의 형법적 문제점」,『형사정책』제16권 제2호, 한국형사정책학회, 2004.
• 이상명,「양심적 병역거부와 양심의 자유」,『고려법학』, 고려대학교 법학연구원, 2007.
• 이석우 엮음,『양심적 병역 거부-2005년 현실진단과 대안 모색』, 사람생각, 2005.
• 이재승,「독일에서 병역 거부와 민간봉사」,『민주법학』20호, 민주주의 법학연구회, 2001.

- ______, 「양심적 병역거부와 대체복무제에 관한 이해」, 『사목』290호, 2003.
- ______, 「병역 거부에 대한 반응양상」, 『법과 사회』, 법과사회이론학회, 2007.
- 임지봉, 「한국사회와 국가인권위원회」, 『공법연구』제35집 제2호 제2권, 한국공법학회, 2006.
- 장복희, 「양심적 병역 거부에 관한 국제 사례와 양심의 자유」, 『헌법학연구』제12권 제5호, 한국헌법학회, 2006.
- ______, 「양심적 병역 거부자의 인권보호」, 『공법연구』제35집 제2호, 한국공법학회, 2006.
- 정종훈, 「기독교 윤리적 논점에서 본 양심적 병역 거부의 논쟁과 대안 모색」, 『한국기독교신학논총』, 한국기독교학회, 2002.
- 최정민, 「병역 거부 운동과 여성의 연대」, 『정치비평』, 한국정치연구회. 2005.
- 한홍구, 「한국의 징병제와 병역 거부의 역사」, 전쟁없는 세상 외, 『총을 들지 않는 사람들』,. 철수와 영희, 2008.

- Brett, Derek, *Military Recruitment and Conscientious Objection : A Thematic Global Survey*, Conscience and Peace Tax International, 2005.
- Horeman, B. & Stolwijk, M., *Refusing to Bear Arms*, War Resisters International, London, 1998.
- Stolwijk, Marc, *The Right to Conscientious Objection in Europe : A Review of the Current Situation*, Quaker Council for European Affairs, 2008.
- War Resisters International, *Conscientious Objection in Israel : an unrecognized human right*, (2003. 1)

# 22. 민·군 갈등과 협력에 대한 소고

박사과정 3기 이원희

## Ⅰ. 머리말

최근 우리사회에는 '님비'[1]현상이 만연하고 있다. 이는 내가 생활하고 있는 지역에는 혐오시설은 절대 안 된다는 개인·지역·집단 이기주의의 표본이라고 하겠다. 이러한 현상이 국가안보와 관련한 국책사업 추진 간에도 나타나고 있어 심각한 문제로 대두되고 있다.

주지하다시피 대한민국 국군은 창군 이래 국가방위라는 기본적인 임무를 수행함과 동시에, 국가적 재난 발생시 적극적인 지원활동과 함께 때로는 경제발전의 역군으로서, 또 국민교육의 도장으로서의 역할을 수행하면서 국가발전에 이바지해 왔다. 그러나 아직도 많은 국민들은 과거 군의 정치 개입과 군부집권에 대한 거부감을 가지고 있는 것이 사실이고, 최근에는 군부대의 주둔·이전·신설 등에 대해 개인의 경제적 이권과 관련된 다양한

1) 'Not In My Backyard'의 약자. 방사성폐기물 처리장·하수종말 처리장·쓰레기 매립장 등의 환경시설, 화장장·납골당·공설묘지 등의 葬事시설, 노숙자·장애인·정신질환자들을 보호 요양하는 수용시설 등 각종 혐오시설이 자기지역에 들어서는 것을 반대하는 지역 이기주의를 말함.

요구를 하고 있다. 더욱이 1995년 지방자치제가 실시된 이후 과거의 단순한 민과 군, 관과 군의 관계에서 벗어나 다양한 시민사회단체까지 관여함으로써 그 양상도 더욱 복잡하고 다양해지고 있다.

따라서 본고에서는 국가안보와 관련된 국책사업 추진 간에 발생한 몇 가지 민군 갈등사례와 성공적인 협력사례에 대한 분석을 통해서 21세기 바람직한 민군관계의 발전방향에 대해 의견을 개진하고자 한다.

## II. 민·군관계의 개념

군사력은 국가안전보장을 확보해야 하는 기능을 가짐과 동시에 그 자체가 조직된 폭력이기 때문에 그 같은 기능을 역이용해서 국민의 생명과 자유, 복지를 위태롭게 할 수도 있는 '양날의 칼'과 같다고 할 수 있다. 즉, 강력한 군대 조직은 '국가안보의 보루'이기도 하지만 때로는 정권에 대한 위협수단이 될 수도 있는 것이다. 따라서 "지키는 자를 누가 지킬 것인가" 하는 이러한 고전적 명제는 민군관계를 가장 함축적으로 표현한 말이라 하겠다.

민군관계는 학자[2]들마다 주장하는 내용이 다양하지만, 협의로는 국가정책결정과정에 참여하는 집단을 군사집단과 민간집단으로 나누어 정치적 관점에서 접근하는 것으로서, '국가정책 결정과정에서 군사지도자와 민간 정치지도자 사이에서 이루어지는 제반관계'로 정의할 수 있다. 광의로는 군사지도자와 민간 정치지도자간의 정치관계 뿐만 아니라 경제·사회·문화·심리·과학기술·자연환경문제까지 포함하는 개념으로써, '군사집단과 민간집단간의 힘의 갈등과 대립관계가 아니라 민과 군이 융합하여 상호 보완함으로써 국가발전과 안전보장에 기여'하는 것이라고 할 수 있다.

2) 민군관계의 정의를 논한 학자로는 Louis Smith, Harold Stein, Morris Janowitz, S. P. Huntington, Jacques Van Doorn 등이 있음.

## Ⅲ. 민·군 갈등과 협력사례

민군 갈등의 대표적 사례로는 아직도 진행 중에 있는 「제주 해군기지 건설」과 「평택 미군기지 이전사업」 등을, 성공적인 사례로는 「국방모범도시」로 성장한 계룡 신도시의 활동사례와 군의 다양한 아웃소싱 그리고 자이툰 부대의 민간군사기업 운영 등에 대해 간략히 분석하였다.

### 1. 제주 해군기지 건설

제주도 해군기지[3]는 최근 서귀포시 강정마을로 결정된 바 있지만, 지자체 선정 이후 최초로 제주지사의 주민소환[4]을 추진할 만큼 아직도 찬반의견이 극명하게 양분되어 논란이 계속되고 있는 사업이다. 제주 해군기지 건설과 관련한 정부 및 찬성 측의 주장내용은, 제주 남방 해상교통로의 안정적 관리와 동북아 해양주권 보호뿐만 아니라 잠재적 해양분쟁의 위협에 대처하고, 해양자원을 보호하기 위해 꼭 필요하다는 것이다. 반대 측의 주장은, 제주 해군기지 건설이 '세계 평화의 섬'인 제주도의 이미지와 맞지 않고, 지역경제 활성화에 저해될 뿐 아니라, 지역주민의 생존권을 위협하고 지역주민의 의견수렴도 없이 사업을 추진하고 있어 문제가 많다고 주장하고 있다.

그 동안 제기된 문제점을 종합해 보면, 행정·제도적인 측면에서 주민을 상대로 한 사업설명이나 주민 의견수렴, 보상문제, 어민에 대한 대책 등에 대해 실질적인 협의노력이 부족하였고, 경제적인 측면에서 지역주민들의 재산권 침해와 생계유지 수단에 대한 문제를 들 수 있다. 그리고 환경적인 면에서는 해군이 주장하고 있는 곳이 왜 '천혜의 자연환경'이 있는 화순항 또는 위미, 강정항이어야 하는지, 그 곳이 아니면 안 되는 타당한 이유를

---

3) 2009년 현재까지 결정된 사항은, 2014년까지 서귀포시 대천동 강정마을 48만㎡일대에 최대 15만톤 규모의 크루즈 선박이 기항할 수 있고, 7,000톤급 한국형 구축함을 포함한 함정 20여척이 머물 수 있는 두 개의 부두를 건설하는 것으로 알려지고 있음.

4) 제주 해군기지 건설문제는 아직도 진행 중인 사항으로 지방자치제 시행 이후 최초로 제주지사에 대한 '주민소환투표'가 실시되었음. 2009년 8월 26일 실시된 '주민소환 투표'에서 비록 투표 참가인원이 개표요건인 투표인수의 3분의 1에 미치지 못하여 개표하지 않고 투표자체가 무효 처리되었지만, 국가안보와 관련된 국책사업에 대해 '주민소환 투표'를 실시하는 잘못된 선례를 남겼음. 또한 지사의 직무정지, 세금으로 충당된 엄청난 규모의 투표비용, 극심한 의견대립으로 인한 지역주민의 갈등 등은 향후 제주 해군기지 건설문제가 해결되더라도 많은 후유증이 뒤따를 것으로 예상됨.

비공개회의 등을 통해서라도 주민들에게 충분히 설명하고 이해를 구해야 하는 데 이러한 노력이 부족하였던 것으로 정리할 수 있다.

## 2. 평택 미군기지 이전 사업

평택 미군기지 이전사업은 본래 2008년까지 서울 도심에 있는 미군 기지를 평택지역으로 이전하고, 미2사단의 주요 부대들을 평택과 군산에 재배치하기로 했는데 평택지역 주민들의 강한 반발로 2012년까지 늦춰진 바 있고 그 이후가 될 가능성도 배제할 수 없는 상황이다. 갈등의 최대 핵심쟁점은 '미군기지 이전 찬성과 이전 반대'라고 할 수 있고, 지역주민들에 대한 보상문제와 미군기지 이전을 계기로 지역발전을 추구하는 평택시에 대한 지원문제도 주요 쟁점이라고 하겠다.

그 동안 갈등해결에 긍정적으로 작용한 요인은 '평택 지원특별법' 제정을 통해 지자체와 주민들에게 추가로 지원해줄 수 있는 보상체계를 만들었다는 점과 미군기지 이전에 반대하는 단체들의 논리에 맞서서 꾸준한 대응논리를 개발해 냈다는 점이다. 반면 정부가 미군기지 이전사업을 추진함에 있어서 이주대상 주민이나 단체와 협의를 진행할 수 있었는데도 그렇게 하지 못했던 점과 초기에 의사소통 채널을 만들어 놓지 못해 갈등이 확대될 때에도 대화를 하지 못했던 점은 아쉬운 점이라고 할 수 있다. 그리고 이전 반대단체는 미군기지 확장반대만 주장을 했지 그 대안에 대해서는 별로 언급하지 못했다는 점은 한계요인으로 보인다.

## 3. 성공적인 협력사례

민군협력의 성공적인 사례를 몇 가지 들어 본다면 먼저, 2003년 독립 자치단체로 승격된 이후 계룡대와 민군협력 차원의 다양한 활동을 전개해 오고 있으며 이제는 명실공히 국방모범도시로 발전해 가고 있는 계룡 신도시를 들 수 있다.[5]

---

5) 최근에는 「민군화합형 최첨단 국방 모범도시」로 육성하기 위해서 「계룡 세계문화엑스포」개최, 「계룡 국제 마라톤 대회」, 「계룡시 문화예술단」 창단 그리고 「계룡대와 함께하는 군 문화 체험프로그램」 등을 준비하고 있음.

둘째로는 군에서 추진하고 있는 아웃소싱[6]으로서, 한국군은 현재 정비분야와 화물·중장비 수송 그리고 청소와 조경, 오폐수 처리 그리고 호텔, 콘도, 식당 같은 복지시설 운영에 대해 성공적인 아웃소싱을 시행하고 있다.

셋째로 자이툰 부대의 민간 군사기업[7] 운영을 들 수 있다. 미국은 이라크에 약 2만여 명의 민간 군사기업 요원을 투입하여 취사, 트럭운전, 세탁, 청소 등 단순노동에서부터 전투차량과 항공기 정비, 기지건설, 인터넷 설치, 요인 경호와 시설 경비 등에 운영한 바 있다. 이라크 자이툰 부대도 초기에는 여러 가지 부작용이 발생한 적도 있었지만 이를 극복하고 국내의 20여개 민간군사업체를 이용해서 식료품, 전기·통신공사, 건축자재, 민간소요 물품 등을 조달하였다.

## Ⅳ. 민군 갈등의 교훈과 관리방안

앞에서 언급한 갈등사례에서 나타난 몇 가지 교훈을 정리해 보면 다음과 같다. 먼저 민군관계에서 '자신이 양보하면 손해'라는 생각으로 상대방의 양보만을 요구하는 것은 무리라는 것을 알아야 한다. 제주 해군기지 건설, 평택 미군기지 이전 사례에서 보듯이 'Give & Take'라는 생각으로 양보할 것과 받아낼 것을 구분하여 접근하는 것이 바람직하다고 하겠다. 둘째, 문제 처리과정에서 결과도 중요하지만 과정도 중요하다는 점을 인식해야 한다. 제주 해군기지 명칭을 '민군복합형 관광미항'으로 하는데 해군이 동의한 점이라든지, '평택 지원특별법' 제정 등에서 보듯이 협상과정에서 상대방을 대화의 상대로 인정하고 최선을 다한 점 등은 바람직한 태도라 하겠다. 셋째, 갈등발생시 초기 대응과 시간이 갖는 기회비용의 중요성을 인식해야 한다. 갈등이 심화되고 장기화될 경우 기회비용은 기하급수적으로 증가하게 된다. 따라서 전 조직을 풀가동해서 문제를 조기에 해결하는 것이 가장 경제적이고 효과적인 방법이라고 하겠다.

이상과 같은 갈등을 관리하고 문제점을 해결하기 위한 방안으로,

---

6) 업무의 일부를 외부에 위탁하는 것을 말하며, 기업의 핵심 업무 이외의 보조업무를 외부의 전문업체가 대행하게 함으로써 기업의 비용을 절감하면서도 생산성을 향상시킬 수 있는 방법임.
7) 전쟁과 연관된 전문적인 서비스를 제공하는 민간업체.

첫째, 상설 「민·관·군 협의기구」를 설치하는 방안이 적극 검토되어야 한다. 최근 지방자치제 실시와 연계하여 관·군 협의기구를 설치, 운영하는 곳[8]은 많지만 평시부터 군 주요사업과 관련하여 주민들의 의견을 수렴하기 위한 시스템이 필요하다고 본다.

둘째, 지역주민들의 입장을 고려한 경제적인 배려가 뒤따라야 된다. 예를 들면 군부대가 이전 또는 신설하게 되면 파생적으로 군부대 주변의 집값과 땅값이 떨어지는 것은 물론이고 공시지가에 의한 토지 수용으로 인해 개인적인 재산 피해를 초래하게 되고 지역주민들은 그 동안 살아 온 천직을 바꾸어야 한다는 위기감도 있기 때문에 특별법 제정 등을 통해서라도 적절한 경제적 보상대책을 강구하여야 할 것이다.

셋째, 급변하고 있는 안보환경변화에 따른 군의 역할 재정립이다. 요약하면,

1) 지자체 시행 이후 행정기관은 책임과 권한이 중앙정부에서 지방자치단체로 위임된 반면, 군은 아직도 많은 부분이 상급부대에 집중되어 있다. 초기 갈등의 확산을 방지하기 위해 상황을 가장 잘 알고 있는 관련부대에 과감한 권한의 위임이 필요하다.

2) 군의 신뢰도 향상을 위한 다양한 노력이 요구된다. 이제는 군대가 국가안보를 빌미로 주민들의 일방적인 피해만을 강요하는 시기는 지났으며, 오히려 이들의 이익을 보호하는 전향적 노력이 필요하다. 2007년과 2008년, 2년간 군은 정부기관 중 가장 신뢰받는 기관으로 선정되기도 했지만 아직도 많이 부족하다고 본다.

3) 군이 군사 외적인 역할을 한다고 해서 공공기관이나 시민사회단체의 권한을 침해해서는 안 된다. 군에도 본연의 임무가 있듯이 이들 기관에도 고유의 역할이 있다고 볼 때, 국가위기, 재해·재난, 치안유지 등도 어디까지나 해당기관·단체와의 협조를 통해 지원하는 형태가 바람직하다고 하겠다.

4) '비전 2020'에 제시된 바와 같이 장차 군의 규모를 축소하고 있는 한국군의 실정을 고려해 볼 때 비전투분야에 대한 과감한 아웃소싱이 필요하다.

5) 현대사회는 군에 대해 안보 이외에 경제·교육·사회 등 다방면에 걸친 다양한 역할을 요구하고 있다. 이에 걸맞는 역할을 다하도록 노력해야 한다. 따라서 군·산·학·연 협력을 통한 '경제 기술군'으로서, 군복무기간 동안 '국민교육의 도장'으로서, 또한 재해·재난대

8) 계룡시와 계룡대 간에도 합의각서를 체결하였고, 육군 1·3군사령부와 경기·강원도청도 각각 '관·군 협의체 구성에 관한 합의각서'를 체결하여 운용 중에 있음.

비, 환경보호, 치안활동 등 국가위기 발생시 국민을 보호하는 '국민의 군대'로서의 역할을 적극 수행해야 한다.

6) 향토예비군은 평시 민과 군의 교량적 역할[9]을 하는 위치에 있으므로 소집 교육시 국가정책에 대한 충분한 홍보활동과 설득을 통해 주민들과의 갈등을 줄여 나가는 방안도 충분히 고려해 볼 수 있을 것이다.

## V. 맺음말

한국의 민군관계는 이제 서로 대립하는 관계가 아니라 같은 시대를 살아가는 동반자 관계로 새로 태어나야 한다. 과학기술의 발전을 통한 '민군겸용기술'시대의 도래와 함께 테러, 대량살상무기, 마약과 범죄, 재해·재난, 환경파괴 등, 보이지 않는 위협의 대두, 최근 국정운영에서 Governance에 대한 관심의 증대 등은 민군관계가 상호 협력을 통해 나아가야함을 제시하고 있다.

S. P. Huntington 교수는 "민군관계는 국가안보와 국가발전에서 가장 중요한 분야가 되어야 한다"고 주장했다. 정치가들은 군대를 더 이상 정치적인 목적으로 사용하려고 하지 말고, 군대는 시민사회의 요구에 적극 부응하고, 이들의 성원이 있어야 존재할 수 있다는 사실을 알아야 한다. 또한 시민사회는 '군인은 군복 입은 민주시민'이고, 군대는 국가안보를 책임지는 핵심집단임을 인정하면서 극단적인 이기주의, 보상만능주의에서 벗어나 국가의 안보를 생각하는 보다 성숙된 자세로 상호 Win-Win하는 지혜를 발휘할 때라고 하겠다.

평생을 군사학 발전에 헌신하신 풍석 이종학 선생께서는 "인생은 전·후반전이 있는 축구와 같다"고 하시며, 50대의 젊은(?) 후학들에게 늘 꿈과 용기를 주셨습니다. 저는 이러한 선생님이 너무 존경스럽습니다. 만학의 즐거움을 주신 선생님! 고맙습니다. 그리고 무척이나 사랑합니다.

풍석 선생님의 팔순을 축하드리며 건강을 기원합니다 ♡♡

9) 기타 민군간 교량적 역할을 할 수 있는 집단으로 국방전문가 집단, NGO, 각종 언론단체 등을 들 수 있음..

## -참 고 문 헌-


- 국방부, 『2008 국방백서』, 2008.
- 조영갑, 『민군관계와 국가안보』, 서울 : 북코리아, 2005.
- 유호상, 「'국방문화의 메카' 계룡시가 뜬다」, 『국방저널』, 2008년 10월호.
- 이석호, 『지방화시대 민군 갈등의 특성변화와 관리전략에 관한 연구』, 수원대학교 대학원 박사학위 논문, 2006.
- 최병은, 『한국의 민군관계 유형화에 관한 연구-민군관계 변천과 갈등관리 사례분석을 중심으로-』, 경기대학교 대학원 박사학위 논문, 2007.
- 최병학, 「민군협력을 통한 통일안보관 정립방향」, 『공군평론』제116호, 2005.
- 최이조, 「국방과학 R&D육성을 위한 거버넌스 네트워크 구축방안」, 『국방산업 육성과 지자체의 비전』, 충남대학교 국방연구소 개소기념 학술심포지엄(2007. 3. 28).
- 충남발전연구원, 「계룡시정 발전방향 및 비전수립연구」, 2006.
- 한성욱, 『민군 군사협력관계의 변화에 관한 연구 : 민간군사기업의 역할을 중심으로』, 경남대학교 대학원 박사학위논문, 2007.
- 한국전략문제연구소, 「선진군대에 걸맞는 국민과의 바람직한 관계설정방향」, 『정책토론회 결과 보고서』, 2008.
- Harold Stein, "Instruction", in S. P. Huntington(ed), *American Civil-Military relations : A Book of Case Studies*, Birmingham : University of Alabama Press, 2003.

# 군사학의 발전방향

## V. 리더십 (가나다순으로 게재)

# 23. 리더십 의미의 자아참조적 관점에 관한 연구

박사과정 5기 석승규

## Ⅰ. 서 론

### 1. 문제의 제기 및 연구목적

지금까지의 학문적 연구에서 리더십의 개념은 상당히 단순화되거나 일반화된 방법 및 연구조사 등을 통해 정립되어 왔으며 특히나 리더십 구성원 가운데 지휘권을 가진 지휘통솔자 또는 상관 위주로 조사되어 리더십의 핵심 구성요소인 개인 및 부하들이 리더십을 어떻게 보는가에 대한 연구는 미흡한 상태이다. 이 글에서는 모든 개인이나 사회에 똑같이 적용할 수 있는 리더십의 개념은 존재하기 힘들다는 사항에 착안하였으며 동·서양의 철학적 뿌리가 다른 상황에서 오늘날 우리 군에 서양에서 발전시킨 리더십 이론을 보편적으로 적용하고 있어 문화적 정체성에 혼선이 있을 수 있다는 점을 고려하여 개인의 주관적 관점에서 리더십을 어떻게 정의하고 있는가를 연구함으로써 한국군 리더십이 나아갈 방향을 도출하고자 한다. 특히 이 글은 한국 군사학 발전을 위해 평생을 연구하시고 우리

고유의 군사사상 정립을 늘 강조해 오신 이종학 선생의 가르치심에 조금이나마 답이 되고자 작성하였다.

### 2. 연구방법

리더십의 개념을 보다 자세히 설명하기 위해 포스트 모더니즘의 시각에서 Q방법론과 자아참조적 리더십을 활용한다.

### 3. 연구범위

리더십의 철학적 기반은 동·서양의 고대 시기를 중점으로 하였으며 일반 정의는 현대에 발전시킨 내용을 적용하고 Q방법론은 현역 장병들을 대상으로 적용할 것을 준비하여 절차까지만 연구하였다.

## Ⅱ. 동·서양 리더십의 철학적 기반

리더십은 고대에서부터 동·서양을 막론하고 올바른 리더의 자질에 대한 언급을 함으로써 형성된 개념이다.

### 1. 동양 리더십의 철학적 기반

동양에서 리더와 리더십에 대한 언급은 공자의 유교사상, 노자의 도덕경에 잘 나타나 있다.[1]

1) 김영일, 「군 리더십 교육체계 정립에 관한 연구」, 국방대학교 석사학위논문(2005), p. 6.

| 시 기 | 주장자 | 내 용 |
|---|---|---|
| B.C<br>551<br>~<br>B.C<br>479 | 공자<br>\|<br>유교<br>사상 | · 논어論語 : 덕치德治의 중요성 강조<br>—"덕德으로써 정치를 하는 것은 마치 북극성이 제자리에 있으면 하늘의 모든 별들이 그것을 향하여 도는 것과 같다."<br>—"국민을 법法으로 인도하고 형刑으로 가지런히 하면 백성이 범법犯法은 하지 않지만 수치심이 없게 되고, 국민을 덕德으로 인도하고 예禮로써 가지런히 하면 백성이 수치심을 갖고 또 선善을 하게 된다."<br><br>· 대학大學 : 大學之道 在明明德 在親人 在止於至善<br>: 명명덕明明德은 자기 자신을 관리하여 다른 사람의 모범이 되어야 진정한 리더가 될 수 있다는 것이고, 친민親民 즉, 백성을 새롭게 하여 결국 지어지선止於至善, 즉 지극한 선善에 이르게 된다는 것이 대학의 도道이다. (修身齊家 治國 平天下). |
| B.C<br>4세기 말<br>(추정) | 노자<br>\|<br>도덕경 | · 太上 下知有之 悠兮 其貴言 功成事遂 百姓皆謂 我自然(제17장)<br>: 보이지 않는 지도력, 지원자로서의 리더의 역할.<br>· 治大國 若烹小鮮(제60장)<br>: 간섭과 착취 대신에 부하의 자율에 맡겨 생활을 보호해 주는 리더의 역할. |

맹자는, 소인小人은 이익을 구해도 대인大人은 정의正義를 구한다고 했다. 즉. 자기 자신이나 혹은 특정집단의 이익을 구하기보다 사회와 국가를 지배할 인의의 길을 구하는 자만이 지도자라고 함으로써 패도정치를 반대하고 천리에 입각한 왕도정치인 덕치德治를 강조하였다.[2)]

한비는 모름지기 리더는 사람들을 이끌고 다스리는 능력만 있으면 되는데도 불구하고 아랫사람들이 해야 할 일까지 직접 처리하려 한다면 일의 진척은 없고 피곤함만 가중될 뿐이라고 하였다.[3)]

2) 제정관, 「한국군 리더쉽의 철학적 기초」,『안보연구시리즈』제5집(2004), p. 9.

순자는 군주가 배라면, 백성은 물이고 물은 능히 배를 띄울 수가 있지만, 한편으론 배를 전복시킬 수도 있다고 하면서 완벽한 민본사상民本思想을 강조하였다.[4)]

## 2. 서양 리더십의 철학적 기반

서양에서 리더와 리더십에 대한 언급은 플라톤의 『국가론』, 『플루타크 영웅전』 등에 잘 나타나 있다.[5)]

| 시 기 | 주장자 | 내 용 |
|---|---|---|
| B.C 428<br>~<br>B.C 347 | 플라톤<br>\|<br>국가론 | · 올바른 리더는 철학자 즉 철인이 되어야 함<br>－동굴(악惡) 속에 있는 우매한 사람들을 태양(선善)의 세계로 인도하는 사람.<br>· 지배자나 정치가는 위대한 철인이나 성왕(聖王)이 담당<br>－지배자 철인은 단순히 학자가 아니라, 오로지 진리만을 추구함으로서 도덕적 의무를 스스로 수행하는 인물이기 때문에 가장 도덕적인 철인이 국가를 지배함. |
| B.C<br>46~120 | 플루타크<br>영웅전 | · 리더는 높은 도덕심과 정의감에 입각하여 리더십을 발휘해야 하며, 그럼으로써 구성원에게 德스러운 마음을 일으키게 할 수 있다. |

베버는 정치가에게 필요한 세 가지 탁월한 자질로서 '정열, 책임감 그리고 균형감각' 을 지적하고 있다.

르네상스 시대 마키아벨리는 그의 군주론에서 "군주는 여우와 사자를 겸비해야 한다." 고 군주의 품성을 표현하였으며, 리더에게는 안정감, 강경함, 권위의 유지에 대한 관심, 권력 그리고 지배에 있어서 명령이 필요하다고 주장했다.[6)]

---

3) 제정관(2004), 상게서, p. 10.
4) 제정관(2004), 상게서, p. 11.
5) 김영일(2005), 전게서, p. 7.
6) 제정관(2004), 전게서, p. 12.

### 3. 동서양 리더십 비교

고대로부터의 리더십을, 주요 덕목 중심으로 아래와 같이 비교하였다.

| 구 분 | 주 요 덕 목 | | | | |
|---|---|---|---|---|---|
| 동양 | 덕 | 감정(사랑) | 과정 중시 | 훌륭한 리더 | 화합調和 |
| 서양 | 능력 | 이성 | 목표 중시 | 똑똑한 리더 | 파워(力) |

※ 출처 : 최진, 『대통령의 리더십』(서울 : 나남출판, 2003), p. 30.인용

## Ⅲ. 일반 리더쉽 정의들과 자아참조적 리더쉽

### 1. 일반 학자들의 리더십 정의

리더십의 개념은 연구하는 사회적 현상에 따라 또는 리더십을 다루는 관점에 따라 여러 가지로 규정할 수 있으며, 학자들은 항상 리더십을 연구하는 관점에 의해서 그들에게 가장 흥미 있는 현상을 중심으로 정의한다.

Stogdill은 리더십 문헌들을 포괄적으로 검토한 후, 리더십의 정의가 리더십 연구에 관여한 사람의 수만큼 많다는 결론을 내렸다. 대표적인 리더십의 정의들을 살펴보면 아래 표와 같다.

| 학 자 | 정 의 |
|---|---|
| Bass(1990) | · 상황이나 집단 구성원들의 인식과 기대를 구조화, 또는 재구조화 하기 위해서 구성원들 간에 교류하는 과정임.<br>(따라서 리더란 변화의 주도자이다) |
| Hersey & Blanchard (1982) | · 주어진 상황에서 개인이나 집단의 목표 달성을 위한 활동에 영향을 미치는 과정. |
| Yukl(1998) | · 집단이나 조직의 한 구성원이 사건의 해석, 목표나 전략의 선택, 작업활동의 조직화, 목표 성취를 위한 구성원 동기 부여, 협력적 관계의 유지, 구성원들의 기술과 자신감의 계발, 외부인의 지지와 협력의 확보 등에 영향을 미치는 과정. |
| Nanus(1992) | · 비전의 제시를 통하여 추종자들의 자발적 몰입을 유인하고 그들에게 활력을 줌으로써 조직을 혁신하여 보다 큰 잠재력을 갖는 새로운 조직 형태로 변형시키는 과정. |
| Katz & Kahn (1978) | · 기계적으로 조직의 일상적 명령을 수행하는 것 이상의 결과를 가져올 수 있게 하는 영향력. |
| Jago(1982) | · 강제성을 띠지 않는 영향력 행사과정으로 구성원들에게 방향을 제시하고 활동을 조정하는 것 : 성공적으로 영향력을 행사하는 사람들이 갖는 특성들. |
| Lord & Maher (1993) | · 특정 개인이 다른 사람들에 의해서 리더라고 인정받는 과정으로써, 일정한 직위를 갖고 있기 때문에 리더가 되는 것이 아니라, 다른 사람들로부터 리더라고 인정받는 것이 중요함. |
| Bryman(1986) | · 리더십은 어떤 사람이 공식적으로 리더의 직위에 임명되었을 때 발생함. |
| SK Academy (1999) | · 특정 상황에서 집단이나 조직이 실현시킬 비전을 설정하고 그 비전을 실현하도록 구성원들의 행동에 영향을 미쳐 구성원들이 기꺼이 스스로 실행하도록 개인과 조직을 변화시켜 가는 과정. |

## 2. 한국군의 리더십 정의

리더십이란 리더가 조직의 임무와 목표를 달성하기 위하여 구성원과 상호작용하면서 영향력을 미치는 과정이다.[7]

## 3. 군軍의 임무형 지휘와 관련된 정의

독일은 임무형 지휘를 군의 중요한 근간으로 발전시켜 왔고 이는 이미 1850년대부터 시작되고 있었는데, 프리드리히 칼은 "기동이나 야전임무 수행시 부하가 독립적이지 못한 태도나 책임질 것을 두려워하여 행동하지 않는다면 이는 아무것도 이룰 수 없다. 독자성 없는 군인이란 생각할 수도 없을 만큼 무용한 가치이다. 작은 규모의 전쟁이라고 하더라도 군인은 행동방침을 정할 기준이라고는 이성밖에 없는 생소한 상황에 처하게 되는데 이런 것에 대응할 수 있는 교육과 분위기 조성이 중요하다. 장차 상급자가 되어야 할 사람 개개인에게는 비록 그들이 중요하지 않다고 하더라도 일찌감치 신뢰를 주어 책임을 전가시키는 것이 좋다. 통제는 최소화하되 예리하게 해야 한다"라고 했다.

한국군에서는 임무형 지휘를 "시시각각으로 변화하는 현장상황에 신속하고 능동적으로 대처하기 위해, 부하가 지휘관 의도를 기초로 주도적으로 임무를 수행하는 지휘 유형이다."[8]고 개념을 정립했으나 최근 교육사에서 진행된 교육훈련 발전 관련 지휘관 회의에서 현 국방장관은 "임무형 지휘는 지도 개념이다."고 하여 상반된 의견을 제시하여 군의 구성원 특히 하급자가 보는 임무형 지휘에 대한 자아참조적 관점 연구가 필요하다고 본다.

## 4. 자아참조적 리더십

자아참조적 리더십이란 리더십의 의미를 파악하는 데 특정한 이론적 가설이나 해석에 의한 정의가 아니라, 개인의 인지 또는 이해를 설명하는 데 보다 중점을 둔다. 이는 곧 개인의 자결적 주관성을 이해하는 데 있다. 자결적 주관성은 특정인의 특성이나 특질 또는 사물의 변수가 아니라 개인의 고유한 시각을 의미한다. 따라서 리더십의 의미가 여러 가지로 해석될 수 있고 그 인지 또한 다양하다.

---

7) 육군본부, 『육군리더십(초안)』(대전 : 육군본부, 2009), p. 1~4.
8) 육군본부, 『임무형 지휘』(대전 : 육군본부, 2006), pp. 3~4.

## Ⅳ. Q 방법론

### 1. Q방법론이란?

Q방법론은 단순히 방법론적 기교나 기법을 나타내는 것이 아니라, 특정 주체의 본질이나 의미를 파악하는 데 개인들이 가지고 있는 생각이나 시각을 도출해내고 개념화하는 조사연구 방법이다.[9)]

### 2. 절차

절차적인 면에서, 개인들은 자신들이 개인적으로 느끼는 리더십의 의미에 부합되는 진술문(Q statements)을 순위적으로 분류하도록 요청된다. 여기에서 개인이 가지고 있는 리더십에 대한 주관적 가치나 의미의 모든 집합체 즉 광범위한 스펙트럼을 콘코스(concourse)라 한다. 콘코스 이론은 특정 개념의 의미에 대한 모든 가능한 표현을 총체적으로 분류하고 설명하는 이론이다.[10)] 따라서 리더십에 대한 콘코스 이론은 리더십의 구성요소인 리더, 구성원, 상황을 중점적으로 연구할 수 있다.

자아참조적 주관성에 연계된 리더십 인지유형을 개인주의적 관점, 조직주의적 관점, 그리고 개인주의와 조직주의가 공존하는 관점으로 분류할 수 있다. 개인주의 관점에서 개인의 가장 이상적인 목적은 매슬로우의 개념인 자기 가치의 실현이고, 조직주의 관점에서 그 목적은 개인의 가치 실현보다는 조직의 발전에 있다.

| 구 분 | 리더 | 구성원 | 상황 |
|---|---|---|---|
| 개인주의 관점 | 1 | 2 | 3 |
| 조직주의 관점 | 4 | 5 | 6 |
| 혼합형 | 7 | 8 | 9 |

9) 길병옥·이현출, 「민주주의 의미 : Q방법론을 통한 자아참조적 관점에서의 고찰」, 『대한정치학회보』제8집(2000), p. 138.
10) 길병옥·이현출, 상게서, p. 138.

개인 및 조직주의의 공존형태(혼합형)는 위의 두 관점이 상황이나 장소에 따라 유동적이고 또 상존하는 것을 의미한다. 리더십 인지유형과 리더, 구성원, 상황의 3가지 범주유형과의 결합은 아래와 같은 콘코스로 나타낼 수 있다.

9개의 콘코스를 기초로 하여 Q 진술문은 9개, 18개, 27개, 36개 또는 그 이상이 될 수도 있다. 이 진술문은 개인의 주관적 시각이나 의견을 나타내며 옳고 그름의 의미는 없다. Q분류는 각각의 시각에서 리더십의 의미가 가장 적합하게 묘사된 순서에 따라 +3(가장 동의함)에서 −3(가장 동의하지 않음)까지 열거하도록 한다. Q분류가 끝나면 진술문의 상관관계 및 요인을 분석하게 된다.

## V. 결 론

리더십 의미의 자아참조적 관점에 관한 연구를 통하여 리더십의 의미에 대한 다양성과 Q방법론을 사용하여 도출할 수 있는 서로 다른 자결적 주관성의 시각을 확인할 수가 있을 것으로 판단된다.

기존 학자들에 의해 정의된 리더십에 대한 부분적 견해는 전체 개인들의 시각을 대변하지 못한다는 점을 참고하여 리더십에 대한 접근 방법과 발전방향을 보다 다양화 하고 구성원들이 피부로 느낄 수 있는 리더십을 개발 할 수 있다고 보며 특히 군에서는 위에서 아래로의 종적인 한 방향의 리더십 보다는 미래환경에 적합한 전방위 리더십을 개발할 수 있는 실질적 근거로 활용할 수 있을 것으로 기대된다.

또한 우리 군이 2000년 초부터 시대의 변화에 적합한 리더십 유형으로 임무형 지휘를 채택하여 적용하려고 했으나 특별한 규명 없이 제도화해서 멀어진 근거를 자아참조적 관점 연구를 통해 확인할 수도 있을 것이다. 마지막으로 상명하복의 군 리더십에서 상급자와 하급자간에 리더십에 관한 구성원들의 주관적 관점을 서로 이해함으로써 합리적인 리더십이 발휘될 수 있다고 본다.

-참 고 문 헌-


• 육군본부, 『육군 리더십(초안)』, 대전 : 육군본부, 2009.
• 육군본부, 『임무형 지휘』, 대전 : 육군본부, 2006.
• 조영갑, 『국방심리전략과 리더십』, 서울 : 북코리아, 2006.
• 길병옥·이현출, 「민주주의 의미 : Q방법론을 통한 자아참조적 관점에서의 고찰」, 『대한정치학회보』제8집, 2000.
• 김영일, 「군 리더십 교육체계 정립에 관한 연구」, 국방대학원 석사학위논문, 2005.
• 제정관, 「한국군 리더십의 철학적 기초」, 『안보연구시리즈』제5집, 2004.

# 24. 구성원 존중에 기초한 리더십의 직책 영향력 관점

순 서

박사과정 5기 임익순

군사학 분야를 체계화하고 이론화하여 학문의 경지로 격상시키시고 통섭적인 차원의 발전을 위한 장을 열어 주신 풍석 이종학 선생님께 진심으로 존경과 감사의 마음을 전해 올리며, 또한 앞으로 더욱 매진하여 군사학의 리더십과 군사심리 분야에서 큰 성과가 있도록 노력할 것을 다짐 드리면서 이 논문을 올립니다.

## 1. 서 론

인류역사의 시작과 함께 있어 왔던 정치적, 경제적, 사회적 현상의 하나인 리더십을 연구하는 것은 다양성의 대표적인 상징인 인간을 대상으로 하는 것인 만큼 다양한 의견과 이론이 있어 왔다. 현대적 의미의 리더십을 연구한 Mann(1959)과 Stogdill(1948)이 효과적인 리더와 비효과적인 리더를 비교하여 리더의 특성에 근거한 리더십을 연구한 이래 행동적 접근과 상황적 접근을 시도하여 왔으며, Fiedler(1967)에 의해 상황이론으로 발전하게 되었다. 이후 30여 년간 활발한 연구가 이루어졌으며 이 기간 동안 목표-경로이론(House, 1971 & Mitchel, 1974), 의사결정 중심의 상황이론 모델(Vroom & Jago, 1998 ; Vroom & Yetton, 1973)이 제시되었고, 리더-구성원 교환 모델(Graen & Haga, 1975)이 제시되었다. 최근의 리더십 이론은 Bass(1998)가 제시한 카리스마 리더십 또는 변혁적 리더십으로 표현되는 구성원을 보다 더 개인적으로 배려하는 리더십 이론과 May 등(2004)이 제시한 Authentic 리더십 등이 연구되고 있다. 또한 육군에서는 과거의 권위적이고 위에서 아래로의 한 방향적인 리더십으로부터 구성원을 존중하고 배려하는 인간 중심적 사고에서 출발한 "인간 중심 리더십"(육군 리더십센터, 2006)을 제시하고 있다.

리더십 연구에 있어 또 다른 관심사는 리더의 권력에 대한 것이다. 권력은 리더의 지위에 따른 힘으로서 부하뿐만 아니라 동료, 상사, 고객이나 공급자와 같은 외부의 사람들에게 영향을 미치는 것(유태웅, 2006)이다. 또한 권력은 타인에게 영향을 미치는 실체적인 힘으로서 영향력으로 표현된다. 영향력은 힘의 실체로서 개인이 갖고 있는 직책에 따라 부여되는 것과 개인의 내면적인 모습에서 느껴지는 개인 고유의 것이 있으며, 다른 표현으로 직책 영향력과 개인 영향력(육군 교육회장, 2006)을 사용하기도 한다.

군의 리더들은 전통적으로 권위에 의한 한 방향적 영향력인 직책 영향력을 주로 행사해 왔으나, 이에 대한 부정적인 반응과 사회의 경향을 따라 최근에는 개인 영향력을 강조하고 있다. 여러 문헌이나 연구결과에 따라 리더십 교육에도 반영하고 있으나, 실제 야전부대에서 나타나는 실상은 오히려 지나치게 직책 영향력을 무시하는 경향을 보임으로써, 리더의 올바른 권위에 의한 리더십 발휘가 제한되는 문제점이 노정되었다. 따라서 본 연구에서는 최근의 구성원 존중에 기초한 리더십과 영향력의 관계를 살펴보고 군 리더의 올바른 직책영향력의 행사에 대한 방향을 찾아보고자 한다.

## II. 구성원 존중에 기초한 리더십 이론에 대한 견해

구성원 존중에 기초한 리더십 이론의 대표적인 이론인 변혁적 리더십(transformational leadership)은 Burns(1978)에 의해 처음 제시된 새로운 패러다임의 리더십으로 Bass(1985)에 의해 정립되었다.

변혁적 리더십의 기원은 Weber의 카리스마 리더십과 Dolton의 Rebel leadership으로 거슬러 올라간다(Walumbwa 2002). Weber는 다른 사람들이 어떤 사람의 힘을 정당하다고 인식하면 그 힘은 권위가 되어 다른 사람들에 대한 지배력으로 작용한다고 하였으며 카리스마적 리더는 숭고한 사명을 내세워서 사람들로 하여금 그 사명을 자신의 사명과 동일시하도록 영향을 행사하여 따르도록 한다고 하였다. 또한 비범한 성과를 이루거나 사건을 만들어 추종자들에게 자신의 카리스마를 부각하고 확대시킨다고 하였다(박유진, 2007). Downton(1973)은 혁명적 리더와 보통 리더 사이에 차이점을 고려하여 변혁적 리더십과 거래적 리더십의 개념을 제시하였다.

변혁적 리더십 이론은 전통적 리더십 이론이 리더와 구성원들 간의 관계를 교환관계로 가정하는 거래적 리더십에만 치중되어 있었다는 비판에서 출발하고 있다(서창석, 윤여선, 2005). 거래적 리더십이 리더가 보상이나 벌을 사용하여 구성원들을 동기부여 시키는 형태의 리더십이라면(한광현, 1999), 변혁적 리더십은 리더가 조직의 목적을 달성하기 위해 구성원에게 보상을 하기보다 구성원들을 변환시키기 위하여 구성원들을 돕고 자극하며 동기를 부여한다(Gibson 등, 2000). Burns는 변혁적 리더십을 '리더와 부하가 서로 보다 높은 수준의 사기 진작과 동기를 유발하는 과정'이라 정의하고 있으며, Bass는 '부하 구성원들이 리더를 신뢰하고 충성하며 존경하게 함과 동시에 처음에 기대된 것 이상의 노력을 기울이게 하는 과정'으로 변혁적 리더십을 정의하고 있다(구연원, 2006). Bass(1985)에 의하면 변혁적 리더는 세 가지 중요한 방법으로 조직 구성원들을 변화시키고 동기를 부여한다. 첫째는 구성원들이 과업수행 결과에 대한 중요성을 인식하게 하고, 둘째는 구성원 자신의 개인적 이득보다 조직이나 팀의 이득을 우선시 하게 하며, 셋째는 부하가 가지는 욕구보다 더 높은 수준의 고차욕구충족, 자기개발 및 학습조직을 활성화하여 예상했던 기대보다 높은 성과를 올리도록 하는 것이다(구연원, 2006).

따라서 변혁적 리더십은 주어진 목표의 중요성과 의미에 대한 구성원들의 인식 수준을 제고하고 조직 구성원이 자신의 이익을 초월하여 집단이나 조직 전체의 이익을 위해 일하게 하며, 구성원의 욕구 수준을 Maslow가 제시했던 상위 수준으로 끌어올려 구성원을 근본적으로 변형시키는 리더십을 말한다(서창석, 윤여선, 2005).

변혁적 리더는 자기 확신과 강력한 이념적 신념을 보다 특징적으로 보유하고 있고, 구성원들에게 높은 기대감을 부여하고 확신감을 불어 넣어주며 개별적인 배려를 해 줌으로써 구성원들을 변화시켜 나갈 수 있다. 이러한 방식으로 변혁적 리더는 구성원들의 동기, 가치관 및 신념에 강력하게 영향을 준다. 이에 구성원들은 리더에게 강한 긍정적 반응을 보여주고, 리더의 기대를 넘어서서 성과 창출을 위한 노력을 보여주기도 하며, 리더의 신념을 자신의 신념처럼 수용하거나 동의한다(한광현, 1999).

Bass(1985)는 변혁적 리더십이 다음과 같은 세 가지 특징을 나타낸다고 하였다.

첫째, 카리스마(charisma)이다. 카리스마는 구성원들이 리더와 리더의 비전에 몰입하여 헌신하도록 하여 조직을 변혁시키는 핵심 요인이다(박유진, 2007). 카리스마가 있는 리더는 바람직한 가치관, 존경심, 자신감 등을 구성원들에게 심어줄 수 있어야 하고 비전을 제시할 수 있어야 한다(백기복, 2003, Bass와 Avolio, 1993). 따라서 카리스마적 리더는 구성원들에게 그들의 성과에 대하여 높은 기대를 가지고 있음을 인식시키고, 동시에 신뢰감을 자주 표현한다(구연원, 2006).

둘째, 개별적 고려(individualized consideration)이다. 리더는 구성원들이 개인적으로 성장할 수 있도록 구성원들의 욕구에 관심을 갖고 알맞은 임무를 부여해야 한다(Bass와 Avolio, 1993). 조직 구성원들을 모두 획일적인 기준으로 생각하는 것이 아니라, 개인 한 사람 한 사람의 감정, 관심, 욕구를 존중하여 구성원들을 동기 유발시키는 것을 말한다(구연원, 2006). 리더의 구성원 한 사람, 한 사람에 대한 개별적인 관심과 배려는 구성원들 스스로 리더에게 각별한 대상이라는 느낌을 갖게 하여 리더의 구성원 전체에 대한 관심과 배려보다 동기 수준과 책임감에 긍정적인 양향을 미친다(박유진, 2007). 따라서 이러한 리더들은 구성원 개개인이 가지고 있는 특성을 항상 파악하고 있어 세심한 주의를 기울인다(Bass, 1990).

셋째, 지적 자극(intellectual stimulation)이다. 리더는 구성원들이 새로운 방식으로 문제를 보고 창의성을 갖도록 격려한다. 즉 구성원들이 자신과 조직이 처한 상황을 올바로 인식하도록 하고, 직면한 문제를 새로운 방식으로 보게 하여 해결을 위한 창의적이고 혁신적인 방안을 모색하도록 한다. 따라서 구성원들이 상상력을 발휘하도록 하고 구성원들이 가지고 있는 사고나 견해를 일반화시킬 수 있도록 고무시킨다. 이러한 과정을 통하여 구성원들은 스스로 문제에 대한 해결책을 찾아 나가게 되어 상황분석과 대안 창출에 있어 기존 인식의 틀을 넘어 새로운 시각을 갖게 되어 결과적으로 구성원들의 문제해결 능력이 높아진다(한광현, 1999, 박유진, 2007).

## Ⅲ. 영향력에 대한 견해

영향력이란, '구성원의 행동과 사고, 태도, 가치관, 신념 등에 효과적인 변화를 가져오는 힘과 행동'(권양철, 2007)으로 정의할 수 있다. 이러한 영향력은 '구성원', '상호작용'과 함께 리더십의 주요 구성개념 중 하나이다. 영향력이 발현되기 위한 전제조건은 그 원천이 되는 권력(Power)이 필요하다는 점이다. 권력이란 '영향력의 원천이며 타인을 움직일 수 있는 능력이자 잠재력'이라 할 수 있다. 효과적인 리더십의 발휘는 효과적인 영향력 발휘에 기초하여야 하고, 그러한 영향력은 권력에 기반하여 표출되는 것이어야 한다. 따라서 올바른 리더십 발휘는 상황을 고려하여 자신이 가진 권력을 기초로 적절한 영향력의 유형을 결정하여 실행하는 것이라 할 수 있다.

리더들이 효과적인 리더십을 발휘하기 위해서는 자신에게 어떠한 권력이 있는지를 알고, 정확한 상황 판단에 기초하여 적시 적절한 영향력을 발휘할 수 있어야 한다. 영향력의 발휘의 효과는 그 영향력을 받는 구성원의 변화 여부로 판단할 수 있다. 영향력 발휘의 효과가 긍정적인 것이냐 아니면 부정적인 것이냐는 특정 영향력을 활용하는 리더의 의도와 그러한 영향력을 받는 대상인 구성원의 변화의 방향이 일치하느냐에 따라 달라질 수 있다. 즉, 리더가 의도하는 바를 달성하기 위하여 특정 영향력을 발휘하였을 때, 그 영향을 받는 구성원의 변화의 방향이 일치하면 긍정적인 효과를 달성하였다고 할 수 있다. 하지만 구성원의 변화 방향이 일치하지 않거나 변화 자체가 없다면 리더는 효과적인 영향력을 발휘하였다고 할 수 없다. 또한 영향력을 받는 구성원의 변화가 구성원의 진심과 일치하느냐 아니면 일치하지 않느냐에 따라서 근본적인 효과를 달성하였느냐 아니면 표면적인 효과만 달성하였느냐를 판단할 수 있다. 따라서 리더는 자신이 가진 권력에 기반하여 영향력을 발휘할 때 그 효과성이 어떠할 것인가를 충분히 고민하여 활용할 수 있어야 하고 긍정적이고 근본적인 변화를 달성할 수 있도록 노력(육군 교육회장, 2006)하여야 한다. 영향력은 '영향력 행사 수단'에 따라 조직에서 부여한 권력에 기반한 강제적 영향력, 합법적 영향력, 보상적 영향력과 개인의 인격이나 품성 및 전문성 등에 기반한 준거적 영향력, 전문적 영향력(French & Raven, 1959)이 있다.

첫째, 강제적 영향력은 구성원에 대한 강압적 강요로 행동과 태도를 변화시키는 영향력이다. 이는 영향력을 발휘하는 리더의 강제적 권력에 대한 두려움에 기반한 영향력으로 리더가 사법처벌, 징계, 감봉, 해고 등을 할 수 있는 공식적 권력이나 협박, 폭행, 기타 불이익을 줄 수 있는 비공식적 능력을 지니고 있을 때 발휘된다. 이러한 영향력은 주로 구성원의 동기나 욕구와 상관없이 조직이나 리더의 의지를 일방적으로 구현할 때 사용된다.

둘째, 합법적 영향력은 법규, 공식적 권한, 사회적 규범 등 합법적 권한과 책임에 기초한 영향력이다. 합법적 영향력을 지닌 리더는 구성원들에게 그들의 명령에 복종하도록 요구할 수 있는 공식적으로 승인된 권한을 갖고 있다. 따라서 군에서 합법적인 영향력을 지닌 상관으로서의 리더는 상관의 직책에 의해 보장된 권한을 가지고 있기 때문에 합법적인 범위 안에서 구성원들에게 지속적으로 영향력을 발휘할 수 있다.

셋째, 보상적 영향력은 구성원들이 바라거나 가치를 두고 있는 것으로 보상할 수 있는 자원과 능력에 기반한 영향력을 말한다. 즉, 승진, 자원할당, 봉급인상, 휴가부여 등의 외재적 보상(外在的 報償, Extrinsic Reward)과 인정과 칭찬 등을 통한 내재적 보상(內在的 報償, Intrinsic Reward)과 같은 일정한 대가를 통해 발휘되는 영향력이라 할 수 있다. 이는 구성원의 행동에 대한 리더의 보상이라는 일종의 거래적 관계에서 형성되는 것으로서, 리더는 보상적 영향력을 통해 구성원의 행동을 조직이 지향하는 방향으로 유도할 수 있다.

넷째, 준거적 영향력은 리더의 개인적 매력에 근거한 영향력으로서 구성원으로 하여금 존경심을 갖고 자신과 리더를 동일시하며 따르도록 하는 개인의 인격, 탁월성, 카리스마 등의 영향력이다. 준거(Reference)란, '어떤 행동과 사고를 할 때 일정한 기준이 되거나 따르도록 하는 것, 즉, 참고의 기준'을 의미한다. 부하가 어떤 결정을 할 때 존경하는 상관이 하던 행동을 기준으로 판단하고, 더 나아가 상관과 동일한 것처럼 사고하고 행동하도록 만드는 영향력이다.

다섯째, 전문적 영향력은 리더 개인의 전문성에 근거한 영향력으로서 특정분야에 대한 전문적인 기술과 지식, 다양한 경험과 정보, 탁월한 능력 등에 의해 형성되는 영향력이다.

특히, 효과적인 리더로서의 전문적 영향력은 문제의 본질 파악, 비전 및 해결방향 제시, 구성원과의 친밀한 인간관계 그리고 의사소통과 올바른 의사결정 등 리더십 기술의 효과적인 발휘와도 관련이 높다. 이는 특정 분야에 대한 전문성뿐만 아니라 조직과 인간, 환경과 같은 광범위한 부분에 이르는 고매한 지적 능력을 포함한다.

영향력 유형에 있어 강제적·합법적·보상적 영향력은 '공식적인 직위에 기초한 영향력'들이며, 준거적·전문적 영향력은 '개인의 노력과 계발에 의해 형성되는 영향력'이다. 전자의 경우 조직에서 부여하는 영향력으로 그 범위가 제한적이지만, 후자의 경우는 조직에서나 외부적인 힘에 의해서 제한할 수 없는 영향력으로서 개인의 노력과 계발 의지에 따라서 무한대로 확대 가능한 영향력(육군 교육회장, 2006)이다.

## Ⅳ. 구성원 존중에 기초한 군 리더의 직책 영향력

리더는 구성원들에게 영향력을 발휘하여 그들의 긍정적 변화를 유도하고, 이를 통해 조직의 목표를 달성하고자 한다. 이때 리더의 영향력에 대한 구성원들의 반응은 리더십 발휘의 효과성을 판단할 수 있는 지표가 될 수 있다. 만약 구성원들에게 긍정적으로 내면화된 변화가 있다면 리더가 효과적인 리더십을 발휘했다고 할 수 있지만, 리더가 볼 때만 구성원들이 변화한 척 한다거나 반발을 한다면 효과적인 리더십을 발휘하였다고 할 수 없다.

리더의 영향력 발휘의 성격에 따른 구성원의 반응은 일반적으로 다음과 같다.

강제적 영향력에 대한 구성원의 반응은 특정 상황에서 구성원의 외면적인 복종을 불러오지만 심적으로는 대부분 저항을 가져온다. 또한 적절치 못한 강제적 영향력의 사용은 구성원의 외적인 저항을 유발시키기도 한다.

보상적 영향력에 대한 구성원의 반응은 대부분의 경우 구성원의 복종을 가져올 수 있다. 보상적 영향력은 구성원의 행동과 리더의 보상이라는 일종의 거래적 관계로 형성되어 있다. 따라서 구성원이 원하는 보상을 리더가 제공할 수 있으면 구성원은 리더에게 복종한다. 그러나 리더로부터 보상을 받지 못하는 일에 대해서는 구성원의 내면으로부터 자발적이고 헌신적인 행동을 유발할 수 없는 한계가 있다.

합법적 영향력에 대한 구성원의 반응은 구성원들의 복종 혹은 몰입을 가져온다. 즉, 적절한 합법적 영향력의 발휘는 구성원들에게 공정성을 인식시켜 조직에 몰입시킬 수도 있다. 구성원들은 합법적이며 이유가 명확한 규정과 절차에 대해서는 자발적으로 그 규정에 적합하도록 자신의 태도를 바꾸고 몰입시킨다. 그러나 지켜야 될 명확한 이유를 모르거나 합리적인 절차와 방법에 의해 시행되지 않는 영향력에 대해서는 단지 규정에 의한 것이거나 상관의 지시이기 때문에 최소한의 의무를 이행하는 수준에서 복종할 뿐이다.

준거적 영향력 및 전문적 영향력에 대한 구성원의 반응은 구성원의 태도와 사고, 가치와 신념에 변화를 가져온다. 구성원들의 존경과 신뢰, 사랑을 많이 받는 리더일수록 구성원들에게 더 많은 영향력을 행사하고 구성원들의 자발적인 내면화나 동일시와 같은 몰입을 가져올 수 있다. 구성원들의 내면적 변화는 자발적인 동기를 지속적으로 형성하여 상황의 급격한 변화나 타인의 영향력이 없는 상태에서도 그 행위를 지속할 수 있게 해준다. 준거적 영향력과 전문적 영향력은 직위에 근거하기보다는 인격과 개인적인 매력 그리고 개인적 전문능력에 기초한 영향력이므로 부하뿐만 아니라 주변의 동료, 그리고 상관에게 다방향으로 리더십을 발휘케 하는 영향력이다.

위에서 살펴본 바와 같이 개인적 영향력은 분명히 직책 영향력에 비해 구성원들의 내면적인 복종과 동일시와 같은 긍정적인 반응을 보이는 유용한 것이다. 그러나 개인 영향력이 긍정적이고 유용하다고 해서 직책 영향력을 무시하거나 간과해서는 조직의 목표와 목적을 달성할 수 없을 것이다. 리더의 직책 영향력인 합법적인 권위와 권한을 도덕성과 윤리적인 기준에 부합하도록 행사한다면 개인 영향력만을 강조하는 것보다 훨씬 효과적으로 조직의 목표와 목적을 달성할 수 있을 것이다. 따라서 군 리더는 구성원을 존중하고 배려하는 리더십을 발휘하고 개인 영향력을 행사하면서 합법적인 권위에 의한 직책 영향력을 행사하는 것이 시너지효과를 가져 올 수 있을 것이다.

## V. 결 론

군의 리더들은 분대로부터 작전사령부에 이르기까지 다양한 조직을 운용하고 있다. 각각의 조직은 부여된 임무와 과업을 성공적으로 수행하여 조직의 목적과 목표를 달성해야 한다. 따라서 군 리더는 그 조직 구성원들을 존중하고 배려하는 리더십을 발휘하면서 영향력을 행사해야 한다.

영향력을 행사할 때는 조직의 목적에 부합하는지와 합법적이고 윤리적 도덕적 기준에 합당하는지, 그리고 조직 구성원들의 발전에 긍정적인 역할을 할 수 있을 것인지를 판단해야 한다. 개인 영향력에만 근거한 리더십 발휘는 내면의 동일시를 달성하면서 개개인의 자발성과 동기를 부여할 수 있는 반면, 위기상황에서 역경을 극복하는 추동력을 상실할 수 있는 면이 있다. 또한 직책 영향력에 무리하게 의존할 경우 구성원의 성장을 제한하고 역동성을 상실할 수 있으므로 올바른 기준에 따라 합법적 권위에 근거한 직책 영향력을 기반으로 개인 영향력을 행사함으로써 돌발적인 상황을 극복할 수 있는 역량을 구비해야 할 것이다.


-참 고 문 헌-

• 유태웅 역, 『산업 및 조직심리학』, 서울 : 시그마프레스, 2006.
• 육군본부, 『인간 중심 리더십』, 대전 : 육군본부, 2006.
• 최광표, 『영관급 지휘관용 리더십 진단 프로그램 연구 및 개발』, 서울 : 한국국방연구원, 2007.
• 황인표, 『공직자를 위한 리더십의 개요』, 서울 : 중앙공무원교육원, 2006.
• 권양철, 「초급지휘관의 리더십에 대한 연구」, 2007.
• 김선왕, 「리더십 유형과 기업성장의도 간의 관련성에 대한 연구」, 2008.
• 김창진, 「군 지휘관의 리더십이 무형전력에 미치는 영향에 대한 연구」, 2007.
• 김학수, 「윤리적 리더십, 상사신뢰, 조직유효성의 관계에 대한 연구」, 2008.
• 한광현, 「변혁적·거래적 리더십 요인과 스트레스와의 관계에 관한 탐색적 연구」, 『경영학연구』 16(1).

# 25. 군 간부의 상담자로서 역량 강화방안에 관한 연구

순 서

박사과정 5기 조차현

## Ⅰ. 서 론

21세기 극변하는 환경변화는 인간의 감정과 행동상의 문제를 크게 증가시키고 있다. 특히 심리적으로나 육체적으로 통제된 생활을 하고 있는 병영에서의 생활은 전문가만이 제공할 수 있는 정보와 조언을 요구하고 있으며, 간부나 병사들의 고민과 소외감을 감소할 수 있는 "인간적 대화"의 상대가 절실히 필요한 실정이다. 또한 우리나라의 사회현상을 보면 자살이 급증하고 있어 사회적으로 큰 문제점으로 대두되고 있는데 이는 군에서도 예외일 수는 없다.

최근 입영 장병들에게서 나타나는 심리상태를 분석해 보면 강박성이나 회피성, 히스테리성, 우울증 등 인격 장애의 현상이 나타나는 병사들이 두드러지게 많다는 통계가 나오고 있다. 이들은 스스로 자신의 성격에 어떠한 문제가 있는지를 잘 모르고 자신의 문제를 남이나 주변사람들 또는 사회 탓으로 돌려 극단적인 반응을 보여 가정과 사회생활, 대인관계뿐만 아니라 군에서도 커다란 문제점으로 부각되고 있다.

이제 우리 군은 외부로 나타나는 유형적인 전투력뿐만 아니라 무형적인 전투력 즉, 정신전력의 중요성을 인식하고 있다. 또한 군 지휘자 및 지휘관과 부사관들에게 이들의 마음을 잘 읽어주고 올바른 방향으로 코칭 및 멘토링할 수 있는 상담자로서의 역할을 수행할 수 있도록 해야 할 중차대한 시기임을 모두 자각하고 있으나 큰 효과는 보지 못하고 있는 실정이다.

상대의 마음을 움직이려면 상대방의 심리가 어떤 상태에 있는지 알 필요가 있다. 마치 의사가 환자를 치료하기 위해서는 환자의 심리상태와 아픈 부위를 정확히 알아야 치료할 수 있는 것과 같은 이치다. 그러나 우리 군 간부들의 능력은 아직까지 크게 미흡하다고 생각한다. 사이비 의사가 자칫하면 환자를 죽음에 이르게 할 수 있듯이 전문성이 없는 상담자도 내담자의 문제를 돕기는커녕 악화시킬 수 있다는 사실을 시사하는 바가 크다고 볼 수 있다.

본 논문은 이종학 선생님의 팔순을 기념하여 그동안 선생님께서 모든 열정을 받쳐 군사학의 발전을 위해 노력하시는 모습을 흠모하며, 졸필이지만 현재 군에서 가장 심각하게 대두되고 있는 현안문제인 군 간부들의 상담자로서의 역량강화 방안에 대한 소견을 피력하고자 한다.

## II. 상담 역량 강화방안

군 상담의 성패는 상담자의 역할을 수행하는 군 간부들의 전문적인 상담능력에 달려 있다고 해도 과언이 아니며, 이는 겉으로 드러나는 유형 전투력만큼 중요하다고 할 수 있다. 그러면 어떻게 하면 군 간부들의 상담능력을 증진시키고 역량을 강화할 것인가에 대해 그동안 많은 고민과 연구를 거듭하면서 군 간부로서 상담자에게 요구되는 역량에 대한 이론적 고찰과 역량강화를 위한 교육내용을 분석해 보고, 학교와 야전부대의 의견을 수렴한 것을 기초로 하여 다음과 같이 군 간부들의 상담 역량강화를 위한 방안을 제시해 본다.

군 간부들의 상담 역량을 강화하기 위해서는 수많은 방안들을 고려해 볼 수 있지만 현실적으로 적용 가능한 방안을 제시해 보면, 교육과정과 실무부대의 통합된 상담교육 시스템 구축, 유기적이고 통합적인 상담네트워크 구축, 상담과 관련 학습여건 보장, 군 간부와 군 상담전문가의 유기적인 협조체제 및 민군 통합 상담 관리체계 구축, 군 상담심리사 자격증 제도시행 등 네 가지 방안을 도출해 보았다.

첫째, 교육과정과 실무부대의 통합된 상담교육 시스템을 구축하는 것이다. 각 군의 리더십센터에서는 양성·보수 교육과정 및 실무부대에서 실시하는 상담 교육체계를 시스템화하여 상호 연계성을 유지하도록 해야 한다. 따라서 교육내용의 차별화시키고 점진적으로 심화단계에 이를 수 있도록 체계화되어야 한다. 또한 상담교관과 훈육요원 및 실무부대 간부들에 대한 인성 및 상담교육을 통한 자질을 향상시키고 데이터베이스 시스템을 구축하며, 기본 통계관리나 평가, 분석 및 피드백 등을 통해 군 상담체계에 대한 과학화 시스템을 구축하여야 한다.

둘째, 유기적이고 통합적인 상담네트워크를 구축하고, 상담과 관련 학습 여건을 보장하는 것이다. 이렇게 하기 위해서는 우선 각급 제대 및 기관별로 유기적이고 통합된 상담네트워크 시스템을 구축해야 한다. 예를 들면 병영생활 전문상담실 담당자는 문제 사병에 대한 파악과 보고를 담당하고, 병영생활 전문상담관은 인성검사 해석, 자살이나 성 문제 및 만성적인 성격문제 등에 대한 전문적 상담을, 법무장교나 헌병 수사관은 법적 조치에 대한 상담을, 군의관과 간호장교는 신체 및 정신질환 문제를, 군종장교는 신앙문제를, 인사 실무자는 보직문제를 전문적으로 차별화된 상담 영역이 갖추어진 상태에서 서로 유기적인 협조가 이루어지도록 하는 것이 바람직하다.

또한 각 군 리더십센터에서는 간부들의 개인적인 학습 여건 보장을 위해 군 상담의 특성에 부합되게 개발된 상담자의 자세와 태도 체크리스트, 개인 상담기법, 집단 상담기법, 직책별·유형별 상담모델, 개인상담 및 집단상담 동영상 등에 대한 교보재(VTR, VCR, Check-List)를 제작하며, 상담 자율학습 교안과 지침서 및 참고서적 등을 제작하여 배포하여 상담자율여건을 보장하여야 한다.

좀 더 적극적으로 추진한다면, 국군방송에서 군 상담의 중요성이나 상담기법 등에 관련된 내용의 특강을 편성하거나 또는 상담기법과 인성검사 실습 및 집중 인성교육과 정신건강 프로그램 실습시간 등을 편성하여 실무부대의 장병들에게 구체적인 상담기법 및 프로그램 등을 소개하고 훈련하도록 도와주어야 한다. 또한 인트라넷을 통한 사이버 상담교육을 시행하여야 한다. 중대나 대대 인트라넷을 활용하여 각 군 리더십센터, 교육사 및 국방대 등의 홈페이지에 접속해 상담관련 교육 자료를 제공받을 수 있게 하거나 사이버 상담교육을 실시하여야 한다. 이를 위하여 사이버 상담교육 프로그램이 개발되어야 한다.

예를 들어 사이버 교육 시 상담자의 교육내용을 이론교육, 상담실습 및 수퍼비전으로 구분하여 이론교육은 독서(데이터베이스), 강의(실시간, 음성이나 화상강좌 수강 후 레포트 제출 및 피드백), 세미나(채팅을 통한 토론, 이메일이나 게시판) 등이 가능할 것이다.

셋째, 군 간부와 군 상담전문가의 유기적인 협조체제 및 민군 통합 상담 관리체계를 구축하는 것이다. 군 상담의 성패는 군 간부와 군 상담전문가의 유기적인 협조에 달려있다고 해도 과언이 아니다. 각 군의 리더십센터가 주관하여 국방부에서 공인한 군 관련 민간 상담학회 등과 합동세미나 및 워크숍을 개최하고, 군 관련 상담사례회의 및 상담 논문 발표회에 희망하는 군 간부들을 참여시키고 부대 홈페이지에 민간 군 상담학회를 링크시켜 민간 상담전문가를 적절히 활용하며, 군 간부들을 대상으로 민간 군 상담학회와 연계하여 상담교육과정을 운영하는 등의 민군간의 효율적인 연계활동을 통해 민군 통합 상담관리 체계를 확립하여야 한다.

넷째, 군 상담심리사 자격증 제도를 시행하는 것이다. 각 군의 리더십센터에서 주관하여 국방부 장관이 수여하는 군 상담심리사 자격증 제도를 시행할 필요가 있다. 현재 충분한 연구와 수련과정 없이 단기간에 획득할 수 있는 상담관련 자격증이 민간학회나 대학, 사설기관을 통해 발급되고 있어 군 상담 인력확충에는 도움이 되고 있으나 전문 인력확보에 혼란을 야기하고 있다. 따라서 군 상담에 필요한 연구, 수련, 경력 등에 있어 적절한 인증범위를 설정하고 제도화함으로써 군 상담 전문 인력의 양성과 선발, 업무수행의 질적 향상을 도모하기 위한 연구가 필요하다. 또한 현역 군 간부나 예비역 및 민간 상담전문가들을 대상으로 군 상담심리사 자격증 제도를 도입하여 운영하여야 한다. 현재 세부적인 군 상담심리사 자격인증제도는 육군 교육사령부에서 연구용역과제로 선정하여 연구 중에 있으므로 좋은 연구결과가 산출되어 정책적으로 활용될 수 있으리라 본다.

## Ⅲ. 결 론

결론적으로 군 간부들의 상담자로서 역량강화는 정예군 육성과 무형전투력 향상을 위해 꼭 필요하다고 본다. 따라서 앞으로 군 상담의 바람직한 방향은 "군 상담전문가"와 "군 간부"의 상호 유기적인 협조체제를 이루는 것이 무엇보다 중요하다고 할 수 있다.

이러한 협조체제 속에서 군 간부는 상담에 대한 기본적인 소양을 갖추고, 군 상담의 중요성을 인식하며, 전문적 상담에 대한 이해와 기본적인 상담기법 및 문제 사병에 대한 파악요령 등을 숙지하고, 부하들의 적응상의 문제를 상담해 주며, 자신의 한계를 벗어나는 영역에 대해서는 군 상담전문가에게 의뢰하여 문제를 안고 있는 병사들에 대한 적시적인 전문적 상담을 통해 문제해결을 돕고, 군 상담전문가의 전문적인 상담결과에 대해 군 간부들에게 피드백을 제공해 주고 군 간부들에 대한 상담관련 교육을 실시 할 수 있다.

군 간부의 상담 역량이 증진된다면 그 효과는 개인 및 조직차원에서 다양한 결과를 나타날 수 있다. 우선 상담을 통해 얻어질 수 있는 개인 차원의 효과를 알아보면 부하들은 상담을 통하여 자신의 고민과 문제가 해결이 되며, 심리적으로 증상이 해소되어 정신적으로 건강해 진다.

또한 다양한 문제 상황을 효과적으로 대처하는 능력을 길러 문제상황 발생시 합리적이고 효율적인 선택을 할 수 있게 되고, 주위의 장병들과 원만한 대인관계를 형성하고 보다 군 생활에 잘 적응하며 보다 생산적이고 행복한 군 생활을 할 수 있도록 해 준다.

조직 차원의 효과를 보면, 부대의 사고를 미연에 방지하고 부대의 업무능률이 향상되며, 부대가 보다 단결된 모습을 보이게 된다. 또한 부하들이 간부들을 믿고 따르게 되어 리더십 발휘가 용이해 지며, 부하들의 불평불만이 해소되고 만족도가 높아져서 사기가 고취되어 부대의 목표 달성을 극대화시킬 수 있다.

지금까지 군 간부들의 상담자로서 역량강화를 위한 발전방안에 대해 몇 가지를 제안했는데 이와 같은 방안을 추진할 때 군내의 각종 사고를 사전에 예방하고 부대의 전투력을 향상시킬 수 있음은 물론 장병들 개인의 삶의 질 향상과 국민교육 도장으로서의 군의 역할을 충실히 해 낼 수 있을 것이다.

뿐만 아니라 우리 군은 새로운 병영문화를 창조하여 선진 국방문화를 만들며, 범국민적인 성원 속에서 국민의 절대적인 신뢰와 사랑을 받으며 국민을 위해 봉사하는 국민의 군대가 될 수 있을 것이라 확신한다.

마지막으로 이종학 선생님께서 연로하심에도 불구하고 불타는 열정으로 군사학에 대한 모든 지식을 후배들에게 아낌없이 전수하시기 위한 노력에 찬사를 보내며, 더욱 더 건강하시기를 기원 드린다.

## -참 고 문 헌-


- 김계현, 『상담심리학』, 서울 : 학지사, 1997.
- 김완일, 『군상담의 이론과 실제』, 서울 : 학지사, 2006.
- 육군 리더십센터, 『육군 인성검사 발전 세미나 자료집』, 2006.
- 육군본부, 『인간 중심 리더십에 기반을 둔 임무형 지휘』, 2006.
- 김완일, 「효과적인 군대상담기법」, 육군 교육사령부 지휘통솔세미나 발표자료, 2004.
- 김완일, 「인성검사 해석 전문 인력 확보 및 운용방안」, 육군 리더십센터 세미나 자료, 2006.
- 김완일, 「상담가로서 리더역량 강화 방안」, 육군 리더십센터 세미나 자료, 2006.
- 심홍섭, 『상담자 발달수준 평가에 관한 연구』, 숙명여대 박사학위 논문, 1998.

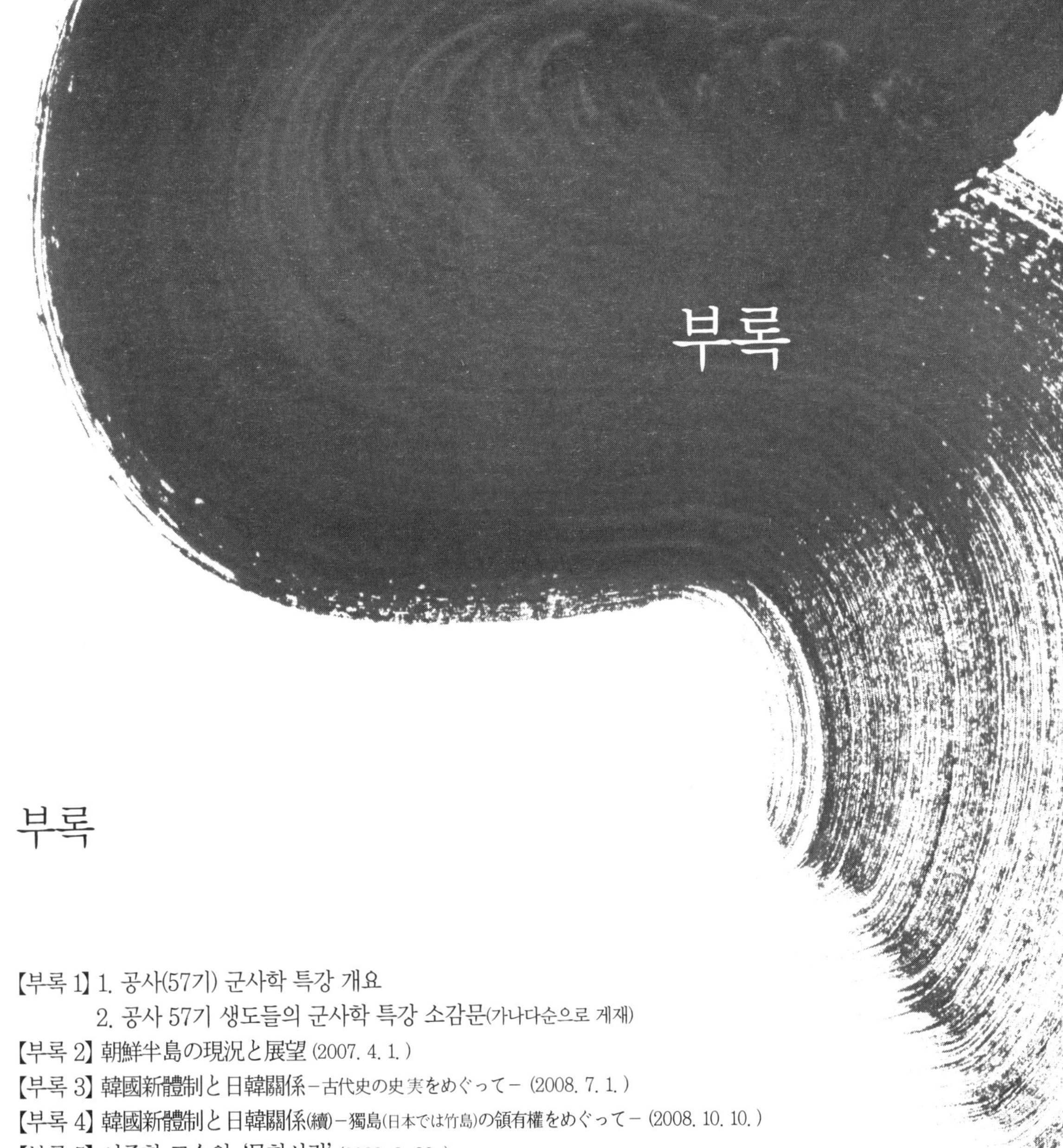


# 부록

【부록 1】

# 공군 사관생도(57기) 군사학 특강 개요

강사 : 이 종 학(3기, 충남대 평화안보대학원 겸임교수)

■ 日時 : 2009년 2월 3일~2월 11일(12시간)

■ 敎材 : · 이종학, 『전략이론이란 무엇인가』(충남대 출판부, 2006)
· 이종학, 『클라우제비츠와 전쟁론』(주류성, 2004)
· 이종학, 『나의 學問과 人生』(2008)

## 1. 직업군인은 왜 軍事古典을 읽어야 하나?

• 첫째 : 萬物은 변화·발전한다는 관점에서도, 시간과 공간을 초월한 보편타당한 軍事理論의 원리를 다루고 있다.

• 둘째 : 전쟁의 본질뿐만 아니라, 그 전쟁의 주체인 人間의 본질도 다루고 있기 때문에, 인간세계의 활동에 대한 지혜와 교훈을 제시해 준다.

• 셋째 : 심오한 哲學을 바탕으로 軍事理論을 체계화하고 있기 때문에 생명력과 실용성

을 보유하고 있다. 軍事古典은 人生哲學의 지침서요 또한 경영전략의 참고서이다.

## 2. 孫武의 略歷

- 生死年은 不明이나, 孔子(552~479 B.C.)와 同時代人.
- 『손자병법』(513 B.C. ?)을 저술하여 합려왕(재위 : 514~496 B.C.)에 바침.(司馬遷, 『史記』(91 B.C.)
- 기원전 511년에 오나라 병사를 지휘하여 초나라 침공.
- 1972년 4월, 중국 산동성 임기현의 은작산에서 前漢初期(140~118 B.C.)의 고분에서 竹簡으로 된 『손자병법』, 『손빈병법』 등이 출토됨.

## 3. 클라우제비츠의 약력

- 1780년, 프로이센의 퇴역장교의 4남으로 탄생.
- 1892년(12세), 프로이센군에 입대.
- 1896년(16세), 소위로 임관.
- 1801년~1804년, 베를린 군사학교 수석으로 졸업.
- 1806년(26세), 이에나 전투에 참전하여 포로가 됨.
- 1810~1812년, 프로이센군 참모부 근무 겸 皇太子의 군사교관. 마리와 결혼.
- 1812년, 王에게 사표, 6월에 러시아군 참모부 중령으로 임명.
- 1814년 4월, 프로이센군 대령으로 복귀.
- 1815년 6월 18일, 워털루 전투 참전.(나폴레옹 패전)
- 1818년(38세) 9월, 少將으로 진급. 12월 베를린 육군군사학교장.(1860년, 육군대학)
- 1830년(50세) 1월, 교장 사임. 포병감으로 임명됨.
- 1831년(51세) 11월, 病死.
- 1832년, 마리(未亡人)에 의해 『전쟁론』 발간됨. 미국 번역판(1943년 발간)

## 4. 조미니의 약력

- 1779년, 스위스에서 탄생
- 1798~1801년, 스위스군에서 복무
- 1805년~1813년, 프랑스군에서 복무
- 1813년~1869년, 러시아군에서 평생복무
- 1869년, 사망. 『대군작전론』(1804~1816), 『전쟁술』(1838) 미국 번역판(1862년 발간)

## 5. 임관을 앞 둔 57기 생도들에게 남기고 싶은 말

- 첫째 : 배우자를 신중히 택할 것.

- 둘째 : 담배를 피우지 말 것.

- 셋째 : 외국어에 대한 습득.

- 넷째 : 군사학에 대한 전문가가 될 것.

- 다섯째 : 인생은 마치 축구시합처럼 전·후반전이 있다는 것을 잊지 말 것.

【부록 1】

# 이종학 교수님의 군사전략 특강을 듣고…

-김 남 규(2중대)-

『전쟁론』의 클라우제비츠, 『손자병법』의 손무, 조미니, 리델 하트… 모두 생도생활 4년간 하면서 적어도 한 번쯤은 들어봤을 법한 이름들이다. 사실 전공이 군사전략학과가 아닌 이상 교수부에서 교양수업 이외로는 이들에 대해 자세히 배울 기회도, 따로 공부해 보기도 어려웠다. 내가 군인의 길을 가면서도 정작 군사전문가가 되기 위한 공부는 본인이 정말 관심이 있어서 스스로 찾아가면서 공부하지 않는 이상 깊이 공부하긴 많이 어려웠던 것이 사실이었다. 하지만 졸업을 앞둔 시점에서 이번 동계특강 기간에 군사학 특강으로 우리 공군사관학교 3기 선배님이신 이종학 교수님의 특강을 듣게 되었다.

사실 나는 아직 『손자병법』, 『전쟁론』을 제대로 읽어본 적이 없었다. 읽다보면 약간은 멀게만 느껴졌기 때문이다. 과거에 지어진 이 책들에 실린 군사전략이 과연 현대전에도 적용될 수 있을지도 의문이 들었다. 하지만 이 강의를 듣고 나니 그런 생각이 어리석었음을 깨닫게 되었다. 이런 군사전략의 고전들은 지금에 와서 군의 지휘관이 된 자들에게는 기본이 됨은 물론, 일반인이라도 그 안에서 삶을 살아가는 지혜 같은 것을 많이 얻을 수 있었던 것이다. 교수님의 강의를 듣다보니 문득 군의 지휘관으로서 그 임무를 성공적으로 완수하기 위해서는 군사전략에 대한 확실한 이해가 필요하다는 생각이 들었다.

또한 교수님의 강의를 들으면서 보니, 교수님은 50년 이상 대선배님으로 많은 연세에도 불구하고 아직도 많이 분주하시고, 그 분주함에서 보람을 느끼고 계신 것 같았다. 교수님은 강의 마지막에 인생은 축구처럼 전반전과 후반전이 있다고 하셨다. 전반전에 만족스럽지 못한 결과가 났더라도 후반전에 얼마든지 만회할 수 있다는 것을 강조하셨다. 난 특히 이 부분이 맘에 와 닿았다. 멀리 볼 것도 없이 가까운 과거와 미래의 나를 보더라도 비행훈련이 잘 안되어서 조종을 할 수 없게 되었을 때 너무나 낙심하였고, 다른 길을 찾을 생각은 않고 대충 되는대로 살아가겠다고 생각했었다. 그렇지만 이 강의를 듣고 나서 생각해보니 이제 난 24살이고, 단지 한 가지 가능성을 지나쳤을 뿐 결과는 아직 안 나왔다는 것을 깨닫게 되었다. 아직도 만회하고 또 다른 가능성을 만들 기회는 얼마든지 많다는 것을 깨달았다.

4년간의 생도생활을 거의 다 마쳤고 이제 임관하는 일만 남은 이 시점에서 교수님의 강의 이전에 이 모든 것을 먼저 알고 있었고, 미리 준비할 수 있었으면 생도생활은 더 보람있었을 것이고, 임관 이전에도 더욱 확실한 목표가 생겨 더 좋은 장교가 될 수 있지 않을까? 하는 안타까움이 들었다. 앞으로 내 후배들에게는 이런 것에 대한 준비를 미리 하도록 조언을 해봐야겠다는 생각도 해보면서 이 강의 감상문을 마친다.

【부록 1】

# 겨우 전반전, 주도권을 가져오겠다

-김 애 리(8중대)-

그때가 지금도 기억난다. 뭉게구름이 너무나도 예뻐서 하늘에서 땅으로 내려오고 싶지 않았던 그날. 그날 나는 212비행교육대대에서 4년을 지내 이제는 집과 같이 포근한 학교로 돌아왔고 바로 다음날부터 다른 동기생들과 함께 생도의 일과로 돌아갔다. 동계학기답게 EOZ(English Only Zone)을 운영하는 교수부에서 4학년들은 영어수업을 하면서 2주간 화요일과 수요일, 총 4일을 군사학 교육을 받는다는 것을 알았다.

군사학 강의를 해주신 분은 이종학 교수님이었다. 너무나도 까마득한 3기 선배셨다. 우리 할아버지가 살아계셨다면 그 연세쯤 되셨을까. 군사사학이라는 새로운 학문의 길을 만드신 대선배였다. 우리세대가 겪어보지 못한 아니, 생각지도 못할 많은 사건들과 세월들을 겪으신 강사님이 한국전쟁 뿐 아니라 해방과 진주만 공습에 대해 이야기해 주실 때에는 정말 살아있는 역사를 내가 보고 있다는 생각에 감동할 수밖에 없었다. 총 12시간의 강의 중 내가 들은 것은 9시간. 졸기도 했지만 감사한 시간들이었다.

강의의 내용을 크게 두 가지로 나누어졌다. 하나는 군사학의 고전에 대한 설명이었고 나머지 하나는 고전을 아우르면서 선배님의 학문과 인생에 대해 이야기 해주시면서 우리에게 당부하고 싶은 내용이었다. 임관하고 후배들을 가르치기 위해 서점을 둘러보다 클라우제비츠의 책을 처음 발견하시고 그 이후로 군사학의 길을 걸으신 선배님에게서 들었던 강의 내용 중 가장 인상에 남았던 이야기가 하나 있었다. 미국의 대학교에서 물리학 석사학위를 받고 귀국한 동기생에게 "군사학도 학문이냐."라는 농담을 듣고 자신은 그 동기생에게 이렇게 쏘아주었다는 것이다. "그럼 자네는 미국에 가서 물상을 배워왔나?" 히야~ 정말 내가 그 때 그 자리에 있었더라면 정말 숨이 넘어가게 웃었을 것 같았다.

하지만 분명 선배님이 그 당시에 군사학을 가르치실 때는 제대로 된 학문으로 정립되지 않았던 시절, 아직도 부족하긴 하지만 지금에 이르기까지는 얼마나 많은 연구를 하고 얼마나 힘들었을지. 정말 우리 세대들은 참 많은 것을 받고 살아간다는 것을 다시 한 번 뒤돌아보게 하기도 하였다. 가장 중요하게 말씀하셨던 내용, 전략은 목표와 방법 그리고 자원으로 이루어진다. 전략은 전쟁 즉, 각각의 전투에도 적용이 되지만 우리의 인생에도 적용이 된다. 따라서 인생에 있어서 목표를 가지고 그 목표를 이루기 위해 알맞은 방법과 자원을 적절히 사용해야 한다. 2월 11일, 오늘. 졸업식까지 정확하게 한 달이 남은 이 시점. 생도에서 장교로의 연장선상에서 이제 목표를 정하고 나아가야 할 때가 된 것이다.

강사님은 인생은 마치 축구시합과 같이 전·후반이 있다고 하셨다. 그 말과 같다면 이제 나의 전반전은 얼마나 진행되어 있는 것일까. 전반의 중반 혹은 후반 즈음이겠지. T-103 비행기에서 내려온 그날. 강사분의 말을 빌리자면, 그 날만은 마치 결정골을 먹은 것 같았다. 하지만 이게 전반전이라면, 그리고 그 전반전이 끝나지 않았다면, 후반전에서의 역전을 위해 남은 전반전에서 주도권을 가져와야겠다.

【부록 1】

# 군사학 특강

-남 현 수(8중대)-

이번 특강은 아주 특별한 특강이었다. 첫째, 졸업을 앞둔 57기 4학년 생도들을 위해 군사전략학과에서 특별히 전략이론과 전쟁론 등의 내용으로 장차 임관 전에 꼭 알아둬야 할 내용을 위주로 구성된 특강이었기 때문이다. 둘째, 공군사관학교 제 3기 졸업생이신 우리나라에서 군사학의 개념을 정립하신 훌륭한 분인 이종학 교수님으로부터 들을 수 있었던 특강이었기 때문이다.

특강은 주로 『손자병법』과 『전쟁론』 등을 중심으로 이루어졌고, 그 책들의 저자인 손자, 클라우제비츠, 조미니의 군사사상에 대해서, 각 사상가의 생각과 책에서 살펴볼 수 있는 전쟁의 원칙, 기술 등을 세부적으로 나열하는 식으로 진행되었다. 군사전략학과 생도라면 4년간 전공으로 많은 시간을 함께했던 사상가들이라고 생각한다. 하지만 군사전략학과 생도가 아닌 나는 전쟁사 시간에 1시간쯤 언급하고 넘어간 것이 고작 이어서, 그 사람들에 대해서 많은 점이 궁금하기도 했다. 들으면서 전쟁의 개념 혹은 전쟁의 원칙과 전투, 전략, 군사이론, 전쟁의 본질 등 많은 개념을 이해하게 되었으며, 뭐니 뭐니 해도 가장 생각에 남는 것은 『손자병법』이었다.

물론 항공기가 없을 때 쓰인 책이라 지상군 위주로 구성되어 있어서 요즘에 맞지 않는 점이 많지만, 전쟁의 기본을 충실하게 담고 있으며, 무엇보다도 클라우제비츠, 조미니, 나폴레옹 등에게 많은 영향을 끼친 병법의 기본서라는 점이 놀라웠다. 아주 오래전인 기원전 513년경에 쓰였지만, 2,500년이 지난 지금에 와서도 전쟁의 기본을 충실히 담고 많은 군사사상가들이 참고할 정도의 지식을 압축해 놓은 것은 역사에 길이 남을 진귀한 책이라는 것을 느꼈다.

12시간의 특강을 들으면서 나는 평소 나 스스로 군인이라고, 군인이 될 사람이라고 느끼고 말하고 다녔던 것이 부끄러울 정도의 수치심을 느꼈다. 도대체 전쟁이 무언지도, 어떻게 준비하는지도, 어떻게 수행하는지도, 어떻게 억제하는지도, 어떻게 연구하는지도 몰랐던 나에게 그 12시간은 많은 것을 암시해 주는 시간이 되었다. '군인은 전쟁에 대해선 전문가가 되어야 한다!'라는 교수님의 말씀이 가슴속에서 메아리쳐 울린다. 그래서 이번 12시간 정말 졸지 않으려고 노력하고, 눈을 부릅뜨며 다짐한 단 한 가지를 건진 것 같다. 바로,

**군인은 전쟁에 관해서는 전문가가 되어야 한다!!**

【부록 1】

# 이종학 교수님의 『동·서양의 고전 군사전략사상』 특강을 듣고…

-신 정 훈(3중대)-

평소에 우리 학교의 대 선배님들을 몇 번 뵌 적이 있었다. 그때는 직접 뵈었다기보다는 졸업식 때나 특별한 행사 때 먼발치에서 바라보는 게 전부였다. 그래서 책으로만 접할 수 있었던 우리 학교의 아주 오래된 이야기, 여러 전설, 즉 산 역사를 직접 들을 수 있는 기회가 없었다. 하지만 이번 기회에 우리 학교의 대 선배님이신 이종학 교수님의 특강을 한다는 얘기를 듣고 기대가 많이 되었다. 반면에 약간의 걱정도 되는 부분이 있었다. 공사 3기 선배님이시면 연세가 여든에 이르시기 때문에 우리와는 상당한 세대 차이 및 의사소통에 벽이 있을 수도 있다는 것이었다. 이런 저런 여러 생각이 드는 가운데 교수님의 특강을 듣게 되었다. 교수님에 대한 첫인상은 약간은 의외였다. 나는 사관학교 출신이기에 당연히 반듯한 정장이나 그에 걸맞은 옷을 깔끔하게 입고 오실 줄 알았다. 하지만 나의 예상은 빗나갔다. 교수님에게서는 사관출신의 군인이라기보다는 학문을 연구하는 학자의 모습이 더 강하게 풍겼다. 그건 아무래도 교수님께서 군복을 벗으신 지도 오래되었고, 연세도 있으신 데다가, 군사학이라는 학문에 전문가이시기에 그러한 모습이 어쩌면 당연한 것일 수도 있다는 생각이 들었다.

교수님의 특강은 내용적인 면에서는 참 알찼던 강의였다. 교수님께서도 준비를 정말 많이 하신 것 같았고, 그동안 연구했던 자료들을 정리도 열심히 하셔서 우리들에게 하나라도 더 알려주고 싶어 하셨다. 핑계라면 핑계지만 나는 전공이 항공우주공학이라서 군사학이라는 것에 대해서는 관심을 갖지도 가질 수도 없는 환경이라서 교수님께서 연구하신 클라우제비츠며 조미니 등의 인물에 대해 아는 것이 거의 없어 특강시간 내내 얼굴이 붉어질 수밖에 없었다. 그런 점에서 보면 교수님께서는 살아오시면서 그 동안 군사학이라는 미개척 분야에 대해 얼마나 열정을 가지고 노력을 하셨는지 알 수 있었다.

또한 교수님께서 지금까지 연구하신 분야 중에서 새롭게 알게 된 사실은 한국전쟁 때의 인천상륙작전보다 더 어려운 작전이었던 고구려의 가야 공격 시(400년) 수로를 이용한 대규모의 상륙작전이었다는 거다. 지금은 상륙작전이 그리 힘든 작전은 아니지만 그 당시 함선도 발달하지 못했고, 수군의 개념도 모호한 상태에서 그러한 대규모의 상륙작전을 감행한다는 것이 믿기 힘든 것이지만 교수님께서 여러 자료를 분석하고 연구한 결과 그렇게 밝혀짐으로써 나 역시 우리 민족에 대한 자부심과 새로운 사실에 대한 놀라움이 교차했다.

교수님의 특강을 통해 그 동안 나와는 별개라 생각했던 군사학에 대한 지식의 필요성을 절실히 느끼게 되었고, 앞으로 군인으로서 나아가게 될 나에게 꼭 필요한 지식이라고 인식하게 된 아주 유익한 시간이었다. 교수님께서 말미에 얘기해주셨듯이 인생은 축구처럼 전·후반이 있는 법, 나에겐 아직 전반전이 진행되고 있다고 생각하니 앞으로 내가 할 수 있는 일, 해야 할 일이 정말 많다는 것을 느끼게 되었다. 다시 한 번 먼 길까지 아주 유익한 특강을 위해서 직접 오신 이종학 교수님께 감사의 말씀을 드리며, 이 나라에 보탬이 될 수 있는 훌륭한 장교가 될 것을 굳게 다짐하게 되었다.

【부록 1】

# 이종학 교수님의 특별강연을 듣고

-오 현 진(4중대)-

'3기 선배님이라니!' 처음에는 적잖이 당황하고 걱정도 했었다. 몇 년 위 선배님도 아니고 나보다 54년이나 먼저 사관학교를 졸업하신 대선배님의 특강이라니…. 두 시간도 아니고 하루에 세 시간씩 계획되어 있는 시간표를 보고 나를 비롯한 동기생들이 졸음을 참지 못해 선배님께 좋지 않은 모습을 보여드릴까봐 걱정이 됐다.

강연 첫 날. 연세가 지긋 하신데도 선배님께서는 여느 젊은 강사 못지않게 강연을 하셨다. 하지만 역시나 염려했던 대로 많은 동기들이 졸음을 참지 못해 곤란해 하는 모습이 보였다.

이번 강연은 나에게 몇 가지 중요한 것들을 깨닫게 해 주었다. 첫째로, 내가 공군장교가 되기 위해서는 좀 더 많은 공부를 해야겠다는 것이다. 『손자병법』과 클라우제비츠, 조미니에 대한 내용은 수업시간에 몇 번 배웠던 내용이었으나 이번처럼 자세하게, 또한 소소한 여담들까지 들을 수 있었던 적은 없었다. 이미 수업시간에 들었던 내용이었음에도 다시 한 번 배우는 느낌은 새삼 새롭게 다가왔다. 나는 아직도 배워야 할 것들이 많이 남았다는 생각이 들었다. 내가 대한민국의 군인의 한 사람으로서, 공군의 장교로서 임관 후 어떤 마음가짐으로 어떻게 살아가야 하는가 하는 문제가 머릿속에 떠올랐다.

둘째로는, 인생목표에 대한 것이다. 교수님께서는 전쟁에 있어서도 첫째로 전쟁 목표를 세우는 것이 중요한 것처럼 인생을 삶에 있어 하나의 목표를 설정하는 것 또한 매우 중요하다고 말씀하셨다. 나는 고등학교시절부터 세운 목표가 하나 있기는 했다. 열심히 주어진 삶을 살다가 나중에 힘이 다 해 눈을 감게 되는 순간, 내가 살아온 일생을 뒤돌아보며 정말 보람되고 행복하게 살았구나 하고 생각하며 웃으며 눈 감을 수 있는 생을 사는 것이었다. 하지만 교수님의 말씀을 듣고 생각해보니 그것은 구체적이지 않은 것이고 다소 추상적인 목표라, 구체적으로 나의 인생 목표를 재정립할 필요가 있다는 것을 깨달았다.

이 외에도 교수님께서는 강연을 통해 사관출신 선배님으로서 생도들에게 필요한 군사지식들뿐 아니라 인생 선배로서 우리들에게 여러 인생철학들 또한 말씀해 주셨다. 하지만 가장 감명 깊었던 것은 여든이 다 된 연세에도 시들지 않은 교수님의 학문에 대한 열정과 마음에서 우러나오는 청춘이었다. 나도 과연 저 나이가 되면 언제나 젊은 마음가짐으로 열정을 잃지 않고 살아갈 수 있을까 하는 의문이 들었다. "인생에는 후반전이 있다."고 교수님께서 강연 중에 말씀하셨다. 60대부터의 인생은 황혼기이기보다 황금기가 될 수 있다는 것을 알려주시려 한 것 같다. 교수님은 무엇보다도 자기 자신이 그 증거로서 우리 앞에 서셨다. 그 모습이 정말이지 좋아보였다.

생도들을 위해 강연을 준비하시고, 열심히 강연해주신 이종학 선배님께 마음 속 깊이 감사의 말씀을 전하고 싶다.

【부록 1】

# 군사학 강의를 듣고…

-이 민 혁(3중대)-

이종학 교수님의 군사학 강의를 한마디로 정리하자면, '지금까지의 여느 군사학 강의와는 전혀 다른 것'이라고 할 수 있다고 생각한다. 군사학이라고 하면 틀에 박힌 책들뿐이었다. 제공권이라든지 항공전역, 전쟁론 등 유명한 저서들의 틀에 박힌 생각들을 그저 머리 속에 집어넣는 작업 밖에 안 되는 것이었다. 그러나 이종학 교수님의 강의는 달랐다. 그 틀에 박혀있는 생각들을 재해석하여 쓰신 저서 『전략이론이란 무엇인가?』, 『클라우제비츠와 전쟁론』으로 새로운 군사학 강의를 우리에게 보여주셨다.

총 12시간으로 이루어진 이 특강은 많은 것을 나에게 안겨주었다. 먼저 군사전략에 관한 새로운 인식이다. 지금까지는 정형화된 틀 안에서 생각하였다. 그리고 그것이 정답인 것으로 생각하고 알아왔다. 하지만 급속히 변해가는 안보환경과 전쟁 양상에서 그런 틀은 쉽게 깨질 수 있다는 것을 깨우치게 되었다. 모든 원리, 원칙은 오래된 고서에서 찾을 수 있을지 모르지만 그것을 응용해서 이용하는 것은 전혀 다른 문제이다. 그 당시의 상황마다 우리가 가지고 있는 상황과 환경, 그리고 모든 영향력을 생각해보면 그저 원리 원칙을 그대로 가져다 붙일 수는 없는 것이다. 그래서 나는 이 특강을 통해 그 고서들을 어떻게 유용하게 이용할 것인지에 대해 알게 되었고 새로운 전쟁 양상에 따른 새로운 전략에 대한 인식이 필요하다는 것을 느끼게 되었다.

두 번째는 사람의 인생에 관해 어떻게 인식하고 살아야 하는지에 대해 학교선배이자 인생선배인 이종학 교수님께 많은 가르침을 받은 것 같다. 군사학 특강이기는 하지만 학교 선배인 교수님은 우리들에게 살아가면서 필요한 여러 가지 것들을 알려주셨다. 그 중에서도 전략목표에 관한 이야기를 하시면서 얘기해 주신 것이 가장 기억에 남는다.

"우리는 전략목표를 세울 때 가장 중요하면서도 구체적이고 실현가능한 목표를 세워야 합니다. 우리의 인생 목표도 마찬가집니다. 우리가 살아갈 날을 그저 지켜만 봐서는 안 됩니다. 중요하고 구체적이면서 실현 가능한 인생목표를 세워서 살아가야 할 것입니다. 더더군다나 사관생도라면 큰 꿈을 품을 수 있는 목표를 세우고 인생을 살아야합니다."

이 말을 듣고 '내가 지금까지 허무하고 의미 없는 인생을 살아왔구나.' 하는 생각이 불현듯 들게 되었다. 내 인생목표라는 것은 생각하지도 못했을 뿐만 아니라 내가 인생을 살아가는데 그런 것이 있으리라고 생각도 못했다. 그래서 나에게는 이종학 교수님의 말씀이 충격적이면서 가슴깊이 와 닿았다.

군사학 강의에서 이렇게 큰 두 가지를 얻게 되었다. 앞으로 내가 살아가면서 이런 느낌들을 얼마나 간직하고 살아갈 것인지는 미지수지만 적어도 조만간에 내 앞에 있을 날들에 대해서는 이 느낌을 반영하여 살아가도록 노력할 것이다.

많은 연세에도 이번 특강에서 열연을 해주신 이종학 교수님, 선배님께 감사의 말씀을 전하고 싶다.

【부록 1】

# 이종학 교수님의 군사학 특강 소감문

－이 소 영(1중대)－

4년간의 생도생활을 마무리하며 졸업을 준비하고 있는 요즘, 사관생도로서 나의 4년이 어떠했는지 되돌아보았다. 내가 4년간 배운 군사학에 대해 얼마나 잘 알고 있으며, 과연 군사학사를 받을 만한 전문적인 지식이 있는지… 가끔 TV퀴즈 프로그램에서 군사학에 관한 문제가 나와도 일반인들과 마찬가지로 잘 알지 못하는 나를 생각하면 너무나도 부끄럽다. 이런 생각을 하고 있는 이 시점에서 이종학 교수님의 군사학 특강을 듣게 되어 다행이라고 생각한다.

직업군인이라면 응당 군사학에 대해 그 누구보다 많이 생각하고, 많이 알고 있어야 한다. 그러기 위해서는 문제의식이 필요하다. 누구든지 자신의 목표가 무엇인지, 목표를 이루기 위한 방법에는 어떤 것이 있는지, 이를 위해서 어떠한 자원이 필요한지를 알고, 행동해야 한다. 이것이 바로 전략이다. 직업군인으로서의 우리는 '전쟁이란 무엇인가', '전쟁준비는 어떻게 해야 하는 것인가', '전쟁은 어떻게 수행해야 하는가', '전쟁은 어떻게 억제할 수 있는가'와 마지막으로 '전쟁을 어떤 방법으로 연구해야 하는가' 하는 문제에 대한 해답을 찾기 위해 노력해야 한다. 그러기 위한 첫걸음이 군사고전을 읽는 것이다. 그러므로 교수님께서는 우리에게 손무의 『손자병법』과 클라우제비츠의 『전쟁론』, 조미니의 『전쟁술』에 대해 알려주셨다. 또한, '광개토왕 비문'의 해석을 통해 나온 연구결과와 '6·25 전쟁'의 초기작전에 대한 연구결과 등등을 알려주셨다. 그 중에서 가장 기억에 남는 것은

『손자병법』을 설명하시면서 말씀해주신 '용병의 기법'이다. '용병의 기법'은 "적이 오지 않으리라고 믿지 말고, 적이 언제 오더라도 대적할 수 있는 자신의 대비태세를 믿어야 한다."는 것이다. 지난 1월 17일, 북한 인민군 총참모부 대변인의 성명과 최근 북한의 미사일 발사 조짐에 따라 남북관계의 긴장감이 높아지고 있는 지금, 북한의 경제적, 정치적 상황에 비춰보았을 때 전쟁이 일어날 가능성이 희박하다고 주장하는 것보다는 만약의 상황에 대비하여 태세를 갖추는 것이 '용병의 기법'에 입각하여 더 현명할 것이라는 생각이 든다. 이처럼 군사이론은 단순한 지식이 아니라, 현실에 적용할 수 있는 학문이라는 사실을 이 수업을 통해 몸소 느끼게 되었다.

강의는 군사학 전문가의 군사이론 수업 이상의 의미가 있었다. 선배 공군장교이자, 인생의 선배님으로서 앞으로의 삶에서 신중하게 생각하고 지켜야 할 중요한 것들을 알려주셨다. 무엇보다 인생의 최종 목표를 세우고 목표를 이루기 위해서 의미 있게 생활해야겠다는 다짐을 하게 되었다는 점에서 매우 의미 있는 시간이었다.

【부록 1】

# 이종학 교수님의 군사학 특강을 듣고

-이 승 규(1중대)-

즐거운 휴가를 마치고 학교로 돌아와서 이제는 공부를 조금 해야겠다는 다짐을 했다. 그리고 때마침 EOZ프로그램이 이번 동계 특강기간에도 시행되었기 때문에 이번 기회에 영어를 정복해야겠다는 다짐을 하게 되었다. 하지만 EOZ 오리엔테이션 시간에 갑자기 박대광 중령님께서 군사학 특강이 12시간 계획되어 있다고 하셨다. 그 당시에는 동계 특강기간에 영어에만 몰입하려고 했던 나에게는 그 말씀은 석연치 않은 소식이었다. 뭔가 뾰루퉁한 생각으로 지난 주부터 이종학 교수님의 군사학 특강이 시작되었다. 3기 선배님이신 만큼 연로가 있어 보였고 수업이 지루할 것이라 생각이 들었다. 하지만 수업을 듣게 되자 아직 연세에 비해서 훨씬 젊으신 생각과 말투를 가지고 우리에게 차근차근 『손자병법』에 대해서 강의를 시작하셨다. 그 때부터 이 강의가 그저 단순히 우리가 지겹게만 생각하는 따분한 강의가 아닐 것이라는 느낌이 들었다. 강의를 들으면 들을수록 이종학 교수님이 우리나라 군사학계에 거장인 것이라는 생각이 많이 들었다. 군사학을 연구하시기에는 선행연구가 국내나 국외에서도 많이 없었던 시절이라 연구하시기 굉장히 힘들었을 텐데 그럼에도 불구하고 대구의 헌 책방에서 클라우제비츠의 『전쟁론』을 구입하시고 영어나 일어로 번역된 수많은 논문을 연구하시는 등의 이종학 교수님의 업적은 실로 대단한 것이라 생각이 든다.

이종학 교수님의 강의 중에 인상 깊었던 말씀은 군인은 군사학을 전공으로 해야 한다는 말씀이었다. 의사는 의학을 전공하고 물리교수는 물리학을 전공하듯이 우리는 군사학을 전공해야 한다는 것이다. 이런 말씀을 듣고 나니 군사학에 지식이 많이 부족한 나에게 뭔가 나의 가야할 길과 내가 어떠한 것을 전문적으로 해야 하는 사람인지를 깨우치는 기회가 되었다. 군사학이라는 것은 단순히 전쟁사를 배우는 것만을 말하는 것이 아니다. 그 나라의 역사와 더불어 전쟁사, 전술 등을 통틀어서 하는 것이다. 우리가 일반 병사나 부사관들과 다른 점이 있다면 그것은 군에 대해서 전문적인 지식과 기술을 가지고 있는 점이라 할 수 있겠다. 이런 점에서 봤을 때 우리가 군사학을 전공해야 한다는 말은 지극히 타당한 말이 아닐 수 없다.

또한 다른 인상 깊었던 말씀은『손자병법』에 나오는 말로서 '싸움을 잘하는 것은 백 번 싸워서 백 번 이기는 것이 아니라 싸움을 하지 않고 이기는 것이 진정으로 싸움을 잘 하는 것'이라는 말씀이었다. 군인이라 함은 당연히 전쟁에서 승리함을 가져야 하고 그런 것을 증명이라도 하듯이 우리는 경례의 구호로서 '필승'이라고 외친다. 하지만 그것은 최상의 승리가 될 수 없는 것이었다. 우리는 전쟁에서 싸우지 않고 우리 아군의 피해를 하나도 보지 않고 전쟁에서 이길 수 있는 장교가 되어야 한다. 이러한 점은 위에서 말했던 군사학의 전문가가 됨으로써 실행에 옮길 수 있을 것이다.

이번 이종학 교수님의 특강이 생도들에게는 정말 유익한 강의였으며, 먼 길을 방문해주셔서 열정적으로 강의를 해주신 이종학 선배님께 진심으로 감사하는 마음을 가지며 이 소감문을 마친다.

【부록 1】

# 인생의 전반전을 달리고 있는 나에게

-정 준 영(8중대)-

4년의 생도생활을 마무리 짓고 임관을 준비하는 지금 이 시기가 마음이 싱숭생숭하여 나태해지기 쉬운 시간이 아닐까 싶다. 나도 졸업을 앞두고 지난 생도생활을 되돌아보며 장교로서 어떻게 멋지게 살아갈 것인지 고민하면서도 막상 무얼 해야 할지 몰라 생각 없이 지내는 시간이 많다. 그러나 공사 3기 대선배님이신 이종학 교수님의 강의를 통해 고민해결의 실마리를 찾고 인생의 청사진을 찍을 수 있었다. 우선 2,500여년 전, 손무가 쓴 『손자병법』의 생각과 학문의 깊이에 너무 놀랐고 또 한편으로는 부끄러웠다. 나라를 위해 본격적으로 일하게 될 텐데 멀리보지 못했다. 요즘의 나는 당장 눈앞에 닥친 일들에 대해 걱정하고 어떻게 월급을 관리하고 어떻게 생계를 꾸려나갈 것인지를 걱정하고 있는 월급쟁이에 불과했다. 나의 생각이 이 정도 수준에 머물렀었으나, 『손자병법』의 이해를 통해 시야를 넓히고 그 벽을 허물어야겠다고 생각했다.

두 번째, 교수님의 생도시절, 군사분야 교육내용이 살인을 위한 새로운 무기의 성능과 군사훈련이기 때문에 직업군인이 된다는 것에 깊은 회의심을 품고 계셨다고 하셨다. 나도 대한민국 영공방위를 위해 힘쓰는 전투조종사가 되는 것이 꿈이지만 내가 발사한 미사일 한방에 수많은 사람들이 목숨을 잃을 수 있는 것이 사실이다. 그러한 생각이 들 때면 두렵기도 하다. 그러나 교수님께서 자신의 회의심을 풀게 해준 『손자병법』의 첫 구절이 나에게도 힘이 되었다. "전쟁은 국가의 중대한 일이다. 국민의 생사와 국가의 존망이 기로에

서게 되는 것이니 신중히 검토하지 않으면 안 된다."는 구절이다. 내가 사랑하는 국민(가족, 친구)과 국가의 생사와 존망이 나에게 달려있다는 사실이다. 또한 '백 번 싸워 백 번 승리하는 것이 결코 훌륭한 전략이 아니고 싸우지 않고 적을 굴복시키는 것이 최고의 전략'이라고 했으니 일단 안심이 되었다. 국민과 국가의 생사를 위한 전쟁이라 할지라도 장수가 신중하지 않으면 비합리적이고, 폭력적인 수단이 될 수밖에 없다는 사실을 깨달았다. 결국 승리하더라도 비극적인 결말을 가져오는 전쟁은 무의미해지는 것이다. 싸우지 않고 적을 굴복시키기 위해서는 결국 장수가 신중해야 하고 신중하기 위해서는 전쟁의 본질과 수행방법을 잘 알고 적절한 용병술을 펼칠 수 있도록 많이 알아야 한다는 의미일 것이다.

당분간 인생의 뚜렷한 목표를 정하는 것이 나의 목표가 될 것 같다. 목표가 정해진다면, 그 다음은 목표를 향해 열심히 달릴 뿐이다. 목표를 향한 정확한 길이란 찾기 어렵겠지만 책을 읽고 생각하며 꾸준히 학문을 쌓고 준비하면 그 길이 보일 것이라 믿는다. 나의 인생, 이제 전반전에서도 초중반을 달리고 있다. 공군장교로서 나의 앞길에 어떤 일들이 펼쳐질지 너무나 기대된다.

**정준영 파이팅! 57기 파이팅!**

【부록 1】

# 군사학 특강 소감문

-정 현 철(7중대)-

지난 주부터 시작해서 2주 간에 걸쳐 총 12시간 동안 이종학 교수님의 열띤 강의를 통해 많은 것들을 배웠다.

먼저, 이제 임관을 한 달 여 남겨두고 있는 우리 4학년 생도들이 지금 이 시점에서 직업군인이 될 사람으로서 왜 군사고전을 읽어야 하는지부터 교수님께서는 자세하게 설명해 주셨다. 군사 고전들은 만물이 변화하고 발전한다고 할지라도 시간과 공간을 초월한 보편타당한 군사이론의 원리를 다루고 있으며 전쟁의 본질뿐만 아니라, 그 전쟁의 주체인 인간의 본질도 다루고 있기 때문에 인간세계의 활동에 대한 지혜와 교훈을 제시해 준다. 그리고 심오한 철학을 바탕으로 군사이론을 체계화하고 있기 때문에 생명력과 실용성을 보유하고 있다. 군사고전은 인생철학의 지침서이고 또한 경영전략의 참고서이다. 이러한 이유로 인해서 우리 생도들, 뿐만 아니라 대한민국의 안보를 책임져야 하는 국군 장교들은 반드시 군사 고전을 읽고 이해하고 있어야만 한다.

교수님께서는 먼저 동양의 대표적인 고전인 『손자병법』에 대해서 상세한 설명을 통해 우리들에게 많은 지식을 전해 주셨으며, 이해하기 쉽도록 재미있는 이야기로 풀어서 쉽게 설명해 주셔서 재미있게 수업을 들을 수가 있었다.

다음으로 클라우제비츠의 생애를 되짚어 보면서 그의 군사 전략적 지식들에 대해 살펴볼 수 있는 좋은 기회였다.

그리고 조미니에 대해서도 그의 생애를 통해 군사 고전에 대한 지식을 얻을 수 있었다.

이와 같이 교수님께서는 손자, 클라우제비츠, 조미니 뿐만 아니라 다른 여러 지역의 사례를 통해 동·서양을 막론하여 군사전략에 대하여 상세하게 다루어주셔서 넓고 깊게 이해하는데 큰 도움이 되었다.

그동안 군사전략학과에서 공부하면서도 알지 못 했던 여러 사실들을 이번 특강을 통해 새로이 알게 되었다는 점 또한 상당히 뿌듯한 부분이었다.

교수님께서 생도시절에 어떠한 생활을 하셨는지 이야기해 주셨고, 임관을 앞 둔 우리 57기 생도들에게 다음과 같은 다섯 가지 인상 깊은 말씀을 해주셨다. 배우자를 신중히 선택해야 한다고 하셨는데, 서양 격언에 의하면, 바다로 나갈 때는 한 번 기도하고, 싸움터로 나갈 때는 두 번 기도하고, 결혼할 때는 세 번 기도해야 한다는 재미있는 말씀을 통해 배우자 선택의 중요성을 강조하셨다. 그리고 건강이나 경제적인 부분에 있어서 담배는 절대로 피우지 말라고 조언하셨다. 또한 외국어 공부를 열심히 하라고 말씀해주셨고, 군사학에 대한 전문가로 거듭날 것을 강조하셨다. 마지막으로, 인생이란 것은 마치 축구시합처럼 전·후반이 있다는 것을 잊지 말고 끝까지 열심히 하라고 하셨다.

총 12시간의 강의가 마지막에 이르러서는 아쉽다고 느껴질 정도로 유익한 시간들이었다. 앞으로도 이러한 특강이 계속되었으면 좋겠고 가능하다면 좀 더 발전하여 이러한 유익한 특강이 좀 더 다양하게 배정된다면 임관을 앞둔 장교들에게 앞으로의 군 생활에 있어서 큰 도움이 되리라 믿어 의심치 않는다.

【부록 1】

# 군사학 특강 소감문

-최 진 욱(8중대)-

처음 군사학 특강에 대해 전달 받았을 때, 딱딱하고 어려운 수업이 되지 않을까? 하는 걱정을 많이 했었다. 또한 워낙 대선배님의 특강이었기 때문에 정말 많이 긴장하기도 했던 것 같다. 하지만 선배님이 후배들에게 바라는 점, 그리고 선배님의 인생, 우리가 군인의 위치에서 가져야 할 가치관, 군사전략사상을 들으면서 정말 보람되고 많은 것을 배우는 특강이라는 생각이 들었다. 동양의 『손자병법』을 비롯해서 클라우제비츠, 조미니의 군사전략사상에 대한 특강을 들으면서 지금까지 생소하고 어렵게만 생각했던 군사전략사상에 대해 다시 한 번 생각해보고 공부할 수 있었던 계기가 되었기 때문이다. 하지만 한편으로는 사관생도 그리고 앞으로 정예 공군 장교로 거듭날 우리들이 아직까지 이러한 군사전략사상에 대해 잘 알지도 못하고 또 관심도 없이 지난 4년간을 보냈다는 사실이 부끄럽기도 했다. 특히, 모든 군인들의 지침서라고 할 수 있는 『손자병법』에 대해서 잘 안다고 생각하고 있었지만 실제로 선배님의 특강을 들으면서 그동안 얼마나 겉핥기식으로 알고 있었나 하는 생각이 들었다. 특강을 통해 육군이나 적용될 수 있는 오래된 전술에 관한 책이라고만 생각해왔던 『손자병법』이 현대에서도 적용되는 전략 및 전술의 근본문제를 거의 다 포함하고 있는 사실을 배우면서 계속해서 놀랐다. 또한 항공전략론 과목을 통해 어느 정도 알고 있던 『손자병법』에 대해서 다시 한 번 확실히 공부하고 알게 된 소중한 계기가 되었다. 이러한 군사전략사상 이외에도 마지막 특강 시간에 포함되어 있었던 광개토왕 비문의 신묘년 기사의 해독과 해석 그리고 6·25전쟁의 초기 작전연구에 관한 특강 또한 우리들에게 뼈가 되고 살이 되는 소중한 시간이었다. 일본의 터무니없는 광개토왕 비문 해석에 대한 선배님의 합리적이고 체계적인 반론을 통해서 제대로 된 역사 알기에 더 다가갈 수 있었으며, 북한에 관한 내용을 들으면서 북한이라는 존재로 인한 위기의식 그리고 군인으로 어떻게 살아가야 하는지 다시 한 번 생각해 보는 시간이 되었다. 마지막으로 먼 곳에서 이 곳 사관학교까지 후배들을 위해 직접 방문해주신 선배님께 정말 너무 감사한 마음을 가졌으며 또한 선배님의 기대에 부응할 수 있도록 실력과 올바른 가치관을 가진 훌륭한 후배가 되기 위해 최선을 다해 노력해야겠다는 생각을 했다.

【부록 1】

# 57기를 위한 군사학 특강을 듣고

-허 상 영(2중대)-

처음 들었을 때는 궁금증이 생겼다. 보통의 다른 특강들은 2시간 남짓한 시간 제한 속에서 이뤄지는 데 반해 무려 12시간이라는 시간동안, 그것도 한 번에 3시간씩의 강의라니 대체 어떤 강의일까 얼마나 가르칠 것들이 많으면 그리고 얼마나 그 내용에 자신이 있으면 그럴까 하는 궁금증이었다. 나는 비록 212대대에서 늦게 돌아와 12시간의 강의 중 뒤의 6시간 밖에 듣지 못했다. 하지만 그 시간만으로도 앞의 의문들을 거의 다 해소할 수 있었다.

3기 선배님께서 해주시는 한국전쟁 당시의 생도생활, 이곳저곳에서 겪으신 경험담 등이나 사관학교 대 선배로서 인생의 선배로서 해주시는 충고들이 마치 어릴 적 할머니가 해주시는 전래동화들처럼 흥미롭고 재밌었다. 중간 중간 그런 이야기들로부터 탄력을 받아 국가관, 군인관에 대해서 배우고, 군사학이라는 학문에 대해서 배웠다. 어느새 3시간이 훌쩍 지나가 버리는 그런 강의를 들으면서 12시간이 결코 긴 시간이 아니라고 생각했다.

선배님의 강의를 듣고 가장 바뀐 것은 군사학에 대한 태도이다. 난 졸업하면서 군사학사와 공학사의 자격을 가지게 됨에도 내 전공은 전자공학이며, 군사학은 덤으로 딸려온다는 생각을 했었다. 하지만 이번 강의로 군사학을 공부해야 하는 필요성을 조금이나마 깨달았다. 또, 손자, 클라우제비츠, 조미니의 전략사상에 대해서 배우면서 수업시간과는 또 다른 많은 것들을 배워 지식의 폭도 한층 더 넓어지고 깊이도 깊어진 느낌이었다. 이런 것들을 사관학교의 대 선배님이자 우리나라에서 처음으로 군사학이라는 학문의 기반을 다지신 분께 그런 강의를 들어서 더욱 그런 것 같다.

임관에 앞서 이런 강의를 들을 수 있다는 건 굉장히 행운이라고 생각한다. 난 6시간을 듣지 못했지만 앞의 6시간은 나눠주신 자료로만 볼 수 있다는 것이 좀 아쉽기도 하다. 이제 임관이 한 달도 채 남지 않은 시점에서 다시 한 번 내 국가관, 군인관, 역사관을 정비하고 군인의 본분인 군사학을 공부하는 목표를 세웠다. 멋진 강의를 해주신 선배님께 정말 감사의 말씀을 드린다.

日本戦略研究フォーラム　会誌

# Quarterly Report

Japan
Forum for
Strategic
Studies

日本戦略研究フォーラム

## 平成19年春号 ── 目次 ── Vol.9-1

【부록 2】

# 国際時評「朝鮮半島の現況と展望」[1]

韓国忠南大学校・平和安保大学院兼任教授・元韓国国防大学教授
ソラボル軍事研究所長　李 鍾學

朝鮮半島は今年重大な転換点に直面しているようである。一つは、北朝鮮の核放棄に向けた六者協議の合意文が2月13日北京で発表されたが、これからどのような成果を得るかであり、もう一つは、12月の韓国大統領選挙の結果であろう。ここでは、前者に焦点を合わせて論議することにする。

北朝鮮は2006年7月4日、7発のミサイルを発射し、さらに2ヵ月後の10月9日には核実験に踏み切ったのである。これによって国連の安全保障理事会は、国連憲章第7章[2]に基づいて制裁を全会一致で採択したのである。2005年9月19日六者協議において、朝鮮非核化原則に合意したのであるから、今度の合意文では60日以内に核施設の閉鎖とIAEA[3]の査察、それから、あらゆる核プログラム中断と核不能化履行等、段階的になっているが、一挙に非核化に向けた解決、査察をすべきではなかったであろうか？しかし、これからでも北朝鮮の核放棄に向けた具体的措置に対する確実な検証が得られない場合は、断固としてエネルギー、食料等の非援助と国連の制裁を強化することを明言、実行すべき段階であろう。

1992年1月20日、南北の両政府は、「朝鮮半島非核化に関する共同宣言」に調印したにもかかわらず、北朝鮮は密かに核兵器を開発、実験したし、又北の高位官吏は実験後にも「朝鮮半島の非核化は故金日成主席の遺訓であり、その方針に変わりはない」と言明したのである。金正日とその首脳たちは、「政権は銃口から生まれる」という毛沢東理論を狂信しているようであるが、資源富国であった旧ソ連はミサイル・核弾頭がなくて崩壊したのであろうか？私有財産と市場経済を承認しない国家体制は、結局国家経済が成立しえないので崩壊するのである。個人や国家を問わず、競争は発展の原動力であることを知るべきであろう。最近発表された周恩来総理の晩年の病床日記によれば、「国家が非常に不幸である。建国二十六年になっても六億の人民がご飯もろくに食べられないでいる。共産党だけを謳い、指導者だけをほめたたえているが、これは共産党失敗の一場面である」(1975年12月28日)

北朝鮮は戦後半世紀以上経過したにもかかわらず、1990年の半ば「苦難の行軍」によって300万名の餓死者を出し、現在は「第二の苦難の行軍」が始まったようで、人民たちはいまだに飢餓線上にあって外国に脱出を演じているのが現況である。南北の統計を見ると、人口は4,850万人対2,150万人、兵力は67万4,000人対117万人、それから国内総生産(GDP)は、9,310億ドル対227億ドルである。北朝鮮の崩壊は、もう始まったと診断すべきであろう。韓国政府は、2000年の南北首脳会談以後、太陽政策によって北朝鮮におよそ50億ドルを援助したのであるが、それに対する応答はミサイル発射と核実験であった。「平和を欲するならば、戦争を理解し、それに備えよ」というのが私の半世紀にわたる軍事学研究の結論である。朝鮮半島統一に関するシナリオには、

① 北朝鮮解放を通じての南北連邦
② 北朝鮮崩壊後の韓国による吸収統一
③ 武力衝突による統一

等が論議されているようであるが、強大国介入、至被害の可能性が常存する。それで望ましきシナリオは、935年、新羅の敬順王が太子の反対をおしきって高麗の太祖に国家権力を移譲したが如く、金正日国防委員長は韓国政府に権力を移譲して暖かい済州道で余生を平穏に暮らすことであろう。こうすることによって、金日成が犯した民族的悲劇(朝鮮戦争)に対する補償にもなるし、また朝鮮民族の平和的統一と、東北アジアの平和、繁栄にも貢献する事になるであろう。

[1] 李鍾學ソラボル軍事研究所長の本「時評」は、JFSS『季報』編集事務局の要請に応じ日本語で作成されたものをそのママ本誌で紹介した。
[2] 国際連合憲章第7章は「平和に対する脅威、平和の破壊及び侵略行為に関する行動」を定め、安保理は「平和に対する脅威、平和の破壊及び侵略行為の存在」を決定、勧告。更に非軍事的、或いは軍事的強制措置を決定(第39条)。又、措置決定前に事態悪化を防ぐため暫定措置に従うよう当事者に要請(第40条)。軍事的強制措置は、安保理と加盟国間の特別協定決定(第43条)。国連加盟国に対して武力攻撃発生時、安保理が措置をとるまでの間、加盟国は個別的・集団的自衛権を行使でき、加盟国がとった措置は、安保理に対し緊急報告義務(第51条)。
[3] 国際原子力機関(International Atomic Energy Agency (IAEA))は、原子力の平和利用を促進、軍事転用されないための保障措置の実施をする国際機関。2005年度のノーベル平和賞を、エルバラダイ事務局長とともに受賞。本部所在地はオーストリアのウィーン。

【부록 3】

## 国内時評 「韓国新体制と日韓関係—古代史の史実をめぐって—」

韓国·忠南大学校 兼任教授　李 鍾學

今日における日韓間の懸案問題は、歴史問題、独島(日本では竹島)領有問題、それから慰安婦問題などであるが、二回にわたる首脳会談は、「未来志向」に貫かれたため懸案問題には深く触れないか、または話題にも上がらなかったようである。しかし、2月25日李明博大統領の就任後、福田康夫首相は、首脳会談で自ら歴史問題を切り出したのである。「過去の事実は事実として認めることが大事だ···歴史は、謙虚に向き合うことが重要であり、相手がどう考えるかを常に考えなければならない」[1]と指摘した。

一方、李明博大統領は、4月21日、日本を訪問した時、明仁天皇との会見で、「歴史の真実は忘却せず実用の姿勢で未来志向的であり成熟した同伴関係を作らなければならない」と言った。明仁天皇は、「両国の国民は、歴史の真実を知るために努力し、互いに立場を理解しようと努力したとき、相互信頼と理解が深くなる」[2]と発言した。

両国民が、過去の歴史の真実を知り、また相互の立場を理解しようとした時、相互信頼と理解が深くなるとの見解には、私は全面的に同意するのである。しかし、過去の真実を知ることの努力が、過去にとらわれて未来に支障があるのではなかろうかと考えるならば、このような歴史観には異見である。その理由は、過去の歴史に対する真実は、現在の立場を理解するのに必要であるばかりでなく、未来の相互信頼と理解にも必須条件であるというのが私見である。この問題について、英国の歴史家、E.H.カー(1892−1982)は、「歴史とは過去と現在との対話であると前の講演で話しましたが、むしろ、歴史とは過去の諸事件と、次第に現われて来る未来の諸目的との間の対話と呼ぶべきであったかと思います[3]」と。

日韓間の古代史問題の懸案は、『日本書紀』(720年)にある神功皇后49年(249年)の朝鮮半島南部の七国平定と広開土王碑文辛卯年(391年)記事の解読·解釈の問題であろう。神功皇后49年3月、将軍を派遣して現在の慶尚南·北道の七国を平定したとの内容であるが、補注によれば、書紀起源で49年、おそらく百済記にもとづく文、干支二運をさげて369年の史実をふくむ。池内宏[4]は、六世紀頃、任那日本府の管下の諸小国の服属起源の話とする。末松保和[5]はこれを史実とみる[6]、と紹介されている。

1883年秋、陸軍参謀本部のスパイであった酒匂景信[7]中尉が持ってきた広開土王碑文(以下「碑文」と略記する)の双鈎本を参謀本部編纂課員·陸軍大学校教授の横井忠直氏が中心になって詳細な研究が行われた。1889年6月、『会余録』第五集が碑文研究の特輯号のかたちで刊行され、そこでの辛卯年記事(以下「記事」と略記する)は、次の如く解読·解されたのである。特に、記事の後半の主語は「倭」であり、また「三欠字」の中で最後の一字を新と誘導したのは横井氏であろう[8]。

1.『朝日新聞』2008年2月26日
2.『朝鮮日報』2008年4月22日
3. Edward H. Carr, "What is History ?" New York: Vintage Books, 1961, Page 164
4. 池内宏:東京府出身。1904年東京帝国大学文科大学史学科(東洋史専攻)卒業。1913年に東京帝大講師、1916年、助教授、1922年、「鮮初の東北境と女真との関係」により東京帝国大学文学博士、1925年、教授。1937年、帝国学士院会員。1939年、東京帝国大学定年退官、名誉教授、名古屋帝国大学教授。朝鮮総督の依頼で満鉄調査部歴史調査部にて実証主義的(考証的)満蒙·朝鮮の東洋古代史研究の基礎を確立。朝鮮古代史の乏しい史料の中で花郎の研究、また慶長の役などの全体像を描き出すことに尽力。
5. 末松保和:専門は朝鮮史。朝鮮古代史·古代日朝関係史から高麗·李朝史におよぶ実証的研究によって朝鮮史研究の礎を築いたことで知られる日本の歴史学者。学習院大学名誉教授。文学博士。1927年に東京帝国大学文学部国史学科卒。朝鮮総督府で『朝鮮史』などの編修事業に従事、1933年から京城帝国大学法文学部助教授·1939年同教授。戦後は、1949年、学習院大学文政学部教授。1951年、学習院東洋文化研究所主事、この年、「新羅史の研究」で東京大学文学博士。1975年に退職学習院大学名誉教授。
6. 坂本太郎外、校注者、『日本書紀』(上)(東京:岩波書店、1984年、19冊)355−356頁
7. 酒匂景信:広開土王碑は、高句麗第19代広開土王(好太王)を顕彰、王子の長寿王が414年(碑文—甲寅年九月廿九日乙酉、9月29日—旧暦)に建立、好太王碑とも、また付近に広開土王陵墓と見られる将軍塚·大王陵(広開土王陵碑)。高さ約6.3m·幅約1.5mの角柱状の碑四面に総計1802文字、純粋な漢文記述。辛卯年(391年)条の倭国関連記事の干支年が『三国史記』などの文献と1年異なるなど、4世紀末～5世紀初の朝鮮半島史、古代日朝関係史の貴重な一次史料。明治13年(1880年)から4年間清国に派遣され、周辺地域の情報収集にあたった砲兵大尉、酒匂景信が、1884年、大日本帝国陸軍参謀本部に拓本を持ち帰って解読。
8. 横井忠直、『高句麗古碑考』『會餘録』第五集(東京:亜細亜協会、1889)50頁

(史料)「百残(済)と新羅は旧是れ属民にして由来朝貢す。而るに倭、辛卯の年(391年)を以って来りて海を渡り、百残□□新羅を破り、以って臣民と為す」(日本の通説)

佐伯有清[9]教授によれば、「私は参謀本部を中心とするゆがめられた古代日朝関係史観の完成の時期を明治21年(1888年)10月と考えるのである・・・引き続いて参謀本部で解読・解釈され、それが原型となって・・・当時の日本の朝鮮への侵略の意図を歴史的に正当化させるために、「倭の活動」の記載を碑文の中に見出そうとしたことが、意識的にせよ無意識的にせよ働いていたとみなされなければならないのではなかろうか[10]」と主張したのである。

日本の古代史学界では参謀本部で解読・解釈された記事が通説となり、日本列島の倭が「391年に朝鮮半島への進出」だけではなく、「任那日本府」説の一等史料の論拠にもなったのである。例えば、年表に次のごとく記されている[11]。

・369年　このころ大和朝廷の統一すすむ。このころ任那日本府成立。
・391年　日本軍朝鮮に出兵、高句麗と戦う(高句麗好太王碑文)

日本の著名な古代史学者、井上光貞[12](1917－1983)博士は、回想録に次のように書きのこしたのである。

・国史学科に入学して何よりも異様に思ったことは主任教授の平泉澄博士が皇国史観の代表的な主唱者であったことである。・・・主任教授がおよそ学問とは縁もゆかりもない皇国史観をとくとくと説いてあやしまないという、異常な風景を展開していたのであった[13]。
・古代史研究は、文献だけではいけない。考古学もあわせなくてはいけないということを身をもって教えて下さったのは、まず石田先生ではなかったであろうか[14]。

このような学識の豊かな井上博士が、古代史研究機関でもない陸軍参謀本部の横井氏が中心になって解読・解釈した記事を史料批判もせずに、丸呑みにして歴史教科書に、次の如く発表したのである。

高句麗の好太王の碑文には、倭が朝鮮半島に進出し、高句麗と交戦したことが記されている。これは、大和政権が朝鮮半島の進んだ技術や鉄資源を獲得するために加羅(任那)に進出し、其処を拠点として高句麗の勢力と対抗したことを物語っている[15]。

陸軍参謀本部で解読・解釈した辛卯年(391年)記事は、果たして史実を伝えているのであろうか？碑文に登場する倭は、直接、軍事作戦に参加しているので、戦争の準備、遂行、その結果に対する解釈は、軍事理論と歴史学を結合した軍事史学(Military History)によって究明するのが妥当性があるとの立場で究明を試図して論文を発表したのであるが[16]、ここではその結論だけを紹介することにする。

1) 日本列島の倭が、391年以前から朝鮮半島に進出したとすれば、渡海作戦に必要な兵力、武器、食料等を運搬するため「構造船の存在」が前提、必須条件であるが、日本の古代史学界は未だに文献史学

9. 佐伯有清：1957年、東京大学大学院国史学専攻修了、北海道大学文学部教授、成城大学文芸学部教授を歴任、日本古代史、著書に『研究史邪馬台国』、『研究史 戦後の邪馬台国』、『魏志倭人伝を読む』など。
10. 佐伯有清、『広開土王碑と参謀本部』(東京：吉川弘文館、1976)121頁、127頁
11. 『日本史事典』(東京：平凡社、1983)446頁
12. 日本の歴史学者。東京大学名誉教授。国立歴史民俗博物館初代館長。紫綬褒章受賞。文学博士。専門は日本古代史。井上馨の孫。浄土教を中心とした仏教思想史、律令制以前の国家と天皇の起源に関する問題、律令研究を通じて「固有法」から「律令法」への変遷を研究、後年は、『日本書紀』や律令等の古典籍の注釈(『日本思想大系』(岩波書店))。井上の歴史学は、実証主義的アカデミズム歴史学、マックス・ヴェーバーの理論や、津田左右吉の記紀批判を継承、律令制以前の政治社会組織研究の基礎を形成。
13. 井上光貞、『井上光貞―わたくしの古代史学―』(東京：日本図書センター、2004)23頁、25頁
14. 井上光貞、『井上光貞―わたくしの古代史学―』(東京：日本図書センター、2004)47頁
15. 井上光貞・笠原一男・児玉幸多『詳説日本史』(東京：山川出版社、1993)25頁
16. 論文の詳細な内容は、拙著『軍事史学による古代史散策』(慶州、徐羅伐軍事研究所、2007)、拙論『日本及日本人―陽春号―』(東京、日本及日本人社、1998)144－154頁参照

だけでなく考古学でも実証されていないのである。

2)日本の通説の如く、「倭が、391年、百残(済)と新羅を破り臣民と為す」と仮定しても、碑文の永楽10年(400年)と14年(404年)に、「倭は、大潰、潰敗された」ために、朝鮮半島の南部に足場となる拠点(作戦基地)の喪失によって「任那日本府」説は全く成立し得ないのである。

例えば、1796年3月、ナポレオンはイタリア方面軍司令官に任命されて以来、連戦連勝して皇帝に就きヨーロッパに君臨したが、ワーテルロー決戦(1815年)の敗北により南大西洋の孤島セント・ヘレナに配流された。日本は太平洋戦争に敗北(1945年)することによって日清戦争以来獲得した植民地を全部失ったのである。戦争哲学者クラウゼヴィッツは名著、『戦争論』(1832年)において、次のように主張したのである。「この様な戦争の形態において、栄冠は、最後の勝利者に与えられることをいつも記憶すべきである。」(第八編第三章)ここで栄冠とは、戦争における政治的目的の達成を意味するものであるが、これまで碑文研究者たちは、このような重要な軍事理論の内容を看過して来たのである。

3)碑文によれば、永楽6年(396年)、好太王は自ら水軍を率いて百済を討伐した・・・その国都を包囲したら、百済の国王は男女生口[17]千人と布千匹を献上して、好太王の前に跪いて、永遠にあなたの奴客になりますと誓った。又永楽9年(399年)、新羅王の派遣した使者がやって来た。使者は、好太王に、「国内に倭人があふれ、城は攻め破られてしまい・・・新羅王は好太王の指示を仰ぎたいと願っている」と話した。

4)碑文を作成した撰者は、高句麗の敵側である百済を「百残」と蔑称したが如く、碑文に登場する「倭」とは、日本列島の大和政権のことを言うのではなく、任那加羅に対する蔑称であった。その理由は、碑文の永楽10年(400年)によれば、碑文には、「倭」、「倭賊」、「倭寇」が登場するけれども、高句麗軍の攻撃目標は任那加羅であったことから「日本の大和朝廷が統べる日本」とは言い難いのである。また「渡来系集団は、弥生時代に引き続いてかなり急速にその数を増し、おそらくは、北部九州を中心としてたくさんの小王国(部族国家)を作ったと思われる」[18]からである。

5)筆者は、辛卯年記事に対して次の如く解釈する。

「百済と新羅は、昔から属民であり、高句麗に朝貢していた。而るに、任那加羅は、辛卯年(391年)から(侵攻して)来た。高句麗は、海を渡って百済と「任那加羅」を破って臣民とした・・・」

日本では歴史学を少しでも研究した人は、もちろん皇国史観にとらわれている人は除外して、『日本書紀』(720年)の五世紀前半以前は、まったく架空に作られた内容であって、稲荷山鉄剣の銘文が出てきて、雄略朝ごろから年代がはっきりしてくるなどという意見も出てきているが安康天皇(在:453−456)ぐらいからは、かなり実年代になってきていることが常識として知られている。

したがって、日韓間の古代史に関する懸案問題である「神功皇后49年条」や「広開土王碑文の辛卯年(391年)記事」に対しては、史実でもないものは史実でないことを認めることが大事であり、歴史の真実を知るための努力は、現在と未来において両国民の信頼と理解を深める重要な契機になるであろう。

(執筆者略歴)イ　ジョン　ハク:1929年、浦項生まれ、韓国空軍士官学校、空軍大学卒、慶熙大学校大学院(史学科)卒、名誉軍事博士(軍事史学、軍事理論、戦略学)。国防大学院教授、韓国軍事史学会会長を経て、韓国忠南大学校・平和安保大学院兼任教授・ソラボル軍事研究所長、慶州市在住。(著書)『総合世界戦史』(1968年)、『韓国戦争史』(1969年)、『現代戦略論』(1972年)、『戦争論(クラウゼヴィッツ)』(1972年)、『孫子兵法』(1974年)、『航空戦略論』(1982年)、『軍事戦略論』(1987年)、『韓国軍事史序説』(1990年)、『軍事論文選』(1991年)、『新羅花朗・軍事史研究』(1995年)、『広開土王碑文の研究(日本語)』共著(1999年)、『戦争論の読み方(日本語)』共著(2001年)、『韓国戦争』(2001年)、『クラウゼヴィッツと戦争論』(2004年)、『戦略理論とは何か』(2006年)、『軍事史による古代史散策(日本語)』(2007年)

17. 生口:弥生時代の日本(倭)において捕虜又は奴隷(奴隷は捕虜が起源)の意。後漢永初1年(107)、倭国王帥升らが後漢安帝へ生口160人献上(『後漢書』)、後に、倭王卑弥呼が、魏景初2年(239)、魏明帝へ男生口4人、女生口6人を、魏正始4年(243)、魏少帝へ生口を献上、後継者台与も5年後(248)、生口30人を魏へ献上『魏志倭人伝』)。高麗史(高麗史 十六 世家巻第二十八 忠列王一 忠烈王元年(1274年))によれば、文永の役(1274)で高麗に帰還した金方慶らは、日本人の子女を捕虜とし、高麗王と妃に生口として献上した記録「侍中金方慶等還師、忽敦以所俘童男女二百人献王及公主」。
18. 植原和郎『日本人の成り立ち』(京都、人文書院、1996二刷)283頁

【부록 4】

**エッセイ**

# 「韓国新体制と日韓関係(続)<br>—独島(日本名「竹島」)の領有権をめぐって—」

韓国·忠南大学校教授·ソラボル軍事研究所長　李 鍾 學

私は、韓国と日本が相互理解と平和を保ち、共に繁栄することを願っていたのですが、この度、独島(日本名「竹島」)の領有権をめぐって両国の主張に相違があるという「問題点を如何に解決すべきか」に関してエッセイを寄稿させて頂くことにした。

朝日新聞によれば、日本政府は、去る7月14日、中学校の学習指導要領をめぐり、日韓双方が領有権を主張する独島(日本名「竹島」)について初めて記述した「同要領」の解説書を公表した。韓国に配慮して、「竹島」を直接、「日本固有の領土」とする表現は避けたが、韓国側では反発が強まっている・・・。解説書は、これまでも、北方領土について「(ロシアに)返還を求めていることなどについて、的確に扱う必要がある」などと記述していたが、今回初めて、「わが国と韓国の間に竹島をめぐって主張に相違があることにも触れ、北方領土と同様にわが国の領土·領域について理解を深めさせることも必要である」との文言を付け加えた。解説書は、「北方領土はわが国固有の領土」と明記しており、「竹島」の扱いを「北方領土と同様」とすることで、間接的に「日本固有の領土」と教えることを求めた[1]、と報じている。

私は、30余年前、日本の旧海軍省で発行した『朝鮮水路図』[2](明治42年?)に、「独島」が「鬱陵島に属している」海図を見て以来、「独島」の領有権問題に対して興味は余り湧かなかった。しかし、この度、日本政府の解説書公表によって、種々知り得るところがあり、改めて関心を寄せることになった。

しかしながら、日本人でありながら「『独島』は韓国の領土である」と主張した史学者たちがいたことは確かである。彼らは、専ら事実に基づいた研究と学者的良心だけで「独島」は日本領土になり得ない理由を史料検証と分析を通じて明らかにしたのである。

彼ら学者とは、例えば、故人になられたが、歴史学者の山辺健太郎[3](1205~1977)や梶村秀樹[4](1936~1989)、島根大の内藤正中名誉教授[5]、京都大の堀和生教授[6]、名古屋大の池内敏教授[7]等であり、もし、「独島」が「日本固有の領土」であるならば、日本人歴史学者の見解を慎重に、又、客観的に検証すべきではなかろうか。

1.『朝日新聞』2008年7月15日。

2.史料調査中:防衛研究所史料室·防衛大図書館·海上保安大学図書館所蔵せず、今後、国会図書館等検索。

3.歴史家、労働運動家(共産党1958離党)。著作:日本の韓国併合 太平出版社, 1966年·日韓併合小史 岩波新書, 1966年·日本統治下の朝鮮 岩波新書, 1971年

4.植民地統治時代の朝鮮研究が統治を正当化する側面をもっていたことへの異議として、あらたに朝鮮史研究を刷新しようと努めた旗田巍とならぶ戦後の代表的研究者の一人。

5.曰く「『池田家文書』の中で鬱陵島(当時の呼称は竹島)への渡航は許可しているが、土地を与えるという文言が出てきていないことから、この幕府の渡航許可は交易行為を行うことを認めたに過ぎない。日本は1696年に鬱陵島への渡海を禁じた。それは竹島の領有意思否定を意味する。日本政府は『当時幕府が禁じたのは鬱陵島への渡海であって竹島は禁じていない』と言うが、渡海禁止によって竹島に行く者も途絶えた。竹島は朝鮮のものと認識されたとみるべきだ。明治時代に入ると鬱陵島に渡る日本人が再び出始めた。1876年に同島の開発申請が出されたのに対し、明治政府は翌年、鬱陵島とほか一島は『本邦とは関係ない』という太政官決定を下した。『ほか一島』は属島である竹島を指すとみられる。つまり、日本は江戸時代と明治時代に二度、竹島が無関係の島だと言ったが、領有意思を主張したことは一度もない。1900年に大韓帝国勅令で鬱陵島を領土と宣言し、属島の『石島』を管轄するとした。石島は竹島のこととみられ、既に領有国は決まっていた。」

6.大分県、1951年生まれ。経済史·アジア経済史。京都大学大学院文学研究科博士課程卒。朝鮮史研究会·日本史研究会·社会経済史学会·土地制度史学会·経営史学会·歴史科学協議会に所属。著書·論文:『韓国近代の工業化－日本資本主義との関係－』(韓国語)(伝統と現代社 2003年)·編著『東アジア経済の軌跡』(青木書店 2001年)·編著『日本資本主義と朝鮮·台湾』(京都大学学術出版会 2004年)、同(韓国語版 伝統と現代社 2005年)、同 (中国語版 南天書局 2005年)。

7.1958年生。1991年　京都大学大学院文学研究科(国史学専攻)博士後期課程中退、博士(文学)。主要著書:『近世日本と朝鮮漂流民』臨川書店、1998年·『「唐人殺し」の世界－近世民衆の朝鮮認識』臨川書店、1999年。関連主要論文(2001年以後):「竹島一件の再検討－元禄6~9年の日朝交渉」『名古屋大学文学部研究論集』史学47、2001年·「17·19世紀鬱陵島海域の生業と交流」『歴史学研究』756、2001年·「異文化情報源としての漂流記」『日本海学の新世紀』2、角川書店、2002年·「前近代竹島研究序説－『隠州視聴合紀』の解釈をめぐって」『青丘学術論集』25、2005年。

「朝鮮は、日本にとって外国である。従って、朝鮮史は外国史である・・・。朝鮮史は、日本人にとって特別に深い意味を持つ外国史であることに異論は無いであろう。日本の歴史の内面に挿入された特別の意味を持つ外国史である。

周知のように、古代日本の形成期には、朝鮮の文化、技術、制度などが多くの朝鮮人と共に日本に入ってきた。それらは、日本人の思想、宗教、芸術、技術をはじめ、社会組織、国家制度の発展に重大な影響を与えた。朝鮮渡来の文明や人々を抜きにしては日本の古代文明や古代国家の形成は語れない・・・。

古代の時代を過ぎると、両国の関係は、それまで程には緊密ではなくなった。しかし、両国の間には、不断に交流が続いた。その間に、倭寇、及び、豊臣秀吉の出兵などの侵略もあったが、他方、善隣友好の国交もあった・・・。

明治期に入ると、日本にとって朝鮮は、まったく新しい意味を持つに到った。近代日本の大陸発展路線において、まず、朝鮮が支配の対象となり、列強と争った末に朝鮮に対する独占的支配権を手に入れ、ついに朝鮮を併合し、これを完全な植民地と化してしまった。日本と朝鮮の関係は、植民地支配国と植民地という関係になったのである[12]。」

両国民が、過去の歴史の真実を知り、また、相互の立場を理解しようとした時、相互信頼と理解が深くなると私は信じている。しかし、今日の日本人の姿勢は、日本が植民地支配国であったにも拘らずその行為を「侵略」ではなく「進出」であると主張しているため、韓国からすれば対話の相手にもなり得ない状態に置かれているのである。日本語に「恩を仇で返す」という言葉がある。日韓の長い歴史を顧みれば、韓国が日本に恩恵を及ぼした時代もあったわけで、この言葉が日本側の態度を表現した適切な言葉であるとも考えるのである。

現実の問題に戻る。これまで論議の俎上に載せられてきた独島の領有権に対する解決案は次の如くである。

① 独島領有問題の解決を次の世代に延期する
② 韓国政府は独島を島根県にプレゼントすると同時に、日本政府は対馬を慶尚南道にプレゼントする
③ 鬱陵島と隠岐島の中間点を境界線にして、その以北は東海、その以南は日本海と命名する

両国の首脳たちは、可能な限り速やかに会談を実施して独島領有権問題を解決すべきである。その理由は、相互信頼と理解、それから、国力の消耗に影響を与えるからである。私は、妥当性と受諾性の観点から③案が最適の解決策であると考える。

(執筆者略歴)イ・ジョン・ハク:1929年、浦項生まれ、韓国空軍士官学校、空軍大学卒、慶熙大学校大学院(史学科)卒、名誉軍事博士(軍事史学、軍事理論、戦略学)。国防大学院教授、韓国軍事史学会会長を経て、韓国忠南大学校・平和安保大学院兼任教授・ソラボル軍事研究所長、慶州市在住。
(著書)『総合世界戦史』(1968年)、『韓国戦争史』(1969年)、『現代戦略論』(1972年)、『戦争論(クラウゼヴィッツ)』(1972年)、『孫子兵法』(1974年)、『航空戦略論』(1982年)、『軍事戦略論』(1987年)、『韓国軍事史序説』(1990年)、『軍事論文選』(1991年)、『新羅花朗・軍事史研究』(1995年)、『広開土王碑文の研究(日本語)』共著(1999年)、『戦争論の読み方(日本語)』共著(2001年)、『韓国戦争』(2001年)、『クラウゼヴィッツと戦争論』(2004年)、『戦略理論とは何か』(2006年)、『軍事史による古代史散策(日本語)』(2007年)

12.旗田巍編『朝鮮史入門』(太平出版社、1970年)8~9頁。

# • 이종학 교수의 '무한사랑'

–3억원 발전기금 기탁, 2004년 10억원 상당 부동산 기증
사재와 지식 나누며 54년부터 군사학 외길–

평생을 군사학 분야 발전을 위해 헌신해 온 노老 교수가 거액의 발전기금을 기탁하며 '무한 사랑' 을 실천해 화제가 되고 있다.

충남대학교 평화안보대학원 군사학과 이종학 교수(81)는 9월 30일(수) 오전 11시 30분, 충남대 총장실에서 '풍석(風石) 군사학 진흥기금' 으로 3억원의 발전기금을 기탁했다.

이종학 교수는 지난 2004년에도 경기 강화도의 10억원 상당의 임야와 전문도서 1만 여 권, 2003년에는 군사학 관련 도서구입비 1천만 원을 기탁한 바 있다.

이종학 교수는 지난 1956년 공군사관학교 교관을 시작으로 평생을 군사학 발전을 위해 헌신해 왔으며 이번에, 자신의 호를 딴 '풍석 군사학 진흥기금'을 통해 충남대 평화안보대학원의 발전과 군사학 분야의 후학 양성을 위한 무한 사랑을 실천하고 있다.

이종학 교수는 공군사관학교(3기)를 나와 1974년 공군 중령으로 예편한 뒤, 공군사관학교, 공군대학, 국방대학원의 교수를 거쳐, 1987년부터 경북 경주에서 '서라벌 군사연구소'를 운영 중에 있다.

지난 2003년에는 충남대로부터 국내 최초로 명예 군사학 박사 학위를 받았으며, 2002년에는 평화안보대학원 내 군사학과가 설립되는데 큰 공헌을 했다. 2004년부터는 충남대 평화안보대학원 군사학과의 겸임교수로 지식을 나누며 후학 양성을 위해 힘쓰고 있다.

또한 국내 군사학분야 연구의 선구자로 한국군사학회장을 역임했으며, 『한국전쟁사』, 『한반도의 억지전략이론』 등 군사학 분야에 10여권의 저서와 논문 집필 활동을 하는 등 국내 군사학 분야의 선구자로서의 역할을 해 왔다.

이종학 교수는 "평생 군사학을 위해 노력한 결과 군사학이 점차 자리를 잡아가고 있는 것 같아 흐뭇하다"며 "남은 여생을 평화안보대학원 발전과 군사학 발전을 위해 쓰겠다"고 말했다.

한편, 충남대 평화안보대학원(원장 : 박재정 교수)은 지난 2003년 국내 최초로 문을 연 이후 계룡대, 자운대 등 군 인력의 교육 및 재교육과 과학수사, 군사학, 평화안보학 등 특성화 교육을 실시해 큰 인기를 끌고 있으며, 특히 2005년 박사학위 과정이 개설되는 등 군사학 분야의 메카로 발돋움하고 있다.

(충남대학교 비서홍보실 주우영)